Wilhelm Schmidt-Biggemann

TOPICA UNIVERSALIS

Eine Modellgeschichte
humanistischer und barocker Wissenschaft

AF211990

FELIX MEINER VERLAG
HAMBURG

Im Digitaldruck »on demand« hergestelltes, inhaltlich mit der ursprünglichen Ausgabe identisches Exemplar. Wir bitten um Verständnis für unvermeidliche Abweichungen in der Ausstattung, die der Einzelfertigung geschuldet sind. Weitere Informationen unter: www.meiner.de/bod.

Bibliographische Information der Deutschen Nationalbibliothek

Die Deutsche Nationalbibliothek verzeichnet diese Publikation in der Deutschen Nationalbibliographie; detaillierte bibliographische Daten sind im Internet über ‹http://portal.dnb.de› abrufbar.
ISBN: 978-3-7873-0568-1
ISBN eBook: 978-3-7873-2887-1

PARADEIGMATA 1

Die Reihe „Paradeigmata" präsentiert historisch-systematisch
fundierte Abhandlungen, Studien und Werke, die belegen, daß
sich aus der strengen, geschichtsbewußten Anknüpfung an die
philosophische Tradition innovative Modelle philosophischer
Erkenntnis gewinnen lassen. Jede der in dieser Reihe veröffent-
lichten Arbeiten zeichnet sich dadurch aus, in inhaltlicher oder
methodischer Hinsicht Modi philosophischen Denkens neu zu
fassen, an neuen Thematiken zu erproben oder neu zu begründen.

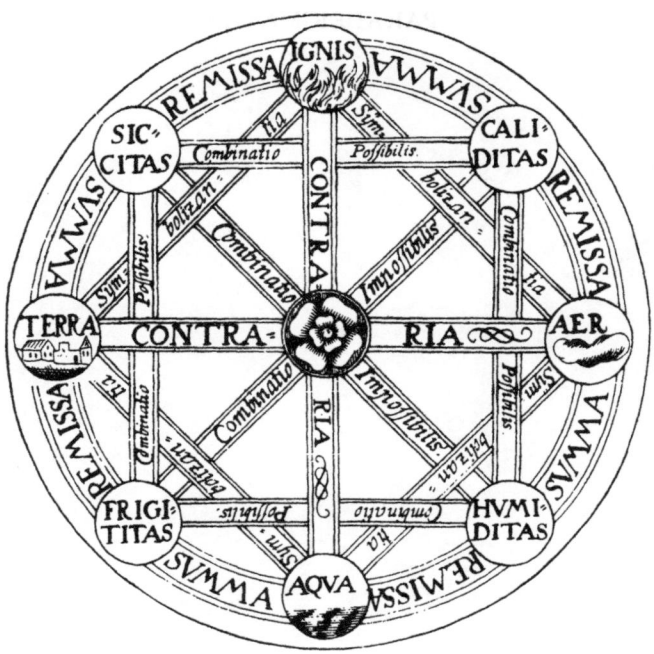

Titelvignette von Leibniz' Dissertatio de arte combinatoria

Für Sabine Solf

INHALT

*Druckermarke von Alsteds Schwiegervater Corvinus in Herborn. —
Man nehme die Geschichte von dem Raben des Elias (I Könige 17, 3—6)
und vermische sie mit der „ Vorbemerkung" dieses Buchs. Appareat sensus!*

VORBEMERKUNG

Diese Arbeit wurde im Mai 1981 vom Fachbereich Philosophie und Sozial-
wissenschaften I der Freien Universität Berlin als Habilitationsschrift angenommen. Ein solches Buch über humanistische und barocke Wissenschaft,
vornehmlich aus alten Büchern gezogen, kann man nur in alten Bibliotheken
versuchen. Es wäre nicht zustande gekommen ohne die Herzog August Bibliothek in Wolfenbüttel; das zeigt das Literaturverzeichnis: OMNIA EX VNO.
Nahezu alle benutzten alten Drucke stammen aus diesem Fundus. So habe
ich mich bei dieser Forschungsinstitution zu bedanken, an der ich fünf Jahre
lang gearbeitet habe — und dieser Dank ist mehr als Pflicht. Mein Dank gilt
deshalb Paul Raabe, dem Direktor, dem mit Energie und Großzügigkeit die
Erschließung dieser Bibliothek gelang. Davon habe ich gezehrt. Zu danken
habe ich den Mitarbeitern der Bibliothek, besonders meinen ehemaligen Kol-
leginnen Ingrid Nutz und Regine Zimpel. Vor allem weiß ich mich der Leite-
rin des Forschungsprogramms, Sabine Solf, dankbar verpflichtet. Sie hat mit
institutioneller Umsicht dafür gesorgt, daß ich in der angespannten organisatorischen Aufbauphase der Herzog August Bibliothek zur Forschungs- und
Studienstätte den Rücken freibehielt für die Arbeit mit den Beständen, die
ich mit zu verwalten hatte. Ich habe ihr deshalb das Buch gewidmet. Mein
Dank gilt schließlich der Deutschen Forschungsgemeinschaft, deren Unter-
stützung den Druck dieses Buches möglich machte.

EINLEITUNG

Zusammensetzungen mit „universal" lassen sich von Grenzen her nicht bestimmen. In Argumentationszusammenhängen, die die Geschichte von Wissenschaften, gar von Universalwissenschaften bestimmen wollen, kann man auf die Benennung ganz umfassender, „enzyklopädischer" Zusammenhänge aber nicht ganz verzichten. Diese Situation, mit nicht definierbaren, aber nötigen Termini arbeiten zu müssen, hat Konsequenzen einmal für die Terminologie selbst, zum anderen für die Beschreibung der Zusammenhänge, die diese Terminologie fassen soll. Wenn sich Universalwissenschaften schlecht definieren lassen, dann gibt dieser Befund die Lizenz dafür, ein Sprachfeld mit terminologischer Breite anzuerkennen, in dem stets nur von innen her — denn über Universalität kommt man nicht hinaus — benannt wird. Der fragliche Bereich heißt dann nach antiker rhetorischer Tradition Enzyklopädie[1], nach antiker philologischer Tradition Polyhistorie[2], selten Polymathie[3]. „Scientia universalis" erscheint ebenso wie „Mathesis universalis" — das hat Symptomcharakter — erst zu Beginn des 17. Jahrhunderts[4].

Beschreibungen, die „universal" im Titel haben, implizieren auf eine ihnen eigentümliche Weise den Anspruch, alles zu umfassen und damit den sicheren Rahmen möglicher Veränderungen zu liefern. Dieser ihr Anspruch bedeutet zugleich, daß sie selbst Kriterien und Inhalte ihrer Universalität zusammenstellen müssen, anderenfalls wäre ihre Universalität von etwas anderem abhängig und erfüllte den Begriff universal nicht. Deshalb ist es alles andere als zufällig, daß gleichzeitig mit der Zusammenstellung universalwissenschaftlicher Ansprüche, Kriterien und Kenntnisse der Begriff „Systema" entstand[5], ein Begriff, der „Zusammenstellung" bis in die Metapher hinein zunächst als Ortsbestimmung faßte, als Topica universalis.

Abhängig von wissenschaftlichen Vorentscheidungen, schwanken die Benennungen der Universalwissenschaft; im Anspruch, universal, umfassend zu sein, den Bereich ihrer Kompetenz ein für allemal abgesteckt zu haben, sind sie sich einig. Und gerade dieser Anspruch macht sie partikulär: Denn ihre Universalität unterliegt trotz ihres Anspruchs der historischen Veränderung;

---

[1] Vgl. vor allem: Quintilian, Institutiones oratoriae I, 1, 2.

[2] Der bekannteste Titel ist der spätantike „Polyhistor" des Kompilators Solinus.

[3] Johannes Wower: De Polymathia tractatio. Basel: Froben 1603; Polymathia ist griechisch gut belegt.

[4] R. Kauppi nennt als ersten Beleg für „Mathesis universalis" Adrianus Romanus mit seiner „Apologia pro Archimede" 1597 (Artikel Mathesis universalis im HWP), Scientia universalis kenne ich zuerst bei Leonardo Fioranti: Dello speccio di scientia universale, 2. Aufl., Venedig 1603. Spätestens seit Kircher und Leibniz ist der Terminus „Scientia universalis" allgemein.

[5] Vgl. Erstes Kapitel, Abschnitt IV: Methode und System.

jede Begriffsbildung mit „universal" ist historisch widersprüchlich: Der Konstanzanspruch des Allumfassenden wird destruiert durch das Faktum der Veränderung.

Aus diesem Befund ergeben sich Schwierigkeiten, die fürs Erzählen von universalwissenschaftlichen Konzepten konstitutiv sind:

Einmal muß die Konstitutionsgeschichte eines Zusammenhangs erzählt werden, der selbst mit dem Anspruch zusammengestellt wurde, sowohl umfassend, als auch unveränderlich zu sein: Das ist die Geschichte der Universalwissenschaft als die Geschichte von Systemen, als ihre eigene Konstitutions-, Begriffs- und Begründungsgeschichte. Eigentlich sollte diese Geschichte durch das System aufgehoben sein, aber die Partikularität des Systems wird Epochenspezifikum dadurch, daß die Begründungsgeschichte eines systematischen Modells zugleich seine Veränderungsgeschichte ist, und die Konstitutionsgeschichte den Kern der Selbstauflösung in sich trägt. Die Geschichte eines Modells ist das Spezifikum einer Epoche.

So kann man sich zweitens auf den Hauptanspruch der Universalität von Systemata nicht einlassen, konstant, suffizient und stabil zu sein, weil das Faktum der Veränderung, auch die gegenseitige Kritik der Autoren untereinander die Partikularität der Universalansprüche zeigt, die Symptom ihrer Geschichte ist.

Daraus ergibt sich drittens: Der Anspruch eines Systems auf Universalität und Konsistenz muß in die Geschichte seiner Kompetenz hineingenommen werden. Wenn die Kompetenz von Begriffen und Modellen in deren Erschließungsfähigkeit für Phänomene und Probleme besteht, dann ist für eine Modellgeschichte allemal entscheidend, wann eine Kompetenz*veränderung* stattgefunden hat. Nicht das vollständige Aufzählen derer, die „auch noch so etwas gemacht" haben, sondern die Innovatoren, die die Kompetenz der Modelle veränderten, sind für die Modellgeschichte wichtig.

In einer solchen Modellgeschichte von Systemen werden viertens die Erkenntnisprobleme zu Darstellungsproblemen. Denn die Diskrepanz zwischen Beständigkeitsanspruch und Veränderungsfaktum, aber auch die Gebundenheit des Interpretierenden an Institutionen, in denen seine fließende, vielleicht sprunghafte Identität ihrer Zeitlichkeit nach sichtbar wird, machen es nötig, sich einerseits dem Anspruch der Systeme zu fügen und andererseits dennoch zu wissen, daß deren Universalanspruch partikulär ist, so partikulär wie der Anspruch ihrer Interpretation.

I.

Die Feststellung der Kompetenz und der rechten Stelle eines Arguments oder einer Sache ist weder durch die Sache, die aus sich selbst heraus die Ordnung bestimmt, noch durch das quid pro quo der Funktion beschreibbar, sondern nur durch das *Verfahren*. Das artistisch-topische Modell von Invenieren und

Beurteilen/Ordnen/Machen, das zwei Verfahren miteinander verbindet, ist inkompatibel mit der späteren Disjunktion von Substanz und Funktion[6]; das besagt freilich nicht, daß man die Geschichte der Topik nicht funktional interpretieren könnte. Auch ein Verfahren ist in der Lage, das Kriterium für die Einheit des Gegenstandes und die Angemessenheit seiner Interpretation zu liefern. Hier, in der Geschichte der topischen Universalwissenschaften, ermöglicht das Verfahren, mit der Konstitutionsgeschichte eines Modells auch die Kriterien eines wissenschaftsgeschichtlichen Epochenzusammenhangs zu konstituieren. Inventio und Judicium liefern als Fundamentalprozeduren der Wissenschaft einen geschichtlichen Parameter für den Zusammenhang von Denkbewegungen zwischen dem Ende des Mittelalters und der nachcartesischen Philosophie: Topica universalis.

Daß das gelehrte Verfahren humanistischer und barocker Wissenschaft, Inventio und Judicium, seine Voraussetzungen in einem begrifflichen Feld von Empirie und Historie hatte — denn erst dann konnte überhaupt inveniert werden — wurde erst allmählich in der argumentativen Valenz des Systembegriffs und seiner topischen Ausprägung deutlich. Ohne die zureichende Beschreibung eines kontinuierlichen wissenschaftlichen Feldes ließen sich argumentative „Leerstellen" nicht ausmachen. War die Kontinuität erst erreicht, konnte man mit einer kontinuierlich vorgestellten Wissenschaft kontinuierlich, das heißt bruchlos, vollständig und deduktiv argumentieren. Diese Prozedur hieß zuerst bei Petrus Ramus Methode und ihr Ergebnis System. Topik bekam genau hier den universalen, den allgegenwärtigen, undefinierbaren Anspruch, der ihre Valenz in der humanistischen und barocken Erudition ausmachte, sie wurde zur Topica universalis.

Wenn auch Universalität sinnvoll nicht definiert, eingegrenzt werden kann, so kann für den begrenzten historischen Bereich, um den es sich hier handelt, für Humanismus und Barock doch beschrieben werden, womit die Wissenschaften der Zeit allemal argumentierten, ohne welche Begriffe und Vorstellungen sie nicht auskamen; und es kann die Entstehung einer wechselseitigen Tragfähigkeit und die Angewiesenheit der tragenden Begriffe aufeinander dargestellt werden. Damit wird historisch allmählich präparierbar — hätte Geschichte ihren Sinn in sich, würde deutlich — wie das Modell der Topik als universales Wissenschaftsmodell arbeitet: in einem Feld historischen Wissens/historischer Erfahrung wird inveniert; dieses Feld bildet die ursprüngliche Einheit von Material und Historie. Das invenierte Material wird beurteilt; dieses Judicium ordnet das Wissen. Am Ende steht etwas Hergestelltes, ein Werk, ein Gebilde: ein System als Ordnungsfeld universalen Wissens (sofern man Vollständigkeitskriterien anlegt), eine Rede, ein Gedicht, ein Emblem, ein Kunstwerk: in jedem Fall ein Gebilde.

---

[6] Ernst Cassirer: Substanzbegriff und Funktionsbegriff (1910), 3. Aufl., Darmstadt 1969.

In diesem Verfahren wurde immer etwas hergestellt, nie etwas nur erkannt. Kontemplatives Denken, Theorie im aristotelischen Sinn war hier nicht ohne weiteres vorstellbar: und die Konfrontation theoretischer, aber ni ch artistisch-methodischer Wissensansprüche mit dem methodischen Modell einer Kunst machte die Schwierigkeiten der barocken Wissenschaften aus. Die artistische Konstitution der Topik zwang dazu, stets Inventio und Judicium zu koppeln; Metaphysik als Frage nach der Sache selbst, nicht nach ihrer Stelle, war mit dem topischen Fundamentalverfahren von Inventio und Judicium nicht zu beschreiben. Hier erwies sich, daß der Universalitätsanspruch des topischen Systems partikulär war, und mit dieser Erkenntnis begann der Versuch, die Leistungsfähigkeit des topischen Modells mit metaphysischen Ansprüchen zu belasten, damit die Kompetenz der Systeme um den metaphysischen Bereich zu erweitern.

Mit einer solchen Erweiterung, die zu einer Konstitutionsgeschichte dazugehört, wird der Wandel des Systembegriff und zugleich die Frage nach der Problemerzeugung durch Problembewältigung[7] deutlich: indem eine Wissenschaft mit Universalanspruch die Probleme einer Zeit angeht, prägt sie deren Epochenbild.

Das Problem der Metaphysik, die Frage nach der Sache selbst, konnte sich einmal so stellen, daß die geordneten Inventionen in ihrer Gesamtheit, als System, metaphysische Wahrheit beanspruchten, daß sie beanspruchten, das System der Welt selbst in seinem Sinn und seinem Ziel darzustellen. Solche Erkenntnisse konnten nur theologisch, nur als Teilhabe am Göttlichen legitim sein. Nu rTeilhabe am göttlichen Wissen machte die einsichtige Rekonstruktion des Schöpfungsplans und -zieles evident. Diese Legitimation implizierte auch die andere theologische Möglichkeit, die metaphysischen Erkenntnisansprüche zu befriedigen: Wenn man nämlich erste Ideen wie artistische Topoi behandelte und diese mit metaphysischer und theologischer Dignität versah, sie dann miteinander kombinierte, war zumindest eine Möglichkeit gewonnen, das topische Verfahren und damit das Modell durch Veränderung zu retten: die invenierten ersten Ideen sollten rational miteinander verknüpft werden. Man wollte Plan und Ziel der Schöpfung rekonstruieren. Auch hier wieder das artistische Modell: Invenieren und Ordnen von Topoi zu einem Gebilde, jetzt freilich mit dem metaphysischen Anspruch der natürlichen Theologie, Scientia de omni scibili zu sein. Und mit diesem Anspruch bekam die Universalwissenschaft einen utopischen Drall.

Nun gab es den Versuch, den systematischen und metaphyischen Kompetenzanspruch des artistischen Modells, einen Anspruch, der von der Welt in die Utopie abgehoben hatte, zu reduzieren, indem man das Judicium, den zweiten Teil des Verfahrens einer artistischen Topik, nicht als Ordnungsverfahren, sonder rals Kritik auffaßte. Damit nun zerstörte man die eigenen Voraussetzungen: das artistische Modell der Topik hatte funktioniert, weil

---

[7] Vgl. Rainer Specht: Innovation und Folgelast, Stuttgart-Bad Cannstatt 1972.

Invention als Materialsuche und Judicium als bildendes Ordnen dieses invenierten Materials aufgefaßt worden war. Die Interpretation des Judiciums
als Kritik konnte die Ordnungsbildung nicht mehr beschreiben, weil Kritik
nur noch beurteilte; der Eklektizismus zerstörte damit das artistische Wissenschaftsmodell.

Daß die Konstitutionsgeschichte epochaler wissenschaftlicher Modelle
zugleich die Geschichte ihrer Veränderung, am Ende ihres Verfalls ist, wird
in der historischen Unausweichlichkeit — Faktum der Veränderung — dann
sichtbar, wenn der Zerfall als Geschichte von Problembewältigung und Kom-
petenzveränderung beschrieben wird. Noch im Zerfall bleiben die Konstituentien sichtbar, die ein Erklärungsmodell ausmachten; aber im Zerfall werden
die Topoi, die das Modell gebunden hatte, frei entweder zur neuen, veränderten Verwendung oder zur vollständigen Dissoziation. Die Umformung des
Judiciums zur Kritik bildete später ein Konstituens der Aufklärungsphilo-
sophie. Methodische Erkenntnis, eine Kontamination aus Artistik und Metaphysik, war der andere cartesisch-erkenntnistheoretische Weg aus den zerfal-
lenden topischen Systemata des Barock. Mit dem Modell löste sich die topische Fassung der Universalwissenschaft auf; das war zugleich das Ende einer
wissenschaftsgeschichtlichen Epoche.

II.

Für die Geschichte der Universalwissenschaften bilden Humanismus und
Barock eine signifikante Epoche. Das Feld universaler Topik wird als Ebene
begriffen, in der Örter festgelegt werden, die Orientierungshilfe liefern: und
dann besteht die Chance, eine Argumenten- und Metaphernlandschaft auf-
zubauen. Nun ist die Geschichte der Topik nicht identisch mit der Geschichte
der Universalwissenschaften; wenn Topik gleichwohl im Humanismus zum
universalwissenschaftlichen Modell wird, dann liegt das in ihrer Besonderheit:
Topik liegt im wissenschaftlichen Feld zwischen Logik und Rhetorik — kann
in bestimmtem Sinne als deren Grundlage begriffen werden. Dann ist Topik
nicht bloß Orientierungswissenschaft, sondern sie ist wesentlich artistisch
gelehrt, sie impliziert — unterhalb von Logik und Rhetorik — einen Zusammenhalt von Finden und Verwenden. Dieser handwerkliche, artistische Charakter der Topik ist konstitutiv für ihre Karriere als Modell der Universalwissenschaft, und sie liefert die Metapher mit: man findet an einem Ort
Material, das verarbeitet wird, am Ende steht ein Gebilde. Topik impliziert
kein metaphysisches Erkenntnisinteresse, sie geht nicht auf Naturerkenntnis
aus, sondern auf die Benutzung und Verarbeitung eines Wissens, eines Arguments, eines Sprichworts, eines Bilds. Die „artistische" Metaphorik des
Modells Topik bleibt entscheidend für die Argumentation, eine Ausmerzung
der Metapher würde die Stringenz der Argumentation zerstören.

Aber ein solches Modell ist selbst dann, wenn es einen großen Argumentations- und Metaphernzusammenhang trägt, nicht auf einmal vorhanden, weder beim späten Beschreiben noch – supponiert – beim historischen Gegenstand. Vielmehr läßt es sich im Laufe seiner Verwendung herauspräparieren, schließt im Präparationsprozeß und -ergebnis bestimmte Fragen ein, eröffnet Denkfiguren, die zugleich Metaphern sind, und verstellt andere. Es dauert, bis sich die Konstituentien eines Modells herausgeschält haben, bis die Leitbegriffe so weit präparierbar sind, daß sie allererst isoliert werden können. Und es dauert länger, ehe man feststellen kann, ob die Leitbegriffe untereinander verträglich sind und sich – erst dann kann man von einem Modell sprechen – gegenseitig tragen: so etwas heißt seit dem späten 16. Jahrhundert *Systema*.

Das Irritierende dieser Argumentation liegt darin, daß die Entwicklung des topischen Wissenschaftsmodells auch erst die Argumente für ein System möglich machte. Mit der Entwicklung eines Systembegriffs wurden die begrifflichen und die gedanklichen Möglichkeiten überhaupt erst geschaffen, Vollständigkeit, Deduktion, Homogeneität als Kriterien der eigenen Argumentation einzusetzen. Der Begriff des Systems lieferte in seiner Konzeption die kritischen Kontrollbegriffe mit, die die Tragfähigkeit der systematischen Statik systematisch prüfen mußten; durch diese Kontrollbegriffe sollte die universale Kompetenz von Systemen garantiert werden. Erst mit dem Anspruch logischer Stimmigkeit und vollständiger Kompetenz wurde ein System als *eines* auf *alles* anwendbar, erfüllte ein System den Universalanspruch, der es zur Statik stabilisierte, der es gegen die Veränderung wandte und damit aus der Geschichte herausziehen sollte. Und doch zeigt diese Statik die Partikularität von universalen Systemen, hinter deren Rücken sich Veränderungen vollziehen, die zu bemerken Systeme mit universalem Kompetenzanspruch eben wegen dieses Anspruches nicht in der Lage sind.

Eine Interpretation wie diese muß sich deshalb fragen lassen und selbst fragen, wie weit sie sich über die Historizität ihrer eigenen systematischen Ansprüche Rechenschaft ablegt, überhaupt ablegen kann. Der Begriff „historisch" bekommt hier die destruktiven Züge, die ganz umfassenden Begriffen eigen sind. Wie kann man historisch adäquat von einem sich gegenseitig tragenden historischen Zusammenhang reden, der damals noch nicht denkbar war? Wenn wir es besser wissen sollten, dann vollzieht sich Wissenschaftsgeschichte versteckt und unerkannt hinter dem Rücken der Beteiligten, das heißt aber auch hinter unserem eigenen Rücken; schließlich entzieht sich auch unsere eigene Argumentation diesem selbstmörderischen Begriff von Geschichte nicht.

III.

Auf Stimmigkeit, auf den Anspruch, daß etwas dargestellt werde, was in den unvermeidbaren, auch unentbehrlichen Unschärfen historischer Darstellungen einen nachvollziehbaren Zusammenhang ergibt, der dann als Einsicht in die Sache beschreibbar ist, darauf kann auch eine Darstellung wissenschaftsgeschichtlicher Entwicklungen nicht verzichten. Und so benutzt die Interpretation von systematischen Zusammenhängen just diejenigen Mittel, die sie interpretiert. Sie unterstellt, daß die erkannten Kriterien Einsicht in die Zeit vermitteln, von der sie handeln, daß sie das *Modell* einer historischen Zeitspanne sind; und sie unterstellt zugleich, daß die Einsichten, die der Begriff System vermittelt, für den Interpreten nicht ohne weiteres suspendierbar sind. Deshalb muß man, redet man vom Zusammenhalt einer Epoche, von einer gewissen Konstanz ausgehen. Diese relative Konstanz macht die Spezifität einer Epoche aus, ohne sie ist die Epoche nicht als sie selbst beschreibbar. Diese Konstanz macht eine Epoche im Fluß der Geschichte erkennbar; die Möglichkeit des historischen Erkennens einer Epoche hängt mithin von der relativen Statik ab, die Gedanken und Begriffe, Zusammenhänge, Stile und Muster zeigen, eine Epoche wird sichtbar durch ihr Modell.

Das Modell einer Wissenschaft ist weniger als das Modell einer Epoche. Ein wissenschaftliches Modell setzt sich aus sich gegenseitig tragenden Begriffen zusammen. Die Kompetenz und die Besonderheit dieser Begriffe besteht auch darin, daß sie nicht abstrakt und formelhaft allein gefaßt werden dürfen. Sie müssen vielmehr je für sich und in ihren Konstellationen eine modellierende, anschauliche Valenz haben, die sich als Leitmetaphorik einer Wissenschaft ausdrückt[8]. Die Begriffe eines Modells sind aufeinander angewiesen, haben eine funktionale Logik, die es möglich macht, einen Begriff aus einer Reihe anderer zu erschließen. So müssen nicht alle konstitutiven Begriffe beieinander sein, damit die Logik eines Modells einleuchtet. Das Modell bekommt für seine wissenschaftsgeschichtliche Epoche etwas von der Funktion eines Idealtyps, nie vollständig gefaßt werden zu können und dennoch schemenhaft allgegenwärtig zu sein.

Die anschauliche, sinnliche Valenz eines Modells und die Logik seiner Leitbegriffe korrespondieren. Diese Korrespondenz von Logik und Anschauung verleiht einem wissenschaftlichen Modell den Schein einer rationalen Einheit, den idealtypischen Schein von Zeitlosigkeit. Dieser Schein ist die Allgegenwärtigkeit des wissenschaftlichen Modells, dieser Schein ermöglicht die vorläufige Identifizierung der Leitmetaphern, macht Argumente allererst zuordbar, damit symptomatisch; dieser Schein macht es möglich, den Rang von Autoren zu bestimmen und damit einen Kanon festzusetzen: der Schein der Allgegenwärtigkeit eines Modells macht die Logik einer Epoche sichtbar.

Zwar scheint es, als könne sich die Logik einer Epoche ihrer Entstehung entziehen und in die Stabilität fliehen, aber als die anschauliche Logik eines wissenschaftlichen Modells kommt sie ohne Kompetenz nicht aus. Diese Notwendigkeit der Kompetenz bindet ein wissenschaftliches Modell an zweierlei:

---

[8] Vgl. Hans Blumenberg: Paradigmen zu einer Metaphorologie, Bonn 1960.

1) an die Lösung zeitgenössischer Probleme, die wissenschaftsgeschichtlich
   gerade anstehen,
2) an die Rezeption der angebotenen Lösungen, also an den institutionellen
   Erfolg.

Die Dignität von Problemlösungen hängt an der Logik des Modells, das
als Lösung angeboten wird; die Leistungsfähigkeit eines Modells beruht umgekehrt darin, möglichst viele einschlägige Probleme zu erschließen und damit
zu binden. Der Erfolg ist damit nicht gesichert; aber er wird wahrscheinlicher,
wenn das Angebot einer Problemlösung die Einheit von Anschauung und
Logik des Modells plausibel macht, wenn die Logik eines Modells metaphern-
trächtig ist. Darin besteht sicherlich die historische Kontrollfunktion des
Erfolges: wenn Autoren mit ihrer Arbeit an Problemen und Begriffen, die für
die Logik eines Modells unerläßlich waren, gleichwohl historisch erfolglos
blieben, dann kann das Rückschlüsse auf die Logik eines Modells, möglicherweise auf seine Widersprüche, zulassen; es kann aber auch die mangelnde
Kompetenz der Problemlösungsangebote signalisieren. Und schließlich ist es
möglich, daß geschichtliche Zufälligkeiten, die außerhalb des Kompetenzbereichs von wissenschaftlichen Modellen liegen, eine angemessene Rezeption
verhindert haben. Modellgeschichte vollzieht sich zwischen der Virtualität
der Logik eines Modells und der historischen Realität seines Erfolges.

Das hermeneutische Modell einer Modellgeschichte von Wissenschaft muß
seinerseits auf seine Leistungsfähigkeit, auf seine Erschließungs-Kompetenz
hin befragbar sein.

In einer solchen Prüfung müßte sich herausstellen, daß

1) der idealtypische Vor-Schein der Logik eines Modells zureicht für die
   Darstellung eines historischen Sachverhalts, für die Beschreibung einer
   geschichtlichen Problemsituation und für die vorgängige Bestimmung der
   Möglichkeiten, die ein historischer Autor zur Lösung seiner Probleme zur
   Verfügung haben konnte. Ein wissenschaftsgeschichtliches Modell muß
   also ein Arsenal von Begriffen zur Verfügung haben, deren Logik und
   Metaphorik kompossibel ist und die deshalb untereinander erschließbar
   sind, die also in einem funktionalen Zusammenhang stehen. Nur so wird
   es möglich, schon zu Beginn einer Epoche den Vorschein ihrer Geschlossenheit zu unterstellen, mit dem die Autoren dieser Epoche argumentieren, und nach dem sie interpretiert werden können.
2) Wenn man in dieser Weise von der Logik einer Epoche redet, von Begriffen, die sich untereinander tragen, von Funktionszusammenhängen und
   von der Logik eines Modells, dann wird dadurch auch der Rahmen des
   historisch Denkbaren abgesteckt. Die Logik der Leitbegriffe eines Modells
   impliziert ihre Funktion, Analyse und Kombinatorik. Sie steckt den
   Denkrahmen einer Epoche ab; er ist Kriterium der Interpretation der
   Autoren, Begriffe und Gedanken einer Zeit. Niemand hat das zu seiner
   Zeit schlechterdings Undenkbare gedacht, alle Innovationen eines Modells,
   seine Erweiterungen, Sprengungen oder Negationen stehen im Verhältnis

zu den Möglichkeiten des je zeitgenössischen Denkens[9]. Für den Interpreten bietet das Modell einer Epoche zugleich mit den Verständnismöglichkeiten die Kriterien richtiger und falscher, das ist möglicher und unmöglicher, einsichtiger und projektiver Interpretation.

3) Die Kriterien eines Modells machen es möglich, den Rang wissenschaftlicher Autoren am Rang ihrer Argumente zu bestimmen. In den Kanon, der dadurch entsteht, gehören nicht nur die epochalen Neuerer und nicht nur die zusammenfassenden Hauptentwürfe. Ein solcher Kanon, der sich am Modell einer wissenschaftsgeschichtlichen Epoche orientiert, hätte die wichtigsten Autoren, die an der Konstitution eines Modells beteiligt sind, ebenso wie die Initiatoren und diejenigen zu beschreiben, die innerhalb dieses Modells neue Sichtweisen eröffnen. Wesentlich für die Modellgeschichte, für den Kreditverlust eines Modells werden auch die Autoren, die die kategoriale Kompetenz eines Modells überanstrengen und damit seinen Kreditverlust bewirken. Wollte man freilich über diesen Kanon hinaus auch noch diejenigen anführen, die den Rahmen des Modells in dieser oder jener Weise ausgefüllt haben, ohne etwas zu verändern, dann ginge die Orientierungsfunktion, die eine Modellgeschichte legitimiert, verloren. Der Kanon einer Modellgeschichte von Wissenschaft kann nicht alle Autoren umfassen, die mit dem wissenschaftlichen Modell gearbeitet haben.

4) Die Vorstellung der Kompetenz von Begriffen und Modellen bindet die Modellgeschichte an historische Problemsituationen. Die Geschichte eines Modells besteht immer auch im Eingehen auf die Probleme, die es vorfand und die zu erhellen es angetreten war. Ein solches Lösen von Problemen ist nicht nur Offenlegen dessen, was der je zeitgenössische Autor vorfindet, es umfaßt auch die einsichtige funktionale Verbindung solcher Probleme. Nur dadurch kann die geschichtliche Problemvielfalt und der Problemdruck einer Problemvielfalt erträglich werden. Auf der anderen Seite kann sich die Erschließungskraft, die Kompetenz eines Modells nicht in dieser Feuerwehrfunktion eines funktionalen Problemreduktionismus erschöpfen. Die Logik eines Modells kann in ihrer Kompetenz Sichtweisen erschließen, die vorher verschlossen waren, deren Entdeckung freilich in den Folgen unkalkulierbar ist. Die Bewältigung solcher neuer Erkenntnisse gehört zur inneren Dynamik von Modellen, die die Begrifflichkeit von Modellen und deren Kompetenzbereich verändert.

5) Noblesse oblige, Kompetenzansprüche sind im institutionellen Zusammenhang nicht folgenlos, werden vielmehr in den Prozeß wissenschaftlicher Diskussion einbezogen und geprüft. So erschließt sich — Frage des Rezeptionserfolgs — ein wissenschaftliches Modell nicht nur aus seiner inneren Logik und seiner ursprünglich selbst beanspruchten Kompetenz,

---

[9] So etwas läßt sich nicht sinnvoll als Struktur wissenschaftlicher Revolutionen (Th. Kuhn) beschreiben, es sei denn, die Tatsache, daß auch beim wissenschaftlichen Nachdenken gelegentlich ein Licht aufgeht, wäre revolutionär.

sondern auch in der Erprobung, die von außen an es herangetragen wird, in der wissenschaftlichen Polemik. So wird im institutionengebundenen Disput nicht nur der Bereich wichtig, den ein Modell erschließt, sondern vor allem derjenige, der angedeutet wird, für den die Kompetenz noch nicht geklärt ist.

Die Gegenargumente eines wissenschaftlichen Disputs stammen aus anderen Erklärungszusammenhängen; diese Negation seiner universalen Kompetenz zwingt ein Modell entweder dazu, sich als nur partiell kompetent darstellen zu lassen oder seinen Kompetenzanspruch zu erweitern. Im ersten Fall wird für ein universalwissenschaftliches Modell mit dem Zugeständnis der Partikularität sein Anspruch auf Orientierung fraglich. Denn über die Orientierungskompetenz dessen, was ein Modell nicht erklärt, kann man innerhalb eines Modells auch keine Aussagen machen. Im anderen Fall müssen Modelle ihre Kompetenz für Sachzusammenhänge erweitern, für die sie nicht vorgesehen waren. Sie beanspruchen so zwar weiterhin universale Orientierungskompetenz, gefährden damit aber zugleich ihre innere Logik. Man muß dann supponieren, es könnten die Probleme, Themen, Fragen und Einwände, die in kritischer Absicht an ein Modell herangetragen werden, mit den Mitteln dieses Modells erklärt werden. Diese Kompetenzerweiterung eines Modells durch äußeren Problemdruck stellt die innere Logik eines Modells infrage, ist nicht innere Problemerzeugung durch Erschließung neuer Problembereiche, sondern durch Überanstrengung eines Erklärungszusammenhangs; im Arbeitsprozeß der Institution wird der Selbstauflösungsprozeß eines Modells faßbar, der durch die Spannung zwischen Orientierungsanspruch und innerer Logik, zwischen Kompetenz und Konsistenz eines Modells entsteht. Im institutionellen Prozeß holt die Geschichte die Systeme ein.

Die permanente Erweiterung der Kompetenz ermöglicht eine Zeitlang den institutionellen Erfolg eines Modells. Wenn die Kompetenz universal zu sein beansprucht, verliert sie zugleich die Fähigkeit, als Kompetenz *eines* Modells aufzutreten. Was alles ist, ist dadurch, daß es überall ist, nicht mehr faßbar. Und in diesem Moment einer Modellgeschichte verliert ein Modell die Fähigkeit, Probleme zu binden, die Topoi dissoziieren sich, werden gelegentlich neu verbunden. Das ist einmal der Augenblick, in dem sich die Einzelwissenschaften behaupten, der Augenblick auch, in dem Inventarisierungen begonnen werden, und mit dem Ende des Modells erscheint zugleich das Ende der Epoche, die das Modell bestimmte.

IV.

Wenn man überhaupt historisch *argumentieren* und nicht von vornherein in Fakten und Büchern ertrinken will, muß man sich — zumindest vorläufig — mit der Fiktion der Apperzeption, der transzendentalen Synthesis, mit der Vorstellung zufrieden geben, eine Epoche sei eine Einheit entweder an sich oder doch deshalb, weil sie mit Gründen vom Interpreten dazu gemacht werde. Daß diese Synthesis ihrerseits nur prozessual, im Vor- und Rückgriff, mit Interessen und Zwängen, mit bekannten Zufällen und unbekannten Notwendigkeiten je neu zustande kommt und nie verfügbar ist, macht die spezifische Schwierigkeit und Unsicherheit solcher Darstellungen überhaupt aus. Die Behandlung abgeschlossener Epochen hat einen Vorteil, den die Orientierungsversuche in der Gegenwart nicht haben: der Gegenstand, den der Historiker behandelt, kann insgesamt in den Blick kommen: das erleichtert den hermeneutischen Prozeß, das erleichtert auch die Kontrolle der logischen Struktur eines Modells durch ihren institutionellen Rezeptionserfolg, das erleichtert schließlich die Möglichkeit, den Prozeß der Destruktion und des Kreditverlusts eines Modells, der bis zum Vergessen reichen kann, zu verfolgen. Historische Beschreibungen verfügen über einen höheren Plausibilitätsgrad als Gegenwartsanalysen.

Für den Interpreten bietet die historisch abgeschlossene Geschichte eines Modells die Chance, historische Sachverhalte als Symptome zu beschreiben. Symptomatisches Interpretieren kann die Gedankengänge, die mit dem zugrundeliegenden Modell erklärbar sind, von solchen unterscheiden, die das Modell belasten oder die mit ihm nicht denkbar sind; das Modell liefert die Kriterien der Selektion und der Wertung von Gedanken.

Das hat für die Darstellung wissenschaftsgeschichtlicher Vorgänge eine beträchtliche Bedeutung. Eine solche Argumentation macht in vielen Fällen die zusätzliche Auseinandersetzung mit nicht-symptomatischen Gedanken überflüssig; die Auseinandersetzung mit Literatur, die zwar die Zeit oder bestimmte Autoren, nicht aber symptomatische Argumente behandelt, schwemmte hier nur auf. Eine Modellgeschichte der Universalwissenschaften des Humanismus und des Barock ist keine Universalgeschichte der Wissenschaften. Sie hat keinen materialen Vollständigkeitsanspruch. Sie will keine Geschichte der Philosophie im Barock liefern, weder als Geschichte von Logik und Metaphysik, noch von Religionskritik oder praktischer Philosophie. Sie will auch keine Geschichte der Einzelwissenschaften sein, keine Philologie- und Rhetorikgeschichte, keine Geschichte der Jurisprudenz oder Theologie und schon gar keine Geschichte der Naturwissenschaften. Was sie aber deutlich machen will, ist der Symptomcharakter von Enzyklopädie als Leitvorstellung einer gelehrten Wissenschaftlichkeit im Humanismus und im Barock. Denn wenn das topische Verfahren als Weg zur Enzyklopädie sinnvoll erscheint, dann lassen sich mit der argumentativen Offenheit des „artistischen" Modells die Universalwissenschaft, die Inventionslehre und die Regelanweisungen der Rhetoriken, der Poetiken, der bildenden Kunst beschreiben. Die *Gelehrsamkeit* als Konstituens damaliger Kunst und Wissenschaft bekäme bis in die Emblematik hinein Struktur.

In der symptomatischen Interpretation, die die Modellgeschichte ermöglicht, steht der Interpret vor einer doppelten hermeneutischen Aufgabe. Die doppelte Valenz von anschaulicher Logik und Problemkompetenz, die sein

Modell konstituiert, macht es unmöglich, dies Modell in seiner Idealtypik an *einem* historischen Sachverhalt oder an *einer* historischen Person nachzuweisen. Das Modell ist bei den behandelten Autoren ja nie einfach und vollständig vorhanden, sondern nur virtuell, in seinem immanenten logischen Schein. Der Interpret muß deutlich machen, inwiefern und in welcher Position der historische Autor mit seinen symptomatischen Gedanken behandelt werden muß, und er muß vor allem deutlich machen, daß der fragliche Autor durch den logischen Vorschein des Modells von dieser Position — undeutlich genug — gewußt haben kann. Freilich kann eine solche Aufgabe dadurch erleichtert werden, daß ein Modell zugleich Problemlösungskompetenz beansprucht, Kompetenz häufig für die Erhellung eines Bündels von Problemen und zugleich für die Erschließung eines neuen Bereichs. Aus vielen solcher Erklärungsangebote, die sich aufeinander beziehen, wird das idealtypische Modell einer Epoche.

Wenn es auch nicht zwei exakt trennbare Ebenen sind, so sind es doch zwei Aspekte der Modellvorstellung, die hier unterschieden werden können: die historischen Autoren, die sich mit den Wissenschaftsproblemen ihrer Zeit befaßten, versuchten je, die Lösungsversuche, die sie erreichten, in einem irgendwie konsistenten Modell zusammenzufassen. Zugleich hat dies Modell des einzelnen historischen Autors Symptommomente des idealtypischen Epochenmodells, das der späte Interpret als konstitutiv für die Darstellung der Einheit seines Sachgebiets ansieht.

Für die Darstellung verspielt dieser komplizierte Zusammenhang beinahe die Orientierungsvorteile, die die Modellgeschichte durch die Verschlankung der Argumentation bietet. Denn der Interpret muß Vorsicht walten lassen bei der Behandlung der einzelnen Autoren, er darf sie nicht brutal aus dem Epochenmodell, das die historischen Autoren vollständig noch nicht hatten, deduzieren; er darf sie auch nicht vereinzelt und ohne Epochenperspektive zeichnen. Eine Darstellung wäre dann überzeugend, wenn es dem Interpreten gelänge, das idealtypische Epochenmodell soweit wie möglich im Hintergrund zu lassen, sich der Argumentation seiner Autoren anzuschmiegen, den Symptomcharakter der historischen Argumente, die er vorfindet, nachzumodellieren, ihn aus dem Vorschein des Epochenmodells deutlich werden zu lassen. Er müßte asketisch erzählen, wissen, als wüßte er nicht, haben, als hätte er nicht, um mit der erzählerischen Askese vom Epochenmodell dessen epochale Konstitutionsfunktion in den historischen Sachverhalten um so deutlicher sprechen zu lassen.

AEPITOMA OMNIS PHYLOSOPHIAE. ALI)
AS MARGARITA PHYLOSOPHICA TRACTANS
de omni genere ſcibili: Cum additionibus: Quę in alijs non habentur.

Ob die Bezugsbereiche historischer Forschung allemal die Bezeichnung Gegenstand verdienen, ist mehr als fraglich. Denn häufig macht es den Witz dieser Forschung aus, daß bei historischen „Objekten" — oder Subjekten — der Bereich, um den es gehen soll, erst präpariert werden muß, damit er überhaupt sichtbar wird.

Diese Präparation hat zunächst historische Konstituentien deutlich zu machen, Konstituentien, die in doppelter Funktion auftreten: Sie müssen im Vorgriff allemal so betrachtet werden, als konstituierten sie einen Bereich, und sie sind in dieser Funktion zugleich heuristische Leitfossilien, Leitmodelle, Leitbilder, Leitbegriffe. Man kann davon ausgehen, daß für die Präparation des historischen Bereichs diese Konstituentien, wenn es denn welche sein sollen, irgendwie zusammengehören. Daß sie sich hingegen systematisch stützten, ist nicht von vornherein anzunehmen, jedenfalls nicht für die Leitbegriffe der humanistischen Philosophie im 16. Jahrhundert.

Nun gehört es gerade zu den intellektuellen Haupterrungenschaften dieser Zeit, einen Systembegriff entwickelt zu haben. Dieser Begriff wurde im letzten Drittel des 16. Jahrhunderts konzipiert. Die Kriterien von System auf die Zeit vorher anzuwenden, wäre eine historische Projektion und ohne Erkenntnisgewinn. Und es ist auch keineswegs so, daß nun alle Leitbegriffe, die für den zunächst sehr undeutlichen Wissenschaftsbereich Polyhistorie und Universaltopik von Bedeutung sind, wie durch einen Trichter zum frühen Systembegriff zusammengeschüttet werden könnten[1].

Manche Begriffe werden innerhalb bestimmter wissenschaftsgeschichtlicher Bereiche vorausgesetzt, ohne in dem direkten Zusammenhang behandelt zu werden, in den sie nach „systematischen" Gesichtspunkten gehörten. So geht es etwa mit dem schillernden Begriff von Historie in seinem Verhältnis zur Allgemeinheit des Wissens. Wissen wird im 16. Jahrhundert zunächst anders, nach Loci communes, organisiert, nach Begriffen und Leitbildern, die nur lose miteinander zusammenhängen, ohne daß dieser Zusammenhang mit zeitgenössischen, historischen Mitteln schon beschreibbar wäre. Der System-

---

[1] Blumenberg hat das für Kopernikus beschrieben: Die Genesis der Kopernikanischen Welt, Frankfurt/M. 1975. Zweiter Teil. Die Eröffnung der Möglichkeit eines Kopernikus.

Vorige Seite: Titelblatt von Gregor Reisch: Margarita Philosophica. Straßburg: Grüninger 1515. — Das ist die Enzyklopädie: Der erste Kreis des Wissens, die Philosophia Divina. Die Kirchenväter Augustin, Gregor, Hieronymus und Ambrosius sehen die göttliche Weisheit im Heiligen Geist. Die Philosophia Divina schwebt über der dreiköpfigen Philosophia humanarum rerum: naturalis, rationalis, moralis. Unter ihren Engelsflügeln trägt sie das Buch der Natur, die Krone der Weisheit und das Szepter der gerechten Herrschaft. Die sieben freien Künste entfalten die Weisheit der Philosophia humanarum rerum in Logik, Rhetorik, Grammatik, in Arithmetik, Musik, Geometrie und Astronomie. Und wie die Kirchenväter im Heiligen Geist die Göttliche Weisheit anschauen, so sind Aristoteles und Seneca die Theoretiker der menschlichen Philosophie; ihre Anschauung halten sie in Büchern fest, Aristoteles die Theorie der Natur und Seneca die Weisheit der Moral.

begriff fehlte schließlich anfangs noch. Das hat Folgen für den Gegenstandsbereich und seine Konstituentien: Einen festen Bereich kann man noch nicht
ganz konzis präparieren, sondern es lassen sich für die humanistische Basis
des Universalwissens Leitbegriffe und Leitvorstellungen darstellen. Der
„Gegenstand" ist noch gar nicht recht konstituiert, es sind nur Kernbereiche
humanistischer Philosophie zu erkennen.

Wenn diese Kernbereiche freilich auch am Ende des Humanismus systematisch zusammengeschlossen werden, wenn sie so gedacht werden, daß sie
sich gegenseitig stützen, wenn Kriterien wie Vollständigkeit, Homogeneität und
deduktive Begründung für wissenschaftliches Denken allgemein gefordert werden, dann liefert die Zusammenstellung von Begriffen auch einen beschreibbar
sicheren Maßstab. Sobald dieser historische Maßstab zureichend beschrieben
werden kann, muß man damit auch den Kanon philosophischer Autoren
messen können. Das freilich wird ein Problem des 17. Jahrhunderts, des
Barock. Ehe das möglich wird, geht es um die Zentralbereiche humanistischer
Philosophie, die auf bemerkenswert desolate Weise auch die Basis der barocken
Polyhistorie und Universaltopik sind.

I. Agricolas dialektische Inventionen

Rudolph Agricolas „De Inventione Dialectica" ist wohl eines der Bücher, die
Epoche machten. Epoche machen heißt auch, Maßstäbe setzen, ablösen und
neu konstituieren. Das geschah bei ihm nicht sehr auffällig. Der „erste deutsche Humanist", der nach 1443 in Friesland geboren wurde[2], der in Heidelberg las, starb schon 1485, ehe er noch eigentlich zu wirken beginnen konnte.
Erst nachdem seine Dialektik 1515 in Löwen[3] und danach häufig wiederge-
druckt wurde[4], konnte sie ihre subkutane Virulenz entfalten. Denn selbstverständlich blieb sie im Schatten der Reformation und wirkte nur durch die
Reformation hindurch.

---

[2] Literatur zu Agricola: J.E.M. van der Velden: Rudolphus Agricola (Roelof Huusman), Leiden 1911. – P.S. Allen: Agricola. In: English Historical Review, April 1906. –
Paul Mestwerdt: Die Anfänge des Erasmus, Leipzig 1917. – Fr. v. Bezold: Rudolf Agricola.
Akad. Festrede München 1884. – Wilhelm Ehmer: Beiträge zur Geschichte der Entwicklung der Persönlichkeit unter dem Einfluß des Humanismus in Deutschland, Diss. München
1925. – Paul Joachimsen: Loci Communes. Eine Untersuchung zur Geistesgeschichte des
Humanismus und der Reformation. Luther-Jb. 1926, S. 27–97. Leider hat Joachimsen
seine angekündigte Arbeit über das humanistisch-reformatorische Wissenschaftssystem nie
veröffentlicht. – August Faust: Die Dialektik Rudolph Agricolas. Ein Beitrag zur Charakteristik des deutschen Humanismus. Archiv für Gesch. der Philos. 34, 1922, S. 119–135.
Grundlegend: Walter J. Ong: Ramus, Method and the Decay of Dialogue, 1. Aufl. 1958,
2. Aufl. New York 1974.
[3] Vgl. Walter J. Ong: Ramus and Talon Inventory, Agricola Check-List. Folcoft, PA
1969. Vgl. die Einleitung von Wolfgang Risse zum Neudruck der Inventiones Dialecticae
von Agricola, Hildesheim 1976. Risse, Bibliographia Logica, Hildesheim 1965ff., Bd. 1.
[4] Vgl. Ong: Ramus and Talon Inventory.

1. Rhetorik und Logik

Der Grund der Virulenz lag, wie oft, auch bei Agricola in einer Kontamination: Agricola preßte Logik und Rhetorik zusammen, er verband in den Dialektischen Inventionen die Rhetorik der italienischen Renaissance, die sich auf das ciceronianische Bildungsideal des Redners stützte, mit der spätmittelalterlichen Logik, einer weit ausgebauten, feinnervigen Wissenschaft mit einem sehr formalisierten und differenzierten wissenschaftlichen Apparat. Eine solche Kontamination hat stets zur Folge, daß Argumentationsfelder und Begriffe ineinander geschoben werden. Argumente bekamen neue Funktionen, Begriffe neue Bedeutungen. Wenn solche Wandlungen erfolgreich waren, wirkten sie mit nachhaltiger, unterschwelliger und verändernder Dynamik. Und Agricola hatte Erfolg.

Seit der Trennung von Rhetorik und Philosophie, seit der Sophistenkritik Platos, gelten Logik und Rhetorik als verschieden definiert[5]. Die Logik will etwas richtig darstellen[6], und Rhetorik will schön reden und überzeugen[7]. In Agricolas Philosophie, die Rhetorik und Logik zu verbinden vorgab, kreuzten sich diese Vorstellungen, die ohnehin aufeinander angewiesen waren. Die dialektische Praxis der Universitäten verband darüber hinaus faktisch schon lange formale Logik und Ars persuadendi: Es kam immer auf sachliche Richtigkeit an, aber zugleich auf die Überzeugung des Kontrahenten. Schon in den dialektischen Übungen verbanden sich logische und psychologische Kriterien, Sach- und Überzeugungsargumente.

Dieser Vorgang enthielt ein pädagogisches Moment, das sich aus der Psychologie der Rhetorik entwickelte und das schon in der antiken Rhetorik, besonders bei Cicero, das Ideal des Redners als des rundum „gebildeten"[8] politischen Menschen gewesen war. Dies Bildungsprogramm war besonders über Quintilian tradiert worden[9]. Nun ist zwar ein Gebildeter noch niemand, der bildet, der ideale Rhetor hingegen wird zum Pädagogen, weil er sich auf die Wirkung dessen, was er sagt, einzustellen hat. Er muß zumindest die Rede dem Verständnis seines Publikums anpassen — akkomodieren — und je weniger spezifisch das Publikum ist, desto allgemeinverständlicher hat der Rhetor zu reden.

Für diese Wirkungspsychologie der Rhetorik bildet im Spätmittelalter die Universität eine entscheidende institutionelle Voraussetzung. In ihren

---

[5] Vgl. Samuel Ijsseling: Rhetoric and Philosophy in Conflict, Den Haag 1976.

[6] Cicero, Tusculanen V 25: „Dialectica per omnes partes sapientiae manet et funditur, rem definit, genera disponit, sequentia adjungit, perfecta concludit, vera et falsa dijudicat: a διαλέγομαι, dissero." Vgl. Acad. IV, 28. Vgl. Forcellini: Lexicon Totius Latinitatis, benutzte Ausg. Schneeberg 1835, s. v. Dialectica.

[7] Cicero, de oratore I,6,21: „. . . vis oratoris professioque ipsa bene dicendi hoc suscipere ac polliceri videtur, ut omni de re, quaecumque sit proposita, ornate ab eo copioseque dicatur." Vgl. Quintilian, Institutiones orat. II,21.

[8] Cicero, Orator I,4.

[9] Quintilian Inst. orat. X.

verschiedenen Fakultäten hatte sie ein bestimmtes Lehrprogramm zu erfüllen, ein Programm, das mit Dialektik und Rhetorik vermittelt werden mußte. Das Publikum dieser gelehrten Rhetorik im Bereich des Heiligen Römischen Reiches waren Studenten von 16 bis 18 Jahren, häufig auch jünger, auf die der Rhetor seine oratorische Psychologie zu applizieren hatte[10]. Was Wunder, wenn die rhetorisch-politische Psychologie, die in der aristotelischen Rhetorik zunächst auf die Polis mit ihren rechtlichen und politischen Strukturen ausgerichtet, die bei Cicero vor allem als juristisch-politisches Instrument geplant war, bei Agricola auf gelehrte Pädagogik reduziert wurde. Der politische Redner und die gebildete Rhetorik veränderten sich durch ihre Kombination mit der Dialektik zur akademischen Argumentationstechnik mit rhetorischen Argumenten. „Erit ergo nobis hoc pacto definita dialectice, ars probabiliter de qualibet re proposita disserendi, prout cuiusque naturae capax esse poterit."[11]

Mit der Kombination von Rhetorik und Logik lagen auch die drei Hauptbereiche der Dialektik Agricolas fest, die Bereiche Logik, Rhetorik und Psychologie. Diese drei Bereiche hatten ein gemeinsames begriffliches Arsenal, einen festgelegten Aufbau und bestimmten von sich aus die Ordnung, die Agricola seinem Werk gab. Der erste Teil behandelte die Topik, der zweite Teil deren Anwendung in Argumenten und der dritte Teil die Disposition der Argumente im Hinblick auf die psychologische Wirkung und den sachlichen Zweck.

Cicero hatte zwei Teile jeder „ratio diligens disserendi" festgesetzt, „unam inveniendi alteram judicandi"[12], und hatte mit diesem Begriff die Topik, die Argumentationslehre gegliedert. Dieses Begriffspaar nahm Agricola zusammen mit dem Argumentationsfeld auf und konfrontierte es als Modell dem formalen Apaprat der aristotelisierenden Analytik, wie er sie aus den logischen Lehrbüchern, besonders den *Summulae Logicales* des Petrus Hispanus kannte[13]. Damit verschob Agricola den Akzent von der Analytik als dem Hauptbereich der an Aristoteles orientierten Logik zur Topik, die ciceronianisch ausgerichtet war. Daß Aristoteles selbst eine Topik geschrieben hatte, daß Themistius und Boetius diese Topik kommentiert und dem Mittelalter überliefert hatten, bildete den gemeinsamen Rahmen von Produktion und Rezeption der Topik und förderte die Möglichkeit, die komplizierte Logik

[10] Vgl. dazu Ong: Ramus S.136ff. und Friedrich Paulsen: Gesch. des gelehrten Unterrichts. Zuerst Leipzig 1885, 1. Teil.

[11] Rudolph Agricola: De inventione dialectica libri tres, Nachdr. der Ausg. Köln 1528, Hildesheim 1976. Vorwort von W. Risse, S. 155. Vgl. dazu auch: Risse, W., Logik der Neuzeit, Bd. 1.,Stuttgart-Bad Cannstatt 1964, S. 17 (Risse I).

[12] Cicero Topik II,6. Vgl. Orator XIV, 44 u.ö. Vgl. Riposati, Studi sui "topica" di Cicerone, Milano 1947. Dt. Übersetzung des letzten Kapitels in: Kytzler, Bernhard (Hrsg.): Ciceros literarische Leistung. W.d.F. CCXL Darmstadt 1973. Riposati wertet die „Topik" als Höhepunkt von Ciceros rhetorisch-philosophischem Werk.

[13] Dazu u.a.: Karl Prantl: Geschichte der Logik im Abendlande, Bd. 3, 2. Aufl. Leipzig 1927, S. 33–75. Innocent Marie Bochenski: Formale Logik, Freiburg/München 1956. Vgl. bes. die Ausgabe der Summulae Logicales von de Rijk, Assen 1972.

durch die zwar ungenauere, aber übersichtlichere Topik zu ersetzen. Logik und Topik waren schließlich nicht sehr heterogen. Wenn es in der Analytik — nach aristotelischen Kriterien — um eine sichere Kenntnis von Satzfolgen vermittelst richtiger, weil formal festgesetzter Schlüsse ging, vermittelst Syllogismen, die Urteile, bestehend aus Prädikabilien und Prädikaten, miteinander verbanden, ging es in der Topik Agricolas um Begriffe und deren Position.

Der Bereich der Dialektik im aristotelischen und scholastisch-aristotelischen Sinne enthielt Begriff, Urteil und Schluß als notwendige Konstituentien[14]. Im Syllogismus, dem unerläßlichen Hauptinstrument aristotelischer Logik, kommen diese Konstituentien vollständig vor: Alle Menschen sind sterblich. Sokrates ist ein Mensch. Sokrates ist sterblich. Mensch, Sokrates, sterblich sind Begriffe; die zweigliedrige Zuordnung von Mensch—sterblich, Sokrates—Mensch und Sokrates—sterblich sind je Urteile, und der ganze, dreigliedrige Syllogismus ist ein Schluß.

Mit der Betonung der Topik wurde das Interesse fast vollständig auf den Begriffsbereich verlagert. Inhalte wurden deshalb wichtiger als Schlüsse. Das logische Urteil blieb als Zuordnung von Begriffen zueinander innerhalb der Topik nötig, aber der Schluß wurde durch die Situierung von Begriffen im Begriffsfeld nahezu überflüssig.

Die Topik war bei Agricola folglich inhaltsorientiert, sie basierte nicht, wie die aristotelische Topik[15], auf Schlüssen aus wahrscheinlichen Prämissen, sondern ging von Ciceros verkürzender Aristoteles-Adaptation aus, die nur noch die Prämissen der Gesamtargumentation als Topoi betrachtete und deshalb den Topos als „sedes argumenti"[16] definierte.

2. Die kategoriale Gleichschaltung in der Topik

Die Verschiebung von den wahrscheinlichen Schlüssen zur Isolierung der Prämisse veränderte die methodischen Möglichkeiten der Topikbehandlung. Es konnten nur noch ein einzelner Begriff oder Begriffskonstellationen behandelt werden, nicht deren Verknüpfungen. Und für diesen Sachverhalt bot sich die Lehre der aristotelischen Kategorienschrift an. Weil Topik den Begriff, nicht

---

[14] Vgl. Anal. Prior. I,1, 24 b 18. Vgl. Rolfes, Einleitung in die „Kategorien" des Aristoteles. In: Aristoteles, Kategorien, Lehre vom Satz, Hamburg 1962. Philos. Bibliothek 8/9, S. 37. Zur aristotelischen Logik besonders: J.M. le Blond. Logique et Methode chez Aristote, Paris: Vrin 1939. Vgl. auch Prantl: Gesch. der Logik, Bd. 1, S. 87—346, bes. S. 263—265.

[15] Vgl. Aristoteles, Topik I, 1, 100 a. Dazu: Wolfgang Wieland: Die aristotelische Physik, Göttingen 1962. Vgl. auch Lothar Bornscheuer: Topik, Frankfurt 1976.

[16] Cicero, Topik 2,7: „Vt igitur earum rerum quae absconditae sunt demonstrato et notato loco facilis inventio est, sic, cum pervestigare argumentum aliquod volumus, locos nosse debemus; sic enim appellatae ab Aristotele sunt eae quasi sedes, e quibus argumenta promuntur. Itaque licet definire locum esse argumenti sedem, argumentum autem rationem, quae rei dubiae facit fidem."

den Schluß, in den Mittelpunkt des Interesses stellte, mußte sie zunächst mit den Mitteln der Begriffsbildung arbeiten, die zur Verfügung standen, und diese Mittel bot die Kategorienschrift des aristotelischen Organon an[17], die den Begriff als Wort behandelte. Die Möglichkeiten der Aussage über ein „ohne Verbindung gesprochenes Wort" waren in den zehn „*Kategorien*" zusammengefaßt: „Jedes ohne Verbindung gesprochene Wort bezeichnet entweder eine Substanz oder eine Quantität oder eine Qualität oder eine Relation oder ein Wo oder ein Wann oder eine Lage oder ein Haben oder ein Wirken oder ein Leiden."[18] Diese aristotelische Kategorientafel, die als Metaphysik und als grammatische Logik geplant war, wurde bei Agricola im Gefolge der ciceronianisierenden humanistisch-rhetorischen Topik zum Sitz von Argumenten.

Mit den aristotelischen Kategorien ließen sich Einzelheiten zu Gruppen bündeln. Zwar ging es in der Topik zunächst um die Versammlung von Argumenten an bestimmten logischen Örtern. Bei Agricola aber wurde entscheidend, daß im Anschluß an die ciceronianische Topik die *logische* Referenz der Kategorien mit der *metaphysischen* zusammenfiel. So wurden die Topoi auch Konstituentien der Dinge selbst. Als metaphysische Grundlage wurden die *Loci* in die *Dinge selbst* gelegt, sie wurden zu substantiellen Prädikaten der Sachen. „Inest tamen omnibus, tametsi suis quaeque discreta sint notis, communis quaedam habitudo, et cuncta ad naturae tendunt similitudinem, ut quod est omnibus substantia quaedam sua, omnia ex aliquibus oriuntur causis, et omnia aliquid efficiunt."[19] Wenn die Loci zur Substanz der Dinge selbst gehörten, dann lieferten sie die substantiellen Unterscheidungskriterien, die auch die natürliche Ordnung der Dinge ausmachten, und die andererseits zugleich dialektische Argumente waren. „Haec igitur communia, quia perinde ut quicquid dici ulla de re potest, ita argumenta omnia intra se continent, idcirco locos vocauerunt, quod in eis velut receptu et thesauro quodam omnia faciendae fidei instrumenta sint reposita."[20]

Die Loci waren dann sozusagen die Fächer der Schatzkammer, in die sachlich eingeordnet wurde. Damit war auch ein wissenschaftliches Ordnungsproblem gelöst. Denn Loci waren zugleich die substantiellen und die dialektischen Ordnungskriterien der Dinge[21]. Mit dieser Deutung der Topik vollzog sich ein Prozeß, der Prädikate substantialisierte, verdinglichte. Es war zugleich ein Vorgang, der im Anschluß an Cicero Etikettenschwindel betrieb. Was mit diesen Loci als Topik bezeichnet wurde, hatte mit der Wahrscheinlichkeits-

---

[17] Dazu im einzelnen: August Faust: Die Dialektik Rudolph Agricolas, in: Archiv f. d. Gesch. der Philos. 1922, S. 120f. und Ong, Ramus, bes. S. 92—130.

[18] Aristoteles, Kategorien IV, 1b.

[19] Agricola, S. 8.

[20] Agricola, S. 8.

[21] Agricola, S. 8: „Res autem numero sunt immensae, & proinde immensa quoque proprietas atque diversitas earum. Quo fit, ut omnia quae singulis conveniant aut discrepent, sigillatim nulla oratio, nulla vis mentis humanae possit complecti."

schlußlehre der aristotelischen Topik[22] zunächst nichts zu tun. Denn hier, bei Agricola, handelte es sich um eine Begriffslehre, nicht um Schlüsse.

Nun war die Substantialisierung der Topoi in Ciceros rhetorischer Fragestellung und seiner juristisch-topischen Argumentation nicht geplant. Die Substantialisierung unterlief Agricola vielmehr im Gefolge der logischen spätmittelalterlichen Tradition, die sich in den Summulae Logicales des Petrus Hispanus fand, die gewiß keine rhetorische, sondern vielmehr eine Tendenz zur metaphysischen Fixierung von Prädikationen hatte. Und schon hier bekamen die Loci eine Tendenz, nicht als Wahrscheinlichkeitsschlüsse, sondern als Zuordnungen, also in der Form zweigliedriger Urteile aufzutreten[23]. In dieser Metaphysik der Topoi unterschied sich Agricolas Dialektik von der sehr lockeren ciceronianischen Topik. Die metaphysischen Topoi bildeten den Teil der mittelalterlichen Logik, den Agricola unterhalb seines Ciceronianismus mittransportierte. Nun faßte Agricola die aristotelische Kategorientafel, die er vorfand, nicht allein als metaphysische Topoi auf, sondern er erweiterte sie um Begriffe, die hauptsächlich der ciceronianischen Topik entnommen waren. Mit dieser Erweiterung nahm er zugleich den aristotelischen Kategorien ihre logisch-grammatische Dignität. Denn während die Kategorien conditiones sine quibus non der Begriffsbildung waren, waren Topoi von einer anderen Qualität, sie waren eher Subsumptionsmerkmale verschiedener Begriffe. Durch die Erweiterung der Kategorien um weitere Topoi und die Nivellierung des Unterschiedes von Kategorien und Topoi entstand die Uneinheitlichkeit der Topik Agricolas. Seine Topoi vereinigten Konstitutions- und Dispositionsbegriffe in einem Feld, ohne ihre scholastische Differenzierung ernsthaft zu berücksichtigen[24]. Damit wurde auch der Unterschied zwischen einem wahrscheinlichen und einem gewissen Urteil, zwischen sachbezogenem Wissen und psychologischer Überzeugung verwischt.

Es kamen bei Agricola 24 Örter zusammen, die meistens nach Begriffsgruppen gegliedert waren: „Duo internorum, ea quae in substantia sunt, et ea quae circa substantiam. Externorum quatuor, cognata, applicita, accidentia, repugnantia. In substantia septem fecimus, definitionem, genus, speciem, proprium, totum, partes, coniugata. Tres circa substantiam, adiacentia, actus, subiecta. Externos cognatorum quatuor, efficiens, finem, effecta, destinata. Applicitorum tres, locum, tempus, connexa. Quinque accidentium, contingentia, nomen rei, pronuntiata, comparata, similia. Repugnantium duos: opposita, et differentia. Fiuntque isti in summa loci uiginti quatuor, quibus

---

[22] Aristoteles, Topik 1,1, 100 a 18: „Unsere Arbeit verfolgt die Aufgabe, eine Methode zu finden, nach der wir über jedes aufgestellte Problem aus wahrscheinlichen Sätzen Schlüsse bilden können und, wenn wir selbst Rede stehen sollen, in keine Widersprüche geraten."

[23] Petrus Hispanus, Summulae Logicales, ed. van de Rijk, Assen 1972, S. 55–78. Vgl. auch Ong, Ramus, S. 199ff.

[24] Vgl. Joachimsen, Loci Communes, bes. S. 40–42. Vgl. zur scholastischen Differenzierung im Überblick: Joseph Gredt O.S.B., Elementa Philosophiae Aristotelico-Thomisticae, 7. Aufl., Freiburg 1937, Pars II, Cap. II, Logica praedicamentalis.

in omnem rem quacunque erutum inventumque ratione ducitur argumentum."[25]

3. Invention als Ziel der Topik

Die logische Verschiedenartigkeit der Loci läßt sich gewiß nicht vollständig auf die metaphysische Konstitutionsproblematik reduzieren. Was Topoi erreichen sollen, ist die Gliederung eines vieldeutigen wissenschaftlichen Terrains, einer „immensa proprietas et copia verborum et rerum"[26], nach Konstitutions- und Ordnungsbegriffen. Es ging Agricola um Begriffsfelder, mit denen er einen Begriff eingrenzen konnte. Nur in einem bestimmten Feld waren die Begriffe lokalisierbar und damit Streitigkeiten klärbar. Die Tafel der Loci bei Agricola

[25] Agricola, Dialektik, S. 138. Der Herausgeber von Agricolas Dialektik, Phrissenius, hat die Topoi in einer Tabelle zusammengefaßt (S. 22):

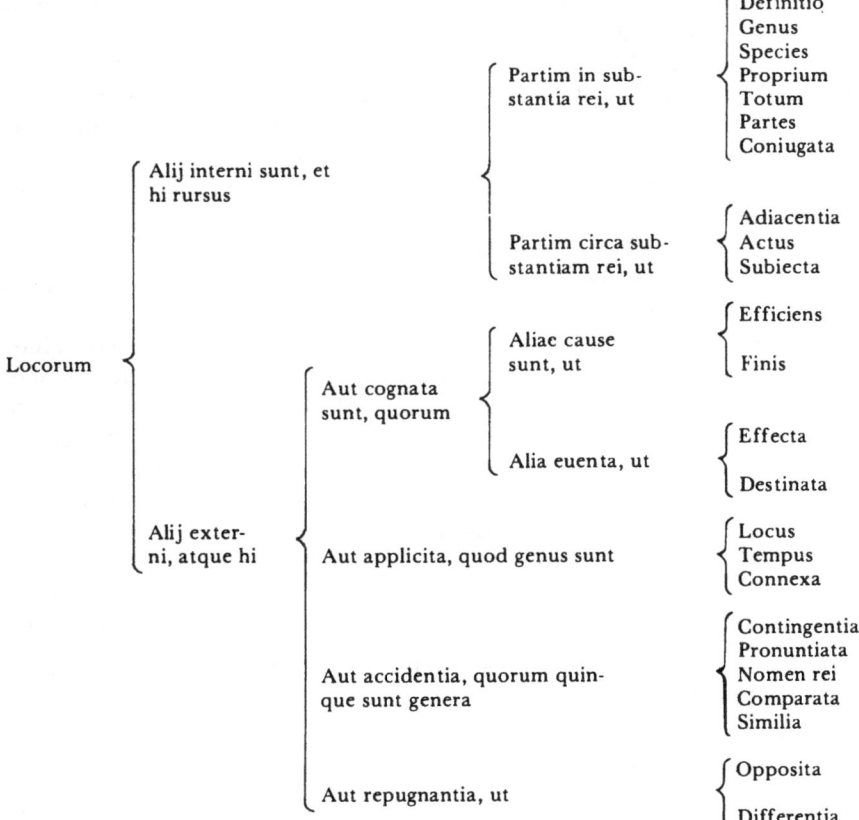

[26] Agricola, S. 8: „Res autem numero sunt immensae, & proinde immensa quoque proprietas atque diuersitas earum."

erfüllte beide Kriterien zugleich, sie zeigte das topische Umfeld und die Konstitutionsbegriffe der Dinge. Loci sollten Begriffe im Begriffsfeld zugleich lokalisieren, d. h. definieren und konstituieren.

Die Vieldeutigkeit des logischen und metaphysischen Charakters dieser Topik verweist wohl darauf, daß das theoretische Interesse Agricolas weder in der Metaphysik noch in der analytischen Logik lag. Schon bei Cicero, dem Hauptgewährsmann Agricolas gegen die logisch-analytische Tradition des spätmittelalterlichen Aristotelismus, war die Topik mit der Inventio zusammen gesehen worden; es ging darum, daß die Topik in einen Operationsprozeß einbezogen wurde, der mit dem begriffsbildenden Teil von Logik und Rhetorik zusammenfiel. Die Aufteilung der Rhetorik in inventio, dispositio, elocutio, memoria und pronunciatio[27] (wobei die drei letzten Teile auch als Actio zusammengefaßt werden konnten) begünstigte dann die Parallelisierung mit der Logik, wenn Inventio als Begriffsbildung, Dispositio als Urteil aufgefaßt werden konnten.

Das hatte Cicero getan. Er hatte zwei Grundverfahren für die Dialektik angegeben: „ratio diligens disserendi duas habeat partes: unam inveniendi alteram judicandi"[28]. Und die Topik bildete den Ort der Invention. Wenn sich Invention und Begriffsbildung der Logik auch nicht voll deckten, so ließ sich doch bei einer Logik, die als rhetorisch-pädagogische Kunst aufgefaßt war[29], der gemeinsame Prozeß des Materialfindens und Verwertens mit den Begriffen der Topik, die Logik und Rhetorik verbinden sollte, am ehesten beschreiben.

Daß ein solcher Prozeß des Materialfindens auch seinerseits das Judicium miteinschloß, war im operationalen Bereich, im Bereich der Anwendung von Topoi, unvermeidlich und beabsichtigt; auch hier wieder mit pädagogischem Aspekt. Agricola wollte den Bereich des Judiciums impliziert wissen: „Judicandi enim partem hoc ipso quod faciendae fidei apta invenire debere praescribo, comprehensam in praesentia velim."[30] Für jede Prädikation braucht man ein Urteil, und Agricola beschrieb diese Urteilsbildung im Prozeß der dialektischen Invention. Zunächst hatte in diesem dialektischen Prozeß die Materie präzisiert, die Frage genau gestellt zu werden[31]. Erst wenn die Frage klar war, konnten Loci benutzt werden, um zu überzeugen. Denn Rhetorik

---

[27] Cicero, De inventione rhetorica I, 7, Vgl. Risse I, S. 16, dazu Wilfried Barner: Barockrhetorik, Tübingen 1970. — Joachim Dyck: Ticht-Kunst. Deutsche Barockpoetik und rhetorische Tradition, Bad Homburg v.d. Hardt 1966. — Gert Ueding (Hrsg.): Einführung in die Rhetorik, Stuttgart 1976.

[28] Cicero, Topik 2, 7.

[29] Agricola, Dialektik, S. 158: „Hic itaque finis erit dialectices, docere pro facultate rei de qua disseritur, i.[e.] invenire quae fidei faciendae sint apta, & inventa disponere, atque ut ad docendum quae accomodatissima sint ordinare. Iudicandi enim partem, hoc ipso quod faciendae fidei apta inuenire debere praescribo, comprehensam in praesentia velim."

[30] Ebd.

[31] Agricola, Dialektik, Buch II, Cap. I—XI.

war Aristoteles zufolge eine „scientia civilis"[32]. Dies Prädikat behielt bei
Agricola auch die Dialektik[33]. Und dann konnte der dialektische Prozeß der
Invention so beschrieben werden: Eine Sache, deren Wesen und Eigenschaften bekannt sind[34], wird durch alle Loci hindurch „geführt": „Fiet descriptio commodissime, si sic instituatur, ut ex eis quae singulis è locis ducimus,
et re describenda, pronuntiata fiant: sic, ut subiectum res sit quae describitur:
id quod ex loco ducitur praedicatum. Nisi tamen ei loci erunt, in quibus
commodius secus fiat, ut cum species rei sumimus. Ibi enim aptius res fiet
praedicatum. Genus enim natura de specie, non species de genere praedicatur.
Et si qua alia erunt eius conditionis, quae non erit difficile videre. Quanquam
in reliquis propemodum nihil est quod impediat, quo minus omnia quae
ducuntur ex locis, possint praedicari de eo, a quo ducuntur."[35] Hier werden
Interesse und Modell der Topik klarer: Die Substanz einer Sache wird durch
das topische Feld von Prädikationsmöglichkeiten geführt und bekommt von
daher die zugehörigen Prädikate. Damit bestand die Möglichkeit einer weitgehend umfassenden Prädikation einer einzelnen Sache. Denn wenn man mit
allen 24 Loci versuchte, Prädikate für eine Substanz zu finden, konnte man
zu einem vollständigen begrifflichen Umfeld, am Ende zu so etwas wie einer
guten Definition kommen. Dies *Inventionsmodell* setzte ein Thema, einen
Leitbegriff voraus, der durch ein Feld von Orientierungsvorstellungen —
Topoi — geführt wurde. Im Orientieren wurden Zuordnungen deutlich, so
daß am Ende der Leitbegriff mit seinen Zuordnungen erkennbar wurde.

Dieses Modell arbeitete mit Bündeln möglicher Prädikationen, mit Gruppen, die als Nester von Prädikationen, als Sedes argumentorum aufgefaßt
wurden. Und die Gruppenkriterien gaben den Namen dieser Nester her:
Genus, Species, Proprium, Totum, Partes. Alle 24 Topoi von der Kontingenz
bis zur Differenz, vom Nomen bis zum Pronunciatum[36].

4. Die Einzelheit und die Empirie

Daß die Topik die vollständige Beschreibung eines Themas oder eines Begriffs
zum Ziel hatte, machte das *topische Inventionsmodell vollständiger Prädikation* erst verständlich, und dadurch wurden auch die Inkonsistenzen der sub-
stantialistischen Topik einsichtig. Es ging Agricola überhaupt nicht um metaphysische Homogeneität der Loci, auch nicht um die Konstituenten logischer

---

[32] Aristoteles, Rhetorik I, 1, 10.
[33] Agricola, Dialektik, S. 292: „Aristoteles ergo ciuilis scientiae partem rhetoricen
uocat."
[34] Agricola, Dialektik, S. 312: „Necesse est autem quisquis uolet rem aliquam descri-
bere, ut omnes eius naturam, proprietatemque exacte perspectam habeat. Quantumque
distabit à notitia rei, tantum à facultate aberit eius describendae, & proinde, apte commo-
deque de ea disserendi."
[35] Agricola, Dialektik, S. 313.
[36] Vgl. Agricola, S. 325—328, und oben Anm. 25, S. 9.

Begriffsbildung, sondern um die größtmögliche Vollständigkeit der Prädikation einer Sache: „Definienda erunt ista, et ostendendum quid sint, quo facilius queant distingui."[37] Mit einem solchen Definitionsziel wurde die Erkenntnis einzelner Dinge in ihrer Vielfältigkeit von der Theorie her gefordert, und die Vielfältigkeit der Prädikate gehörte zur Substanz der Sache selbst: „Inest tamen omnibus [rebus], tametsi suis quaeque discreta sint notis, communis quaedam habitudo, et cuncta ad naturae tendunt similitudinem, ut quod est omnibus substantia quedam sua, omnia ex aliquibus oriuntur causis, et omnia aliquid efficiunt."[38] Diese Voraussetzung des topischen Substantialismus, der die Prädikate als Teile des Subjekts auffaßte, machte es möglich, die Einzelheit, das Einzelding und am Ende auch so etwas wie eine Vorform von Empirie als Konsequenz von topischer Theorie zu sehen. Diese Folgerung lag noch diesseits des Streits um Nominalismus und Realismus, sie speiste sich vornehmlich aus dem rhetorisch-didaktischen Inventionsinteresse der vollständigen Prädikation eines Begriffs in einem wissenschaftlichen Feld.

Das Pendant zu dieser Betonung von Einzelheiten, die Herstellung der Loci sozusagen, wurde in der reduzierten Form des Schlusses deutlich. Das substantialistisch aufgefaßte topische Prädikat war nur ein begrifflicher Teil des prädizierten Subjekts. Die Prädikation geschah in der vollzogenen Sprache, in der Rede. Oratio war damit für Agricola, das betonte er programmatisch am Anfang seines grundlegenden Traktats über die dialektischen Inventionen, Oratio war *signum rei*[39].

Der gegenläufige, komplementäre Prozeß zur vollständigen Prädikation der dialektischen Invention lag in der Induktion, im Bereich der sonst von Agricola vernachlässigten Schlüsse. Das Interesse an der Topik und der Invention, damit am Inhalt der Begriffsbildung mit Hilfe von urteilender Prädikation, ließ zwar für den logischen Schluß kaum noch Raum. Aber: Die rhetorische Überzeugungsnotwendigkeit[40], die ein durchgehendes Ziel des Agricolaschen Werks war und die (nach der Exposition der Loci) den zweiten und dritten Teil seiner Dialektischen Inventionen ausmachte, verlangte einen psychologischen Wahrheitsbegriff, in dem die überzeugende Disposition des argumentativen Teils einer Rede (neben der illustrativen narratio[41]) formal bestimmt wurde. Durch diesen psychologischen Maßstab erschienen der deduktive Syllogismus und die Induktion gleichberechtigt nebeneinander. Beide galten als Schlüsse mit demselben logischen Sicherheitsgrad. Dabei ver-

---

[37] Agricola, Dialektik, S. 159.
[38] Ebd. S. 8, Vgl. o. Anm. 19, S. 7.
[39] Ebd. S. 1: „Quod si est signum rerum, quas is qui dicit animo complectitur, oratio, liquet hoc esse proprium opus ipsius, ut ostendat id atque explicet, cui significando destinatur."
[40] Das rhetorische Ziel aus der aristotelischen Rhetorik I,2: „Ich sage also: Redekunst ist das Vermögen, für jeden einzelnen Gegenstand und Fall das in ihm liegenden Glaubenerweckende zu erkennen." Übers. Stahr, Berlin o.J.
[41] Buch II, Cap. 12, S. 236—242 behandelt die Oratio als „Instrumentum Dialecticae" (S. 236) und unterscheidet narratio und argumentatio (S. 238).

schärfte Agricola die Induktion terminologisch zur vollständigen *Enumeratio*. Neben diesen beiden sicheren „Schlüssen" beschrieb Agricola wahrscheinliche Schlüsse, die keinen sicheren Wahrheitsanspruch hatten, sich aber auf sichere Schlüsse bezogen: Enthymem und Exempel. Enthymem war als „species argumentandi imperfecta" „quae ad ratiocinationem (i. e. Syllogismum) ducitur"[42] definiert, und Exemplum wurde als verkürzte Induktion aufgefaßt[43].

So entstand statt einer Wahrheitstafel eine Überzeugungstafel, die Schlußformen und Urteilsmodalitäten zum Maßstab hatte.

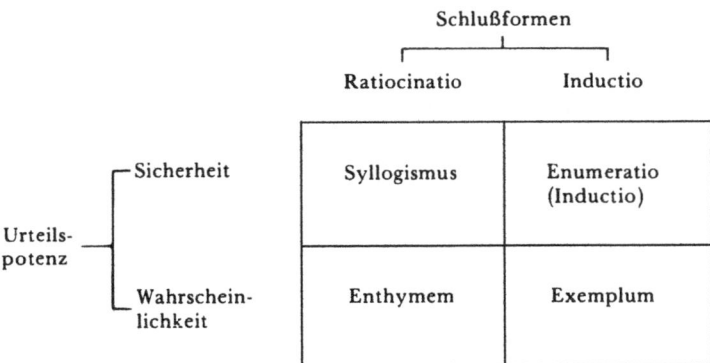

Agricola hat diese vier Begriffe, Syllogismus, Enumeratio, Enthymem und Exemplum, sowie deren Zuordnung aus der aristotelischen Rhetorik übernommen[44]. Aber er stellte diese rhetorischen Begriffe den logisch-analytischen Begriffen gleich, spielte also die rhetorische gegen die logische Aristoteles-Tradition aus. Die rhetorische Überzeugungstafel[45] verschob die Gewichte gegenüber der spätmittelalterlichen Logik beträchtlich: Die Induktion wurde als gleichberechtigter Schluß neben den Syllogismus gestellt, und der Syllogismus wurde damit abgewertet. Die Induktion bekam denselben Status wie der Syllogismus nicht aus logischen, sondern aus psychologischen Erwägungen. Das Ziel war nicht die logische Wahrheit, sondern fides, und dieser Glaube aus Überzeugung rechtfertigte die völlige Gleichberechtigung von Induktion und Syllogismus. „Fides omnis quae fit argumentando, aut a sensibus primum

[42] Ebd. S. 246.

[43] Ebd. auch II, 12 von Agricolas Dialektischen Inventionen.

[44] Aristoteles, Rhetorik I, 2, 8: „Was nun die Überzeugungsmittel anbelangt, welche durch wirkliches oder scheinbares Beweisen gewonnen werden, so ist es hier damit gerade so wie in der Dialektik: Sie sind nämlich ebenso, wie dort, teils Induktion, teils Syllogismus, denn das Beispiel ist Induktion und das Enthymem ein Syllogismus. Ich nenne aber Enthymem einen rhetorischen Syllogismus, Beispiel eine rhetorische Induktion." Vgl. auch Topik I, 12.

[45] Vgl. Agricola, Dialektik, S. 243–248.

coepit, desiitque in mentem, in qua necesse est fidem omnem consistere. Aut ipsa per se mens, alterum ex altero, res perceptas conferendo, collegit."[46]

Die psychologisch-rhetorische Begründung — mens collegit — war bei Agricola mit Bedacht gewählt, denn nicht die logische, die psychologische Garantie der Wahrheit war die Pointe seiner Dialektik. Die Psychologie begründete zugleich syllogistische Schlüsse und die Zusammenfassung von „res sensibiles" als gleichberechtigte Erkenntnisformen. In den Summulae Logicales, *dem* mittelalterlichen Lehrbuch der Logik, ging es um die ratio argumentandi[47], in der über den Überzeugungswert der Induktion keine Aussagen gemacht wurden, weil die Sicherheit der Argumentation dem Syllogismus vorbehalten war[48]: Die psychologische Überzeugungskraft der vollständigen Induktion „Enumeratio" usurpierte dann bei Agricola die logische Stringenz des Schlusses und die Sicherheit seiner Prämissen. So bekam die Induktion als Enumeration denselben dialektischen Status wie die Syllogistik. „Est autem inductio vel (ut nos dicimus) enumeratio, argumentatio, qua ex pluribus vel partibus vel speciebus, unum vel totum vel genus universaliter colligitur."[49]

Aber Induktion war nicht als dreigliedriger Schluß darstellbar, sondern nur als Urteil, als „Collectio" gleicher oder ähnlicher Prädikate, als zweigliedriger Subsumtionsakt unter Topoi. Induktion wurde damit zum Korrespondenzbegriff der Topik, zugleich die psycho-logische Parallelbewegung zur dialektischen Invention. In der dialektischen Invention wurde eine Sache und ein Thema vollständig mit Prädikaten besetzt, in der Induktion wurden diese Prädikate aus den Örtern der res sensibiles für eine Sache oder ein Thema gewonnen.

Diesen Argumentationsstrang hat Agricola nicht weiter verfolgt, aber der Ausbau der Induktion als wissenschaftliche Methode setzte sich gerade in der begrifflichen Korrespondenz von Induktion und Invention im Humanismus bis zu Francis Bacon und über ihn hinaus fort. Die Argumentation wurde durch die rhetorische Psychologisierung frei für eine vielseitige und umfassende Orientierung — und für die spätere Vermessung — eines wissenschaftlichen Feldes, das alle Sorten von Historia umfaßte: Historia naturalis und civilis, zugleich Kenntnis von Politik und Rhetorik[50]. Für eine umfassende Ordnung „in rerum multiplici" konnte Agricola eine offene, an der natürlichen Ordnung oder am gleichberechtigten rhetorisch-dialektischen Zweck orientierte topische Disposition vorschlagen: „Libera tamen et haec ipsa disponendi ratio est, vel propter hoc, quae ad nullam unam ordinis legem potest alligari. Quisquis enim ordinem qui sibi visus est instituit nec rerum naturam,

---

[46] Agricola, Dialektik, S. 243.
[47] Petrus Hispanus, Summulae Logicales, Tract. IV.
[48] Ebd. Tract. III: „Syllogismus est oratio in qua quibusdam positis & concessis necesse est aliud accidere per ea quam posita sunt." Ausg. Straßburg: Hüpfuf 1515 Fol D r.
[49] Agricola, Dialektik, S. 244.
[50] Agricola, Dialektik, Buch III, 3, S. 335ff.

sed animum suum sequitur."[51] Das war die Freiheit der fast schon aktivisch sich gerierenden Kollektions- und Dispositionsfähigkeit des rhetorischen Genies. Aber der Preis für diese neue Möglichkeit, dialektische Ordnungen oberhalb der natürlichen zu institutionalisieren, war hoch. Der Sieg der dialektischen Dispositionsfreiheit wurde mit einem empfindlichen Verlust an metaphysisch sicherer Ordnung erkauft, vor allem mit dem Verlust des logisch kompetenten Instrumentariums, das die Sicherheit der metaphysischen Erkenntnis garantierte. Die Wahrheit war seit Agricola von der Überzeugung nicht mehr unterscheidbar.

II. Loci

1. Die Rhetorisierung der Loci

Das Terrain war mit der destruktiven Neuorganisation der Logik zur Topik frei für die Disposition. Die neue Topologie, die nicht durch logische und metaphysische Sperren festgesetzt war, konnte in einem Gebiet vonstatten gehen, in dem die verschiedensten Örter nur noch benannt zu werden brauchten, Örter, die dann Möglichkeiten zur Prädikation in jedweder Weise boten. Das Modell der Dialektik, das Wissensfeld, auf dem nur Argumentationsorte festzusetzen waren, begann für alle Künste und Wissenschaften attraktiv zu werden: Von der Theologie bis zur Poesie, von der Jurisprudenz bis zur Logik.

Wenn sich alle Wissenschaften der Topik zu bedienen begannen, mußte entweder die universale Anwendbarkeit der Topik belegt werden, oder es mußten wissenschaftstypische Spezialtopiken entwickelt werden. Diese zweite Entwicklung war weniger aufwendig und hatte deshalb zu Beginn des 16. Jahrhunderts die größten Entwicklungschancen; und die Weiterentwicklung der Topik geschah mit der ganzen Breite des Wissens, die zur Verfügung stand, mit den wichtigen klassischen Autoren und mit Kenntnis der neuen Entwicklungen. Beides stand *dem* Humanisten zu Gebote, der sich in der logischen Tradition gewiß nicht exponieren wollte und deshalb durch seine Abstinenz in der Topik die Rhetorik in den Vordergrund der Diskussion um die Loci communes rückte. *Erasmus* hat die Ausweitung dieses topischen Feldes in die Rhetorik und in den Schatz der Historie und Poesie am weitesten getrieben. Vornehmlich an der rhetorischen Invention interessiert, beschrieb er in seinem Lehrbuch „De duplici copia verborum" den Findprozeß von Argumenten im Durchgang durch die verschiedenen Loci[52]. Er konnte sich bei den Beispielen, von denen er ausging, bereits auf eine sichere epistemologische

---

[51] Ebd. S. 366.
[52] „Oportebit autem eum qui semet exercet ad eloquentiam, singulos excutere locos, ac velut ostiatim pulsare, si quid possit elici: Usus efficiet ut deinceps sponte occurrant." Erasmus. Opera Omnia. ed. Clericus, Bd. 1, Leiden 1703, Sp. 89 A.

Topik verlassen, und er berief sich auf Aristoteles, Boetius und Cicero. Die Wertschätzung der Topik, die Agricola allererst ermöglicht hatte, bildete die Grundlage seiner Darlegungen. Erasmus nutzte den Spielraum der Loci aus, indem er *Loci communes* gemeinsam als dialektische und poetisch-rhetorische Argumente auffaßte. In „De duplici copia verborum" erweiterte er den Bereich der Loci communes, indem er die rhetorische Locupletatio miteinführte, die zugleich die argumentativ vollständige Rede — dem entspricht die Topik seit Agricola — als auch die gelehrte schöne Demonstration umfaßte. Damit wurden Loci communes auch exempla. „Plurimum autem valet ad probationem, atque adeo ad copiam, exemplorum vis, quae Graeci παραδείγματα vocant, ed adhibentur aut ut similia, aut dissimilia, aut contraria."[53]

Mit dieser Einbeziehung der Exempla verstärkte sich die kategoriale Nivellierung in der Topik. Es wurde den Topoi der letzte Rest ihrer kategorialen Eigenheit genommen, sie waren nicht mehr nur Argumentationsmuster, sondern als Loci communes auch die sinnspruchartigen Inhalte des gelehrten Materials. Zwischen argumentativem Gemeinplatz, Versatzstücken gelehrter Bildung, Wissenseinzelheiten und Sinnsprüchen, Kategorien, Argumentationsmuster, logischen oder rhetorischen Anweisungen wurde nicht mehr unterschieden.

Erasmus akzentuierte damit die gesamte Topik nur noch inhaltlich. Schwerpunkte waren Loci communes, die er insbesondere in seinen großen Sprichwortsammlungen, den „Adagia" und den „Apophtegmata" sammelte. Die Topoi verloren ihren formalen Charakter.

Mit der Einführung der Paradigmata in den Bereich der Topik argumentierte Erasmus zunächst im Sinne der aristotelischen Rhetorik. „Die Rhetorik ist ein entsprechendes Seitenstück zur Dialektik", hatte Aristoteles definiert, „denn beide haben es mit Gegenständen solcher Art zu tun, welche in gewisser Beziehung Gemeingut für die Erkenntnis aller sind und keiner bestimmt abgegrenzten Wissenschaft angehören."[54] In der Tat: Diese Gemeinsamkeiten, Gemeinplätze, κοινά, die vielleicht die Wortgrundlage für Loci communes sind, stellte Erasmus in seiner Rhetorisierung der Topik dar, und er konnte sich *formal* auf Agricola stützen. Denn in Agricolas (schon an die aristotelische Rhetorik anklingenden) Bestimmung des Paradigmas galt das *Beispiel* als Induktionsform, die psychologischen Wahrscheinlichkeitsanspruch hatte[55].

---

[53] Ebd. Col. 89 A.

[54] Aristoteles, Rhetorik I,1,1354a: „Ἡ ῥητορική ἐστιν ἀντίστροφος τῇ διαλεκτικῇ · ἀμφότεραι γὰρ περὶ τοιούτων τινῶν εἰσιν ἃ κοινὰ τρόπον τινὰ ἀπάντων ἐστὶ γνωρίζειν καὶ οὐδεμιᾶς ἐπιστήμης ἀφωρισμένης ·" Vgl. dazu Cicero: De inventione II,XV,48: „Haec ergo argumenta quae transferri in multas causas possunt, locos communes nominamus."

[55] Vgl. oben S. 13.

2. Sinnspruch, Beispiel, Enthymem[56]

Erasmus stützte sich auf die aristotelische Rhetorik, als er Topoi inhaltlich faßte. Er hatte wohl die Wahrscheinlichkeitsvorstellung des Enthymems in der aristotelischen Breite im Sinn, als er *Paradigmata* als Loci communes begriff. Denn erst Agricola ordnete das Beispiel streng nur der Induktion und das Enthymem streng nur der Deduktion zu, stellte damit in seiner Wahrscheinlichkeitstafel Enthymem und Beispiel gleichrangig nebeneinander.

Aristoteles, den Agricola und Erasmus zugrundelegten, hatte in der „Rhetorik" Beispiel auch den Induktionsformen zugeordnet[57]. Ein Beispiel (παράδειγμα) war für ihn aber auch Bestandteil des Enthymems, gemeinsam mit dem Wahrscheinlichen (εἰκός), dem Zeugnis (τεκμήριον) und dem Indiz (σημεῖον)[58]. Damit hatte das Beispiel, ebenso wie das Enthymem, bei Aristoteles noch einen doktrinal unbestimmten Charakter.

Diese Unbestimmtheit verloren die „Beispiele" bei Agricola. Die lockere Lokalisierung dessen, was Beispiele, Enthymeme waren, lag bei Aristoteles wohl an dem vornehmlich gerichtsrhetorischen Anweisungscharakter seiner Lehrschrift, die auch Sprichwörter (παροιμίαι) als Zeugnisse zuließ[59], Sprichwörter, die als Sinnsprüche (γνωμολογίαι) den Enthymemen zugeordnet waren. Sinnsprüche bezogen sich auf das Gebiet des menschlichen Handelns und auf das, was wir beim Handeln zu wählen oder zu meiden haben. „Mithin, da die Enthymeme zumeist Schlüsse über solche Gegenstände darstellen, so sind die Schlußsätze der Enthymeme und ihre Obersätze, wenn man die Form des Schlusses wegläßt, Sinnsprüche, wie zum Beispiel:

Nie muß ein Vater, der die Art der Menschen kennt,

gar zu besorgt ausbilden seiner Kinder Geist"[60].

Diese aristotelische Beschreibung des Sinnspruchs entsprach exakt der Argumentation, die Erasmus bei seiner inhaltlichen Erweiterung der Loci communes auf Paradigmata benutzte: Es handelte sich um ein gelehrtes Zitat, so wie die Apophtegmata und Adagia gelehrte Zitate waren. Aristoteles zitierte einen Sinnspruch, einen locus communis aus der „Medea" des Euripides[61]. Erasmus verlangte just einen solchen Zitatenschatz für seine gelehrte Rede,

---

[56] Vgl. Ong, Ramus, passim.

[57] Rhetorik I, 2, 19 (Übers. Stahr): „Was nun das Beispiel anbetrifft, so ist bereits gesagt, daß es eine Induktion sei und mit welcher Art von Gegenständen es diese Induktion zu tun habe. Es verhält sich dasselbe aber weder wie Teil zum Ganzen, noch wie Ganzes zum Ganzen, sondern wie Teil zum Teil, Ähnliches zu Ähnlichem: wenn beide unter denselben Gattungsbegriff gehören, das eine aber bekannter ist als das andere, so ist das ein Beispiel."

[58] Rhetorik II,25,1402b 13f.: „ἐπεὶ δὲ τὰ ἐνθυμήματα λέγεται ἐκ τεττάρων, τὰ δὲ τέταρα ταῦτ᾽ εντὶν, εἰκὸς παράδειγμα τεκμήριον σημεῖον". (Übers. Stahr: „Wie wir wissen, werden Enthymeme aus viererlei gebildet. Diese Stücke sind: Das Wahrscheinliche, das Beispiel, das Beweiszeichen und das Anzeichen.)

[59] Rhetorik 1376a 3: „ἔτι καὶ αἱ παροιμίαι, ὥσπερ εἴρηται, μαρτύριά εἰσιν."

[60] Rhetorik II,21,2.1394a 19.

[61] Vers 296–299.

einen gelehrten Zitatenschatz aus der antiken Historie und Poesie. Er ging davon aus, alle Paradigmata seien „enim et antefacta et antedicta. Et publicae gentium consuetudines in exemplis sumuntur, et a discriminibus auctorum, puta ab Historicis, a Poetis."[62]

Der gemeinsame Bereich der Enthymeme, Paradigmata, Sinnsprüche war zwar nicht systematisch wohldefiniert, aber von einer unerschöpflichen Kompetenz[62a]. Und den sententiösen Akzent, den die Enthymeme bei Aristoteles hatten, weil sie entweder unvollständige Syllogismen[63] oder vollständige Syllogismen aus nur wahrscheinlichen Prämissen[64] waren, verloren die Sinnsprüche, die erasmianischen Loci communes in der rhetorischen Tradition nie vollständig[65].

Der gemeinsame Inventionsbereich der Rhetorik und der Dialektik, der als gemeinsames Feld von Sentenz, Locus communis und Enthymem bestimmt war, war auch für Erasmus vorgegeben. Die „inveniendi ars quae τοπική dicitur"[65a] galt für Erasmus insbesondere im Gebiet der gelehrten Rhetorik. Und hier unterschied er sich von seinen antiken Vorbildern. Erasmus ging es um Gelehrsamkeit als Selbstzweck, um schönes Reden in schönen Wissenschaften, mit einem Wissen, das aus gelehrter Historie stammte. Seine Anforderungen an die rhetorische Invention orientierte er nicht allein an den Topoi, die der Dialektik und Rhetorik gemeinsam waren und die schon Agricola beschrieben hatte. Seine Invention vollzog sich in sententiösen Loci communes, die vornehmlich inhaltlich aus poetischer und historischer Gelehrsamkeit gewonnen wurden. Die „historischen", klassischen Loci communes, an die er denkt, umfassen für ihn auch „fabulam, et apologum, proverbium, judicia, parabolam, seu collationem, imaginem, et analogiam."[66] Freilich, der Preis, den er für diese Entformalisierung der Loci, für ihre Uminterpretation ins inhaltlich Sententiöse bezahlte, war der völlige Verlust auch des letzten Restes an logischer Binnenstruktur, den die Topoi Agricolas noch gehabt

---

[62] Erasmus, De duplici copia verborum II, Werke, Bd. 1, col. 89 A. Vgl. zu Erasmus und „Methode" u.a.: Richard McKeon: Renaissance and Method in Philosophy. In: Studies in the History of Ideas, New York 1935, S. 37–114, bes. S. 82–95.

[62a] Vgl. Cicero, De inventione II, XV, 48: „Omnia enim ornamenta elocutionis, in quibus et suavitas et gravitas plurimum consistit et omnia quae in inventione verborum et sententiarum aliquid habent dignitatis in communes locos conferuntur."

[63] Aristoteles, Rhetorik II,21. 1394a 19ff.

[64] Rhetorik I,2,14. 1356a 30–33.

[65] Die Definition der Sententia in der „Rhetorica ad Herennium", die damals noch Cicero zugeschrieben wurde, war mit Aristoteles' Definition des Enthymems verwandt: „Sententia est oratio sumta de vita" (Rhetorica ad Herennium IV,XVII,24). Sie läßt zwar die formale Verwendung außer acht, aber das ist ciceronianische Tradition. Schon in der ciceronianischen Topik werden die Sententiae als Enthymeme beschrieben (Topik 13,55). Die Kombination von Enthymem und Sentenz taucht bei Quintilian (Inst. Or. VIII,5,1) und schließlich in Boetius' Topik-Kommentar (PL 64, col 1141) wieder auf. Zu Boetius ausführlich und fundamental: Ludger Oeing-Hanoff: Descartes und der Fortschritt der Metaphysik. Habil.-Schr. Münster, S. 114f.

[65a] Cicero, Topik 1,2. Vgl. auch das Zitat Anm. 62a.

[66] Erasmus, De duplici copia verborum, Opera I, Col 89.

hatten. Der Gewinn an sententiöser Weisheit kostete die logische Stringenz: Sprachinhalte und Kategorien waren völlig identisch, das Wissen war formal nicht unterscheidbar, ein einförmiges Feld sinnvoller Einzelweisheiten, gewonnen aus gelehrter Historie. Auch dieser Prozeß gehörte in die Vereinzelungstendenz des Wissens, in die Induktionsbetonung, die bei Agricola sich schon angedeutet hatte. Die Einzelstücke gelehrten Wissens waren das litterärhistorische Pendant zur dialektischen Invention, das Pendant, das gelehrte Historie als Erfahrungsschatz moralischer Einzelkenntnisse benutzte.

2. Loci communes[67]

Ein solches Arsenal von homogenen Einzelheiten, wie es die Sentenzen und Loci darstellten, verlangte nach Ordnung, mindestens nach Orientierungskriterien. Um das zu erreichen, konnte man die Tendenz zur inhaltlichen, sententiösen Füllung der Topoi fortsetzen. Dann mußten freilich inhaltliche Kriterien angebbar sein, die bestimmte Begriffe als zentral und andere als peripher zu beurteilen möglich machten. Diese inhaltliche Begriffsordnung hat Melanchthon in der Rhetorik, bezeichnenderweise nicht in der Dialektik versucht. Denn schon Erasmus hatte mit seiner Bestimmung der Loci die dialektische Komponente der Topik sehr gering angesetzt, und Melanchthon setzte diesen Prozeß fort, indem er die dialektischen Kriterien der Loci communes völlig zu eliminieren versuchte. Melanchthons Loci communes waren keine dialektischen Folgebegriffe des aristotelischen Organon mehr. Selbst wenn der Wittenberger Professor Rhetorik und Dialektik nach wie vor durch ihr gemeinsames Argumentationsgerüst, durch inventio und dispositio garantiert sah[68], die Loci communes standen zwischen beiden Operationen. Melanchthon richtete sich wegen der inhaltsbezogenen Tendenz seiner rhetorischen Argumentation gegen die Vorstellung einer nicht fachgebundenen, deshalb urteilsfreien Sammelwut, wie sie in den Erasmianischen Sammlungen erkennbar wurde. Judicium und Inventio saßen für den Reformator in einem Prozeß beieinander: „Quidam putant", schrieb er, „se locos communes tenere, cum de variis rebus coacervatas sententias habent, quas passim ex poëtis et oratoribus excerpserunt. Et quia iudicant hanc coacervationem insignium dictorum, perfectam esse doctrinam, nihil habent consilii in legendis autoribus, nisi ut inde tanquam flores, dicta quaedam decerpant."[69] Es

---

[67] Vgl. Joachimsen, Loci Communes, Jb. Lutherges. 1926. Vgl. Gilbert, Renaissance concepts of Method, S. 109—115.
[68] Melanchthon, Elementa Rhetorices, Basel 1519, CR XIII, Col 419ff.: „Quidam enim inventionem ac dispositionem communem utrique arti putant esse, ideo in dialecticis tradi locos inveniendorum argumentorum, quibus rhetores etiam uti solent. Verum hoc interesse dicunt, quod dialectica res nudas proponit. Rhetorica vero addit elocutionem quasi vestitum." (Das ist eine Abwandlung der seit Zeno geläufigen Metapher von der Dialektik als Faust und der Rhetorik als offener Hand.)
[69] Melanchthon, Elementa Rhetorices, CR XIII, Col 452.

gehört für Melanchthon eine Vorentscheidung dazu, um überhaupt sinnvoll rhetorisch invenieren zu können, eine Entscheidung, die nach Zwecken und nach Fachgebieten urteilt. Darin besteht der angebliche Vorrang des Judicium vor der Inventio bei Melanchthon; beschrieben ist die Orientierung in einem Stoff, der insgesamt und ohne Leitbegriffe weder gelernt noch gemeistert werden kann. Und solche zugleich rhetorischen als auch inhaltlichen Leitbegriffe sind die Loci communes. Melanchthon definiert: „Ac voco locos communes, non tantum virtutes et vicia, sed in omni doctrinae genere praecipua capita, quae fontes et summam artis continent."[70] Diese Loci communes sind keine Universalmethode, weil sie inhaltlich ausgerichtet sind: „Neque tamen omnibus ubique utimur."[71] Die Inhaltsbezogenheit der Loci bedingt die Disziplinenbezogenheit ihrer Aussagemöglichkeiten. So gelten für Melanchthon, der zugleich mit den Elementa Rhetorices, die 1519 zuerst erschienen und häufig neu aufgelegt wurden[72], an den Loci communes theologici arbeitete, für die Theologie andere „praecipua capita", andere Kern- und Leitbegriffe als für die Philosophie. „Cavendum est enim" schreibt Melanchthon, „ne confundantur artes, sed observandum, qui loci sint theologici, qui sint philosophici. Ac philosophici possunt peti ex partibus hominis, ratio, artes, prudentia, virtus, affectus, consuetudo, corpus, forma, aetas, fortuna, divitiae, oeconomia, coniugium, educatio liberorum, politia, magistratus, lex, bellum, pax."[73] Leider hat Melanchthon diese Loci communes philosophici nie geschrieben.

Mit Melanchthon verloren die Loci communes zwar die formalen Spuren ihrer Herkunft aus der Topik. Sie wurden im rhetorischen Umfeld aber als epistemologische, inhaltsbezogene Leitbegriffe behandelt, die Einzelwissenschaften konstituierten. Dadurch, daß die Loci communes auf Einzelwissenschaften bezogen wurden, daß sie inhaltlich spezifiziert wurden, wurden sie formal nivelliert. Die formale Nivellierung aber machte umgekehrt erst möglich, daß prinzipiell jeder Begriff als Locus communis benutzbar wurde. Der Inhaltsbezug homogenisierte die Begriffe insgesamt in formaler Beziehung. Als Konstitutionsbegriffe von Einzelwissenschaften hingegen bekamen sie erneut einen tragenden, kategorialen Status.

Wenn man Stationen in der Geschichte von Wissenschaft zu vergeben hätte, dann wäre hier gewiß eine nötig. Denn mit Melanchthons Konzept der Loci communes deuteten sich zwei wesentliche Erneuerungen an, die Agricolas Topik in wichtigen Teilen veränderten:
1) Alle „historischen" Sätze sind allgemeine, formal gleichberechtigte Loci.
2) Diese Loci werden in Einzelwissenschaften nur nach inhaltlichen Kriterien disponiert.

---

[70] CR XIII, Col 452.
[71] CR XIII, Col 452.
[72] Bretschneider verzeichnet CR XIII, Col 413–416 bis 1574 mehr als 20 Auflagen der Rhetorik.
[73] CR XIII, Col 453f.

Das war ein wichtiger Schritt zur Vorstellung eines kontinuierlichen Feldes gleichberechtigter Wissenschaften.

III. Historie

1. Invention und Historie[74]

Die Schwierigkeit dieser Konzeption, die nur mit inhaltlichen Leitbegriffen und mit den artistischen Verfahren Inventio und Judicium arbeitete, lag in dem noch nicht vorhandenen Begriff eines Objekts. Ebensowenig gab es schon den modernen Begriff vom Subjekt. Und doch: Die Verfahren Inventio und Judicium setzten etwas wie die Konzeption von Subjekt–Objekt voraus. Schon Agricola – und nach ihm alle, die sich mit seiner dialektischen Invention auseinandersetzten – mußte mit einem Feld arbeiten, in dem Inventionen vonstatten gehen konnten, und man brauchte dieses Feld topisch gegliedert, um überhaupt das Material der Inventionskunst zu bekommen. Dabei wurde die Invention zwischen Agricola und Melanchthon keineswegs als Akt eines Subjekts aufgefaßt, sondern nur als Prozeß, in dem ein gegebenes Thema möglichst vollständig mit Prädikaten versehen wurde[75].

Dieser zunächst handwerkliche artistische Prozeß, der am Muster einer Rede und an Kunstmustern gewonnen war, setzte ein „Subjectum", ein Material voraus, das die Prädikationen zu einem bestimmten Thema bereithielt, und das seinerseits topisch geordnet sein mußte, damit, der Natur der Sache folgend, die Invention auch das sachlich Angemessene und inhaltlich Zutreffende zu gegebenen Themen finden konnte. Aus diesen Erwägungen ergaben sich Erasmus' sentenziöse, inhaltlich vereinzelnde Vorstellungen von Loci communes als Sprichwörtern; und mit diesen Bedingungen arbeitete Melanchthon, um seine Zentralbegriffe für die Wissenschaften, seine Loci communes finden zu können.

Kein Objektbereich also, sondern ein artistischer Materialbereich zu Zwecken dialektischer und rhetorischer Disposition, aber doch ein topisch geordnetes Feld von Einzelheiten, die für Agricola formal gebündelt, bei Melanchthon nach inhaltlichen Kriterien formiert waren. Es ergab sich damit der Umriß eines Behandlungsbereiches, zugleich ein Vorbegriff von Objekt.

---

[74] Zum Begriff Historie/Geschichte: Emil Klemens Scherer: Geschichte und Kirchengeschichte an den deutschen Universitäten, Freiburg 1927. – E. Mencke-Glückert: Die Geschichtsschreibung der Reformation und der Gegenreformation, Osterwieck 1912. – Adalbert Klempt: Die Säkularisierung der universalhistorischen Auffassung, Göttingen 1960. – Arno Seifert: Cognitio Historica. Die Geschichte als Namengeberin der frühneuzeitlichen Empirie, Berlin 1976. – Gunter Scholz: Geschichte. In: Historisches Wörterbuch der Philosophie, hrsg. von Ritter und Gründer. Bd. 3, Basel 1974, Sp. 345–398. – Reinhart Kosellek und Horst Günther: Geschichte. In: Geschichtliche Grundbegriffe, hrsg. von Brunner, Kosellek, Conze, Bd. 2, Stuttgart 1975, S. 593–717.

[75] Vgl. o. S. 9ff.

Die Inventio bildete im topischen Verfahren ein Schemen des logisch-tätigen Verstandes, der später die Philosophie bestimmte, wohl am Ende für die transzendentale Apperzeption mitverantwortlich war. Die Invention forderte ihren Materialbereich und sie konstituierte ihn mit topischem Verfahren in der Historie.

Daß die Induktion, die Zuordnung gemeinsamer Prädikate zu einem Subjekt, schon die Voraussetzung der dialektischen Invention war, daß diese Art der Erfahrung aus dem Bereich der aristotelischen Analytik isoliert, zur Voraussetzung der dialektischen Philosophie geworden war, machte den Reiz des wissenschaftlichen Modells aus, das Agricola initiiert hatte und das seine Virulenz, seine Variabilität bei Erasmus und Melanchthon gezeigt hatte. Daß dies Modell einen Erfahrungsbereich und -begriff voraussetzte, war bei Agricola schon deutlich, und Agricola war auch der erste, der für dieses Feld den Begriff „Historia" als Erfahrung avisiert hatte[76]. „At cum variae multiplicesque res in unum quoddam iungentur corpus, quale est, qui historiam animalium, aut plantarum, aut totius etiam rerum naturae (quemadmodum Plinius) complexi sunt, quale qui facta dictave clarorum virorum memorabilia, quale qui multiplicem et non unius corporis rerum commemorationem contexunt: his aut per species rerum dispositio instituitur, reddunturque cuncta suis generibus, . . ."[77] Der Bereich der Historie war damit abgedeckt: natura, facta, dicta clarorum virorum, das war der Bereich, der dann von Erasmus für die Gelehrsamkeit atomisiert und von Melanchthon als Loci communes gebündelt worden war.

Ob Agricola mit der Historia, die er anführte, das beliebig disponible Material für seine formale Topik oder eine natürliche Ordnung gemeint hatte, war in seinem Inventionsmodell noch nicht ganz klar. Es scheint, als ob er unterhalb der rhetorischen Disposition eine Naturordnung angenommen habe, auf deren Grund dann inveniert werden könne. Denn: „Dispositionis itaque loco in istis (id est rebus naturalibus) est rerum contextus."[78] Es lag nahe, den Begriff der Historie als den Hauptbegriff einer Erfahrungswissenschaft zu übernehmen. Neben der politischen Historie, die nach wie vor den klassischen Bereich von Historiographie und Historik ausmachte, war der griechische Wortsinn von ἱστορία als Erfahrung und Kunde nie außer Kurs geraten[79]. Agricola spielte auf diese Bedeutung von Historia an, als er die Historia animalium, plantarum, aut totius rerum naturae allegierte. Die aristotelische Historia Animalium und Plinius' Historia Naturalia waren die bekanntesten antiken Belege für diesen Wortgebrauch[80], und der Einbau dieses Be-

---

[76] Vgl. o. S. 14.
[77] Agricola, Dialektik, S. 364.
[78] Ebd. S. 365, vgl. o. S. 14.
[79] Vgl. dazu Seifert, Cognitio historica, Cap. II, III.
[80] Forcellini, Lexicon Totius Latinitatis, nimmt Historie als den Bereich der „narratio et expositio rerum gestarum". Vgl. Scholz, „Geschichte" in: Hist. WB der Philos. und Günther in: Histor. Grundbegriffe, dort liegt das Schwergewicht freilich auf Politik.

griffs in das Modell der humanistischen Dialektik bot sich an. Das „Subjectum" der gelehrten rhetorischen Dialektik, der Bereich für die Invention,
wurde mit dieser Integration konstituiert. Das Verfahren der Invention
machte aus diesem aristotelischen „Subjectum" das moderne „Objekt", den
Bereich der Empirie.

2. Historie und Wissenschaften

Den ersten gelungenen Versuch einer neuzeitlichen Polyhistorie, den Versuch,
Wissenschaft als Erfahrung der gesamten Historie zu beschreiben, unternahm
vermutlich der Schweizer Christoph Mylaeus[81] um die Mitte des 16. Jahrhunderts. Er versuchte, den gemeinsamen Bereich von Historie und Wissenschaft
zu fassen und die Historie in ihrer gesamten Ausdehnung darzustellen; ein
Versuch, der den Bereich der Polyhistorie zuerst avisierte: „De scribenda universitatis rerum historia" hieß sein Buch. Diese mit absichtsvoller Zufälligkeit
im griechischen buchlosen Exil konzipierte Enzyklopädie verließ erstmalig
die mittelalterlichen Lehrbücher der Artistenfakultät[82] und entwickelte ein
Konzept, das die „natürliche" Disposition jedes Wissens darstellen sollte.

Daß dies Buch weitgehend auf einer Reise konzipiert wurde, als der Verfasser sich von einer Krankheit erholte, daß deshalb die Ordnung natürlich im
Bezug aufs Lernen, aufs Gedächtnis, auf den Spaß beim Lesen und im Bezug
auf die Dinge selbst gemeint war, daß diese natürliche Ordnung dann auch
rhetorisch-programmatisch in der Darstellung beibehalten wurde[83], machte
die angebliche Inselsituation des Verfassers auch zum Befreiungsakt von alten
Ordnungskriterien. Und als solcher Initiationsakt einer neuen Polyhistorie ist
Mylaeus' Buch später auch beschrieben worden. Morhof begann 1688 die Geschichte der neuzeitlichen Polyhistorie, die er in seinem „Polyhistor" abhan-

---

[81] Zu Mylaeus: Donald R. Kelly: The Development and Context of Bodin's Method.
In: Jean Bodin. Verhandlungen der internationalen Bodin-Tagung in München. Hrsg. von
Horst Denzer, München 1973, S. 123—150, weiter Seifert, Cognitio Historica, S. 39.
Mylaeus (Milieu), aus dem schweizerischen Kanton Waad stammend, war 1544/45 Huma-
niora-Professor am Kolleg von Lyon. Während einer Byzanzreise durch Krankheit in Grie-
chenland festgehalten, kam er auf die Idee, sich die Genesungszeit durch Abfassung eines
Buchs zu verkürzen. Das Buch, das sich zugleich als Gedächtnisübung und Stilstudie verstand, sollte den Grundstock des damaligen Wissens enthalten und eventuell über eine
neue Barbarei der Nachwelt übermitteln.

[82] Er erwähnt weder Vincenz von Beauvais, dessen „Speculum" mehrfach gedruckt
war, noch Martianus Capella oder Raimundus Lullus.

[83] Widmung an Philipp von Spanien und Maximilian von Böhmen: (a 2v) „Habet
simile quiddam naturali ordine distincta scriptio, cum ipsa Historia, quae res gestas com-
memorat, ut coeptam semel lectionem, nullo fastidio correpti, non intermittamus: sed
quadam ratione colligatae & continuatae orationis decursum, uelut secundo amne, sequamur: ita est utilitati coniuncta etiam ratio iucunditatis quaedam, ex multiplici rerum
uarietate profecta, cum uno loco & tempore, atque eodem orationis filo, tam multa mente
comprehendimus."

delte, bei Mylaeus[84], und Mylaeus' Enzyklopädie ist denn auch nach ihrem Erscheinen bis 1624 drei mal neu aufgelegt worden[85]. Die „Universitatis rerum historia" war gründlich durchdisponiert, und das Fehlen einer kompendiösen Bibliothek hat sich bei Mylaeus' offensichtlich phänomenalem Gedächtnis nicht negativ ausgewirkt. Im Gegenteil: Die Behauptung, daß die natürliche Ordnung von Lernen, sachlicher Disposition und rhetorischer Darbietung identisch sei, füllte in essentieller Weise im Sinn von Melanchthons Loci communes die Leerstellen aus, die Agricola angedeutet und offengelassen hatte. Mylaeus' Plan: „Eandem Naturam simplicem et uniusmodi, mentisque nostrae conceptibus ita esse accomodatam, ut totum illud nostrum discere, nihil sit aliud, quam inchoatas iam ante, et divinitus in nobis ab ipso ortu impressas notitias atque intelligentias, quas anticipationes vocant, uti iactis fundamentis structura erigitur, ita illas easdem a suis primordiis quodammodo absolvere, aut iam adumbratam et informatam in mente artificum: totius aedificii imaginem atque similitudinem, manibus et arte adhibita, in opus educere."[86]

Auf einem solchen platonisierenden Anamnesis-Konzept, auf der idealen, göttlich garantierten Übereinstimmung von Sache und innerer Idee beruhte die Polyhistorie von Mylaeus. Sein Konzept arbeitete mit zwei Hauptmerkmalen: Einmal mit der völlig inhaltsorientierten Variante der Topik. Die Loci communes wurden im Anschluß an Agricola und parallel zu Melanchthon als wissenschaftliche, nicht als formale Leitbegriffe benutzt. Zum anderen arbeitete Mylaeus mit einer Reihe dreistufiger Parallelisierungen, die die psychologische, die epistemologische, die institutionelle und die sachliche Ebene miteinander verschränkten: Das machte die bemerkenswerte Originalität seines Werkes aus, mit dem die mittelalterlichen Compendien, auch die Literatur der Artes liberales zumindest in ihrer Gültigkeit fraglich wurden, wenn diese Literatur auch, wie sich zeigen wird, noch einige Zeit weiterexistierte. Mylaeus ging als erster von einer Definition dessen aus, was er als *Universitas* bezeichnet: „Sit igitur diligentius haec considerantibus ipsa Universitas nihil aliud, quam rerum omnium in Naturae varietate, in communis vitae usu ac tractatione, atque in doctrinis, et studijs literarum, singulis, et ijs accommodatis partibus, ad debitam integritatem complendam, et ad incolumitatem retinendam, in unum aliquod totum divinitus apte coniunctis, collatis, atque compositis, servatus, et ad suum propositum finem relatus ordo, commoda inter se distinctio, collocatio, mutuus consensus: ac ut quidque aliud alio prius in tanta varietate, quasi discors concordia: ut non potuerit uox alia in omni sermone Latino, his omnibus generatim comprehendendis, plenior inveniri, et accommodatior."[87]

[84] Daniel Georg Morhof: Polyhistor. I,1,2, 4. Ausg. von J.J. Schwabe, Lübeck 1747, Repr. Aalen 1970, Bd. 1, S. 10.

[85] 1. Aufl. Basel, Oporinus 1551 (hier zitiert), 2. Aufl. Basel 1576, 3. Aufl. 1579 im 2. Bd. des „Artis Historicae Penus". Basel: Petrus Perna 1579, Bd. 2, S. 1—407. 4. Aufl. Jena 1624.

[86] Mylaeus: Universitatis rerum historia, S. 8f.

[87] Ebd. S.15.

Das war kein geringer Anspruch: Die völlige Abbildung des gesamtmöglichen Wissens, ein dem göttlichen Plan angemessenes Wissen. Diese Wissenshochschätzung indizierte einmal das Ende des mittelalterlichen Curiositas-Verbots; für die Polyhistorie bedeutete es aber vor allem und zum ersten Mal auch die Absteckung eines Bereichs der Universalwissenschaft: Die gesamte Schöpfung ist wissenschaftsgeeignet. Auf Grund der göttlich garantierten Ideen-Übereinstimmung von Wissensordnung und Weltordnung konnten Wissen und Schöpfung kongruent sein; Einzelheiten konnten sinnvoll versammelt und geordnet werden. Das entsprach dem Induktionsprozeß bei Agricola, und deshalb konnte auch Vervollständigung von Wissen und Wissenschaft angestrebt sein, sofern es Schöpfungsbereiche gab, die wissenschaftlich nicht abgedeckt waren. Das sollte später bei Francis Bacon gefordert werden, und hier lag der Rahmen für die Möglichkeiten wissenschaftlichen Fortschritts.

Mylaeus ging es allerdings noch nicht um Erweiterung, er konzentrierte sich darauf, ein Feld von Universalwissen abzustecken, und Psychologie, Natur, Wissenschaften und Institutionen mit metaphysischen Sicherungen zu verschränken.

3. Die Verschränkung von Epistemologie und Psychologie

Über Agricola, auch über Erasmus und Melanchthon hinaus kam bei Mylaeus zum ersten Mal der Gesamtbereich des Wissens ineins in den Blick. Das war auch eine Folge der topischen Nivellierung der Wissenschaftsunterschiede, denn nachdem Logik und Topik nicht mehr kategorial, sondern inhaltlich bestimmt waren, nachdem es auf die inhaltlichen Kriterien des Wissens ankam, waren die Wissenschaften untereinander und in sich homogen. Das hatte die Liquidation der Logik und der damit verbundenen aristotelischen Metaphysik bewirkt, und das wurde verstärkt durch den christlichen, schöpfungstheologisch orientierten Platonismus, mit dem Mylaeus arbeitete. Indem sich seine Historia universalis[88] am göttlichen Plan orientierte, bekam sie ihren theologischen Sinn: „Potuisset utique totum hoc opus de Providentia inscriptionem habere: siquidem omnia consulto in Natura et rebus humanis facta, et impressa esse passim divinitatis vestigia, brevi hac rerum enumeratione ostendere, potissimum conati sumus."[89]

Auf diesem theologischen Boden, auf der Vorstellung der Signatura rerum, baute Mylaeus seine dreigliedrige Wissenschaftsfügung auf: Die Historia universalis unterschied er in Historia naturalis, Historia prudentiae und

---

[88] Diese Universalgeschichte hat mit der Historia universalis Charons, Melanchthons und der Folgenden nichts zu tun. Die Historia universalis mit ihrer Vier-Reiche-Lehre (die bis zu Hegels Geschichtsphilosophie und darüber hinaus reichte) war vielmehr eine, freilich essentielle, Disziplin der politischen Historie. Vgl. dazu Mencke-Glückert und Klempt (Anm. 74).

[89] Mylaeus, Universitatis rerum historia, S. 15, 34.

Historia sapientiae. In dieser Unterteilung zeigen sich zwei Zuordnungsebenen, einmal eine Objektebene „naturalis", zum anderen die psychologisch erkenntnisorientierte Ebene: Prudentia, Sapientia. Der inhaltsbezogenen Topik zufolge konnten die Leitbegriffe der Wissenschaften unabhängig von der Argumentationsebene auftauchen. Und deshalb waren Historia naturalis und Sinnlichkeit einander zugeordnet, der Prudentia entsprach erstens die Geschichte der Menschen insgesamt, ein erster, umrißhafter Versuch einer naturgeschichtlichen Anthropologie, und zweitens die politische Geschichte. Auch der Bereich der Sapientia umfaßte zwei Teile: Einmal das Gefüge der Wissenschaften und zum anderen — zum erstenmal überhaupt — eine Geschichte der Wissenschaften insgesamt, eine Literärgeschichte.

Mylaeus' Universalgeschichte war ungewöhnlich gründlich durchdisponiert. Er legte sich in der Einleitung Rechenschaft über seine Ordnungskriterien ab, und am Beginn eines jeden der 5 Bücher wurden diese Ordnungskriterien auf das einzelne Gebiet und seine Erforschung angewandt. Ein Beschluß zeigte die mögliche Nutzanwendung dieser ersten, compendiösen polyhistorischen Universaltopik. Auf diese strenge, rhetorische Ordnung hat Mylaeus großen Wert gelegt[90], und er hat innerhalb dieser Ordnung einige Wissensbereiche erstmals deutlich gemacht: a) Die Konstitution des Begriffs Natur im modernen, seit Bacon empirischen Verständnis, und die Zuordnung von Natur und sinnlichem Verständnis: *Historia naturae.* b) Die Neukonstitution eines Wissenschaftsverständnisses im Rahmen von Psychologie und Institution: *Historia sapientiae.* c) Die Konstitution einer einheitlichen Wissenschaftsgeschichte, die eine Geschichte aller Wissenschaften als Literärgeschichte beschreibt: *Historia litteraria.*

Historia naturae

Die Bezeichnung des Buches I „Historia naturae" mit dem Kompetenzgebiet Natur und nicht mit dem psychologischen Vermögen „Sinnlichkeit" hat seinen guten Grund. Denn tendenziell war zwar die Natur der Sinnlichkeit zugeordnet, wie das Leben der Menschen untereinander der Prudentia, wie die Welt des höheren Wissens der Kontemplation, der Sapientia. Aber Mylaeus war vorsichtig und durch die aristotelische Tradition gewitzt genug, um hier nicht in Argumentationsschemata zu geraten. Er trennte in der Kenntnis der Natur deshalb Sinnlichkeit nicht vom Verstand, aber er betonte die Sinnlichkeit des Naturverständnisses. Natur umfaßte für ihn alle Bereiche der „äußeren" Natur, von der Geographie über die Elementenlehre bis zur Anatomie: Und das war der Bereich des Sichtbaren, der Bereich, der im Aristotelismus die Physik umfaßte. Wesentlich war nicht der Kompetenzbereich des Naturbegriffs, sondern die ausschließliche Benennung dieses Bereichs als Natura

---

[90] Ebd. S. 11: „Naturalis ordo historicae dictioni coniunctus."

und die Zuordnung zur sinnlich-verständigen Erkenntnis: „Ac proinde excellentis et praestantis Naturae uim, quae in dissolutis atque dispersis partibus fide et pulchritudine caret, totam ac integram animo, sensibus, scripto, lectione, auditione, et rerum tractatione comprehendentes, certius, iucundius, atque fidelius (quandoquidem alia alijs proximè iuncta, nexaque, optime inter se comprobari possunt) ad hanc, quam hoc tempore sequimur, rationem cognoscamus."[91] Dieser Begriff von Natur in seiner Zuordnung zur sinnlichen, empirischen Erkenntnis sollte später für die Entwicklung des Empirismus bei Bacon eine Leitfunktion übernehmen; diese Leitfunktion der Natur war gekoppelt mit einer Leitfunktion des Begriffs von Historie, wie ihn Mylaeus wesentlich geprägt hat.

Historia sapientiae

Die Weisheit, die letzte, die dritte Stufe der menschlichen Erkenntnis, die auf der praktischen Prudentia zwar aufbaute, selbst hingegen kontemplativ war, hatte einen merkwürdigen Kompetenzbereich, der bei Mylaeus nicht einheitlich festlegbar war. Denn sie beschäftigte sich mit dem Göttlichen, das im Menschlichen sei, mit dem Ewigen[92]: „Nam inde cuiusque rei caussae & rationes certius proficiscuntur, quas rebus omnibus interius quodammodo Natura inseruit, è quibus certam divinitatis similitudinem inesse animis nostris perspicimus: ut convenienti studio adhibito, inchoatae illae intelligentiae confirmentur, atque perficiantur."[93]

Und mit diesem Anspruch war der Ort der Sapientia im Grenzbereich von Philosophie und Theologie bestimmt. Die Philosophie wurde mit dem Vermögen der Sapientia als Gesamtbereich der Artes gedeutet: „Nam orationem ad disserendum et ad dicendum firmarunt, atque expolierunt: hominum mores virtuti consequendae et obtinendae, ad omnem vitae integritatem servandam, optime informarunt: atque abditas, et in Natura involutas caussas indagarunt: quae summa fuit per omnes aetates excellentum ingenij contentionum, Philosophiae omnia complectentis nomine."[94] Zugleich gehörte die Sapientia durch ihren Anteil am Göttlichen im Menschen zur Theologie: Und diese Sonder- und Zwitterstellung der Sapientia und ihres Bereichs ermöglichte es Mylaeus, das überkommene Gefüge der Artes liberales, der stoischen Philosophie-Gliederung in Physik, Ethik und Logik[95] (dem seine Konzeption am nächsten lag) oder die Einteilung der Wissenschaft in theoretische, prak-

---

[91] Ebd. S. 24.
[92] Ebd. S. 189: „Estque eadem Sapientia, communis quaedam intelligentiae sententia, omnium integris mentibus, qui in studijs literarum uixerunt, uiuunt, & uicturi sunt, quique locis distinguuntur, diuinitus impressa, de ijs rebus, quarum perpetuus est status, quae etiam temporum decursu immutabilia sunt, atque permanent."
[93] Ebd. S. 190.
[94] Ebd. S. 192.
[95] Dazu Seneca, 89. Brief an Lucilius.

tische und poietische[96] zu sprengen. Er habe nicht zutreffender vorgehen können, schreibt er, „quam omnes occasiones excogitandae cuiusque doctrinae persequi, ipsa rerum progressione me ad hanc, quam subijciam, rationem, naturali iudicio, a quo mihi nullo modo recedendum putavi, sponte deducente."[97].

So erschienen dann die physikalischen Wissenschaften Astronomie und Geographie in ihrer mathematischen, kontemplativen Variante, so erschienen die Artes liberales, aber auch die Poetik, die Historie, die Metaphysik, Logik, Ethik und Ökonomie, wie Grammatik, Rhetorik und Dialektik als die wissenschaftlichen Repräsentanten des Göttlichen, das dem menschlichen Geist und der Natur innewohnt.

Damit wurden auch die institutionellen Zuordnungen der Wissenschaften zu Bereichen möglich, die dies Wissenschaftsgefüge und die psychologische Vermögenslehre trugen: Medizin und Natur wurden der *Kontemplation*, Jurisprudenz, Politik und Ethik der *Prudentia* und Theologie der *Sapientia* zugeordnet[98]. Damit war die Dreiteilung der Wissenschaften und der psychologischen Vermögen stabilisiert, eine Gliederung, die über Gerhard Johannes Vossius und Thomasius bis zu Kants Dreiteilung der Vernunft ins 18. Jahrhundert hinein wirkte.

Historia litteraria

Bei einer solchen institutionellen und historischen Begründung von Wissenschaft und Weisheit war es fast selbstverständlich, daß die Literärgeschichte als Historie der Entdeckung dieser Wahrheiten in den Blick geriet. Und es ging Mylaeus darum, dieses Wachstum der Wissenschaften festzuhalten, um den Nutzen seiner Universalgeschichte und den Sinn der Wissenschaften, die er dargestellt hatte, „historisch" zu unterbauen. „Itaque ad structuram hanc universam complendam, etiam historiae de Literatura collocationem consequi proximè debere videbatur, ut fastigium huic operi, quod superest, imponeretur"[99]. Zu diesen Zweckmäßigkeitserwägungen kommt die Aufgabe des Historikers, „omnium rerum humanarum memoriam (quae quidem posteris maximo ad vitam esse documento possit, & exemplo) in multas consequentes aetates transferre"[100], Aufgaben, die die erstmalige Darstellung der Literärgeschichte rechtfertigen: Das ist auch schon so etwas wie ein Eigengewicht der Historie.

Obwohl sich Mylaeus bei seinen literärgeschichtlichen Erkenntnissen auf philosophie- und theologiegeschichtliche Ansätze stützen konnte[101], so war

---

[96] Das gilt als aristotelische Wissenschaftseinteilung, Vgl. Metaphysik VI,1 1025b.
[97] Mylaeus: Universitatis rerum historia, S. 191.
[98] Ebd. S. 222–238.
[99] Ebd. S. 243.
[100] Ebd. S. 242.
[101] Vgl. Lucien Braun: Histoire de l'Histoire de la Philosophie, Paris 1973.

er sich der Innovation durchaus bewußt, die er mit dieser Literärgeschichte bewirkte: „Contenti igitur hoc tempore fuimus, consequentem hanc Literatorum hominum à primordijs repetitam memoriam subijcere: ut maioris cuiusdam, & in universum potiora quaeque continentis Indicis loco, novissima hac historia aptissimè ad finem reposita videatur."[102] In der Tat: Diese Literärgeschichte, die die Hauptvertreter von Theologie und Poesie, von Philosophie, Historie und Rhetorik in „natürlicher" zeitlicher Reihenfolge von Adam über Homer, Sokrates und Christus bis zu Erasmus und Agricola abhandelte, dabei — wie zu erwarten — das Mittelalter nur kurz berührte, die neue Historia litteraria konstituierte eine Wissenschaftsgattung, die zweihundert Jahre bestand und die eine Basis von und für Wissenschaftsgeschichte bildete.

4. Ordo und signatura rerum

Mylaeus' Zusammenstellung der Universalwissenschaften war von bemerkenswerter Kohärenz, die dadurch entstand, daß er die Zentraltermini verschiedener Wissenschaftsbereiche einander zuordnete und daß er mit dieser Zuordnung neue, übergeordnete Örter, Topoi, Loci, Zentralbegriffe schuf: Und das waren die Ordnungskriterien in der Universalwissenschaft.

Dabei entsprach der Gesamtwissenschaft die Memoria, die psychologisch das wissenschaftliche Ganze zu verarbeiten hatte[103]. In der Memoria spiegelte sich die Ordnung des Lernens wider, die der natürlichen Ordnung der Dinge folgte, und das war auch die Ordnung der Rede: „Sic coniuncta historica dicendi ratione huic naturali rerum ordini, quod in docendo accomodatissimum fuerit, assequi poterimus, ut non tam tradi illa a nobis quis existimet, quam ad eorum veritatem prodendam, hisce rationibus optime comprobari."[104]

Die Ordnung der Dinge hatte einmal in der natürlichen Zweckmäßigkeit ihren Sinn. Die compendiöse Darstellung, die Mylaeus anstrebte, folgte dieser Vorstellung, indem sie Gemeinsamkeiten an einer Stelle zusammenfaßte[105], und diese Zusammenfassung bestand formal in einer Subsumption, die jede Invention mittrug. Ein solches subsumierendes Urteil, eine solche Disposition bestimmte die Loci communes formal. Die Subsumption war nur durch

---

[102] Mylaeus: Universitatis rerum Historia, S. 239.

[103] Ebd. S. 242: „Itaque iustioribus aliquanto de caussis Historico hoc dabitur, ut cui est institutum, perinde ac temporum contemplari, omnium rerum humanarum ... (hier handelt es sich um die Literärgeschichte) memoriam in multas consequentes aetates transferre." Vgl. o. Anm. 83.

[104] Ebd. S. 11.

[105] Ebd. S. 308: „Tantum potest commodus & distinctus ordo, ut quae diffusa latissimè patent, in angustum concludantur, quod in diligenti patrefamilias animadvertitur, qui cuncta suis convenientibus locis ita collocat, ut minimum loci capere uideantur. Itaque huic ordini plura inesse deprehendi poterit, quàm quis existimet. Si quidem ratio habeatur eorum, quae sunt communia, scriptores sunt comprobandis, libere petere solent."

Zweckmäßigkeit bedingt und bildete das formale Gerüst jeder Ordnung; die
wahre, die eigentliche Bestimmung der Dinge für ihre Ordnung lag für Mylaeus
aber in der Signatura rerum, in der Schöpfungsbestimmung jedes Dinges, in
einer Bestimmung, die sich in der richtigen Prädizierung eines Gegenstandes
ausdrückte. Die Gemeinsamkeit der Signaturen bedingte metaphysisch die
Gemeinsamkeit der sprachlichen Prädikate, und darin lag der tiefere Sinn
jeder Ordnung. Mylaeus beschrieb diesen Gedanken als Gemeinsamkeit von
Denken und Sache: „Ducem in omnibus Naturam rerum in progrediendo
mihi proponens, cuius ipsius tantam vim scriptores esse intellexerunt, ut suis
nervosius comprobandis, et altius ab origine repetendis, ad unius Naturae
principia passim recurrere, tanquam ad fontem, unde illa uberius, purius ac
verius manant, voluisse cognoscatur. Cuius eiusdem primas notiones divinitus
impressas, maximeque nostris omnium mentibus communes, quas inde legem
atque ius Naturae appellant, studiose amplexus, hoc scripto etiam res inter se
dissimillimas, è disiectis variè membris, ita in unum corpus quaesitis, suis
convenientibus occasionibus cogere oportere existimaui, ut apta inter se
omnia, & quasi ab uno capite deducta viderentur."[105a] Diese Signatura rerum
war zugleich eine der Voraussetzungen der Kombinatorik, hier bildete sie
den tieferen Grund für die Einteilung der Wissenschaften und für die Welt-
kenntnis, die Mylaeus unter dem Begriff der Historia universalis darstellte.
Und dieser Begriff war nicht folgenlos.

Als Jean Bodin 1566, 15 Jahre nach Mylaeus, für seine „Methodus ad
facilem historiarum cognitionem" definierte, was Geschichte sei, übernahm
er ziemlich genau Mylaeus' universalen Begriff einer dreifach strukturierten,
in mehreren Ebenen verschränkten Historie: „Historiae, id est, verae narra-
tionis tria sunt genera: humanum, naturale, divinum, primum ad hominem
pertinet, alterum ad naturam, tertium ad naturae parentem. unum actiones
hominis in societate vitam agentis explicat: alterum causas in natura positas,
earumque progressus ab ultimo principio deducit: postremum praepotentis
Dei animorumque immortalium in se collectam vim ac potestatem intuetur,
ex quibus assensio triplex oritur, probabilis, necessaria, religiosa, totidemque
virtutes, scilicet prudentia, scientia, religio; una quidem turpe ab honesto:
altera verum a falso: tertia pietatem ab impietate dividit."[106] Auch wenn
Bodin sich danach auf die politische Historie beschränkte: An diesem Begriff
von Historie als universaler Erfahrung kam auch die Philosophie nicht mehr
vorbei.

[105a] Ebd. S. 9.
[106] Jean Bodin: Methodus ad Facilem Historiarum Cognitionem. Zuerst 1566. Zitierte Ausg. Amsterdam: Ravestein 1650, Cap. I, S. 8.

IV. Methode und System. Ramistische Wissenschaft

1. Wissensordnungen. Der Weg zum Ramismus

Mylaeus hatte einen institutionell, erkenntnistheoretisch und wissenschafts-politisch eng verschränkten Begriff der Historie konzipiert, einen Begriff, der zugleich Materia für eine Wissenschaftseinteilung war, die nach dem Muster der Loci communes, also nach innerwissenschaftlichen Leitbegriffen arbeitete. Ein solcher, erfahrungskonstituierender Begriff von Historie, der die gesamte Wissenschaft trug, nivellierte die alten Einteilungen von Wissenschaft. Vor der Nivellierung der Wissenschaften, wie sie Agricola mit seinen topischen Inventionsbestimmungen eingeleitet hatte, war die mittelalterliche Wissenschaft vornehmlich nach den Artes Liberales oder — wie Vincenz' von Beauvais Speculum quadruplex —nach der erweiterten platonisch-stoischen Einteilung geordnet. Aber schon das Mammutwerk Vincenz' von Beauvais, des französischen Dominikaners aus dem 13. Jahrhundert, das „Speculum maius", richtete sich nicht völlig nach der Einteilung, die Seneca im 88. Brief an Lucilius angedeutet hatte, der Einteilung in Logik, Physik und Ethik. Ursprünglich hatte es die Teile „Naturale", „Doctrinale" und „Historiale" enthalten, war im 14. Jahrhundert um der Vollständigkeit willen noch mit einem Teil „Morale" versehen worden[107]. Aber die Kompilationskunst des „vielleicht ... größten Bücherlesers und Bücherschreibers, den es vor der Erfindung der Buchdruckerkunst gegeben hat"[108] führte nicht zu einer Homogenisierung des Wissens, nicht zur Historie, sondern war an einem theologischen Leitfaden geordnet. Entscheidend blieb für die „utilitas operis", „quod omnes artes divinae scientiae tanquam reginae famulantur."[109]

Es mag wohl sein, daß Vincenz von Beauvais „als totgeschwiegener Ahn hinter den enzyklopädischen Unternehmungen des Späthumanismus steht"[110], aber es fehlten Kriterien, die für seine Wirkung im Humanismus entscheidend waren. Die Verschränkung von Historie und Theologie war bei ihm enger als im Humanismus. Und vor allem verhinderte die Stoffmasse, auch die Unübersichtlichkeit der Anordnungen die Benutzung dieses Werks im Schul- und Universitätszusammenhang. Das Werk, das unter den Bedingungen des Büchermangels der Handschriftenzeit geschrieben war, paßte in keinen humanistischen Universitätskurs hinein: es war weder artistisch — und damit für die

---

[107] Wagenmann in RE, 2. Aufl., Bd. 16, S. 498–508. Vgl. dazu und zum Forschungsstand: Anna Dorothee von den Brincken: Geschichtsbetrachtung bei Vinzenz von Beauvais. In: Deutsches Archiv für die Erforschung des Mittelalters 34, 1978, S. 410–499.

[108] Wagenmann in RE, Bd. 16, S. 504. Vincenz von Beauvais soll über 2000, z.T. heute verschollene Werke von etwa 450 Verfassern zusammengestellt haben.

[109] Vincentius Bellovacensis. Speculum Quadruplex sive speculum maius naturale, doctrinale, morale, historiale. 4 Bde., Douai 1624, Nachdr. Graz 1964, Bd. 1 Prologus, Sp. 6. (Diese Ausgabe ist textkritisch zwar nicht die genaueste, aber die vollständigste.)

[110] Seifert, Cognitio Historica, S. 31. Es waren seit der Incunabelzeit genügend Ausgaben der verschiedenen „Specula" vorhanden.

4. Fakultät geeignet – noch war es theologisch in einem Sinn, den die spät-mittelalterliche, logisch und spekulativ orientierte Theologie hätte benutzen können. Es war Universalkompendium für Bibliotheken[111], und es war vor Beginn des mittelalterlichen physikalischen Aristotelismus und dessen Wissenschaftlichkeit konzipiert, deshalb bald „überholt" und für die Zeit des Buchhandels zu unhandlich.

Vermutlich hat sich aber Raimundus Lullus auf Vinzenz' von Beauvais Speculum gestützt. Er hat wohl zugleich auch versucht, das Riesenwerk handlich zu machen, indem er es mit seiner universalen Kombinationskunst verband und eine Enzyklopädie entwickelte. Enzyklopädie und Kombinatorik konnten bei dieser Verbindung gewinnen. Lull's „Arbor Scientiarum", der 1296 in Rom entstand[112], stand zugleich in der Tradition wissenschaftlicher „Arbores" seit Porphyrius' Kategorienbaum, aber der spanische Mystiker erweiterte dessen aristotelischen Ansatz dadurch, daß er einige Hauptbegriffe seiner Metaphysik, die zugleich Hauptbegriffe seiner Kombinatorik wurden[113], als Äste eines wissenschaftlichen Baumes auffaßte, und jeden Ast erneut als Baum beschrieb. So gab es 16 Wissenschaften, die nach physikalischen, theologischen, psychologischen und logischen Kriterien ausgewählt waren: Die arbores elementalis, vegetalis, sensualis, imaginalis, humanalis, moralis, imperialis, apostolicalis, celestialis, angelicalis, eviternalis, maternalis, christianalis, divinalis, exemplificalis und quaestionalis[114]. Der metaphorische Zusammenhang der Wissenschaften, der bei Lull auch der Realzusammenhang war, bot sich zur Illustration an[115].

Deutlich wird: Nicht die Einteilung der Wissenschaften war das Entscheidende an dieser Enzyklopädie, entscheidend wurde die Vorstellung der Einheit aller Wissenschaften, die mit dem Bild vom Baum der Wissenschaften auf die Vorstellung wirken konnte, daß es ein Kontinuum des Wissens gäbe. Diese Vorstellung einer Einheit des Wissens prägte später gleichermaßen das Wissenschaftsbild des rationalen Ramismus wie die Theosophie bei Jacob Böhme[116].

Die Einteilung des Wissens nach den Leitbegriffen des spanischen Universalgelehrten blieb zunächst weniger folgenreich als seine universale, kombinatorische Wissenschaftskonzeption selbst. Diese blieb präsent und entwickelte

---

[111] Vermutlich wurde Vincenz von Beauvais' „Speculum" im Auftrag Ludwigs IX von Frankreich in der ersten Hälfte des 13. Jahrhunderts geschrieben; sein Einfluß scheint vornehmlich mittelalterlich zu sein. Albertus Magnus dürfte wohl davon profitiert haben. Vgl. Wagenmann in RE, a.a.O.

[112] Tomas und Joaquin Carreras y Artau. Historia de la Filosofia Española, Bd. 1, Madrid 1939, S. 286. Dort die Ausgaben des „Arbor Scientiae". Hier zitiert die Ausgabe Lyon 1515.

[113] Vgl. unten S. 162f.

[114] Arbor Scientiae, Lyon 1515, fol CCXXXIV r.

[115] Ebd. fol IIr. Abgebildet auf S. 33.

[116] Jacob Böhmes „Morgenröte im Aufgang" lebt in der Vorrede von der Metapher des Baums göttlicher Wissenschaft.

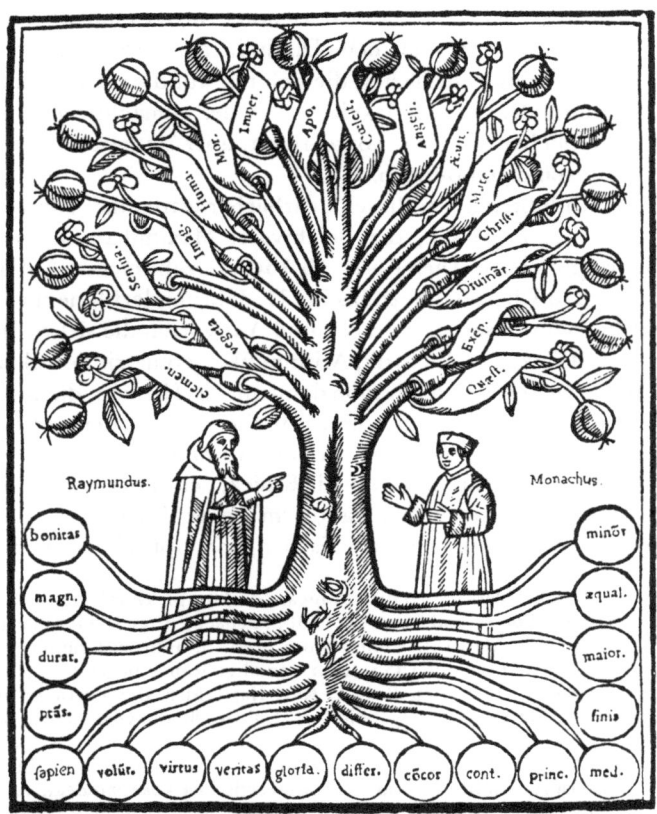

eine Virulenz, die Humanismus und Barock durchzog, zuletzt bei Leibniz
kulminierte und zerbrach[117].

Im Gegensatz zu Lulls Kombinatorik war der Bezug der mittelalterlichen
„artes liberales" zu den Universalwissenschaften des Humanismus schon sehr
dünn. Die Wissenschaftskonzeption der sieben freien Künste, nach den Alle-
gorien des auf Varros „Disciplinae"[117a] aufbauenden spätantiken Lehrbuchs
des Martianus Capella, „De Nuptiis Philologiae" entwickelt[118], deckte gewiß
nicht das faktische Wissen und die Schwerpunkte der humanistischen Wissen-

---

[117] S. unten: Drittes, lullistisches Kapitel.
[117a] Vgl. dazu u.a. H. Dahlmann in Pauly-Wissowa, Suppl. VI, 1935, Sp. 1172—1277,
bes. Sp. 1255—1259. Varro hatte freilich noch neun Disziplinen, wie A. Ritschl rekonstruiert
hat: I. Grammatik, II. Dialektik, III. Rhetorik, IV. Geometrie, V. Arithmetik, VI. Astrologie, VII. Musik, VIII. Medizin und IX. Architektur. Grundlegend zur spätantiken Wirkung von Varros Disciplinarum Libri IX: Manfred Simon: Das Verhältnis der spätlateini-
schen Enzyklopädisten der artes liberales zu Varros Disciplinarum Libri IX. Masch.-Diss.,
Jena 1963.
[118] Vgl. Ernst Robert Curtius: Europäische Literatur und lateinisches Mittelalter,
7. Aufl., Bern 1969. Bes. Kap. 3: Literatur und Bildungswesen.

schaften. Aber die lockere, innerlich ziemlich unverbundene Reihung der Artes liberales machte es möglich, neue Disziplinen anzureihen. So entstanden im frühen Humanismus Lehrbücher, die sich nur auf die vierte Fakultät bezogen. Sie entgingen den Schwierigkeiten, mit der allmächtigen Theologie zu kollidieren. Sie blieben ihr zwar vorgeordnet, aber sie beschrieben die vierte Fakultät als selbständigen Bereich.

Eines der einflußreichsten dieser Lehrbücher waren die „Margarita Philosophica" von Gregor Reisch, der Beichtvater Maximilians I. war und mit Erasmus korrespondierte. Dies Buch, ab 1504 in zahlreichen Auflagen, Neubearbeitungen und Übersetzungen bis ins 17. Jahrhundert hinein gedruckt[119], handelte in katechismusartigen Fragen und Antworten die sieben freien Künste Grammatik, Dialektik, Rhetorik, Arithmetik, Geometrie, Musik und Astronomie ab und erweiterte diesen Kanon dann um die Themen, die in den aristotelisch orientierten, physikalischen und ethischen Kursen der vierten Fakultät gelehrt wurden: „Physices principia, Rerum naturalium origo, De Anima vegetativa et sensitiva, De Anima rationali, Ethica, seu moralis Philosophia."[120] Die Bearbeitungen ergänzten den Kanon im Laufe des 16. Jahrhunderts mit philologischen, epistologischen, technischen und optischen Themen[121]. Für

[119] Gregor Reisch: Margarita Philosophica. Straßburg: Grüninger 1504, Johannes Schottus 1504; Basel: Furter und Schottus 1508, Michael Furter 1517, Sebastian Henricpeter 1583 (hier zitiert). Margarita Philosophica nova. Straßburg: Grüninger 1508; ebd. 1512; ebd. 1515; Basel: H. Petrus 1535. Ital.: Venedig: Somascho 1599, 1600. Vgl. dazu Dierse: Enzyklopädie. S. 11. – Zu Reisch: Karl Hartfelder. Der Kartäuserprior Gregor Reisch, Verfasser der Margarita Philosophica. Zs. f.d. Gesch. des Oberrheins, Bd. 44 (N.F. Bd. 4), 1890.

[120] Margarita Philosophica, hoc est Habituum seu Disciplinarum omnium, quotquot Philosophiae sincerioris ambitu continentur, perfectissima κυκλοπαιδεια. A F. Gregorio Reisch, Dialogismis primum tradita: Dein ab Orontio Finaeo Delphinate, Regio Parisiensi Mathematico, necessarijs aliquot Auctarijs locupleta. Basel: Henricpeter 1583.

Rückseite des Titelblatts: „Elenchus Librorum Margaritae Philosophicae.
I. Grammaticae Latinae rudimenta, prosa & carmine.
II. Dialectica.
III. Rhetorica.
IIII. Arithmetica, ⎫
V. Musica,   ⎬   Theoretica et Practica
VI. Geometria,   ⎭
VII. Astronomia & Astrologia.
VIII. Physices principia.
IX. Rerum naturalium origo.
X. De Anima vegetatiua & sensitiua.
XI. De Anima rationali.
XII. Ethica, seu moralis Philosophia."

[121] Margarita Philosophica, „Elenchus Appendicum.
In I librum. Graecarum & Hebraicarum literarum institutiones.
In III librum. Ars memoratiua. Epistolarum componendarum Compendium.
In IIII librum. Faber Stapulensis in Arithmeticas Boetij & Jordani.
Ars supputandi Jod. Clithouei. Epitome Geometricum, è Carolo Bouillo, Quadratura Circuli, ex Campano.
In V librum. Musica figurata.
In VI librum. Quadratura circuli, eaque duplex. Cubicatio spherae. Architectura rudimenta.
De Virga visoria, eiusque usu.

den Wissenschaftsbetrieb und seine innere Organisation entscheidend war:
Eine eigene Konsistenz ließ sich nicht feststellen. Der innere Zusammenhang
der Wissenschaft und des Wissens wurde auch bei Reisch nur als Definition
der Philosophie geliefert: „Philosophia est divinarum humanarumque rerum
cognitio, studio bene vivendi coniuncta."[122]

Wie weit diese Definition eine Gliederung des Wissens nach den erweiterten Artes liberales bedingte, blieb unerörtert. Aber diese Frage war auch so
lange uninteressant, wie dieses Lehrbuch nur auf die oberen Fakultäten, auf
Theologie, Jurisprudenz und Medizin gerichtet war, und so lange es keinen
wissenschaftlichen Eigenwert hatte. Ein Begriff von Historia, der das Eigengewicht der vierten Fakultät indiziert hätte, fehlte bei Reisch ganz, und sein
Lehrbuch verlor zusätzlich in dem Maße seinen Sinn, in dem Metaphysik und
Theologie nicht mehr das alleinige Ziel des artistischen Unterrichts waren[123].
Der Mangel an innerer Geschlossenheit, der daraus folgende Mangel an Eigengewicht des Bereichs, den das Buch behandelte, wurde durch die kontinuierlichen Hinzufügungen, die die späteren Auflagen auf den neuesten Stand
bringen sollten, eher verstärkt als gemindert. Nachdem bei Agricola die Nivellierung der Bereiche der „artistischen" Fakultät begonnen hatte, nachdem
die Wissenschaftskonzeption nach Loci communes den gesamten Bereich der
neugewonnenen Historie zur Disposition stellte, war die lose Aneinander-
reihung der Artes liberales inhaltlich nicht mehr begründbar.

Es blieb noch die Möglichkeit, die freien Künste umzugruppieren, nach
einer inneren Ordnung neu zu konzipieren. Joachim Sterck van Ringelbergh[124],
ein Antwerpener Humanist, der — wie Reisch — ebenfalls sowohl zum Hof
Maximilians I. als auch zum Bekanntenkreis von Erasmus zählte, hat, anders
als der Mönch Reisch, schon die Beschäftigung mit den Artes als Selbstzweck
gesehen. Ringelberghs höchstes wissenschaftliches und gelehrtes Ziel sei,
schreibt er, „amari semper labores, et contemni luxum"[124a]. Ringelbergh
ist Humanist, damit sprachorientiert, mit der Antike als wissenschaftlichem
Maßstab. Sein Ziel liegt darin, den Alten näher zu kommen. „Vincere velle",

---

In VII librum. Quadrantum variae structurae & vsus. Astrolabij explicatio & vsus. Speculum orbis. Torqueti, Polymetri, &c fabricae & vsus. Sphaerae proiectio in planum, eaque
duplex.
In X librum. Perspectiuae rudimenta."
  [122] Lib. I, cap. I, De Definitione Philosophiae.
  [123] Der Typus Grammaticus zeigt diese Zuordnung am augenscheinlichsten: Die
Theologie und Metaphysik werden gewiß nicht mit den Artes liberales erreicht, sondern
die Artes sind nur propädeutisch zu verstehen. (Die Abbildung findet sich auf der Rückseite des Titelkupfers der Margarita Philosophica.) (Darstellung s. S. 36)
  [124] Joachim Sterck van Ringelbergh (Joann Fortius Ringelbergius), geboren etwa
1499 in Antwerpen. Von seinem 12. bis etwa zu seinem 16. Lebensjahr war er am Hofe
Kaiser Maximilians, studierte dann in Löwen Latein und Handschriftenkunde, Mathematik
und Griechisch. 1528 Bildungsreise durch Deutschland, später war er in Paris, Lyon und
wahrscheinlich Basel. Seine Werke sind unter verschiedenen Titeln erschienen: Lucubra-
tiones, vel potius absolutissima, Antwerpen 1529; Opera, Lyon 1531 (hier zitiert im Nachdruck Nieukoop 1967), Basel 1538, 1550.
  [124a] Ringelbergh, Opera, Lyon 1531, Reprint 1967, S. 7.

schreibt er, „veteres illos eloquentiae principes, non superbiae modo, sed furoris censeatur. In ijs etenim omnia perope elaborata adeo, adeo absoluta apparent, vt verbum vix ullum aut addere, aut detrahere, aut immutare vel transponere poßis."[125] Damit bekommt die vierte Fakultät ein Eigengewicht, das humanistisch begründet ist und das auch den Versuch einer inneren Gliederung gestattet; ein Eigengewicht, das das rhetorische Leitideal des Ciceronianismus aufnimmt und zur Integration der Wissenschaften benützt.

Noch Anmerkung 123

[125] Ebd. S. 5.

Das war die umfassende Bildung, die der Rhetoriker haben sollte, „quem
graeci ἐγκύκλιον παιδείαν vocant"[126], nämlich auszuschöpfen, „quantum
natura humani ingenii valeat, quae ita est agilis ac velox, sic in omnem partem, ut ita dixerim, spectat, ut ne possit quidʳⁿⁱ aliquid agere tantum unum,
in plura vero non eodem die modo, sed eodem temporis momento vim suam
intendat."[127] Ringelbergh knüpfte an dies profane Ideal an, er erweiterte das
Rhetorenideal auf die Poesie und ordnete dann den Bereich der vorgefunde-
nen Wissenschaft für sein rhetorisch-poetisches Ziel um. Es tauchten alle
wissenschaftlichen Leitbegriffe auf. Im Zuordnungsschema schienen zwar die
Artes liberales mit ihrem formalen sprachlichen Zugriff des „Triviums" noch
durch, aber der Bereich der Realwissenschaften, das „Quadrivium", das
Reisch noch unverändert übernommen hatte, wurde umdisponiert und —
auch hier wieder humanistisch — durch allgemeine Historie und durch Kunst-
geschichte ergänzt: „Summo oratori, aut poetae futuro cum primis necessariae formae loquendi, disserendi, dicendi. Grammatice aditum praebet ad
alias artes: quo si careamus, caeci per omnes disciplinas aberrabimus, nullam
unquam optimarum pulcherrimarumque rerum cognitionem consecuturi.
Dialectice docendi modum exprimit: Rhetorice eloquendi. Ad hanc memoriae artificium pertinet. Graeca lingua adeo necessaria, ut vix quemquam
dixerim eruditum, qui eam ignoraverit. Nec ommitendae historiae: praestant
enim et copiam orationis, et rerum experientiam. Mathematicae artes simul
dignitate quadam pollent sua, tractant enim rerum sublimium descriptiones:
simul ad varietatem orationis faciunt. Astronomia legem naturamque docet
eorum, quae ab extremo circuitu mundi usque ad elementa sunt, hoc est,
penè orbem universum."[128] Den rhetorischen Bildungszweck hat Ringelbergh
im Groben auch in der Einteilung seiner Bücher beibehalten. Die ersten drei
Bücher, Grammatik, Dialektik und Rhetorik, folgten dem artistischen Tri-
vium. Der realwissenschaftliche Teil dagegen war neu konzipiert: Neben der
Geometrie wurden Optik und Zeitmessung eingeführt, die im Rahmen der
Mathematik behandelt wurden. Der fünfte Teil behandelte die Divination,
Horoskopie, Astrologie, Geomantie, Hand- und Traumdeutung; schließlich
folgt im letzten Teil die Anthropologie, die eine ausführliche Psychologie
und eine kurze Physiologie enthält[129].

Man sieht, die Einteilung ist eher additiv-topisch, es wird nach schulischen
und Themengruppen geordnet. Das entsprach der Nivellierung der Wissenschaften durch die Topoi seit Agricola, zugleich der rhetorischen Zielsetzung
dieser Dialektik. Aber Ringelbergh ging weiter. Er disponierte seinen Stoff
bereits nach Topoi, und diese Disposition hatte universalwissenschaftliche
Ziele. Die Topoi wurden von Findörtern zu wissenschaftlichen Ordnungs-

[126] Quintilian, Institut. Orat. I,10,2.
[127] Quintilian, Inst. Orat. I,12,2 (so beginnt Morhof seinen Polyhistor, vgl. unten
Kap. fünf).
[128] Ringelbergh, Opera, S. 16.
[129] Ringelbergh, Opera, S. 630–647.

elementen, sie wurden nicht mehr nur final, durch ihren rhetorischen Zweck bestimmt, sondern sie konstituierten zugleich die innere Ordnung des Wissens. Und hier war Ringelbergh einer der ersten, wenn nicht der erste überhaupt, der im Anschluß an Agricola[130], aber diesen präzisierend, nicht nur die formale, sondern auch die inhaltliche Topik im Zusammenhang von Rhetorik und Dialektik darstellte. Ringelbergh setzte die Topoi von Rhetorik und Dialektik parallel und bot für beide gemeinsam eine Tafel an (s. Abb.), die die topische Position von Argumenten nach Invention und Judicium darstellte, mithin den „Stellenwert" eines Argumentes bestimmte[131].

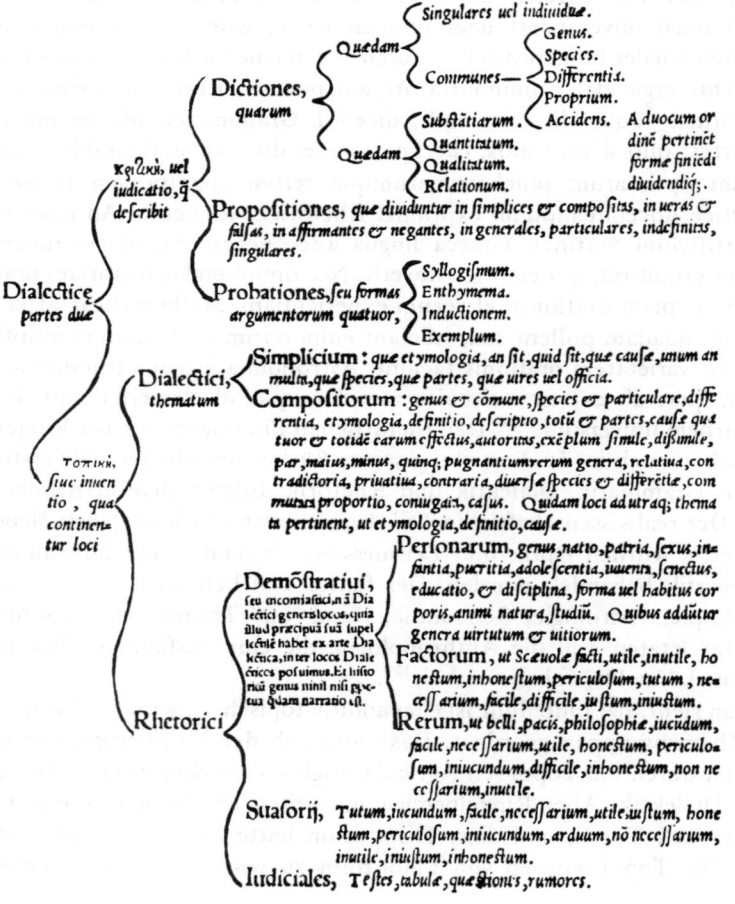

---

[130] Vgl. die Tafel in Agricolas Dialektik, oben Anm. 25, S. 9.

[131] Ringelbergh, Opera, S. 241f. Vgl. zur Unterteilung der Dialektik in τοπική und κριτική, in Inventio und Iudicium bei Nathan Chytraeus: De ratione dicendi et ordine studiorum. Wittenberg 1564. Einleitung, unpag.

Daß Ringelbergh in dieser Disposition der Dialektik von Inventio und Judicium ausging, indiziert seinen Ciceronianismus, daß er sich im einzelnen von Agricolas 23 Topoi unterschied, war nicht wesentlich. Entscheidend war, daß Wissenschaft topisch geordnet wurde, daß eine Hierarchie von Begriffen konstituiert wurde, daß die Oberbegriffe in kontinuierlicher Folge die Unterbegriffe umfaßten. Diese Disposition sollte Ramus allererst problematisieren, als Begründungsmodus fassen und *Methode* nennen.

2. Ramus: Die Einführung der „Methode"

Daß bei Ramus eigentlich nichts Neues stehe, Vorhandenes nur zusammenkomponiert worden sei, wird seit Bacon gelegentlich behauptet[132]. Das träfe, wenn es zuträfe, auch für viele andere zu. Aber die theoretische Verknüpfung so vieler verschiedener Ansätze zu einer philosophischen Disziplin[133], die von der Poesie bis zur Mathematik alle Fächer enthielt, die Integration methodischer Ansätze der Topik zu einer Dialektik, die die Inventionsansätze Agricolas und seiner Schule integrierte und schließlich die Bearbeitung des neben der Invention verbliebenen Teils der Dialektik, des *Judiciums*[134], zu einer Logik, die neben Urteils- und Schlußlehre noch die Disposition der Topik als *Methode* allererst beschreibt und auf *alle* Materien, auf den ganzen Schatz der Historie anwendbar macht: Das macht dann konzise Formulierungen nötig, die durch die Kombination des Vorhandenen zustande kommen, Formulierungen, die den Stoff, das Material, die Historie in logisch gerechtfertigter Weise überhaupt erst behandelbar machen[135]. Und dies war denn doch etwas Neues, und zwar vornehmlich in zwei Punkten: 1) In der konzisen Zusammenfassung der logischen und topischen Diskussion, in der Isolierung der Verfahren von Inventio und Judicium aus der Rhetorik, schließlich in der

---

[132] Z.B. in Noack: Philosophiegeschichtliches Lexikon, Leipzig 1879. Artikel Ramus.
[133] Petrus Ramus: Pro Philosophia Parisiensis Academiae Disciplina Oratio. In: Scholae in Liberales Artes. Basel: Henricpeter 1578, Col 1057−1108. Es geht Ramus hier besonders darum, auch die Poesie in die Philosophie zu integrieren.
[134] Ich nehme *Judicium*, um es vom logischen Urteil zu unterscheiden, terminologisch als Kennzeichen der ramistischen dialektischen Doktrin. Zur scholastischen Lehre von Judicium: Oeing-Hanoff: Descartes und der Fortschritt der Metaphysik. Leider berücksichtigt Oeing-Hanoff den Ramismus, sein Methodenkonzept und den neuen Systembegriff nicht, so daß m.E. ein wichtiges Zwischenglied zwischen der mittelalterlichen Topik und Descartes' Methode fehlt, denn es entgeht ihm so die ramistische Verbindung von Topik und Methode als System. Vgl. S. 82−140, bes. 101ff., vgl. S. 170ff.
[135] Literatur zu Ramus: Walter J. Ong: Ramus, Method, and the Decay of Dialogue, 2. Aufl., New York 1974. Durch dieses grundlegende Werk sind alle alten Darstellungen des Ramismus überholt. Zur Logik im engeren Sinn: Wilhelm Risse: Logik der Neuzeit, Bd. 1, außerdem das instruktive Vorwort zum Reprint der Erstausgabe von Ramus' „Institutiones Dialecticae" von 1543 und den „Aristotelis Animadversiones" aus demselben Jahr, Stuttgart-Bad Cannstatt 1964. Nicht ganz deutlich ist, weshalb Risse nicht die ungemein einflußreiche Ausgabe letzter Hand der ramistischen Dialektik von 1572 abdruckt, sondern die früheste Fassung. Zum Bibliographischen: W. Risse: Bibliographia Logica, Teil I, Hildesheim 1965; W.J. Ong: Ramus and Talon Inventory, Folcroft P.A. 1969.

zugehörigen Behauptung, die Leistung dieser Verfahren sei prinzipiell auf *alle* Wissenschaften anwendbar. Das war zugleich die *erste Formulierung* und *Darstellung* eines Begriffs von *Methode*, der im neuzeitlichen Sinne rationalen Charakter hatte[136]. 2) Diese Methodentheorie hatte Folgen für den Wissenschaftsbegriff. Durch die Anforderungen, die die Methode an ihren Stoff stellte, konstituierte sich erst der Begriff eines kontinuierlichen und begrenzten wissenschaftlichen Feldes. Während die Topoi bei Agricola wohl eher Inseln in einem Wissensbereich waren, verlangte und schaffte die ramistische Methode ein kontinuierliches wissenschaftliches Feld. Dies wissenschaftliche Feld war inhaltlich nach Loci, also topisch dergestalt gegliedert, daß die Topoi nach einer gedanklichen und sachlichen Hierarchie geordnet wurden, einer Hierarchie, in der der Oberbegriff den Unterbegriff implizierte, in der man gedanklich von allgemeinen, sicheren Sätzen zur wohldefinierten Einzelheit deduktiv kommen oder in der man mit derselben Sicherheit induktiv, von der topisch invenierten Einzelheit aus, allgemeine Sätze erreichen konnte. Diese Wissenschaftsdisposition war die erste Ausprägung des neuzeitlichen Begriffs von System. Sie bildete zugleich den Übergangsbeginn von der Syllogistik zu einer Logik der Umfänge von Begriffen.

Petrus Ramus hat sein Leben lang an dem Konzept der Methode, das er entwickelte, gearbeitet. 28-jährig veröffentlichte er 1543 seine „Dialecticae institutiones", und in seinem Todesjahr 1572 — Ramus wurde ein Opfer der Hugenottenmorde in der Bartholomäusnacht — erschien die überaus einflußreiche Ausgabe letzter Hand der Dialektik. Dazwischen liegt ein Zeitraum, in dem Ramus seine Dialektik selbst und/oder in Zusammenarbeit mit seinem Freund Audomarus Talaeus (Omer Talé)[137] ständig neu bearbeitete. Es erschienen bis 1572 mindestens 39 Auflagen der Dialektik, insgesamt (bis 1950) wohl über 260 Editionen[138]. Das läßt Rückschlüsse auf eine ungewöhnliche Wirkung zu.

Diese Wirkung hatte die Dialektik von ihrer ersten Auflage an. Und mit jeder Neubearbeitung wiederholte sich der wissenschaftliche Lärm. Denn Ramus stellte sich stets auf seine Kontrahenten neu ein; und als er zwischen 1543 und 1548 Publikationsverbot hatte[139], schrieb er unter Talaeus' Namen,

---

[136] Vgl. die Einleitung zu den „Aristotelis Animadversiones" von 1543, s.u. Anm. 152. Ferner: Gilbert, Renaissance Concepts of Method, S. 11—27, erinnert zurecht in ähnlichen Zusammenhängen an Galens Vorstellung von Methode, die auch Ong (Method) erwähnt. Für den Zusammenhang von analytischer und synthetischer Methode, der bei Zabarella wieder auftaucht, ist dieser Methodenbegriff später von großer Bedeutung. Gilbert analysiert Galens Ars Parva (Text: Carl Gottlob Kühn: Medicorum Graecorum Opera quae extant, Leipzig 1821—30, Bd. 1) und „De Methodo Mediendi". Aber Gilbert betont auch, daß Galen nie eine Methode konzis gelehrt habe, „but it seems clear that Galen adopted several methodological traditions — and never made his own view consistent" (S. 23).

[137] Vgl. W. Risse: Einleitung zum Neudruck der Institut. Dialecticae von 1543, Stuttgart-Bad Cannstatt 1964.

[138] Ong, Inventory, S. 296.

[139] Das Publikationsverbot war von der Sorbonne beantragt worden und wurde 1548 vom Kardinal Karl von Lothringen, einem Gönner Ramus', wieder aufgehoben.

der seinerseits Ramus' Dialektik kommentierte. Eine editorisch wie juristisch komplizierte Situation.

Durch die ständige Neukonzeption[140] dieses Buchs, das wohl das einflußreichste Lehrbuch des 16. Jahrhunderts wurde, schwankte der Umfang zwischen 116 Seiten Erstausgabe, 634 Seiten ausführlichster Bearbeitungsstufe (Basel: Episcopus 1672) und 95 Seiten der Ausgabe letzter Hand (Paris: Wechel 1572)[141]. Das Grundprinzip, die Ciceronianische Topik, die von Agricola eingeführt worden war, blieb identisch: Aufteilung der Dialektik nach den Verfahrensarten von Inventio und Judicium. Das war auch an der Sorbonne, die zu Beginn des 16. Jahrhunderts als konservativ galt[142], nicht neu. Johannes Sturm hatte, wie Ramus selbst berichtet[143], die Dialektik Agricolas in Paris gelehrt, Ludivico Vives hatte dort die Scholastik mit humanistischen, d. h. besonders mit rhetorischen Argumenten bekämpft[144], schließlich waren 1531 auch Ringelberghs Werke in Lyon erschienen.

Ramus' Dialektik folgte den Vorstellungen Agricolas zunächst und besonders im Bereich der Invention, einem Bereich, den er als „natürlich" akzentuierte. Hier tauchten im Umriß die Topoi Agricolas auf, die in anderer Form, aber in ähnlicher Zusammenstellung auch bei Ringelbergh erschienen. Ramus listete auf: Caussae, Effectum, Subjectum, Adjunctum, Dissentanei als Principia, Genus, Species, Nomen, Notatio, Conjugatum, Testimonium, Comparatum, Distributio und Definitio als „orti a Principiis"[145]. Entscheidend für die Konzeption und für die Wirkung der Ramistischen Dialektik war aber der zweite Teil, das Judicium. Ramus war der erste, der das *Judicium* als Verfahren der Logik, als zweiten Teil der rhetorisch-topischen Dialektik pointierte.

Seit der ersten Fassung der Dialektik, seit 1543, ist das Judicium für Ramus der Zentralbereich, „pars artis maxima, nobilissimaque"[146] geblieben. In der ersten Ausgabe hatte Ramus das Judicium nach drei Aspekten gegliedert: 1) Nach dem Syllogismus, 2) nach Definitio und Distributio, schließlich 3) platonisierend nach „conjunctio artium omnium et ad deum relatio"[147].

---

[140] Vgl. dazu Risse I, S. 122–164.

[141] Zur Authentizität dieser Ausgabe: Ong, Inventory, S. 192.

[142] Vgl. A. Renaudet: Préréforme et Humanisme à Paris, 2. Aufl., Paris 1953. – Risse, Einleitung in Ramus' Institutiones Dialecticae 1964; und Jean Launois: De varia Aristotelis in Academia Parisiensi Fortuna, 3. Aufl., Paris: Edmund Martinus 1662, bes. S. 128ff. Vgl. dazu weiter: Platon et Aristote à la Renaissance, Paris 1976, darin besonders: C.B. Schmitt: L'introduction de la philosophie platonienne dans l'enseignement des Universités à la Renaissance, ebd. S. 93–104; M. Renlos: L'enseignement d'Aristote dans les colleges du XVI siècle, ebd. S. 147–154; A. Stegmann: Les observations sur Aristote du bénédictin J. Périon, ebd. S. 377–390.

[143] Ramus: Scholae in liberales artes. Praef. a 2 v.

[144] Ludovico Vives: De causis corruptarum artium = Pars I von: De Disciplinis Libri XX, in tres tomos distincti. Köln: Gymnicus 1531.

[145] Die Loci sind in einer Überblickstabelle geordnet; Dialektik 1543, Reprint 1964, Bl. 57r.

[146] Ebd. Bl. 19v. Zum iudicium vgl. auch oben, Anm. 131.

[147] Ebd. Bl. 57r.

Dies Judicium war zunächst im neuplatonischen Sinn, wie er im Humanismus
italienischer und griechischer Provenienz besonders wirksam war[148], als Aufstieg zu einem sicheren Wissen dargestellt, ein Aufstieg, der dem Naturbegriff
des Platonismus am ehesten entsprach und deshalb mit Recht forderte, daß
das dialektische Urteil „ad naturam aptum, congruumque esse debet"[149]. Der
Reiz dieses Verfahrens beruhte darin, daß in der „natürlichen" Dialektik sich
die natürliche Ordnung nur wiederholte, daß die Welt insgesamt im Judicium
je einzeln wissend rekonstruiert und von der *Memoria* dann insgesamt beieinander gehalten wurde. „Itaque quoniam duce natura dispositionem quandam
rerum inuentarum sequimur in iudicando: iudicium ab eius imitatione definiamus, doctrinam res inventas collocandi, et ea collocatione de re proposita
iudicandi: quae certe doctrina itidem memoriae (si tamen eius esse disciplina
vlla potest) verissima, certissimaque doctrina est: vt vna eademque sit institutio duarum maximarum animi virtutum, iudicij, et memoriae."[150] Die Kombination von Judicium und Memoria sicherte allererst die Natürlichkeit der
artistischen Wissensrekonstruktion; und der Mut, fast schon die Frechheit,
mit der Ramus in den „Aristotelis Animadversiones" die „Ratio" für sich
oberhalb der Autorität beanspruchte[151], war in seiner Jugend — er war 28 Jahre alt — in der postulierten Kongruenz von Dialektik und Natur begründet:
„Vera vt dixi, legitimaque disserendi doctrina, est imago, et pictura naturae:
opus Aristotelicae commentationis non est imago nature: non est igitur vera
disserendi legitimaque doctrina"[152].
    Diese Ordnung des Judicium richtete sich nicht nach der formalen Stim-
migkeit von logischen Urteilen untereinander, wie die aristotelische Logik,
sondern war mit der hierarchischen Ideenmetaphysik begründet. In den drei
Stufen der Erkenntnis, Syllogistik, Definitio/Dispositio (die dann später
Methodus hieß) und schließlich der „conjunctio artium omnium et ad deum
relatio"[153], mußte die Syllogistik niedrig rangieren, denn sie galt nur als die
unterste Erkenntnisstufe. Der Syllogismus wurde ganz als Einzelargumenta-
tion gefaßt und als erste Stufe des Judiciums definiert: „Primum itaque iudi-

---

[148] Walter Mönch: Die italienische Platorenaissance und ihre Bedeutung für Frankreichs Literatur- und Geistesgeschichte (1450—1550), Berlin: Ebering 1936 (= Romanische
Studien Heft 40). Ernst Cassirer: Individuum und Kosmos in der Philosophie der Renaissance, Leipzig 1927 (= Studien der Bibliothek Warburg 10).
[149] Ramus, Dialektik 1543, fol 19v.
[150] Ebd. fol 19f.
[151] Ramus: Aristotelis Animadversiones 1543, Neudruck Stuttgart-Bad Cannstatt
1964, fol 2r: „DVo sunt hominum genera, qui se ad dialecticae studium contulerunt:
alteri vnicam veritatem omni authoritate posthabita laboriose inuestigarunt: & quantulam-
cunque inuenerant vtiliter exercuerunt: alteri vnicam authoritatem pro omni veritate
secuti, maioris inuestigationis laborem fugerunt: & postpositam neglexerunt exercitationis
utilitatem." Vgl. o. Anm. 136 und Hans von Arnim: Stoicorum veterum fragmenta,
4 Bde, Leipzig 1903—24. I,21,6. Dazu Gilbert, Renaissance Concepts of Method, S. 11ff.
Zur Begriffsgeschichte von Methode ebd. S. 39—66.
[152] Ramus, Aristotelis Animadversiones 1543, fol 8r. Hierin lag der Grund des Ver-
öffentlichungsverbots, das gegen Ramus verhängt wurde.
[153] Vgl. o. Anm. 148.

cium est doctrina vnius argumenti firmè, constanterque cum quaestione collocandi: vnde quaestio ipsa vera, falsave cognoscitur."[154] Das war gewiß keine zureichende Beschreibung des syllogistischen Verfahrens, aber es ging ja auch nicht um das Schlußverfahren, sondern um die Rekonstruktion von Natur, und da konnte der Syllogismus keine Sacherkenntis bieten, sondern er konnte nur bei gegebenen Fragen formal feststellen, ob der Schluß wahr sei oder falsch[155].

Nach und wegen dieser Minimalisierung des Syllogismus kam in Ramus' Dialektik der zweiten Stufe des Judiciums eine größere Bedeutung zu. Sie behandelte den Zusammenhang einzelner Urteile. Dies war der Bereich, der später den Zentralbereich des Ramismus ausmachen sollte, der Bereich der Methode. Noch ohne den Terminus Methode, wurde dies Herzstück der ramistischen Dialektik als Collocation beschrieben: Secundus [gradus judicii] „*collocationem* tradit, et ordinem multorum, et variorum argumentorum cohaerentium inter se, et perpetua velut catena vinctorum, ad vnumque certum finem relatorum: cuius dispositionis partes duae principes sunt, definitio, distributioque: res enim primum vniuersa definienda, et explananda: deinde in partes diducenda est: tertium membrum in hac collocatione nullum est."[156]

Hier fanden sich bereits alle Zentralbegriffe der ramistischen Methode: collocatio, cohaerentia inter se, concatenatio und zwei Principia: definitio und distributio.

Materie dieser Methode waren die Argumente, die Urteile, die miteinander verbunden wurden. Diese Verbindung war nicht syllogistisch, sie war kein dreigliedriger logischer Schluß, vielmehr reduzierte sie alle Schlüsse auf Urteile: „Tertium membrum in hac collocatione nullum est"; und Ramus behauptete noch einmal explizit: „Potest enim ars integra sine vllo syllogismo perfici, atque absolui"[157]. Syllogismen werden nur zur Lösung tertiärer Zweifelsfragen zugelassen[158], der Syllogismus blieb in allen Stufen der ramistischen Dialektik für die „Methode" überflüssig.

Der humanistische Ursprung der Methode ramistischer Prägung lag in der Hochschätzung von Rhetorik und Poetik, die nicht mit Syllogismen argumentierten; der Begriff Methode sollte auf Wissenschaft gleichermaßen wie auf Kunst anwendbar sein. Und hier setzte die für den Ramismus typische Verbindung von Historie, Rhetorik und Methode ein. „Hanc viam", schrieb Ramus 1543, „(qui docere perspicue volunt) sequuntur: quinetiam oratores,

---

[154] Ramus, Dial. Inst. 1543, fol 20r.
[155] Ramus, Dial. Inst. 1543, S. 27r: „Quamobrem primi iudicij finem faciamus, omnisque veritatis explorandae regulam, syllogismum esse concludamus: qui cum de quaestione rem dubiam, quasi fluxam, & inconstantem materiam: de argumento fidem, veluti formam sumpserit: ex earum tum singulari per partes, tum vuniversa per totum copulatione, propositae dubitationis statum confirmabit, et qualis sit quaestio veráne, an falsa judicabit."
[156] Ramus, Dial. Inst. 1543, fol 27r.
[157] Dial. Inst. 1543, fol 29r.
[158] Dial. Inst. 1543, fol 29v: „si qua tamen in parte dubitatio vlla fuerit, ad iudicij constantiam syllogismus adhiberi poterit: vt plena dispositione res planius, firmiusque doceatur."

et poëtae."[159] Die Historie gehörte zum artistischen Bereich, sie war ein klassischer Topos der Rhetorik und war darüber hinaus Materie und Ort der Invention. Geschichtsschreibung, Historie und Historik blieben ungetrennt und erschienen in Ramus' dialektischen Inventionen von 1543 als Historia, die „temporum gradus imitari vult" und die „intra tamen hanc artem [haec est intra judicium] commodissime continebitur."[160] Mit dieser Einbeziehung von Historie und Rhetorik in den Bereich der *Methode* behielt Ramus den topischen Charakter der Dialektik bei, den Charakter, der inhaltsbezogen war und sich als eine Ansammlung von Loci communes erwiesen hatte. Entscheidend wurde, daß alle Einzelurteile, sollten sie wissenschaftlich sein, unter einem bestimmten Ziel in einer bruchlosen Deduktion mit Definition und Division festgelegt werden mußten. In der Collocation von Urteilen und Leitbegriffen hatte jedes Urteil einen festen Ort. Dieser Ort machte den *systematischen* Sinn eines Urteils aus. Dabei konnte entweder vom Einzelurteil nach „oben" oder von allgemeinen Definitionen nach „unten", zum Einzelurteil prozediert werden. Ramus beschrieb diese doppelte Richtung der Methode, indem er sich auf Platos Philebos berief: „Ita duas ideas, quasi lineas, operis huius, Socratis sermone, alteram vltimam, et supremam: alteram citimam, et infimam: illamque termini et vnitatis: hanc multitudinis, et infinitatis Plato designauit."[161]

Ergebnis dieser Methode war das System. Und dies System funktionierte durch Subsumption einzelner Urteile, die ihre Stringenz, ihre Beweiskraft dadurch erhielten, daß sie in den jeweils „höheren" Begriffen impliziert wurden, ihnen also untergeordnet waren. Dadurch lag die Beweiskraft der systematischen Ordnung in der Collocation zusammengehöriger Topoi. Der Begriff System war mithin nicht mehr als die griechische Version von Collocatio[162].

Diese *Hierarchie* eines „Systems" war im frühen Stadium des Ramismus nicht logisch, sondern metaphysisch in ihrer „Natürlichkeit" begründet, in der Kongruenz mit dem geschaffenen und deshalb hierarchischen Aufbau der Welt. Und darin bestand auch der Sinn der dritten, der höchsten Stufe des Judicium: In der Kenntnis Gottes und seines Werks. „Postremus superest

---

[159] Dial. Inst. 1543, fol 30r.
[160] Dial. Inst. 1543, fol 30v.
[161] Dial. Inst. 1543, fol 28r. Vgl. Philebos 14c—23c.
[162] Zenos Definition von ars/τέχνη bei Lukian: περὶ παρασίτου, IV
ΠΑΡ. Τέχνη ἐστὶν, ὡς ἐγὼ διαμνημονεύω, σοφοῦ τινος ἀκούσας, σύστημα ἐκ καταλήψεων ἐγγεγυμνασμένων πρός τι τέλος εὔχρηστον τῶν ἐν τῷ βίῳ.
(Die Kunst, erinnere ich mich von einem gelehrten Weisen gehört zu haben, ist eine Zusammenstellung (σύστημα) von Handgriffen und Verrichtungen zu einem nützlichen Zweck im Leben.) Lukian, Werke, Zweibrücken 1790, Bd. 7, S. 105. Ramus benutzt diese Definition spätestens seit der Ausgabe Paris: Wechel 1566 seiner Institutiones Dialecticae. Hier zitiert die Ausg. Basel: Episcopus 1572, S. 11: „Dialectica primúm est ars, id est comprehensio praeceptorum in rebus aeternis, propriorum & ordine dispositorum, ad utilem vitae finem spectantium, ut amplius intelligatur secundo libro." (Das zweite Buch enthält den Methodenteil.) Vgl. auch Risse I, S. 125.

dialectici iudicij gradus in perspicienda scientiarum humanarum virtute ad supremum rerum omnium finem referenda positus, vt laboris humani fructus possit aestimari, & optimus rerum omnium parens, atque author agnosci."[163] Diesen christlichen Platonismus, mit dem Ramus 1543 seine Logik metaphysisch absicherte, hat er schon drei Jahre später[164] aus der Logik herausgenommen. Durch die Entfernung der metaphysischen Begründung aus der Dialektik war die Dialektik selbst völlig auf ihr logisch-rhetorisches Eigengewicht reduziert. Und hier blieb die „Methode" als Zentralbereich erhalten, auch wenn sie nun neu begründet werden mußte. Denn jetzt bildete die Methode ja keine Welt mehr ab, sondern mußte in sich logisch stringent sein, erst dann konnte sie auf ihre Gegenstände – und das war der gesamte Bereich der Erfahrung – appliziert werden.

Als zweite Stufe des Judiciums war *Methode* (noch ohne das Wort) schon 1543 mit den Kriterien von Deduktion, Kohärenz und Stetigkeit (im Bild der bruchlosen Verkettung) und mit den Verfahrensweisen von Definition und Division als Collocatio, als subsumptive Ortsbestimmung beschrieben worden. Diese Kriterien von Methode behielt Ramus bei. 1554 definierte er, jetzt das Wort *Methode* in seinem neuen, präzisen Sinn benutzend: „Methodus igitur doctrinae est dispositio rerum uariarum ab uniuersis et generalibus principijs ad subiectas et singulares partes deductarum, per quam tota res facilius doceri percipique possit. In qua tantùm illud est praecipiendum, ut in docendo generalis et uniuersa declaratio praecedat, qualis est definitio et summa quaedam comprehensio, tum sequatur specialis per distributionem partium explicatio. Postremò partium singularium quo ordine propositae sunt definitio, & ex idoneis exemplis illustratio."[165] Hier wurde die Methode unter pädagogischen, unter Lehrgesichtspunkten gesehen. Das Verfahren hielt sich als Deduktionsmodell auch in der Ausgabe letzter Hand; dort hatten sich die logischen Ansprüche und die Nomenklatur allerdings entscheidend verschärft. Methode ist jetzt nicht mehr irgendein Verfahren, das z. B. für Pädagogik benutzt werden kann, sondern *das* axiomatisch verfestigte Verfahren: „Methdus est dianoia variorum axiomatum homogeneorum pro naturae suae claritate praepositorum, unde omnium inter se convenientia judicatur memoriaque comprehenditur."[166]

Diese Definition enthielt die Psychologie des Judiciums, das aus dem Schatz der Memoria heraus disponierte. Eine solche Psychologie setzte allerdings schon die erste Auflage der ramistischen Dialektik von 1543 voraus und erläuterte sie mit der Parallelität von Inventio und Judicium: „Itaque quoniam duce natura dispositionem quandam rerum inuentarum sequimur in iudicando: iudicium ab eius imitatione definiamus, doctrinam res inuentas

---

[163] Dial. Inst. 1543, fol 35r.
[164] Vgl. Risse I, S. 144ff. Die hierarchische Ordnung der Welt kam später im übrigen verändert in der Zusammensetzung der Künste in Ramus' Scholien wieder zutage.
[165] Ramus, Dialektik, ed. Basel: Episcopus 1554, S. 278.
[166] Ramus, Dialektik, ed. Paris: Wechel 1572, S. 87.

collocandi, et ea collocatione de re proposita iudicandi: quae certe doctrina itidem memoriae (si tamen eius esse disciplina vlla potest) verissima, certissimaque doctrina est"[167]. Mit dem Aufgeben der platonischen Ideenlehre war diese metaphysische Parallelität von Erkennen und Welt nicht aufrecht zu erhalten, und der Nachvollzug einer Ideenordnung der Welt mußte in eine logische Stringenz verändert werden. Übrig blieben nur die Materialien des Judiciums, die Einzelerkenntnisse, die „historischen" Urteile, die im Durchgang durch die Topik, in der Begriffsbildung der Loci communes entstanden waren. Und damit änderte sich auch das Modell. Die Leitvorstellung wurde die Collocatio, eine Zusammenstellung, die systematischen Charakter bekam.

Die Metapher der Concatenatio blieb, es entstand ein neues Standardbeispiel, das das Modell der Zusammenstellung eines Systems von topisch gewonnenen Einzelerkenntnissen trug: Das Bild von einem Topf, in dem alle Einzelurteile schwammen, die disponiert werden mußten, hielt sich von 1546, von der Liquidation des Platonismus bei Ramus bis zur Ausgabe letzter Hand[168]: „Omnes definitiones, distributiones, regulae Grammaticae repertae sint, atque unaquaeque sigillatim judicata: omniaque haec documenta variis tabellis inscripta, una confundantur et conturbentur in hydria aliqua, ut in Ollae ludo fieri solet: hic si quaeras, quae pars Dialecticae te doceat has regulas ita confusas disponere et in ordinem redigere: primó locis inventionis nihil opus est, cum sint omnia reperta: neque primo axiomatis judicio, cum unumquodque axioma probatum & aestimatum sit: neque secundo syllogismi judicio opus, cum sint omnes singularum rerum controversiae his de rebus disceptatae et conclusae, sola methodus superest. Dialecticus igitur lumine methodi artificiosae, seliget in hac urna definitionem Grammaticae (id enim est generalissimum) et primo loco statuet."[169] Und dann folgte als Beispiel die Definition der Grammatik — „doctrina bene loquendi" —, danach die „Partitio in duas partes: Ethymologia et syntaxis", danach die Trennung von Etymologie eines Wortes und Silbenbildung, soweit, bis man mit Definitionen und Divisionen bis zu einzelnen Exempla und „Specialissima in singulis"[170] kam: Und dieses Verfahren sei auch, wie Ramus durchgehend darstellte, auf Poesie und Rhetorik anwendbar.

Das Ergebnis war eine Einteilung, die sich als System nachgerade kanonisch für den Ramismus festsetzte: Die Bäume von Dichotomien bestimmten das äußere Bild des Ramismus im engeren Sinne. Ramus selbst hat sie wohl nie vorgeschrieben und so nicht angewandt, nur Talaeus hat den Topos der Distribution im ersten Teil der Dialektik des Ramus, im Inventionsteil, den er mit seinen Vorlesungen kommentierte[171], empfohlen: Er schrieb Platon

---

167 Ramus, Dialektik 1543, fol 19v. Vgl. Anm. 150.
168 In der Ausgabe der Dialektik von 1554 findet sich das Beispiel S. 279.
169 Ramus, Dialektik 1572, S. 88f.
170 Ramus, Dialektik 1572, S. 90.
171 Vgl. unten S. 49ff.: System.

die Dichotomienbildung zu und behauptete, „divisionis διχοτομίαν praestantissimamque judicatam esse, sed difficilem."[172]

Auch wenn die Dichotomie nicht von Ramus vorgeschrieben war, sie bildete eine vortreffliche Illustration der Disposition, die den gesamten zweiten Teil der Dialektik, das Judicium, ausmachte[172a]. Das Modell des Ramismus war damit in den Grundzügen konstituiert; und es hatte im Bild vom Topfspiel und in den Dispositionsbäumen auch sinnliche Valenz. Die konstitutiven Vorstellungen: Es gibt zwei zusammengehörige Verfahren der Dialektik, Inventio und Judicium. Die Invention findet Einzelurteile, die von allgemeinen Urteilen, von generellen Topoi bis zu Loci communes, Sprichwörtern, Sentenzen und zur Einzelerkenntnis von Einzelheiten reichen. Ohne das Judicium freilich ist die Inventio chaotisch, eine Ansammlung von Einzelurteilen. Ohne Judicium schwimmen Einzelurteile ungeordnet in einem semantischen Kontinuum[172b]. Im Verfahren des Judiciums, das sich als Definition und Division vollzieht, werden die topisch gefundenen Urteile im einzelnen gesichert und dann in einer lückenlosen Deduktion, in der jedes Glied mindestens dichotomisch aufgeteilt ist, bis zur letzten Einzelerkenntnis, die damit vollständig definiert ist, disponiert.

Dieses Modell des Ramismus ist in seiner Entwicklung verschieden begründet worden, in der platonischen Frühfassung der ramistischen Dialektik, als die Disposition noch metaphysisch geordnet war, mit der Natürlichkeit; nach dem Verlust der metaphysischen Ordnung zunächst pädagogisch-pragmatisch: Die Arbores galten als besonders leicht einsichtig. Die logische Disposition schließlich hat Ramus erst 1572, in der Ausgabe letzter Hand, eigenständig zu begründen versucht. Dabei setzte er dieses dialektische Grundmuster voraus: Die Verarbeitung der Inventionsergebnisse, der Argumente, geschah durch das Judicium. „Judicium est secunda pars Logicae de disponendis argumentis ad bene judicandum: Certa enim dispositionis regula unumquodque judicatur: unde haec pars Logicae, et judicium et dispositio pro eodem dicitur."[173] Während der Durchgang durch die Loci der Invention eine möglichst vollständige Prädikation von Einzelurteilen und -problemen garantierte, sicherten die drei Axiome, mit denen Ramus sein Judicium in der Dialektik von 1572 beschrieb, die festen Regeln eines Systems. Ramus bestimmte, daß für jede Disposition zuerst deren Notwendigkeit und Vollständigkeit κατὰ παντός gefordert sei, damit wurde ein Wissenschaftsfeld definiert. Zum zweiten verlangte er, die Homogeneität der subsumierten Teile (καθ' αὐτό) und schließlich drittens deren lückenlose Deduktion

---

172 Ramus, Dialectica Audomari Talaei Praelectionibus illustrata. Basel: Episcopus 1572, S. 205. Vgl. Risse, Logik I, S. 159.
172a Ramus, Dialektik, Paris 1752, S. 61: „ADHUC prima dialecticae artis pars fuit in Inventione: pars altera sequitur in judicio: judicium est secunda pars Logicae de disponendis argumentis ad bene judicandum: Certa enim dispositionis regula unumquodque judicatur: unde haec pars Logicae, & judicium & dispositio pro eodem dicitur."
172b Vgl. Ong, Ramus, Kap. IX: The Dialectical Continuum.
173 Ramus, Dialektik 1572, S. 61.

(καθόλου πρῶτον): „Necessarium, quando semper verum est, nec falsum potest esse: et illud affirmatum appelatur κατὰ παντός, de omni. Impossibile, contra quod de nullo unquam verum esse potest. Axiomata artium sic κατὰ παντός esse debent, sed praeterea homogenea et catholica. Axioma homogeneum est, quando partes sunt essentiales inter se: ut forma formato, subjectum proprio adjuncto, genus speciei, id appellatur καθ᾽ αὐτὸ per se. Axioma catholicum est, quando consequens semper verum est de antecedente non solum omni et per se, sed etiam reciproce: ut homo est animal rationale: numerus est par vel impar: Lupus est natus ad ululandum. Id appellatur καθόλου πρῶτον, universaliter primum.“[174] Diese *Axiomata* waren feste Zuordnungen, die auch

1) „Lex Veritatis" bzw. „Lex necessitatis universalis",
2) „Lex justitiae" bzw. „Lex necessitatis cognationis" und
3) „Lex sapientiae" bzw. „Lex necessitatis proprietatis"

genannt wurden, sie lieferten die inhaltslogische Sicherheit der Disposition[175].

Dies Verfahren wurde 1572 erstmals „axiomatisch" abgesichert. Mit dem neuen Konzept des Judiciums wurde die metaphysische Sicherheit der frühen platonisierenden Dispositionsbegründung in Ramus' Dialektik verwandelt in eine logische Sicherheit, deren Gesamtkonzept von sicheren logischen Einzelurteilen und deren methodischer Disposition ausging.

Für die Verarbeitung der topischen Argumente, die das Judicium methodisch durchführte, hatte diese logische Absicherung entscheidende Konsequenzen. Auch wenn Ringelbergh schon den Versuch gemacht hatte, die Dialektik in einem topischen Dispositionsbaum zusammenzufassen, auch wenn es die bruchlose Zuordnung der Wissenschaften in Lullus' „Arbor Scientiarum" gab: mit der ramistischen Methode wurde eine Hierarchie von Topoi und Argumenten für jede Disziplin gefordert. Ramus erreichte, daß die inhaltlichen Zusammenfassungen der Sentenzen, die inneren, wissenschaftlichen Leitbegriffe der Loci communes, schließlich die topischen und logischen Kategorien in einer umfangslogischen, hierarchischen Ordnung disponiert und begründet wurden, in einer Ordnung, die allererst ein kontinuierliches, definiertes und geordnetes Feld von Wissenschaft mit dialektischen — also logisch-rhetorischen — Mitteln konstituierte. „Hanc viam omnes artes sibi proposuerunt.“[176]

---

[174] Ramus, Dialektik 1572, S. 63. Vgl. Ong, Ramus, S. 259, insgesamt dazu Kap. XI.
[175] Die Syllogismen stehen mit der stets dreigliedrigen Verbindung von logischen Urteilen in dem Methodenkonzept Ramus' isoliert, sie bilden nur eine sekundäre Untergruppe einer logischen Systematik, die nur an einem deduktiven Implikationsverfahren interessiert war.
[176] Ramus, Dialektik 1572, S. 90.

3. System

Ramus' Methode bot eine doppelte Interpretationsmöglichkeit. Einmal konnte innerhalb des gesamten dialektischen Verfahrens das Jucidium, und im Bereich des Judiciums wiederum die Methode isoliert werden: Dann trennte man das logische Verfahren der Disposition von der Inventio. Diese Interpretation führte von der Invention, die die Empirie verarbeitete, weg. Es wurde nicht mehr vorhandenes, inveniertes „Material" disponiert, sondern es ging nur noch um die Stringenz einer Erkenntnis, nicht um Dispositio und Collocatio. Diese Erkenntnisorientierung lag nicht in den Intentionen des Ramismus; der Ramismus verlangte vielmehr die Kunst der Disposition von Historie zur sicheren Konstruktion eines Argumentationsstranges. Aber es lag eine philosophische Interpretationsmöglichkeit in der Vernachlässigung des Inhalts zugunsten der Methode. Die Isolierung der Methode bereitete den cartesianischen Methodenbegriff vor, der nur von der Sicherheit der Erkenntnis her argumentierte, nicht von der Disposition invenierter Einzelerkenntnisse. Weil der isolierte Methodenbegriff keine Inventionsergebnisse mehr disponierte, mußte Descartes später die Ausdehnung, „res extensa", parallel zur Methode rekonstruieren und göttlich garantieren. Das war ein Versuch, bei dem die Parallelität von Körper und Geist durch die Parallelität methodischer Argumentation und effizienter Kausalität dargestellt werden mußte[177]. Der cartesische Methodenbegriff, der vom Ramistischen Methodenbegriff seine Sicherheitskriterien bekam, verlor den artistischen Charakter, der die Ramistische Methode ausmachte, zugunsten einer analytischen Erkenntnisorientierung. Descartes brauchte und lieferte deshalb ein neues Modell: Anstelle der artistischen Zuordnung von Inventio und Judicium trat die erkenntnisorientierte Parallelität von mechanischer Außenwelt und geometrischem Geist. Das war die *eine* Ablösungsmöglichkeit des ramistischen Modells.

Die *zweite* Interpretationsmöglichkeit des ramistischen Modells blieb topisch am Zusammenhang von Inventio und Judicium orientiert, sie behandelte Inventio und Judicium gleichermaßen. „Methodus", hatte Ramus 1572 definiert, „est dianoia variorum axiomatum homogeneorum pro naturae suae claritate praepositorum, unde omnium inter se convenientia judicatur, memoriaque comprehenditur."[178] Memoria hatte eine Doppelfunktion, sie war einmal das Vermögen, die Vorgänge des Judicium festzuhalten und zum anderen auch das Vermögen, die Historie, das topische Argumentationsmaterial, zu speichern. Eine reine Methodendiskussion konnte auf Historie verzichten, weil alles rekonstruierbar war, aber bei der Disposition von Inhalten bildete die Memoria das notwendige, emeinsame Korrelat von Inventio und Judicium.

Ramus, der über der Ausarbeitung seiner Methode ermordet wurde, hat den Methodenbegriff, der nach ihm ramistisch hieß, nicht auf alle seine Werke

---

[177] Vgl. dazu unten das Schlußkapitel.
[178] Ramus, Dialektik 1572, S. 87.

ausdehnen können. In seinen großen Vorlesungen, die zuerst 1569 gesammelt mit dem altertümlichen Titel „Scholae in Liberales Artes" erschienen[179], waren denn auch nur die Grammatik und das Lehrbuch der Mathematik[180] systematisch „methodisch" disponiert. Die Scholien zur Rhetorik[181], zur Dialektik[182] und zur Physik[183] waren noch vor der Konturierung der Methode konzipiert worden.

In der Grammatik, die sich für die methodische Disposition wegen der Herkunft der Methode und ihres ausgearbeiteten Regelsystems am besten eignete, ging Ramus von den „axiomatischen" Regeln seiner Methode aus, von der Vollständigkeits-, Homogeneitäts- und Deduktionsregel. Die Vollständigkeit wurde für die Grammatik als Fach beansprucht, die Homogeneität wurde durch das Material Sprache garantiert, und die deduktive Systematik galt deshalb, „cum artis regulae sint ita propriae, ut generalia non speciatim, nec specialia generatim, sed generalia generatim et semel, specialia speciatim et saepius doceantur."[184] Für die Grammatik hieß die Definition, die Voraussetzung der Deduktion war, „ars bene loquendi"[185]. Eine Deduktion der Töne in Relation zu Buchstaben, von Silben, Akzenten, Wörtern erschloß den lexikalischen Teil, und die Deklination und Konjugation den Regelteil. Die Syntax blieb ausgespart, möglicherweise auch deshalb, weil sie in den Grenzbereich der Rhetorik fiel.

Strenger noch ging Ramus in seinem Mathematiklehrbuch vor[186]. Methodengemäß nach Definition und Division verfahrend, begann er mit einer Definition: „Arithmetica est doctrina bene numerandi. Partes arithmeticae duae sunt, simplex et comparatiua: simplex, quae considerat simplicem numeri naturam."[187] Die Aufteilung nach Zahlenlehre, Grundrechenarten, Bruchrechnung ließ an Klarheit für ein Lehrbuch nichts zu wünschen übrig. Die pädagogische Ausrichtung des Methodenbegriffs war in Ramus' Mathematikbuch besonders erfolgreich. Das galt auch für die Geometrie, die von der allgemeinen Definition „ars bene metiendi" ausging und gleich die Gliederung mitlieferte: „Finis geometriae est bene metiri, ideoque suo fine defi-

---

[179] Vgl. die Einleitung von Walter J. Ong zum Neudruck der Scholae, Basel 1569 (Neudruck Hildesheim/New York 1970), weiter: Ong, Inventory. Zu den Ausgaben vgl. Ong, Inventory.

[180] Das Lehrbuch der Mathematik war im Inhaltsverzeichnis der Scholien angekündigt, erschien aber separat im selben Jahr.

[191] Die Scholien zur Rhetorik verbinden Vorlesungen zu Ciceros Orator und zu Quintilian.

[181] Die Dialektik-Scholien enthalten die „Aristotelis Animadversiones", die zuerst 1543 als Pendant zur Dialektik erschienen und dann 1548 in 20 Büchern polemisch ausgearbeitet waren.

[183] Die Physik-Scholien kommentieren die entsprechenden Aristoteles-Texte, dem Text folgend, meist mit polemischen Anmerkungen.

[184] Scholae in Liberales Artes, Basel: Episcopus 1578, Lib. I, Col 5.

[185] Scholae, Col. 8.

[186] P. Rami Arithmeticae Libri duo: Geometriae septem et viginti. Basel: Episcopus 1569.

[187] Arithmetik, S. 1.

nitur: Bene metiri igitur est cujusque rei mensurabilis naturam atque affectionem considerare, resque mensurabiles comparare inter se, rationemque et proportionem atque similitudinem perspicere: id enim totum est bene metiri, sive congruentia et applicatione datae mensurae, sive multiplicatione terminorum, sive facti per multiplicationem partitione, sive quacunque alia ratione rei mensurabilis affectio consideretur."[188]

Der Kompetenzbereich von Methode galt insgesamt als unbegrenzt. Ihre Beschreibungskriterien von Wissenschaftlichkeit waren so konzipiert, daß jede Historie, Erfahrung, Kenntnis, die sich wissenschaftlich nennen wollte, prinzipiell als auf Methode angewiesen galt. Ramus hat eine Theologie hinterlassen, die posthum veröffentlicht wurde und die methodisch am weitesten ausgriff[189]. Denn die Gegenstände der Theologie definieren und dividieren zu wollen, war wegen der besonderen Dignität des „Objekts" dieser Wissenschaft ein beträchtlicher Anspruch. Ramus ging nachgerade von der weitesten aller möglichen Definitionen aus, die freilich praktisch orientiert war: „Theologia est doctrina bene vivendi"[190], und ordnete dann die Vielzahl theologischer Topoi methodisch nach. „Theologia", wird konkretisiert, „itaque est doctrina de Deo divinitus hominibus oblata, et eadem canonicis utriusque testamenti libris comprehensa."[191] Und daraus folgert Ramus die Verbindung beider Testamente zu Christus. Dem entsprechen der Glaube (Buch 1), die Obligationen durchs Gesetz (Buch 2), der Verkündigungsauftrag der Erlösung (Verbindung beider Testamente) in Predigt (Buch 3) und Sakrament (Buch 4)[192].

Ramus begrenzte seine Methode nicht auf wissenschaftliche Texte, sondern er beanspruchte, sie könne auch Dichtung und Erzählung, Berichte und Geschichtsschreibung erreichen. Das lag im Ansatz von Ramus' Dialektik; Inventio und Judicium waren die gemeinsamen Grundlagen von Rhetorik und Logik, und beide Künste bildeten das Zentrum seines Wissenschaftenkanons, der durch Methode zusammengezwungen wurde. Daß Methode dann auf die Derivate der Rhetorik, besonders eben auf Poesie und Geschichtsschreibung anwendbar war, war fast selbstverständlich[193].

Es gehörte schon ein großes Vertrauen in die Methode dazu, den Plan zu konzipieren, den Ramus in der kurzen Vorrede zu seiner „Religio Christiana"

---

[188] Geometria, S. 1 (Die „Geometria" ist separat paginiert).

[189] Nach dem Bericht von Theophil Banosius, der dem Druck von „De Religione Christiana" (Frankfurt: Wechel 1577) vorgebunden ist und der nach Ong von Ramus selbst stammt (Inventory, S. 391), hat Ramus das Werk während eines Aufenthalts in Heidelberg „tamquam thesauro theologico" geschrieben. Vgl. auch Paul Lobstein: Petrus Ramus als Theologe, Straßburg 1878.

[190] De Religione Christiana, Frankfurt/M.: Wechel 1577, S. 6.

[191] De Religione Christiana, S. 7.

[192] Ein methodischer Vergleich mit Melanchthons „Loci Theologici" wäre sicherlich aufschlußreich.

[193] Das hatte Ramus in allen Methodenabhandlungen schon demonstriert; der zweite Teil der Dialektik enthielt stets auch methodische Interpretationen poetischer und historischer Texte. Vgl. Dialektik 1572, S. 90: „De Secunda Methodi illustratione per exempla poetarum, oratorum, historicorum."

entwarf, der Anwendung von Methode auf die Bibel. Denn damit bekam die
Offenbarung denselben Material-, Historiencharakter wie andere Wissenschaften und Künste, einen tendenziell profanen Status. (Die Brisanz dieses Vor-
schlages und die Anwendung der Methode auf eine privilegierte Historie wie
die Theologie, verhinderte möglicherweise die Veröffentlichung von Ramus'
Theologie zu seinen Lebzeiten.) Der Plan, die Bibel zu interpretieren, zeigt
aber auch insgeheim die Herkunft der ramistischen Sprachauffassung, die
über das antike „Erbe" hinausging. Die Deduktion zielt auf den theologischen
Grund jeder topischen Einzelerkenntnis, auf die biblische Signatura rerum,
und auf die besondere Kraft göttlichen Wortes zurück; eine Valenz und
Potenz der ramistischen Dialektik, die in Alsteds Verbindung von Ramus und
Lullus zutage treten sollte. Ramus' hybrides Konzept sah vor: Nach einer
Bibelübersetzung einen „elenchum locupletissimum" aller biblischen Loci
herzustellen, „non alphabetico, sed methodico ordine constructum, quo
omnia totius scripturae et maxima et mediocria et minima sive praecepta,
sive exempla, sive alia quaevis argumenta essent, ad singula illa doctrinae
Christianae capita referrentur, sylvaque tot tantarumque rerum licet amplissima latissimaque, tamen brevibus compendiariisque numerorum notis artifi-
ciose comprehenderetur."[194]

Ein solches theologisch-universales Mammutunternehmen hat Ramus
nicht zustande gebracht, aber die Möglichkeit einer solchen Unternehmung
war in seiner Philosophie erstmals denkbar.

4. Ramistische Facetten. Kompetenzbereiche von Methode

Wenn der böse Satz von der Klarheit der Epigonen stimmte, dann stimmte er
auch für Thomas Frey (Freigius)[195]. Aber der Satz ist falsch. Denn die Applikation der ramistischen Methode auf alle Wissenschaften, gerade auch auf die
Konstitution der Universalwissenschaften, die sich daraus ergab, war mehr als
Epigonentum. In der Invention eines Argumentes, sei es aus einer empirischen, sei es aus einer gelesenen Quelle, in der Isolierung eines Sachverhalts
aus irgendeiner, wie auch immer bestimmten Historie, liegt eine beträchtliche
Leistung, die nicht einmal ein — doch nun wirklich selbständiger — Kopf wie
Ramus ohne weiteres geschafft hatte. Das zeigte sich daran, daß er zentrale
Bereiche wie Rhetorik, Physik und Metaphysik in seinen Vorlesungen nicht
systematisch behandelt hatte. Die Isolierung von Argumenten, die Zuspitzung
auf einen Topos, auf eine Begriffsformel, emanzipierte darüber hinaus das
Wissen von der Autorität, machte das Wissen allererst frei verfügbar. Freigius
beschrieb diesen Sachverhalt selbst: „At praecepta finita sunt, et in singulis
artibus adeò breuia, ut si tautologias, si falsa ac commentitia documenta, si

---

[194] De Religione Christiana, S. 5.
[195] Johann Thomas Freigius, Freige, Frey, 1543 geboren in Freiburg, Breisgau, Professor in Altdorf 1575–1582, gestorben in Basel 1583.

aliena et heterogenea theoremata resecemus: liberalibus artibus nihil breuius, nihil facilius dicere queamus."[196] Das war in Ansätzen auch bei Erasmus großen Sammlungen, den Adagia und Apophtegmata so gewesen, aber der Ramismus brachte die Topoi, die Argumente, die als Ergebnis der Invention entstanden waren, zuerst in Ordnung. Er steigerte damit die Disponibilität von Wissen und löste das Wissen zugleich auch tendenziell von der Autorität der Bibel und der Antike[197]. Die ramistische Methode war gehalten, einen wissenschaftlichen Kompetenzbereich zu definieren und begrifflich, eben mit Topoi, zu füllen. Der Sinn dieser Ordnung lag nicht in den Autoritäten, sondern nur noch in der Stringenz und Durchsichtigkeit der Themenbehandlung. Dergestalt methodisch betrachtet, mußte der behandelte Themenbereich, die „Subjectae" der „Historie" in einem wissenschaftlichen Feld lückenlos disponiert werden. Das war die Aufgabe der Deduktion.

Dieser Anspruch auf *methodische Kohärenz* hatte schon vor seinem Ursprung in der ramistischen Dialektik eine doppelte Valenz, eine dialektische und eine pädagogische. Diese ungetrennte psychologische Intention, die wegen ihres persuasiven Charakters allemal zugleich eine rhetorische Intention blieb, konnte die Universalwissenschaften stets mit „Perspicuitas", der Transparenz des Gegenstandsbereichs, und mit der daraus folgenden Einsichtigkeit der Sprache begründen. Freilich bedingte dieser Sachverhalt auch, daß sich die psychologische Einsichtigkeit der Disposition von Argumenten in der rhetorischen Psychologie mehr und mehr in eine Klarheit des Gegenstandsbereichs verwandelte. Die Klarheit der Disposition, behauptete man leichtsinnig, sei auch die Klarheit des behandelten Sachverhalts. Das war auch ein Beitrag zur Konstitution des neuzeitlichen Objektbegriffs.

Die Klarheit tabellarischer Darstellung von Wissenschaften bei Johann Thomas Freigius, dem ersten und Hauptramisten in Deutschland, hängt wohl mit der methodischen Penetranz seiner Philosophie zusammen. Und er war gewiß ein authentischer Ramist, der die Lehren seines Lehrers und Freundes[198] genau anwendete. Freigius stellte allererst den gesamten Bereich der *Philosophie* methodisch dar, und auch als Jurist war er (soweit ich sehe) zuerst *methodisch* vorgegangen. Mit antimittelalterlichem humanistischem Pathos, das noch zwei Jahrhunderte halten sollte, beschrieb er im Vorwort zu seiner tabellarischen Ausgabe der Ramus-Vorlesungen seine enzyklopädische Intention: „Nihil enim hîc ex cuiusquam deliri magistri somnijs aut fatui philosophastri rancidis dictatis acceptum: sed ex antiquissimorum ac praestantissimorum autorum, et omnium aetatum memoria consecratorum monumentis ac scriptis deriuatum, ac eorundem exemplo et usu comproba-

---

[196] Johann Thomas Freigius: Petri Rami Professio Regia. Basel: Henricpeter 1576, Bl. ⏀ 2r.

[197] Das war einer der Gründe des Antiramismus, der nach dem Tode von Petrus Ramus gelegentlich beträchtliches Ausmaß annahm, ohne doch den Einfluß des Ramismus ernsthaft bremsen zu können. Vgl. dazu die Liste der Ramisten und Antiramisten in Ong, Inventory, S. 510–539.

[198] Dazu Ong, Vorwort zum Nachdruck der Ramus-Scholien, S. XIV.

tum, propositum est."[199] Seine Grammatik, schreibt er, stamme aus Cicero
und Demosthenes, hierher auch die Rhetorik und zusätzlich von Aristoteles;
die Rhetorik und die Logik seien „imo omnium qui unquam uixerunt . . .
descripta"[200], von Euklid kämen Arithmetik und Geometrie, aus Virgils
„Georgica" die Physik und aus Cäsar die Ethik.

Entscheidende Inventionsvoraussetzung für die Methode freilich war die
Konzentration auf Leitbegriffe, ein Sachverhalt, der Freige bewußt war[201],
als er davor warnte, „Quod si cui haec nimis tenua et breuia uidebuntur,
cogitet is praeceptorum quidem doctrinam breuem esse, usum uero longum,
qui non nisi cum uita hominis terminatur, et ijsdem, quibus huius lucis usura,
spacijs circumscribitur."[202] Es entstand mit dem ramistischen dialektischen
Wissenschaftskontinuum eben notwendig eine Vorstellung vom Kompetenzbereich der Leitbegriffe. Freigius' „P. Rami Professio Philosophica" versuchte
mit rhetorisch-logisch-psychologischer Intention zuerst eine universalwissenschaftliche, methodische Gesamtkonzeption des Wissens, einen Kompetenzbereich von Artes überhaupt darzustellen. Da dieser Bereich institutionell
artistisch begriffen wurde, abhängig von der Institution Universität, die mit
Lehre, mithin auch mit Rhetorik zusammenhing, da diese Institution also
nicht als Forschungseinrichtung verstanden werden konnte, war es nachgerade
selbstverständlich, daß Freigius parallelisierte und in einer methodischen,
d. h. tabellarisch-systematischen Aufstellung pädagogische Planung und sachliche Aufteilung nebeneinanderstellte. Und so wurde bei Freigius die Wissenschaft von der Lehre zusammengehalten: „Ramus philosophiam cum eloquentia ita coniungendam censuit, ut cum puerum septimo anno acceperit,
anno decimoquinto aetatis perfectus philosophus sit, et iam aptus ad Rempu-
blicam."[202a]

Freigius' Disposition der Bildung entsprach diesem Plan. Zwei methodische Hauptgruppen, Zeitaufteilung und Stoffaufteilung, korrespondierten
einander[203] und wurden methodisch als die beiden Hauptäste jeder Doctrina
begriffen. Und hier lag dann die enge Verklammerung von Universalwissenschaft und Pädagogik im Ramismus zutage: Die Sachbezogenheit in der Syste-

---

[199] Freigius, Rami Professio Regio, Dedicatio, Bl. ŏ 2r.

[200] Ebd. 201.

[201] Ebd.

[202] Ebd. Freige hat auch vorgehabt, Loci communes über seinen „Ciceronianismus"
hinaus zu schreiben. Das Unternehmen kam aber nicht zustande. (Vgl. Morhof, Polyhistor
I,1,21,114, Bd. 1, S. 257.)

[202a] Freige, Rami Professio Regia, Bl. ŏ 3. Siehe S. 56/57.

[203] In den ersten drei Jahren griechischer und lateinischer Elementarunterricht;
Grammatik. Danach im vierten Jahr Rhetorik, im fünften Dialektik, im sechsten Mathematik und im siebten Jahr Physik. Alle diese Fächergruppen sind im einzelnen zunächst
nach „explicatio" und „exercitatio" eingerichtet, danach folgt erst die Sachaufteilung.
Dialektik besteht bspw. aus „inventio" und „iudicium" im explikativen Teil, aus Analysis
und Genesis im Übungsteil. Vgl. dazu das Schema in der vorigen Anmerkung. An ein solches Konzept schließt Wolfgang Ratke (Ratichius) an.

matik der Universalwissenschaften tauchte institutionell im Rahmen der vierten Universitätsfakultät auf[204].

Bei dieser Verklammerung von Pädagogik und Systematik leuchtete ein, daß Freigius an den Beginn seiner Ausgabe der Ramus-Scholien ein Kapitel „Ciceronianismus" setzte. Dies Kapitel hatte die Funktion, den Bildungsinhalt und das Leben Ciceros als hagiographischen Typus des politischen Gelehrten miteinander zu verklammern. Und so ergab sich eine Biographie in ramistischen Dichotomien. Kein Bereich konnte der Methode entkommen.

Daß die politische Funktion des humanistischen Gelehrten anders war als die eines antiken Rhetors, war dem Juristen Freigius möglicherweise bereits

[204] Im Reich ergab sich für den protestantischen Bereich (Ramus war Calvinist und Ramismus calvinistisch) in der vierten Fakultät der Universitäten um die 1580er Jahre eine Mischung von Ramismus und Melanchthon-Schule: der Philipporamismus. Melanchthons Schulbücher waren eingeführt, und der Ramismus galt als pädagogisch führend, man versuchte deshalb, Ramus und Melanchthon in ihren dialektischen Lehrbüchern zusammenzukompilieren. So schickten sich Schulleute wie der Dortmunder Rektor Beurhaus (vgl. Ong, Inventory, Nr. 296, 298, 299, 300, 305, 306), der auch die Dialektik von Petrus Ramus 1587 ins Deutsche übersetzte (Herford 1587; Ong, Inventory, Nr. 300), Sonleutner (Ong, Inventory, Nr. 289, 304) und andere (vgl. etwa Ong, Inventory, Nr. 308) an, Melanchthons Dialektik, die aristotelisch konzipiert war und ohne ramistischen Methodenbegriff arbeitete, mit der methodischen Dialektik zu verknüpfen. Das geschah in Kompilationen und Paralleldrucken. Es gab sogar Versuche, etwa Melanchthons „De anima" in ramistischen Dichotomien darzustellen, das veranstaltete 1580 Johannes Grün, Rektor des Gymnasiums von Jüterbog, mit „Liber de anima dn: Philippi Melanthonis in Diagrammata Methodica digestus, & olim in Academiis Vitebergensi ac Jenensi Studiosis propositus, nunc verò in gratiam Tyronum in Philosophiae & Medicinae studio editus à M. Iohanne Grunio Noribergense Gymnasii Iutrebocensis Rectore. Vitebergae In Officina Typographica Simonis Gronenbergii. M. D. LXXX."

In einem der am breitesten ausgearbeiteten philipporamistischen Lehrbücher versuchte Johannes Rivius (der Sohn des Reformationspädagogen), Rektor in Glaucha bei Halle, Melanchthons Neukonzeption der Loci communes mit der ramistischen Disposition dieser Begriffe zu verbinden: „Locorvm commvnivm philosophicorvm, qvibvs vetervm graecae latinae qvae lingvae scriptorum, explicationis ratio & via: eiusque vnà vsus, in antiquissimo laudatissimoque priscae memoriae scriptore Herodoto retexto, praeeundo demonstratur . . . Qvo continentvr loci ΤΗΣ ΛΟΓΙΚΗΣ grammatici, dialectici, rhetorici, ad qvatvor partes liberalissimorum studiorum, vt sunt, avscvltatio, repetitio, meditatio, et exercitatio: Tùm, ad cultum, non modò pvblicae doctrinae, in instituenda adolescentia: sed etiam privati studij, domesticaeque educationis accomodati, tabvlisqve diagrammatvm delineati: ac nunc primùm ad vtilitatem ivventvtis scholasticae, opera Laboris & Diligentiae: Ioannis Rivii, Atthendoriensis F. editi Glavchae, Svbvrbio Salinarvm Saxonicarvm. Anno M. D. LXXX." Rivius hat den melanchthonischen Zugriffn, den der Titel seines Werkes zeigte, mit dem Ramismus verbunden, indem er die gefundenen Loci *methodisch* ordnete, eine Ordnung, die er pädagogisch begründete: „Ac primum nomen loci πολυσήματον esse intelligendum. Id autem, cum artibus est usitatum, tum extra has profeßionum & scriptorum quoque caeterorum. In quo quidem plenius demonstrando, non est quod longé abeamus: eum, quod ad artes attinet, idem istud uocabulum Loci, id quod notißimum, copiae tribuatur in disciplina disserendi, μεϑόϑον διδασκαλικῆς, qua tractandae simplicis quaestionis ordinem & metas monstrat." (Prooemium, A 3 v). Und dann führt Rivius die Ordnungsprinzipien an, die als Inventionstopoi die ramistische Dialektik tragen. Hier schien die Verbindung von Melanchthon und Ramus am engsten gelungen, eine Verbindung, die sich auf den philologischen und dialektischen Lehrbereich der vierten Fakultät bezog, dabei vornehmlich Grammatik in Tabellen disponierte, Tabellen, deren Subtilitäten dem späteren Betrachter mangels Feinkriterien verborgen bleiben.

bewußt, als er die ramistische Methode auf die Jurisprudenz übertrug. Denn bei den Juristen waren die rhetorisch-politischen Einflußmöglichkeiten in der Tat größer als in der Artistenfakultät. Die ramistische Methode mit ihren Implikations- und Subsumptionsmustern, mit klar begrenzten begrifflichen Kompetenzbereichen eignete sich für die Jurisprudenz besonders gut[205]. Denn gerade die war darauf angewiesen, eine begründete Hierarchie von gesetz-

[202a]   Freige, Rami Professio Regia, Bl. ő 3. vgl. S. 54.

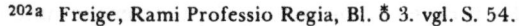

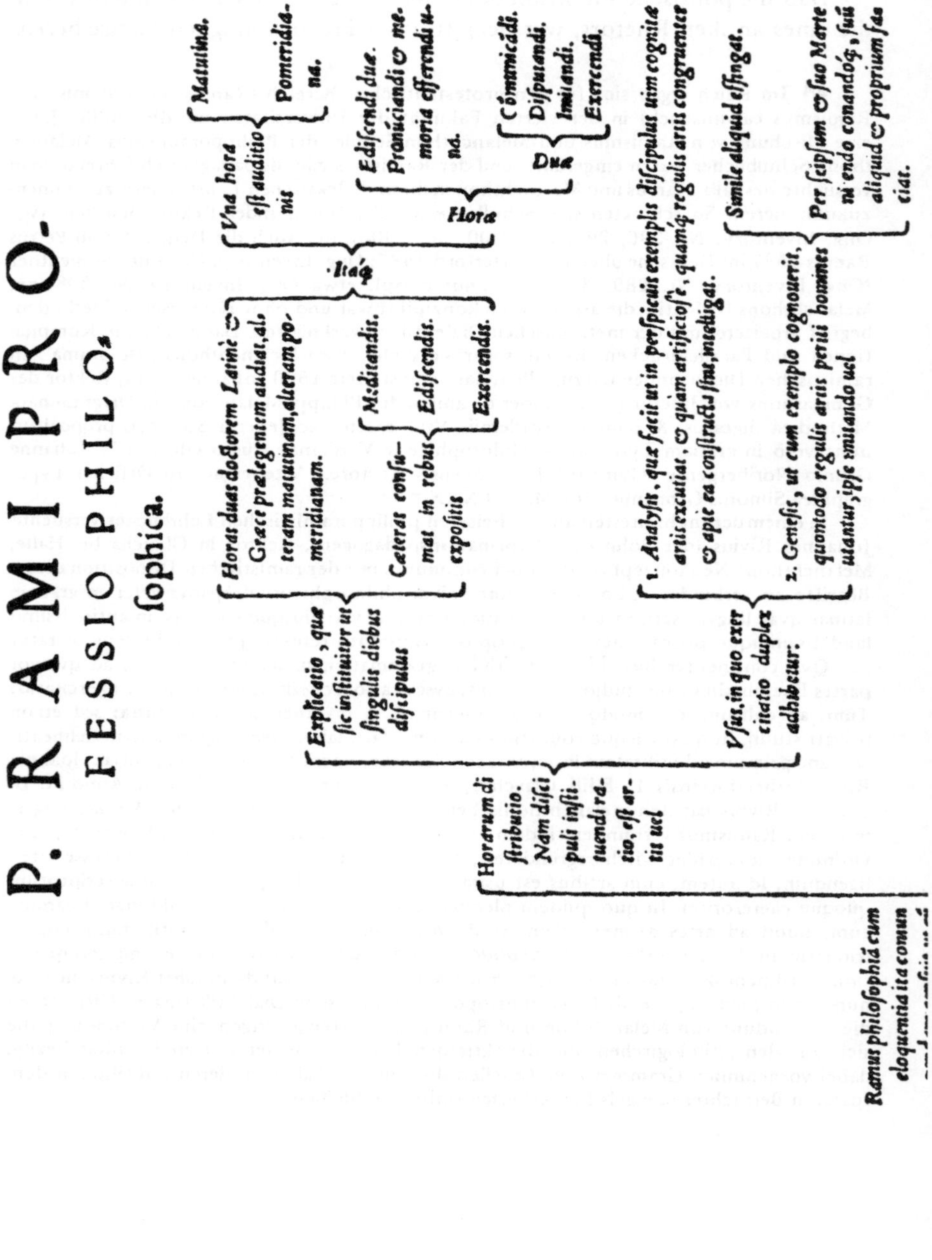

lichen Verordnungen, Verträgen, Gewohnheiten und Topoi zu bekommen[206], eine Durchsichtigkeit des Rechts für Juristen, Politiker und Betroffene.

205 Zur späteren Wirkung des Ramismus auf die Politik, gerade auch auf Lipsius und den Neustoizismus vgl. Günter Abel: Stoizismus und frühe Neuzeit, Berlin u.a. 1978, bes. S. 228–245.
206 Allgemein dazu: Theodor Viehweg: Topik und Jurisprudenz, Fünfte Auflage, München 1974.

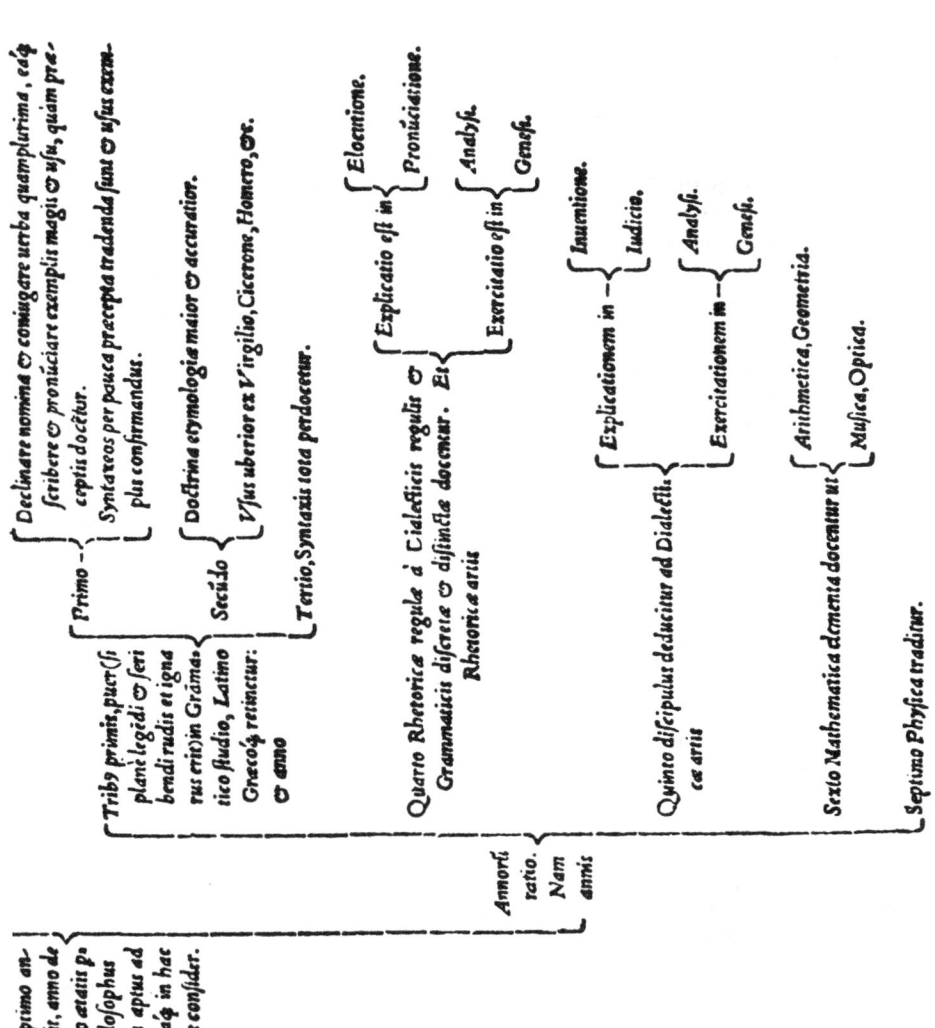

Freigius[207], der den Ramismus in tabellarischer Form auf die gesamte Jurisprudenz übertrug, versuchte das mit zwei Zugängen: Einmal stellte er die ramistische Dialektik und Methode als logische Methode dar und erläuterte sie mit juristischen Beispielen. Dieses logische Lehrbuch für Juristen[208] war gut ramistisch in Inventio und Judicium aufgeteilt; die beiden Operationsformen wurden dann je in arbores untergliedert und bis zu den verschiedensten Topoi inventionis und zu Kriterien eines methodischen Judiciums aufgeteilt. Grundlage war die ramistische Dialektik von 1572, die die Axiomata und den strengen methodischen Wissenschaftsanspruch postulierte.

Damit schrieb Freige ein juristisches Lehrbuch, das die Methode seines Vorgehens erläutert; eine Methode, die er auf die Inhalte der Jurisprudenz noch zu Lebzeiten seines Lehrers Ramus angewandt hatte. 1571 hatte er die „Partitiones Juris Utriusque"[209] veröffentlicht, und hier machte der juristische Ramist Freige die Vorteile der ramistischen „Methode" für die Jurisprudenz deutlich; Vorteile, die vor allem die Disponibilität von juristischen Loci in einer systematischen Zusammenstellung betrafen: „Constituenti mihi Pandectas, iuris nostri fontem, et quendam quasi circumseptum sua immensitate alueum, partiendi ista uia ad memoriam et intelligentiam apte in breuitatem quandam redigere"[210]. Und die Disponibilität wurde methodisch, d. h. faktisch durch Gliederung des Materials nach Dichotomien erreicht, denn die Voraussetzungen der Dichotomien, die Axiomata des ramistischen Judiciums und die Sacherkenntnisse aus den Syllogismen wurden immer mehr stillschweigend vorausgesetzt und damit übergangen. Was blieb, waren Definition und Division.

Aber dieser schematische Zugriff hatte Vorteile, die Freigius für die Jurisprudenz ebenso genau sah wie für die Universalwissenschaften: „Iam quod ad formam huius scripti attinet, tantam oeconomiam, tantumque ordinem animaduertes, ut dilucidius, ut aptius in hoc genere fieri nihil possit. Nam illam διχοτομίαν, qua in partiendo, res in duo membra plerunque, quoad fieri potest, discernuntur, tantopere Platoni, tantopere Aristoteli probatum, ita retinuit, ut ubicunque potuerit libenter bimembrem diuisionem instituerit. Cuius rei argumentum est prima statim partitio iuris in Philosophicum et Historicum: quam deinceps intermedijs differentijs ac speciebus ita diduxit,

[207] Zu Freigius als Jurist: R. Stintzing: Geschichte der Deutschen Rechtswissenschaft, Bd. 1, München und Leipzig 1880, 1. Abteilung (= Geschichte der Wissenschaften in Deutschland Bd. 18), S. 440—449. Johann Thomas Freigius, 1543 als Sohn eines Freiburger Juristen in Freiburg geboren, 1559 Magister Artium, 1561 Dozent in Freiburg, 1568/69 Bekanntschaft mit Ramus, 1571 „Partitiones Iuris Utriusque", 1576 „Rami Professio Regia", 1576—1582 Prof. phil. et jur. in Altdorf, 1582 „De Logica Iureconsultorum", 1583 Tod in Basel. Bes. Aldo Mazzacane: Scienza logica e ideologica nella giurisprudenza Tedesca del sec. XVI. Varese: Giuffrè 1971.

[208] Joan. Thomae Freigii, De Logica Jureconsultorum, libri duo. Basel: Henricpeter 1590. Erste Ausgabe 1582.

[209] Joan. Thomae Freigij, Partitiones Iuris Vtriusqve. Basel: Henricpeter 1581. Erste Ausgabe 1571.

[210] Ebd. A 3 r.

ut methodus tanquam per gradus subalternos, pedetentim descenderet: nec unitas, finisque Platonis in extremam multitudinem, infinitatemque: uel Aristotelis genus in ultima indiuidua repente praeceps iret, ut cum P. Ramo praeceptore loquar."[211]

Freige hat in dieser Vorrede zu seinen Partitiones juris im Dezember 1570 die Zentralpunkte des Ramismus benannt: Methode und Dichotomie, philosophische Vermittlung von Aristoteles und Platon, inhaltlich eine Gliederung und Stufung der *Materie* eines Wissensgebietes, die pedetentim, Schritt für Schritt, vom Allgemeinen zum Einzelnen und vom Einzelnen zum Allgemeinen geht. Daß diese Methode allererst auf Jurisprudenz angewandt, die Teilung in Jurisprudentia philosophica und historica ermöglichte, belegt darüber hinaus die unauffällige Anwesenheit der Historie als Erfahrung im zentralen Begriffsfeld des Ramismus. Und auf diese Dichotomie baute Freigius seine Jurisprudenz tabellarisch auf[212].

5. Topica Universalis

Entscheidend war und blieb für den Ramismus und für seine Wirkung die besondere Stellung der Historie im Bezug auf die Methode. Historie lieferte die Materie für Darstellungsformen sowohl des Rechts als auch für jede andere methodisch-wissenschaftliche Gattung. Sie war der Ort der „Quaestio facti" nicht nur in der Jurisprudenz, sondern Inventionsgrundlage und Speicher aller Wissenschaften[213], die sämtlich methodisch sein mußten. Sobald sich Methode und Historie trennten, entwickelte jeder Bereich seine eigene Dynamik. Aber vorerst blieben sie beieinander. Denn die Verbindung der beiden Begriffsbereiche hatte den Vorteil, daß die ramistische Dialektik als topisches Verfahren, als Verbindung von Inventio und Judicium, anwendbar blieb. Nahm man die Zuordnung von Invention und Historie ernst, so entstand ein prinzipiell unbegrenztes Wissen von Einzelheiten, und unter dieser Verbindung konnten Judicium und topische Methode als Disposition angewandt werden. Der Ramismus drängte zum topischen Universallexikon.

In der Tat (und zum Glück für die Theorie) wurde das erste Universallexikon in praktischer Hinsicht von einem Ramisten konzipiert, und es war topisch disponiert. Der Mediziner Theodor Zwinger, der „von Petro Ramo zu Paris die Philosophie" lernte, veröffentlichte zuerst 1565 sein „Theatrum Humanae Vitae". Zwinger hatte die Inventionensammlung seines Stiefvaters Conrad Lycostenes als Material übernommen und diesen Historienschatz nach der methodischen Folge von Definition und Division zur topischen Enzyklopädie disponiert. In seinem „Theatrum" standen die Argumente nach

---

[211] Ebd. A 3 r.
[212] Ebd. fol 1r. Abgedruckt S. 60/61.
[213] Darin besteht die Bedeutungsverschiebung von Historia, die zum Material der Philosophie wird, wie Seifert: Cognitio Historica, S. 139, konstatiert.

Jo. Th. Freigius: Partitiones Juris. (Vgl. Anm. 212, S. 59)

Tabularum in iuris Methodum, pars prima, quae tota est Philosophica, hoc est, rationes & causas iuris inquirens.

Argumentum doctrinae Iuris.

Philosophicum sei iuris τὸ διότι ius uerum et rationes omnis iuris quantum humana mens assequi potest, inquirens. Versatur enim in inquisitione causarum, ex quibus oriuntur constitutiones, quae pro legibus habentur. Saepè enim quaeritur unde quodque ius existat, et quos obliget, Sic in iure

Ciuili disceptatur de

Legibus et constitutionibus, hoc est, de ipsarum

Autoritate et aequitate:quia uel

Ab illis lata sunt: quibus non licuit
Non debita solennitate promulgatae sunt:
Non habent iustitiam matrem:
Agunt de rebus de quibus earum conditoribus aliquid constituere non licuit.

Canonico, in dubium uocatur, an Rubricae decretorum sint authenticae

Rectè igitur et sapienter Azo dicit esse quasdam leges legum. Nam in plerisque titulis iuris, non ponuntur decisiones casuum, nec praescribitur forma iuris, quam in quaque facti specie sequamur: sed generalis quaedam doctrina iudicandi de autoritate omnium legum et constitutionum traditur. Et quia prior et potior etiam est causarum cognitio et obligationum iuris: arbitror ueteres hanc partem τὸ πρότον dixisse. Quis enim non intelligit frustrà condi legem atque alligari, cuius autoritas atque obligatio non apparet? Ad explicationem talium quaestionum, requiritur cognitio causarum, ex quibus omnium legum atque constitutionum autoritas oritur. Hic igitur consid. Iuris

Relaxatione. Disceptatur.n.aliquando de legib.et statutis, prudenter et utiliter in aliqua Rep. conditis, adeò ut de earum aequitate et autoritate nullum sit dubium: et tamen incidunt causae, propter quas earum constitutio sit relaxanda.

causae et in his

Hypothesis: pagina seq.*

Species iuris- pag.3.

Effectus seu Obligatio: pag. 3.

Iuris

Adiuncta, ut

interpretatio. p.4.

Fictio. p.5.

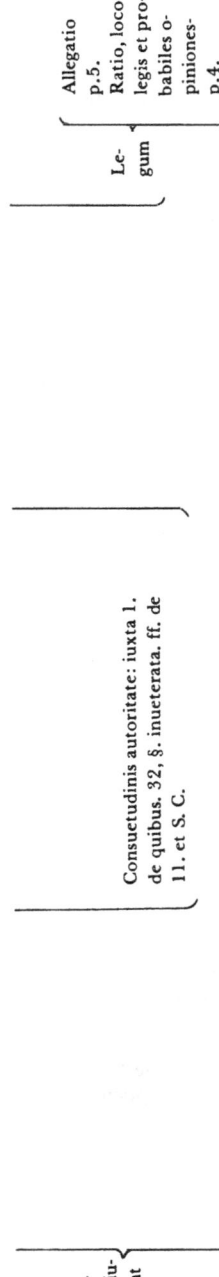

Allegatio p.5.
Ratio, loco legis et probabiles opiniones p.4.

Legum

Personis. pag.6.
Rebus. pag.10.
Actionibus et exceptionibus pag.59.
Iudicijs. pag.89.

Ἀνάλογον. seu commune, quod tractat de

Priuilegijs seu beneficijs iuris. pagina 116.

Feudis

Ἀνώμαλον: seu singulare, quod consistit in

Consuetudinis autoritate: iuxta l. de quibus. 32. §. inueterata. ff. de ll. et S. C.

Controuersiarum de iure, duo sunt genera:

Historicum seu facti, τὸ ὅτι: cum quaeritur, quid in quaque facti specie pro iure obseruetur. Consistit non in perquirendis iuris formis, quas in singulis negociorum et delictorum humanorum speciebus pro iure obseruari leges uolunt, ut eas tanquam duces ad tuendam et conseruandam societatem humanam sequamur. Quamuis autem et in his formis quaedam causae annectantur. Tamen si quis rectè consyderet istas omnes causas: ex necessitudine naturali et ciuili, adeoque ex priore parte iuris doctrinae, tanquam ex fonte deducuntur. Itaque accuratè sunt hae duae partes discernendae, ut intelligamus posteriorem â priore fulciri et confirmari. Nonnunquam tamen posterior pars iuris, quae tradit formas constituendarum rerum, ut in hac uita tranquillitas conseruetur: ita praedurrit priorem, ut eorum quae constituta sunt, nulla necessaria et generalis possit reddi ratio. iuxta l. non omnium 20. De ll. et S.C. Ac siquidem constitutionibus aliqua probabilis aut firma ratio redditur, magna habenda est gratia legislatori, quòd suum consilium nobis notum esse uoluit, rationemque legi adiunxerit, ut per eam tanquam animam, sua quadam ui uigeret et regeretur. Si uerò non est adiecta ratio, tum solum constituentis autoritate subsistit, sicut historiae propter solam narrantis fidem creditur. Quapropter haec pars historica dicitur. Nam hoc et ipsa legum mutatio et correctio indicat: sicut refert Pompo ff. de origine iuris: et est cernere in nouellis constitutionibus. Sed hoc ius Facti duplex est,

Sachgebieten zusammen, und in diesen Sachgebieten erschienen auch die zugehörigen Autoren und Werke[214].

Das geschah noch zu Ramus' Lebzeiten. Die Disposition von Zwingers praktischer Enzyklopädie entwickelte sich parallel zu Ramus' Methodenbegriff, nämlich von der pädagogischen zur systematischen Begründung. Zwingers „Theatrum" behandelte den praktischen Bereich des Wissens und war im Titel definiert als Schauplatz „Omnium fere eorum, quae in hominem cadere possunt, Bonorum atque Malorum EXEMPLA historica, Ethicae philosophiae praeceptis accomodata, et in XIX. LIBROS digesta, comprehendens: Ut non immeritò Historiae PROMPTVARIVM, Vitaeque humanae SPECVLVM nuncupari poßit."[215]

Diese erste neuzeitliche Enzyklopädie in praktischer Hinsicht zeigte Zweck, Anlage und Ordnung, von der sie lebte, im Titel; sie lebte vom Verhältnis Historia und Philosophia.

Historie war klassisch und ciceronianisch Magistra vitae, auch Lieferant von Exempla. Daß sie „Ocularis et sensata cognitio atque demonstratio" war[216], war durch den Wortgebrauch aus Plinius festgelegt. Das Verhältnis von Historia naturalis und Historia humana[217], die sich aufs menschliche Handeln bezog, lag ohnehin auch seit Mylaeus zutage. Wesentlich für den ramistischen Zugriff auf die Geschichte war aber dies: Historie war nicht ohne weiteres Magistra vitae, sondern sie wurde es durch Disposition. Historie mußte also Material der Philosophie werden. Das mußte so geschehen, daß man Historie in Topoi zusammenfaßte, diese je isolierte und sie dann nach Definition und Division disponierte, um eine Ordnung des Ganzen zu schaffen, eine Ordnung, deren Begründung die Aufgabe der Dialektik war.

Dieser methodische Prozeß ging nicht auf einmal vonstatten. Zwischen der ersten Auflage des Riesenwerks[218] von 1565 und der dritten Auflage von

---

[214] Jöcher, Gelehrtenlexikon, Artikel Zwinger; Theodor Zwinger (1533—1588) war Professor in Basel, er stieg dort vom Graecisten über den Moralphilosophen bis zum theoretischen Mediziner auf. Zu Zwinger: Seifert, Cognitio Historica, S. 79—88; Mazzacane: Scienza logica e ideologica nella giurisprudenza Tedesca del sec. XVI, Varese 1971; Briefe von Ramus an Zwinger in: Waddington, Ramus, Paris 1855. Lycostenes (Wolfhart, 1518—1561) war 1542 Professor in Basel geworden, gab 1551 einen unberechtigten Auszug aus Gesners Bibliotheca Universalis heraus. Zwinger gehört in den Umkreis der großen humanistischen Bibliographen Basels. Vgl. dazu Hans Widman: Konrad Gesner und seine Bibliotheca universalis (= Nachwort zum Neudruck der Bibliotheca Universalis und Appendix, Osnabrück 1966).

[215] Theatrum Humanae Vitae, Basel: Oporinus u.a. 1565, Titel.

[216] Ebd. 245.

[217] Ebd. 245: „Omnium itaque naturalium rerum proprietates & actiones Historicus obseruat. Harum autem aliae natura solùm agunt, tam animata rationis expertia, stirpes & bruta, quàm inanimata corpora: quorum cognitio non simpliciter Historia, sed uel in genere naturalis historia, uel certè stirpium, animalium, aut metallorum historia appellari consueuit. Aliae verè non natura tantùm, sed potius secundum uoluntatem & electionem agere dicuntur: homines uidelicet, in quibus eam ob causam solis uirtus & uitium reperitu, quòd ratione praediti sunt."

[218] Die erste Auflage ist ein Foliant von 1428 S.

1586, die Zwinger noch selbst veranstaltete[219] und die bereits vier Folianten umfaßte, bestehen Unterschiede in der Klarheit der Dispositionsbeschreibung und in der begrifflichen Zuspitzung dessen, was Historia meinte. 1565 teilte Zwinger alle Angelegenheiten, die sich auf seine praktische Enzyklopädie bezogen, noch mit aristotelischen Termini auf: „Τῶν ἀνθρωπίνων igitur omnium duplex consideratio institui potest: philosophica alia, alia historica."[220] Es wurde zunächst das Verhältnis von Philosophie und Historie mit dem Verhältnis von Praeceptum und Exemplum beschrieben, einem Verhältnis, das zugleich die sachgemäße Disposition bestimmen sollte und dabei pädagogisch gemeint war. Für die Disposition seines Theatrum ging Zwinger von folgender Definition aus: „ETHICA philosophia partim λόγῳ siue praeceptis acquiritur, partim ἔθει siue exemplis. Praecepta Philosophi docent, Aristoteles maxime, in libris Ethicorum, Politicorum et Oeconomicorum. Exempla Historici tradunt, ex quorum monumentis nos THEATRUM uitae humanae construximus. In quo omnia ea quae in hominem cadere possunt, bona atque mala, tum interna, tum externa, titulis certis, et didascalico ordine descriptis comprehenduntur, eademque particularibus subinde exemplis declarantur et illustrantur. Dispositio autem totius Operis ex materia subiecta pendet."[221] Ganz klar war bei dieser Kerndefinition noch nicht, wie denn das Verhältnis von Praecepta und Exempla aussehe, ob die Konstruktion des Theaters sich nach den Praecepta oder den Exempla oder beiden richte und was denn die Ordnung der „Materia subjecta" sei, die die Disposition bestimme.

Ramus' letzte Auflage der Dialektik war 1565 noch nicht erschienen, und die schemenhafte Allgegenwart des Methodenbegriffs war noch unentschieden zwischen Natur- und Dispositionsordnung. Nachdem 1572 die Methode deutlich beschrieben worden war und seit Freigius den universalen Zugriff der Methode dargestellt hatte, präzisierte Zwinger auch Verfahrensbeschreibung und Definition seines „Theatrum". 1586 wurde die Ordnung der Historia als topische Dispositionsordnung charakterisiert, als „Σύνταξις, supposita Exemplorum farragine, ab Organicis facultatibus Orationem atque Rationem, ueluti formas Rerum quatenus docentur, mutuatur: a Logico quidem Methodum et Dispositionem: a Grammatico uero et Rhetore, saepe etiam a Poeta, Characterem."[222] Die Historie wurde zur Scheune von Beispielen, sie hatte ihre eigene Struktur und Substanz verloren. Das Ordnen wurde zentrale Aufgabe der Dialektik. Die Entplatonisierung der Ramistischen Dialektik war auch auf Zwingers topisches Lexikon übergesprungen. Es ging nur noch um die unerläßliche methodische Ordnung des tatsächlich nachgerade immensen

---

[219] Theatrum Hvmanae Vitae Theodori Zuingeri Bas. Tentatione Nouem Volvminibvs locupletatum, interpolatum, renouatum. Basel: Episcopus 1586. Episcopus war der Baseler Ramistenverleger, der auch Freigius und Ramus verlegt hatte. Die zweite Auflage des „Theatrum Humanae Vitae" erschien 1571, eine vierte noch 1604.

[220] Ausg. 1565, Praefatio, S. 1.

[221] Ebd. S. 32.

[222] Ausg. 1586. Proscenia, unpag. „De Forma, hoc est, Dispositione & Charactere huius Operis."

Materials. Die gesamte Definition, die Voraussetzung für die Division, hatte sich für die zweite Auflage beträchtlich verschoben: „Ex Fontibus praedictis porrò RIVOS deducamus. Vniuersitatis humanae loci propè innumerabiles, et nisi methodum adhibeas incomprehensibiles, alij magis, alij minus uniuersales. Ab illis ad hos progrediendum esse uidetur, ὀδῷ naturali scilicet."[223] Hier war das Verhältnis von Historie und Methode ramistisch für die Enzyklopädie beschrieben. Die topische Ordnung, die Zwinger seiner Enzyklopädie schon 1565 gegeben hatte, konnte jetzt mit dem Methodenbegriff, der sich selbst rechtfertigte, und mit dem zugehörigen Begriff der disponiblen Materialhistorie auch „theoretisch" zureichend beschrieben werden.

Die methodische Ordnung war, so ramistisch wie sie angelegt war, in sich schlüssig. In Zwingers „Theatrum" wurden deshalb alle Disziplinen, die sich auf menschliche Dinge bezogen (also nicht Theologie und Physik/Metaphysik) mit einem Dichotomienbaum über vier Seiten hinweg systematisiert. Dieser Baum war das logische Organon, das die amorphe Historie ordnete. Die Historie wurde nach Loci communes der menschlichen Angelegenheiten gegliedert, nach den verschiedenen Kausalitäten, nach psychologischen und sachlichen Kriterien; eine tatsächlich höchst vollständige Feingliederung der Bereiche menschlichen Wissens, die praktisch werden konnten, mit Definition und Division.

Diese Feingliederung war nötig. Denn gegenüber dem 1400 Seiten starken Folianten der ersten Ausgabe von 1565 hatte sich 20 Jahre später der Umfang fast vervierfacht. Die Invention war eben einer der Konstitutivbegriffe topischer Wissenschaft und Voraussetzung der Disposition. Das Materialsammeln des Wissenschaftsbetriebs war so wissenschaftlich gerechtfertigt. Aber je länger desto schärfer stellte sich bei wachsenden Bergen historischen Wissens die Frage nach der quantitativen Kapazität topisch deduktiver Systeme.

Diese Ordnungsleistung der Topik war wohl mit Zwingers Fleiß schon an ihr Ende gekommen. Zwar konnte man nach Zwingers methodischer Ordnung die Stelle jedes Arguments, jedes Autors und jeder Begebenheit genau feststellen. Aber dazu mußte man sich der Deduktionsform anbequemen, mit der Zwinger alle seine Materialien unter ethischen Gesichtspunkten geordnet hatte. Das war ein mühsamer Nachvollzug, der die Disponibilität des Stoffs mit jeder weiteren Unterteilung erschwerte. Aber es ging ja zunächst nicht um Disponibilität, sondern um dialektische Ordnung.

Wollte man hingegen das „historische Material" auf ein anderes Ziel hin ordnen, so stand es nicht mehr zur Disposition. Denn die Masse der Exempla, Topoi und Loci communes lag oberhalb der Gedächtnisgrenzen, trotz der Ordnungshilfen. Diese Überanstrengung der Memoria durch Wissensstoff machte den lexikalischen Wert der ramistischen topischen Ordnung früh bereits fraglich.

---

[223] Ausg. 1586. Proscenia ***.

Eine solche Krise lag im Ansatz der Topik und sie führte dazu, daß der Antwerpener Theologe Lorenz Beyerlinck schon in den zwanziger Jahren des 17. Jahrhunderts Zwingers „Theatrum" alphabetisch umdisponierte, „quibusdam omissis et aliis adjectis", wie Leibniz später schrieb[224]. Die Umdisposition von Zwingers Theatrum ins Alphabet erschien 1631 posthum, vier Jahre nach Beyerlincks Tod[225]. Er hat sich deshalb zur Umdisposition nicht mehr äußern können, aber die Verlagsvorreden berichten, daß aus juristischen Erwägungen eine unveränderte Neuausgabe von Zwingers Theatrum, wie man sie vorgehabt hatte, unmöglich gewesen sei. Der Verlag habe hingegen „iure tamen suo" Beyerlinck gebeten, „Vt THEATRVM aliud (si ipsi luberet) posset conficere". Und „quoniam multi accuratam illam methodum in re historica minus probant, in titulis ordinandis ordo Alphabeticus seruaretur."[226]

Die Unsicherheit der Diktion verrät noch die Unsicherheit der Verleger darüber, ob der Verlust an innerer Ordnung zugunsten des Alphabets denn gerechtfertigt sei. Anscheinend hatte aber eine undeutliche Kombination aus juristischen Erwägungen und Zweckmäßigkeitsahnungen dazu geführt, die methodisch garantierte innere Ordnung einer Sache zu verlassen. Noch war, 1630, die topische Ordnung auch großer Materialmengen wichtiger als Disponibilitätserwägungen[227]. Aber ihr Kredit stand auf dem Spiel.

Bei der zweiten Auflage des Theatrum, 1656, war der universalwissenschaftliche enzyklopädische Kredit der Topik schon weitgehend verspielt. Hier schrieb der Verleger nur noch knapp; zwar hätten alle Disziplinen, von der Theologie bis zur Historie, ihre Ordnung im realen Amphitheatrum Universi, „inueniet singuli quae professioni suae congruant". Aber die alphabetische Ordnung gehe über die Fächergrenzen hinweg: „inueniet quidem facillime nunc omnes, quando ad eum ordinem nunc omnia redacta sunt, quem elementorum alphabeticorum ratio omnibus ipsa ingerit."[228]

Hier hatte das Argument, daß rhetorisches Material disponibel sein müsse, über die Virulenz dialektischer Ordnung gesiegt. Der Vorrang der Disponibilität der Historie, der Vorrang der Inventionserleichterung für Fachwissen-

---

[224] „Th. Zwingeri vel Beyerlingii ‚Theatrum vitae humanae', opus ingens, in quo de omni argumento maxime ad philosophiam practicam spectante sententiae, similitudines, apophthegmata, et historiae copiose exhibentur; Zwingerus ordinem materiarum dederat, Beyerlingius in alphabeticum transformavit, quibusdam omissis et aliis adjectis." Leibniz, Akademieausg. I, Bd. 5, S. 439.

[225] Die Ausgabe, die 1631 in Köln erschien, hat eine kurze Vita des Autors, der 1619 als Jesuit Magister Artium wurde, in Antwerpen Canonicus war und im Anschluß an eine Reise nach Köln am 22. Juni 1627 starb.

[226] Magnum Theatrum Vitae Humanae ... Auctore Lavrentio Beyerlinck. Köln: Antonius und Arnold Hieratorus 1631. Proscenium, letzte Seite, letzter Abschnitt.

[227] Das wird noch in der Verteidigung der alphabetischen Ordnung in einem Nachruf auf Beyerlinck deutlich: „Et in ordinem Alphabeticum, locosque communes, sublata priori confusione, ad normam VNIVERSALIS cuiusdam POLYANTHEAE, digestum, ut qui iam sextum annum (& amplius) quando per occupationes licet, in eo desudet." Bd. 1, Nachruf, unpag., Ende.

[228] Theatrum Vitae Humanae. Leiden: Huguetan 1656. Vorrede an den Leser.

schaften vor der universalen dialektischen Disposition entstand, als die Menge des „*Wissensstoffs*" durch eine Sachordnung nicht mehr faßbar erschien und nicht mehr der Kapazität einer Gedächtnisleistung zuzumuten war. Dieser Sachverhalt indizierte den Anfang vom Ende einer topischen Universalwissenschaft, indizierte zugleich auch das Ende des Ramismus.

I. Zabarella: Methodenänderung und Metaphysik

Schon seit den Anfängen des multidisziplinären Ramismus war der Subsumptionsschematismus deutlich, der nur auf Implikationen beruhte. Daß damit ideale Dispositionsmöglichkeiten für jede gegebene Historie erreicht wurden, daß das Judicium den Ort der Erkenntnisse eindeutig festlegte und die Erkenntnisse dadurch wiedergefunden, auch nachvollzogen und pädagogisch, im Hinblick auf Durchsichtigkeit des Stoffs, vermittelt werden konnten, daß damit auch die Technik der Memoria durch die systematische Ordnung des Wissens erst möglich wurde, all dies waren unbestreitbare Vorteile des Ramismus. Aber: Der innere Zusammenhang der Wissenschaften war nach Nominaldefinitionen festgesetzt, war topisch geplant, von der Perspicuitas konnte nur behauptet werden, daß sie in der dialektischen Disposition der Sache liege; über das „fundamentum in re" war eine Aussage unmöglich.

Die Vermischung der Vermögen Ars, Scientia und Prudentia, die Vermischung der dialektischen Grundoperationen Inventio und Judicium mit intuitiver Anschauung war denn auch ein Vorwurf, der Ramus mit Recht gemacht werden konnte, sofern man vom aristotelischen Wissenschaftsideal und der Einteilung der Disziplinen in Wissenschaften und Künste ausgehen wollte[1]. Aber war das denn überhaupt erst erforderlich? Lag nicht im Ramismus gerade die Möglichkeit, Wissen überhaupt anwendbar zu machen? Allerdings: Das kontemplative Wissen war mit der artistischen Verarbeitung von Einzelwissen unmöglich; nur war die Kontemplation auch nicht verfügbar. Die Argumentation gegen den Ramismus kam deshalb zwangsläufig von den Theologen[2], die wegen des Gegenstandes ihrer Wissenschaft nur kontemplativ vorgehen konnten, die mit der Unveränderlichkeit und der Unbegreifbarkeit Gottes die Nicht-Verfügbarkeit der Welt annehmen mußten.

Diesem *Zuschauer-Modell*[3] der Scientia stand die artistische Kunst von Invention und Disposition entgegen: Dem topisch-rhetorischen Modell der

---

[1] Peter Petersen: Geschichte der aristotelischen Philosophie im protestantischen Deutschland, Leipzig 1921, S. 138: „Methodisch wird dem Ramismus vorgeworfen, daß er zwischen scientia und ars, Betrachtung und praktischer Anwendung, zwischen Notwendigkeit und Kontingentem demnach, nicht streng genug unterscheide, dazu die analytische und synthetische Methode (nach Zabarellas Begriffslehre) ineinander übergehen lasse."

[2] Im Einzelnen dazu Ong, Inventory, und Petersen, Gesch. d. arist. Phil., S. 127–143.

[3] Zugespitzt bei Hans Blumenberg: Contemplator caeli. In: Orbis scriptus. Festschrift D. Tschizewskij, München 1966, S. 113–124.

Vorige Seite: Titelblatt von Alsteds großer Enzyklopädie von 1630. – Das ist das Buch, das alle Bücher überflüssig machen soll, instar Bibliotheca instructissima. Zwischen der Schöpfung, dem Anfang der Welt und ihrem Ende, der Wiederkehr des Herrn ist der Ort der Enzyklopädie in der Zeit; zwischen Frömmigkeit und Humanität ist ihr Sitz im Leben. Institutionell nicht allein den Universitätsfakultäten zugeordnet (die Justiz ist noch nicht blind!), sondern auch mechanische und andere Künste umfassend, ist das Feld allen Wissens auch das Areal der Welt. Erdacht und gedruckt 1630 im verwüsteten Nassau, mitten im Dreißigjährigen Krieg.

vierten Fakultät, das im Ramismus seinen humanistischen Zenit erreichte, war nicht ohne weiteres beizukommen mit Argumenten, die auf Metaphysik aristotelischer Prägung zielten. Zwar war der Vorwurf des Helmstedter Aristotelisten Cornelius Martini zutreffend, daß die Ursache bei Ramus zum Argumentum erniedrigt sei und daß dadurch eine Vermengung von Real- und Nominalbegriffen Tür und Tor geöffnet werde[4], aber das war für den Ramismus, der disponierte, gleichgültig. Das war ja gerade die Stärke des Ramismus, sich darauf nicht einlassen zu müssen. Er konnte zwar eine Ordnung der Wissenschaft darstellen, aber über das Fundamentum in re — zumindest was die Disposition des Ganzen anbelangte — brauchte er keine Aussagen zu machen. Und in diesem Sinn waren der Ramismus und die Wissenschaften, die auf seinen Ergebnissen aufbauten, die Systematiken und Arbores, nicht an theoretisch-kontemplativer Erkenntnis orientiert, nicht im aristotelischen Sinne Wissenschaften. Eine neue Erkenntnisorientierung wurde erst wieder im Anschluß an Descartes möglich, der die Parallelität von Methode und Kausalität als Parallelität von Res cogitans und Res extensa postulieren sollte[5]. Ähnliches galt von den praktischen Wissenschaften: Praxis war an einem Finalitätsmodell, an der Handlung zu *Zwecken* orientiert. Das konnte man für den Ramismus in gleicher Weise nicht behaupten, zumal wenn er sich lediglich auf die wissenschaftliche Definition und Disposition von Argumenten beschränkte. Praktische Wissenschaft konnte der Ramismus auch nicht bieten, lediglich eine Disposition praktischer Argumente.

Daß Polyhistorie, abhängig von ihrer Verortung in der vierten Fakultät, abhängig vom Lehrplan und damit von der rhetorischen und dialektischen Notwendigkeit, mit einem anderen Modell operieren mußte als die Theologie, wurde von den verschiedenen Objektbereichen der Wissenschaften und Künste her einsichtig. Bloß: Die Durchsichtigkeitserwägungen, die zur Disponibilität von Wissenselementen führten, die das Wissen insgesamt zur Historie machten und sich nur nach der Argumentationsstrategie richteten, hatten den Machtvorteil des Wissens. Denn wenn auch die Verfügbarkeit über Sachen vornehmlich aus theologischen Vorbehalten heraus nicht behauptet werden konnte, so lag doch im Machtfaktor der artistischen Disponibilität von Argumenten ein bedeutsamer Unterschied zur kontemplativen — d. h. auch ohnmächtigen — Scientia. Aber die Scientia bot dafür die Geborgenheit einer Ordnung, die unbeeinflußbar war. Dagegen mußten die Künste eine solche Ordnung erst konstituieren. Ob die artistische, aktive Konstitution von Ordnung oder die wissenschaftliche, ruhig passive Kontemplation sinnvoller sei, blieb gewiß unentschieden, aber es setzte sich in den nächsten 200 Jahren die ordnende Vernunft gegenüber der kontemplativen, Ordnung voraussetzenden Vernunft durch.

Im Ramismus, etwa in Freigius' „Rami professio Regia" war noch offengeblieben, ob der Ramismus formal-methodisch oder mit der Disposition der

---

[4] Petersen, Gesch. d. arist. Phil., S. 139.
[5] Vgl. dazu das Schlußkapitel.

Inhalte weitergetrieben werden konnte. Die institutionellen Forderungen, daß pädagogisch sinnvoll gegliederte Inhalte vermittelt werden sollten, unterstützten die inhaltsbezogene Alternative[6]. Auch nach der Verbotswelle des Ramismus an den protestantischen Universitäten seit Mitte der 1590er[7] Jahre war es möglich, ramistische Lehrbücher offen in einem protestantischen Land zu drucken, und es war noch 1662 in Mecklenburg erforderlich, den Ramismus ausdrücklich zu verbieten[8]. An den niederländischen Universitäten schließlich reichte die Reihe der Ramisten bis in die Zeit Descartes'[9].

Der Reiz des Ramismus hielt sich auch nach der Verbotswelle noch lange; seine Affektion bestand in der Verbindung von Logik, Enzyklopädie und Einzelwissenschaften, eine Verbindung, die im Ramismus erstmalig und methodisch festgelegt worden war. Der systematische, methodische Zugriff, der die Wissenschaften insgesamt zum Material, zur Historie der Methode nivellierte, ermöglichte darüber hinaus eine Darstellung der Wissenschaften, die von Glossar und Kommentar wegführte und eine nicht mehr autoritäts-, sondern sachbezogene, topische Wissenschaft möglich machte. Bartholomäus Keckermann[10], der erste große, wohl *barocke* „Systematiker", hat das in seinen „Praecognita Philosophiae" zuerst und am besten gesehen. Er unterschied in der historischen Darstellung der „Hauptkontroverse des 16. Jahrhunderts"[11] zwischen Aristotelikern und Ramisten, die als Glossatoren und Kommentatoren am Text entlang interpretierten und denen, die die Philosophie *„absolute"*, d. h. *„systematice"* betrieben. Und im Anschluß an den neben Ramus einflußreichsten Logiker des 16. Jahrhunderts, an dem aristotelischen Paduaner Philosophieprofessor Jacopo Zabarella[12], hat auch Keckermann sich als „systematischer Aristoteliker" verstanden.

Entscheidend bei dieser Bezeichnung und der anhängenden Diskussion war der methodische Anspruch, der sich von einer sachbezogenen Wissenschaftsauffassung herleitete und der — wenngleich mit beträchtlichen Modi-

---

[6] So konnte noch 1624 ein artistisches Lehrbuch mit allen ramistischen Attributen gedruckt werden, der „Thesaurus philosophicus sive Tabulae totius philosophiae Systema Praeceptis et Exemplis Artium tam generalium quam specialium praxi et historica institutione complectens" des Göttinger Rektors Georg Andreas Fabricius (Braunschweig: Duncker 1624). Das Werk, das ganz aus Tabellen bestand, zeigte auf dem Titelblatt Ramus' und Melanchthons Bilder neben denen von Plato und Aristoteles.

[7] Verbote des Ramismus: 1591 Leipzig, 1597 Helmstedt, 1603 Wittenberg. Siehe Petersen, Gesch. d. arist. Phil., S. 136.

[8] Petersen, S. 135. Die Abgrenzung zwischen Ramismus und Melanchthonianismus ist bei Petersen äußerst dürftig und in vielem falsch. Das liegt an der Festlegung Melanchthons auf einen orthodoxen Aristotelismus und an der rein metaphysikorientierten Fragestellung.

[9] Vgl. Paul Dibon: L'influence du Ramisme aux universités néerlandaises au 17e siècle. Actes du XIe congrès international de philosophie 1953. Vol XIV, S. 307—311. Ders.: La philosophie néerlandaise au siècle d'or. Tome I. L'enseignement philosophique dans les universitées à l'époque précartésienne (1575—1650), Paris u.a. 1954.

[10] Zu Keckermann s.u., S. 89f.

[11] Zuerst Hanau 1608, hier zitiert „Opera Omnia", Genf: Aubert 1614.

[12] 1532—1589, seit 1564 Professor für Logik und aristotelische Philosophie in Padua. Neben seinen logischen Werken behandelte er im averroistischen Sinne die aristotelische Physik.

fikationen und Erweiterungen — doch mit dem ramistischen Begriff von Methode zusammenhing. Die Veränderung des Methodenbegriffs, die wesentlich auch im Anschluß an den späten, jedenfalls nicht mehr antiaristotelischen Ramus bei Zabarella begann und sich bei den großen „Systematikern" Keckermann, Timpler, Alsted und Comenius fortsetzte und verschob, machte den Rahmen des „Semi-Ramismus" aus, der mit der Verknüpfung von Metaphysik, Universalwissenschaft, Wissenschaftspsychologie und Methode über Ramus (und über den metaphysikfremden Melanchthon) hinausging.

Mit der Wiedereinführung der Metaphysik[13] verschob sich der Wissenschaftsbegriff wieder zur aristotelischen Dreiteilung zurück; jetzt wurde Wissenschaft nicht mehr allein nach den Mustern der *artes* mit Material und Methode behandelt, sondern die Dinge wurden nach ihrer Dignität und in ihrem Wesen betrachtet. Die kontemplativen und die praktischen Disziplinen rangierten in dieser Ordnung über den instrumentalen, den methodischen Wortdisziplinen, die bei Ramus entscheidend waren. Mit dieser Neukonzeption der Methode durch Erweiterung verschob sich auch der inhaltliche Kompetenzbereich dessen, was die Philosophie umfaßte, damit auch die Vorstellung der Lehrinhalte, der systematischen Enzyklopädie.

Die Leitbegriffe, an denen sich diese Vermischung von Wissenschaftstypen vollzogen, waren 1. der ramistische Kernbegriff der *Methode*. Die Vereinnahmung dieses Begriffs ins Konzept eines kontemplativen Wissensideals verändert 2. den Begriff der *Philosophie*. Methode beanspruchte über den engen, spezifischen Bereich der Philosophie hinaus eine Kompetenz für alle Fakultäten. Mit der Verschiebung der Begriffe Methode und Philosophie veränderte sich 3. auch die wissenschaftliche *Enzyklopädie*.

So ist es zweckmäßig, an der Begriffsgeschichte von Methode, Philosophie und Enzyklopädie die Lehre der barocken „semiramistischen" Systematiker darzustellen.

1. Bereichsmethoden

Mit der endgültigen und nachhaltigsten Fassung des ramistischen Methodenbegriffs, die den Bereich des Judiciums als Ordnungsbereich gefaßt hatte und die judicium selbst als „secunda pars Logicae de disponendis argumentis ad bene judicandum"[14] definiert hatte, nach der entscheidenden Veränderung

---

[13] Dazu: Walter Sparn: Wiederkehr der Metaphysik, Stuttgart 1976 (= Calwer theologische Monographien Bd. 4). — Ernst Lewalter: Spanisch-jesuitische und deutsch-lutherische Metaphysik des 17. Jahrhunderts, Hamburg 1935, Neudr. Darmstadt 1967. — Emil Weber: Die philosophische Scholastik des deutschen Protestantismus im Zeitalter der Orthodoxie, Leipzig 1907. — Ders.: Der Einfluß der protestantischen Schulphilosophie auf die orthodox-lutherische Dogmatik, Leipzig 1908. — Bernhard Jansen S.J.: Die Geschichte der Metaphysik in der neueren Philosophie bis Kant. Manuskript ungefähr 1942. — Max Wundt: Die deutsche Schulmetaphysik des 17. Jahrhunderts, Tübingen 1939. — Peter Petersen: Gesch. der aristot. Phil. im prot. Dtschl., Hamburg 1921.
[14] Ramus, Dialektik 1572, S. 61.

zur wissenschaftlichen, axiomatischen Begründung einer Ordnung, war ein in
sich konzises, ausgearbeitetes Konzept einer Dispositions- und Subsumptions-
methode entstanden, die für alle Wissenschaften Geltung beanspruchte.
Ramus hatte definiert: „Methodus est dianoia variorum axiomatum homogeneorum pro naturae suae claritate praepositorum, unde omnium inter se
convenientia judicatur, memoriaque comprehenditur."[15]

In dieser Formel lagen einige Voraussetzungen, die Ramus selbst nicht
klären konnte. Wie konnte man verstehen, was unter „naturae suae claritate"
zu verstehen war, und wie verhielt es sich mit dem Verhältnis von Memoria
und Natura?

Natura bot als Substanzbegriff einer jeden Erkenntnis, als das, was die
Sache ausmachte, die Hauptschwierigkeit. Entscheidend war für den späten
Ramus gewesen, daß alle Gegenstände nur als Argumente erschienen, nicht in
ihrem Bezug zu den Dingen selbst, und daß nur Argumente disponiert, nicht
Erkenntnisansprüche vermittelt wurden, nicht die Übereinstimmung von
Sache und Ding explizit verlangt wurde. Denn die Sache selbst war im Ramis-
mus gleichgültig.

Und hier setzte Jacopo Zabarella[16] mit *seinem* Begriff von *Methode* an,
den er in eine differenzierte philosophische Doktrin einbaute. In seinen vier
Büchern „De Methodis", zuerst 1578 erschienen, prozedierte Zabarella
behutsam. Stets mit Aristoteles-Zitaten abgesichert, ging auch er von Definitionen und Divisionen in der Methode aus. Er band die Methode eng an die
Logik, beide wurden im weitesten Sinne als „habitus intellectualis instrumentalis nobis inseruiens ad rerum cognitionem adipiscendam"[17] gefaßt.
Diese Bindung der Methode an die Logik übernahm implizit ein Kriterium
ramistischer Logik, die Vorstellung nämlich, daß mit der syllogistischen
Logik allein eine Wissenschaftslehre, eine Ordnung nicht geleistet werden
könne. Aber die Definition der Methode als „Habitus intellectualis" legte eine
andere Psychologie zugrunde; es ging nicht mehr um Judicium und Inventio,
sondern um ein Verhalten, das unter bestimmten Bedingungen wissenschaftliche Erkenntnis leistete. Dieser aristotelische Positionswechsel hatte beträchtliche Folgen für das universalwissenschaftliche Konzept, das Zabarella skiz-
zierte und das dann besonders bei Keckermann und den Systematikern, die
auf ihn folgten, ausgeführt und verändert wurde.

Nun waren beim Begriff von „Methodus" in diesem weiten Sinn wie bei
Ramus Collocatio und Ordo noch nicht getrennt, Vorgang und Ergebnis von
Methode noch identisch. Zabarella unterschied deshalb zwischen Ordo und
Methodus im engeren Sinne. Er definierte Ordo als Gleichzeitigkeit von sich

---

[15] Ebd. S. 87.

[16] Zu Zabarella vgl. Risse I, S. 280—290, und Ernst Cassirer: Das Erkenntnisproblem
in der Philosophie und Wissenschaft der Neueren Zeit, Bd. 1, 2. Aufl., Berlin 1911, S. 136—
144.

[17] Jacobi Zabarellae Patavini opera logica, hrsg. von Johann Ludwig Havvenreuter,
Frankfurt: Zetzner 1608, Col 135 A.

untereinander tragenden Argumenten, das Procedere dagegen als Erkenntnis-
vorgang: „Aliud enim est hanc rem prius esse cognoscendam, quam illam;
aliud est ex hac re nota nos duci in cognitionem illius ignotae: hoc quidem
methodi proprie sumptae munus est, illud autem ordinis; ordo enim nullam
facit illationem huius rei ex illa, sed solum disponit ea, quae tractanda
sunt"[18].

Das also, was vorher bei Ramus Methodus hieß, wurde bei Zabarella zum
Ordo. Der Ordo bekam die Dispositionsaufgaben; mit Methodus hingegen
wurde ein Prozeß beschrieben. Damit bekam Methode als Prozeß schon fast
die Stellung von Invention, und es wurde eine Ordnung von Argumenten vorausgesetzt, die die topische Auflistung von Inventionsörtern ersetzte. Denn
es ging nicht mehr um Ordnung, es wurde kein Problem, kein Gegenstand
mehr vollständig prädiziert, es ging nicht um vollständige Einzelerkenntnis,
sondern um das geordnete Finden neuer, anderer Erkenntnisse aus bekannten.
Das setzte Zabarella für alle Wissenschaften voraus: „De ordine quidem prius
dicendum est: postea vero de methodo: nam author etiam quilibet scientiam
aliquam, vel artem scripturus, seu traditurus considerat ante omnia, quo ordine eius disciplinae partes disponendae sint, postea in singula parte methodum
quaerit, quae ex notis ducat in cognitionem eorum, quae ignorantur et quae-
runtur"[19]. Das bedeutete nicht so sehr eine Umkehrung der rhetorisch-topischen Reihenfolge von Inventio und Judicium, sondern wohl eher eine Verschiebung des Modells; mit der Dynamisierung der Methode wurden zugleich
andere Verknüpfungsmodi als die bloße Implikation für möglich gehalten.
Über die Art dieser methodischen Verknüpfungen hat Zabarella nicht die
Aussagen machen können, die dann Descartes am Modell der Mathematik
versuchte, daran hinderte ihn seine Unterteilung von Wissenschaften, die er
aus dem Aristotelismus übernahm und mit der er theoretische, praktische
und instrumentale Disziplinen sauber trennte.

Als Habitus intellectualis instrumentalis gehörte die Methodenlehre wie
die Logik in den instrumentalen, nicht in den kontemplativ-wissenschaftlichen
Bereich. Das hatte Folgen für den Begriff der Methode im weiteren und im
engeren Sinn, auch für den Begriff der Ordnung. Da der Bereich der instrumentalen Wissenschaften „a rebus seiuncta"[20] war, hatte auch der Ordo keine
unmittelbare Realiengrundlage, sondern es war die natürliche Ordnung nur
eine Dispositionsmöglichkeit, die dann einen Wahrheitsanspruch hatte, den
instrumentale Wissenschaften sonst nicht hatten; dort kam es nur auf die
Einsichtigkeit an[21].

---

[18] Zabarella, De Methodis, a.a.O., Sp. 139 A.

[19] Zabarella, De Methodis, a.a.O., Sp. 139 C.

[20] Zabarella, De Methodis, a.a.O., Sp. 135 B.

[21] Zabarella, De Methodis, a.a.O., Sp. 153 E: „... quum enim dicimus, rerum naturam, duo possumus intelligere; aut ipsam rerum naturam prout extra animam, et extra
omnem nostram cognitionem sunt, qua ratione non est verum, quod ratio ordinandi ipsas
disciplinas sumatur ab illo ipso ordine, quem res habent secundum naturam; aut intelligi-
mus rerum naturam vt à nobis cognoscendarum, & prout ad nos cognoscentes referuntur,

Um diesen Konflikt zwischen einem Konsistenz-Wahrheitsbegriff und einem Wahrheitsbegriff der Adaequanz von Sache und Erkenntnis, einen Konflikt, den er erkannte, hat sich Zabarella mit der Erkenntnis herumgedrückt, daß es sich bei der Methode um eine instrumentale Disziplin handle. (Nach Descartes wurde dieser Konflikt mit der Parallelität von Erkenntniskonsistenz, Argumentenanordnungen also, und Kausalität der Wirklichkeit gelöst.) Zabarella definierte seine methodische Ordnung so: „Nos igitur dicimus, ordinem doctrinae esse instrumentalem habitum, per quem apti sumus cuiusque disciplinae partes ita disponere, vt quantum fieri possit, optime ac facillime illa disciplina discatur."[22]

Mit dieser Definition entging Zabarella auch der Schwierigkeit, hier schon im Universalienstreit zwischen Nominalismus und Realismus Partei zu ergreifen; und darin bestand der Reiz seines Methodenkonzepts, sowohl das ramistische Methodenmodell aufzunehmen, als auch Fragen des italienischen, besonders Paduaner Averroismus zu bewältigen. Von diesen Voraussetzungen her paßte es exakt in Zabarellas Konzept, daß die Ordnungskriterien, die er angab — denn keine Ordnung war willkürlich —[23] nicht unbedingt einer, wie immer vorausgesetzten, natürlichen Ordnung entsprechen mußten[24]. Vielmehr gab er vier Kriterien von Ordnungen an, die alle legitim seien und die alle dem pädagogisch-einsichtigen, rein instrumentalen Charakter der Ordnung zukämen.

a) Das erste Kriterium ist kompositorisch: „Primum quidem, si admitteremus, conuenientem ordinem in singula disciplina desumi ab ordine naturali rerum consideratarum, sequeretur nullum dari alium ordinem, quam compositiuum. consequentia manifesta est: in omnibus enim simplicia, et principia sunt natura priora compositis et effectis; erit igitur semper à simplicibus inchoandum."[25] Die Elemente dieser rekonstruktiven Methode, die „Simplicia et principa" sind aber etwas völlig anderes als die Einzelerkenntnisse, die als Ergebnis einer topischen Invention entstanden sind und die ein Thema möglichst vollständig prädizieren. Hier sind es nominalistische Einzelheiten, die nur Begriffe einer Sache selbst sind, und diese Einzelheit ist durch die Dreieckszuordnung Wort—Sache—Begriff beschrieben[26]. Und weil durch ein Wort eine Sache, bzw. ihr Begriff bezeichnet wird, trennt diese Beschreibung auch die Sache von ihrer Bezeichnung. Diese Vorstellung war in der topisch-rheto-

---

quo quidem modo non negamus ex natura rerum disciplinarum ordinem desumi: talis enim est rerum vt cognoscendarum natura, vt aliae sint nobis notiores, aliae ignotiores; aliae faciliores cognitu, aliae difficiliores."

[22] Zabarella, De Methodis, a.a.O., Sp. 154 C.

[23] Zabarella, De Methodis, a.a.O., Sp. 140 C: „Errant, qui dicunt quamlibet disciplinam quolibet ordine tradi posse."

[24] Vgl. Anm. 21.

[25] Zabarella, De Disciplinis, a.a.O., Sp. 142 B.

[26] Zabarella, De Disciplinis, a.a.O., Sp. 136 C: „logicus namque discursus potest & in rebus, & in conceptibus, & in vocibus considerari." Ebd. Sp. 136 D: „At dum per vocem significatur res, vel eius conceptus, non sit progressus inter illa quae sunt eiusdem ordinis."

rischen Tradition seit Agricola ausgeschaltet, denn dort ging es nur um die vollständige Prädikation, also Beschreibung von Themen und Argumenten. Im Idealfall, darauf hatte schon Agricola verwiesen und das wurde dann ein Hauptpunkt der lullistischen Traditionen, konnte man auf die Signatura rerum, auf die göttliche Prädikation — d. h. Wortbestimmung — der Dinge verweisen. Zabarellas Principia und Singularia dienten dagegen einer „generativen" kompositorischen Ordnung, die in kompositorischer Methode kontemplative Wissenschaft, Scientia, erreichen sollte.

b) Daß dies methodische Ordnungsprinzip nur partikulär zureichend war, wurde sogleich deutlich, wenn man von der Einsicht ausging, daß das Ganze mehr sei als die Summe seiner Teile. Da „non solum simplicia sunt natura priora compositis, sed etiam composita simplicibus"[27], postulierte Zabarella neben der generativen Ordnung auch einen Ordo intentionis. Diese Ordnung ging von der „Intention", vom Ziel der Natur aus, und nach dieser Ordnung stand der Mensch über dem Tier, das Tier über den „gemischten" Pflanzen, und diese über den Elementen[28].

c) Noch „über" dieser Ordnung der Natur, deren Erkenntnis nur in der rekonstruktiven Imitation bestand, setzte Zabarella im Anschluß an Aristoteles die Erkenntnis aus ersten Prinzipien, aus den letzten Gründen der gesamten Denkmöglichkeiten, die nicht mehr der Anschauung entsprachen, sondern ihre Ordnung selbst konstituierten. „Haec enim reuera est causa finalis omnis ordinis, in qua animus noster absque vllo dubio conquiescit; & hanc ipsam affert ibi Aristoteles; tractationis enim de primis principiis non hanc rationem affert, quam illi dicunt, nempe quod sint principia, & secundum naturam prima: sed quia perfecta rerum naturalium cognitio pendet ex primorum principiorum cognitione; nullo igitur alio medio ostendit eius ordinis rationem, quam nostra cognitione"[29]. Diese Prinzipienerkenntnis, die die metaphysischen Voraussetzungen der Logik bildete, die die Erkenntnisse lieferte, die Grundlagen von Syllogistik werden konnten, konnte — weil Methode instrumental definiert war — zwar Gegenstand kontemplativer Erkenntnis sein, nicht aber Mittel. Hier lag die Sperre zwischen instrumentaler und metaphysischer Erkenntnis.

d) Deshalb sah Zabarella alle Ordnungsprinzipien für den instrumentalen Bereich aufgehoben im pädagogischen Konzept einer Ordnung, einem Konzept, das die Einsichtigkeit und Lehrbarkeit einer Ordnung als oberstes Kriterium ansetzte und das den Habitus intellectualis instrumentalis garantierte: „Sed res haec magis est manifesta, quam vt pluribus argumentis indigeat, traduntur enim disciplinae non vt in rebus ipsis ordo statuatur; eum enim iam natura ipsa constituit; sed vt nos discamus; eo igitur ordine vtimur, quo

---

[27] Zabarella, De Disciplinis, a.a.O., Sp. 143 C.
[28] Zabarella, De Disciplinis, a.a.O., Sp. 143 C: „quod si ordinem naturae intelligamus ordinem perfectionis, seu ordinem scopi, & intentionis naturae, homo est natura prior animali, animal misto, & mistum elementis."
[29] Zabarella, De Disciplinis, a.a.O., Sp. 144 A.

melius, ac facilius discamus, haec est vera ratio ordinandi, ad quam et res ipsa nos ducit, et ipsa quoque vocum significatio: appellatur enim à cunctis ordo doctrinae, non ordo naturae."[30]

Die Ordnung, die Kriterien dessen, was die Dispositionsmethode der Ramisten ausmachte, war damit beschrieben; und das Ergebnis der Diskussion Zabarellas stimmte erstaunlich gut mit dem logisch-pädagogischen Gemisch der „perspicuitas methodi" der Ramisten überein. Aber die Begründung bei Zabarella war unterschiedlich. Ihm ging es nicht mehr um die Beschreibung des Judiciums, des zweiten psychologischen Leitbegriffs der Topik, sondern ihm ging es um den instrumentalen Charakter aller Wortwissenschaften.

Zwischen Ordo und Methodus im engeren Sinne hatte Zabarella unterschieden; dadurch auch die Vorstellung von Methodus dynamisiert, vom reinen Subsumptionsmechanismus entfernt: Betrachtete man den Aufgabenbereich des Judiciums in der ramistischen Dialektik, so blieben nach dem Wegfall von „Methodus" nur Axiomata und Syllogismen als Aufgabenbereiche übrig. Und tatsächlich bestimmte auch Zabarella seinen engeren Begriff von Methode an der Richtschnur des Syllogismus. Er konnte, weil er Methode nicht als Judicium faßte, das ramistische Implikationsverhältnis von Methode und Syllogismus umkehren: Methode war für ihn der Schlußlehre nicht mehr übergeordnet. „Nomen autem methodi", schrieb er, „aliquanto arctius est syllogismo"[31]; und für ihn war handgreiflich: „syllogismum esse commune genus, et communem formam omnium methodorum"[32].

Innerhalb des syllogistischen Rahmens, der die Logizität jeder Methode garantierte, konnte der neugewonnene, mit Aristoteles legitimierte Begriff von Methode unterteilt werden in kompositorische und resolutive Methode. „quum enim compositio sit via contraria resolutioni, necesse est vt quemadmodum progressus ab effectu ad causam dicitur resolutio, ita eum, qui est à causa ad effectum, liceat appellare compositionem: sub resolutiuam methodum reducitur inductio, vt postea declarabimus. Praeter has nullam dari aliam scientificam methodum, nullumque aliud sciendi instrumentum ego constanter existimo"[33]. In der einleuchtenden Unterscheidung von ordo und methodus bekam der ordo auch „methodische" Aufgaben, wurde Ordnung auch als Verfahren beschrieben. Zabarella betonte, „Quod scientiis contemplatiuis alius ordo non conueniat, quam compositiuus"[34], und „Quod artes et disciplinae aliae omnes, praeter contemplatiuas, solo ordine resolutiuo tradi poßint"[35].

---

[30] Ebd. Sp. 144 C.
[31] Zabarella, De Disciplinis, a.a.O., Sp. 227 B.
[32] Zabarella, De Disciplinis, a.a.O., Sp. 227 D, E.
[33] Zabarella, De Disciplinis, a.a.O., Sp. 231 A.
[34] Zabarella, De Disciplinis, a.a.O., Sp. 181 D.
[35] Zabarella, De Disciplinis, a.a.O., Sp. 190 C. Zum Verhältnis dieses Methodenbegriffs zu dem Galens, insbesondere zum Verhältnis von analytischer und synthetischer Methode vgl. Gilbert, Renaissance concepts of method, S. 11–27.

In der Anwendung dieser Vorbegriffe einer analytischen und synthetischen Ordnung[36] wurde Methodus, die bewegliche Erkenntnisform, als
Ordo ausgegeben. Deshalb konnte Deduktion bei Zabarella nur in den analytisch resolutiven, den artistischen und praktischen Bereich gehören. Der
kompositorische Beweis ging dagegen von den allgemeinen wissenschaftlichen
Prinzipien aus, die die Natur einer Sache konstituierten, von den „conditiones
sine quibus non", die aber nicht zu Handlungszwecken eingesetzt wurden,
sondern die eine Substanz, ein Ganzes bildete, das dann doch mehr war als
die Summe seiner Teile. Und darin lag die Kraft der Prinzipien.

Dagegen denken die Artes als poetische und praktische Disziplinen vom
Ziel her zurück und können den Sinn aller Stationen nur vom Ziel her beschreiben: Das war die Aufgabe der resolutiven Methode, die gewiß nicht auf
metaphysische Einheiten, auf Substanzen anwendbar war, auf Einheiten, die
ihren Zweck in sich selbst hatten[37]. Wenn nur das Ziel der Sinn der Handlungen war —„omne agens agit propter finem" —, ließen sich Induktionen, subsumptive Verallgemeinerungen von Urteilen „ab effectu ad causam" am
zweckmäßigsten in der resolutiven Methode unterbringen. Denn intuitive Anschauung eines Ganzen konnten sie nicht sein.

2. Psychologie, Methode und Wissenschaften im Verbund

Es gab mithin keine gemeinsame Methode für alle Wissenschaften mehr,
sondern Spezialmethoden für die verschiedenen Wissenschaftsbereiche; und
über den Ramismus hinaus war wesentlich die compositorische Methode als
Instrument der kontemplativen Wissenschaft dazugekommen. Der Ramismus
hatte eine Dialektik ausgearbeitet, die auf alle Wissenschaften und Künste
anwendbar war. Damit waren freilich die kontemplativen Wissenschaften zu
Artes entschärft worden, sie bildeten nur noch Argumente für eine Methode,
wurden Material und Historie für Inventio und Judicium. Das verschob sich
mit Zabarella: Zabarella sprengte diese Einheit von Methode und Material
auf, indem er drei Disziplinen einführte, die je verschieden waren und deshalb
verschieden behandelt werden mußten. Logik und Methode waren instrumentale Disziplinen, die auf Wissenschaften (Scientiae contemplativae) und auf
praktische Disziplinen angewandt wurden.

Aber gerade in der Erweiterung des Bereichs der Methode, in der Wiedereinführung des aristotelischen Wissenschaftsbegriffs lag die Hauptschwierigkeit Zabarellas: Denn er konnte nicht deutlich machen, wie sich seine compositorische, aktive Methode zur intuitiv-passiven Anschauung in der Wissenschaft verhielt. Mit dieser ungelösten Zweiquellen-Problematik erkaufte sich

---

[36] Vgl. Petersen, Gesch. der aristot. Philosophie, S. 123.
[37] Die Begründung für die Anwendung der compositorischen Ordnung auf „Scientiae"
geht nur von der Negation der Anwendungsmöglichkeit einer regulativen Ordnung auf
Scientiae aus. Zabarella, De Disciplinis, a.a.O., Sp. 182.

Zabarella den Vorzug einer Sachbezogenheit in seiner Wissenschaft. Denn die Ramistische Methode behandelte nur *aktiv* Argumente — Metaphysik und Intuition hatte sie unterschlagen. Die Wiedereinführung von Metaphysik und Intuition, die Wiedereinführung eines kontemplativen Wissenschaftsbegriffs zerstörte die Konsistenz des ramistischen Modells.

Sein Wissenschaftskonzept, das in seinem Methodenbegriff kulminierte, hat Zabarella 1578[38] in seiner berühmten Abhandlung „De Natura Logicae" zusammengefaßt, die er mit einem Kapitel „De rerum ac disciplinarum diuisione"[39] begann. Hier legte er den Kompetenzbereich seines Methodenbegriffs fest[40]. Zabarella begründete die Einteilung der Wissenschaften mit ihrer Verschränkung in einer Vermögenspsychologie. Dazu benutzte er den Methodenbegriff und beschrieb in der Logik die Disziplinen, deren Gegenstände und deren Gliederung sowie die zugehörigen „Habitus mentis". Ausgehend von der Aufteilung der Dinge in notwendige und kontingente, die er bei Aristoteles fand[41] — es fand sich eben für jede Theorie ein Zitat bei dem Stagiriten —, konnte Zabarella der Ordnung der Dinge auch eine Ordnung der Wissenschaften zuordnen. „Quoniam igitur disciplinam omnem, quae aliquid doceat, rem aliquam tractare necesse est, duo oriuntur disciplinarum genera, quorum vnum in iis rebus versatur, quae à nobis fieri possunt: alterum in iis, quae non à nobis fiunt, sed vel semper sunt, vel certas alias causas extra nostram voluntatem positas consequuntur: aliud equidem disciplinae genus non video"[42]. Die Zuordnung der Natur des Gegenstandsbereichs und der Disziplinen bedingte den entsprechenden Zugriff: Die Disziplinen, die sich mit notwendigen, ewigen Dingen befaßten, mit Bereichen, die durch menschlichen Willen nicht beeinflußbar waren und die deshalb nur zu Erkenntniszwecken betrieben wurden, hießen „Scientiae contemplativae", und sie hatten nur Kontemplation zum Ziel, nicht Methodenkunst oder Praxis[43]. Diesem Ideal entsprachen im Bereich der Philosophie nur drei Wissenschaften: Metaphysik, Mathematik und Physik[44]. Damit war ein Bereich dargestellt, der vom erkenntnisorientierten Zugriff und von einem kontemplativen Wissenschaftsideal charakterisiert war, das der Ramismus so nicht hatte. Bei Zabarella kam es im Bereich der Kontemplation lediglich darauf an, die Bereiche und deren

---

[38] Vgl. Risse, Bibliographia Logica I, Hildesheim 1965, S. 84.

[39] In „Opera Logica", a.a.O., Col 2.

[40] Der Kompetenzbereich der Methoden lag vor dem Methodenbuch bei Zabarella bereits fest, er war schon in „De Natura Logicae" festgesetzt worden. Vgl. „De Methodis", a.a.O., Sp. 135 B: „. . . duplicem esse Methodum, quemadmodum & duplicem esse logicam alias declaravimus in eo libro, quem de Natura logicae scripsimus."

[41] Nikomachische Ethik VI, 3. Vgl. Zabarella, De Natura Logicae, a.a.O., Sp. 2 B.

[42] Zabarella, De Natura Logicae, a.a.O., Sp. 2 F.

[43] Zabarella, De Natura Logicae, a.a.O., Sp. 3 C: „Haec quum ita se habeant, disciplinae illae; quae in rebus necessariis versantur eo tantum scopo, vt eas cognoscant, merito Scientiae contemplatiuae appellatae sunt: solam enim scientiam per contemplationem quaerunt."

[44] Ebd. 3: „satis est in praesentia, si dicamus tres esse ad summum scientias contemplatiuas; diuinam, quae Metaphysica dicitur, mathematicam, & naturalem."

Inhalte um ihrer selbst willen zu sehen. Die Metaphysik betrachtete: „Divinas quidem res à materia penitus abiunctas"[45], die Physik betrachtete: „res materiales, quatenus materiales sunt: mathematica vero eas, quae materiales quidem sunt, propterea quod sine materia non existerent: tamen quia earum essentia à sensili materia non pendet, ab ea per mentalem considerationem separantur."[46] Der Wissenschaftsbereich im engeren Sinne war mit diesen drei Fächern vollständig beschrieben und er bot das Feld, mit dem Zabarella über den ramistischen Wissenschaftsbereich entscheidend und nachhaltig hinausging. Alle anderen Disziplinen beschäftigten sich mit kontingenten Bereichen, „quae quod ab humana voluntate aeque fieri, ac non fieri possunt"[47]. Die Behandlung dieses Bereichs konnte entweder im Hinblick auf Laster und Tugend erfolgen. Dann hieß der „intellectus habitus prudentia . . . atque in his tota moralis disciplina versatur"[48]. Oder sie konnte sich auf materiale Werke beziehen, „quorum habitus intellectualis dicitur ars"[49]. Damit war ein zweiter Bereich abgedeckt und abgesteckt, der in der ramistischen Jurisprudenz und der ramistischen Kunstlehre auch beschreibbar gewesen war. Es blieb noch der Habitus instrumentalis, der den Wortbereich abdeckte, den Bereich, der sowohl bei Ramus als auch bei Zabarella zentral war. Scientia, Prudentia und Ars waren nicht als Methoden, sondern als psychologische Verhaltens- und Vermögensformen beschrieben worden, die je bestimmten wissenschaftlichen Bereichen zugehörten. Die *Scientia* handelte von den notwendigen, die *Prudentia* von moralisch kontingenten und die *Ars* von materialen kontingenten Dingen. Neben den drei psychologischen Vermögen führte Zabarella Intellecus und Sapientia als weitere psychische Vermögens- und Verhaltensformen ein, die für den logischen Bereich von Bedeutung waren. Intellectus galt als das Vermögen, das der Logik speziell zukam: „Intellectus quidem dicitur principiorum cognitio, ex qua scientiam conclusionum adipiscimur: quare maiorem habet certitudinem et necessitatem, quam scientia"[50]. Da aber die Logik insgesamt nicht für irgend etwas, nicht „propter finem" bestand, also nicht den Kriterien der praktischen Wissenschaften, seien es moralische oder artistische Belange, genügte; da sie aber auch kein Gegenstand der Kontemplation war, und nichts umfaßte, das den selbstgenügenden Substanzkriterien entsprach, blieb für die Logik nur noch eine eigene Definition übrig, die auf einem eigenen Vermögen, auf dem intellectus, basierte: „Logicam habitum esse intellectualem dubitare minime debemus."[51]

Daß in diesen Bereich die Methode hineingehörte, daß Methode erst die Verbindung der Disziplinen untereinander bewirkte, machte den Reiz der

---

[45] Zabarella, De Natura Logicae, a.a.O., Sp. 3 D.
[46] Zabarella, De Natura Logicae, a.a.O., Sp. 3 D.
[47] Zabarella, De Natura Logicae, a.a.O., Sp. 3 F.
[48] Zabarella, De Natura Logicae, a.a.O., Sp. 4 C.
[49] Ebd.
[50] Zabarella, De Natura Logicae, a.a.O., Sp. 4 F. Vgl. dazu ebd. Lib. I, Cap. XI „An Logica sub aliquo quinque habituum intellectualium contineatur."
[51] Zabarella, De Natura Logicae, a.a.O., Sp. 5 D.

Wissenschaftskonzeption Zabarellas aus. Zusätzlich brachte er auch Grammatik, Rhetorik und Poetik in den instrumentalen Bereich ein. Im instrumentalen Kompetenzbereich — zugleich mit der Konzeption von Ordo und Methodus — mußten Rhetorik, Poetik und Grammatik einer Wissenschaft zugeordnet sein, um im Geflecht von Disziplinen, Instrumenta und Vermögen nicht isoliert zu bleiben. Grammatik galt als Voraussetzung der sprachlichen Logik[52]; alle Wortwissenschaften bekamen schließlich einerseits den Status, den schon die Logik hatte: Nicht substantielle Gegenstände der Scientiae, aber in sich schlüssig, nicht praktisch und propter finem, aber anwendbar. Auf der anderen Seite hatten sie ihren methodischen definierten Kompetenzbereich zwischen Logik und praktischer Philosophie: Sie galten weder als Moral noch direkt als logische Künste[53]. „Sunt igitur Rhetorica, atque Poetica facultates instrumentales, quibus homo ciuilis ad agendum vtitur, id est, ad ciues bonos efficiendos: cum hoc tamen discrimine, quod arte Rhetorica per semetipsum vtitur; Poetica vero per alios"[54].

Blieb in Zabarellas Vermögenslehre nur noch die Sapientia. Und die Weisheit galt als Krone des Wissens, sie verband die Wissenschaft mit dem Intellekt, die logischen Disziplinen mit den kontemplativen[55], sie war im höchsten Sinne der Vollzug der Methode Zabarellas: „Scientia caput habens", intellektuelle Anschauung.

Damit war das Wissenschaftskonzept Zabarellas geschlossen, ein Konzept, das Gegenstandsbereiche, psychologische Vermögen und Methoden einander zuordnete. Die Einzelbereiche stützten sich gegenseitig, das intellektuelle, instrumentale Vermögen und die Wortwissenschaften Logik, Grammatik und Rhetorik waren aufeinander bezogen, sie trugen untereinander ihre methodischen Anwendungsbereiche und wurden von ihnen begründet. Im theoretisch-kontemplativen Bereich, in der Scientia, die Metaphysik, Mathematik und Logik umfaßte, war Erkenntnis der Sinn einer kompositorischen Methode, die in der „Weisheit" gipfelte. Im Bereich der praktischen Wissenschaften, bei Moral und Künsten, bei Prudentia und Artes, mußte mit einer resolutiven, analytischen Methode ein praktisches Ziel erreicht werden.

Dies Modell aus verschiedenen Formen in drei Disziplinen, bei denen psychische Vermögen und Kompetenzbereiche einander zugehörten, hatte gegenüber dem Ramismus den Vorteil, fast alle Bereiche des Wissens abzudecken. Über den Ramismus hinaus beschrieb es einen erkenntnisorientierten

---

[52] Zabarella, De Natura Logicae, a.a.O., Sp. 23 B: „quia apud omnes homines iidem sunt conceptus, tametsi non iisdem vocibus, neque iisdem literis apud omnes significentur: ideo logica eget Grammatica, eaque posterior est, quia intellegere aliorum conceptus non possumus, nisi voces eorum significatrices intelligamus."

[53] Zabarella, De Natura Logicae, Lib. II, Cap. XIV: „Quod Rhetorica & Poetica neque artium neque moralis Philosophiae instrumenta sint."

[54] Zabarella, De Natura Logicae, Sp. 82 F.

[55] Zabarella, De Natura Logicae, a.a.O., Sp. 4 f: „Sapientia vero est habitus praestantissimus, scientiam cum intellectu coniungens, & veluti scientia caput habens, vt in illo 6 lib. de Morib. docet Aristoteles."

Bereich, den die Dichotomie von Inventio und Judicium so nicht beschreiben konnte; denn Erkenntnis von Gegenständen war nicht Interesse des Ramismus, sondern Definition und Disposition von Argumenten. Indem aber die Erkenntnis mit metaphysischen Argumenten, mit Substanz, Unveränderlichkeit und deren Anschauung beschrieben wurde, kam eine zweite Quelle in die Wissenschaftskonzeption hinein. Während eine ordnende und beurteilende Methode, wie im Ramismus, ein aktives Moment einer — noch nicht so genannten — Subjektivität enthielt, das vom rhetorischen Dispositionsverfahren herrührte, war das kontemplativ orientierte Wissenschaftsideal passiv, vernehmend. Und das war der Preis, den Zabarella mit der Einführung einer Gegenstandserkenntnis zahlte: Die Einheitlichkeit der Wissenschaft wurde in zwei Grundvermögen gespalten, ein aktiv-methodisches und ein passiv-kontemplatives. Mit dieser Spaltung ging die Stringenz der Zuordnung von „historischem" Material und Methode, auch die Ökonomie verloren, die die ramistische einheitliche Methode hatte.

Freilich: Der Begriff der Methode, die Vorstellung der Disponibilität von Materialien über Syllogismen hinaus, die Frage nach der Wissenschafts insgesamt und ihrer richtigen Prozedur, diese Vorstellungen, die der Ramismus erst entwickelt hatte, blieben auch nach der Rehabilitation metaphysischer Fragestellungen erhalten. Die Stringenz des Ramismus konnte trotz ihrer vielen Gewaltsamkeiten auf die Dauer nicht übergangen werden.

II. Metaphysik, Methode, Historie

1. Das System und die Einheit der Wissenschaften: Clemens Timpler

Mit dem Methodenbegriff Zabarellas war der Rahmen zwischen den wissenschaftlichen Kardinalverfahren Disposition und Kontemplation spannungsreich abgesteckt. Zabarellas Argumente hatten bestochen, weil sie den alten, kontemplativen Wissenschaftsbegriff konservierten und zugleich den neuen, methodischen Zugriff ermöglichten. Und dieser Zugriff behielt — ramistische Vorstellungen fortschreibend — zutreffend den Namen System. Der Danziger Philosoph Bartholomäus Keckermann und sein Steinfurter Kollege Clemens Timpler[56], reformierte Gymnasialprofessoren beide, entwickelten fast gleich-

---

[56] *Bartholomäus Keckermann*, reformierter Theologe, geb. 1571/73 in Danzig, gest. 25.8.(7.?)1608 ebd. Die Angaben über sein Leben sind uneinheitlich. Wundt (Die deutsche Schulmetaphysik des 17. Jahrhunderts, Tübingen 1939, S. 70) behauptet mit dem Beleg der Heidelberger Matrikel (Matr. II, S. 163, Nr. 227), daß Keckermann 1592 in Heidelberg studiert habe, daß er 1602 Professor für Hebräisch am Heidelberger Gymnasium gewesen sei und daß er 1602 ans Danziger Gymnasium gegangen sei. Die Angaben der NDB sind großenteils falsch. Vgl. dazu: W.H. van Zuylen: Bartholomäus Keckermann, sein Leben und Werk. Diss. Tübingen 1934. Dort sind S. 3f. die Daten präzisiert: 4. Mai 1590: Immatrikulation in Wittenberg. Sommersemester 1592: Immatrikulation in Leipzig. 22. Oktober 1592: Immatrikulation in Heidelberg. 27.2.1595: Magister Artium. 23. März 1602:

zeitig den Systembegriff zur Leitvorstellung einer Wissenschaftsauffassung, in
der die Spannungen von Zabarellas zwiespältigem Wissenschaftsbegriff zwischen Scientia und 'Ars bearbeitet wurden.

Ursprünglich war der Begriff des System[57] unspezifisch gewesen, in den
Bereich der Artes hatte er allemal hineingehört. Lukian war mit seiner Definition von Technik, Ars aus Περὶ παρασίτου IV Locus classicus. „Die Kunst",
hatte er geschrieben, „ist ein Systema (eine Zusammenstellung) von Handgriffen und Verrichtungen zu einem bestimmten Zweck im Leben"[58]. Nun
konnte κατάληψις (Handgriff) auch weniger handwerklich, als „Begriff" aufgefaßt werden. Dann war Kunst ein System von Begriffen und „Übungen". In
dieser Bedeutung eignete sich der Begriff „Systema" auch für den zweiten
Teil der Dialektik, für das Judicium. Die *Collocatio*, die Zusammenstellung
von invenierten Begriffen, die das Judicium in der Disposition vorzunehmen
hatte, war mit der Definition von Ars als System gut beschreibbar. In der
Entwicklung des ramistischen Methodenbegriffs, der Collocation und damit
Disposition regelte, bekam die Definition Lukians ex post eine Prägnanz, die
sie im antiken Kontext nicht gehabt hatte.

Ramus hatte für den zweiten Teil seiner Dialektik, das Judicium, die
Definition von „Ars" benutzt, die Lukian gegeben hatte: Dialektik sei „ars, id
est comprehensio [das war Lukians σύστημα] praeceptorum in rebus aeternis, propriorum et ordine dispositorum, ad utilem vitae finem spectantium"
und das werde im zweiten Teil der Dialektik beschrieben[59]. Damit lag System
in der Nähe von Methode, und Methode war das zentrale Thema des Judicium.
Der Ordnungsbegriff zudem, den Zabarella in seiner Erweiterung des Methodenbegriffs eingeführt hatte, trug weiter zur Präzisierung des Begriffs von
System bei.

---

von Paraeus zum Licentiaten der Theologie ernannt. – *Clemens Timpler*: Zu Timpler am
ausführlichsten Wundt, Die deutsche Schulmetaphysik des 17. Jahrhunderts, Tübingen
1939, S. 72–74. Timpler, geb. 1567/68 in Stolpen/Sachsen, Immatrikulation in Leipzig
1580, 1587 Baccalaureus, 1589 Magister. In Leipzig dürfte er Calvinist geworden sein, im
Mai 1592 wurde er von der Universität relegiert und ging nach Heidelberg, der reformierten Hauptuniversität, wo er am 28. September 1592 immatrikuliert wurde. Am 5. Oktober erhielt er ein Stipendium philosophicum, und im Januar 1593 wurde er Regens am
Collegium Casimiranum. Spätestens seit 1595 war er dort auch Senatsmitglied und Regens
primus. Im Juli 1595 ging er nach (Burg)Steinfurt, starb dort am 28.2.1624.
    [57] Vgl. Risse, Logik I, 441ff.: Otto Ritschl: System und systematische Methode in der
Geschichte des wissenschaftlichen Sprachgebrauchs und der philosophischen Methodologie, Bonn 1906. Es ist sehr unwahrscheinlich, daß der Systembegriff, wie Ritschl meint,
im Anschluß an Melanchthon den Sinn von „corpus integrum" bekommen habe. Viel
wahrscheinlicher ist, daß Systema im Begriffsfeld von „*collocatio*" und *Methode* (System
ist nur die griechische Version von collocatio) im Bereich der ramistischen Lehre vom
Judicium entstanden ist. Vgl. o. S. 45ff., bes. Anm. 162. Vgl. auch: System und Klassifikation in Wissenschaft und Dokumentation, hrsg. von A. Diemer, Meisenheim am Glan
1968. Ulrich Dierse: Enzyklopädie. Zur Geschichte eines philosophischen und wissenschaftstheoretischen Begriffs, Bonn 1977.
    [58] Vgl. o. Kap. I, Anm. 162.
    [59] Vgl. o. S. 44ff., vgl. die Ausgabe der ramistischen Dialektik Basel 1572, S. 11, und
Anm. 162 des 1. Kapitels.

Als 1607 Clemens Timpler die Kunstdefinition Lukians zitierte und als „compages praeceptorum certorum usu probatorum ad finem aliquem vtilem in vita"[60] übersetzte, da war diese Definition durch ihre ramistische Rezeption in einen viel genaueren Rahmen geraten, als sie antik gemeint gewesen war. Und Timpler stellte die Definition gleich in den Zusammenhang, der seit Zabarella die Disziplinen überhaupt wieder bestimmte, in die aristotelische Psychologisierung der Wissenschaften als Habitus. Und dann war die lukianische Definition der Kunst zunächst nur eine äußerliche Definition, die durch die „habitualis artis externae notititae" zu einer vollständigen zabarellistischen Wissenschaftendefinition verbessert werden konnte. Erst diese Definition — und das zeigt den Einfluß, den der Methodenbegriff auf den Systembegriff hatte — durfte Systema heißen: Kunst (Ars) war dann für Timpler „Systema methodicum certorum praeceptorum de re aliqua scibili vtilique traditorum ad erudiendum et perficiendum hominem."[61] Diese Definition der Kunst als System war außergewöhnlich nachhaltig. Der Begriff und das Wort System hat bei Timpler denselben Kompetenzbereich wie Methode und Disziplin, er bezog sich aufs Wissen und auf den Nutzen, auf Gelehrsamkeit und auf Vervollkommnung des Menschen, gleichermaßen auf theoretische und praktische Philosophie mithin. Der Begriff des Systems hatte — auch in Verbindung mit Methode — den universalen Kompetenzbereich, den die verschiedenen Methodenbegriffe bei Ramus und Zabarella hatten. Die Konsequenz bei Timpler bestand aber folgerichtig darin, daß er auf den Unterschied zwischen Ars und Scientia nicht einging und „Systema" sowohl für *Metaphysik* als auch für *Ethik* und *Physik* benutzte[62]. Die Ordnung der „Praecepta", der Lehrsätze, die auch bei Zabarella das stringenteste Ordnungsprinzip gewesen war, wurde unter Hintansetzung der Differenzen zwischen kontemplativer und praktischer Wissenschaft auch auf Metaphysik und die zugehörige Physik ausgedehnt[63].

Gab man den Artes erneut die Ordnungsfunktion nicht nur in den praktischen Disziplinen, sondern auch im kontemplativen Wissenschaftsbereich, konnte nicht mehr über die Sache selbst (den Gegenstand der Metaphysik) geredet werden. Ausgesagte Sätze, „Praecepta", konnten nur noch geordnet werden. Das bedeutete selbst dann, wenn Timpler einer der bedeutendsten

---

[60] Clemens Timpler: Metaphysicae Systema Methodicvm. . . . In principio acceßit eiusdem Technologia, Hoc est Tractatus Generalis & utilissimus de naturâ et differentiis Artium liberalium. Frankfurt: Nebenius 1607: Richter. Technologia S. 4: „Circumfertur in Scholis Stoica artis definitio, prout à Luciano literis est consignata; quod nimirum sit σύστημα ἐγκαταλήψεων ἐγγεγυμνασμένων πρός τι τέλος εὔχρηστον τῶν ἐν τῷ βίῳ hoc est, compages praeceptorum certorum vsu probatorum ad finem aliquem vtilem in vita."
[61] Timpler, Metaphysicae Systema, S. 4.
[62] Titel: Clemens Timpler: Physicae seu Philosophiae Naturalis Systema Methodicum. Hanau: Antonius 1605. – Ders.: Metaphysicae Systema Methodicum. Zuerst Steinfurt 1604. – Ders.: Philosophiae Practicae Systema Methodicum. Hanau: Antonii haeredes 1612.
[63] Timpler, Technolgoia, a.a.O., S. 19: „. . . videtur Zabarella confundere methodum inveniendi artes, cum methodo constituendi & docendi artes inventas."

Lehrer der Metaphysik im 17. Jahrhundert gewesen ist, deren Entschärfung von einer Wissenschaft zu einer Kunst. „Systema" war dann nicht mehr Wissenschaft selbst, sondern eher Wissenschaftsdarstellung, bekam damit auch die pädagogische Bedeutung zurück, die aus dem Ramismus stammte. Micraelius' Lexicon philosophicum, das zweite philosophische Begriffslexikon nach Goclenius[64], konstatierte denn auch 1654, knapp 50 Jahre nach Timpler, lapidar unter dem Begriff System: „Systema est compendium, in quod multa congregantur"[65].

Exakter, viel exakter als in der späten, fast schon wieder unverständigen Definition des Micraelius, war das wissenschaftliche Umfeld des Systembegriffs allemal konzipiert. Timpler beschrieb in seinem Systema physicae die Hauptkontroverse zwischen den Ansichten der Physik knapp und zutreffend: „In assignando genere Physicae Philosophi inter se non consentiunt. Alii enim statuunt Physicam esse scientiam; alii artem. Priorem sententiam sectatur tota schola Peripatetica, secuta magistrum suum Aristotelem, qui passim in suis scriptis Physicam vocat ἐπιστήμην περὶ φύσεως hoc est, scientia de natura. Posteriorem sententiam sequuntur recentiores Philosophi, praesertim illi qui sunt à Ramo."[66] Aber Timpler versuchte, diesen Gegensatz, wie ihn Zabarella methodisch unüberwindbar konstruiert hatte, zu Perspektiven desselben Bereichs zu depotenzieren, ein begriffliches Verfahren, das — wie Timpler überhaupt — ein wenig an nominalistische Philosophie erinnerte[67]. „Physica enim est scientia", schrieb er, „quatenus scientia sumitur pro habitu intellectuali, hoc est, notitia certa praeceptorum integrum systema constituentium; Non vero est scientia, quatenus accipitur pro ipso systemate praeceptorum methodice dispositorum. Similiter Physica est ars, quatenus ars sumitur vel pro systemate praeceptorum methodice dispositorum, vel pro notitia certa eiusmodi praeceptorum; non autem, quatenus sumitur pro habitu cum recta ratione efficiendi aliquid"[68]. In gleicher Weise hatte Timpler schon in seinem System der Methaphysik geschrieben, „Metaphysicam diuerso respectu esse artem simul & scientiam"[69] und dann dieselbe Begründung nachgeschoben, die er in der Physik wiederholte. Für die praktische Philosophie war die Zuweisung zur Ars ohnehin selbstverständlich[70]. Und auch bei der Darstellung von kontemplativer Physik ging Timpler von Zaba-

---

[64] Rudolph Goclenius: Lexicon Philosophicum, quo tanquam Clave Philosophiae Fores aperiuntur, Frankfurt a.M.: Musculus 1613: Becker.

[65] Johannes Micraelius: Lexicon Philosophicum, Terminorum Philosophis usitatorum ordine alphabetico sic digestorum, ut inde facile liceat cognosse . . . Jena und Stettin: Mamphrasius 1653: Freyschmid. Sp. 1053.

[66] Timpler, Physik, S. 6.

[67] Vgl. u. S. 85ff.

[68] Timpler, Physik, S. 5.

[69] Timpler, Methaphysicae Systema, S. 43.

[70] Timpler, Philosophiae Practicae Systema, S. 3: Die Definition der praktischen Philosophie „constat partim ex genere legitimo & proximo, quod est ars, nempe liberalis & practica, partim ex differentia specifica sumpta à fine & subiecto illius proprio & adaequato."

rellas objektbezogener Scientia fort, er umging die Spaltung des Wissenschaftsbegriffs dadurch, daß er die Darstellung der „Wissenschaft" von ihrem kontemplativen Vollzug löste und zu einem Systema praeceptorum, auch in pädagogischer Hinsicht, entwickelte: „Ac quoniam hoc loco Physica prout à
nobis est tradenda et explicanda, non consideratur vt habitus intellectualis;
sed vt systema ex certis praeceptis scriptis constans, cuius frequenti et assi-
dua lectione et meditatione habitus intellectualis, hoc est, notitia certa rerum
naturalium comparari possit: hinc fit vt nullo modo per scientiam, sed per
artem duntaxat definiri possit."[71] System war also bei Timpler die lehrorientierte, methodische Zusammenstellung von Lehrsätzen, die die Alternative von Ars und Scientia dadurch unterlief, daß sie sich nur als Beschreibung, nicht als Vollzug von Wissenschaft begriff, aber doch ein gesichertes
Wissen zu vermitteln beanspruchte.

Mit dem pädagogischen Drall des Systembegriffs verband Timpler eine
Psychologie, die zwar an die aristotelische Habitus-Lehre Zabarellas anschloß,
sie aber allmählich zu verändern begann. Die Frage nach dem Instrumentum,
eine Frage, die bei Zabarella den Methodenbegriff getragen hatte, der als
„habitus intellectualis instrumentalis" definiert worden war, verschob sich
bei Timpler ganz in die Vermögenspsychologie. Timplers Vermögen waren
nicht mehr habituell gefaßt, sondern konstituierten den Inventionsprozeß,
der unversehens wieder eine bedeutende Rolle für die Prädikation eines
Gegenstandes bekam.

Timpler ging auf die *Wahrnehmung* als Grundlage der Erkenntnis zurück,
faßte diese Wahrnehmung aber nicht als nominalistische Einzelerkenntnis,
sondern eher topisch im Hinblick auf eine Fragestellung. Die Causae instrumentales, „quarum ope in suo proposito absolvendo usi sunt"[72], bestanden
für Timpler aus Wahrnehmung – αἴσϑησις – Gedächtnis, Empirie und Discursus mentis, diskursiver verständiger Vernunft, „quo partim principia uniuersalia artium per inductionem singularium, seu particularium, partim per
principia uniuersalia conclusiones probamus et demonstramus."[73] Daß in
einem solchen psychologisch abgesicherten Prozeß von sensueller Invention,
vom Behalten und Beweisen die *ramistische Methode* wieder auftauchte,
auch in ihrer rigiden Form wieder erschien, war kaum verwunderlich.

Und Timpler behauptete denn auch, daß es notwendig „certae leges" für
die Konstitution und die Prüfung der Wissenschaften geben müsse[74]. Diese
Gesetze, denen Timpler Beweisfunktion zum Zwecke sicherer Erkenntnis
zuerkannte, waren die ramistischen Axiome; „tum, quia tres illi gradus necessitatis sunt communia κριτήρια cuiusque enunciationis necessaria, in quacunque etiam arte reperiatur: tum, quia illa artium praecepta omnium sunt opti-

---

71 Timpler, Physik, S. 5.
72 Timpler, Technologia, S. 7.
73 Timpler, Technologia, S. 7f.
74 Timpler, Technologia, Cap. II, Probl. V, S. 15f.: „An necesse sit, certas leges dari
constituendi & examinandi praecepta artium, & quaenam illa sint?"

Zu Anm. 76, S. 88: Timpler, Technologia.

TABVLA TECHNOLOGIÆ

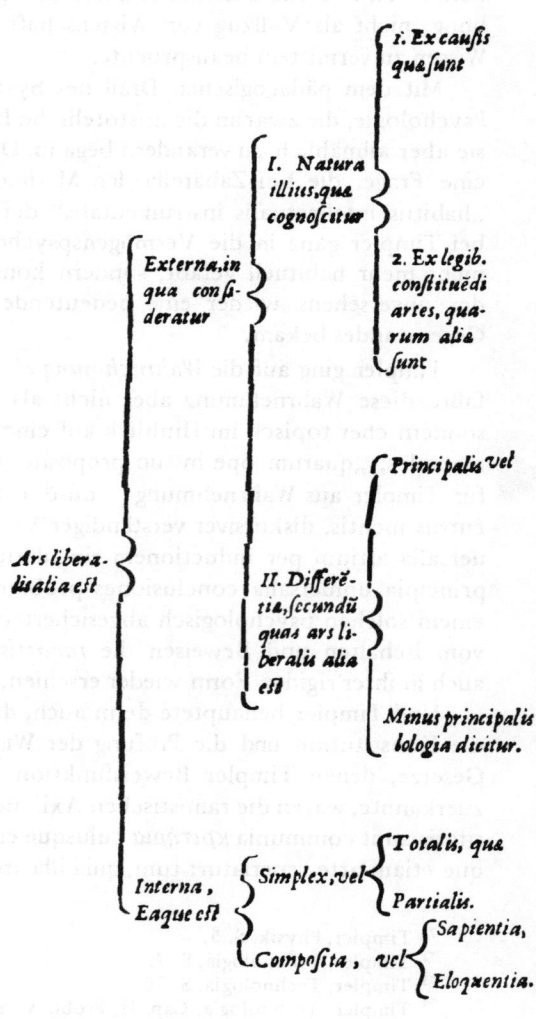

METHODVM 'ADVMBRANS.

Simpliciter *vltimus, vt Gloria* D E I.

vltimus, vel

Secundum quid *vltimus, vt perfectio hominis.*

Accidentarius.

Finis

Subordinatus vel

Essentialis, vel

Remotus.

Proximus.

vterque

Totalis.

Partialis.

Prima, vt Deus.

Efficiens

Principalis, vt homines sapientes.

Secunda

Impulsiua

1. *Indegentia & necessitas humana.*
2. *Naturalis in homine sciendi appetitus.*

Minus principalis, vel

Materia, *cuiusmodi sunt ipsa præcepta naturæ cuiusque artis congrua.*

Forma, *cuiusmodi est dispositio methodica Præceptorum naturæ arti conueniens.*

Instrumentalis

1. *Sensus externus, præsertim Visus & Auditus.*
2. *Obseruatio & experiëtia sensu comparata.*
3. *Discursus mentis, præsertim Inductio.*

Principales quæ sunt,

I. *Classis. Eaque concernunt*

Finem artis, vt

1.
2.
3.

Lex.

Subiectum artis, vt

4.
5.

Lex

II. *Classis. Eaque concernunt*

Materiam artis.

Formam artis.

Minus principales quæ sunt

1.
2.

Theologica.

Philosophica vel

Prima, vel

Theorica, vel

Generalis, vt Metaphysica.

Specialis, vel

Physica

Matematica

Geometria.

Arithmetica.

Practica, vel

Generalis, vt Ethica.

Specialis, vel

Oeconomica.

Politica.

à Prima orta, quæ est vel

Primæ classis, vt

Medica.

Iuridica.

Secundæ classis, vt

Physiognomica.

Optica.

quæ Phi-Estque vel

Sermocinatrix, quæ sermonem principaliter informat. Estque vel

Primaria, vt

Grammatica.

Rhetorica.

Secundaria, vt

Poetica.

Musica.

Ratiocinatrix, quæ rationem principaliter informat. Estq̃

Logica.

Historia.

in genere vel

Contemplatiua,

Operatiua vel

Actina.

Effectiua.

vel

Theoretica.

Practica, quæ propriè dicitur Sapientia.

ma et certissima, quae omnes tres gradus necessitatis in se continent, hoc est, qua sunt κατὰ παντός, καϑ᾽ αὑτό, καϑ᾽ ὅλου"[75]. Damit lag für Timpler Gegenstand, Kompetenzbereich und Methode von Wissenschaft fest; mit Ramus wurde der artistische Charakter von Wissenschaft betont; der Bereich der Invention wurde besonders auf die sensualistische Psychologie konzentriert. Bereich der Invention war der Wahrnehmungsraum, die „Historie" des Ramismus. Timpler beschrieb die Wahrnehmung der Einzelheiten mit Argumenten, die an nominalistische Thesen erinnerten, als die begriffliche Wahrnehmung von metaphysischen Prädikationen in den Dingen. Am Ende entstand so etwas wie ein auf Wahrnehmung aufgebautes artistisches Methodenmodell, ein empirischer Ramismus, der Metaphysik zwar einschloß, aber doch nicht so genau beschreiben konnte wie Zabarella. In diesem Modell konnten die Wissenschaften sämtlich artistisch gefaßt werden, und die Bereiche, die Zabarella außerhalb des Ramismus diagnostiziert hatte, fanden sich bei Timpler als Artes principales. Diese Prinzipalkünste enthielten Theologie und Philosophia prima, die Philosophia prima umfaßte in ihrem „theoretischen" Teil dann Metaphysik, Physik und Mathematik. Alle waren als *Künste* klassifiziert[76].

Timpler sah die Einheit seiner Wissenschaft gegen einen „magni nominis Philosophus, qui in suis Praecognitis logicis disciplinas diuidit in obiectiuas et directiuas"[77] aus drei Gründen gewahrt: 1) Weil jede Disziplin ihr bestimmtes Objekt habe, 2) weil jede Disziplin die Kenntnis ihres Gegenstandes verbessere, 3) weil jede Disziplin eine menschliche Handlung durch ihre Lehrsätze gleichsam mit Normen und Werkzeugen dirigiere[78].

[75] Timpler, Technologia, S. 16.
[76] Timpler, Technologia, S. 38f. Vgl. dazu die Abb. S. 86/87.
[77] Timpler, Technologia, S. 24.
[78] Timpler setzt sich gegen Keckermanns Unterscheidung von objektiven und direktiven Wissenschaften mit folgenden Argumenten zur Wehr: „I. Quia omnis disciplina habet certum obiectum, in quo explicando versatur, adeoque certum scibile tractat, tanquam obiectum intellectionis humana. Ideoque etiam omnis disciplina est obiectiua. At licèt non omnis disciplina res tantùm tractat in natura extra intellectum positas; tamen quaelibet tractat vel ens in genere, vel certum genus entis siue realis, siue rationis: nihil dicam iam, quod entia realia non tantùm extra animum, sed etiam intra animum reperiuntur, cuiusmodi sunt conceptus rerum primi, virtutesque omnes tam intellectuales, quàm morales. 2. Quia omnis disciplina intellectum hominis rerum certarum, circa quas explicandas versatur, cognitione informat & perficit. 3. Quia omnis disciplina operationem aliquam hominis per sua praecepta tanquam normas & instrumenta dirigit, ne in rectitudine, quae in ea requiritur, aberret. Licèt enim sola Grammatica tradat artificium purè & emendatè loquendi; & sola Logica artificium bene disserendi & sciendi; tamen reliquae omnes disciplinae per vsum praeceptorum à Grammatica & Logica traditorum dirigunt orationem & rationem hominis, vt eò melius & facilius finem sibi propositum consequatur. Proinde omnis disciplina dici potest directiua: & sic distributio artis liberalis in obiectiuam & directiuam, est vitiosa, non minus ac illa, quâ disciplina alia dicitur esse realis, alia instrumentalis, quae videtur huic aequipollere." Technologia, S. 25.

2. Historie und System: Bartholomäus Keckermann

Der „Philosoph großen Namens", den Timpler zitierte[79] und der in seinen „Praecognita Logica" die Unterscheidung Zabarellas zwischen kontemplativer, objektiver und direktiver Wissenschaft betont hatte, eine Unterscheidung, die Timpler verwarf, war Bartholomäus Keckermann, Professor der Philosophie am Gymnasium in Danzig. Keckermann schrieb gleichzeitig mit seinem Steinfurter Kollegen Systeme, Lehrbücher compendiösen Inhalts, aber er behielt die Disziplinentrennung bei. Sein Systembegriff war nicht so eng mit dem Methodenbegriff gekoppelt wie der Timplers: Keckermanns Systeme waren Kompendien, Kompendien allerdings von hohem Rang und kaum übersehbarem Einfluß in Deutschland vor dem 30-jährigen Krieg[80].

Daß beide den Terminus System[81] hatten, kam nicht von ungefähr: Beide, Keckermann und Timpler, lernten und lehrten in Heidelberg, Timpler von 1592—1595, Keckermann von 1592—1602[82]. Keckermann hat wohl die Priorität bei der Benutzung des Terminus System, jedenfalls war er der erste,

---

[79] Vgl. die vorigen beiden Anm. 77 und 78. Vgl. Gilbert, Renaissance concepts of Method, S. 212—220.

[80] Titel Keckermanns: Systema Disciplinae Politicae, publicis praelectionibus anno MDCVI propositum, Hanau 1608, 1610, 1613, 1616. — Systema Ethicae, tribus Libris adornatum & publicis praelectionibus traditum in Gymnasio Dantisco, London 1607, Hanau 1607, 1610, 1613, 1619. — Systema Grammaticae Hebraeae, sive sanctae linguae exactior methodus, Hanau [1600?]. — Systema Logicae, Hanau 1600, weitere Ausgaben 1606, 1611, 1612, 1613, 1615, 1620, 1628 u.a.m. — Systema Astronomiae compendiosum, Hanau 1611. — Systema compendiosum totius mathematices, Hanau 1617, 1621, Oxford 1661. — Systema geographicum, Hanau 1611, 1612. — Systema physicum, Danzig 1610, Hanau 1623. — Systema rhetoricae, Hanau 1608. — Scientiae metaphysicae compendiosum systema, Hanau 1619. — Systema logicae minus, Hanau 1606, 1612, 1618. — Systema S.S. Theologiae, Hanau 1603, Genf 1611, Hanau 1615.
Die gesammelten Werke gab Alsted heraus mit dem Titel: Systema Systematum, Hanau 1613. Die große Werkausgabe erschien 1614 in Genf bei Aubert. Diese ist hier zitiert.

[81] Die möglichen Heidelberger Lehrer der beiden: Julius Pacius (1585—94), Daniel Tossanus (1586—1602), Johann Jungnitz und Jacob Christmann. Diese Professoren spielen für die Entwicklung des Systembegriffs anscheinend keine große Rolle. Vielleicht waren auch noch Reminiszenzen von Ramus' Aufenthalt in Heidelberg vorhanden. Vielleicht spielt auch der Philipporamist Polanus (Amandus von Polandsdorf, 1561—1610) eine Rolle, der seit 1588 in Heidelberg lehrte und eine ramistische Logik geschrieben hat, die freilich erst in einem Druck (Basel: Waldkirch 1605) nachweisbar ist: „Syntagma logicum Aristotelico-Ramaeum ad usum in primis theologicum accomodatum, cui synopsis totius logicae . . . praemissa est." Aber Polanus ist schon vor 1591 mit einer ramistischen Theologie bekannt geworden: „Partitiones Theologicae iuxta naturali methodi leges conformatae duobus libris, quorum primum est de fide: alter de bonis operibus. Cum indice ac tabulis perpetuis, quibus partitionum cohaerentia clarè ob oculis ponitur." 2. Aufl., Londoni, per Edmundum Bollifantum 1591.

[82] Vgl. die biographischen Abrisse oben Anm. 56 und: Die Matrikel der Universität Heidelberg von 1386—1662. Bearbeitet und herausgegeben von Gustav Toepke. Teil 2, 1554—1662. Heidelberg: Selbstverlag 1886. Timpler erscheint S.162, Nr. 201: „Clemens Timplerus, Stolpensis Misnensis (mag. artium) 28. Sept. 1592." Keckermann S. 163, Nr. 227: „Bartholomaeus Keckermann, Dantiscus Borussus. 22. Oktober 1592."

der ein Buch mit dem Titel „*Systema*" veröffentlichte[83]. Er hat seine compendiösen „Systeme" mit der Logik begonnen und hat sich nicht wie Timpler
auf Zabarella und Ramus berufen, sondern auf Aristoteles, Melanchthon und
Zabarella gemeinsam.

Das bedeutete in einer Situation an der Heidelberger Universität, an der,
wie an allen reformierten Universitäten, der Ramismus nie verboten war[84],
eine nicht politisch erzwungene Wendung gegen Ramus. Sie mußte Sach-
gründe haben. Diese Wendung war für Keckermann durch Zabarellas Philosophie verursacht. Für den frühen Begriff von System hatte diese Position
zunächst keine großen Folgen. Denn bei der Exposition seines ersten Systems,
des „Logicae Systema" von 1600, gab Keckermann Principien an, die ramistisch und aristotelisch zugleich sein konnten. Er sei in seinem Vorhaben der
Ökonomie der Lehrsätze gefolgt, für die er Homogeneität und Vollständigkeit
gefordert habe[85]. Das waren immerhin zwei der drei Methodenkriterien des
Ramismus: Vollständigkeit und Homogeneität. Auch Keckermann führte die
Lukian-Definition von System an[86], aber bei ihm wurde die Bestimmung
weniger exakt, weniger aufwendig für das System der Logik in Anspruch genommen, als bei Timpler; ihm bedeutete System zunächst nicht mehr, als ein
Teilgebiet der Artes[87]. „Hoc loco id solum repetemus, vt artis omnis, ita
Logicae etiam vocem dupliciter vsurpari: primo pro habitu ipso in mentem
per praecepta et exercitationem introducto: deinde pro praeceptorum Logicorum comprehensione seu Systemate, quale nunc tradimus, pro Logici
habitu ex praeceptis vsu accedente, acquirendo"[88].

Keckermann gab seinen Lehrbüchern zuerst die *systematische* Form, die
Timpler dann übernahm und die ihren Ursprung im Wissenschaftsverfahren
der Loci communes hatte, ein Verfahren, das der Ramismus weiterbearbeitete.
Die Beschreibung der Loci communes in wissenschaftlichen Kernsätzen, in
Lehrsätzen (Praecepta) hatte der Erzramist Freigius in der Einleitung seiner
tabellarischen Ramus-Ausgabe „Professio Regia" so dargestellt: „Lehrsätze
sind kurz, und in den einzelnen Künsten kurz genug, daß wir mit ihnen

---

[83] Er schrieb am 22. August 1600, noch in Heidelberg, in der Vorrede seines „Systema Logicae": „ANNVS alter labitur, cùm in lucem prodierunt tractatus Logic. προγνωστι-
κομένων siue Praecognitorum, quos hoc fine scripseram, vt de adornando artis Logicae
Systemate eiusmodi, quale intelligebam desiderari, virorum doctorum sententias cognos-
cerem." (Opera, Genf 1614, Bd. 1, Sp. 543) Ein „System" mit Wort und Sache gibt es
also seit 1600.

[84] In der Verbotsliste des Ramismus, die Petersen, Gesch. der aristot. Philosophie im
prot. Deutschland, S. 137, aufstellt, finden sich keine calvinistischen Universitäten. Der
Ramismus war weder in Heidelberg noch in Herborn, weder in Duisburg noch in Bremen
verboten. Ebenso war der Ramismus an den niederländischen Universitäten zugelassen.
Vgl. dazu Paul Dibon: L'influence du Ramisme aux universités néerlandaises au 17e siècle.
Actes du XIe congrès international de philosophie 1953.

[85] Keckermann, Opera I, Sp. 549/550: „Exposui institutum meum, quod secutus
sum in praeceptorum Oeconomiâ, quam volui esse tum Homogeneam, tum Integram."

[86] S. o. Anm. 60.

[87] Keckermann, Opera I, Sp. 549 C.

[88] Keckermann, Opera I, Sp. 549.

Tautologien, falsche und schadhafte Zeugnisse, fremde und verschiedenartige Theoreme beurteilen, und in den freien Künsten können wir nichts kürzer und nichts leichter sagen."[89]

Von solchen Lehrsätzen ging auch Keckermann aus, und er hat sie für sein System ökonomisch und vollständig dargelegt. Zu diesen Kernsätzen fügte er nun Kommentare hinzu, in denen die Autoritäten zu einem Thema zitiert wurden. Dies „System" bekam dann eine gewisse Ähnlichkeit mit scholastischen Summen, aber die strenge Ordnung, die nach Definition und Division sachlich verlief, die von der Collocation der Lehrsätze ausging, war methodisch strukturiert. Keckermann stellte dieses Verfahren selbst als methodisch dar, und er setzte sich deutlich von scholastischen Summen ab, die von einem vorhandenen Text oder von einem überlieferten, unmethodischen Fragekanon ausgingen. Keckermann behandelte – auch hier Zabarella folgend – seine Stoffe methodisch. Mit Zabarella hätte sich Keckermann gewiß in die Gruppe der methodischen Peripatetiker eingeordnet, die er neben den Ramisten für die wichtigste philosophische Gruppierung des 16. Jahrhunderts hielt. „Methodici Peripatetici sunt ij, qui sic Philosophiam Peripateticam tractant, vt ante eam tractandam esse aliquot Canonibus exposuimus: vt primo nimirum Methodos integras et dextras disciplinarum tradant, post textum Aristotelis ad illam Methodum atque vsum nostri seculi accomodarent, tum perspicuè, tum succincte."[90]

Zu einer solchen Darstellungsform gehörten seit Keckermanns Logik Kommentierungen. Das war eine recht bedeutsame, unauffällige Neuerung gegenüber dem Ramismus, auch gegenüber Zabarella, Mylaeus oder Erasmus; daß nämlich die Lehrsätze, klar und kurz, vorweg gestellt wurden, dabei „pro artis natura" den Gründen der Kunst und den Funktionen des Intellekts folgend, methodisch durch Definition, Division und Richtlinien disponiert wurden[91]. Die Lehrsätze, so methodisch disponiert, wurden, der mittelalterlichen Schulmethode entsprechend, in langen, gelehrten Scholien kommentiert; Praecepta bekamen so den Status klassischer Texte. Denn das war der ursprüngliche Sinn von Kommentaren, daß sie klassische Texte, die vorweg in kleinen Abschnitten abgedruckt wurden, mit inhaltlichen Erläuterungen, eigenen Inventionen und zugehörigen Stellen anderer Schriftsteller deutlich machten. Eine solche Kommentierung würde nun auch auf das System von Loci, auf „ökonomisch"[92] angeordnete Lehrsätze übertragen, wertete damit die sachlichen Lehrsätze zu klassischen, kommentarwürdigen Texten auf.

Keckermann erläuterte selbst, wie er dabei vorgegangen sei. Er habe fünf Richtlinien gehabt: Erstens habe er methodisch seine Lehrsätze und Richt-

---

[89] Vgl. o., Kap. I, Anm. 196, Freige, Rami Professio Regia, Widmung, Bl. ŏ 2r.

[90] Keckermann, Opera Bd. I, Sp. 61.

[91] Keckermann, Opera I, Sp. 547/548: „Praecepta autem artis pro artis natura, & eius, cui tota subseruit, rationis seu intellectus humani functionibus methodicè disponerentur, per Definitiones, Diuisiones & Canones." Diese Darstellungskriterien erinnern am ehesten an Zwingers „Theatrum Humanae Vitae".

[92] Vgl. o. Anm. 85.

linien erläutert, und wenn sie anderen widersprochen hätten, habe er sie bewiesen. Zweitens habe er vor allem die Lehrsätze und Regeln Aristoteles', aber auch Melanchthons und Zabarellas, sowie andere (deren Namen sich in dem Katalog berühmter Männer der Praecognita Logicae fänden) mit seinen eigenen Lehrsätzen verglichen. Drittens habe er sich bemüht, die Lehrsätze und Richtlinien durch Beispiele aus der Philosophie und Theologie zu illustrieren und zu festigen. Viertens habe er die aristotelischen Schriften zur Logik erläutern wollen und fünftens schließlich habe er versucht, die Sätze alter und neuer Philosophen ins rechte Licht zu rücken und eine Sentenz „ex animi mei" zureichend zu definieren[93]. Ob Keckermann diese Aufteilung in Lehrsätze und Kommentare von Zwingers „Theatrum" übernommen hat, ist unklar[94]. Aber im Anschluß an das Systema Logicae wurden Lehrsätze und Kommentare als Lehrbuchform fast kanonisch. Timpler richtete sich kaum später schon nach dem Schema von Lehrsatz und Kommentar. Bei Gerhard Johannes Vossius, Morhof und besonders bei deren bibliographischen Nachfolgern wuchsen die Kommentare, auch wohl infolge von Zwingers „Theatrum", zu voluminösen, eben polyhistorischen Apparaten aus. Die systematisch-methodisch geordneten, kommentierten Praecepta, wie sie Keckermann entwickelte, hatten die Form der topischen Polyhistorie des 17. Jahrhunderts.

Mit dieser Gattung, die zweckmäßig und nachhaltig die Gelehrsamkeit bestimmte, setzte Keckermann die Konzeption von Loci communes und mit ihnen einen Begriff von Historie voraus. Diesen Geschichtsbegriff beschrieb er mit einer eigenen, polemischen Konzeption, in der er das Verhältnis von Historia und Praeceptum behandelte und die Reibungspunkte der aristotelischen mit der ramistischen Wissenschaftskonzeption offenlegte. In seinen Praecognita Philosophica, bei seiner Behandlung der Historie im systematischen Lehrbuch „De Natura et Proprietatibus historiae" und in seinem offenen Brief zu Bodins Geschichtskonzept wurden die Schwierigkeiten klar: Es ging darum, ob Historie systematisch beschreibbar sei. 1607, gleichzeitig

---

[93] Keckermann, Opera I, Sp. 549/550: „De Commentariis, quos praeceptis addidi, breuiter dicam. In his quinque mihi proposita fuerunt. Primò quidem id spectaui, vt Praecepta & Canones explicarem ac confirmarem, methodi quoque rationem, sicubi ab alijs discreparem, comprobarem. Post id studui, vt praestantium artificum, Aristotelis inprimis, Philippi Melanchthonis, Zabarellae, & aliorum (quorum omnium nomina in Catalogo illustrium Logicorum Praecognitis nostris logicis inserto, honorifica mentione citaui) praecepta ac regulas cum meis conferens, lucem meis & autoritatem conciliarem, ne apud me, aut ex me nata dicerent ij, quibus cibus est & voluptas alios carpere. Tertiò id operam dedi, vt praecepta & canones ex vsu natos, vsu exemplorum Theologicorum & Philosophicorum tum illustrarem, tum firmarem. Quartò id quoque curae habui, vt Aristotelis Organum, id est, scripta eius, quae restant logica (omnia enim non extare alibi ostendi) declararem: & denique veterum & recentium Logicorum collatis sententiis controuersias & disputationes logicas, quotquot vel à veteribus, vel recentibus Logicis cum aliquo vsu motae & agitatae sunt, in medium proponerem, & ex animi mei sententia candidè definirem."
[94] Ich kenne diese Lehrbuchform nicht vor Keckermann. Am ehesten käme als Vorbild wohl Zwinger in Frage; Keckermann redet aber von seiner Form des Systems, also ob sie von ihm selbst stamme. Vgl. Anm. 93.

mit Timplers systematischer „Technologia", veröffentlichte Keckermann in Hanau seine „Praecognita Philosophica", ein Werk, das seine systematische Wissenschaftskonzeption gegenüber der Logik präzisierte. Dabei ging es ihm einmal um die Gattung „Systema" und zum anderen um die Position der Historie in der Philosophie. Daß er nach Lehrsätzen und Übungen pädagogisch gliederte, war systematische Konvention seit Ramus und Freigius; aber die Richtlinien, die er angab, enthielten über den an Zabarella anschließenden Methodenbegriff einen wesentlichen neuen Punkt: Die „Praecognita". „Systema siue Methodus eius disciplinae, quam docere velis, exactißima construatur"[95] hatte Keckermann festgelegt. Diese genaue pädagogisch-systematische Konstruktion galt für jede Disziplin: „Systema cuiusque disciplinae constat. 1. Praecognitis, 2. Ipsis praeceptis"[96].

Die Praecognita waren im System Keckermanns der eigentliche Ort der Fachhistorie, eine andere Historie, die nicht auf Wissenschaft bezogen wäre, ließ Keckermann nicht zu. Mit den Praecognita bekam er die jeweilige Geschichte, die Lehrmeinungen eines Fachs zusammen, und daraus wurden dann die Praecepta gezogen, die systematisch geordnet und dann in einer Sachordnung kommentiert wurden. „Praecognita siue principia ad constituendam, et intelligendam praeceptorum Methodum necessaria sunt tum definitio disciplinae, quae traditur, et sub definitione contentum genus, obiectum, subiectum et finis disciplinae, tum partitio generalis omnium praeceptorum."[97]

Die Praecognita waren mithin der Bereich, der die alten Funktionen der Invention übernahm. Aus diesem Bereich mußten die sententiösen Loci communes der Invention, die Praecepta überhaupt erst erwachsen. Keckermann verlangte die Fachhistorie als Inventionsgrundlage.

Zur Umarbeitung, d. h. zur Disposition der Praecognita in Praecepta, zur methodischen Ordnung der wissenschaftlichen Leitbegriffe setzte Keckermann, darin seine Vorschriften aus dem logischen System präzisierend, fünf pädagogische Prinzipien fest: 1) Die Schwierigkeiten müssen erläutert werden. 2) Die Ordnung und Methode der Lehrsätze muß verteidigt werden. 3) Die Lehrsätze müssen mit Autoren belegt werden. 4) Es müssen Beispiele gegeben werden. 5) Bei Problemlösungen müssen die Argumentation und die Entscheidungsgründe deutlich werden[98]. Damit hatte Keckermann ein Lehrprogramm,

---

[95] Keckermann, Opera I, Sp. 51.

[96] Ebd.

[97] Keckermann, Opera I, Sp. 51 f.

[98] Keckermann, Opera I, Sp. 52: „Praeceptis Commentarij siue explicationes addendae sunt, in quibus haec praecipue tractentur: 1. declaranda sunt ea, quae aliquam difficultatem aut obscuritatem discipulo poßint objicere: 2. defendenda est praeceptorum Methodus, & ordo, si fortè videatur ab aliorum autorum Methodo discrepare: 3. Confirmanda sunt praecepta & Regulae demonstrationibus & autoritatibus praestantißimorum in ea disciplina scriptorum: 4. monstrandus praeceptorum vsus per illustria exempla: 5. denique, quaestiones & problemata insigniora & vtiliora adductis vtrinque argumentis disputanda, & tandem liquido decidenda sunt."

das die historische und die sachlich-methodische Darstellung zusammenbrachte. Aus der Fachhistorie, die in ihrem zeitlichen Ablauf dargestellt wurde, wurden nach methodischer Ordnung Lehrsätze gezogen, die dann sachlich, mit Literatur- und Autoritätsangaben kommentiert wurden.

Das war keineswegs nur ein pädagogisches Programm. Fast im Gegenteil:
Es war eine enzyklopädische, gelehrte Methode, die versuchte, zwei Ordnungskriterien zugleich zu haben: Einmal die gelehrte Historie der wissenschaftlichen Fächer, zum anderen den Methodus, der ökonomisch und lehrorientiert Regeln systematisch ordnen sollte. Es war ein Vorschlag, der sachliche
und Lehrordnung verbinden sollte. Derlei war aber, weil Keckermann den
aristotelischen Metaphysikanspruch Zabarellas teilte, nur dann sinnvoll,
wenn die Möglichkeit einer Verbindung von Historie und System nachgewiesen wurde. Und das war keineswegs selbstverständlich.

3. Historie, Loci communes, Wissenschaft

Der Begriff von Historie, auch deren Darstellung, war bei Zabarella fast völlig
funktionslos geworden[99]. Dasselbe galt für Timpler: Auch für ihn ging es
weniger um den Mischbereich von Erfahrung und Geschichte, eher um die
Erkenntnis von Einzelheiten und deren unbewiesene Zusammenfassung[100].
Im Ramismus hingegen war, im Anschluß an Freiges tabellarische Jurisprudenz und Zwingers Enzyklopädie, Historie fest installiert[101]. Schließlich hatte Bodin, Gedanken von Mylaeus und Zwinger aufnehmend, in seiner
„Methodus ad facilem Historiarum cognitionem" eine Geschichtsauffassung
vertreten, die, schon im Thema den ramistischen Methodenbegriff aufnehmend, sich auch mit der Umsetzung historischer Erkenntnis in Lehrsätze befaßte. „Quod igitur viri docti facere solent in aliis artibus," hatte Bodin geschrieben, „ut memoriae consulant, idem quoque in historia faciendum judico:
id est ut loci communes rerum memorabilium certo quodam ordine componantur, ud ex iis, velut è thesauris, ad actiones dirigendas exemplorum varietatem
proferamus, et quidem nobis hominum eruditorum studia non defuere, qui
ex historiarum lectione argutas sententias, quae apophthegmata vocant, ex-
presserunt."[102] Auf eine solche Behandlung von Historie berief sich Keckermann in seiner Abhandlung „De Natura et Proprietatibus Historiae". Dabei
wandte er sich polemisch gegen Bodin[103]. Keckermann bestand zunächst auf
einer Unterscheidung des Begriffs von „Historie": „HISTORIAE vox ambigua
est: sumitur enim interdum generalissimè pro omni doctrina et scientia, et ita

---

[99] Vgl. Seifert: Cognitio Historica, S. 19f. Historie ist bei Zabarella Aufgabe der Rhetorik und nicht im mindesten wissenschaftlich.
[100] Vgl. o. Anm. 74.
[101] Vgl. o. S. 49ff.
[102] Jean Bodin: Methodus ad facilem historiarum cognitionem, a.a.O., Cap. III, S. 21.
[103] Vgl. dazu Seifert mit einem m.E. nicht ganz zutreffenden Urteil zu Keckermann.

Historia tam latè patet, quam eruditio omnis diuina et humana. Interdum verò sumitur strictius, pro explicatione siue doctrina & notitia singularium siue indiuiduorum, & ea significatio tanquam magis propria, huc potissimum pertinet."[104] Eine solche Beschreibung des Feldes von Historie, das ungeordnet nur die Voraussetzungen von Wissenschaft enthielt, hatte auch für die Ökonomie der Wissenschaften eine wichtige Bedeutung. Die Parallelität zu dem, was bei Timpler Empirie hieß, erscheint evident, aber die Folgerungen, die Keckermann aus der Definition der Historie als Cognitio singularium zog, widersprachen denen Timplers. Für ihn, Keckermann, folgte, daß Historie keine Disziplin sei, folglich auch keine Scientia, keine Prudentia, keine Ars sein könne, weil jede Disziplin sich auf die Gesamtheit und Universalität der Dinge bzw. der Lehrsätze beziehe, also auf Genera und Species. Historie beziehe sich aber nicht auf die Universalität der Dinge und Lehrsätze. Sie sei keine Kenntnis des Universalen, sondern des Einzelnen, sie sei beschränkt auf Individua und auf die Umstände bei Zeit, Ort und Personen[105]. Im Verhältnis zu den Wissenschaften, die bei Keckermann in Zabarellas Terminologie und Absicht erschienen, bestand Historia nur aus Einzelheiten, die einer Wissenschaft zugeordnet werden sollten. Im Ramismus bildeten die Loci communes das Zwischenglied für die Umsetzung „historischen Materials" in methodische Wissenschaft. Loci, wissenschaftliche Leitbegriffe, konnten jedoch für den Analytiker und Logiker Keckermann nicht aus der allgemeinen Historie gewonnen werden. Seine Leitbegriffe lieferte die Metaphysik, und deren Wissenschaft war kontemplativ. Historie war aber nicht als Wissenschaft beschreibbar, denn ihre Ordnung konnte unter den Metaphysikprämissen eben nur aus der Metaphysik kommen. Die pädagogische Verbindung von Historie und Wissenschaft, die in Lehrsätzen und Beispielen bestanden hatte, hatte kein sachliches, weil kein theoretisches Fundament. Wenn die Historie keine Disziplin sein konnte, konnte sie auch keine Methode haben, auch keine spezifisch historische Methode. Das behauptete Keckermann gegen Bodin, und daraus folgte auch, daß Historie keine eigenen methodischen Hauptstücke und Leitbegriffe haben konnte. Denn inhaltliche Leitbegriffe lieferte die Metaphysik allein und die formale Folge von Sätzen war syllogistisch beschreibbar. Die Loci communes der Einzelwissenschaften, die Keckermann in den Praecognita anbot, waren nur Exempla für Lehrsätze, keine Leitbegriffe. Die Leitbegriffe kamen nicht aus der Historie, sondern aus der Metaphyik, und die historischen Einzelkenntnisse wurden unter die metaphysisch garantierten Praecepta subsumiert. „Praecepta ergo habent

---

[104] Keckermann, De Natura et Proprietatibus Historiae. In: Opera, Bd. II, Genf 1614, Sp. 1311.
[105] Keckermann, Opera II, Sp. 1311G: „Vnde sequitur primò Historiam non esse disciplinam, atque adeo nec esse scientiam, nec prudentiam, nec artem: quia omnis disciplina est rerum seu praeceptorum catholicorum & vniuersalium, atque adeo generum & specierum. Historia autem non est rerum, seu praeceptorum & uniuersalium, siue non est notitia uniuersalis, sed singularis, restricta & determinata ad indiuidua, & ad circumstantias temporum, locorum & personarum."

suam methodum, exempla vero non habent methodum, nisi eam quae est in et à praeceptis."[106]

Methode und Material, Lehrsätze und Loci communes wurden inhomogen; der Homogenisierungsprozeß der Wissenschaften, den Agricola eingeleitet hatte, wurde aus logisch-metaphysischen Erwägungen rückgängig gemacht. Historie und Praeceptum, Lehre und Geschichte, Wissenschaft und Erfahrung fielen wieder auseinander, die feste, vorgegebene metaphysische und logische Form wurde mit Inhalten formfremden Einzelwissens gefüllt.

4. Die Wissenschaften und die Philosophie

Die Vermittlungssperre zwischen analytischer Instrumentalwissenschaft und historischer Einzelerkenntnis hatte einige Folgen für den Wissenschaftsbegriff Keckermanns. Mit seiner pädagogischen Systemvorstellung hatte er die Historie als Disziplinengeschichte, als methodisch-pädagogisches Konzept der Praecepta, in den wissenschaftlichen Erfahrungsbereich eingeführt. Dies Konzept fiel in eine Wissenschaftsvorstellung, die die Einheit der ramistischen Methodentheorie dadurch aufgegeben hatte, daß sie kontemplative, praktische und instrumentale Methoden unvereinbar konfrontiert hatte. Freilich, der Methodenbegriff blieb, und mit der Theorie von Bereichsmethoden war es überhaupt erst möglich, Metaphysik (d. h. Erkenntnisorientierung) und ein methodisches Konzept gleichzeitig zu fassen. Das geschah allerdings auf Kosten der methodischen Stringenz.

Die Metaphysikorientierung, das Konzept der Bereichsmethoden Zabarellas behielt Keckermann bei. Er beschrieb sein gesamtes Wissenschaftskonzept als Begriffsbestimmung von Philosophie. Damit lieferte er — auch hier Schrittmacher — eine Begriffsbestimmung von Philosophie, in der zwar die Schwierigkeiten des zabarellistischen Wissenschaftskonzepts fortgeschrieben und mit neuer Problematik befrachtet wurden, in der aber überhaupt der Begriffsbereich von Philosophie beschrieben wurde. Sie war dreierlei zugleich: 1) Grundlagenwissenschaft für alle Wissenschaften, 2) propädeutisches Fach für die Universitätsausbildung an den höheren Fakultäten, 3) Prototyp von „Wissenschaft" überhaupt.

Damit war sie in ganz merkwürdiger Weise allgegenwärtig und doch nirgendwo zu fassen. Keckermanns Beschreibung von Philosophie war nicht nur begriffsgeschichtlich symptomatisch, sondern sie war es auch institutionen- und wissenschaftsgeschichtlich. Und sie stellte spannungsvoll, auch

---

[106] Keckermann, Opera II, Sp. 1311f.: „Cum ergo Historia non sit disciplina, atque adeò non habeat peculiarem methodum, sequitur quod etiam non habeat capita methodi, id est, Locos communes peculiares ac distinctos: Sed quod historica debeant reduci ad locos disciplinarum propriè dictarum, cum nihil aliud contineant Historiae, quam Exempla praeceptorum: praecepta ergo habent suam methodum, exempla verò non habent methodum, nisi eam quae est in & à praeceptis."

innerlich widersprüchlich, eine Vereinigung zabarellistischer, aristotelischer und ramistischer Wissenschaftskonzepte dar, einen Versuch, das Gesamtgebiet des Wissens am Verhältnis von Philosophie und Wissenschaft systematisch zu erfassen. Keckermann mußte versuchen, den Proteus Philosophie nach der üblichen etymologischen Zuordnung zu σοφία mit Divisionen zu beschreiben, denn Definitionen der Philosophie waren und sind unmöglich. Und da rettete er sich in „weite" und „enge" Bestimmungen.

„Latißime", galt ihm Philosophie, „pro omni doctrina et eruditione, quae ad Intellectus & Voluntatis, atque adeo totius hominis perfectionem pertinet."[107] Das war zugleich eine versteckte Finalbestimmung, schloß die Vermischung mit der Theologie aus und betonte mit der Finalität zugleich die Pädagogik. „Latè", bestimmte Keckermann die zweite Bedeutung der Philosophie, „sumitur Philosophia pro comprehensione earum disciplinarum liberalium, quae à tribus facultatibus superioribus distinguuntur."[108] Diese institutionelle Bestimmung begrenzte die Philosophie auf die vierte, ihre, die philosophische Fakultät. Und dann, bei der engen Bestimmung, gab Keckermann nur eine Unterteilung in improprie und proprie. Improprie bezeichne Philosophie die Metaphysik, die Physik und die Mathematik[109]. Das war genau der Bereich, der bei Zabarella die Scientia theoretica umfaßte. Schließlich, so Keckermann, sei die Significatio propria der Philosophie „quae comprehendit eas disciplinas, quas proprie vel Scientiam vel Prudentiam vocamus[110].

Während diese Divisionenfolge für Keckermann noch als Analyse von „σοφία", als Nominaldefinition also galt, setzte die Sachanalyse diese Nominaldefinition voraus. Keckermann zielte auf die aristotelische Unterscheidung von theoretischen, praktischen und poetischen Wissenschaften, faßte dabei die Philosophie zunächst als besondere Verklammerung von theoretischen und praktischen Wissenschaften ins Auge. Philosophie war selbst ein Gegenstand von der Sorte, „quae aggregata et collectiva logici vocant"[111], er ist also nicht logisch allein zu beschreiben und zu definieren. „Quod ergo definiri exacte non potest, ita describamus: Philosophia est compages [das ist auch eine Übersetzungsmöglichkeit von σύστημα] scientiae et prudentiae, apta connexione et vnione inter se conformata."[111a] Es entsprach dem Wissenschaftsbegriff Zabarellas, die beiden Teile der Philosophie „ex Natura et fine suo conuenientissime" aufzuteilen: „Prior ϑεωρητική, Contemplatrix: et posterior πρακτική, Actrix, siue Operatrix."[112]

Damit war alle nicht formale, alle Sachwissenschaft, deren Gegenstände und Ziele propter se ipsos, metaphysisch klar waren, als Philosophie gefaßt.

[107]   Keckermann, Praecognita Philosophiae, In: Opera, Bd. I, Sp. 7.
[108]   Ebd.
[109]   Ebd.
[110]   Ebd.
[111]   Ebd.
[111a]   Keckermann, Opera I, Sp. 8.
[112]   Keckermann, Opera I, Sp. 11.

Die Formalwissenschaften, die Wortwissenschaften, bekamen den Instrumentalstatus, den Status propter aliam, den sie schon bei Zabarella hatten. Die Wortwissenschaften gehörten in den „propädeutischen", institutionell weiten Begriff von Philosophie. Keckermann definierte folglich: „Principale autem et dignißimum Philosophiae instrumentum, est ars Logica, vtpote quae regulis & praeceptis conuentißimis humanam mentem regit et iuuat in cognitione rerum philosophicarum rectè ordine, et perspicuè comprehendenda."[113] Grammatik galt auch bei Keckermann konventionell als „minus principale", Rhetorik als „speciale" im Bezug auf praktische Philosophie, „dum tradit instrumenta mouendi affectus in adhortationibus virtutum et dehortationibus vitiorum."[114]

Der Bezug zum weitesten Begriff von Philosophie, zum Begriff allgemeiner Weisheit, war sachlich sehr schwierig. Keckermann benutzte hier vorsichtig die topische (auch im Ramismus häufig verwendete) Kategorie des „cognatum". Diese Kategorie war in der Lage, substantielle Verbindungen anzudeuten, ohne sie exakt beschreiben zu müssen. Und hier sah er die Philosophie mit der Theologie dadurch verbunden, daß die Theologie aus der heiligen Schrift sich konstituiere und die Philosophie „ex eadem autoritate tum emendata sit, tum completa."[115] Fiat.

Daß nach der Unterordnung der Philosophie unter die Theologie die Medizin der theoretischen und die Jurisprudenz der praktischen Philosophie zugeordnet sei, fand sich schon bei Mylaeus[116]. Hier, bei Keckermann, bildete dieses Argument zugleich die Klammer zur Institutionenbindung der Philosophie. Und schließlich hatte die Philosophie noch eine Relation zur Malerei und bildenden Kunst, die mit dem gemeinsamen Gegenstandsbereich der „Natur" begründet wurde, ein Gegenstandsbereich, den die Maler und Bildhauer nachbildeten, die Philosophen erkannten[117].

Ein Dreischichtenmodell von Philosophie also, eine vage, nur topisch beschreibbare allgemeine Ebene, in der Philosophie „ganz weit" für omnis Doctrina et Eruditio galt, die im Bezug auf die menschlich-relative Vollkommenheit von Verstand und Willen aufgefaßt wurde, dann die institutionelle Ebene der Philosophie, auf der Philosophie als methodisches Instrument aufgefaßt wurde, als Organon der oberen Fakultäten und zugleich als Organon der eigentlichen, praktischen und theoretischen Philosophie[118].

---

113 Keckermann, Opera I, Sp. 24.
114 Keckermann, Opera I, Sp. 25.
115 Keckermann, Opera I, Sp. 41.
116 Keckermann, Opera I, Sp. 43/44. Vgl. o. S. 25ff.
117 Keckermann, Opera I, Sp. 44: „Cum alijs artibus, vt cum arte pictoria, sculptoria, etiam cognationem habet Philosophia ex quadam similitudine rerum naturalium, quarum imagines pictores & sculptores conantur exprimere."
118 Keckermanns Philosophiekonzept war aus denselben Gründen nicht ramistisch wie das Disziplinenkonzept Zabarellas. Die ramistische Methode war in den mittleren, instrumentalen und institutionellen Bereich der Philosophie verbannt und als organische, instrumentale Wissenschaft nicht selbstwertig, sondern als „propter aliud" abqualifiziert

worden. Keckermann setzte sich als „Historiker" im Gegensatz zu Zabarella aber mit Ramus und dem Ramismus auch explizit auseinander.

Keckermann griff den Ramismus durchweg scharf an: dabei bezog er sich nicht auf Ramus selbst, sondern auf verschiedene seiner Repräsentanten, z.B. auf den Ramisten Bernhard Copius (Vgl. Keckermann, Opp. I, Sp. 14), der als Rektor in Lemgo einige ramistische Schulbücher veröffentlichte und 1589 in seiner Antrittsrede als Dr. jur. utr. im Anschluß an Freigius' juristischen Ramismus „De Studio Juris" handelte. (Die Rede erschien 1589 als Anhang einer Sammlung ramistischer Juristen „Cynosura Juris" in Speyer bei Albinus.) Die Teile des Humanismus, die Keckermann — auch in Kenntnis von Zabarellas Verhältnis zu Ramus — für seinen „weiten" Begriff von Philosophie übernehmen mußte, so den Begriff der „Methode", suchte und fand er bei Vives. Das war dieselbe Rückprojektion eines späteren Begriffes auf frühere Autoren, wie das im Falle des Systembegriffs auf Zeno schon geschehen war. Vives wurde für Keckermann eine Art Ersatz-Ramus, weil das Zitieren ramistischer Vorstellungen in Danzig wohl doch mit Schwierigkeiten verbunden war. Und so wurde der Methodenbegriff, der erst bei Ramus konzis gefaßt war, schon in einer allgemeinen Ordnung der Lehrsätze gefunden, die Vives im Anschluß an sein Konzept des Ingeniums im zweiten, dem pädagogisch-didaktischen Teil seiner antischolastischen Kampfschrift „De tradendis Disciplinis" vorgeschlagen hatte: „In praeceptis artium ordo est res ad docendum efficacissima, ut facilius auditores tum percipiant, tum retineant: ducuntur scilicet rebus ita dispositis, & dum posteriora quasi ex prioribus uidentur nasci, accipiuntur omnia pro certissimis." (Vives, Lodovico: De tradendis disciplinis, Köln: Gymnicus 1531, S. 269. Zitiert in Keckermann, Opp. I, Sp. 5.) Vives fährt mit einem Zitat fort, das Keckermann unterschlägt: „Sed quis sit ordo, & qua utendum in artibus oratione, in libris de dicendo exposuimus."

Im Methodenrahmen zwischen Ramus und Zabarella bekam das Zitat, das Keckermann anführte, einen genaueren Sinn als bei Vives selbst. Den Witz bei Vives, der die Ordnung selbst zum rhetorischen Problem machte, unterschlug Keckermann. Er konnte so gefahrlos unter neuen, allgemein-humanistischen Etiketten die genuin ramistischen Stücke anbieten, auf die er nicht verzichten konnte; und er konnte sich selbst als lupenreinen Aristoteliker darstellen und Ramus zum Prügelknaben für den Verlust derjenigen Wissenschaftsgebiete machen, die die aristotelische Wissenschaft im Laufe des 16. Jahrhunderts verloren zu haben meinte.

Und so machte Keckermann Ramus zwei Hauptvorwürfe: Der erste betraf die theoretische Wissenschaft: „Totius philosophiae respectu ea sanè magna est mutilatio, quod partem praecipuam & maximè sublimem philosophiae contemplatiuae penitus ex tota philosophia exstirparit, atque adeo negarit vllam esse scientiam Entis seu Rei, quatenus Res est." (Keckermann, Opp. I, Sp. 62). Soweit Keckermann mit Zabarella. Der zweite Hauptvorwurf gegen den Ramismus war weniger spektakulär vorgetragen, aber mindestens ebenso nachhaltig. Er betraf den Bereich, um den Keckermann die aristotelische Philosophie Zabarellas erweitert hatte, den Bereich der Historie. „Defectus in eo (sc. Ramismo) est", schrieb Keckermann im Kommentar zum Kapitel über die Aufteilung der Philosophie, „quod Historiam faciunt peculiarem disciplinam, & diuellunt ab Ethica, Oeconomica & Politica, itémque à Theologia, cùm tamen Historia nihil aliud sit quàm series Exemplorum Ethicorum, Oeconomicorum, Politicorum & Theologicorum." (Keckermann, Opp. I, Sp. 13) Das war Keckermanns Argument gegen Bodins Ramismus, das durch die Vorstellung von Cognitio singularis hervorgerufen wurde. Diese Vorstellung stand im Gegensatz zur gesamten Philosophie Keckermanns. Seine Historie war nicht methodengeeignet. Aber das war die reine Anschauung der Theorie, das war die Metaphysik, die das Ding als Ding betrachtete — das hatte Keckermann den Ramisten ja vorgeworfen — auch nicht. In diesem Grenzbereich von Wissen, in der kontemplativ-passiven Theorie versagte die Methode, denn Methode war aktiver Zugriff. Aber die Extremposition der Cognitio historica, die nur die unmittelbare Einzelheit erkennt, betrachtet ebenso das Ding als Ding, das als Einzelbeispiel nur untergeordnet werden kann, sie ist mithin eine passive Erkenntnis, nicht methodenfähig. Loci communes, Lehrsätze, können nicht aus zufälliger historischer Erkenntnis kommen.

Mit seinem Konzept der nicht methodisierbaren Historie verdoppelte Keckermann nur die Schwierigkeit, die die Erweiterung des Kompetenzbereichs der Philosophie um

Nur: Unklar blieb, wie denn das Verhältnis von Historie und Philosophie auszusehen habe. Zwar: Mit der Einführung der Praecognita versuchte Keckermann, Fachhistorie in den Lehrplan einzuführen, aber der wissenschaftliche Wert dieser Einführung ließ sich mit dem Philosophiebegriff, wie er ihn auffaßte, nicht beschreiben. Die Enthomogenisierung der Wissenschaften, die Zabarella eingeleitet hatte, wurde durch den Historienbegriff Keckermanns fortgesetzt. Historie war nur noch Cognitio ruda, aber wie sollte diese Kenntnis möglich sein, wenn sie nicht zu Formen vermittelbar war? Wie man die Ideen in der Theorie ohne Historie anschaute, so schaute man Historie ohne Ideen an. Historie bekam dadurch dieselbe Disfunktionalität wie die Theorie. Wie passive Theorie bei Zabarella nicht mit aktiver Logik und praktischer Philosophie vermittelbar war, so waren jetzt Theorie, Geschichte, Logik und praktische Philosophie getrennt.

III. Das ganze Feld des Wissens:
Topik und Enzyklopädie bei Johann Heinrich Alsted

Der Typ des Professors hängt gewiß immer noch am humanistischen Gelehrtenideal[119]. Dazu gehören auch die Absicherung gegen Neuerungssucht, das sorgfältige, damit auch vorsichtige Abwägen von Argumenten gegen den Nimbus des Revolutionären — sofern Revolution nicht schon Tradition ist —, und das unabhängig davon, ob jemand die Vernunft hochschätzte oder nicht. Voraussetzung für die Möglichkeit einer solchen abwägend vorsichtigen Argumentation war eine umfassende Gelehrsamkeit, und die Bedingung für die rhetorische Überzeugungsabschätzung einer Argumentation waren eben nicht nur die richtigen Argumente, sondern auch die richtigen Zitate. Das war die Aufgabe der Invention. Und erst ein rechtes Judicium, das solche Inventionen disponierte, machte die Plausibilität der Argumentation, das „artistische" System am Ende aus.

So verlief eine ramistische, gelehrte Argumentation, die ihre Herkunft aus der Rhetorik nicht verbarg. Da aber mit den aristotelischen Einwänden weitere, andere Kriterien für Wissenschaftlichkeit gefordert worden waren, gab es nur zwei Konsequenzen für Wissenschaftler: Entweder man mußte sich

---

Metaphysik bei Zabarella provoziert hatte. Historienkenntnis ist so kontemplativ wie Metaphysik, und mit Methode kommt man an beide Bereiche nicht heran. Wenn sich Keckermanns Philosophie und ihr zugehöriges Systema ramistisch genannt hätten — was nicht der Fall war —, dann hätten sie die drei Bedingungen der Wissenschaftlichkeit, die Ramus mit den Axiomata seiner Dialektik aufgestellt hat, nicht erfüllt. Zwar waren Keckermanns Philosophie und ihr System umfassend und deduktiv, aber sie waren nicht homogen.

[119] Dazu: Emil Reicke: Der Gelehrte in der deutschen Vergangenheit, Leipzig 1900. Grundlegend noch immer: Erich Trunz: Der deutsche Späthumanismus um 1600 als Standeskultur. In: Deutsche Barockforschung, hrsg. von Richard Alewyn, Köln, Berlin 1966 (= Neue wissenschaftliche Bibliothek 7), S. 147—181.

einer der vorhandenen Parteien zuschlagen[120] oder man mußte die Möglichkeit zeigen, beide Wissenschaftsalternativen *sachlich* – nicht oberflächlich
vermittelnd – gemeinsam zu fundieren.

Das war freilich, gerade auch wegen der Institutionengebundenheit der
Philosophie, die Keckermann zum Definitionskriterium gemacht hatte, nur
in doppeltem Zusammenhang möglich. Es mußte einmal überhaupt festgestellt werden, ob eine Fundierungsmöglichkeit bestand, zum anderen mußte
diese Fundierungsmöglichkeit im institutionellen Zusammenhang durchsetz-
bar sein; eine Aufgabe für den akademischen Zusammenhang von Leben und
Lehre, an der der Herborner Calvinist Johann Heinrich Alsted sein Leben
lang systematisch gearbeitet hatte.

1. Leben und Lehre, ein akademischer Zusammenhang

Alsted hat versucht, Ramismus und Aristotelismus gemeinsam durch eine
besondere Spielart lullistischer Philosophie zu fundieren, durch die Verbindung von Kombinatorik und Topik. Der Fundierungsversuch, der Elemente
von Aristotelismus und Ramismus mit lullistischer Kombinatorik zu einem
neuen Modell faßte, macht die Eigenständigkeit Alsteds aus, erschwert
aber zugleich spürbar den Zugang zu seiner Philosophie. Diese Schwierigkeit
verstärkt sich dadurch, daß Alsted – ungewöhnlich für seine Zeit – eine
innere Entwicklung durchmachte. Sie begann mit den lullistischen Vorstellungen seiner Jugend, in der die „Clavis Lulliana", das „Systema Mnemonicum", die „Trigae Philosophicae" und vor allem die „Praecognitia Philoso-
phiac" (Philosophia Dignè Restituta) entstanden. Alsted verwarf dann, nachdem er 1618 Professor der Theologie geworden war, die lullistische Grundlage
seiner Philosophie und veröffentlichte 1620 eine philosophische Enzyklopädie, die Philosophie und Theologie streng trennte. Das war die zweite Stufe
seiner Entwicklung: Alsted wurde streng calvinistischer Theologe. 10 Jahre
später, 1630, erschien dann die bedeutendste Enzyklopädie des Barock,
Alsteds „Encyclopaedia Septem tomis distincta", ein Werk, das das Wissen
aller akademischen Fächer vereinigte und zugleich neu grundlegte. Alsted
blieb zwar Theologe, verband aber seine Theologie mit philosophisch-mysti-
schen Elementen. So knüpfte die große Enzyklopädie von 1630, sehr locker
wohl, an Alsteds frühe Phase an.

[120] Alsteds Systeme, Lehrbücher und Enzyklopädien lassen sich einer Partei nicht
unmittelbar zuordnen. Zwar gab er Keckermanns, des Aristotelikers, Werke unter dem für
Keckermann und Alsted gleichermaßen bezeichnenden Titel „Systema Systematum" heraus, einem Titel, der später Definitionsteil von Alsteds großer Enzyklopädie werden sollte
(Systema Systematum clarissimi viri Bartholomaei Keckermann, Hanau: Antonius Hun-
nius, 2 Bde, 1613), aber er veröffentlichte auch Giordano Brunos „Artificium perorandi"
(geschrieben 1587), das gewiß nicht aristotelisch war. „Artificium perorandi traditum a
Jordano Bruno Nolano Italo communicatum à Johann Henrico Alstedio", Frankfurt: Antonius Hummius 1612.

Die Entwicklung des Werks entsprach Alsteds innerer und akademischer Biographie: Aus einem theologiebeflissenen, lullistischen Philosophen wurde ein theologischer Professor, der die Vernunft geringschätzte. Im Verlauf seines Lebens und im Verlauf des 30-jährigen Krieges, der ihn von Herborn nach Weißenburg in Siebenbürgen verschlug, wurde der theologisch-neuplatonische Kern des philosophischen Lullismus eigentlich virulent. Alsteds enzyklopädische Spätphilosophie vereinigte die philosophische Enzyklopädie mit einer Theologie, die die Teilhabe am emanierenden Wissen Gottes voraussetzte. In den drei Phasen seiner Entwicklung war Alsted repräsentativ als Universitäts- und Universalwissenschaftler. Er war es in jeder einzelnen Phase, mit dem lullistischen Konzept der Universalwissenschaft in seiner Jugend, mit dem orthodox calvinistischen Konzept der Universalwissenschaft in seiner mittleren Phase und mit dem neuplatonischen Konzept der Universalwissenschaft in seiner späten Philosophie. Daß seine Biographie alle diese Phasen ineins enthielt, machte Alsted freilich exzeptionell. Es lohnt wegen der zugleich exemplarischen und exzeptionellen intellektuellen Biographie wohl, die Entwicklung der Universalwissenschaft an der Entwicklung ihres gewiß bedeutendsten frühbarocken Vertreters zu verfolgen.

Alsteds erster enzyklopädischer Entwurf erschien 1610 als „Systema Mnemonicum duplex"[121], ein Entwurf, der auf der „Clavis Artis Lulliana"[122] aufbaute. Die Clavis Lulliana war 1609 erschienen und kommentierte eine Sammlung lullistischer Schriften, die der Straßburger Verleger Zetzner 1598 herausgegeben hatte[123]. Der zweite, umfassendere Teil von Alsteds erstem Enzyklopädieentwurf „Systema Mnemonicum" gab seine philosophiegeschichtlichen Voraussetzungen im Titel an: Dies Systema erscheine, wird angekündigt, „cum Encyclopaediae, Artis Lullianae et cabbalisticae perfectissima explicatione". Was er in der Clavis Lulliana begonnen hatte, steigerte Alsted in drei Traktaten zu einem Versuch, die Gesamtwissenschaft lullistisch

[121] Johann Heinrich Alsted: Systema Mnemonicum duplex. I. Minus, succinto praeceptorum ordine quatuor libris adornatum. II. Maius, pleniore praeceptorum Methodo, & Commentariis scriptis ad praeceptorum illustrationem adornatum septem libris, Frankfurt: Palthenius 1610.

[122] Johann Heinrich Alsted: Clavis Artis Lullianae, et verae logices duos in libellos tributa, Straßburg: Zetzner 1609. Vgl. dazu aber das dritte, lullistische Kapitel.

[123] Raymundi Lulii Opera ea quae ad adinventam ab ipso Artem Vniversalem, Scientiarum Artiumque omnium breui compendio, firmaque memoria apprehendendarum, locupletissimaque vel oratione ex tempore pertractandarum, pertinent. Straßburg: Zetzner 1598. Die Sammlung enthält Lulls „Ars Brevis", den im 16. Jahrhundert entstandenen Traktat „De Auditu Cabbalistico", der unter Lulls Namen erschien, der aber wohl von Pietro Mainardi stammt (Vgl. Anm. 8 im dritten Kapitel), „Duodecim principia Philosophiae Lullianae"; „Dialectica seu Logica"; „Rhetorica"; „Ars Magna". Dazu eine Anzahl von Kommentaren: Giordano Brunos „De Specierum Scrutinio"; „De Lampade Combinatoria"; „De Progressu & Lampade Venatoria Logicorum". Agrippa von Nettesheims Kommentar zur Ars Brevis und „Articuli Fidei" beschlossen das Buch. Die späteren Auflagen enthalten auch noch das „Opus Aureum" von Valerius de Valeriis.

zu begründen. Die „Panacea philosophica"[124] von 1610, die „Trigae canonicae"[125] von 1612 und vor allem die „Philosophia dignè restituta" (1612)[126] hatten das Ziel, Disziplinengeschichte und -lehre systematisch und methodisch zu erneuern. Der Einfluß des Lullismus auf Alsted und Alsteds lullistischer Einfluß bedingten einen neuen Zugriff auf Enzyklopädie, der sich unverstellt in Alsteds Jugend — bis etwa 1618 — am deutlichsten zeigte; danach verschoben sich die enzyklopädischen Bedingungen.

1618 wechselte Alsted die Fakultät, er wurde Herborner Theologe und nahm als Vertreter der reformierten Kirche von Nassau-Wetterau 1618/19 an der Synode in Dordrecht teil[127]. Über seine Haltung auf der Synode ist zwar nur wenig bekannt. Aber er war gewiß ein Vertreter der gemäßigten Orthodoxie, sicher kein Arminianer, obwohl seine Philosophie der Partei Grotius', Oldenbarnevelds, auch der Gerhard Johannes Vossius' nahestand.

Zwar blieb Alsted auch als Theologe Enzyklopädist. Aber er konnte, zumals als verhältnismäßig orthodoxer Calvinist, nicht zugleich lullistisch-kombinatorische Theorien vertreten. Es war deshalb allemal aus theologischen Erwägungen verständlich, wenn die „Encyclopaedia Libris XXVII. complectens, universae Philosophiae methodum, serie praeceptorum, regularum et commentariorum perpetua"[128], die 1620 erschien, sich von den lullistischen

---

[124] Johann Heinrich Alsted: Panacea Philosophica, id est facilis, nova et accurata Methodus docendi & discendi universam Encyclopaediam. . . . Accessit ejus Criticus De Infinito harmonico Philosophiae Aristotelicae, Lullianae & Rameae, Herborn 1610.

[125] Johann Heinrich Alsted: Trigae Canonicae, Quarum prima est Dilucida Artis Mnemologicae, vulgò Memoratiuae . . . Secunda est Artis Lullianae, a Multis neglectae & nescio quo edicto proscriptae, architectura, & usus locupletissimus. Tertia Est Artis Oratoriae Nouum Magisterium . . . Frankfurt: Hummius 1612: Wolffgang Richter.

[126] Johann Heinrich Alsted: Philosophia dignè restituta: Libros Quatuor Praecognitorum Philosophicorum complectens: Quorum I. ARCHELOGIA, de principiis disciplinarum. II. HEXILOGIA, de habitibus intellectualibus. III. TECHNOLOGIA, de natura & differentiis disciplinarum. IV. CANONICA, de modo discendi. Herborn: 1612.

[127] John Hales: Historia Concilii Dordracensi, Hamburg: Liebezeit 1714, S. 337. Alsted sei am 17. Dezember (neuerer Zählung) 1618 zusammen mit seinem Kollegen, dem Siegener Hofprediger Biesterfeld in Dordrecht angekommen. Biesterfeld starb schon im Januar 1619 in Dordrecht. An seine Stelle trat den Hanauer Pastor Georg Fabricius. Das Aufnahmeprotokoll Alsteds und Biesterfelds findet sich in den „Acta Synodi Nationalis, In nomine Domini nostri Jesu Christi Authoritate illustrissimorum et praepotentum D.D. Ordinum Generalium Foederati Belgii Provinciarum, Dordrechti Habitae Anno 1618 et 1619. Dordrecht: Canipius 1620. Protokoll von der 34. Sitzung, Teil I, S. 115: „Reverendi & Clarissimi Viri, D. Johannes Bisterfeldius Concionator aulicus & Inspector Sigenensis, & D.Johannes Henricus Alstedius S.S. Theologiae in Illustri Schola Herbornensi Professor, ab Illustri Correspondentia Wetteravica ad hanc Synodum Deputati, in locum consessus solenniter a Scribis sunt introducti, ab Illustribus D.D. Delegatis benigne excepti, atque in subsellijs suo loco atque ordine collocati." Vgl. auch H. Kaajan: De groote Synode van Dordrecht in 1618—1619. Amsterdam 1918, S. 49: Nach dem Bericht über Alsteds Ankunft schreibt er: „Alsted was in zijn dagen zeer gezien en werd door zijn warme vereerders als een geleerde van den eersten rang gehuldiget."

[128] Herborn: Corvinus 1620.

Frühwerken nicht nur durch ihren Umfang[129] unterschied. Die Mnemonik, die als lullistische und ramistische Wissenschaft die erste Enzyklopädie, das Systema Mnemonicum, begründet hatte, war 1620 zusammen mit anderen lullistischen Elementen verschwunden; die neue Grundlagenwissenschaft hieß „Archaelogie".

Zwischen der Enzyklopädie von 1620 und der von 1630 gab es 1626 eine Zwischenstufe, ein „Compendium philosophicum"[130], das wohl als Schul-kurzfassung der Enzyklopädie von 1620 geplant war, dann aber mit einem Lexikon philosophicum, einem topisch geordneten Universalwörterbuch ver-sehen wurde: Die topisch-lexikalischen Elemente, die die ramistische Topik mit lullistischen Philosophemen verbanden, wurden wieder sichtbar. 1630 — Alsted war 1629 von Herborn vor den Schrecken des 30-jährigen Krieges nach Weißenburg in Siebenbürgen geflohen und erwartete dort, Chiliast, der er war[131], das Reich Gottes — 1630 erschien dann in Herborn die endgültige, letzte Fassung der Encyclopaedia septem Tomis distincta, die bedeutendste der barocken topischen Enzyklopädien. Ihre sieben Bücher, die in zwei Folianten mit insgesamt zweieinhalbtausend Seiten untergebracht waren, umfaßten:

    I. Praecognita disciplinarum, libris quatuor.
   II. Philologia, libris sex.
  III. Philosophia theoretica, libris decem.
  IV. Philosophia practica, libris quatuor.
   V. Tres superiores facultates, libris tribus.
  VI. Artes mechanicae, libris tribus.
 VII. Farragines disciplinarum, libris quinque.

Das war dann das Buch, das alle anderen überflüssig machen wollte, eine „Bibliotheca instructissima"[132], ein Werk, das Leibniz zur Grundlage seiner — nie zustandegekommenen — Enzyklopädie machen wollte[133]. Sie war ebenso bedeutend wie unwirksam, und auch damit war Alsted vielleicht typisch für seine Zeit. Der 30-jährige Krieg blockierte die Wirkung seiner Philosophie.

---

[129] Das „Systema Mnemonicum" hat gut 1500 S. in 8°, die lullistischen Abhandlun-gen zwischen 100 und 500 S., die Enzyklopädie von 1620 enthält in ihren 3 Bänden etwa 4000 S. in 4°.
[130] Johann Heinrich Alsted: Compendium Philosophicum. Exhibens Methodum, Definitiones, Canones, Distinctiones, & Quaestiones, per universam philosophiam, Her-born: Corvinus & Muderspach 1626.
[131] Johann Heinrich Alsted: Diatribe de mille annis apocalypticis, non illis chiliasta-rum & phantastarum, sed B.B. Danielis & Johannis, Frankfurt: Eifrid 1627.
[132] Der Titel der Enzyklopädie führt aus, daß die 7 Bände gestaltet seien „Serie Prae-ceptorum, Regularum, & Commentariorum perpetua. Insertis passim Tabulis, Compendiis, Lemmatibus marginalibus, Lexicis, Controversiis, Figuris, Florilegiis, Locis communibus, & Indicibus; ita quidem, ut hoc Volumen, secundâ curâ limatum & auctum, possit esse instar Bibliothecae instructissimae." Herborn: 1630.
[133] Gottfried Wilhelm Leibniz: Opera. Ed. Dutens, Genf 1768, Bd. V, S. 183, De ra-tione perficiendi et emendandi Encyclopaediam Alstedii. Außerdem handschriftlich: Phil. VII, C 11—12. Vgl. Eduard Bodemann: Die Leibniz-Handschriften der Königl. öffentl. Bibliothek zu Hannover, Hannover 1889.

Alsteds subkutane Wirkung entstand nur über seinen bedeutendsten Schüler und späteren Freund, über Johann Amos Comenius.

2. Die Basis der Disziplinen

Francis Bacons „Advancement of Learning" (1605) war auf dem Kontinent noch nicht bekannt, als Alsted 1610 sein philosophisches Reformprogramm mit lullistischen Philosophemen konzipierte. Das „Novum Organon" Bacons erschien 1620, die lateinische, erweiterte Fassung des „Advancement of Learning", „De Augmentis scientiarum" erst 1623. Und so war diese „empiristische" philosophische Konzeption, die später in die Wirkung der anderen barocken Wissenschaftskonzeptionen hineinwirkte, noch folgenlos. Für Alsted blieben also nur die drei philosophischen Hauptrichtungen mit ihren Modellen und deren Schwierigkeiten nach innen und untereinander. Es ging um den Ramismus, den Aristotelismus und den Lullismus[134] in den Traditionen des späten 16. Jahrhunderts, Traditionen, die von sehr konzisen philosophischen Konzepten ausgingen. Und die Begriffsbestimmung von Philosophie implizierte wie immer stets auch die Bestimmung von Enzyklopädie und Wissenschaft überhaupt.

Die ramistische Wissenschaft war durch die Konzeption der Dialektik modelliert. Die Dialektik teilte sich in Inventio und Judicium. Im Inventionsteil hatte Ramus mit den Topoi Agricolas argumentiert, die entscheidenden Neuerungen lagen im Bereich des Judiciums. Judicium war als Disposition aufgefaßt worden und funktionierte nach den Axiomen der Vollständigkeit, der Homogeneität und der Deduktion. Diese Axiome waren Grundlage jeder Argumentation und implizierten die Syllogistik, bestimmten insbesondere die Methode, die die eigentliche Ordnung der Sätze vornahm, die im Inventionsprozeß gewonnen worden waren. Freigius hatte diese Methode auf Ramus' Scholien rückwirkend angewandt und dabei deutlich gemacht, daß der Ramismus erstmals ein sowohl definiertes, als auch methodisch geordnetes Feld von Wissenschaftlichkeit überhaupt erschloß. Der Erschließungsprozeß war zugleich pädagogisches Lehrmuster, denn die hierarchische Ordnung galt auch als die beste Lehrordnung. Diese Konstruktion eines

---

[134] Diese Zusammenstellungen finden sich in zahlreichen Titeln von Alsteds Werken, vgl. o. Anm. 121, 122, 124, 125. Eine namentliche Liste der Hauptvertreter der Enzyklopädie findet sich in der Praefatio zur Enzyklopädie von 1620, S. 5: „quod ante me fecisse videbam viros omni exceptione majores, Petrum videl. Ramum in Professione regiâ, Gregorium Tholozanum in Syntaxi artis mirabilis, Jacobum Lorhardum in Heptade philosophica, Wowerium in Polymathiâ, Mathiam Martinium in Encyclopaediâ, Bartholomaeum Keckermannum & Clementem Timplerum in variis Systematis." Pierre Grégoire de Toulouse war einer der wirkungsvollsten Renaissance-Lullisten, Vgl. dazu das Lullismus-Kapitel. Jacob Lorhard, Rektor in St. Gallen, war Ramist, ebenso wie Alsteds Herborner Lehrer Martini. (Vgl. zu Martini: Dierse, Enzyklopädie, S. 16f.) Wower war Philologe, ein Freund Rubens'. Seine „De Polymathia Tractatio" erschien 1603 in Basel. Wowers Polymathiebegriff entsprach der rhetorisch-philologischen Tradition.

wissenschaftlichen Gesamtfeldes war allein der ramistischen Methode zu verdanken, die als Ars, als Dispositionskunst nach rhetorischem Muster über die
Sätze, die als Urteile „inveniert" waren, verfügte und sich nicht um die
Erkenntnis von Gegenständen, sondern um die Ordnung von Sätzen, um die
Ordnung einzelner Urteile kümmerte. Diese Ordnung der Sätze bildete die
entscheidende sachliche Grundlage für den Begriff von System, der im Anschluß an den Ramismus entstand.

Die aristotelische Auseinandersetzung mit dem ramistischen Methodenbegriff leistete mit kategorienbildenden Folgen Jacopo Zabarella. Der
Paduaner Philosophieprofessor ging nicht von der universaltopischen,
ramistischen Ordnungsvorstellung der Artes aus, sondern konfrontierte diesen
Begriff von Artes mit dem aristotelischen Konzept einer kontemplativen
Wissenschaft, einer „Scientia", und mit dem Konzept der praktischen, intentionalen Ethik und Politik. Zabarella erweiterte die relativ enge Wissenschafts-
kompetenz des Ramismus, die nur mit der Disposition von Sätzen − Einzel-
urteilen − gearbeitet hatte, um den Wissenschaftsbereich der Kontemplation.
Aber der Preis dieser Erweiterung war der Verlust der wissenschaftlichen
Homogeneität, die den Ramismus ausgezeichnet hatte. Es gab jetzt drei Disziplinen, einmal die *methodischen Wortkünste*, zweitens die *kontemplativen
Wissenschaften* und schließlich die *praktischen, intentionalen Wissenschaften*.

Clemens Timpler hatte das Konzept Zabarellas mit seinem System- und
Technologiebegriff unterlaufen, ohne jedoch im Kern eine andere Konzeption
als die ramistische erneut anzubieten. Freilich, mit seiner und Keckermanns
Bestimmung des Systems durch Praecepta, also Lehrsätze und Kommentare,
war eine Möglichkeit geboten, aus dem nur tabellarisch subsumierenden
Ramismus in andere als subsumptive Argumentationen hineinzukommen.
Die Konzeption der Lehrsätze nahm die Lehre von den Loci communes als
von Leit- und Merksätzen jeder Wissenschaft auf und machte das Systema zu
einem Lehrbuch, damit weiter ramistische Impulse verarbeitend.

Bartholomäus Keckermann verkomplizierte die Situation beträchtlich.
Einmal nahm er Zabarellas wissenschaftliche Dreiteilung auf, verschärfte die
Heterogeneisierung der Wissenschaft zusätzlich noch dadurch, daß er der
historischen Erkenntnis alle Wissenschaftlichkeit absprach. Auf der anderen
Seite führte er − nicht ohne systematische Spannungen − zur Bestimmung
seiner wissenschaftlichen Disziplinen die Vorstellung der Praecognita ein, die,
analog zur ramistischen Inventionsvorstellung, die Fachgeschichte im wissenschaftlichen Inventar bestimmen sollten. Und schließlich integrierte Keckermann seine wissenschaftlichen Vorstellungen in einem Begriff von Philosophie, der nicht nur als Grundlage jedweder Wissenschaft geplant war, sondern
in Anlehnung an die Institutionen der philosophischen Fakultät gewonnen
worden war. Dieser Philosophiebegriff integrierte institutionell auch die
Enzyklopädie und deren Lehrform, das Systema, das in der von Keckermann
erweiterten Form jetzt neben Praecognita, Lehrsätzen und Kommentaren in
ramistischer Tradition auch noch ein Gymnasium, einen Übungsteil bekam.

Alsted stand also vor einer komplizierten wissenschaftlichen Situation: Einmal war der ramistische Wissenschaftsbegriff zwar homogen, aber nicht umfassend genug, dafür war der zabarellistische Wissenschaftsbegriff zwar umfassend, aber nicht homogen. Den Beschreibungsbereich universaltopischen, polyhistorischen Wissens hatte Keckermann zusätzlich durch Historie erweitert, aber weiter heterogeneisiert, dabei zugleich den Philosophiebegriff insgesamt als institutionellen Zusammenhang für Wissenschaft, Institution und systematische Pädagogik gewertet. Alsteds Problembereich lag also in der Homogeneität oder Inhomogeneität der Wissenschaften, in der Frage ihres Kompetenzbereiches und im Begriffsverhältnis von Philosophie, System und Gesamtwissenschaft. Dies Problembündel versuchte er mit der Ars magna, mit der Philosophie des Raymundus Lullus aufzufangen und neu zu begründen.

3. Lullismus: Die Grundlage der Wissenschaften, lexikalisch

Um mit der Heterogeneität des Wissenschaftsmodells, das Keckermann zuletzt hinterlassen hatte, fertig zu werden, mußte Alsted versuchen, noch hinter die Argumentationsanalyse Keckermanns zurückzuargumentieren. Das war auf zweierlei Art möglich, einmal über den Gegenstandsbereich der Wissenschaft und zum anderen über die Erkenntnisvorstellung selbst. Wenn die Logik nur eine instrumentale Disziplin war und die Gegenstände der Metaphysik durch ihre Substanz die passive Kontemplation bestimmten, dann hatte diese Argumentation zunächst die Konsequenz, daß Logik nicht zu den Gegenständen der Erkenntnis kam und die Gegenstände der Erkenntnis nicht zur Logik kommen konnten. Hinter diese Dichotomie ging Alsted mit der Einführung der Kunst des Raymundus Lullus zurück. Diese Kunst versuchte er in der „Panacea Philosophica" (1610), in den „Trigae canonicae" (1612) und in der „Philosophia dignè restituta" (1612) den Enzyklopädiebegriffen, die er von seinen Vorgängern übernahm, zugrunde zu legen. Lulls Ziel sei es gewesen, schrieb Alsted und er schloß sich dieser Argumentation an, „tradere artem inventivam disserendi de omni scibili."[135] In seinen drei relativ kurzen Schriften zur Grundlegung der Wissenschaften im Lullismus, in der „Panacea Philosophica", den „Trigae canonicae" und vor allen Dingen in der „Philosophia dignè restituta", die in vier Büchern „Praecognita philosophiae" darstellt, baute Alsted die Rolle der lullistischen Ars Magna methodisch aus: „Ars magna est, quae tradit generalißimos terminos, qui in omnibus et singulis disciplinis occurrunt"[136], schrieb er 1610. Das war eine kaum verdeckte Kampfansage sowohl an Keckermanns als auch an Zabarellas Trennung der

---

[135] Trigae Canonicae, Cap. II, S. 49: „Scopus illius (sc. Lulii) fuit sanè laudabilis; voluit scilicet tradere artem inventivam de omni scibili." Vgl. Panacea, S. 7: „Traditur ibi methodus disserendi de omni scibili."
[136] Panacea, S. 14.

	A. (1. Effentia. 2. Vnitas. 3. Perfectio.)	B.	C.
Prædicata { Abfoluta.		Bonitas.	Magnitudo.
T.Relata feu refpectus.		Differentia.	Concordantia.
Q. Quæftiones.		Vtrum.	Quid?
S. Subiecta.		Deus.	Angelus.
V. Virtutes.		Iufticia.	Prudentia.
V. Vitia.		Auaritia.	Gula.

ALPHABETVM feu principia huius artis funt aut

Disziplinen, und in den „Trigae Canonicae" verstärkte er 1612 diesen Anspruch, wenn er feststellte, daß sich Logik nur auf abstrakte menschliche, also sekundäre Begriffe beziehe, aber jene lullistische Kunst „sese exercet in contemplatione omnis scibilis, sive sit reale, sive intentionale".[137] Und er präzisierte: „Haec ars non tantum est Logica concreta, ut Keckermannus statuit; non est Logica rebus applicata, ut Zabarella vult; non est Metaphysica, ut . . . alii existimant. Sed est altior et generalior et Logica et Metaphysica."[138]

Was machte nun die Allgemeinheit dieser lullistischen Kunst aus? Alsted bezog sich auf die Werke Lulls, die in der Zetznerschen Ausgabe zugänglich waren, dabei vornehmlich auf die Ars Brevis und Ars Magna. Diese Werke waren Lulls bekannteste Stücke zu seiner allgemeinen Kunst[139], und sie gingen

---

[137] Trigae, S. 57.
[138] Panacea, S. 14.
[139] Tomas und Joaquin Carreras y Artau: Historia de la Filosofia Española, Bd. I, Madrid 1939, S. 297, 298, Nr. 53, 54. Die Texte entstanden 1308 in Pisa, und sie wurden ab 1485—1744 in 18 (Ars Brevis) und 9 (Ars Magna) Ausgaben gedruckt. Beide finden sich auch in der im Barock bekanntesten Ausgabe der Schriften Lulls, die bei Zetzner in

Fol. 1.

V L A A D A R T I S B R E V I S,
Cabale tractatus, & Artis Magnæ primum
caput pertinens.

D.	E.	F.	G.	H.	I.	K.
Aeternitas feu Duratio	Poteftas.	Sapientia.	Voluntas.	Virtus.	Veritas.	Gloria.
Contrarietas.	Principium.	Medium.	Finis.	Maioritas.	Aequalitas.	Minoritas.
De quo?	Quare.	Quantum?	Quale?	Quando?	Vbi.	Quomodo? Cum quo?
Cœlum.	Homo.	Imaginatio.	Senfitiua.	Vegetatiua.	Elementatiua.	Inftrumentatiua.
Fortitudo.	Temperantia.	Fides.	Spes.	Charitas.	Patientia.	Pietas.
Luxuria.	Superbia.	Acidia.	Inuidia.	Ira.	Mendacium	Incôftantia.

beide von einem „allgemeinen Alphabet" aus. Dieses Alphabet bestand aus
einer Tafel, die einen Parameter von 9 Buchstaben auf der einen Seite hatte,
deren anderer Parameter alle kategorialen Denkmöglichkeiten darstellen
sollte; das gemeinsame Feld galt als Feld allen möglichen Wissens. Diese Tafel
beanspruchte, die Voraussetzung jeder Wissenschaft darzustellen, eine Behauptung, die so begründet wurde: „Et ratio huius est, vt cum ipsis principiis
alia principia subalternata sint, & ordinata, & etiam regulata: vt intellectus in
ipsis scientiis quiescat per verum intelligere, & ab opinionibus erroneis sit
remotus ac prolongatus. Per hanc quidem scientiam possunt aliae scientiae
perfacile acquiri. Principia enim particularia in generalibus huius artis relucent et apparent: dum tamen principia particularia applicentur principiis
huius artis, sicut pars applicatur suo toto."[140]
    Die Funktionsweise dieser Tafel war auf den ersten Blick nicht schwierig,
sie wollte eine allgemeine Topologie alles Wißbaren liefern. Als Principia

Straßburg, Frankfurt und Köln in vier Auflagen (1598, 1609, 1612 und 1617) erschien.
Vgl. oben Anm. 123 und das Lullismus-Kapitel.
    [140] Lull. Ars Magna. Opera, ed. Zetzner 1598, S. 237. Neudruck der Ars Brevis mit
einer instruktiven Einleitung von E.W. Platzeck in Opuscula, Bd. I, Hildesheim 1971.

seiner Kunst hatte Lull angegeben: Bonitas, Magnitudo, Aeternitas seu Duratio, Potestas, Sapientia, Voluntas, Virtus, Veritas, Gloria, Differentia, Concordantia, Contrarietas, Principium, Medium, Finis, Maioritas, Aequalitas et
Minoritas[141]. Einmal, um diesen Schwall von Prinzipien in eine Ordnung zu
bringen, zum anderen, um die Begriffe für die Wissenschaft fruchtbar zu
machen, hatte er sie tabellarisch aufgelistet und durch den Katalog von Fragen
ergänzt. Hier schien zunächst eine Mischung metaphysisch-moralischer und
grammatisch-logischer Elemente vorzuliegen. Aber es handelte sich nicht um
eine Mischung, sondern dem Anspruch Lulls nach, um die konstitutiven Voraussetzungen jeder wissenschaftlichen Invention.

Die Praedicata absoluta Bonitas, Magnitudo, Aeternitas seu Duratio,
Potestas, Sapientia, Voluntas, Virtus, Veritas und Gloria stammten aus dem
Bereich der Metaphysik, hier lag auch der Herkunftsbereich der Subjecta,
die Lull in der hierarchischen Reihenfolge neuplatonischer Gedanken tradier-
te[142]: Deus, Angelus, Coelum, Homo, Imaginatio, Sensitiua, Vegetatiua,
Elementatiua, Instrumentatiua. Die Virtutes und die Vitia entstammten dem
Mischbereich von absoluter Moral, Theologie und Metaphysik sowie deren
Negation als Laster und Sünde: Justicia, Prudentia, Fortitudo, Temperantia,
Fides, Spes, Charitas, Patientia, Pietas, Auaritia, Gula, Luxuria, Superbia,
Acidia, Inuidia, Ira, Mendacium, Inconstantia. Blieben nur noch die eher
formalen Begriffe, wobei die Relationsprädikate Differentia, Concordantia,
Contrarietas, Principium, Medium, Finis, Maioritas, Aequalitas und Minoritas
der Logik entstammten. Die Quaestiones bildeten den grammatisch kategorialen Part: Utrum, Quid, De quo, Quare, Quantum, Quale, Quando, Vbi, Quomodo et Cum quo.

Auch wenn es sich bei dem Zwang zur Neunergruppierung um neuplatonische Zahlenmystik handelte, entscheidend für die Wirkung war nicht die
Mystik, sondern die Darstellungsform auf einer Tafel mit zwei Koordinaten.
Da alle Wissenschaft auf das Alphabet dieser Tafel reduzierbar sein mußte,
gab es für jeden in der Wissenschaft vorkommenden Begriff einen bestimmten Ort auf dieser Tafel. Jeder Begriff mußte auf einen wissenschaftlichen
Leitbegriff im topischen Rahmen dieser Tafel reduzierbar sein.

Der Sinn oder Unsinn eines solchen Konzepts stand und fiel mit der Vollständigkeit der Leitbegriffe. Das Problem lag analog zur Frage nach der Voll-
ständigkeit der aristotelischen Kategorientafel, in der das $\pi o \lambda \lambda \alpha \chi \tilde{\omega} \varsigma \ \lambda \acute{\epsilon} \gamma \epsilon \tau \alpha \iota$
des „Seins" zergliedert wurde[143]. Diese Schwierigkeit war Alsted wohl sche-
menhaft gegenwärtig, denn er ergänzte in seinen „Trigae Canonicae" die
lullistische Tafel um die aristotelischen Prädicamente, um die Kategorien:

---

[141] Ebd.

[142] Vgl. dazu Frances A. Yates: Ramon Lull and John Scotus Erigena. In: Journal of
the Warburg and Courtauld Institutes, Vol 23, 1960, S. 1–44.

[143] Die Frage stellt sich in ähnlicher Weise für die kantische Kategorientafel in der
Kritik der reinen Vernunft.

„Quantitas, Qualitas, Relatio, Actio, Passio, Habitus, Situs, Ubi seu Locus, Quando seu Tempus"[144].

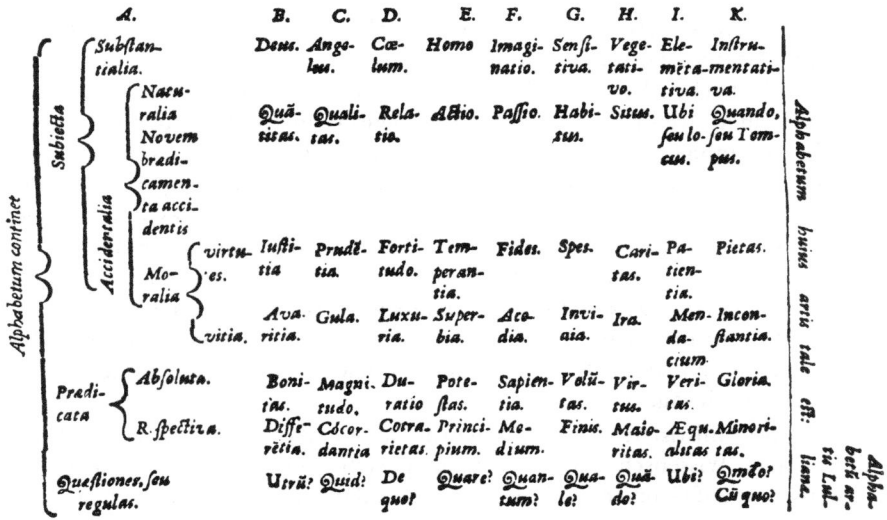

Zwar hat Alsted nicht versucht, einen Vollständigkeitsbeweis seiner lullistischen Tafel anzustreben, aber er hat in der Explikation des lullistischen Alphabets einen Anwendungsbereich entdeckt, der den Bereich von Wissenschaft und Systema erweiterte und andererseits begründete. „Verbo dicam. Ars haec applicativa, est Lexicon philosophicum generale, cujus fabricam et usum docebo."[145]

Das lullistische Lexikon, das Alsted vorschrieb, war so etwas wie eine mehrdimensionale topische Tafel: Ein Buch sollte in 10 Hauptabschnitte nach den 10 Subjekten aufgeteilt werden, diese Gruppe umfaßte je 18 Seiten für die 18 absoluten und relativen Prädikate, die einzelnen Blätter sollten schließlich in 10 Abschnitte geteilt werden, die die Quaestiones enthielten[146]. Setzte man die Vollständigkeit des kategorialen Schemas voraus, dann hätte man wirklich ein ganz vollständiges Raster für *jede mögliche Prädikation* gehabt. Die Ars magna Lulliana wäre damit zur lexikalischen Grundwissenschaft in der Weise geworden, daß sie alles wißbare Material für alle und für jede Wissenschaft zusammengestellt hätte. Das lullistische Lexikon war für Alsted „enim bibliotheca universalis locorum communium"[147].

---

[144] Trigae Canonicae, S. 59. Diese Ergänzung findet sich schon 1609 in der Clavis Lulliana und stammt von Agrippa von Nettesheim. Vgl. u. S. 167.
[145] Panacea, S. 16.
[146] Ebd.
[147] Ebd.

Es ging Alsted allemal in diesen Zusammenhängen auch um wissenschaftliche, vermittelnde Grundlegung. Mit dem lullistischen Lexikon bestand die Möglichkeit, den Lullismus mit der Invention, dem ersten Bereich der ramistischen Dialektik zu verbinden. Es handelte sich beim Lullismus eben um eine „Ars *inventiva* disserendi de omni scibili"[148] und dem entsprach die Funktion der Materia = Historia im Ramismus.

Im lullistischen Inventionslexikon waren die Loci communes, aus denen Material einer Argumentation gewonnen wurde, ihrem Anspruch nach vollständig versammelt. Alsted faßte folglich die Lullistische Lexikalik als vollständige Topik auf, und mit dieser Neubestimmung der Topik durch die lullistische Kunst verschob sich erneut auch die Bedeutung des Begriffs und der Funktion von „Ars" im Bereich der Wissenschaft. Denn wenn die lullistische Kunst wie die Invention funktionierte, wenn sie zugleich Inventionsgrundlage aller Wissenschaften war, dann war Ars erneut auch die Hauptrepräsentationsform von Wissenschaft insgesamt, eine Operationsform, die allen Disziplinen, den objektiven, intentionalen und instrumentalen Disziplinen zugrunde lag.

Mit der lullistischen Lexikalik wurde das Lexikon konstitutiver Teil der allgemeinen Wissenschaft; damit vollzog sich eine Homogenisierung von Wissenschaft auf Grund einer lullistischen Fundamentalbegrifflichkeit. „Omnis ars", forderte Alsted, „tradatur per Lexicon, Praecognita, Systema, & Gymnasium."[149] Über Keckermanns Erweiterung des Systema um Praecognita und über den seit Ramus der wissenschaftlichen Darstellung zukommenden Übungsteil „Gymnasium" hinaus gehörte das Lexikon seit Alsted spätestens zur Darstellung der Gesamtwissenschaft und zur Darstellung von Einzelwissenschaften. Seit den „Trigae canonicae" von 1612 und der „Philosophia dignè restituta" aus dem gleichen Jahr enthielten die Alstedschen Enzyklopädien Lexica der gesamt- und einzelwissenschaftlichen Topoi[150], auch, nachdem die lullistische Grundlage verschüttet war. Nach den lullistischen Vollständigkeitszielen umfaßten die Lexica ein Verzeichnis der in jeder Wissenschaft möglichen Begrifflichkeit. Dieser „inneren" wissenschaftlichen Invention entsprach die Darstellung der „Praecognita", der zweiten wissenschaftlichen Hauptgattung, die die topische Stellung der Wissenschaft „nach außen" klärten[151].

Fürs System, den dritten Teil der wissenschaftlichen Darstellung, übernahm Alsted die Beschreibung Keckermanns, ein System bestand für ihn aus Praecepta, Canones et Commentaria[152]. Freilich: Die Betonung der „Canones"

---

[148] Trigae Canonicae, S. 49.

[149] Trigae, S. 56.

[150] In den Trigae sind das die verschiedenen Abaci (Rechenbänke), die das Begriffsfeld der lullistischen Prinzipien umfassen, später sind es die Lexika der Enzyklopädien. Aber dann sind es schon keine lullistischen Lexika mehr im direkten Sinne. Vgl. besonders das „Lexicon Philosophicum" des „Compendium Philosophicum" von 1626.

[151] Trigae, S. 57: „Praecognitorum partes duae sunt; quarum prima est de artis natura, secunda de ejusdem studio."

[152] Trigae, S. 58.

war inhaltlich neu und sie betraf für den frühen Alsted das kombinatorische Verfahren der lullistischen Enzyklopädie, der ramistische pädagogische Begriff von „Methode" wurde zu „Canon" umgedeutet, später entwickelte sich daraus die Didaktik.

Im ungeteilten begrifflichen Feld von Philosophie und Pädagogik, Erkenntnis und Lerntheorie kamen dem vierten Teil der wissenschaftlichen Darstellung, dem „Gymnasium", die Vermittlungsformen zu, die Psychologie und Sachfragen miteinander verbanden. Denn das Gymnasium behandelte nicht nur die Anwendungsbereiche der Theorie im Einzelfalle und hielt so den systematischen Sachbereich von pädagogischen Vermittlungsfragen frei, sondern hier, im Gynmasium, fand sich auch der Übergang zu der psychologischen Fundamentalkunst, die Alsted über Invention und Judicium hinaus mit der Kombination lullistischer und ramistischer Begriffe erschloß, der Übergang zur Ars Memorativa.

4. Mnemonik als psychologische Fundamentalkunst[153]

Die lullistische Form einer Begriffsordnung eignete sich ebenso wie die ramistische fürs Behalten, weil die Einsichtigkeit einer Ordnung als Hauptfaktor für die Rekonstruktion der Inhalte genommen werden konnte. Ramus hatte auf diesen Aspekt von psychologischer und pädagogischer Valenz großen Wert gelegt. Seit der ersten Ausgabe seiner Dialektik, seit 1543 hatte er betont: „Itaque quoniam duce natura dispositionem quandam rerum inuentarum sequimur in iudicando: iudicium ab eius imitatione definiamus, doctrinam res inuentas collocandi, et ea collocatione de re proposita iudicandi: quae certe doctrina itidem memoriae (si tamen eius esse disciplina vlla potest) verissima, certissimaque doctrina est: vt vna eademque sit institutio duarum maximarum animi virtutum, iudicij, et memorie."[154] Diese Eignung der Wissensordnung für die Memoria hatte Alsted auch für sein lullistisches Lexikon beansprucht. Auch wenn dies Lexikon eher Inventionscharakter hatte, so galten seine Ordnungskriterien doch als die entscheidenden Hilfen sowohl für die Lernbarkeit als auch für die Rekonstruktion von Wissen: „Deinde hoc lexicon facit ad διαπορίαν reminiscentiae"[154a], schrieb Alsted, und in den Lernausführungen, dem Gymnasium der „Trigae Canonicae" stand das Lernen der lullistischen Leitbegriffe an erster Stelle: „Termini hujus artis ad unguem memoriae sunt mandandi, ita quidem, ut recitari poßint ordine recto, intermedio seu intercalari, et retrogrado"[155].

---

153 Zu Ars Memorativa und Ramismus siehe Frances A. Yates: The Art of Memory, London 1966, bes. S.231ff.
154 Ramus, Dialektik 1543, fol 19v. Vgl. o. S. 42ff.
154a Panacea, S. 16.
155 Trigae, S. 101.

Der Ramismus und der Lullismus Alsteds wurden auf der psychologischen Folie der Memorie in bemerkenswerter Weise ähnlich: Beide gingen nicht von Erkenntnissen aus, sondern von Begriffen, und beide erreichten dadurch eine Homogeneität ihrer Wissenschaftskonzepte. Beide betonten die Ordnungsprinzipien ihrer Begriffe, der Lullismus seine Inventionstafel, der Ramismus die formale methodische Ordnung, und bei beiden war die Ordnung die Voraussetzung des zweiten Hauptvermögens der Vernunft, des Vermögens der Memoria.

Ramus hat dieses Vermögen nicht im einzelnen behandelt, sein Schwerpunkt lag in der Logik des Judiciums, auf Axiomatik und Methode. Die Wirkung seines Konzepts, die Wirkung vor allem des Methodenmodells, das durch seine Veränderung in der aristotelischen Polemik verschlissen und verwässert war, machte das unveränderte ramistische Konzept unadaptierbar für Alsted. Aber die Homogeneität der ramistischen Wissenschaft und der Universalanspruch der lullistischen Kunst ließen sich über die *Topik* und die psychologische Verortung dieser Topik in der Memorie verbinden. Damit wurde der Kompetenzbereich artistisch aufgefaßter Wissenschaft durch den Universalanspruch des Lullismus auf alles Wißbare ausgedehnt. So wurde zugleich die Zersplitterung des Methodenbegriffs seit Zabarella unterlaufen. Und die ordnende Beschreibung konnte auf der Basis von Memoria als eine psychologische Topik aufgefaßt werden, die mit ramistischen Mitteln zur Logik disponiert werden konnte. Die Schwierigkeit eines Übergangs von der passiven Kontemplation zur aktiven Beschreibung der Kontemplation in einer wissenschaftlichen Darstellung war durch diese Psychologisierung aufgehoben.

Die universale memoriale Topik, die zur Grundlagenwissenschaft beim jungen Alsted wurde, mußte für das Wissenschaftskonzept zwei Folgen haben: 1) Sie mußte die Vermögenslehren der Psychologie ändern und sie mußte 2) auf Grund ihres universalen Kompetenzbereichs die Rolle der Philosophie in der Enzyklopädie neu bestimmen. Das versuchte Alsted mit seinem „Systema Mnemonicum" (1610), dem ersten seiner enzyklopädischen Entwürfe. Hier orientierte Alsted die Argumentation seiner Vorgänger auf eine Mnemonik, auf eine Gedächtniskunst um. Selbstverständlich benutzte er auch das bewährte Schema von Praecepta und Systema; aber Gegenstand dieses Systema war jetzt die Gedächtnispsychologie. Denn ausgehend davon, daß es zwei Hauptvermögen und -kräfte des Menschen gebe, die für die Gelehrsamkeit vornehmlich nötig seien, nämlich Intellekt (oder Vernunft) und Gedächtnis, und weil der Vernunft, die durch die Erbsünde geschwächt und verdunkelt sei, durch die logische Kunst geholfen werden müsse, gleichsam als durch einen Beistand und Helfer, so, behauptete Alsted, „Memoriae eodem peccato labefactatae artem peculiarem esse repertam autumo, qua possit iuuari et confirmari."[156] Mit dieser knappen Argumentation beschrieb Alsted zunächst das

---

[156] Systema Mnemonicum Ia, S. 3: „Quum duae sint principes hominis facultates, & vires ad eruditionem cumprimis necessariae, Intellectus, seu Ratio & Memoria, ideo vt

Gedächtnis als selbständiges Vermögen und begründete zugleich theologisch die Notwendigkeit einer eigenständigen Gedächtniskunst, wie er sie vorlegte. Um den Psychologisierungsanspruch für die gesamte Wissenschaft durchhalten zu können, faßte er den Kompetenzbereich seiner Gedächtniskunst, die er Mnemonik nannte, extrem weit. Ihre Zieldefinition: „Mnemonica est ars conficiendi et perficiendi memoriam instrumenta fabricans."[157] Das war eine Beschreibung, die analog zur Aufgabe der Logik im Bezug aufs Argumentieren entworfen war, aber die Aufgabe der Mnemonik ging über die der Logik hinaus. Die Mnemonik mußte in Analogie zur Logik einsichtig sein und sie mußte über die Logik hinaus diese Einsicht verfügbar halten. „Mnemonica sic definita, est ars, vel Memoriae, vel Reminiscentiae"[158], definierte Alsted deshalb, und er unterschied die Ars memoriae, „quae tradit instrumenta cito imprimendi intellecta et iudicata, et semel impressa diu retinendi"[159] von der Ars reminiscentiae, „quae tradit instrumenta promte recordandi eorum, quae olim impressismus"[160].

Die gesamte Psychologie war durch diesen weiten Kompetenzanspruch der Ars memoriae in den Breich der Mnemonik gerückt. Es entstand durch diesen Anspruch der Mnemonik die Notwendigkeit für die Ars memorativa, eine psychologische Erkenntnis- bzw. auch Ordnungslehre zu entwickeln, in der die Wissenschaften darstellbar und dadurch lernbar werden sollten. Damit teilte sich die Mnemonik als Ars memorativa in einen Teil, der sich mit den Formalbedingungen der psychologischen Eingängigkeit befaßte, und in einen zweiten Teil, der die Inhalte behandelte. Nach diesen Kriterien teilte Alsted sein Systema Mnemonicum von 1610 — Alsted war 22 Jahre alt — ein: In einen formalen und einen inhaltsbezogenen Teil.

Zunächst bestimmte das „Systema minus" die Ars memoriae als selbständige Kunst, als formalen Teil der Mnemonik[161]. Alsted dürfte bei dieser vorgängigen Formalbestimmung Timplers „Technologia" vor Augen gehabt haben. „Technologia est doctrina de natura et differentiis artium Philosophicarum"[162], zitierte Alsted und wandelte diese Vorstellung für seine Mnemonik ab. Jetzt ging es um die Natur und die Gliederung der Mnemonik.

Die Umpolung und die Homogenisierung der Wissenschaft in Richtung auf eine Psychologisierung provozierte sogleich die Schwierigkeiten einer

---

intellectu per peccatum deprauato & obscurato inventa est ars Logica, tanquam correctrix & adiutrix." Es folgt der oben zitierte Satz. Zur Zitierweise: Das Systema Minus und der erste Teil des Systema Maius der Mnemonik sind zusammen erschienen, haben nur ein Titelblatt und sind getrennt paginiert. Deshalb werden sie als Ia und Ib zitiert. Der zweite Band, der getrennt erschien, wird als II zitiert.

[157] Systema Mnemonicum Ia, 20.
[158] Ebd. S. 21.
[159] Ebd.
[160] Ebd.
[161] Die Ausführung Risses, Logik I, zum Systema Mnemonicum sind oberflächlich und zum Teil entstellend.
[162] Systema Mnemonicum Ia, 7. Alsted zitiert im Anschluß daran Timpler, Metaph. Vgl. o. S. 85ff.

notwendigen Neuordnung. Aber homogene Argumente lieferten nicht ohne weiteres neue Ordnungskriterien. Timpler hatte die ramistischen Kriterien übernehmen können, weil er gemäßigt nominalistisch argumentiert hatte, die psychologisierende und pädagogisierende Gleichmacherei, die Alsted auch auf Grund des lullistischen Alphabets brauchte, ließ die ramistischen Implikationsordnungen nicht ohne weiteres zu. Und so hatte der erste Enzyklopädieentwurf Alsteds, das „Systema mnemonicum", eine unausgegorene Gliederung, in der sich Formal- und Sachkriterien, Institutionen- und Begriffsordnungen vermischten.

Damit war auch die Haupteinteilung des Systema mnemonicum unsicher geworden, denn was eigentlich dem formalen und was dem inhaltlichen Teil zuzuordnen sei, ließ sich dann, wenn ohnehin alles auf Psychologie reduziert war, nicht mehr bestimmen. So geriet Alsteds Verfahren in seinem frühen Systema mnemonicum in die Nähe der melanchthonischen Loci Communes, die ihre wissenschaftliche Vollständigkeit nicht beweisen konnten, weil sie die Implikationen und die Homogenität ihrer Argumente nicht bestimmen konnten. In der Mnemonik wurde alles zum Material des Gedächtnisses. Wenn aber alles gleich war, bedeutete Homogenität nichts mehr. Und die psychologische Reduktion aufs Gedächtnis ließ eine deduktive Sachordnung nicht mehr zu. Und dann war Implikation nur noch eine Frage des guten oder schlechten wissenschaftlichen Geschmacks.

Die Ordnung des Systema mnemonicum war deshalb eher inventorisch, gewiß nicht deduktiv. Und nur so wurde verständlich, daß die Media mnemonica, die der erste, formale Teil des Systems behandeln sollte, physiologische, psychologische, institutionelle und logische Kriterien durcheinander brachten. Die mnemonischen Mittel hatte Alsted in generelle und spezielle Mittel geteilt, das war eine logische Entscheidung. Inhaltslogisch (möglicherweise metaphysisch) war auch die Gliederung des generellen Teils der mnemonischen Mittel in formale und materiale. Aber dann wurden die Mittel materialer Mnemonik als Gedächtnisphysiologie gefaßt[163] und die formalen Mittel als „sensuales" und „intellectuales" interpretiert. Daß dann im Bereich der Sinnlichkeit die Topik angesiedelt war und zugleich mit Rhetorik, Grammatik und Poetik auch die Mathematik behandelte, stützte sich auf die angenommene Identität von Sinnlichkeit und Raumwahrnehmung. In dieser psychologischen Vermögensfolge und ihren möglichen (oder unmöglichen) Zuordnungen, gehörten dann Logik und Intellekt zusammen. Alsted stellte diese Gliederung schematisch zu Beginn seines Systema mnemonicum[164] dar:

[163] Diese Beschreibung ist von der Humoralpathologie der Medizin abhängig. Es helfen u.a. dem Gedächtnis Melisse, Karvendel, Rosmarin und Salbei (Systema Mnemonicum Ia, 42). Die medizinischen Hilfen des Gedächtnisses waren verbreitet, rhetorisch zum Behalten einer Rede erforderlich und stammten aus der Zeit, als der Druck Bücher noch nicht verfügbar gemacht hatte. Noch Jean Paul spricht satirisch gelegentlich davon, daß Kräutermützen das Gedächtnis stärkten. Vgl. Sämtliche Werke, II. Abteilung, Bd. 1, München 1974, S. 903.
[164] Systema Mnemonicum Ia, S. 23.

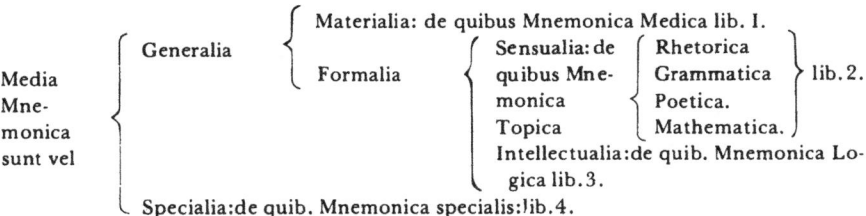

Zwar hatte Alsted damit versucht, die Erkenntnislehre und die Psychologie auf der Grundlage von Mnemonik kurzzuschließen, aber es war nicht mehr erreicht als eine Homogenität aller Argumente ohne eine durchgehende Ordnung. Orientierung konnten die mnemonischen Mittel nicht bieten, jedenfalls nicht mit dem begrifflichen Anspruch eines Systems, das umfangslogisch arbeitete und das der Ramismus methodisch formuliert hatte. Beim Gedächtnis wurde alles gleichermaßen auf die Folie Erkennen und Behalten reduziert: Das war psychologische Gleichmacherei.

Für den inhaltlichen Bereich der Mnemonik steigerten sich deshalb die Ordnungsprobleme. Aber mit dem lullistischen Alphabet sollte ja inhaltlich die gesamte Topologie des Gedächtnisses darstellbar sein. Mnemonik, Gedächtniskunst, war — das war zur psychologischen Homogenisierung der Wissenschaften nötig gewesen — sehr weit definiert worden, als „ars cito imprimendi intellecta et iudicata et semel impressa diu retinendi."[165] Nach dieser Definition stellte sich die Frage nach den Divisionen, denn auch bei Alsted waren Deduktionen geplant. Und hier ergab sich dann dasselbe Dilemma. Eine rechte Deduktion konnte mangels genauer Implikationsbeschreibungen nicht zustande kommen. Es blieb nur der Versuch, in der Definition der Mnemonik Orientierungen für die Gliederung der inhaltlichen Mnemonik, die den zweiten Teil von Alsteds frühem Enzyklopädieversuch ausmacht, zu suchen: Dann ließen sich als Definitionselemente 1) Intellecta, 2) cito imprimendum, 3) semel impressa diu retinendum, feststellen. Mit einiger Mühe ließ sich dann die Gliederung des zweiten Teils der Mnemonik diesen Definitionselementen zuordnen.

Dem „intellectum" entsprach das erste Buch, das propädeutisch den Begriff von Wissen einführte, und das zweite, das dieses Wissen auf seine Kompatibilität mit der Mnemonik prüfte. Alsted faßte Wissen und Wissenschaft mit Porphyrius als „assimilatio eius, quod cognoscitur"[166]. Damit öffnete er sich den Weg zum Wissen, das am Göttlichen Wissen teilnahm. Einen solchen Wissensbegriff brauchte der Lullismus als Teilhabe an der „cognitio archetypa", die Alsted beschrieb als „proprietas Dei, qua Deus nouit seipsum, atque omnia alia, quae esse possunt aut iam sunt: idque perseipsum."[167]

165 Vgl. o. Anm. 159.
166 Systema Mnemonicum Ib, 101.
167 Systema Mnemonicum Ib, 102.

Selbst wenn die Erbsündenhaftung die menschliche Erkenntnis schwächte:
Mit Hilfe von wissenschaftlicher Mnemonik konnte man die Sündenfolgen
dämpfen[168].

Das zweite Definitionsmerkmal und damit die zweite Gliederungsorien-
tierung des Systema mnemonicum bildete „cito imprimendum". Das war ein
didaktischer Anspruch, dem Alsted mit institutionellen Argumentationen
gerecht werden wollte: Er bestimmte deshalb im dritten und vierten Buch
die Schulformen, die von öffentlichen Grundschulen über Gymnasien bis zu
Universitäten reichten und dort erschien, auf der Folie der Gedächtniskunst,
auch der Wissenschaftskanon als didaktisch-mnemotische Folge von Leitbe-
griffen: „Loci didascalici sunt systemata continentia disciplinas $\tau\tilde{\eta}\varsigma$ $\pi\alpha\iota\delta\varepsilon\iota\alpha\varsigma$,
numero sedecim: vt sunt, 1. Archaiologia. 2. Metaphysica. 3. Theologia natu-
ralis. 4. Physica. 5. Medicina. 6. Geometria. 7. Uranoscopia siue Astrologia.
8. Geographia. 9. Optica. 10. Historica. 11. Ethica. 12. Oeconomica. 13. Politica. 14. Jurisprudentia. 15. Theologia arcana, siue supernaturalis. 16. Artes
seruiles."[169]

Für die weiten Definitionsmerkmale: „semel impressa diu retinendum",
ist es sehr schwierig, noch Gliederungskriterien in Alsteds Systema mnemonicum zu finden. Ohnehin bildeten die Institutionen zur Ausbildung von Gelehrsamkeit keineswegs schon eine zureichende Bestimmung des zweiten Defini-
tionsmerkmals der Gedächtniskunst. Alsted selbst hatte die universitären
„Loci didascalici", seinen Fächerkanon, auf Loci communes zurückgeführt
und bestimmt: „Loci communes quidem sunt quasi $\beta\alpha\kappa\tau\eta\rho\iota\alpha$ $\tau\tilde{\eta}\varsigma$ $\mu\nu\tilde{\eta}\mu\eta\varsigma$"[170].
Mit solchen Gedächtnisstützen vollzog sich das Lernen und das Erinnern gleich-
zeitig, es gehörten also gleichzeitig die Definitionspunkte „cito imprimendum" und „semel impressa diu retinendum" zu den Loci communes.

Für Didaktik und Mnemonik bildete die Topik das Leitmodell. Mit diesem Modell wurden die Inhalte beim Lernen nach einer bestimmten, eben
topischen Ordnung ins Gedächtnis hineinbefördert und waren nach derselben
Ordung rückrufbar. Die mögliche sinnliche Valenz einer solchen Ordnung
hatte Alsted schon im formalen Teil der Mnemonik dazu bewogen, sinnliche
und topische Erkenntnis nebeneinanderzusetzen[171]. Im zweiten Teil der Mnemonik faßte er die Möglichkeiten der Topik in einer Tabelle[172] zusammen
(Buch 5 der Mnemonik), die die Topik in einem zugleich realen und imaginären Raum darstellte. Und dieses räumliche Kontinuum zwischen Realität und
Imagination war konstitutiv dafür, daß Topik funktionierte:

---

[168] Systema Mnemonicum Ib, 117f.: „Animae perfectio erat tam imaginis quam
similitudinis DEI repraesentatio. . . . In anima imaginem Dei caligo, similitudinem concu-
piscentia praua tantum non sustulit. . . . Ad animi vtrumque malum repellendum concessa
est Sophia, sive Cognitio." Vgl. die Abb. der Sophia S. 155.
[169] Systema Mnemonicum II, 188.
[170] Ebd.
[171] Vgl. o. Anm. 164.
[172] Systema Mnemonicum II, S. 399, s. S. 119.

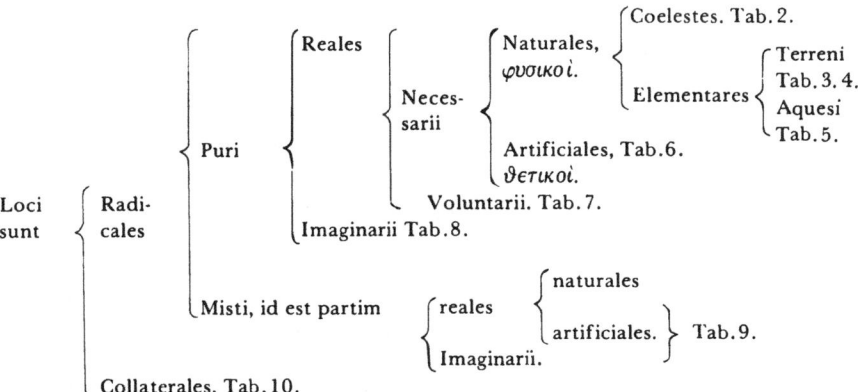

Wenn es ums Behalten gehen sollte, dann mußte eine solche Universaltopik die Möglichkeit liefern, die Erkenntnisse zu verorten, und wenn es ums Erinnern ging, konnte sie auf demselben Wege in umgekehrter Richtung reaktiviert werden.

Topik war damit das Hauptmodell der Mnemonik, aber dies Modell konnte — und damit wurde auch der letzte Punkt der Definition, „diu retinendum", erfüllt — mit medizinischen Mitteln physiologisch gestützt werden (Buch 6). Und es konnten zusätzliche Erinnerungshilfen angeboten werden; im Buch 7, dem letzten Buch der Mnemonik, behandelte Alsted Sentenzen und Sprüche, die zwar auch seit Erasmus zu den Loci communes gehörten, aber nicht eigentlich topisch waren.

Das System der Mnemonik des 22-jährigen Alsted erfüllte die ramistischen Kriterien eines Systems gewiß nicht. Zwar: Durch die Rückführung aller Argumentationsformen auf ihre Behaltbarkeit wurden die Argumente homogen. Aber sie waren weder überprüfbar vollständig, noch deduktiv nach einem durchgängigen Kriterium geordnet. Wollte Alsted erreichen, daß er die ramistischen Systemkriterien mit den aristotelischen Wissenschaftsansprüchen einer Wesenserkenntnis zusammenbrachte, so brauchte er mehr als die psychologische Reduktion der Argumente, er brauchte eine psychologisch durchgängige Ordnung, die ein durchgängiges Deduktionskriterium abgab und damit das Vollständigkeitspostulat erfüllte, eine Ordnung, die aber zugleich auch die Sacherkenntnis garantierte. Er mußte die transzendentalpsychologischen Bedingungen beschreiben, unter denen artistische Systeme und habituelle Substanzerkenntnis vermittelbar waren.

5. Philosophie, Enzyklopädie und Memoria

Es zeigte sich in den zwar bemerkenswert originellen, aber keineswegs nach einem durchgängigen Kriterium geordneten Argumenten des zweiten Teils des Systema Mnemonicum die Schwierigkeit, mit Gedächtnis überhaupt zu argumentieren. Das System der Gedächtniskunst konnte nicht ohne weiteres in ramistisch-deduktiven Begriffsfolgen beschrieben werden, sondern es hatte nur Inventionscharakter, weil Institutionenkunde und Philosophie, Pädagogik und Psychologie als Ordnungskriterien durcheinander gingen. Alsteds mnemonisches System stand in der Mitte zwischen Praecognita und Historia, es stand im Bereich wissenschaftlicher Erfahrungen. In dieser unübersichtlichen Mischung zeigte sich wohl die Doppelbödigkeit des Memoriebegriffs und zugleich die Zweideutigkeit der Barocksystematik, die bei Alsted am deutlichsten wurde: im lullistischen Modell war Memoria das psychologische Pendant zu einer inventorischen Ars universalis gewesen, die davon ausgehen mußte, daß sie mit einem vollständigen kategorialen Inventar die Bedingung der Möglichkeit einer sinnvollen Beschreibung von Gegenständen und Begriffsverhältnissen zeigen konnte; das war im gewissen Sinne eine transzendentale Voraussetzung. Im pädagogischen Kontext, in den die Memoria durch den Systembegriff und die ramistische Tradition hineinkam, geriet dieser transzendentale Begriff der Memoria zur Gedächtnishilfe, die für die Beschreibung von Begriffsverhältnissen kaum mehr als didaktische Kniffe anbot. Memoria konnte kein Ordnungsschema abgeben, da sie nur psychologisch fundierte, nicht begrifflich ordnete.

Daß Memoria ein eigenständiges Vermögen war, hatte Alsted vorausgesetzt, und er hatte der Memoria als Vermögen die Kunst der Mnemonik zugeordnet. Als Ars war sie in den Disziplinen integriert, in den Bereich der Gesamtwissenschaft, den Alsted als Philosophie beschrieb. Alsted setzte Keckermanns Bestimmung der Wissenschaften als Philosophie in der dreifachen, sich präzisierenden Bestimmung voraus: Die Philosophie gelte „Latissime pro omni doctrina et eruditione, quae ad intellectus et voluntatis, atque adeo totius hominis perfectionem pertinet“[173]. Im engeren Sinne entspreche Philosophie der „unteren“ Universitätsfakultät, die von den „oberen“ Fakultäten Theologie, Jurisprudenz und Medizin sich institutionell unterscheide[174]. Die dritte Bedeutung faßte Philosophie eng, sie ließ nur die Metaphysik und die praktische Philosophie als eigentliche Philosophie gelten. Schon von seinem lullistischen Konzept her war Alsted — im Gegensatz zu Keckermann — gezwungen, Philosophie im weitesten Sinne „latissime“ zu nehmen, er definierte sie als „omnis scibilis subtilem indagationem“ und setzte diese Definition der Enzyklopädie gleich: „Alias vocatur Encyclopaedia id est orbis disciplinarum.“[175]

Wenn Memoria die wesentliche Funktion hatte, die Alsted ihr in seinem Systema mnemonicum gab, mußte sie innerhalb dieses umfassenden Philosophiebegriffs eine besondere Stelle innehaben. Die Positionsbestimmung der Memoria innerhalb der Philosophie geschah formal mit Definition und Division. Zunächst teilte Alsted die Philosophie in archetypa, „habitus in mente“

---

[173] Systema Mnemonicum Ia, S. 7. Vgl. o. S. 96ff.
[174] Systema Mnemonicum Ia, S. 7.
[175] Ebd.

und ectypa, „Systema variorum comprehensio"[176], trennte damit philosophische Intention und pädagogische Lehre. Innerhalb der Philosophia ectypa, der Lehre, erkannte er Keckermanns Unterscheidung der direktiven (praktischen und instrumentalen) und objektiven (theoretischen) Disziplinen partiell an, beschrieb aber nur die direktiven Disziplinen als Artes und definierte die Mnemonik als Ars independens, die deshalb so heiße, weil sie das Fundament aller anderen sei: „Mnemonica igitur est ars fabricans instrumenta perficientia memoriam."[177] Sie wurde damit zur ersten, zur unabhängigsten aller Künste, von der alle anderen psychologisch abhängig waren, und das hieß, sie wurde der wesentliche artistisch-psychologische Bereich der Wissenschaft. Dadurch wurden die praktischen und die Wort-Wissenschaften insgesamt zur psychologischen Topik, weil Mnemonik nur topisch argumentieren konnte.

Unterhalb der Mnemonik behielt Alsted das Konzept einer Zuordnung von wissenschaftlichen Erkenntnisvermögen, von Methode und zugehörigem Objekt bei[178]. Dort, im Bereich der nicht-mnemonischen Wissenschaft galten, wie er 1612 in der enzyklopädischen Grundlegung der Philosophie, „Philosophia dignè restituta", beschrieb, die Kriterien des zweiten intellektuellen menschlichen Grundvermögens neben der Memoria, der Ratio. Daß dieses Vermögen sich in der Philosophie aktualisierte, wurde durch die umfassende Bedeutung, die sie bei Alsted hatte, klar: „Philosophia", zitierte Alsted Cicero, „est divinarum humanarumque rerum scientia, earumque causarum, quibus hae res continentur". Und er präzisierte: „Dicitur alias ἐγκυκλοπαιδεία, circulus disciplinarum"[179]. Mit dieser Doppeldefinition konnte Alsted die philosophische Grundlegung der Enzyklopädie durch die Philosophie neben der Memoria, ihr aber stets zugeordnet, beschreiben. Die Doppelbedeutung der Philosophie als Grundlage allen Wissens und als Kreis aller Disziplinen machte es möglich, durch Analyse der Begriffe ein Konzept von Erkenntnis und ein Konzept von Wissenschaften und Künsten zugleich zu bekommen.

Die Verbindung von Philosophie und Enzyklopädie implizierte seit der Antike die Lehrnotwendigkeit; Keckermann hatte dies mit der Institutionenbestimmung der Philosophie präzisiert. In seiner „Philosophia dignè restituta" baute Alsted schon 1612, zwei Jahre nach dem Systema Mnemonicum, die Begrifflichkeit aus, die er dort nur kurz und unzureichend in der Einleitung behandelt hatte[180]. Alsted verband die Doppeldefinition der Philosophie, i. e. ihre psychologisch-mnemonische Bestimmung und ihre enzyklopädische Fassung als „divinarum humanarumque rerum scientia" mit den Relationsbestimmungen absolut und respective und kam so zu einer Kreuzbestimmung. Er konnte absolut, d. h. losgelöst von psychologischen und pädagogischen Fra-

---

[176] Systema Mnemonicum Ia, S. 8.
[177] Ebd.
[178] Philosophia dignè restituta, S. 175: „In cognitione omnium primò occurrit objectum, barbarè Tò cognoscibile: quod est vel spirituale, vel corporeum." Vgl. u. Anm. 188.
[179] Philosophia dignè restituta, S. 4.
[180] Systema Mnemonicum Ia, S. 1–12.

gen sachorientiert über Philosophie als Grundlagenwissenschaft „Archaelogie"
und als Kreis der Disziplinen „Technologie" reden und konnte der „Archaelogie" die Vermögenslehre „Hexilogie" und der „Technologie" die „Canonik"
„respektiv" zuordnen. Die Homogeneität aller Argumente war trotz dieser
Gliederung durch die lullistische Begründung gesichert, daß absolute und
respektive Argumente aus dem lullistischen Alphabet stammten. Archaelogie
war dann die absolute Grundlage der Wissenschaft. „Archelogia est prima
praecognitorum philosophicorum pars de principiis, seu fundamentis omnium
disciplinarum."[181] Hexilogie war die psychologisch respektive Lehre von dieser Wissenschaft als menschlichem Vermögen (Habitus)[182], eine Lehre, die
zugleich die Differenz zwischen göttlicher und menschlicher Weisheit betrachtete. Technologie war die absolute, nicht lehrorientierte Wissenschaft von der
Enzyklopädie und der Eigentümlichkeit der Einzelwissenschaften[183] und
Canonik oder Methodik war die Lehre vom Studium und seinen Institutionen,
später sollte sie Didaktik heißen[184].

Diese Kreuzteilung ermöglichte einmal eine Argumentation frei von pädagogischen Kriterien, zum anderen eine präzise Bestimmung des pädagogischen Bereichs. Das war eine sachliche Klärung, die insgesamt sowohl Grundlage für die Entwicklung der Pädagogik bei Comenius wurde, und die auf der
anderen Seite das methodische Raster der „Weisheit" bot, das die Memoria
von sich aus nicht bieten konnte. Diese Einteilung modellierte insgesamt
auch die weitere Darstellung der Enzyklopädien bei Alsted; und in ihren
Voraussetzungen ist sie so klar nicht wieder dargestellt worden wie in Alsteds
Praecognita philosophiae, die zurecht Philosophia dignè restituta hießen.

In dieser frühen Grundlegung der Enzyklopädie wurden Philosophie und
Weisheit identisch gesetzt und als Teilhabe an der göttlichen Weisheit gedeutet: „Quia Deus est sapiens, etiam homo est sapiens; utpote conditus ad illius
imaginem."[185] Und auch wenn dieses Prinzip der menschlichen Teilhabe an
der göttlichen Weisheit mit Differenzprädikaten zwischen Gott und Mensch
versehen blieb, so bot die Partizipation am göttlichen Wissen doch überhaupt
die Bedingung der Möglichkeit dafür, daß man sinnvoll von der „philosophia" als „absoluta veluti purißima forma"[186] sprechen konnte. Und deshalb
ließ sich diese Philosophie auch nicht artistisch beschreiben, sondern nur auf-
zeigen und bestätigen: „Quapropter circumscribi non posse hujus philoso-

---

181 Philosophia dignè restituta, S. 13.
182 Philosophia dignè restituta, S. 251: „Hexilogia igitur est secunda praecognitorum
philosophicorum pars de habitibus intellectualibus: Graece non ineptè dixeris λόγον περὶ
τῶν ἕξεων."
183 Philosophia dignè restituta, S. 337: „Technologia igitur est tertium philosophiae
praecognitum, quod ejus naturam explicat commemoratione disciplinarum ipsarum."
184 Philosophia dignè restituta, S. 422: „Canonica igitur est quartum philosophiae
praecognitum, de ejus studio: eodem que sensu Methodica dicitur."
185 Philosophia dignè restituta, S. 6.
186 Philosophia dignè restituta, S. 7.

phiae modum, vel potius hominum hanc philosophiam participantium, recte affirmamus."[187]

In dies neuplatonische Teilhabekonzept, das die Archaelogie darstellte und das die graduelle[188] Angleichung[189] des Wissens an die göttliche Weisheit beschrieb, paßte die Vorstellung des lullistischen Alphabets hinein, dessen neuplatonische Wurzeln die göttlichen Prädikationen des Dionysius Areopagita waren[190]. Als methodische Grundlagenwissenschaft war sie das Pendant der Weisheit, denn die synthetisch-metaphysische Methode der Verbindung substantieller Prädikate ergab die Idee absoluten Wissens: Hier koinzidieren alle Methoden und alle Inventionen: „Archelogiam consideremus veluti alphabetum. Alphabetum hoc est vel commune omnibus disciplinis, vel proprium theoreticis, practicis, poëticis, et sic deinceps."[191]

Auf dieser Basis ließ sich dann mit Hilfe der „Hexilogie" die Kapazität des Menschen für diese absolute Philosophie beschreiben: Sie wurde als der „habitus intellectualis disciplinarum omnium"[192] bestimmt. Diese psychologische Vermögensordnung, die auch die Fähigkeit der memoria involvierte, machte es möglich, sich über den Sinn und die Zusammensetzung der Enzyklopädie klar zu werden. Zwar waren diese Disziplinen als Institutionen in ihrem Vollzug und von ihrer Formung durch seelische Vermögen (habitus) abhängig, aber sie ließen sich als Potenz durch die Teilhabe an der göttlichen Weisheit zugleich absolut beschreiben, entgingen damit der pädagogischen und psychologischen Relativierung durch die Mnemonik.

[187] Philosophia dignè restituta, S. 9.
[188] Philosophia dignè restituta, S. 175: Diagramma Scalae intellectus.

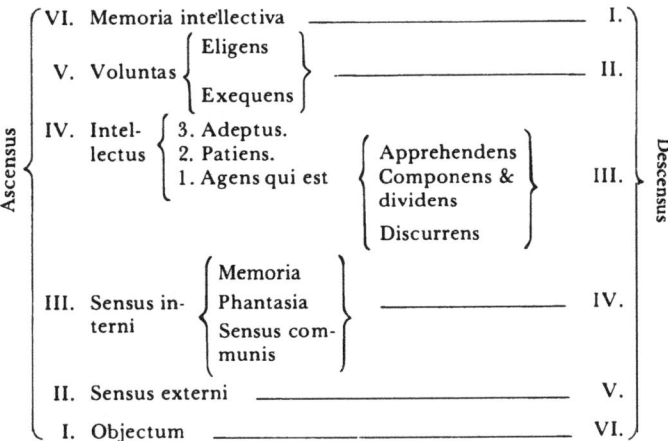

[189] Vgl. die Definition von Wissen im Systema Mnemonicum Ib, 101: „Omnis cognitio est assimilatio eius, quod cognoscitur." Vgl. o. Anm. 166.
[190] Frances A. Yates: Ramon Lull and John Scotus Erigena. In: Journal of the Warburg and Courtauld Institutes XXIII, 1960, S. 1–44.
[191] Alsted, Philosophia dignè restituta, S. 48.
[192] Alsted, Philosophia dignè restituta, S. 251.

Die Technologia[193], der dritte Teil der „Philosophia dignè restituta", behandelte den Kreis der Disziplinen nicht im pädagogischen oder lernpsychologischen Bezug, sondern „de numero, ordine, differentiis, et proprietatibus singularum disciplinarum"[194], in systematischer Absicht, „quamnam disciplina aliqua sedem obtineat in encyclopaedia seu circulo philosophico, quamque cum aliis convenientiam et differentiam ab iisdem obtineat."[195] Das ergab ein System der Wissenschaften, das Alsted in einem Schema[196] darstellte:

Διατύπωσις tabellaris ita habet:

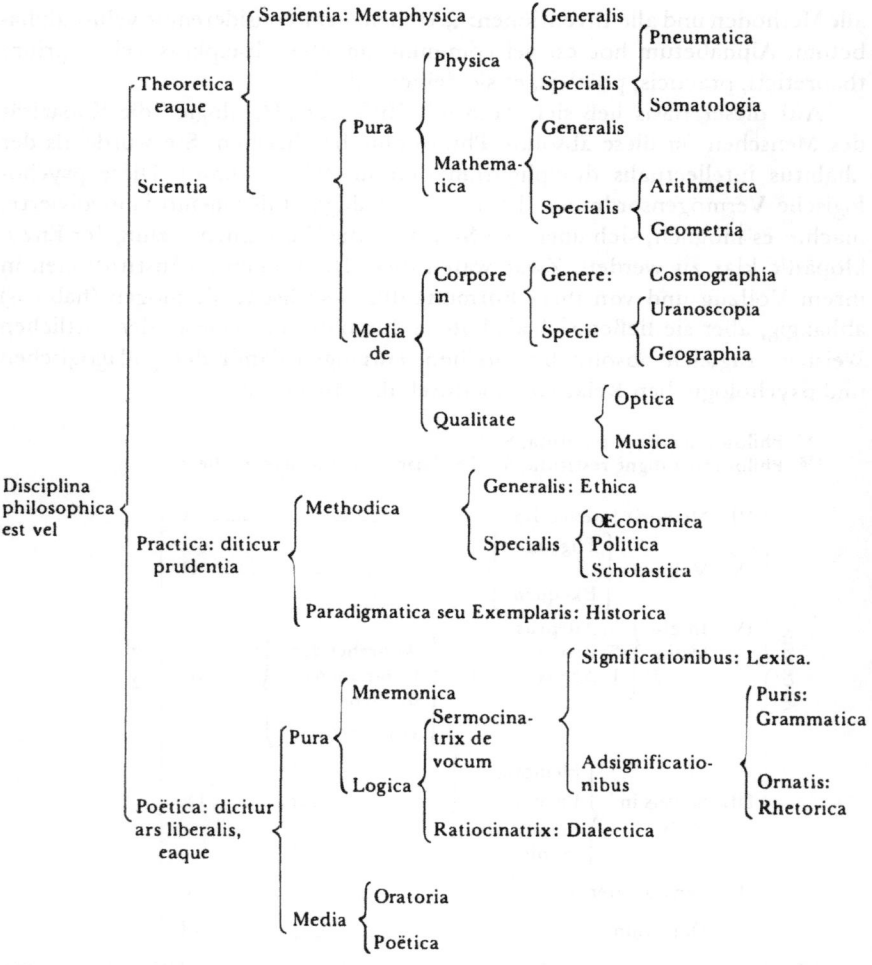

[193] Der Terminus „Technologie" stammt von Timpler (vgl. Philosophia dignè restituta, S. 337).
[194] Philosophia dignè restituta, S. 337.
[195] Ebd. S. 338.
[196] Ebd. S. 337.

So hatte Alsted dann 24 Wissenschaften[197]: 12 theoretische Wissenschaften: 1) Metaphysik, 2) Physik, 3) Pneumatik, 4) Somatologie, 5) Mathematik, 6) Arithmetik, 7) Geometrie, 8) Cosmographie, 9) Uranoscopie, 10) Geographie, 11) Optik und 12) Musik; 5 praktische Wissenschaften, Prudentiae: 1) Ethik, 2) Oekonomie, 3) Politik, 4) Scholastik und 5) Historik; und schließlich 7 Artes: 1) Mnemonik, 2) Lexik, 3) Grammatik, 4) Rhetorik, 5) Logik, 6) Oratorie und 7) Poetik[198]. An dieser sachlichen, einheitlichen Wissenschaftsgliederung der Technologia, die zunächst durch die lullistische Kunst grundgelegt worden war, hielt Alsted mit geringen Variationen Zeit seines Lebens fest, auch, nachdem er den ausgebauten Lullismus nicht mehr voll anerkannte.

Mit dieser Grundlegung der Universalphilosophie in der „Philosophia dignè restituta" auf einem lullistisch-neuplatonischen Fundament erweiterte sich der Kompetenzbereich der philosophischen Wissenschaften beträchtlich. Wenn die Archaelogie das gesamte mögliche Wissen des Menschen grundlegte, dann umfaßte das Wissen auch die nichtwissenschaftlichen Künste, und es mußte den Historienbereich sinnvoll integrieren. Der Kompetenzbereich der Wissenschaften lag seit 1612 bei Alsted kategorial fest, vollständig ausgefüllt wurde er erst mit der Enzyklopädie von 1630.

6. Die Philosophische Enzyklopädie von 1620

Die Grundlegung der Gesamtwissenschaft, die die „Philosophia dignè restituta" 1612 beschrieb und die Grundlegung der Enzyklopädie, die die Enzyklopädie von 1620 bot, wiesen einen beträchtlichen Unterschied auf: Es fehlte in der „Archaelogia" die Begründung der Sapientia als Teilhabe an der göttlichen Weisheit und es fehlte das daraus erwachsende lullistische Alphabet, das die universalwissenschaftliche Einheit begründet hatte. Ein philosophischer Grund könnte die Erkenntnis der kategorialen Unzulänglichkeit des lullistischen Alphabets gewesen sein, dessen Vollständigkeit wissenschaftlich nicht beweisbar war. Ein theologisches Argument, das das Mißtrauen in die Teilhabe

---

[197] Die Ars Mnemonica zählt etwas anders: Acht Künste: Mnemonik, Grammatik, Rhetorik, Oratorik, Poetik, Historik, Logik; zwei Weisheiten: Metaphysik und Theologia arcana seu supranaturalis; neun Wissenschaften (Scientiae): Physik, Geometrie, Arithmetik, Medizin, Physiognomik, Musik, Astrologie, Geographie, Optik; vier Klugheiten (Prudentiae): Ethik, Oekonomik, Politik, Jurisprudenz. Systema Mnemonicum Ia, 12.

[198] Zum Unterschied von Grammatik, Dialektik, Oratorik, Rhetorik und Poetik vgl. Philosophia dignè restituta, S. 376: „Ars pura est, vel memorialis, vel Logica. Ars memorialis dicitur Mnemonica. Logica est, vel sermocinatrix, vel ratiocinatrix. Sermocinatrix agit de vocum significationibus, vel adsignificationibus. De significationibus agit Lexica, quae tractat de fabrica & usu Lexicorum. De adsignificationibus puris tractat Grammatica, de ornatis Rhetorica. Ars ratiocinatrix est Dialectica. Ars media est, quae partim sermocinatrix, partim ratiocinatrix est; estque tum Oratoria, tum Poetica." Im Schema ist „Scholastica" ausgelassen, hier nach der Beschreibung (Philos. dignè restituta, S. 376) ergänzt.

der Erkenntnis begründete, dürfte mindestens dieselbe Bedeutung haben: Nachdem er Professor der Theologie geworden war, hatte Alsted 1618/19 an der Synode in Dordrecht teilgenommen und dort den gemäßigt orthodoxen Flügel unterstützt.

Wenn Alsted als Theologe die für die Philosophie entscheidenden Sätze über die Verderbnis nicht nur des Willens, sondern auch der Vernunft unterschrieb, Sätze, die dem menschlichen Intellekt die Erkenntnis des Guten absprachen, wenn er darüber hinaus die Gleichgültigkeit der Erkenntnis für das Heil als Kommentar zu diesen Themen darstellte[199], dann mußte das für die Philosophie und die Enzyklopädie Folgen haben.

Zwar war auch nach Alsteds Meinung „aliquod lumen naturale"[199a] geblieben, aber die intensive Teilhabe am Plane Gottes, die Sapientia im lullistischen Gewand, erschien Alsted wohl nach den in anthropologischer Hinsicht tiefpessimistischen Dordrechter Beschlüssen nicht mehr vertretbar. Und so fehlte in den großen Enzyklopädien von 1620 und 1630 die Hauptgrundlage des allgemeinen Wissens, die Alsted in die Enzyklopädie eingebracht hatte: Das lullistische Alphabet.

Die Grundlegung aus Archaelogie, Hexilogie, Technologie und Didaktik hingegen blieb, wie Alsted sie schon 1612 in der „Philosophia dignè restituta" beschrieben hatte, aber sie verschob sich in den verschiedenen Begründungszusammenhängen, und die Canonik wurde terminologisch durch Didaktik ersetzt. Es fehlten in der Enzyklopädie von 1620 die beiden Hauptkonstituentien, die die Grundlegung der Philosophie als Gesamtwissenschaft über Ramus und Zabarella hinaus trugen: Das Konzept der Weisheit, die am göttlichen Schöpfungsplan teilhatte, und die Darlegung des Wißbaren, die daraus vermittelst des Lullismus erwuchs. Mit der Beibehaltung der vierteiligen Grundlehre blieb zwar die absolute und die lernbezogene Behandlung der Philosophie möglich, aber die Begründung der Einheit des Wißbaren wurde

---

[199] Alsted unterschrieb auch das dritte und vierte Kapitel der Dordrechter Beschlüsse, in dem es unter IV heißt: „Residuum quidem est post lapsum in homine lumen aliquod naturae, cujus beneficio ille notitias quasdam de Deo, de rebus naturalibus, de discrimine honestorum & turpium retinet, & aliquod virtutis ac disciplinae externae studium ostendit: Sed tantum abest ut hoc naturae lumine ad salutarem Dei Cognitionem pervenire, & ad eum se convertere possit, ut nequidem eo in naturalibus ac civilibus recte utatur. Quinimo qualecunque id demum sit, id totum varijs modis contaminet, atque in injustitia detineat. Quod dum facit, coram Deo inexcusabilis redditur." Acta Synodi Nationalis Dordrechti, Dordrecht 1620, I, S. 263. Zurückgewiesen wird von der Synode u.a. die These, daß der Mensch nicht „omnibus ad bonum spirituale viribus destitutum" sei (I, S. 267, IV) und „Hominem corruptum & animalem gratia communi, quae ipsis est lumen naturae, sive donis post lapsum relictis, tam recte uti posse, ut bono isto usu majorem gratiam, puta Euangelicam, sive salutarem, & salutem ipsam gradatim obtinere poßit." (Ebd. V) Alsteds Unterschrift findet sich S. 297, und seine Delegation, die nur aus ihm und dem Hanauer Pastor Georg Fabricius bestand, kommentierte das Kapitel über die menschliche Verderbnis: „Ac tametsi in mente hominis reliquae sunt notitiae naturales, quas alij suffocant, alij recte collocant: rectus tamen illarum usus non movet Deum, ut quosdam homines prae aliis idoneos judicet, quos ulteriore gratia, v.g. praedicatione Euangelij donet." Ebd. Bd. II, S. 165.
[199a] Vgl. Anm. 199, Anfang.

sehr viel weniger fundamental, sie konnte nicht mehr mit dem lullistischen Alphabet, sondern „nur" metaphysisch begründet werden. Das Hauptargument war lediglich der Vorzug der idealen Einheit der Philosophie vor der realen Vielfalt des Wissens: „Id autem quod est naturâ et in ideâ, praestantius est eo, quod concretum est: quia nihil habet commixtum, dispar sui atque dissimile."[200] Dieses Kriterium allein sollte genügen, die Dignität der gesamten Philosophie absolut zu begründen. „Nobis autem propositum est agere de philosophiâ illâ, quae dicitur absoluta, et est talis simpliciter, in gradu excellenti: non autem de ea quae dicitur limitata et modificata."[201] Worin die Einheit dieser Philosophie bestehe, die nur die Keckermannsche Definition der Philosophie mit metaphysischen Termini reproduziert, bleibt ungewiß. Und mit dem Sturz der Philosophie als Universalwissenschaft im lullistischen Sinn konnte auch die allgemeinste Definition von der Philosophie nicht mehr tragen. Wenn Erkenntnis durch theologische Argumente nicht gestützt, sondern beschränkt wurde, dann konnte Philosophie nicht alles Wißbare behandeln. Alsted definierte deshalb: „Philosophia est comprehensio disciplinarum liberalium inferiorum: et aliâs dicitur encyclopaedia. Dicuntur autem disciplinae inferiores ad differentiam superiorum, uti sunt theologia, jurisprudentia et medicina."[202]

Diese institutionelle Beschränkung der Philosophie war für Alsted neu: Im Systema Mnemonicum (1610) gehörte die Theologia arcana zu den Sapientiae, die Medizin zu den Scientiae und die Juristerei zu den Prudentiae[203]; die „Philosophia dignè restituta" beschränkte sich 1612 schon auf den Kompetenzbereich der philosophischen Fakultät, erhob freilich den Anspruch, alle Disziplinen zu begründen. Dieser Anspruch war mit der Enzyklopädie von 1620 gefallen. Sie hatte als Kompetenzbereich nur die philosophische Fakultät, selbst wenn diese in noch so viele Einzelwissenschaften zerfiel. Und sie begründete die Philosophie nicht mehr, sondern ordnete sie nur noch.

Hinter den philosophischen Reflexionsstand der frühen Entwürfe ging Alsted vermutlich aus theologischen Erwägungen zurück: Die grundlegende, vereinheitlichende, fast schon transzendental-philosophische Rolle von Lullismus und Memoria ließ sich auf Grund theologischer Vorbehalte nicht mehr beschreiben. Da aber noch das Gehäuse der philosophischen und pädagogischen Grundlegung der Wissenschaften vorhanden war, da Archäologie noch absolute Philosophie, Hexilogie noch die Habitus mentis, Technologie noch die sachliche Wissenschaftseinteilung und Didaktik deren Vermittlung darstellte, blieben für Alsted noch die Ersatzmöglichkeiten, die sachlich nicht

---

[200] Alsted, Encyclopaedia 1620, Bd. 1, Col 4.
[201] Ebd.: „Nobis autem propositum est agere de philosophiâ illâ, quae dicitur absoluta, & est talis simpliciter, in gradu excellenti: non autem de eâ, quae dicitur limitata & modificata, estque talis secundum quid, in gradu temperamenti seu mixturae."
[202] Encyclopaedia 1620, I, Archaelogia, Col 1.
[203] Vgl. S. 122, Anm. 197.

mehr begründbare Identität der Philosophie psychologisch in der Hexilogie zu fundieren. „Habitus intellectuales sunt, qui disponunt intellectum ad percipienda intelligibilia: et eodem sensu dicuntur habitus mentis"[204], definierte Alsted: Damit kehrte er das Verhältnis von Erfahrung und Psychologie, von Empirie und Habitus um. Nicht mehr bestimmte die Empirie den Habitus, sondern der Habitus war durch theologische Erwägungen begrenzt, und die Grenzen der habituellen Psychologie bestimmten die Grenzen des Erkennbaren. Alsted ließ sich bei der Definition der Hexilogie nicht auf die Verschiedenheit der Disziplinen ein, sondern supponierte dem Habitus intellectualis „percipienda intelligibilia", damit auch den Intellectus als den betroffenen Habitus mentis beschreibend. Aber damit war die mögliche Wissenschaftsbasis auch schon erschöpft. Gleich nach der Definition des Habitus mentis mußte Alsted nach drei Typen trennen: Nach theoretischen, praktischen und poetischen Wissenschaften.

Es blieb in der Enzyklopädie von 1620 bei der theoretischen Scientia, bei den praktischen und poetischen Wissenschaften und den zugehörigen Habitus: Contemplativus, activus, factivus. Im contemplativen Bereich konnte Alsted noch die psychischen Habitus Intelligentia, Scientia und Sapientia unterscheiden. Intelligentia konnte dann im Bereich theoretischen Wissens wieder eine psychologische Klammer bilden: „Intelligentia est habitus contemplativus, quo homo inclinatur ad firmiter & evidenter assentiendum primis principiis theoreticis: aliâs dicitur intellectus, Graece νοῦς: item notitia principiorum scientiae & demonstrationis."[205] Die allgemeine Wissenschaftslehre war damit aus dem Bereich der instrumentalen Wissenschaften, den sie bei Zabarella ausfüllte, hinausgenommen. Durch eine Vervielfältigung der Vermögensbegriffe (habitus) wurde es möglich, sie in den theoretischen Teil der Wissenschaft hineinzuziehen. Das war vermutlich ein wichtiges Moment für die Veränderung des Theoriebegriffs.

In der Hexilogie wurde am Leitfaden der Vermögen argumentiert, und die Folgerichtigkeit der Vermögen ersetzte in der Enzyklopädie von 1620 den Verlust der absoluten Einheit der Wissenschaft. Und auch wenn der größte Teil der Vermögenslehre aus der Philosophia dignè restituta übernommen war, der Verlust des lullistischen Fundaments wies der Hexilogie eine ganz neue, fundamentale Aufgabe zu. Dieser psychologische Leitfaden der Wissenschaftenbeschreibung, der den Anspruch, alles Wißbare zu finden, auf die begrenzten Inventionsvermögen des Geistes reduzierte, konnte zunächst von der sachlichen Identität der Philosophie ausgehen, die Alsted in seiner Jugend lullistisch beschrieben hatte, eine sachliche Identität, die jetzt nur noch geborgt war. Diese Identität wurde vorausgesetzt und als Ganzes zunächst als psychologisch bestimmtes Verhältnis von Vermögen und Wissen

---

[204] Encyclopaedia 1620, Hexilogia, Col 59.
[205] Encyclopaedia 1620, Col 59. Zur Problematik der Begriffe intellectus und νοῦς vgl. Ludger Oeing-Hanoff: Artikel „Intellectus agens/intellectus possibilis in: H.W.P. IV, Sp. 432ff.

beschrieben. Aber damit richtete sich, und das war ja auch die Quintessenz
der Wissensbeschränkung der Dordrechter Synode, das Wissen nach dem ein-
geschränkten Vermögen, das Vermögen wuchs nicht mehr mit dem Wissen.
Es war deshalb nur konsequent, wenn Alsted die Einheit seiner Philosophie
als abhängig von verschiedenen Vermögen, habitus, beschrieb, und wenn er
diesen vielfältigen Vermögen die erborgte Identität und innere Kontinuität
des wissenschaftlichen Feldes zuordnete.

Seine psychologische Fundierung der Wissenschaften ging nach der Stra-
tegie Homogenisierung durch Atomisierung vor: So trug die Intelligentia
die Grundwissenschaft, die Scientia war die Wissenschaft von der sicheren
Erkenntnis zufälliger Dinge, die Sapientia vereinigte beide vorherigen Vermögen und kam zu notwendigen Erkenntnissen: Theoretischer Teil[206].

Auch im praktischen Teil wurden die Vermögen aufgeteilt: „Synteresis“,
„Achtung“ war die Einsichtsfähigkeit in die Prinzipien praktischer Philosophie[207], Prudentia die Einsicht in deren Durchführungsmöglichkeiten[208]. Und
der Habitus poeticus zerfiel in Intellectus organicus und ars. Der Intellectus
organicus sollte „ad assentiendum principiis poeticis“[209] bewegen, zur Einsicht also in alle „poetischen“ Künste zwischen Logik und Mechanik.

Mit der konsequenten Fundierung der Wissenschaft in einer Reihe von
Vermögen wurde zugleich ein neues Gebiet sichtbar, das später im Cartesianismus und auch bei Gerhard Johannes Vossius einen größeren Wissenschaftsbereich okkupieren sollte, die „Artes illiberales“, die den alten Begriff der
Physik im Anschluß besonders an Galilei und Descartes umwälzen sollten.

Durch die neue, vermögenspsychologische Fundierung aller Wissenschaften veränderte sich zwar die Wissenschafteneinteilung nicht, aber es verschob
sich die Funktion von wichtigen Schlüsselbegriffen und -vermögen: So wandelte sich die Funktion der „Technologie“ im enzyklopädischen Konzept, so
verschob sich die Rolle der *Historie* und so verlor die Memoria ihre Bedeutung
als Vermögen.

Die Technologie selbst konnte auf Grund des auf Philosophie eingeschränk-
ten Kompetenzbereichs der Enzyklopädie nicht einmal mehr die natürliche
Theologie enthalten; das war eine Einschränkung, die den entscheidenden
Funktionsverlust der Technologie insgesamt indizierte: Wenn das Wissen von
den psychologischen Wissensmöglichkeiten abhängig war, dann strukturierte
die Technologie nicht mehr absolut die Sachen selbst, sondern nur noch die
psychologisch gerechtfertigten Schemata ihrer Ordnung.

Der Sinn der Erfahrung war durch die psychologische Umpolung allen
Wissens fraglich geworden. Der Begriff der Historie, der in eigentümlich viel-

---

[206] Ebd. Hexilogie, Coll. 59—60.
[207] Encyclopaedia 1620, Col 67: „Synteresis est habitus practicus, quo quis redditur
propensus ad assentiendum primis principiis practicis: qualia sunt, Quod tibi non vis fieri,
alteri ne feceris: Deus est diligendus supra omnia.“
[208] Encyclopaedia 1620, Col 70.
[209] Encyclopaedia 1620, Col 71.

deutiger Art Geschichte und Erfahrung verschränkte, mußte deshalb auf den Vergangenheitsbereich reduziert werden; Geschichte war nicht mehr insgesamt wissenschaftskonstitutiv, sondern nur noch von Bedeutung im Bezug auf praktische Philosophie. Alsted definierte Historik deshalb als „prudentia de bono practico obtinendo ex historiâ, quae est rerum gestarum narratio."[209a] Und weil die Wissenschaft nicht mehr am Objekt gegliedert wurde, sondern nur noch an der transzendental-psychologischen Objektbewältigung, trat die Schwierigkeit nicht mehr auf, die Keckermann mit der Historie hatte, als er sie als „cognitio singularum" beschrieb, ohne der Cognitio wissenschaftlichen Status geben zu können. Bei Alsted wurde nicht die Erkenntnis des Einzelnen, sondern nur der Nutzen für die praktische Prudentia im Hinblick auf „dignitas, suavitas et utilitas communes" befragt[210]. Der Geschichtsbegriff deckte also nicht die Erfahrung und die Erkenntnis einfacher Dinge, die auf dem Fundament des lullistischen Alphabets als kombinatorische Realienerkenntnis möglich gewesen wäre. So hat die Historie in der Enzyklopädie von 1620 keine signifikante Funktion. Die Hexilogie, die sie eigentlich hatte beschreiben müssen, weil Erfahrung als Habitus psychologisch beschreibbar gewesen wäre, behandelte die Historia nicht[211]. Die Geschichte hatte ihre ramistische Bedeutung als allgemeine Erfahrungsgrundlage eingebüßt.

Mit dem neuen, restriktiven theologisch-psychologischen Parameter verschwand zugleich mit dem lullistischen Alphabet auch die Sonderrolle der Mnemonik. 1610 hatte Alsted die Mnemonik als besonderes Vermögen beschrieben: „Sunt igitur XXIII. disciplinae totius Encyclopaediae, inter quas primatum obtinet Mnemonica"[211a]. Diese Schlüsselfunktion verlor die Mnemonik an die Metaphysik. Auch wenn im tabellarischen Conspectus ihre Sonderstellung innerhalb der poetischen, der Wortwissenschaften geblieben war, eine Stellung, die sie auf Grund ihres topischen Charakters innehatte, so hatten doch die Wortwissenschaften insgesamt mit der metaphysisch-habituellen Begründung aller Wissenschaften ihre instrumentale Schlüsselstellung verloren. Seit die Metaphysik als höchster Habitus der Vernunft allein gewertet wurde, verkam die Mnemonik als topische Artistik von der ersten aller Disziplinen zur letzten Kunst. Die Enzyklopädie von 1620, die mehr als 4000 Seiten umfaßt, hatte für die alte Schlüsselwissenschaft nur noch 15 Spalten übrig.

So wies die Wissenschaftengruppierung Alsteds, auch wenn sie äußerlich noch so ähnlich erschien, zwischen der Philosophia dignè restituta von 1612 und der philosophischen Enzyklopädie von 1620 entscheidende Differenzen

---

[209a] Encyclopaedia 1620, Sp. 1799.
[210] Ebd.
[211] In der Philosophia dignè restituta (1612), S. 146, hatte die Historie diese erfahrungskonstitutive Kompetenz noch gehabt: „Observatio est quaedam sensualis notitiae collectio, quam philosophus ἱστορίαν vocat κατ᾽ ἐξοχὴν, 2. post c.ult. Nam non satis est nos videre & audire, nisi observemus, quae semel atque iterum vidimus, audivimus, aut aliis sensibus hausimus."
[211a] Systema Mnemonicum Ia, S. 12.

auf, Differenzen, die in der verlorenen „absoluten" Begründung der Wissenschaften ihre Ursache hatten. Äußerlich blieb es fast bei der alten Wissen-
schaftsaufteilung[212]. Aber die neue philosophisch-enzyklopädische Gliederung reduzierte den lullistischen Universalismus des jungen Alsted auf eine
calvinistisch eingeschränkte Transzendentalpsychologie.

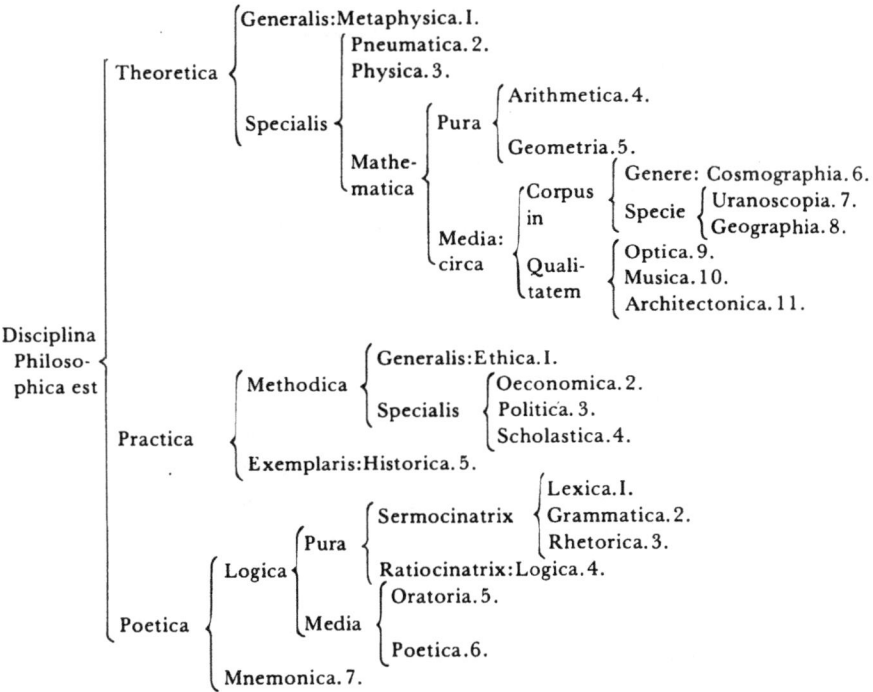

7. Die Enzyklopädie von 1630

Ob die weitere Beschäftigung mit Theologie, ob die Not in Herborn im
dreißigjährigen Krieg oder ob der Wechsel nach Weißenburg (1628/29) Alsted
dazu veranlaßt haben, seine Enzyklopädie noch einmal umzudisponieren,
dürfte nur schwer zu ermitteln sein. Jedenfalls war ein Ereignis wie die
Synode von Dordrecht, die zwischen der ersten, lullistischen Enzyklopädie
und der zweiten, restriktiv-philosophischen Enzyklopädie lag, nicht ohne
weiteres erkennbar. Nach der relativ kurzen Zwischenform eines Compendium
philosophicum, das die Enzyklopädie von 1620 zusammenfaßte und durch

---

[212] Encyclopaedia 1620, Sp. 81/82. Vgl. Schema S. 124.

ein Lexicon Philosophicum ergänzte[213], war in der großen Enzyklopädie von 1630[214] die enge Definition der Philosophie, die 1620 durch den Gegensatz zur Theologie charakterisiert gewesen war, wieder aufgehoben. Die Enzyklopädie, die 1620 als „Philosophia" und „Comprehensio disciplinarum liberalium inferiorum, alias dicitur Encyclopaedia" dargestellt worden war, war 10 Jahre später von dem institutionengebundenen Philosophiebegriff abgekommen: „Encyclopaedia", definierte Alsted, „est methodica comprehensio rerum omnium in hâc vitâ homini discendarum."[215] Diese Definition war mit großem Bedacht gewählt: *„methodica"* band die Enzyklopädie an eine Form, die mit System arbeitete, mit Praecognita, mit Praecepta, mit Canones und Commentaria, die lehrgebunden waren. Zum anderen waren die inhaltlichen Ansprüche der Methode, die seit Ramus umfassend, kontinuierlich und deduktiv zu sein hatten, unvergessen, und Alsted richtete seine Logik in der Enzyklopädie von 1630 eben auch ramistisch ein[216]. Die speziellere Definition von Enzyklopädie, die als erste Regel die allgemeine Definition erläuterte, bezog sich denn auch exakt auf den methodischen Teil der Enzyklopädie und betonte den didaktischen und den sachlichen Aspekt: „Encyclopaedia est systema omnium systematum, quibus res, homine dignae, methodo certâ explicantur."[217]

Das zweite Konstituens der Enzyklopädiedefinition *„comprehensio rerum omnium"* betraf die auf den ersten Blick entscheidende Erweiterung. Enzyklopädie bekam wieder einen universalen Kompetenzbereich. Zugleich wurde Enzyklopädie terminologisch vom Begriff Philosophie und von der Bindung an die philosophische Fakultät abgekoppelt. Der Begriff Enzyklopädie übernahm die Funktion des ganz weiten, wissenschaftskonstitutiven Philosophiebegriffs. Alsted erläuterte diesen Teil seiner Definition: „Itaque non immerito appellaveris Pandectas, & Universitatem disciplinarum."[218] Auch diese Erläuterung hatte beträchtliche Implikationen; denn sie besagte, daß alles „in hac vita homini discenda" mit Disziplinen, also wissenschaftlich erfaßbar sein mußte. Das wiederum hatte Konsequenzen für den Wissenschaftenkanon. Einmal mußten die „oberen" Fakultäten in der Enzyklopädie vorkommen — und Alsted nahm im 5. Teil seiner Enzyklopädie die Theologie, die Jurisprudenz und die Medizin auf — zum anderen mußten jetzt

---

[213] Alsted, Compendium Philosophicum, Herborn: Corvinus & Muderspach 1626, S. 1–1776: Compendium. S. 1777–2494: Compendium Lexici Philosophici. Eâ methodo conformatum, ut unâ & eâdem operâ termini liberalium artium, ipsaeque res, quantum ad locorum communium summa capita, facilè possint memoriâ comprehendi, Herborn: Corvinus & Muderspach 1626.

[214] Die Enzyklopädie erschien 1630 in Herborn, 1640 in Leiden, 1649 in Lyon und 1663 in Stuttgart. Zit. die Ausgabe Herborn 1630.

[215] Encyclopaedia 1630, I, S. 49. Das vorige Zitat Encyclopaedia 1620, Col 1.

[216] Encyclopaedia 1630, Bd. I, S. 406: Logica, Sectio 1, de instrumentis inventionis, S. 429, Sectio 2, de instrumentis dispositionis. Die Axiome κατὰ παντὸς und καθόλου erscheinen S. 433.

[217] Encyclopaedia 1630, I, S. 49.

[218] Ebd.

auch die „unfreien" Künste wissenschaftsgeeignet werden. Alsted hatte schon
1610 und 1620[219] die Einordnung der Artes mechanicae in den Bereich der
Philosophie gefordert, aber diese Forderung nicht eingelöst. In der großen
Enzyklopädie von 1630 erschienen die mechanischen Künste als geschlossene
und umfassende Gruppe im Band VI. Und da alles Wißbare prinzipiell als
wissenschaftsgeeignet galt, mußten auch die Quodlibetica eine eigene Gruppe
bilden, eine Scheune von Disziplinen, die den Band VII der Enzyklopädie
ausmachten: Nichts konnte sich dem wissenschaftlichen Zugriff mehr entziehen.

Die Begründung des universalen Kompetenzanspruchs der Enzyklopädie
war nur mehr mittelbar lullistisch. Wohl darauf und auf die veränderte Rolle
der Theologie im enzyklopädischen Konzept ließ sich der einzig einschrän-
kende Teil der Enzyklopädiedefinition Alsteds von 1630 beziehen: „In hâc
vitâ". Der Lullismus war — vielleicht theologisch naiv — davon ausgegangen,
daß man vermittelst seines kategorialen Alphabets die Kontinuität transzen-
denten und weltimmanenten Wissens beschreiben könne, jedenfalls war die
weltliche Einschränkung des Wissens kein Thema gewesen. Auch wenn Alsted
1630 die Frontstellung zwischen Theologie und Philosophie aufgegeben hatte,
zu einer weitreichenden lullistischen Teilhabevorstellung am göttlichen
Schöpfungsplan, wie er das in seiner Jugend getan hatte, konnte er sich nicht
entschließen. Zudem mochten wohl auch die Schwierigkeiten eines beschreibbaren Erfolges der lullistischen Lexikalik, die er angestrebt hatte, deutlich
geworden sein. Denn die Lexika, die die Enzyklopädie von 1630 als ersten
Teil des Bandes II *Philologie* enthielt, waren keine *Universallexika*, sondern
fachterminologische Lexika, und sie standen in ihrem sachlichen Anspruch
noch hinter dem Lexicon Philosophicum von 1626 zurück. Aber den Optimismus, daß die Einheit aller Wissenschaften nicht die Kapazität der Erkenntnis übersteige, formulierte Alsted vorsichtig in seiner Didaktik: Dort nannte
er Gott das vornehmste Lernprinzip und Objekt. Derlei war im Konzept einer
mit der Theologie verbundenen Philosophie nicht ungewöhnlich. Aber die
Beschreibung ging ein wenig darüber hinaus, als Alsted Cicero zitierte: „Nemo
vir magnus sine aliquo afflatu divino umquam fuit", und dann fragte: „Quid
ego ethnicorum testimonia adduco?"[220]

Die Einheit der Wissenschaften war bei Alsted formal stets in „Praecognita" beschrieben worden und seit der „Philosophia dignè restituta" von 1612
wurde diese Einheit methodisch als Archaelogie, Hexilogie, Technologie und
Canonik/Didaktik gefaßt. Diese Reihenfolge, die nach den Kreuzkriterien
philosophische Grundlagenwissenschaft und Enzyklopädie sowie absolut und
relativ gefunden worden war, war in der Enzyklopädie von 1630 verändert.
Diese Verschiebung hing mit der neuen Auffassung von Enzyklopädie zusammen und indizierte, daß zwar die psychologische Begründung der Wissenschaften von 1620 berücksichtigt wurde, daß aber Bedeutung und Funktion

219 Vgl. o. Anm. 197 u. 212.
220 Encyclopaedia 1630, S. 91.

der psychologischen Leitkategorien in den Praecognita, den Grundlagen-
wissenschaften, sich gewandelt hatte: Die neue Reihenfolge hieß Hexilogie,
Technologie, Archaelogie und Didaktik.

Der entscheidende und tragende Unterschied zwischen der philosophischen Enzyklopädie von 1620 und der Enzyklopädie von 1630 bestand darin,
daß 1620 die Psychologie, nur durch eine schwache Metaphysik ohne methodische Erkenntnisgarantie gestützt, die Gesamtwissenschaft zu tragen hatte;
daß 1630 dagegen dieser Erkenntnispessimismus weitgehend verschwunden
war. Jetzt trug die Theologie die psychologische Basis der Wissenschaften.
Dieser Ansatz vereinigte zweierlei: Zwar war die umfassende Sach- und Prädi-
katenenzyklopädie des Lullismus, vor allem das universale Inventionskonzept
seiner Lexikologie nicht mehr durchhaltbar; aber die göttliche Garantie, daß
man mit teilhabender – ungeschaffener – Erkenntnis zur Einsicht in das
Konzept der Schöpfung fähig sei, wurde übernommen und mit dem restriktiven Ansatz der Enzyklopädie von 1620 verbunden.

Diese Verbindung war eine Form von Lullismus, der auf seinen mystischen
Kern reduziert war. Die neue, halb platonische, halb christliche, mystische
Einheit von Teilhabeerkenntnis und Psychologie wurde im 17. Jahrhundert
auf mancherlei Weise tragend. Sie bildete das Modell theosophisch-pansophi-
scher Enzyklopädien, wie sie Comenius, Cudworth und Poiret konzipierten.
Alsted versuchte diese Wendung zur Theologie so: Er benutzte den Begriff
eines Habitus intellectualis, den psychologischen Zentralbegriff der aristotelischen Erkenntnislehre und beschrieb ihn als Gegenstand der Hexilogie.
„Hexilogia est primum è quatuor praecognitis disciplinarum, de habitibus
intellectualibus."[221] Habitus intellectualis wurde zur „Disciplina interna",
„hominem perficiens, doctumque & aptum reddens ad artificiosè contem-
plandum, vel operandum."[222] Diesem Ziel entsprachen die Fundamente des
Wissens: „Fundamenta ista sunt ordinariè lumen naturae & gratiae."[223] Zum
Lumen naturae rechnete Alsted „intelligentia, synteresis et conscientia", auf
der Seite der Gnade lag der Glaube als psychologisches Pendant. Das war
schon beträchtlich mehr, als der restriktive Ansatz von 1620 hätte vertreten
können. Aber die theologische Argumentationsunterstützung verstärkte sich
noch: Denn die Trennung von Habitus innatus und Habitus aquisitus ermöglichte Alsted, schöpfungstheologische Vorstellungen, die schon die teilhabende Erkenntnis des Lullismus erklärten, über eine theologische Bestimmung
des Intellectus einzubringen: „Habitus innati dicuntur, qui materialiter et
formaliter sunt nobis implantati à Deo." Diese habitus entsprachen vor dem
Sündenfall Adams einem vollständigen Bild Gottes[224], einem Bild, das sche-

---

221 Encyclpaedia 1630, Bd. I, S. 49.
222 Ebd. S. 50.
223 Ebd. S. 50.
224 Ebd. S. 51: „Talis ante lapsum in Adamo erat imago DEI integra; & post lapsum
est imago DEI reliqua in nobis: quò pertinent intelligentia, synteresis, & conscientia."

menhaft den Sündenfall überstanden hatte und in Intelligentia, Synteresis und Conscientia bestand.

Diese Habitus galten als formale, angeborene Vermögen, denen vermittelnd die „Intelligentia" und material die zugehörigen Wissenschaftsformen entsprachen, nur die „übernatürlichen Habitus", also die Offenbarungsinhalte und deren Aufnahmemöglichkeiten galten nicht als angeboren, sondern als „adventitii". „Necesse igitur est, ut et ipsi habitus intellectuales naturales, omnes & singuli, nobis sint ingeniti; et́ quidem vel materialiter & formaliter, ut intelligentia & c; vel materialiter tantum, ut scientia, ars & c."[225] Die material innewohnenden Fähigkeiten zur Wissenschaft und Kunst konnten psychologisch nur als passive Aufnahmepotenzen vorhanden sein, als Potentiae inchohationis et perfectionis[226], die intuitiv, durch unmittelbare Wahrnehmung gefüllt werden mußten. Sie hatten auch nicht denselben Teilhabestatus am Göttlichen wie Intelligentia, Synteresis und Conscientia: Kunst und Wissenschaft waren Aneignungsmöglichkeiten, waren psychisch passive Potenzen.

Mit dieser Argumentation war der aktuale Vollzug der Vermögen Intelligentia, Synteresis und Conscientia, zugleich die inhaltliche Füllung der formalen, passiven wissenschaftlichen Potenzen mit theologischer Psychologie abgesichert. Psychologie bekam in der Enzyklopädie von 1630 eine ganz andere Funktion und Fähigkeit als 10 Jahre vorher: Sie garantierte jetzt durch eine vermögenspsychologisch beschriebene teilhabende Erkenntnis, durch das geschaffene und trotz Erbsünde gebliebene Lumen naturae den Zusammenhang der Wissenschaften. Die Regeln der Enzyklopädie von 1630 waren philosophische Regeln von theologischen Gnaden, waren Theosophie.

Eine solche Verknüpfung wäre 1620, zwei Jahre nach der Synode von Dordrecht, nicht möglich gewesen. Dort war die Vernunft für unfähig gehalten worden, das zivile und wissenschaftliche Leben sinnvoll zu ordnen, und Alsted hatte diese Beschlüsse unterschrieben[227]. 10 Jahre später war diese Konfrontation von Theologie und Philosophie in eine gegenseitige Stützung von Philosophie und Theologie verändert worden: Die Regeln der Enzyklopädie von 1630 über das Licht der Natur waren theosophische Regeln: ‚Lumen naturae est habitus in prima creatione implantatus homini, ut illius beneficio intelligat quid sit verum et bonum."[228] Da sich das Lumen naturae in Intelligentia für den theoretischen Teil, in Synteresis und Naturgesetz für den praktischen Teil und in Intelligentia organica für den poetischen Teil aufgliederte, gehörte zum theoretischen und praktischen Wissenschaftsbereich ein theologisch garantierter Aspekt des Lumen naturale; für den poetischen, rein menschlich-artistischen Teil war das überflüssig. Alsted definierte: „Intel-

---

[225] Ebd.

[226] Ebd.

[227] Siehe o. S. 125f. und Anm. 199.

[228] Encyclopaedia 1630, S. 53: Dieser Satz widerspricht diametral den Dordrechter Beschlüssen, vor allem dem Kapitel über das Lumen naturale, das dort als heilsunfähig deklassiert ist. Siehe o. Anm. 199.

ligentia est habitus principiorum theoreticorum, inclinans intellectum ad
bene operandum circa illa."[229] „Synteresis conservat in intellectu summa dis-
crimina boni & mali, seu honesti & turpis: unde & nomen habet."[230] Sie war
eine Erkenntnisfähigkeit des absolut Guten und Bösen, so etwas wie eine
reine praktische Vernunft[231]. „Conscientia" schließlich definierte Alsted als
„habitus in intellectu practico, accomodans proprium factum ad regulam"[232], also als angewandte praktische Vernunft.

Diese vollständig angeborenen Vermögen galten als Grundlage jeden zutreffenden Wissens, und sie trugen die angenommenen Vermögen der Wissenschaft: Sapientia und Scientia für die Theorie, Prudentia als Habitus practicus, schließlich Ars und Eloquentia für den Habitus poeticus.

Diese Vermögensliste, die zunächst nur den klassischen Wissenschaftsbereich abdeckte, war 1630 um das „lumen propheticum" und das „donum
miraculorum atque linguarum" erweitert[233]. Diese Erweiterungen indizierten
die neue, subsidiäre Rolle der Theologie: Die Teilhabe an der göttlichen
Weisheit ging über die überkommene Fakultätenwissenschaft hinaus und
schloß unakademisches Wissen als Wissenschaft ein. Das ist Alsteds Wissenschaft: Mystische Theologie und methodische Philosophie ineins.

Die theologische Rechtfertigung der Vermögenspsychologie, der Hexilogia
Alsteds, bewirkte eine Umgruppierung der wissenschaftlichen Leitbegriffe,
die Alsted 1612 in der „Philosophia dignè restituta" entwickelt hatte. 1612
war Archaelogie die Grundlagenwissenschaft, sachliche Voraussetzung der
Hexilogie, der Lehre vom Habitus gewesen; die sachliche Technologie hatte
die pädagogische Canonik/Didaktik grundgelegt. 1630 mußte sich das auf
Grund der transzendentalpsychologischen Grundlegung der Wissenschaften
verschieben. Hexilogie und Technologie, Archaelogie und Didaktik wurden
einander zugeordnet. Hexilogie ist Grundwissenschaft; wenn der psychologische Rahmen — wie weit auch immer gefaßt — transzendental festliegt, dann
legt die Hexilogie für die Wissenschaft auch die Ordnungskriterien fest. Das
war zwar seit Timpler die Aufgabe der Technologie, durch die theologische
Aufwertung der Hexilogie wurde die Technologie allerdings fast funktionslos.
Die theologisch garantierte, transzendentalpsychologische Einheit der *Intelligentia* machte die Technologie, die für Timpler noch einheitsstiftend war, in
ihrer Bedeutung sekundär: Es bezeichnete ihren Funktionsverlust, daß Alsted
von der Technologia feststellte: „Dicitur eodem sensu Technographia"[234].
Denn sie beschrieb nur mögliche Teile eines wissenschaftlichen Feldes, das
anderweitig konstituiert war. „Exhibet latifundii nostri provincias."[235]

---

[229] Encyclopaedia 1630, S. 53.
[230] Ebd. S. 54.
[231] Ebd. S. 55: „Synteresis est habitus noeticus, sicut intelligentia."
[232] Ebd.
[233] Ebd. S. 59: „De habitibus infusis, putà fide supernaturali, lumine prophetico, &
dono miraculorum atque linguarum."
[234] Encyclopaedia 1630, Bd. I, S. 61.
[235] Encyclopaedia 1630, Bd. I, S. 72.

Die theologische Dignität der Hexilogie drückte die Archaelogie, die sachliche, untheologische Grundlagenlehre der Wissenschaften aus denselben Ursachen in den Hintergrund wie die Technologie. Denn wenn die theologischen Schwerpunkte des Teilhabewissens nicht in den Sachen und deren Bauplänen, respektive Prädikaten, sondern im seelischen Vermögen des Menschen lagen, dann bestimmten, ähnlich wie in der Enzyklopädie von 1620, die Vermögenskapazitäten die Wissenschaft. Die wissenschaftskonstitutive Ebene war dann die Psychologie in ihren Ausprägungen als Hexilogie und Didaktik, nicht die Archaelogie. So verblieben der Archaelogie nur fast funktionslose Formalfragen nach den Causae der Wissenschaften und nach ihrer Norm: Denn die Causae efficientes, die Seelenvermögen, und die Generales principiorum divisiones mußten in der Hexilogie behandelt werden, und die dreifache Norm der Wissenschaften, „Scriptura sacra, Recta ratio und Experientia"[236] reproduzierte nur den Kompetenzbereich der psychologisch und theologisch fundierten Wissenschaft: Archaelogie war von der Psychologie abhängig.

Der zweiten Ausprägung der Psychologie, der Didaktik, kam deshalb in der Enzyklopädie von 1630 besondere Bedeutung zu. Hier entwickelte Alsted die Lernpsychologie, die von den wissenschaftlichen Habitus acquisiti, die durch Sachwissen gefüllt werden mußten, erfordert wurden. Deshalb ging es in der Didaktik nicht mehr um die theologische Dignität der Vermögen, sondern um die Bewältigung des Wissenstoffes, der durch die wissenschaftlichen Aufnahmevermögen überhaupt zu erkennen möglich war. Hexilogie und Didaktik waren einander zugeordnet. Die Hexilogie war die theologisch-psychologische Konstitutionswissenschaft und die Didaktik deren Anwendungslehre im Bezug auf praktische Psychologie und Wissenschaftenaufteilung. In praktischer Hinsicht war die Psychologie am artistischen Modell orientiert, und Alsteds Verfahren verriet seinen Ursprung in der Psychologie der ramistischen Dialektik: „Denique stricte haec tria in homine distinguuntur; ingenium, dico, memoria, et judicium."[237] Und zusätzlich gliederte Alsted die Seelenvermögen aristotelisch auf in Facultas cognoscendi sensitiva und intellectiva. Die Facultas sensitiva deckte den Bereich sinnlicher Erkenntnis und zugleich den „Sensus communis" und die „Phantasia" ab. Intellective Erkenntnis geschah „in subtilitate ratione apprehensionis, in subtilitate ratione inventionis, et in dexteritate ratione judicii." Beide Fähigkeiten bekamen 1630 wieder die historische und stabilisierende Rückendeckung der Memoria: „Facultas conservandi est memoria."[238]

Intellectus und Ingenium als Wahrnehmung und Invention, als Judicium und Memoria bildeten die Leitbegriffe der didaktischen Psychologie Alsteds. Für ein „System", das allemal die psychologische Begründung des Wissens und seine Vermittlung zur Aufgabe hatte, mußte die transzendental-psycho-

[236] Ebd. S. 76.
[237] Ebd. S. 92.
[238] Ebd.

logische Position der Hexilogie in einen didaktisch vertretbaren Kurs umgesetzt werden. Dieser Cursus encyclopaedicus mußte insgesamt und für die einzelnen Fachbereiche benutzbar sein; darüber hinaus als Inventionsinstrument, als Beurteilungshilfe und als Gedächtnisvorrat dienen. Die Mnemonik, die Gedächtniskunst, bekam in der Enzyklopädie von 1630 damit wieder eine Funktion. Diese Rolle war zwar nicht wissenschaftskonstitutiv wie im Systema Mnemonicum von 1610, aber sie war für die Didaktik und deren Verhältnis zur Historie unentbehrlich. Denn wenn Historie „rerum gestarum narratio" war, wenn sie mit Schreiben, Lesen und Beobachten[239] das Vergangene darstellte, dann konnten die Loci communes[240] der Historie wie die Loci cummunes aller Wissenschaften prinzipiell nur durch die mnemonische Topik verfügbar bleiben.

Alsteds Enzyklopädie von 1630 war vom Anspruch und von der Ausführung her die vollständigste Enzyklopädie des Barock. Die fundamentale Forderung nach der Homogeneität des Wissens löste sie durch die theologische Fundierung ihrer Vermögenslehre ein; später, bei Comenius, hieß das „Pansophie".

Den Begriff der Enzyklopädie erfüllte sie als Systema Systematum durch ihren didaktischen Aufbau. Mit ihrer Universalität folgte sie dabei zugleich einem ungeheuren, in seiner Komplexität uneinlösbaren, fast schon utopischen Gliederungsplan, der in sieben Teilen alles Wissen wissenschaftlich verorten wollte: Band I enthielt die Praecognita Hexilogie, Technologie, Archaelogie und Didaktik. Im Band II begannen die Einzelwissenschaften mit der Philologie, weil „opportet in docendo et discendo incipere Philosophiâ; et quidem ita ut PHILOLOGIA praemittatur"[241]. Philologie bestand aus Rhetorik, Logik, Oratorie und Poetik[242]. Band III behandelte im Rahmen der theoretischen Philosophie: Metaphysik, Pneumatik, Arithmetik, Geometrie, Cosmographie, Uranometrie, Geographie, Optik und Musik. Band IV enthielt die praktische Philosophie, in der neben den klassischen Disziplinen Ethik, Oekonomie und Politik auch Scholastik, das ist die Lehre über Bildungsinstitutionen, vorkam. Band V befaßte sich mit einer wesentlichen Erweiterung der Enzyklopädie, mit den oberen Fakultäten Theologie, Jurisprudenz und Medizin. Damit war der klassische Bereich der vier Universitätswissenschaften erschöpft. Die folgenden beiden Bände integrierten auf Grund der Universalkompetenz der Enzyklopädie die Bereiche, die neu im Rahmen der Enzyklopädie auftauchten: Im Band VI waren das die mechanischen Künste, die einmal als Mechanologia generalis et specialis, dann als physikalische Mechanologie und schließlich als mathematische Mechanologie erschienen. Diese Einbeziehung der Mechanik in die Enzyklopädie indizierte zugleich eine Aufwer-

---

[239] Encyclopaedia 1630, Bd. II, 1982−1990.
[240] Encyclopaedia 1630, Bd. II, 1990: „Observatio historiae superest in Historicâ generali; quâ scilicet historiam custodimus vel in locis communibus, vel in memoriâ."
[241] Encyclopaedia, Bd. I, S. 46.
[242] Zum Unterschied von Rhetorik und Oratorie siehe o. Anm. 198.

tung der mechanischen Künste, die ihrer späteren Bedeutung für die Physik, besonders für die Physik nach Descartes, entgegenkam. Der Band VII war eine Mischung, die dem gemischten Begriff der Historie, der insgeheim wohl Leitprinzip der Zusammenstellung dieses Bandes war, entsprach. Der Band stellte eine Versammlung für die „Praecipuae farragines Disciplinarum"[243] dar, für das vornehmste Futter der Wissenschaften, er ist die Scheuer wissenschaftlichen Materials, das in Mnemonik, Historie, Chronologie, Architektonik und sonstigen vermischten, auch spinnerten Künsten bestand. Und dort, im allerletzten, quodlibetanischen Bereich wissenschaftlich vermischten Futters waren Kabbalistik und Lullismus, von denen Alsted ausgegangen war, gemeinsam mit historischer Kritik, Gymnastik und Alchemie abgeschoben.

Die Enzyklopädie von 1630 zeigte eine theologisch garantierte, dabei rationale, didaktische, universal-topische Wissenschaft, die in Plan und Ausführung wohl nicht mehr überbietbar war. Sie war denn auch der letzte fertiggewordene Entwurf, der das Wissen insgesamt in topischer Ordnung darstellte. Und diese Enzyklopädie widerstand dem enzyklopädischen Bedürfnis, in die Utopie abzuheben, durch strikte Beschränkung auf einen vorhandenen Fundus von theologisch legitimiertem Wissen. Nach Alsted ist niemand mehr mit einer topischen Enzyklopädie, die im Reflexionsstand oder in der Kompetenz gleichrangig gewesen wäre, fertiggeworden. Schon Bacon war mit dem Konzept seiner „Instauratio Magna" nicht zu Ende gekommen, Campanellas Versuch einer „Philosophia Realis" blieb ein utopischer Versuch und Comenius' „De Rerum Hunanarum Emendatione" war ein utopisches Fragment. Leibniz hat erwogen, die Enzyklopädie Alsteds für sein Konzept einer universalen Charakteristik neu zu bearbeiten[244], aber auch dieses Projekt blieb, wie vieles bei Leibniz, Projekt. Vergleichbar ist Alsteds barocke topische Enzyklopädie wohl nur mit der fertiggestellten Aufklärungsenzyklopädie, die dann alphabetisch geordnet war und auch durch den Rang, die Gelehrtheit und den Fleiß eines Mannes getragen wurde, mit Diderots großer Enzyklopédie.

IV. Pansophie und Pädagogik. Comenius' utopische Enzyklopädik

Als der 18-jährige Johann Amos Comenius sich am 30. März 1611 als Begleiter eines Grafen von Kemowitz in Herborn immatrikulierte[245], war Johann

---

[243] Encyclopaedia 1630, Bd. II, S. 1957.
[244] „De Ratione perficiendi et Emendandi Encyclopaediam Alstedii", Vgl. o. Anm. 133. Vgl. auch Wolf von Engelhard, Hrsg.: Gottfried Wilhelm Leibniz. Schöpferische Vernunft. Schriften aus den Jahren 1668—1686, 2. Aufl., Münster/Köln 1955. Vgl.: Leibniz: Otium Hannoveranum, hrsg. von Joachim Friedrich Feller, Leipzig: Martini 1718. S. 42 erkundigt sich Leibniz nach Alsteds Handexemplar der Encyclopaedia von 1630 in Herborn.
[245] Max Lippert: Johann Heinrich Alsteds pädadogisch-didaktische Reformbestrebungen und ihr Einfluß auf Johann Amos Comenius. Diss. Leipzig (1898/99). Meißen: Klinkicht o.J., S. 12f. Zur Biographie: Jan Kvacsala: Johann Amos Comenius. Sein Leben und

Heinrich Alsted, 4 Jahre älter als Comenius, gerade außerordentlicher Professor der Philosophie geworden, hatte gerade sein Systema Mnemonicum, seinen ersten lullistisch-pädagogischen Enzyklopädieentwurf geschrieben; die Clavis philosophiae Lullianae war schon 1609 herausgekommen, und Alsted arbeitete an den Praecognita seiner Philosophie, der „Philosophia dignè restituta", die dann 1612 erschienen. Das Gymnasium illustre in Herborn hatte etwa 250 Studenten, eine nicht unbeträchtliche Zahl, und war nach Heidelberg, das etwa 320 Studenten hatte, eine bedeutende calvinistische Hohe Schule im Reich[245a].

Dieser Ruhm war vermutlich noch nicht dem ständig wachsenden Renommee Alsteds zu verdanken, aber mit dem Einfluß, den Alsted gewann und unter anderem auch auf Comenius bekam, stieg zugleich der Ruhm Herborns. Selbst wenn Comenius schon nach zwei Jahren Herborn verließ und nach der calvinistischen Hauptuniversität des Reiches, nach Heidelberg zog, den Gedanken einer systematisch zusammengestellten Enzyklopädie nahm er mit. Ob diese Enzyklopädie noch auf der lullistischen Basis stand, die Alsted damals für möglich ansah, läßt sich so nicht konzis feststellen, aber der Optimismus einer teilhabenden Erkenntnis, der die frühe Phase Alsteds mit der späten, der großen Enzyklopädie von 1630 verband, diese zur Mystik und Theosophie hindeutende lullistische Grundlage der Erkenntnismöglichkeiten barocker Enzyklopädie hielt sich bei Comenius, unterstützt durch Gedankengänge, die aus strengeren neuplatonischen Traditionen[246] stammten, von Eilhard Lubinus[247] wohl und von Jakob Böhme, Giordano Bruno[248], aber auch von Patrizzi und Campanella[249]. Theosophie und Enzyklopädie waren in der Mnemonik vereinigt, die, didaktisch auf Institutionen und Lernvorgänge ausgerichtet, Alsted 1610 im Systema Mnemonicum und in der Panacea philosophiae, sowie 1612 in den Tricae canonicae und der Philosophia dignè restituta dargestellt hatte.

Mit der Klammer der Mnemonik war es schon im Frühwerk Alsteds möglich, teilhabende, enzyklopädische Erkenntnis mit Didaktik zu verknüpfen.

---

seine Schriften, Berlin/Leipzig/Wien 1892. Milada Blekastad: Comenius. Versuch eines Umrisses von Leben, Werk und Schicksal des Jan Amos Komensky, Oslo/Prag 1969.

[245a] Zahlen nach: Fritz Eulenburg. Die Frequenz der deutschen Universitäten, Leipzig 1904, S. 102/103. Im Reich gab es — es war die Hochblüte der Landesuniversitäten — etwa 7.750 Studenten.

[246] Panaugia, Panarchia, Pampsychia, Pancosmia sind die „Tituli" (Bücher) von Francesco Patrizzi's „Nova de universis philosophia", Ferrara: Mammarellus 1591.

[247] Zu Lubinus vgl. W. Schmidt-Biggemann: Eilhard Lubins Begriff des Nihil. Archiv für Begriffsgeschichte Bd. 17, 1973, S. 177—205. Der pädagogische Einfluß Lubins auf Comenius: Didactica Magna, Gruß an den Leser. Opera Didactica omnia. Amsterdam: Laurenz de Geer 1657, S. 8 u.ö.

[248] Zu Böhme und Bruno vgl. Klaus Schaller: Die Pädagogik des Johann Amos Comenius und die Anfänge des pädagogischen Realismus im 17. Jahrhundert, Heidelberg 1962 (= Pädagogische Forschungen 21).

[249] Campanella wird gelegentlich bei Comenius zitiert, z.B. in den „Praeludia Pansophiae", § 97.

Der methodische Zugriff der „Philosophia dignè restituta" von 1612, der Archaelogie, Hexilogie, Technologie und Canonik verknüpft hatte, dabei Hexilogie und Canonik als pädagogisch-didaktische Fächer erst präpariert hatte, machte die Verbindung von Pansophie und Pädagogik leicht. Es dürften die enzyklopädischen Entwürfe, in die hinein Comenius seine Didaktik stellte, wohl wesentlich auch auf die Rolle Alsteds zurückzuführen sein: Das frühe tschechische Theatrum universitatis rerum[250] ist noch in Herborn begonnen worden, und nach den großen didaktischen Werken hat Comenius 1637 an den deutsch-englischen Theosophen Samuel Hartlib[251] einen weiteren Entwurf einer Gesamtwissenschaft geschickt, den dieser als „Conatuum Comenianorum Praeludia" 1637 in Oxford und 1639 in London[252] veröffentlichte, auch, um damit die politisch-enzyklopädisch-theosophische Mission, die Comenius ab 1641 in England unternahm, vorzubereiten[253]. Wenn in Alsteds später, großer Enzyklopädie von 1630 die teilhabende Erkenntnis als theologisch-philosophische Erkenntnis und zugleich als Basis aller Wissenschaften aufgefaßt wurde, wenn die philosophische Begründung der Enzyklopädie für unzureichend befunden und durch eine theologische Begründung ersetzt wurde, dann lag dieser Befund sehr nahe an den Thesen des „Prodromus Pansophiae", wie die „Conatuum Comenianorum Praeludia" 1639 in der Neuausgabe von Hartlib treffend genannt worden waren.

1. Pansophie und teilhabende Erkenntnis

Der gesamte Titel schon der ersten Ausgabe der „Praeludia" war für die enzyklopädische Tradition und deren Erweiterung zur Pansophie bezeichnend: „Conatuum Comenianorum praeludia ex bibliotheca S. H. Oxoniae, excudebat Guilelmus Turnerus typographus anno 1637. Porta sapientiae reserata

---

[250] Theatrum Universitatis Rerum. In: Johann Amos Comenius: Veškeré Spisy, Svazek I, Brünn 1914, S. 49—129. Comenius hat sein Leben lang mit Alsted korrespondiert und bereits 1613 unter ihm disputiert: „Sylloge Quaestionum Controversarum, è Philosophiae viriario depromtarum: Pro quarum veritate svb clypeo doctiss. viri Johannis Henrici Alstedi . . . pugnabit Johannes Amos, è Marcomannis Niwnicenus", Herborn 1613. Vgl. Veškeré Spisy, Svazek I, S. 23—47. Zum „Theatrum": Jürgen Henningsen: Enzyklopädie. Zur Sprach- und Deutungsgeschichte eines pädagogischen Begriffs. Archiv für Begriffsgeschichte 10, 1966, S. 296. Ferner Schaller, Comenius, S. 113, und Kvacsala, Comenius, S. 21.
[251] Samuel Hartlib (1595—1662), Kaufmann, Autor pädagogischer und agrarischer Werke, Chiliast und Ireniker.
[252] Jan Petrmichl: Katalog der Werke Jan Amos Komenskys in tschechischen Bibliotheken (tschechisch), Prag 1959, Nr. 74.
[253] Hugh-Redward Trevor-Rooper: Drei Ausländer. Die Philosophen der puritanischen Revolution. In: H.R. Trevor-Rooper: Religion, Reformation und sozialer Umbruch, Berlin 1970, S. 221—270. Vgl. dazu Kvacsala, S. 228ff. Hartlib war auch mit Alsted und Bisterfeld, Alsteds Schwiegersohn, der mit Alsted von Herborn nach Weißenburg gezogen war, bekannt. Vgl. Kvacsala 243ff. Alsted hat die „Praeludia" wohl noch gelesen. Vgl. Ebd. 244. Vgl. Blekastad, Comenius, S. 299—331.

sive pansophiae christianae seminarium: hoc est nova compendiosa et solida omnes scientias et artes: et quicquid manifesti et occulti est, quod ingenio humano penetrare, sollertiae imitari, linguae eloqui datur, brevius, verius, melius quam hactenus addiscendi methodus."[254] Terminologisch neu war am Titel und Anspruch gegenüber Alsted nur „Pansophia", ein Begriff, der gegen „Philosophia" konzipiert war und die übergreifende, wissenschaftskonstitutive Aufgabe der Pansophie darstellen sollte. Und in dieser Funktion war der Begriff „Pansophie" in der Tat innovatorisch, selbst wenn das Wort nicht von Comenius kam, sondern von dem Rostocker Philologen und Mediziner Petrus Laurenberg eingeführt wurde[255].

Der Begriff „Pansophie" war von Alsteds Enzyklopädie nicht weit entfernt. Alsted hatte *Sapientia* als zentrales wissenschaftliches Vermögen teilhabender Erkenntnis dargestellt, Comenius verschärfte nun die bei Alsted behutsam vorgetragene Vorstellung teilhabender Erkenntnis beträchtlich, indem er Pansophia und Sapientia mit der Lichtmetaphorik der Wahrheit verband. Auch Comenius ging von der Leitposition der Weisheit aus, aber während die Weisheit bei Alsted als Kombination von Intelligentia und Prudentia vermögenstheologisch beschrieben war, wurde die Weisheit bei Comenius Zielvorstellung, „Studii literarii scopus"[256], und biblisch begründet: Die Weisheit sei „omnium rerum artifex, omnia docens (Sapientia 7, 21)"[257]. Damit war die Funktion der „Weisheit" als Klammer zwischen Erkennen und Sachen schon fixiert, tendenziell war auch schon dargestellt, wie Comenius den Ansatz der theologischen Psychologie Alsteds fortsetzen wollte: Sapientia und Pansophie wurden untereinander verknüpft und ihre Erkenntniskraft mit der Gottebenbildlichkeit begründet: „Sapientia vero cum dicatur omnium rerum artifex, omnia docens (Sap. 7, 21), patet litterarum beneficio promoveri nos debere ad universalem rerum cognitionem (πανσοφίαν, id est plenam, omnia intra se complectentem sibique undique cohaerentem sapientiam), ut nihil relinquatur manifesti vel occulti, quod ignoretur (Sap. 7, 21), quo nimirum animus hominis vere fiat, quod debet, pansophi Dei imago."[258] Mit der Zielbestimmung: Bild des allwissenden Gottes; mit der biblischen Begründung: Weisheit sei die Herstellerin und Lehrerin aller Dinge; mit der Ausdehnung

---

[254] Zitiert nach: Comenius: Vorspiele, Vorläufer der Pansophie. Herausgegeben, übersetzt, erläutert und mit einem Nachwort versehen von Herbert Hornstein, Düsseldorf 1963, S. 7.

[255] Petri Laurenbergi Rostochensis Pansophia Sive Paedia Philosophica: Instructio generalis, accurata, & solida, ad cognoscendum ambitum omnium Disciplinarum ... Rostock: Hallervord 1633. Es handelt sich bei diesem Werk um eine nicht sehr tiefgehende Einführung in die vierte Fakultät. Comenius schreibt dazu in den Opera Didactica Omnia (ODO) I, Sp. 458: „Prodit interim sub PANSOPHIAE titulo D. Petri Laurenbergii Artium Encyclopaedia: qvam cùm avidissimè acquisitam lustrarem, tituliqve amplitudini non respondere viderem: (Nihil enim ibi de Sapientiae verae objecto, imò & fonte, CHRISTO; nihil de Vita futuri seculi, ad qvam qvi sapit, is demum sapit, via, & similibus) ..."

[256] Praeludia, § 7.

[257] Ebd.

[258] Praeludia, § 7.

von Weisheit auf All-Weisheit, die in sich selbst und in ihrem Objekt eins sei, die alles umfasse, war Weisheit mehr als das Vermögen, das Alsted in der Hexilogie beschrieb. Weisheit wurde bei Comenius zum göttlichen Licht, das Wissen und Sachen gemeinsam konstituierte.

Die Praeludia zur Pansophie bezogen sich auf Wissenschaften, auf den Gesamtbereich des Wißbaren, nicht allerdings auf den Gesamtbereich menschlicher Angelegenheiten überhaupt. Das Ziel der Praeludia, die Weisheit, sollte wissenschaftlich erreicht werden. Daß eine Einheit wissenschaftlicher Erkenntnis angestrebt werden müsse, lag in der Natur der Pansophie; die theosophische Ausrichtung der Pansophie sollte diese noch unerreichte Einheit ermöglichen. Deshalb mußte vor der Darstellung der Einheit eine Diagnose der Gründe stehen, die die Verwirklichung der Pansophie bis dato verhindert hatten.

Comenius diagnostizierte, daß die wissenschaftliche und damit pansophische Wahrheit aus dreierlei Ursachen nicht erreicht worden sei; die Ursachen waren epistemologischer, methodischer und sprachlicher Natur: „I. scientiarum laceratio. II. Methodi ad res ipsas non penitissima alligatio. III. Verborum et stili partim incuria, partim intempestiva luxuries."[258a]

Für die Teilhabe-Erkenntnis der Wahrheit, der vollständigen pansophischen Illumination, wie sie Comenius anstrebte, lagen in der Tat noch keine systematischen Ansätze vor, denn die Enzyklopädie Alsteds war auf eine theologisch-psychologische Fundierung der Wissenschaften hinausgegangen, nicht auf eine pansophische Fundierung. Die Wissenschaftsentwürfe Bacons setzten die Evidenz sinnlicher Gewißheit voraus, ohne diese Evidenz zu hinterfragen. Comenius versuchte nun, als erster, wie er behauptete, „allgemein gültige Prinzipien der Dinge aufzustellen, genauer die Proportion der Dinge untereinander zu vergleichen und die nach allen Seiten zerfließende Mannigfaltigkeit sicher einzudämmen, damit die verborgene, aber doch unveränderliche und unbesiegbare Wahrheit der Dinge durch eine allgemeine, zwischen allen Dingen gleichmäßig abgestimmte Harmonie sich selbst offenbare"[259]. Daß eine gemeinsame Grundlage der Wissenschaften auch schon vor Comenius gesucht worden war, ist unbestreitbar, entscheidend wurde, daß Comenius, neuplatonische, humanistische und barocke Gedanken umformend, die Prinzipien der Dinge als göttliches Licht auffaßte, das die gemeinsame Grundlage des Wissens und des Gewußten sei. Die Grundlagen der Wissenschaft bestanden für ihn in einer theologisch interpretierten Schöpfung, die eine unmittelbare Teilhabe der Wissenschaft an der göttlichen Weisheit ermöglichte. Denn „Deus igitur effingendo mundum se ipsum effigiat, ut

---

[258a] Praeludia, § 25.
[259] Praeludia, § 26: „Nec enim fortassis quisquam id egit adhuc, ut constitutis et omni proportione ad invicem coaequatis universalibus rerum principiis quaquaversus diffluentem rerum varietatem certis rationum limitibus cingeret, quo per universalem et inter omnes res proportionatam harmoniam se ipsam detegeret occulta, invariabilis tamen et invicibilis rerum veritas."

omnino proportionata sit creatura Creatori."[260] Die Voraussetzung jedweder
teilhabender Erkenntnis lag für Comenius in der Einheit, und hier ist diese
Identität fast in die Nähe einer Weltvergöttlichung gerückt. Nur die schöpfungstheologisch garantierte Anwesenheit Gottes in seiner Schöpfung garantierte auch die Erkenntnis. „Et quia de ideis divinae mentis omnia partici-
pant, fit, ut inter se quoque participent et sibi invicem proportionata sint."[261]
Die Dinge unterschieden sich in Substanz und Erkenntnis nicht wesentlich,
sie waren durch die Gemeinsamkeit der substantiellen Teilhabe nur graduell
unterschieden, „quia in Deo sunt ut in archetypo, in natura ut in ectypo, in
arte ut in antitypo."[262]

Eine solche Wahrheitsvorstellung machte jede Erkenntniskonstitution
objektiv, die Ordnung der Gedanken war allemal auch die Harmonie der Welt,
das psychologische Vermögen war identisch mit dem Erkannten, und „Fundamentum ergo rerum omnium ut condendarum, sic cognoscendarum harmonia est."[263] Erkenntnisharmonie war zugleich Harmonie der Welt, Wahrnehmung und Gedanken waren theologisch garantiert, die Welt war insgesamt
Offenbarung: Eine Einläßlichkeit Gottes in die Welt, in der alles immer nur
IHN zeigte.

Das war die Voraussetzung einer Mystik der natürlichen Theologie[264], das
war die Voraussetzung auch einer unbegrenzten Erkenntnis von Einzelheiten,
denn die pansophische Eingelassenheit Gottes in die Welt qualifizierte die
Welt insgesamt, sie machte die Dignität jedweder Einzelheit aus, und diese
Dignität schloß den Erkenntniswert ein. Unter dieser Vorstellung gab es auch
nur einen graduellen Unterschied zwischen den Erkenntnisarten, deren Drei-
zahl und Anordnung Comenius und Alsted gemeinsam war: „Sensus, ratio et
divina relevatio"[265]. Diese auf Weisheit, Wahrheit und Offenbarung beruhen-
den Vermögen sammelten, bündelten in allen Erfahrungsbereichen die Strah-
len des göttlichen Lichts, „ut in omnibus sensualibus, intellectualibus, et
quae a divina revelatione veniunt, una eademque symmetria appareat."[266]

In dieser pansophischen Identitätsphilosophie war der Kompetenzbereich
des Wissens universal, die Einheit der Wissenschaft durch die latente Göttlich-

---

[260] Praeludia, § 72. Zur mittelalterlichen Geschichte der Lichtmetaphysik vgl. Clemens Baeumker: Witelo. Ein Philosoph und Naturforscher des XIII. Jahrhunderts, Münster
1908 (= Beiträge zur Geschichte der Philosophie des Mittelalters III, 2., bes. S. 354–434).

[261] Praeludia, § 73.

[262] Praeludia, § 74.

[263] Praeludia, § 75.

[264] Comenius gab 1661 eine Bearbeitung von Raimundus de Sabunde heraus mit
dem Titel: „Oculus Fidei: Theologia Naturalis, sive Liber Creaturarum specialiter de
Homine & Natura ejus, in qvantum Homo est, & de his qvae illi necessaria sunt ad cognos-
cendum Deum & Seipsum, omniaqve qvibus Deo, Proximo, Sibi, obligatur ad Salutem",
Amsterdam: Petrus van den Berge 1661. Petrmichl, Comenius-Bibliographie Nr. 563. Zu
Raimundus' de Sabunde Nachwirkung im Barock vgl. Wolfgang Philipp: Das Werden der
Aufklärung in theologiegeschichtlicher Sicht, Göttingen 1957.

[265] Praeludia, § 27. Zu Alsted siehe o. S. 137, Anm. 236. Siehe u. Anm. 306.

[266] Praeludia, § 27.

keit des Subjectums, des Mediums und des Ziels garantiert. „Hanc nostram Christianam pansophiam ita ordinari oportet, ut nihil sit nisi perpetui stimuli Deum ubique quaerendi et accurata indicia Deum quaesitum ubique inveniendi et certa forma Deum inventum ubique amplectendi"[267], schrieb Comenius. Damit war zugleich das Kuriositätsverdikt überflüssig; Erkenntnis der Welt war Erkenntnis Gottes und damit Vollzug der Religion.

Diese Vereinheitlichung des Wissensstoffs durch Pansophie und die Pflicht zur Erkenntnis machte die enzyklopädischen Argumentationsmöglichkeiten verhältnismäßig einfach: Erkenntnis war prinzipiell und schlechterdings alles, und alles hatte auch Erkenntniswert: So war auf pansophischer Basis eine Argumentation möglich, die an ramistische Einfachheit erinnerte, an Inventio und Judicium. Comenius konnte, weil Gott allemal und überall das Ziel der Erkenntnis war, ein pansophisches Buch anstreben, das, lullistischen Vorstellungen verwandt, ein vollständiges Inventar aller „Güter" umfaßte. Dafür forderte er erstens eine vollständige Invention aller Güter, die durch ihre pansophische Qualität zugleich auch Argumente und Gedanken waren. Zweitens verlangte er die Inventarisierung und die Registrierung nach verschiedenen Gruppen und über diese arbiträre Invention und Ordnung hinaus drittens die „Dispositio eorum, quae reperta fuerint, nova et universalis ad novos universales usus"[268].

Die „Praeludia", die dieses utopisch universale Wissensprogramm propagierten, waren 1637 in Oxford von Samuel Hartlib als wissenschaftliches und politisches Reformprogramm für England veröffentlicht worden. Der Vorschlag einer allgemeinen Wissenssammlung kam den Gedanken von Bacons Wissenschaftsprogramm aus „De Dignitate et Augmentis Scientiarum" (1623) entgegen; und 10 Jahre vor dem Praeludium zur Pansophie war Bacons „Nova Atlantis" zuerst erschienen, die Utopie, die die Anhäufung von Wissen zur Aufgabe der Wissenschaft erklärte. Diese Gedanken koinzidierten zum Teil mit Comenius' Vorschlag eines allgemeinen Wissensinventars, und Comenius hatte es auf diese Wirkung auch abgesehen[269]. Er glaubte freilich für sich selbst, über dieses Sammeln hinaus zu sein, ihm ging es nicht darum, die Geheimnisse der Natur aufzuschließen, sondern um die Gesamtheit der Dinge[270]. Dies war nun die Frage der Disposition. Ramistisch war Judicium als Disposition von Argumenten aufgefaßt worden, bei Comenius mußten „Güter", die für die Pansophie disponiert wurden, auch der Harmonie der

---

[267] Praeludia, § 34.
[268] Praeludia, § 51, III.
[269] Praeludia, § 63: „Atque talem normam", unterschob Comenius Francis Bacon, „in natura scrutanda repperisse visus est illustrissimus Verulamius, artificiosam quandam inductionem, qua revera in naturae abdita penetrandi reclusa via est."
[270] Praeludia, § 63: „Nobis vero ad pansophiae structuram auxilii parum adfert, quia (ut dixi) ad naturae solum arcana recludenda directum est, nobis autem rerum universitas respicitur."

Welt entsprechen, denn „Fundamentum ergo rerum ut condendarum, sic cognoscendarum harmonia est."[271]

Die methodische Konstruktion von Argumenten war zugleich die Konstruktion der Universalharmonie auf einer anderen Ebene. Und das geschah auch bei Comenius nach ramistischen Regeln: „Omnia praecepta sint κατὰ παντός, κατ᾽ αὑτό, καϑϐλου πρῶτον"[272], allgemein, homogen, deduktiv. Damit bekam die ramistische Methode, die den Begriff eines Systems zunächst vornehmlich pädagogisch konstituiert hatte, einen objektiven Charakter. Mit der platonisierenden theologischen Parallelsetzung von Erkenntnisordnung und Sachordnung durch die Identität des Schöpfungssinns konnte der artistische Begriff von Systema auch auf die Ordnung der Welt übertragen werden. Diese Parallelität, die sich bei Comenius besonders klar zeigte, ermöglichte es später für Cudworth, von einem „True System of the Universe"[273] zu reden, und machte es Poiret möglich, „Oeconomie divine"[274] und „System universelle" als eines und dasselbe zu beschreiben.

2. De Rerum Humanarum Emendarum Consultatio Catholica

Hartlib veröffentlichte 1637 nur das Vorspiel, den Vorläufer der Pansophie, für deren endgültige Ausführung Comenius fünf Zielkriterien festgesetzt hatte: „I. Universae eruditionis breviarium solidum. II. Intellectus humani fax lucida. III. Veritatis rerum norma stabilis. IV. Negotiorum vitae tabulatura certa. V. Ad Deum ipsum scala beata"[275]. Diese Regeln hat Comenius nicht genau eingehalten, als er sein großes, nicht ganz vollendetes Werk „De rerum humanarum emendatione consultatio catholica" konzipierte. 1641 war er für ein Jahr in England gewesen, und dort waren seine pansophischen Pläne weiter gefördert worden. Er beschäftigte sich 1643 mit „Praecognita" der Pansophie[276] und zur selben Zeit entstand auch die „Via lucis"[277], ein weite-

---

[271] Praeludia, § 75.

[272] Praeludia, § 84.

[273] Ralph Cudworth: The true intellectual System of the Universe, London 1678.

[274] Pierre Poiret: L'Oeconomie Divine ou Système Universel et Demontré des Oeuvres & des Desseins de Dieu envers les Hommes, Amsterdam: Wetstein 1687. Zur weiteren Entwicklung des Systembegriffs im 17. und 18. Jahrhundert vgl. u.a. Helga Hasselbach: Die Kritik der französischen Aufklärung am cartesianischen Systembegriff in der ersten Hälfte des 18. Jahrhunderts. Diss. Berlin, Akademie der Wiss. 1973 (Masch.).

[275] Praeludia, § 39.

[276] Johann Amos Comenius: Dva Spisy Vševědné. Two Pansophical Works: Praecognita – Janua Rerum 1643. Hrsg. von G.H. Turnbull, Prag 1951.

[277] Via Lucis, Vestigata & vestiganda, h.e. Rationabilis disqvisitio, qvibus modis intellectualis Animorum Lux, Sapientia, per omnes Omnium Hominum mentes, & gentes, jam tandem sub Mundi vesperam feliciter sargi possit. Libellus ante annos virginti sex in Anglia scriptus, nunc demum typis exscriptus & in Angliam remissus, Anno salutis MDCLXVIII. Amsterdam: Christoph Cunrad 1668. Petrmichl, Comenius-Bibliographie, Nr. 846.

rer programmatischer Abriß der Pansophie, den Comenius umgearbeitet 1668 veröffentlichte.

Zugleich mit der Ausgabe der Opera Didactica Omnia von 1657 hatte Comenius in Amsterdam damit begonnen, sein pansophisches Hauptwerk „De rerum humanarum emendatione consultatio catholica" zu konzipieren. Den letzten, siebenten Teil, die „Pannuthesia sive Exhortatorium universale" hatte er anonym schon um 1657, also gleichzeitig mit den Opera Didactica Omnia veröffentlicht[278]. Fünf Jahre später erschienen dann die „Panergesia, Excitatorium universale"[279] und die „Panaugia". Comenius hat bis zu seinem Tode, bis 1670, an seiner pansophischen Enzyklopädie gearbeitet und sie bis auf wenige Kapitel fertiggestellt. Sie ist vollständig erst 1966 veröffentlicht worden[280].

Er hatte sein universales Reformwerk in sieben Teilen geplant: 1) Panergesia, 2) Panaugia, 3) Pantaxia seu Pansophia, 4) Panpaedia, 5) Panglottia, 6) Panorthosia, 7) Pannuthesia. Schließlich gehörte ein Lexicon pansophicum universale dazu. Der Anspruch, den Comenius damit stellte, war ungeheuerlich, denn es ging um den Gesamtbereich der Dinge, die dem Menschen in seiner pansophischen Stellung als Teilhaber Gottes zugeordnet werden konnten. Und mit dem Gottesbegriff rechnete Comenius denn auch, wenn er seinen Versuch der Universalverbesserung[281] darstellte: „Praesertim si qvid viae novae, nondum tentatae, ostendat DEUS: qvalem hanc nostram esse patebit. Prorsus enim universalis est, ultimos desideriorum humanorum (plus dicam, DEI etiam ipsius) hac in re Fines designans: et Media ad hos fines nos deducere idonea, certa, fallere nescia, vestigans, evestigataqve jam ope DEI ostendens: tandemqve mediis illis utendi Modos tàm faciles exhibens, ut nihil restet nisi VELLE, et invocato Divino auxiliô à seculis desiderato operi ADMOVERE MANUM."[282] Diesen Versuch unternahm Comenius mit den sieben Teilen seiner „Consultatio catholica". Der erste Teil, die Panergesia, die er als „Exer-

---

[278] Petrmichl, Comenius-Bibliographie, Nr. 84, Titelbl. Abb. 14.

[279] Petrmichl, Comenius-Bibliographie, Nr. 85, Titelbl. Abb. 15.

[280] Johann Amos Comenius: De Rerum Humanarum Emendatione Consultatio Catholica. 2 Bde, Prag: Akademie-Verlag 1966. Redaktion: Otokar Chlup. – Zur Ausgabengeschichte siehe Dimitrij Tschižewskij: Die Handschrift der Pampaedia und ihr Schicksal. Anhang zu: Comenius. Pampaedia. Lateinisch-deutsch, hrsg. von Dimitrij Tschižewskij, Heinrich Geissler und Klaus Schaller, Heidelberg 1960, S. 491–497. Tschižewskij hatte 1935 die Handschrift von „De Rerum Humanarum Emendatione Consultatio Catholica" im Archiv der Hauptbibliothek der Franckeschen Stiftungen entdeckt und sie dann mit den bekannten Teilen, der Panergesia von 1662 und der Pannuthesia von 1657, kollationiert. Tschižewskij hat das Manuskript nach dem Kriege nicht für eine Ausgabe benutzen können. Seine Ausgabe der Pampaedia von 1960 hat er nach seiner Abschrift machen müssen. 1957 schenkte die DDR das Comenius-Manuskript der tschechoslowakischen Regierung, in deren Auftrag die Prager Akademie der Wissenschaften Comenius' pansophisches Hauptwerk vollständig 1966 veröffentlichte.

[281] Zum Topos der Philosophie als „emendatio" vgl. Alsteds „Panacea" und Spinozas „Tractatus de Intellectus Emendatione", der zur gleichen Zeit und am selben Ort wie Comenius' Weltverbesserungsprojekt entstand.

[282] Consultatio Catholica 1966, Bd. I, S. 28. Zur Consultatio Catholica vgl. Blekastad, Comenius, S. 678–706.

citatorium universale" darstellte, steckte den Rahmen ab, der noch nicht
über die bisherige Enzyklopädie hinausging: Dieser Teil behandelte das
menschliche Commercium jedweder Art, das Verhältnis der Menschen zu den
Sachen, „qvibus potenter dominari, et cum Seipsis, qvibus rationabiliter con-
versari, et cum DEO, cui aeternùm subesse."[283]. Die Generalthemen waren
mithin Eruditio, Politia, Religio. Für diesen Sachbereich lieferte die Panaugia,
die Lehre vom göttlichen Licht des Verstandes, die Basis, und gerade hier
wurden die Gedanken der Praeludia, die die Philosophie theologisch legitimierten, aufgenommen. Erst danach folgte mit der Pantaxia sive Pansophia
eine Darstellung der substantiellen Dinge, die als „Catena Rerum omnium
perpetua, nusqvam interrupta"[284], als Harmonie also, dargestellt wurde. Diese
ersten drei Bücher entsprachen am ehesten dem vorhandenen Konzept der
Enzyklopädie, einem Konzept, das Seelenlehre und Substanzlehre zusammenbrachte und das vorhandene Wissen sammelte und ordnete: Auch das ein
nachgerade noch ramistischer Plan. Dem entsprach auch noch das „Lexicon
reale pansophicum", das Comenius als Thesaurus auffaßte, mit dem er die
lullistische Kunst und die Vorstellung der Loci communes vereinigen wollte,
ein „Liber Librorum, in omnes caeteros Libros (etiam divinos, adeoqve pri-
mario) janua, clavis, lampas"[285], ein universales Begriffsinventar als „Thesaurus Lucis"[286].

Die Bücher 4 bis 7 der Consultatio Catholica betonten einen anderen,
den spezifisch comenianischen Aspekt, der die Neuheit dieser Pansophie ausmachte, sie waren eigentlich didaktisch. Die Panpaedia beschrieb die menschliche Lernfähigkeit und die schulischen Institutionen dazu, die Panglottia
schlug eine sachlich orientierte Universalsprache vor, die Panorthosia eine allgemeine Verbesserung der Erudition, Politik und Religion und das Exhortatorium universale, die Pannuthesia, empfahl didaktisch und anregend die
Durchführung aller dieser comenianischen Verbesserungsversuche.

Ein bemerkenswertes Programm, das seinen umfassenden Titel „De rerum
humanarum emendatione consultatio catholica" zu Recht trug. Freilich, der
Anspruch, völlig neue Wege zu gehen, den Comenius hatte[287], kann sich nur
auf zwei Schwerpunktverschiebungen beziehen, einmal auf die Veränderung
der teilhabenden Erkenntnis zur unmittelbaren Teilhabe am göttlichen Licht,
zum anderen auf die Umpolung der Enzyklopädie zur universalen Didaktik.

Es ist ziemlich sicher, daß Comenius Alsteds große Encyclopädie von
1630 gekannt hat[288]. Und auch wenn Alsteds Encyclopädie als „methodica

---

[283] Consultatio Catholica, Bd. 1, S. 28.
[284] Consultatio Catholica, Bd. 1, S. 28.
[285] Consultatio Catholica, Bd. 2, S. 445.
[286] Consultatio Catholica, Bd. 2, S. 441.
[287] Siehe oben S. 147, Anm. 281.
[288] Comenius korrespondierte noch mit Alsted, als dieser schon in Siebenbürgen war,
er schickte ihm z.B. seine Physik. Siehe Kvacsala, Comenius, Bd. 1, S. 179. Comenius
dürfte also die Enzyklopädie Alsteds von 1630 gekannt haben, zumal in Leiden 1640 und
in Lyon 1649 weitere Ausgaben erschienen.

comprehensio rerum omnium in hâc vita homini discendarum" den Akzent trotz des „discendarum" vielleicht zu sehr auf methodica comprehensio, auf den wissenschaftlichen Bereich legte, Comenius' Konzept der Weltverbesserung zehrte von Alsteds Methode. Die große Enzyklopädie hatte mit Praecognita begonnen, die die methodischen Grundlagen der Enzyklopädie als Hexilogie, Archaelogie, Technologie und Didaktik dargestellt hatten[289]. Hexilogie war psychische Vermögenslehre als Teilhabe an der göttlichen Weisheit, mit dieser Vermögenslehre waren Archaelogie und Technologie funktionslos geworden. Es blieb die Didaktik, die Alsted schon im „Systema mnemonicum" von 1610 betont hatte, als zweiter Teil der methodischen Grundlagen für die Encyclopädie übrig.

Ob Comenius bei der Konzeption seiner Consultatio catholica genau auf diesen Gedanken Alsteds aufgebaut hatte, ist ungewiß. Aber es lag in der Konsequenz des Modells teilhabender Erkenntnis, das Comenius und Alsted gemeinsam war, die Erkenntnis einer Sache und die Substanz einer Sache durch Schöpfungstheologie zu begründen. Comenius betonte die Identität von Erkennendem und Erkanntem im göttlichen Licht und zentrierte den gesamten Bereich des Wißbaren um die Panaugia, um das Buch von der Allerleuchtung. Der enzyklopädische Bereich, den Alsted in seiner Enzyklopädie von 1630 in den „inhaltlichen" Büchern 2 bis 7 behandelt hatte, war bei Comenius verkürzt auf die Pansophia und hatte die Fächerordnung, die schon bei Alsted nur Orientierungscharakter in einem kontinuierlichen Wissensraum hatte, vollends verloren. Die Pansophia richtete sich überhaupt nicht mehr nach den akademischen Disziplinen, sondern nur noch nach einer göttlich garantierten Substanzenordnung; sie handelte „De Rebus Omnibus in unum, perpetuum, lucidum, immotumqve ORDINEM, et sub aeternas VERITATIS LEGES reducendis"[290]. Die Ordnung und die Gesetze waren zugleich das Einlassen Gottes in die Welt, das die Grundlage der Kenntnis der Welt in Stufen ermöglichte: 1) Als mögliche und ideale Welt, „ceu totius Pansophiae basis"[291], 2) als Quelle des menschlichen Geistes, „MENTEM AETERNAM (et in ea Mundum Idealem seu Archetypum)"[292], 3) als „Mundus intelligibilis Angelicus"[293], 4) als „Mundus materialis"[294], 5) als „Mundus artificialis" (in dem die menschlichen Künste dargestellt wurden)[295], 6) als „Mundus moralis", der der Prudentia zugeordnet war[296], 7) als „Mundus ideatus", den die natürliche Theologie beschreibt[297] und 8) als „Mundus ideatus aeternus", als ewige

---

[289] Siehe o. S. 131–139.
[290] Consultatio Catholica, Bd. 1, S. 177.
[291] Consultatio Catholica, Bd. 1, S. 195.
[292] Consultatio Catholica, Bd. 1, S. 227.
[293] Consultatio Catholica, Bd. 1, S. 265.
[294] Consultatio Catholica, Bd. 1, S. 285.
[295] Consultatio Catholica, Bd. 1, S. 415.
[296] Consultatio Catholica, Bd. 1, S. 543.
[297] Consultatio Catholica, Bd. 1, S. 599. Der Abschnitt über den Mundus Ideatus ist fragmentarisch geblieben.

Welt, die göttliche Eigenschaften hat[298]. Und der 9. Teil schließlich zeigte die Früchte dieser Pansophie[299].

Der theologisch-pansophische Zugriff, den Comenius auf das Universalwissen seiner Zeit versuchte, ordnete die ehemalige Wissensordnung, die auch an den klassischen Institutionen der Universitätswissenschaft orientiert war, unter neuplatonischen Prämissen völlig um. Es wurde alles zur pansophischen Einheitswissenschaft, die gesamte Enzyklopädie bekam gegenüber den vorherigen Enzyklopädieversuchen utopische Züge. Und mit dieser Umordnung, mit der Akzentverschiebung und Platonisierung trennte sich Comenius' „Consultatio catholica" von der enzyklopädischen Konzeption Alsteds.

3. Pansophie und Didaktik

Diese utopischen Züge behielt auch die zweite Akzentverschiebung, die Comenius gegenüber der vorherigen Enzyklopädie versuchte: Die Verschärfung der Didaktik auf eine Verbesserung aller menschlichen Angelegenheiten. Schon bei Alsted hatte sich als zweite Konsequenz der Vorstellung von der teilhabenden Erkenntnis gezeigt, daß neben der Hexilogie nur noch die Didaktik, als Kanonik entwickelt, eine Grundlage der Disziplinen abgeben konnte. In der Didaktik mußten die als Potenzen eingeborenen Ideen entwikkelt werden, mußten die Institutionen geschaffen werden, die die — wenn auch nicht als übermäßig tiefgreifend beschriebenen — Folgen der Erbsünde kompensierten. Diesen Gedanken übernahm Comenius als zweiten Ordnungsgesichtspunkt in seiner „Consultatio catholica". Didaktik prägte den zweiten Bereich seines pansophischen Weltverbesserungsentwurfs, die Welt wurde insgesamt zur Schule. Denn die Panpädia wollte alle über alles und grundlegend bilden[300]. Comenius brachte hier die Erfahrung seiner pädagogischen Gelehrsamkeit ein, die Erfahrung, die von der Didactica Magna über die Janua Linguarum bis zum Orbis Pictus reichte. So wurde die Pampaedeia, das IV. Buch der Consultatio Catholica, dasjenige, das den meisten Realitätsbezug hatte. Comenius institutionalisierte hier den Universalitätsanspruch der Pampaedeia und forderte: „I. OMNES; ergò opus erit officinis Culturae SCHOLIS Universalibus, pro erudiendis Omnibus: vocabimus PANSCHOLIAM. II. OMNIBUS; ergò opus Culturae instrumentis universalibus, LIBRIS dico, qvi contineant Omnia: Vocabimus PAMBIBLIAM. III. OMNINÒ; ergò opus DOCTORIBUS Universalibus, qvi accomodare sciant Omnibus Omnia Omnimodè: Vocabimus PANDIDASCALIAM."[301] Schulen, Bücher, eine allgemeine Didaktik und eine Schule

---

[298] Consultatio Catholica, Bd. 1, S. 727.

[299] Consultatio Catholica, Bd. 1, S. 753ff. Die „Pansophiae Pars ultima De ejusdem vario ad varia Usu in genere et specie" ist Fragment geblieben.

[300] Consultatio Catholica, Bd. 2, S. 15: „OMNES homines excoli, et OMNIBUS excoli, et OMNINO excoli" (Kapitelüberschrift).

[301] Consultatio Catholica, Bd. 2, S. 39, Panpaedia IV, § 19.

nach den Lebensaltern von der Geburt bis zum Tode prägten diesen pädago-
gisch-realistischen Teil IV (Pampaedia) der Consultatio catholica. Danach
freilich begann Comenius' Weltverbesserungsprogramm immer stärker utopische Züge anzunehmen. Denn der Versuch, die babylonische Sprachverwir-
rung rückgängig zu machen, eine „realienorientierte" Universalsprache einzuführen (Teil V, Panglottia), mit der jedermann sich über alles informieren
könne, war schon wegen der Inkompatibilität der verschiedenen Grammatiken
nicht durchführbar, selbst wenn man von der Identität der Weisheit als des
göttlichen Lichts ausging. Und auch die Verbesserungen aller Institutionen in
Politik, Bildung und Religion (Teil VI, Panorthosia), die das Ziel hatten,
Frieden und Glück zu bringen, setzten vollständige und richtige Erkenntnis
voraus, eine Einsicht in die Pläne göttlicher Schöpfung. Auch sie mußten von
der Vorstellung einer teilhabenden Weisheit ausgehen und davon, daß die
Einsicht in die Wahrheit Macht paralysiere. Nur unter diesen Voraussetzungen
war auch der VII. und letzte, ermahnende Teil der Consultatio catholica sinnvoll, den Comenius schon 1657 veröffentlicht hatte, die „Pannuthesia, Sive
exhortatorium universale, qvo ad Exseqvutionem tam salutarium Mundo
Consiliorum Omnes, qvorum hic partes esse possunt aliqvae, in sancto DEI
nomine incitantur."[302]
    Die gesamte Consultatio catholica hing an dem mystischen Konzept der
teilhabenden Wahrheit, das Comenius schon in den „Praeludia" 1637 dargestellt hatte. Für den Zusammenhang der Consultatio catholica differenzierte
er diesen neuplatonischen, mystischen Ansatz zu einer spekulativen „Panaugia". In der „Panergesia", dem ersten Buch seines Hauptwerks, das 1662
zusammen mit der „Panaugia" erschienen war, hatte Comenius zwar die par-
tielle Verderbnis des Menschen durch die Erbsünde festgestellt, aber auch
deutlich gemacht, daß die drei Hauptvermögen Sapientia, Prudentia und
Religio noch vorhanden seien. „Adest desiderium sciendi, sensus Numinis
colendi, amor qvietè agendi."[303] Und dieses Desiderium sah er durch das
himmlische Licht, das die Panaugia beschrieb, erfüllt. Comenius ging auch
hier wieder von der Gleichsetzung des himmlischen Lichts mit der Sapientia
aus, ordnete beide der Seele zu. Zwar gehörte die Sapientia nur zur Erkenntnis, zwar gab es daneben Natura und Pietas als kategoriale Substanzen, aber
die Zuordnung von Licht und Intellekt hatte eine Schlüsselstellung für den
utopischen Zugriff zur universalen Weltverbesserung. Die Gleichheit von Lux
und Seele war unmittelbar gewiß, ein inneres Licht, das sich auf Intellekt,

---

[302] Consultatio Catholica, Bd. 2, S. 379–447. Vgl. Petrmichl, Comenius-Bibliographie, Nr. 84.
[303] Consultatio Catholica, Bd. 1, S. 70. Diese Vorstellungen entsprechen den Deisti-
schen Kriterien Herbert von Cherbury's in: De Religione Gentilium, Amsterdam 1663,
Neudr. Stuttgart-Bad Cannstatt 1967.: „(I) Esse Deum summum, (II) Coli debere, (III) Vir-
tutem, Pietatemque esse praecipuas partes Cultus Divini." (S. 2).

Willen und Affekte bezog[304]. Die Zuordnung von Licht und Intellekt war vorrangig[305], denn das göttliche Licht bestimmte dadurch, daß es erkannt wurde, das Handeln des Menschen und bewirkte die Verbesserung der Welt. Comenius beschrieb die Erkenntnisfunktion des Lichts in einer Vielzahl von Dreiergruppierungen, die insgesamt von den drei Erkenntnisformen Sinnlichkeit, Verstand, Offenbarung[306] abgeleitet waren, der Trias, die Comenius mit Alsted und anderen teilte. Aber Comenius verschränkte die einfache Zuordnung von Erkenntnis und Vermögen harmonisch. Er entwickelte ein triadisches Emanationsmodell und ging dabei von drei Lucernae Dei aus, „è qvibus emicans nos circumradiat fulgor DEI. MUNDUS, sapientiae Dei Officina perpetua. MENS nostra, rationum dictatrix et explicatrix perpetua. VERBUM DEI. errorum nostrorum praecautor et emendator perpetuus." Mit dieser Identitätsphilosophie, die durchs göttliche Licht konstituiert war, wurde die Erkenntnis prinzipiell unbeschränkt. Und diese unbeschränkte Erkenntnis „Panaugia" beschrieb Comenius nun mit einem Netz triadischer Zuordnungen. Die drei göttlichen Leuchten „rectè etiam tres Libri DEI et tria DEI, Theatra, et Specula tria, et Leges ternae DEI, trinaeqve Pandectae nostrae ternusqve Sapientiae fons appellantur." Allemal ging es um die Emanation Gottes in drei Strömen, entscheidend für die Aussagemöglichkeit dieses Modells, für die Erkenntnisgewißheit war das Bild des Spiegels, „qvia hic invisibilia sua visibiliter repraesentat, aeternitatem suam inhabitans absconditus ille DEUS."[307] Denn mit dem Spiegel wurde je die Vorhandenheit Gottes — und damit die innere Identität der Gegenstände — beschrieben, zugleich die harmonische Ordnung der Dinge nach Maß, Zahl und Gewicht, die wir mit unserem Geist wiederholen, und die der Natur gemäß der Offenbarung innewohnen. Diese innere, offenbare Identität der Harmonik des Geistes mit der Harmonik der Gegenstände gab allemal die Möglichkeit, das als wahr anzunehmen, was als Denken „existierte".

Daß in einer solchen Spiegelung, Spekulation, dann den drei „göttlichen Leuchten", dem Worte Gottes, der Seele und der Natur, ein dreifaches Auge „Sensus, Ratio et Fides"[308] zugeordnet wurde, entsprach dem Harmonieprinzip. Und es entsprach der Spiegelung auch, wenn dem Verhältnis von seelischem Auge und göttlichem Licht eine dreifache Methode korrespondierte, eine analytische, eine synthetische und eine synkretische. Analytisch war die Methode, die auf Sinnlichkeit angewandt wurde, die synthetische

---

[304] Consultatio Catholica, Bd. 1, S. 103: „Lux deniqve interna, est in Creatura rationalis Mente accensus splendor, eam collustrans et in viis suis dirigens. Qvae lux iterum triplex est, trina hominis penetralia irradians, Intellectum, Voluntatem, Affectum."

[305] Consultatio Catholica, Bd. 1, S. 103: „Intellectualis Lucis vias ante omnia vestigabimus."

[306] Vgl. Consultatio Catholica, Bd. 1, S. 123, Cap. VIII: „De OCULO trino, Homini ad spectandam trinam DEI Lucem, et qvicqvid per illam offertur, dato: SENSU, RATIONE, FIDE." Vgl. o. S. 137 u. 144.

[307] Alle Zitate Consultatio Catholica, Bd. 1, S. 107.

[308] Consultatio Catholica, Bd. 1, S. 123.

Methode galt als praktische Methode der Vernunft, und die synkretische, vergleichende Methode vereinte beides in den Anordnungen der Offenbarung[309]. Der Zusammenhang dieser Dreiergruppen lag in ihrer Harmonie. Das Konzept der Harmonie bildete auch die Hauptstabilisation der Emanationsgruppen sowohl in sich als auch untereinander. Denn wenn die Harmonie stets identisch war, dann war es auch möglich, die göttlichen Lichter Offenbarung, Ratio und Natur ineinander zu spiegeln. Die identische innere Harmonie von Lichtern, Augen und Methoden war die Probe aufs Exempel der Spekulationsvorstellung: Spiegeln kann sich nur Identisches. Comenius setzte deshalb drei Grade von Harmonie an. „Harmonia minor est, qvando singula Lucis organa inter seipsa nihil dissonantiae habent." Das war zunächst nur die negative Bestimmung der Verträglichkeit aller Emanationen untereinander. Comenius listete auf: Mundus, Mens, Scriptura, Sensus, Ratio, Fides, Analysis, Synthesis, Synkrisis[310]. Das waren die Hauptbegriffe seiner spekulativen Emanationslehre, die er im zweiten Grad der Harmonie nach Dreiergruppen zusammenfaßte: „Harmonia major est, ubi Organa Lucis ejusdem generis congruunt: éstqve trina. Prima inter ipsos DEI libros: qvando leges insculptae Creaturis in Mundo, et leges inscriptae Menti nostrae et leges praescriptae Oraculorum Libris, tam harmonicè consonant, ut dissonantia percipiatur nulla. Secunda est inter ipsos interiores et exteriores oculos nostros, qvando Sensus, Ratio, Fides, amicè conspirant, sibiqve tam congruunt, ut repugnantiae notare sit nihil. Postrema inter ipsas Methodos; qvando non aliud ostendit Analysis, aliud Synthesis, aliud Syncrisis; sed qvod ab hac, et illa, et ista, prodit, unum idemqve est."[311]

Das war die Harmonievorstellung, durch die die Spekulation ermöglicht wurde. Es fehlte für die vollkommene, all-eine Harmonie nur noch die Rückbindung an den einen Gott, um vom schöpfungstheologischen Konzept aus die Harmonie in der pansophischen Erkenntnis der Schöpfung wiederzufinden: „Demum autem ex omnibus istis, veluti distinctis et harmonicè dispositis Sapientiae Choris, prodit Harmonia maxima, totalis, universalis: per qvam svavissimè consonant omnia et singula, omnibus et singulis, per omnia et singula."[312]

Mit der Identität aller Welt, alles Wissens und Glaubens im göttlichen Licht, mit dem spekulativen Verhältnis dieser Emanationen zueinander begründete Comenius seine gesamte Pansophie. Es gab keine wissensunabhängige Wirklichkeit und kein wirklichkeitsunabhängiges Wissen, beides spiegelte sich und war als göttliche Schöpfung identisch. Die Allgegenwart des Göttlichen, die sich trotz Erbsünde auf den menschlichen Geist erstreckte, machte es auch möglich, sinnvoll zu beschreiben, wie durch Didaktik das ganze mensch-

309 Consultatio Catholica, Bd. 1, S. 126f.
310 Consultatio Catholica, Bd. 1, S. 131.
311 Consultatio Catholica, Bd. 1, S. 132.
312 Consultatio Catholica, Bd. 1, S. 132.

liche Leben verbessert werden könne. Aber diese Beschreibung endete in der
Utopie einer universalen Weltverbesserung.

Damit ergaben und ergeben sich alle Schwierigkeiten, die mit Utopien
verbunden sind, daß sie nämlich normativ und zugleich unmöglich sind. Aber
eine unmögliche Universaldidaktik dürfte ein in sich widersprüchliches Ziel
sein, das in seinem Anspruch zumindest methodisch nicht gerechtfertigt ist.
Unmögliches läßt sich so wenig wie Absolutes vermitteln. Zwar war Comenius'
Emanationsmodell der Panaugia in sich schlüssig und es erklärte, durch seine
triadischen Kompositionen fast selbsttragend, sowohl das Denken als auch
die Wirklichkeit, nur es konnte den Widerspruch einer utopischen Didaktik
auch nicht verhindern. Die Hauptschwierigkeit der Panaugie und damit auch
die Voraussetzung für das uneinlösbare Didaktikkonzept lag wohl in der
spekulativen Harmonie. Denn selbst wenn Gott zu seinem Ruhme und zur
menschlichen Freude die Welt und den Verstand geschaffen hatte und den
Verstand durch Offenbarung stärkte, dann beinhaltete dies Konzept noch
nicht die spekulative Konvertibilität von Mundus, Mens und Revelatio. Die
Welt brauchte nicht erkannt zu werden fürs menschliche Glück, wo sie doch
Weg zum Göttlichen war; und die Offenbarung mußte kein Traktat über
mystische Erkenntnis sein.

Innere Widerstände gegen den Erkenntnisoptimismus, Widerstände, wie
sie durch die Erbsündenlehre erreicht wurden, hatte Comenius in seiner
Mystik nicht einkalkuliert. Unter Comenius' Prämissen mußte sich der Geist
seine Welt schaffen, und durch das Konzept der Spekulation, das eine neuplatonische Variante der theologischen Ideenlehre war, bekam die Welt
mentale Wirklichkeit, geriet so in die utopische Oszillation von Norm und
Unmöglichkeit.

Alsted hatte durch seine Verbindung von Enzyklopädie und Theologie
den Kompetenzbereich von Enzyklopädie universal gemacht, freilich auf die
diesseitige Welt begrenzt. Sein Anspruch, nur Vorhandenes darzustellen,
verhinderte das Abheben in die Utopie. Comenius verstärkte mystisch die
theologische Grundlegung und veränderte die Didaktik zu einem Konzept
universaler Weltverbesserung auf neuplatonisch-spekulativer Grundlage. Die
theologische Rückversicherung veranlaßte, daß das neuplatonische Modell
der Enzyklopädie bei Comenius in die Utopie aufglitt.

DEr Gold aus Ertz gemacht / u. durch verborgene Krafft
In einer Schrifft verstekt der Menschē Wissenschaft
Liß hir / was irdisch war mit wenig sand beschlüssen /
Was Lullus hat gewust / lehrt Lullus Kunst zu wissen.[1]

I. Idea brevissima Lulliana

1. Lullismus als Philosophia Perennis

Die Präsenz des Lullismus im 17. Jahrhundert lag nicht allein in der möglichen — oder unmöglichen — Anwendung von Kreisen oder Tafeln der lullistischen Kunst auf Magie und/oder Universalwissenschaft. Verborgen, aber
deshalb wohl um so wirksamer, blieb die lullistische Kunst im Teilhabekonzept an der göttlichen Wahrheit. Diese mystische Begründung jeglichen
Wissens koinzidierte mit der christlichen Anamnesis des Neuplatonismus, traf
sich mit der Illumination, dem Baum der Erkenntnis und der Signatura rerum,
der Theosophie des Paracelsus, Böhmes, Weigels, Kirchers, Kuhlmanns oder

---

[1] Quirinus Kuhlmann, Grabesschrifften (1671), S. 30: Grab Raymund Lullus / des
neuen Protagoras. Zitiert nach Walter Dietze: Quirinus Kuhlman. Ketzer und Poet, Berlin
1963, S. 391.

---

*Vorige Seite: Titelvignette (Ausschnitt) von Athanasius Kirchers Ars magna sciendi.
Amsterdam 1669. -- Hier seht Ihr die Weisheit wie den Menschensohn auf den Wolken
des Himmels kommen. Nicht mehr — wie Alsteds Enzyklopädie — hat die Weisheit zwischen Anfang und Ende der Welt, zwischen Frömmigkeit und Menschlichkeit ihren Sitz,
diese Weisheit offenbart das Buch der Welt mit mehr als sieben Siegeln.
μηδὲν κάλλιον ἢ πάντα εἰδέναι Nichts ist schöner als alles zu wissen, prangt auf dem
Sockel des Thrones; und das Schild der Weisheit zeigt die 36 Ersten Lullistischen Begriffe
(Vgl. u. S. 162/163) mit dem Versprechen, daß „His Cognitionis humanae summa conti-
netur". Die Weisheit, mit den Attributen der jungfräulichen Sophia ausgezeichnet, mit der
Sonne auf der Brust, mit Augenszepter und Krone, reißt mit dem Schein ihrer Gloriole
das Dunkel der Unwissenheit auf und eröffnet das Geheimnis der ersten Kunst, „qua ad
omnium Artium Scientiarumque cognitionem brevi adquirendem amplissima porta reclu-
ditur. quod uti Iuventem novum aet. ita quoque ejusdem subsidio usque instructus, quilibet de quavis re proposita infinits pene rationibus disputare, omniamque summariam
quandam cujuslibet notitiam obtineri poterit." Die Siegel des neu eröffneten Buches sind
die Disziplinen der Wissenschaften: Theologie, Metaphysik, Physik, Logik, Medizin,
Mathematik, Ethik/Moral, Aszetik, Jurisprudenz, Politik, Biblische Auslegung, Controvers-
theologie, Moraltheologie, Rhetorik und Kombinatorik. Das Auge Gottes schaut auf diese
Epiphanie der Weisheit herab, das Auge der Vernunft und das Ohr der Erfahrung und des
Gebrauches nehmen die Offenbarung auf. Dieses Reich der Ideen und des Geistes leuchtet
der Welt weit unter sich mit dem Licht, das den arkanen und entscheidenden Sinn der
Schöpfung erklärt.*

Poirets[2]. Der Lullismus verstärkte die Pansophie, und die Pansophie war der Horizont des Lullismus im 17. Jahrhundert.

So waren die Gedankengänge des katalanischen „Doctor Phantasticus"[3] dem 16. und 17. Jahrhundert vertraut. Aber über die Gleichrichtung mit anderen Wissensvorstellungen einerseits und über die grammatische Kombinatorik mit Buchstabensymbolen andererseits konnte der Lullismus erst hinauskommen, als er mit der systematischen Wissenschaftsauffassung im Anschluß an den Ramismus zusammentraf. Alsted hatte den Lullismus zwar nicht als erster, aber doch besonders nachhaltig in die wissenschaftliche Grundlagenargumentation eingeführt, und der Lullismus war dazu in der Tat sehr geeignet.

Denn die Philosophie des katalanischen Missionars bot zunächst eine Fülle von Begriffen an, die als Loci communes aufgefaßt werden konnten, Begriffe, die bereits inhaltlich so gruppiert waren, daß sie sehr wohl den Begriffsstammbäumen der ramistischen Systematiker verwandt schienen, jedenfalls so interpretiert werden konnten. Dabei war die *Ars Magna*, das Kernstück der Philosophie des Raimundus Lullus, zunächst weniger als Philosophie denn als Universalgrammatik geplant gewesen, denn sie sollte christliche und moslemische Sprachen gemeinsam beschreiben. Diese Sprachbindung der lullistischen Kunst machte jedoch gerade deren Reiz aus: Es blieb für eine sprachliche Argumentation gleichgültig, ob man über alles *mögliche* Wissen redete oder über eine vollständige Beschreibung aller Sprachmöglichkeiten. Denn mystische Erlebnisse sind im Kern sprachlich ebensowenig vermittelbar wie Schmerz.

Es bot sich die Konzeption der Ars magna also für eine Universalsprache genauso an wie für ein Universalwissen. Und für beide gab es die identische Begründung einer Teilhabe am göttlichen Wissen. Lulls Kunst leitete ihre Legitimation, ihr Teilhabewissen, aus ihrer Inspiriertheit ab. Die Vita des Philosophen beschreibt: „Post hec Raymundus ascendit in montem quendam, qui non longe distabat a domo sua, causa Deum ibidem tranquillius contemplandi; in quo, cum iam stetisset non plene per octo dies, accidit quadam die, dum ipse staret ibi celos attente respiciens, quod subito Dominus illustravit mentem suam dans eidem formam et modum faciendi librum, ... contra

---

[2] Siehe Quirinus Kuhlmann: Epistola de Arte Magna Sciendi sive Combinatoria. O.O., o.J. 1674 (Dietze, Nr. 16).

Kuhlmann: Epistolae Duae, Prior de Arte Magna Sciendi sive Combinatoria, Posterior de Admirabilibus quibusdam Inventis; è Lugduno-Batavâ Romam transmissae Cum Responsoria Viri in Orbe terrarum quadripartito celeberrimi, Athanasi Kircheri. Lugduni Batavorum, 1674, 2. Aufl. 1675. (Vgl. Dietze, 18 und 23.)

Zu Poiret: Max Wieser: Peter Poiret. Der Vater der romanischen Mystik in Deutschland, München 1932. Vgl. John Neubauer: Symbolismus und symbolische Logik. Die Idee der ars combinatoria in der Entwicklung der modernen Dichtung, München 1978, bes. S. 17—39. Dazu Dietze, Quirinus Kuhlmann.

[3] Erhard Wolfram Platzeck: Raimund Lull. Sein Leben — seine Werke — Die Grundlagen seines Denkens. 2 Bde, Düsseldorf 1962, 1964. Bd. 1, S. 42 u.ö.

errores infidelium."[4] Eine zeitgenössische Miniatur, die kurz nach dem Tode
Lulls entstand — er war nach einer gescheiterten Missionsreise 1315 81-jährig
gestorben —, zeigt die Szene auf dem Berge, und der Erleuchtete betet: „O
Deus, qui tui gratia michi hodie principia substancialia et accidentalia omnium
rerum ostendere voluisti et ex illis duas figuras me facere docuisti"[5].

Es waren im Lullismus von Anfang an Inspiration und Universalität beieinander, eine Tradition auch des christlichen Neuplatonismus. Diese Gleichrichtung erklärte die Affinität des Lullismus zum Humanismus und zum

[4] Jocelyn Nigel Hillgarth: Ramon Lull and Lullism in Fourteenth-Century France.
Oxford 1971, S. 9, Anm. 40, 41.
[5] Abb. IV, ebd. Die Handschrift liegt in Karlsruhe, MS Karlsruhe, St. Peter, Perg. 92.

Barock. Das war wohl der Grund für die Tradition des Lullismus aus dem späten 13. und frühen 14. Jahrhundert über Nicolaus von Kues, Lefèvre d'Étaples, Charles Bouelles, Bernhard de Lavinheta[6] bis zu der fürs 17. Jahrhundert grundlegenden Ausgabe der Schriften Lulls in der Kompilation Lazar Zetzners: Inspiration und Universalanspruch machten den Lullismus im 16. und 17. Jahrhundert zur Philosophia perennis.

Allerdings: In der Rezeption des Lullismus verschob sich im Laufe des 16. Jahrhunderts der Reiz: Während Nicolaus von Kues und Lefèvre d'Étaples den Mystiker Lull schätzten, geriet Lull im 16. Jahrhundert in den Interpretationsbereich des seit Reuchlin bekannt werdenden Kabbalismus. Pico della Mirandola, Agrippa von Nettesheim und Giordano Bruno haben Lull als Kabbalisten interpretiert. In der Tat: Die Buchstaben-Sinn-Kombination, die die lullistische Kunst besonders ausmachte, ähnelte nicht allein den Möglichkeiten von Buchstabenkombinationen, die die kabbalistische Interpretation heiliger Texte hervorbrachte, sondern sie war auch in dem Umkreis entstanden, in dem der *Sepher Jezirah* und der *Sohar* geschrieben wurden[7]. Selbst wenn die Ars Magna weitgehend selbständig gegenüber der Kabbala war, so war die Verbindung dorthin, die im 16. Jahrhundert von Pico della Mirandola, Agrippa von Nettesheim, auch von Giordano Bruno versucht wurde, allemal legitim.

Die Zetznersche Ausgabe der Werke Lulls war zunächst in diesem Sinn veranstaltet worden. Sie druckte nicht nur den pseudolullistischen Traktat „De Auditu Cabbalistico"[8] unter Lulls Namen ab, sondern sie enthielt auch die Kommentare Agrippas von Nettesheim und Giordano Brunos, und in den späteren Ausgaben auch das Opus Aureum von Valerio de Valeriis[9]. Die

---

[6] Vgl. dazu Hillgarth: Lull, S. 269–320. Zu Lefèvre d'Étaples: Vgl. bes. S. 286–288. Der Lullismus gehörte also zum Kern des französischen Renaissanceplatonismus. Dazu: Walter Mönch: Die italienische Platonrenaissance und ihre Bedeutung für Frankreichs Literatur- und Geistesgeschichte, 1450–1550. Berlin 1936 (= Romanische Studien 40). – Paolo Rossi: Clavis Universalis. Arti mnemoniche e logica combinatoria da Lullo al Leibniz, Mailand und Neapel 1960, bes. S. 41–80. – Lavinheta veröffentlichte 1516 in Paris Lull's „Logica brevis et nova" zusammen mit dem „Tractatus de venatione medii inter subiectum et praedicatum" und dem „Tractatus de conversione subiecti et praedicati per medium". 1612 gab Alsted in Köln bei Zetzner die Werke Lavinhetas heraus: Bernhardi de Lavinheta Opera Omnia, quibus tradidit artis Raymundi Lullii compendiosam explicationem . . . Köln: Zetzner 1612.

[7] Vgl. besonders E. W. Platzeck: Lull, Bd. 1, S. 327–336. Platzeck betont die relative Eigenständigkeit der Ars Magna vom Sepher Jezirah und die Unabhängigkeit vom Sohar. In der Tat scheint eine unmittelbare Beziehung schwer nachweisbar, denn Lull konnte kein Hebräisch.

[8] Der Traktat stammt wohl von Pietro Mainardi und wurde zuerst in Venedig 1518 veröffentlicht. Von hierher stammt Pico della Mirandolas Affinität zu Lull. Vgl. Hillgarth: Lull, S. 282, Anm. 76 und Paul Oskar Kristeller: „Giovanni Pico della Mirandola and his Sources" (Mirandola 15–18. September 1963), o.O. 1963, S. 28, Anm. 107. Zu den Ausgaben Tomás und Joaquín Carreras y Artau: Historia de la Filosofia Española, Bd. 1, Madrid 1939, S. 332, Nr. 4.

[9] RAYMVNDI LVLLI OPERA EA QVAE AD INVENTAM AB IPSO ARTEM VNIVERSALEM, SCIENTIARVM ARTIVMQVE omnium breui compendio, firmáque memoria apprehendarum,

Kompilation des Straßburger Verlegers[10] schloß an diese Tradition und
Argumentation an[11]. Sie wurde in ihrer Wirkung zugleich Grundlage für einen
enzyklopädischen Lullismus, der die universalwissenschaftliche, systematische
Topik mit Kombinationsvorstellungen verknüpfte.

Eine solche Verbindung lag allemal deshalb nahe, weil Lull selbst, wohl
auch Vincenz von Beauvais' „Speculum" benutzend, enzyklopädische Werke
geschrieben hatte, deren nachhaltigstes, möglicherweise bis zu Böhmes „Morgenröte im Aufgang" reichendes Buch, die „Arbor Scientiarum" war[12]. Aber
im Einflußbereich „systematischer", nachramistischer Wissenschaftsauffas-
sungen konnte eine kategoriale Wirkung der Ars Magna nicht nur als mystische Anamnese, als Emanationsanalogie oder kabbalistische Hermeneutik
geschehen. Die Wirkung Lulls konnte — und das war ihrer Wirkung bis zu
Comenius gewiß förderlich — alle diese Zusatzlegitimationen auch haben,
aber sie mußte vornehmlich in den universaltopischen Zusammenhang passen,
der seit den Dialektischen Inventionen Agricolas ciceronianisch skizziert und
seit Ramus' Dialektischen Institutionen systematisch modelliert war.

Dazu bot Lulls Kunst genügend Anhaltspunkte. Denn die Kunst Lulls
hatte sich als „Ars compendiosa inveniendi veritatem"[13] und als „Ars inventiva"[14] aufgefaßt. Mittel dieser Kunst waren die Tabellen und Figuren des
Lullismus. Sie vereinigten auf verschiedene Weise mögliche Prädikationen von
Dingen überhaupt, blieben dabei jedoch deutlich sprach- und lehrorientiert,
eine Festlegung, die mit der allgemeinen Dialektik korrespondierte. „Subiectum huis artis", schrieb Lull im Prolog zur Ars brevis, „est respondere de
omnibus quaestionibus, supposito quòd sciatur quid dicitur per nomen."[15]

locupletissimaque vel oratione ex tempore pertractandarum, pertinent, Straßburg: Zetzner
1598. Die Sammlung enthält „I. Ars breuis. II. De Auditu Kabbalistico seu Kabbala. III.
Duodecim principia Philosophiae Lullianae. IV. Dialectica seu Logica. V. Rhetorica. VI.
Ars Magna. Interpret. VII. Iordanus Brunus de Specierum scrutinio. IIX. Idem de Lampade
Combinatoria Lulliana. IX. Idem de progressu & Lampade Venatoria Logicorum. X. Commentaria Agrippae in Artem Breuem Lullian. XI. Articuli fidei." In den späteren Ausgaben
kam noch hinzu: „Valerius de Valeriis: Opus Aureum".
    [10] 1. Aufl. Straßburg 1598 (hier zitiert); 2. Aufl. Straßburg 1609, 3. Aufl. Straßburg
1617; 4. Aufl. Straßburg 1651. Die Zetznersche Ausgabe lag auch der französischen Übersetzung zugrunde, die Robert le Toul, Seigneur de Vassy, 1632 und 1634 veröffentlichte.
Vgl. Hillgarth: Lull, S. 304f. Zetzner war Spezialist für theosophische Literatur.
    [11] Die Zusammenhänge mit der arabischen Philosophie, besonders mit Algazels „Des-
tructio Philosophorum" blieben im 16. und 17. Jahrhundert weitgehend unbekannt. Vgl.
dazu Hillgarth: Lull, S. 18ff. und Platzeck, Lull, Bd. 1, S. 101ff.
    [12] Carreras y Artau, Bd. 1, S. 286, Nr. 2 geben folgende Ausgaben an: Barcelona
1482, 1505, Lyon 1515, 1605, 1635 und Mallorca 1745. Vgl. o. S. 32f. Kircher bildet
die „Arbor Philosophiae Universae Cognitionis Typus" im Bd. 2 seiner „Ars Magna Sciendi", Amsterdam 1669, S. 250 ab. Vgl. u. S. 176—186.
    [13] Platzeck: Lull, Bd. 1, S. 125f., S. 299.
    [14] Platzeck: Lull, Bd. 1, S. 125f., S. 299.
    [15] Lull, Opera, ed. Zetzner 1598, S. 1.

2. Alphabet und Inventionsfiguren.
Einführung in Lullistische Argumente, erster Teil

Schon durch ihre Lehrausrichtung geriet die lullistische Kunst in die Nähe
der didaktischen Kompendien, und das Alphabet, das Lull als die Grundlage
seiner Kunst beschrieb, mußte als Topoitafel aufgefaßt werden. Lull selbst
hatte bestimmt: „Alphabetum ponimus in hac arte, vt per ipsum possimus
facere figuras, et etiam miscere principia et regulas ad inuestigandam veritatem. Nam per vnam literam habentem multa significata, intellectus est magis
generalis ad respiciendum multa significata, et etiam ad faciendum scientiam."[16] Die Wissenschaftsgrundlage des barocken Lullismus bildete die große
Zusammenfassung „Tabula ad artis brevis, cabale tractatus, & artis magnae
primum caput pertinens".

In der Zetznerschen Kompilation hatte die große Tafel eine ganz zentrale
Position: Sie fand sich vor allen großen kombinatorischen Werken, vor der
Ars brevis und der Ars magna ebenso wie vor „De auditu cabbalistico". Sie
bildete in doppelter Hinsicht den Kern der gesamten Kombinatorik: Einmal
beanspruchte sie, auf alle Fragen die Antworten implizit bereitzuhalten[17].
Sie war als Grundlage aller Wissenschaft konzipiert und mußte mithin den
Kompetenzbereich aller Wissenschaft umfassen. „Et ratio huius est," beschrieb Lull seine große Kunst, „vt cum ipsis principiis alia principia subalternata sint, et ordinata, et etiam regulata: vt intellectus in ipsis scientiis
quiescat per verum intelligere, et ab opinionibus erroneis sit remotus ac prolongatus. Per hanc quidem scientiam possunt aliae scientiae perfacile acquiri.
Principia enim particularia in generalibus huius artis relucent et apparent:
dum tamen principia particularia applicentur principiis huius artis, sicut pars
applicatur suo toto."[18] Der Anspruch war also deutlich: Die lullistische Kunst
enthielt ein vollständiges Inventar von Grundbegriffen, von Ideen, die Grundlage aller Wissenschaften waren; eine Kategorientafel also, die den Anspruch
stellte, vollständig und argumentativ zureichend zu sein. Mit der Legitimation
durch die göttliche Inspiriertheit war die lullistische Kunst damit der Schlüssel zu allem Wißbaren; „omne scibile" wird die Formel für den Kompetenzbereich der lullistischen Kunst.

Als vollständige Kategorientafel übererfüllte das lullistische Alphabet die
topischen Ansprüche. Denn selbst im ramistischen System war der Vollständigkeitsanspruch nur auf einen Argumentationsrahmen beschränkt, bezog
sich nicht auf *alles Mögliche* im genauen Sinn. Das lullistische Alphabet bot
mit seinem Vollständigkeitsanspruch des Wißbaren gerade auch die Chance,
aus dem Dilemma zwischen Scientia und Ars, in das Zabarella die späthuma-
nistische Wissenschaft hineingetrieben hatte, hinauszukommen. Denn daß

---

[16] Ebd. Die Tafel mit dem Alphabet ist der S. 1 vorgebunden, s. S. 162/163.
[17] Vgl. o. Zit. 15, S. 160.
[18] Lull, Ars Magna, Prooemium, Zetzner, S. 237.

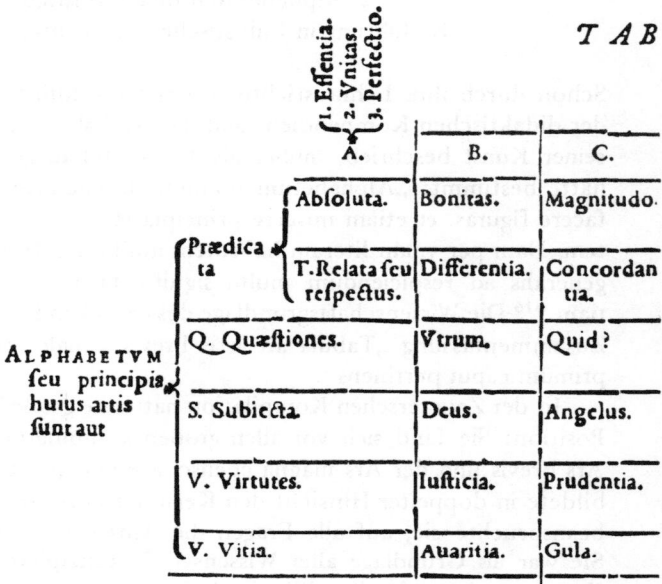

sich der Intellekt bei den Grundbegriffen „in ipsis scientiis" beruhige, weil er
die Wahrheit einsehe, war ein Anspruch, der a limine über die Dispositionskunst hinausging und unvermittelt auf die Teilhabe am göttlichen Plan rück-
verwies. Alsteds Versuch, mit lullistischen Konzeptionen die Dichotomie
der Disziplinen in Wissenschaften und Künste aufzufangen, lag also gewiß
nahe[19].

   Daß sich der Intellekt beruhige, wenn er an den Prinzipien der Lull'schen
Kategorientafel anlange, legte einen Begriff von Theorie zugrunde, der die
Anschauung der Idee als Grundlage und Ziel aller Wissenschaften auffaßte.
Das aber implizierte den Wissenschaftsanspruch des christlichen Platonismus,
daß die kategorialen Begriffe göttliche Ideen seien und daß sie mithin der Welt
zugrundelägen. Die Erkenntnis der Welt durch die lullistischen Ideen wurde
damit zur wissenschaftlichen Notwendigkeit. Und darin lagen die Hauptansprüche der lullistischen Tafel: Ihre Begriffe sind notwendig und vollständig.

   Die Notwendigkeit der Begriffe ließ sich durch die Theoriebasis rechtfertigen und implizierte in der Formulierung des Geistes, der in der Theorie
zur Ruhe komme, auch die psychologische Grundlegung des Wissens. Aber
die Vollständigkeit der Begriffe war schlechthin unbeweisbar. Es ließ sich —
darin analog zur kantischen Kategorientafel — nur ihre Aufteilung und Anwendung beschreiben. Daß die Einzelprinzipien in den allgemeinen Prinzipien

[19] Vgl. o. S. 107ff.

Fol. 1.

𝒱 L A   A D   A R T I S   B R E 𝒱 I S,
Cabale tractatus, & Artis Magnæ primum
caput pertinens.

D.	E.	F.	G.	H.	I.	K.
Aeternitas feu Duratio	Poteftas.	Sapientia.	Voluntas.	Virtus.	Veritas.	Gloria.
Contrarietas.	Principium.	Medium.	Finis.	Maioritas.	Aequalitas.	Minoritas.
De quo?	Quare.	Quantum?	Quale?	Quando?	Voi.	Quomodo? Cum quo?
Cœlum.	Homo.	Imaginatio.	Senfitiua.	Vegetatiua.	Elementatiua	Inftrumentatiua.
Fortitudo.	Temperantia.	Fides.	Spes.	Charitas.	Patientia.	Pietas.
Luxuria.	Superbia.	Acidia.	Inuidia.	Ira.	Mendacium	Incoftantia.

erschienen und aufleuchteten, hatte Lull ebenso betont wie die Applikation
der allgemeinen Prinzipien auf die besonderen und alles mit dem Axiom vom
Ganzen und seinen Teilen begründet[20]. Nur: Das Ganze war als Vollständiges
unbeschreibbar; blieb allein die Beschreibung der Teile. Und auch hier gab es
eine formale Analogie zu den topischen Tabellen: Wie die topischen Tabellen
Agricolas waren auch Lulls Kategoriengruppen geordnet. Die Disposition der
Abschnitte, ihr verführerischer Schematismus nach Neunergruppen suggerier-
ten eine Ordnung, die der strengen, subsumierenden Systematik des Ramismus ebenbürtig schien. Denn alle Oberbegriffe waren irreduzibel und folglich
je ein Gipfel einer Begriffspyramide. Diese Erwägung wurde die Denkvoraus-
setzung für die lullistischen Lexica.

In Zetzners Kompilation bot das Alphabet, die große Tabelle der Ars
Brevis, das Inventar für die Begriffskreise, die die nähere Ordnung der Begriffe
untereinander bestimmten. Das war zugleich die Voraussetzung zur Kombinatorik, für die zweite Operationsstufe der lullistischen Philosophie. Das
Alphabet bot sechs Gruppen von Begriffen an[21], absolute und relative Prädikate, Fragen, Subjecta, Virtutes und Vicia. Die Ars Brevis und die Ars Magna
nun faßten — nicht immer ganz konsequent — diese Prädikatengruppen in
lullistischen Kreisen (die im übrigen wohl älter waren als die Tafeln) zusammen:

---

[20] Vgl. o. Anm. 16, S. 161.
[21] Dazu bitte die Klapptafel am Ende des Buches aufschlagen. Die Figur A aus Lull,
Opera, ed. Zetzner, S. 3.

Die Figur A enthielt in ihren neun Feldern alle absoluten Prädikate. Alle diese Prädikate waren miteinander verbindbar, waren in sich also homogen.

Das galt für die Begriffe, die im Kreis T zusammengefaßt waren, keineswegs. Die Figur T war aus den relativen Prädikaten konstruiert, die je zu Dreiecken verbunden wurden, und faßte zunächst die Relationsprädikate nach Dreiergruppen zusammen:

— Differentia (B) Concordantia (C) Contrarietas (D);
— Principium (E) Medium (F) Finis (G);
— Majoritas (H) Aequalitas (I) Minoritas (K).

Während in der Figur A alle absoluten Prädikate als Konstitutionsbegriffe gefaßt wurden[22], waren die Dreiergruppen der Figur T konstitutive Inventionsbegriffe; „extra ista principia nihil est inuentibile"[23], schrieb Lull. Die

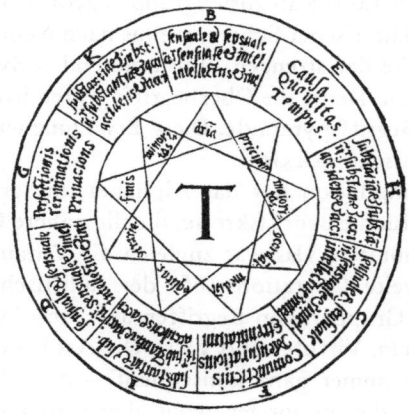

[22] Lull, Opera, ed. Zetzner, S. 3: „In Principiis istius figurae est implicatum quicquid est, nam quicquid est, aut est bonum aut magnum &c. sicut Deus & angelus, qui sunt boni & magni &c. quapropter quicquid est reducibile, est ad principia supradicta."
[23] Lull, Opera, ed. Zetzner, S. 5.

Dreiecke setzten sich aus den Relationsprädikaten der großen Tafel zusammen. Das erste Dreieck mit den Ecken Differentia, Concordantia und Contrarietas verwies auf die sensiblen und intelligiblen Substanzen: Sensibile + sensibile, sensibile + intelligibile, intelligibile + ingelligibile. (Das entsprach etwa den Positionen E F G der Gruppe Subjecta in der lullistischen Tafel.)

Das zweite Dreieck, das die Kausalität beschrieb, bezog sich in der Ecke Principium (E) auf: Causa, Quantitas und Tempus; bei Medium (F) auf Conjunctio, Mensuratio und Extremitas; Finis (G) zielte auf Perfectio, Terminatio und Privatio.

Das letzte Dreieck dürfte am ehesten quantitativ heißen. Es bezog sich wie das erste Dreieck auf einen Mischbereich, diesmal zwischen Substanz und Akzidenz: Substanz + Substanz; Substanz + Akzidenz; Akzidenz + Akzidenz.

Die Zuordnung der Dreiecke in der Figur T[24] zu Objektbereichen, die Lull nur als Spezifikation der Relationsprädikate verstanden wissen wollte, und ihre Subsumption unter die Kategorien des lullistischen Alphabets hätte vielleicht eine Probe auf den inventorischen Vollständigkeitsanspruch dieses Alphabets abgeben können. Aber diese Probe wäre wohl in ihrem Ausgang gleichgültig gewesen. Denn zunächst ging es bei diesen ersten Figuren um Inventionshilfen.

Außerhalb dieser Prinzipien sei nichts invenierbar, hatte Lull geschrieben. Die Invention mit der zweiten Figur bezog Lull streng auf die erste, und er beschrieb ihre Leistungsfähigkeit so: „Ista figura de T. est seruiens primae figurae: nam per differentiam distinguitur inter bonitatem et bonitatem: et magnitudinem et magnitudinem. etc. Et per hanc figuram iunctam primae figurae intellectus acquirit scientiam, et quia ista figura est generalis, idcirco intellectus est generalis.“[25] Die Applikation dieser allgemeinen Kategorien auf Einzelwissenschaften, die Lull in der Einleitung zu seiner Ars Magna gefordert hatte[26], stellte sich in der Kombination der ersten und zweiten Figur vergleichsweise einfach dar, nämlich als Begriffsfeld, das einem Zentralbegriff zugeordnet werden mußte.

3. Lullistische Inventionen humanistischer und barocker Lullisten

Die Kombination der ersten beiden Figuren ergab also ein Begriffsverzeichnis, das nach absoluten Prädikaten geordnet war, das topische Wörterbuch war das Ergebnis einer universaltopischen Invention nach den ersten beiden lullistischen Figuren. Der Tholosaner Jurist Pierre Grégoire[27] war für das 16. Jahr-

---

[24] Die Figur T stammt aus Lull, Opera, ed. Zetzner, S. 4.
[25] Ars Brevis, in: Lull, Opera, ed. Zetzner, S. 6.
[26] Siehe o. S. 161, Anm. 16.
[27] Er lebte von 1540—1597 in seiner Vaterstadt (Vgl. dazu Carreras y Artau, Bd. II, Madrid 1943, S. 233—235), war Professor in Cahors und dann in Pont-a-Mousson in der Nähe von Nancy.

hundert derjenige, der im lullistischen Bereich die Kombination nachhaltig
versuchte. Grégoire hatte im Titel seiner „Syntaxes artis mirabilis . . . in
Libros XL. digestae" versprochen: „de omni re proposita, multis et propè
infinitis rationibus disputari, aut tractari, omniumque summaria cognitio
haberi potest."[28] Diesen Enzyklopädieentwurf hatte er in zwei Teilen veröffentlicht. Der zweite Teil war ähnlich wie Mylaeus' Universalgeschichte
nach Themengebieten geordnet: Physik, Metaphysik, Mathematik; Wortwissenschaften; praktische Wissenschaften, auch unfreie Künste, von der Bäcke-
rei bis zur Navigation, bildende Künste und Medizin. Der Kompetenzbereich
war in der Tat umfassend, hob auch bereits die Diskriminierung der hand-
werklichen Künste auf.

Aber die entscheidende kategoriale Neuerung bei Pierre Grégoire war
lullistischer Provenienz: Er wandte im ersten Band seiner Syntaxes artis mirabilis die lullistische Kunst als Inventionskunst für die absoluten Prädikate des
Lullschen Alphabets an[29]; er definierte, gab eine Synopsis zugehöriger und
widersprüchlicher Begriffe, endete schließlich mit Axiomata. „Veritas" bei-
spielsweise, das vorletzte absolute Prädikat, wurde definiert als „cuiusque rei,
sicuti est, exhibitio, vel intelligentia". Danach wurde weiter untergliedert
nach „creata" und „increata", „rei", „intellectus" und „orationis". Die
„Synopsis eorum, quae veritatem referunt" stellte das benachbarte Begriffsfeld dar, in dem Veritas zu finden war: „Adaequatio. Approbatio. Authoratio.
Confirmatio. Essentia. Fides. Lex. Praedestinatio. Probationes omnes, vt
testes, instrumenta, & Quidditas. Registrum. Verum." Und nach den Gegen-
begriffen und den methodischen Fragen folgten sechs „Axiomata": „1. Veritas
propter pugnantium argumentorum difficulatem reijcienda non est. 2. Veritas
odium parit. 3. Veritas super omnia, omniaque tandem vincit aduersa. 4. Veritas non quaerit angulos. 5. Veritas in omnibus quaerenda. 6. Veritas simplici-
tatis amica."[30]

Eine solche Invention, die nach lullistischen Regeln vonstatten ging, kam
bei Pierre Grégoire unter der Voraussetzung zustande, daß absolute Prädikate
einen ontologischen Sonderstatus besaßen. Diese Invention war eine Rundum-
orientierung um Begriffe, die untereinander gleichberechtigt für sich standen.

Systematisch im ramistischen Sinne war diese Urform eines topischen
Begriffsverzeichnisses gewiß nicht. Erst als die lullistische Philosophie zur
Grundlagenwissenschaft von Aristotelikern und Ramisten erklärt wurde, bei
Alsted, entstand die — unausgeführt gebliebene — Idee eines vollständigen

---

[28] Pierre Grégoire: Syntaxes Artis Mirabilis in Libros XL. Digestae. . . . Per quas de
omni re proposita, multis & propè infinitis rationibus disputari, aut tractari, omniumque
summaria cognitio haberi potest. Köln: Zetzner 1600. Carreras y Artau II, S. 234, kennen
die Ausgaben Lyon 1582—1587 und einen Venezianer Druck von 1588. Rossi, Clavis Universalis, kennt eine vierteilige Ausgabe Köln 1610. Die Erstausgabe erschien in sieben
Büchern bei Gryphius in Lyon: Syntaxes artis mirabilis in libros septem digestae, Lugduni:
Gryphius 1575.
[29] Grégoire, Syntaxes, Bd. 1, Lib. 4, S. 37—60.
[30] Alle Zitate bei Grégoire, Syntaxes, Bd. 1, Lib. IV, S. 58/59.

Wörterbuches, das nach den Kategorien Lulls geordnet war und das zugleich die Kontinuitätsansprüche an ein wissenschaftliches Feld zu befriedigen in der Lage war.

Alsted hat sich in seinen lullistischen Arbeiten zunächst an dem Kommentar Agrippa von Nettesheims zur Ars Brevis orientiert, einer Abhandlung, die der Zetznerschen Lull-Kompilation beigebunden war. Wie Agrippa nahm Alsted in seiner Clavis Artis Lullianae[31] das lullistische Alphabet zum Vorbild und konstruierte für jede Gruppe des Alphabets einen eigenen Zirkel[32]. So entstanden neben den Kreisen A und T, die die absoluten und relativen Prädikate behandelt hatten,
ein Kreis für *Subjecta* (S)[33], einer für Virtutes et Vitia gemeinsam (W)[34]

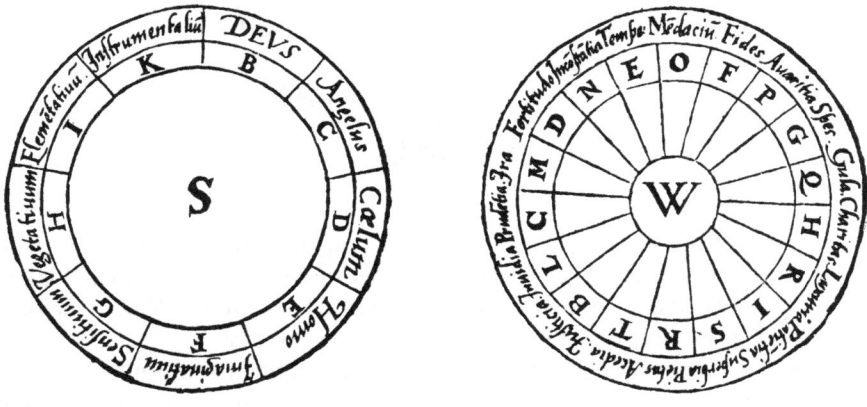

und einer für die Quaestiones[35].

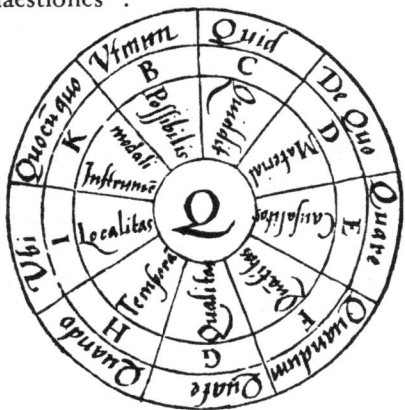

[31] Johann Heinrich Alsted: Clavis Artis Lullianae, et Verae Logices Duos in Libellos Tributa, Straßburg: Zetzner 1609.
[32] Vgl. die Klapptafel am Ende dieses Buchs.
[33] Clavis Artis Lullianae, S. 25.
[34] Clavis Artis Lullianae, S. 27.
[35] Clavis Artis Lullianae, S. 45.

Eine ganz wesentliche aristotelische Erweiterung übernahm Alsted entweder von Lull selbst oder von Agrippa von Nettesheim[36]: Die aristotelischen Kategorien wurden in die Kreise Lulls aufgenommen[37]:

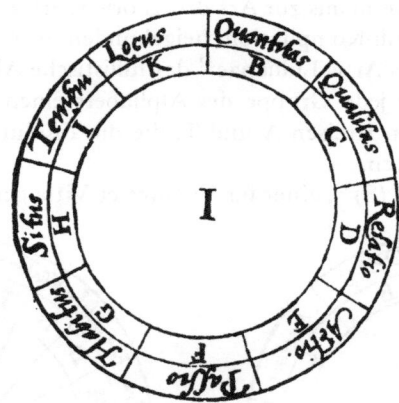

Das war eine ganz entscheidende Erweiterung der lullistischen Kategorientafel, die Alsted in ein erweitertes „Alphabetum artis" aufnahm, ein Alphabet, das die Grundlage seiner Clavis Lulliana bildete und die Voraussetzung für seine Universaltopik in den „Trigae canonicae" war[38].

Mit der Eingliederung der aristotelischen Kategorien war ein Schritt zur Konstitution des Lullismus als Grundlagenwissenschaft getan, die für den jungen Alsted in der gemeinsamen kategorialen Fundamentierung von Aristotelismus und Ramismus bestand. Die aristotelischen Kategorien waren jetzt Bestandteil des lullistischen Alphabets. Das bedingte freilich eine neue Gliederung des Alphabets[39].

Alsted unterschied jetzt in der Clavis Lulliana aristotelische Subjecta bzw. Elementa (Cirkel S) und Instrumenta (Cirkel I und W), eine Unterscheidung, die in seinem Alphabet der Clavis, das in den Trigae canonicae erneut verwandelt wurde, auch terminologisch als aristotelische Differenz von Substanz und Akzidenz wieder auftauchte[40]. Als „Instrumenta" faßte er die Gruppen I und W (die aristotelischen Kategorien also und die Virtutes und Vitia des lullistischen Alphabets) zusammen[41]; „Instrumentativum est

---

[36] Heinrich Cornelius Agrippa von Nettesheim: Commentarius in Artem Brevem Lullianam. In: Lull, Opera, Straßburg: Zetzner 1598, S. 810–940. Die Erweiterung um die aristotelischen Kategorien S. 816. Vgl. Lull: Ars generalis et ultima, s.a. Platzeck, Lull, I, S. 275 u. 283ff.

[37] Alsted, Clavis Artis Lullianae, S. 26.

[38] Alsted, Trigae Canonicae, S. 59. Vgl. oben S. 107ff. Clavis Artis Lullianae, S. 116.

[39] Clavis Artis Lullianae, S. 116. Vgl. Abb. S. 169.

[40] Vgl. Klapptafel am Ende des Buchs und Kapitel Alsted, S. 111.

[41] Vgl. Abb. S. 169 und Klapptafel am Ende des Buchs.

1. Tabula generalis adumbrans Alphabetum artis, & singulos circulos.

		1.	2.	3.	4.	5.	6.	7.	8.	9.
		B	C	D	E	F	G	H	I	K
Subiectorum {	1. S. Substantiarum.	DEVS.	Ange lus.	Cælum.	Homo.	Imagi natio.	Sensi tiva.	Vegeta tiua	Elemen tatiua	Instrumē tatiua
	2. I. Accidentium Naturalium.	Quan titas.	Quali tas.	Rela tio.	Actio.	Passio.	Habi tus.	Situs.	Tem pus.	Locus.
	3. VV. Accidentium moralium. { Virtutū.	Iustitia.	Pruden tia.	Forti tudo.	Tempe rantia.	Fides.	Spes.	Caritas.	Patien tia.	Pietas.
	Vitiorū.	Avari tia.	Gula.	Luxu ria.	Super bia.	Ace dia.	Inui dia.	Ira.	Menda cium.	Incon stātia.
	4. Prædicato rum { Absoluto rum. A.	Boni tas.	Magni tudo.	Æter nitas. Duratio	Pote stas.	Sapi entia.	Volun tas.	Virtus.	Veri tas.	Gloria.
	Respecti gorū T.	Diffe rē tia.	Concor dātia.	Contra rietas.	Princi pium.	Medi um.	Finis.	Maio ritas.	Æqua litas.	Mino ritas.
Circulus	5. Quæstionum, seu regula rum. Q.	Vtrum.	Quid.	De quo.	Qua re.	Quan tum.	Qua le.	Quan do.	Vbi.	Quomo do cū que.

omne id, quod habet suum esse in alio, ut in principali subjecto. Et hoc consideratur, vel naturaliter, vel moraliter."[42] Mit der definitorischen Unterstellung der lullistischen Moralia und der aristotelischen Praedicabilia unter den gemeinsam aristotelischen Oberbegriff „Akzidentien" respektive „Instrumenta" erreichte Alsted die lückenlose kategoriale Fügung aristotelischer Gedanken in ein lullistisches Konzept.

Das so festgestellte lullistische Konzept war zugleich topisch. Denn Alsted betrachtete das Verfahren der Wissenschaft, die er lullistisch konstituierte, unter ramistischen Gesichtspunkten. Auch er ging davon aus, daß „mentis operationes possunt referri ad duas, putà Inventionem, et Dispositionem."[43] Und für den Inventionsprozeß spielten die lullistischen Kreise eine entscheidende Rolle. „Instrumentum inventionis est medium, per quod invenitur materia dispositionis"[44], beschrieb Alsted sein Verfahren in ramistisch-topischem Sinn, um es sogleich lullistisch zu spezifizieren: „Itaque circulus in arte Lulliana est locus, et quoddam quasi domicilium, in quo instrumenta Inventionis collocantur."[45] Damit war neben der kategorialen Vervollständigung des lullistischen Alphabets das topische Verfahren dieser Wissenschaft geklärt, ein Verfahren, das Alsted als Inventionsverfahren mit Hilfe des Zirkels Q, des Quaestiones-Zirkels[45a] beschrieb.

Dieser Kreis, der mit seinen Fragen die Prädikabilien aller möglichen Dinge befragte, war auch für Alsted „clavis inventionis et instrumentum dispositionis". Er fährt fort: „Non autem ideò hi termini vocantur quaestiones, quòd illarum ope in utramque partem problemata ultrò citròque agitentur, sed quoniam per modum quaestionum primò significare videntur; quod etiam Lullius manifestat, dum eas vocat regulas: quandoquidem ex instituto principali potius ad regulandum & definiendum, quàm ad inquirendum sunt finaliter ordinatae, ut per ipsas disponamur & ordinemur in discursu, resolutione & explicatione conceptionum. Iccirco Lullius noster hasce quaestiones vocat vasa ad omnia intelligibilia."[46]

Hier wurde die Doppelfunktion der Leitbegriffe sichtbar, die das lullistische Alphabet ausmachten, wenn es in den Dienst des Ramismus gestellt wurde: Die Begriffe des Alphabets waren, sofern sie unter logischen oder kategorialen Gesichtspunkten benutzt wurden, immer zugleich Konstitutions-, Dispositions- und Inventionsbegriffe. Als Konstitutionsbegriffe garantierten sie kategorial die Einheit der Wissenschaften, als Dispositionsbegriffe bildeten sie Deduktionsfixpunkte von Systemen, als Inventionsmittel lieferten sie Findörter, die Begriffe für eine mögliche Prädikation gegebener Themen enthielten.

---

[42] Clavis Artis Lullianae, S. 26.
[43] Clavis Artis Lullianae, S. 24.
[44] Clavis Artis Lullianae, S. 24.
[45] Clavis Artis Lullianae, S. 25.
[45a] Vgl. o. S. 167, Anm. 35.
[46] Clavis Artis Lullianae, S. 46.

Man könnte diese Mehrfachfunktion als Preis für die Synthese der drei Wissenschaftsrichtungen auffassen, als Argumentationsrest, der aus den alten aristotelischen, lullistischen und ramistischen Wissenschaften mitgeschleppt wurde. In der Tat: Das dauernde Springen zwischen Sprache (Konstitutionsbegriffe von Wissenschaft/Deduktionsbegriffe von Systemen) und Metasprache (nur so kann der topische Gebrauch von Kategorien erklärt werden) machte den Stellenwert der Begriffe des Alphabets unklar. Aber auf der anderen Seite garantierte die Anwendungsbreite der Leitbegriffe des erweiterten lullistischen Alphabets einen beträchtlichen Erkenntnisgewinn. Denn mit dem erweiterten Alphabet erweiterte sich auch der Kompetenzbereich der lullistischen Kombinatorik.

4. Kombinationsfiguren. Einführung in lullistische Argumente, zweiter Teil

Lull hatte in der Ars Brevis und in der Ars Magna nach den ersten beiden Inventionsfiguren die Kombinatorik in Figuren dargestellt, deren erste (Tertia Figura) das Ergebnis der Kombination zweier Gruppen darstellte[47]:

TERTIA FIGVRA

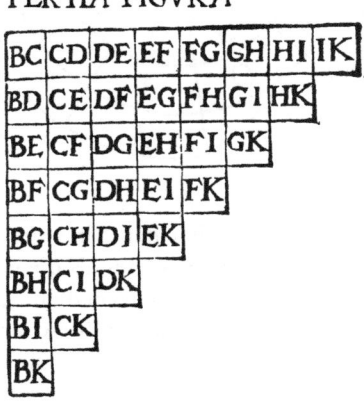

Es brauchte, und es durfte diese Kombinatorik nicht spezifiziert werden[48], denn der Witz der mechanischen Kombination lag darin, daß hier ein formales Verfahren zur vollständigen Invention angeboten wurde.

Lulls Vorstellung war zunächst die, daß die beiden Prädikatengruppen, die er in seinem Alphabet[49] als absolute und relative Prädikate gekennzeichnet

[47] Lull, Opera, ed. Zetzner, S. 7.
[48] Vgl. o. S. 161, Anm. 16, wo die Vielfalt der Anwendung als methodisches Kombinationsmuster aller Wissenschaft gewertet wird, eben weil die Buchstaben nicht spezifisch definiert sind.
[49] Bitte Klapptafel am Ende des Buchs aufschlagen.

und deren inneres Verhältnis er in den Kreisen A und T[50] beschrieben hatte, mit seiner „3. Figur" vollständig kombinierbar sein sollten. Der Wert der Kombinationstafel Lulls bestand in der *vollständigen* Invention aller Prädikationen; die Beurteilung der Prädikationszusammenstellung war eine zweite Frage.

Die 4. Figur Lulls hatte einen ähnlichen Zweck. Nur daß hier nicht nur zwei Kreise miteinander kombiniert werden sollten, sondern hier handelte es sich um eine Kombination von drei Kreisen[51], ein Vorgang, den Lull auf die formale Gliederung des Syllogismus in 3 Urteile zu je zwei Begriffen anzuwenden versuchte.

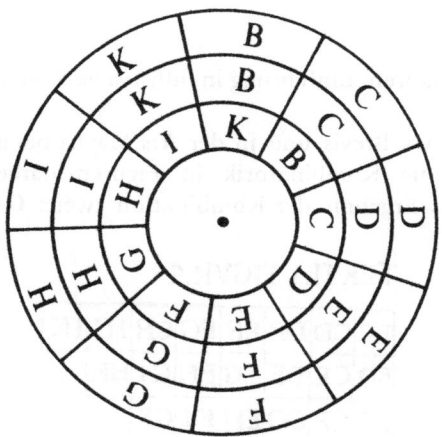

Agrippa von Nettesheim beschrieb den Sinn dieser Figur, die von Lull vornehmlich als allgemeiner und umfassender als die erste Kombinationsfigur (Figura tertia) dargestellt wurde[52], folgendermaßen: „Die vierte Figur macht den Intellekt fähig, durch sichere Schlüsse zu forschen, zu finden, einzuwenden, zu beweisen und festzusetzen. Diese Figur besteht aus drei Kreisen, von denen der äußerste unbeweglich und die inneren beiden beweglich sind. Sie enthält die drei vorhergehenden (lullistischen) Figuren (Figur A, T und „Figura tertia") und ist also allgemeiner als die dritte Figur. Denn in jeder Kammer dieser Figur sind drei Buchstaben. ... Bedingung dieser Figur ist, daß man nur die Kammern akzeptiert, die auf eine Proposition anwendbar sind, indem man aus den Kammern die Konvenienz von Subjekt und Praedikat dergestalt analysiert, daß daraus keine Inkonvenienz bzw. etwas Unmögliches folgt. Und unter dieser Bedingung betreibt der Intellekt mit der vierten

---

[50] Vgl. S. 167 und S. 164.
[51] Lull, Ars Brevis, Opera, ed. Zetzner, S. 8f.
[52] Vgl. o. S. 171.

Figur Wissenschaft und erhält mehrere Bedingungen zu ihrem erfolgreichen Abschluß."[53] Agrippa von Nettesheims Kommentar machte die Möglichkeiten und die Schwierigkeiten der Kombinatorik deutlich: Mit einer begrenzten Anzahl von Elementen ließen sich sehr viele Kombinationsmöglichkeiten erzielen, schon die Kombination der Figuren A und T ergab 36 Möglichkeiten. Nahm man nun die Kombinationsergebnisse absoluter und relativer Prädikationen je als Einheit und kombinierte sie nach Maßgabe der vierten Figur in Dreiergruppen, dann ergaben sich daraus 84 Kombinationen. Der Sinn der Dreifachkombinationen (Con3nationen) bestand darin, daß je eine Proposition, die durch die erste Kombinationsfigur (Figura tertia)[54] gewonnenen, mit einem Buchstaben der vierten Figur[55] abgebildet werden konnte und daß sich durch die Dreierkombination ganz formal ein Syllogismus abbilden ließ. Das meinte Agrippas Anfangsformulierung, daß die vierte Figur den Intellekt fähig mache, durch sichere Schlüsse zu forschen. Erfüllte man die Bedingung, von der Agrippa zugleich gesprochen hatte, daß nämlich die Propositionen sinnvoll (conveniens) angelegt waren, so ließen sich mit der Dreierkombination 84 Möglichkeiten von syllogistischen Schlüssen beschreiben, eine Zahl, die bei der notwendigen weiteren Gliederung einer Proposition in Subjekt und Prädikat auf insgesamt 1680 Kombinationsmöglichkeiten hochschnellte[56].

---

[53] Agrippa von Nettesheim. Kommentar zur Ars Brevis. Lull, Opera, ed. Zetzner, S. 860: „Quarta figura ipsa disponit intellectum, ad inuestigandum & inueniendum, objiciendum, probandum, & determinandum, per necessarias conclusiones. Et ista figura constat ex tribus circulis, extremo immobili, & duobus interioribus mobilibus: & continet in se tres Praecedentes, ideo ipsa est generalior quam tertia. Nam in qualibet camera huius figurae sunt tres literae. Et istae camerae, propter nimiam suam multitudinem memoratu difficillimam, reducuntur ad formam tabulae suis columnis distinctae, in qua intellectus discurrendo per principia & regulas, facit se adeo vniuersalem & generalem, ita quod sophista contra illum stare non potest. Conditio istius figurae est, vt accipiantur solum illae camerae, quae sunt magis applicabiles ad propositum, recipiendo ex illis conuenientiam inter subiectum & praedicatum, tali modo quod non sequatur inconueniens, vel impossibile. Et cum ista conditione intellectus facit scientiam per quartam figuram, & habet plurimas rationes ad eandem conclusionem."
[54] Vgl. o. S. 171.
[55] Vgl. o. S. 172.
[56] Das läßt sich errechnen: Wenn 9 Elemente in drei Klassen kombiniert werden, ergibt das $\frac{9 \cdot (9-1) \cdot (9-2)}{1 \cdot 2 \cdot 3} = 84$ Kombinationen. Nimmt man die Kombinationen der ersten Kombinationsfigur (Fig. 3) dazu, dann muß die Herkunft der Kombinationsfigur (Fig. 3) aus den Zirkeln A und T mitberücksichtigt werden. Dann müßte, notierte man die Herkunft aus Kreis A mit Großbuchstaben, die Herkunft aus Kreis T mit Kleinbuchstaben, die Dreierkombination so aussehen, daß die Reihe BCD zu BCDbcd würde. Das verlangte noch einmal die Dreifachkombination von 6 Elementen: $\frac{6 \cdot (6-1) \cdot (6-2)}{1 \cdot 2 \cdot 3} = 20$ Kombinationen. Diese 20 Kombinationsmöglichkeiten müßten mit den 84 Kombinationsmöglichkeiten der dritten Figur multipliziert werden, so daß 1680 Kombinationsmöglichkeiten nur aus den Figuren drei und vier entstehen. Vgl. dazu Platzeck I, S. 309, von dem diese Berechnungen stammen.

Ob die dritte Figur[57], die nur zwei Buchstaben vereinigte, schon bei Lull eindeutig auf die Zuordnungsmöglichkeiten und die Konvenienz von Subjekt und Prädikat, also auf ein logisches Urteil zugeschnitten war, ist nicht ganz deutlich. Aber mit Agrippas Kommentar zur Ars Brevis und mit Alsteds Clavis Artis Lulliana wurde diese Zuordnung eindeutig. Wenn die dritte Figur neun Substanzengruppen mit neun Prädikatengruppen verband, dann war damit die vollständige Invention garantiert, weil die Substanzen- und die Prädikatengruppen kategoriale Vollständigkeit beanspruchten. Schon bei der Zweierkombination (Figur 3) war die Frage der Konvenienz von Subjekt und Prädikat aufgetaucht. Diese Konvenienz konnte — wie Alsted Lull kommentierte — mit einem Fragedurchgang (Zirkel Q) geklärt werden[58]. Und wenn die Propositionen geklärt waren, konnte man mit Hilfe der drei Kreise der vierten lullistischen Figur alle syllogistischen, also dreigliedrigen Möglichkeiten der Argumentation finden. Zwar war auch hier wieder nichts über die Konvenienz untereinander ausgesagt, aber die Kombinatorik garantierte, daß alle Möglichkeiten ausgeschöpft wurden. Die Kombinatorik bildete auch hier die Garantie für eine vollständige Invention, ohne Aussagen über die Spezifität der Erkenntnisse zu machen; sie deckte mithin die begrifflichen Konstitutionsbedingungen, ohne deren Applikation beschreiben zu können.

Die Kombinatorik bildete das formale Pendant zum kategorialen Anspruch, den das lullistische Alphabet und darüber hinaus die Alstedsche Erweiterung des Alphabets stellten. Unter der Bedingung, daß die Kategorien des Alphabets vollständig waren, garantierte die Kombinatorik die vollständige Beschreibung aller Erkenntnismöglichkeiten. Alphabet und Kombinatorik waren die Grundlage jedweder Erkenntnismöglichkeit.

Aber just aus diesem Anspruch entstand die zweite Generalschwierigkeit des Lullismus: Es waren die Kombinationsmöglichkeiten so groß, daß sie wissenschaftlich unüberschaubar und damit unapplizierbar wurden. Eine Möglichkeit, aus diesen Schwierigkeiten herauszukommen, konnte die qualitative Bestimmung von Zuordnungen sein. Eine weitere, zunächst naheliegende praktische Inventionsmöglichkeit bestand in der inhaltlichen Konvenienzkontrolle der Kombinationen. Das hatte Alsted damit versucht, daß er seinen Fragezirkel Q[59] als Kontrolle benutzte und damit die hohe Anzahl formaler Kombinationen auf eine überschaubare Anzahl sinnvoller Sätze reduzieren wollte. Das war ein zwar langer, vielleicht umständlicher, aber sicherer Weg zur vollständigen Invention.

---

[57] Vgl. o. S. 171.

[58] Vgl. o. S. 167 und die Falttafel am Buchende, Anm. 35, dazu Alsted, Clavis Artis Lullianae, S. 48ff. und S. 91: „Combinatio subiecti & praedicati. Subjecta Q interdum sunt verba, interdum nomina: & aliquando nomina mutantur in verba, & contrà: aliquando nomina ex abstractis migrant in concreta, & contra, ut Dei cognitio, Deus cognoscens, Deus cognoscit."

[59] Vgl. S. 167 und die Falttafel am Ende des Buchs.

5. Phantastische Dispositionen: An der Nahtstelle
von Lullismus und Ramismus

Mit der Reduktion der möglichen auf die sinnvollen Sätze war der eigentliche Inventionsvorgang abgeschlossen. Aber wie bei allen Inventionen bestand das Ergebnis in einer langen Reihe von Sätzen, die in sich nicht disponiert waren. Hier griff gerade für Alsteds Philosophie, die Lullismus, Aristotelismus und Ramismus vereinigen wollte, die Funktion des *Judiciums*. Das Judicium ordnete die Begriffe, die in der Kombinatorik als sinnvoll erkannt worden waren, den Leitbegriffen im lullistischen Alphabet zu und bildete so ein topisches Lexikon.

Der gesamte Vorgang der Wissenschaft, in dem Alsted den aristotelisch erweiterten Lullismus mit dem ramistischen Topik- und Systembegriff verbinden wollte, hatte drei Konstituenten:

1) Das lullistische Alphabet wurde um die aristotelischen Kategorien erweitert.
2) Die Kombinatorik galt als Instrument vollständiger Invention.
3) Das Ergebnis des Judiciums war die topische Gliederung der invenierten Begriffe, das universale Lexikon.

Dieses Werk beschrieb Alsted 1610 in der „Panacea Philosophica"; er konzipierte das Buch allen Wissens, das den ramistischen Systemanspruch mit dem lullistischen Inventionsanspruch koppelte[60]. Dies phantastische, nie fertiggestellte Lexikon, das die gemeinsame Nahtstelle von Lullismus und Ramismus bildete, hätte in einem großen Bande in Folio bestanden, der in zehn Hauptteile gegliedert worden wäre, nach der Zahl der 10 Subjecta. Die einzelnen Teile hätten je zweimal neun Blätter umfaßt, auf die insgesamt 18 Prädikate geschrieben worden wären, auf jedes Blatt eins. Und jedes Blatt hätte wieder 10 Abteilungen gehabt, in denen die 10 Fragen gestanden hätten, für jede Frage eine Spalte[61]. Und damit hätte man die lullistischen Konstitutionsbegriffe als Dispositionsbegriffe eines ramistischen Systems gefaßt; die gefundenen Begriffe wiederum wären nach Kolumnen von Begriffen und Propositionen an ihren rechten Ort gestellt worden.

Das Ziel des Lullismus unter der ramistischen Dichotomie von Inventio und Judicium hätte die vollständige topische Enzyklopädie aller sinnvoll gefundenen Begriffe gebildet. „Verbo dicam. Ars haec applicativa, est Lexicon philosophicum generale."[62] All dies war ebenso faszinierend wie — zumindest

---

[60] Alsted, Panacea Philosophia, Vgl. o. S. 111, dazu Klapptafel am Ende des Buchs.

[61] Alsted, Panacea Philosophica, S. 16: „Fabrica ita habet. Fiat volumen grande in folio, & illud dispescatur in decem partes principales, pro numero decem subjectorum. Singulae partes sibi vendicent bis novena folia; quibus inscribantur 18. praedicata, singulis singula. Singula folia dividantur in 10. particulas, quibus inscribantur 10 quaestiones, singulis autem singulae. Usus hujus Lexici est infinitus."

[62] Alsted, Panacea, S. 16. Yves de Paris hat 1648 versucht, ein solches lullistisches Lexikon zusammenzustellen. Vgl. o. S. 192.

und zunächst praktisch — undurchführbar. Denn der Inventionsprozeß mit
der Kombinatorik war so aufwendig, daß eine systematische Durchführung
der Kombinatorik jedwede Anwendung von Sätzen und Urteilen schon aus
zeitlichen Gründen unmöglich gemacht hätte. Alsted hat denn auch in seinen
fertiggestellten Enzyklopädien das lullistische Alphabet als Grundlage alles
Wißbaren zugunsten einer Darstellung des Gewußten fallengelassen.

II. An den inneren Grenzen universaler Topik: Athanasius Kircher

Die Faszination, daß man mit der Kombinatorik und der systematischen
Topik für jeden Begriff einen Platz hatte, drängte zu der Vorstellung, umgekehrt den Platz als formale Beschreibungsmöglichkeit für den Begriff zu benutzen. Da die Kombinatorik als Kunst einer vollständigen Invention nur aus
einer begrenzten Anzahl von Konstituenten bestand, und diese Konstituentien zugleich Ordnungsbegriffe der topischen Enzyklopädie sein sollten, lag
es nahe, daß die Leitbegriffe, mit einer rechten wissenschaftlich kürzelnden
Bezeichnung versehen, die sprachlichen Komplikationen vereinfachen könnten. Das war die Idee der Characteristica universalis, die schon mit den Buch-
stabenkürzeln auf den lullistischen Kreisen angedeutet wurde und sich durch
das Lullsche Alphabet anbot.
     Athanasius Kircher, aller hundert Künste Meister[63], hat die Characteristica
universalis auf zwei unterschiedlichen Wegen gesucht. Einmal mit Hilfe einer
weiteren Ausarbeitung des lullistischen Alphabets. Zum anderen mit dem
Versuch, Sprache anders als mit Buchstaben zu formulieren, nämlich mit
Symbolen für den Ort und die Flexion eines Worts.

1. Universale Lexikalik

Es war die lullistische Kunst zunächst als Universalsprache für die Bekehrung
der Heiden entwickelt worden, und ihre Grundlagen, die Argumentation mit
topisch gefaßten Universalien und deren Kombination, waren allemal sprachlich konstituiert und als Sprachtheorie denkbar. Aber mit der Sprache wurde
neben den lexikalischen Problemen auch die Tatsache gründlich bewußt, daß
die Grammatik unterschiedliche Qualitäten der Kombinatorik verlangte.
Zwar war durch den Fragezirkel Q[64], der „Regeln" anbot, das Verhältnis von
Subjekt und Prädikat als Urteilsform beschrieben worden, aber dies Verhält-

---

[63] Zu Kircher am besten: Conor Reilly S.J.: Athanasius Kircher. Master of a Hundred
Arts. Wiesbaden, Rom 1974, mit kurzer Bibliographie. Vgl. den Artikel Kircher in der
NDB und den Artikel Kircher von Hans Krango im Dictionary of Scientific Biography.
Dort weitere Literatur. Vgl. auch: G.E. McCracken: Athanasius Kircher's Universal Poly-
graphy. Isis 39, 1948, S. 215—229.
     [64] Vgl. o. S. 167.

nis wurde als Implikation gefaßt; die Fragen stellten nur den Grad fest, in
dem das Subjekt das Prädikat implizierte.

Kircher mußte bei seinem Versuch, eine Universalsprache zu schaffen,
mit zwei Grundproblemen fertig werden:

1) Er mußte die Lexikalik so formalisieren, daß für jedes mögliche Wort
einer Sprache eine eindeutige Stelle festgesetzt wurde, die die Substitution
des Worts durch seine Stelle ermöglichte. Das versuchte er in seiner Polygraphia nova et universalis so, daß er zunächst alle Wörter aufs lateinische
Lexikon übersetzte und damit die Sprachenvielfalt auf eine reduzierte.
Die Tafel, auf der das lateinische Wort zu finden war, bekam als Zeichen
eine römische Zahl, die Stelle auf der Tafel wurde durch eine arabische
Zahl gekennzeichnet. Unter der Voraussetzung einer vollständigen Lexikographie konnte dann jedes Wort durch ein Kürzel mit einer römischen
und einer arabischen Zahl gefaßt werden.

2) Kircher mußte die Frage der grammatischen Zuordnung formal beschreiben. Auch hier war das Lateinische das Muster, auf das reduziert wurde.
Für die Beschreibung beschränkte sich Kircher auf die Flexionslehre, für
alle Verb- und Nominalformen gab es ein Symbol. Damit bestand jedes
Wort aus höchstens vier Zeichen, zwei Stellenzeichen und einem Flexions-
zeichen mit zwei Elementen. „Amo" wurde also II. 7. $\mho$ geschrieben oder
„falluntur" VIII. 27. $\overline{\mho}$. Für die vollständige Transkription eines Satzes
waren also zunächst die Übertragung jedes einzelnen Worts ins Lateinische, die Verortung und danach die Flexionsform zu finden. Der Satz
„Petrus noster amicus venit" sah in der universaltopischen Bezeichnung
Kirchers so aus: XXVII. 36. N XXX. 21. N II. 5. N XXIII. 8. $\curvearrowright$ [65]
Kirchers Schwierigkeit sollte die Schwierigkeit der Characteristica universalis überhaupt bleiben. Die Komplikation der Kunstsprache gegenüber
der natürlichen Sprache war so hoch, daß der mögliche Exaktheitszuwachs
nicht ausreichte, diese Schwierigkeiten vergessen zu machen. Aber es gab
darüber hinaus weitere Probleme: Das Chiffrierungssystem, das Kircher entwickelt hatte, hing ganz eng an der lateinischen Wortstruktur, berücksichtigte
nicht einmal unterschiedliche syntaktische Formen. Kircher ging von der
Illusion einer Wort-für-Wort-Übertragung bei Übersetzungen aus, einer Illusion,
die von der Universaltopik des Lullismus gespeist war. Denn daß die Konstituenten der Sprache auch die Konstituenten Gottes bei der Schöpfung
gewesen seien, war auch hier Voraussetzung dieser Konzeption teilhabender
Erkenntnis.

Kircher hatte den Plan einer Universalsprache noch mechanisch ausgebaut,
indem er die drei Kriterien, die er hatte, verschiedene Sprachen in einheitliche
Lexikalik zu bringen, diese richtig zu verorten und in den Flexionsmöglich-

---

[65] Athanasius Kircher: Polygraphia Nova et Universalis ex Combinatoria Arte Detecta,
Rom: Varesius 1663, S. 12. Kircher kennt die Kürzel vermutlich aus dem „Opus Novus"
von Jacobus de Sylvestris, Florenz 1523. (Fortsetzung S. 178)

keiten darzustellen, im Anschluß an Trithemius dreidimensional in einer Art Übersetzungsmaschine[66] zusammengestellt hatte.

Die langen Schubladen dieser Übersetzungskiste sollten Täfelchen mit den verschiedenen Vokabeln enthalten, auf denen einmal ihre universal-topische Stelle, zum anderen die Flexionsformen verzeichnet waren. Natürlich war ein solches universal-topisches Lexikon in Kastenform, auch bei entsprechender Geheimchiffrierung als Dechiffrierungsinstrument oder als Kompositionsmaschine zu benutzen[67]. Als solches hat Kircher seinen Kasten dem Kaiser Leopold I. und dem Braunschweigischen Herzog August angeboten[68]. Es ist sehr unwahrscheinlich, daß dieser Kasten, wenn er denn als Übersetzungsmaschine gebaut wurde, seine Funktion je erfüllt hat. Denn bei der Benutzung hätte sich herausgestellt, daß das Chiffrierungssystem zu kompliziert gewesen wäre, daß die Lexikalik unvollständig, die syntaktischen Bezüge undeutlich geblieben und daß der technische Aufwand an Chiffrierung und

noch Anmerkung 65

Specimen reductionis octo linguarum ad vnam.

Latina	Graeca	Hebraica	Arabica	Italica	Gallica	Hispanica	Germanica	Littera omnibus linguis communes.
Petrus	Πέτρα	בחרים	پطرس	Pietro	Pierre	Pedro	Peter	XXVII. 36. א
noster	ἡμῶν	אחו-		noſtro	noſtre	nueſtro	vnſer	XXX. 21. א
amicus	φίλος	בנו	نا	amico	amy	amigo	freundt	II. 5. א
venit		בא	جا	è venuto	eſt venù	à venido	iſt kommen	XXIII. 8.
ad		אלי-		à	à	à	zu	XXVIII. 10.
nos		נו	الذي	noi	nous	noſotros	vns	XXX. 20.
qui		אשר		il quale	le quel	que	vvelcher	XXX. 22.
portauit		הביא		hà portato	à portè	ha trahido	hat gebracht	XVII. 29.
tuas		אגרת-		la tua	ta	vueſtra	deinen	XXX. 28. A
litteras		ד	تنك	lettera	lettre	carta	brieff	XIII. 16. A
ex		ממי-	من	dalla	de	de	aufs	XXIX. 12.
quibus		כה		quale	la quelle	la qual	vvelchen	XXX. 22. A
intellexi		היבנתי		ho inteſo	ay entendu	he entièdido	ich hab verſtanden	XII. 3.
tuum		נפש-		la tua	ton	vueſtro	dein	XXX. 28. A
animum		ד		intentione	intention	animo	gemüth	II. 13. A
&		ו	و	è	&	y	vnd	XXIX. 5.
faciam		אעשה	اعمل	farò	ie feray	harè	vvill thun	VIII. 25. I
iuxta		כ		conforme	ſelon	ſegun	nach	XXIX. 20.
tuam		רצונ-	ارا	alla tua	ta	vueſtra	deinem	XXX. 28. A
voluntatem		ד	ذب	volontà.	volontè.	volontad.	vvillen.	XXIII. 40. A

[66] Kircher, Polygraphia, S. 85. Abgebildet S. 180/181.
[67] Vgl. Kircher, Musurgia Universalis, Rom 1650. Die Herzog-August-Bibliothek in Wolfenbüttel besitzt ein solches Kompositionskästchen. Vgl. Katalog der Ausstellung Herzog August, Sammler, Fürst, Gelehrter, Wolfenbüttel 1979, Nr. 391.
[68] Kircher, Polygraphia, S. 128.

Dechiffrierung in keinem vertretbaren Verhältnis zum möglichen Ergebnis gestanden hätte.

Unabhängig davon, ob dieser Kasten überhaupt hätte funktionieren kön-nen, mit dem Vorschlag, ein solches dreidimensionales Universallexikon anzulegen, geriet die Topik als Universalwissenschaft über den Rand wissen-schaftlicher Zumutbarkeit hinaus. Weder ließ sich wissenschaftlich mit einem solch übermäßig komplizierten Instrumentarium längerfristig argumentieren, noch war eine solche Wissenschaft politisch vertretbar. Und doch handelte es sich um eine konsequente Ausarbeitung eines Wissenschaftsmodells, das Universalwissenschaften begründen wollte. Wie Comenius in der Utopie mystisch-enzykopädischer Erkenntnis die Möglichkeiten von Wissen unter den Füßen verlor, so wurde Kircher von der Faszination der Universaltopik in eine Utopie gelockt, in der der Reiz der Apparatur die wissenschaftliche Dignität erschlug.

2. Kombinatorik und Enzyklopädie

Freilich: Es machte den Rang Kirchers aus, daß er seine Ansätze auch dann zu Ende dachte, wenn die Grenze der theoretischen Zumutbarkeit sichtbar wurde. Mit der Lexikalik und dem Versuch einer Characteristica universalis waren die lullistischen Zugriffsmöglichkeiten auf die Universalwissenschaften, über die er verfügte, nicht erschöpft.

Die Grundvorstellung einer Universaltopik blieb virulent, mußte virulent bleiben, solange das lullistische Alphabet als Wissensgrundlage diente. Und auch hier dachte Kircher den Ansatz, von dem er ausging, konsequent zu Ende. In seiner „Ars Magna Sciendi"[69] versuchte er, in strengeren, auch von Agrippa von Nettesheim, Pierre Grégoire oder Alsted vorbereiteten Bahnen voranzukommen. In diesem Enzyklopädieentwurf ging er drei Hauptschwie-rigkeiten des Lullismus erneut zu Leibe:

1) Die Ausarbeitung des lullistischen Alphabets sollte die Eindeutigkeit wissenschaftlicher Zuordnungen erklären.
2) Die Berechnung der Kombinatorik und die frühzeitige sinnvolle Auswahl aus der Kombinationsvielfalt sollte deren Benutzung erleichtern und
3) schließlich sollte die Applikation der Kombinatorik auf die Enzyklopädie ihren praktischen Nutzen sicherstellen.

Für Kircher hatte der Lullismus noch nichts von seinem wissenschaftlich-mystischen Reiz verloren. „Artem Magnam, sive Combinatoriam, felici Numinis ductu, auspicamur; Artem, inquam, artium, Scientiarum officinam,

---

[69] Athanasius Kircher: Ars Magna Sciendi, in XII Libros Digesta, qua Nova & Univer-sali Methodo Per Artificiosum Combinationum contextum de omni re proposita plurimis & prope infinitis rationibus disputari, omniumque summaria quaedam cognitio comparari potest. Ad Augustissimum Rom. Imperatorem Leopoldum Primum, Amsterdam: Jansso-nius & Weyerstraet 1669.

Kircher, Polygraphia S. 85. Vgl. Anm. 66 S. 178.

	I	II	III	IV	V	VI	VII	VIII	IX	X
A	Latina									
	Italica									
	Gallica									
	Hispan.									
	German									
C	XXI	XXII	XXIII	XXIV	XXV	XXVI	XXVII	XXVIII	XXIX	XXX
	Latina									
	Italica									
	Gallica									
	Hispan									
	German									

E A		A		A		A	L
A	Accepi	A	litteras tuas	A	dulciſſime	A	L
B	Percepi	B	syngraphå tuå	B	illustriſſime	B	
C	Habui	C	Pagina tuå	C	ampliſſime	C	
D	Nactus sum	D	Schedulå tuam	D	celeberrime	D	
E	Intellexi	E	Epistolårum tuå	E	benigniſſime	E	
F	Cognoui	F	Epistolå tuam	F	amiciſſime	F	
G	Suscepi	G	librum tuum	G	præstantiſſime	G	
H	Perlegi	H	monumēta tua	H	elementiſſime	H	
I	Percuri	I	Epistolå tuam	I	excellentiſſime	I	
L	Volui	L	Voluntatem tuå	L	integerrime	L	
M	Vidi	M	Votum tuum	M	erudiſſime	M	
N	Miratus sum	N	desideriū tuum	N	sinceriſſime	N	
O	Honoraui	O	animum tuum	O	grauiſſime	O	
P	Amaui	P	Opus tuum	P	doctiſſime	P	
Q	Tenui	Q	negotiū tuum	Q	splendidiſſime	Q	
R	Deſideraui	R	occupationes tuas	R	acutiſſime	R	
S	Aestimaui	S	conuersatiōe tuå	S	curioſiſſime	S	
T	Magnifeci	T	statum tuum	T	modestiſſime	T	
V	Recepi	V	Valetudinem tuå	V	magnificenaſſime	V	
W	Obtupui	W	mirabilia tua	W	honoratiſſime	W	
X		X		X		X	
Y		Y		Y		Y	
G Z		Z		Z		Z	M

Tabellæ ſribantur eo ordine, qua in 3 hisce linguam Latinam, altera Italicam, 3.ᵃ Galli lamento signato Iponideſent: ut in cistæ j?

GLOT
modum seriemq₃.
rum ad epiſtolas
ni debent, exhib
loculam., ſpatiū enta
recep; in quorū tacula.
locari debēt, qu

Scribendis litris totum

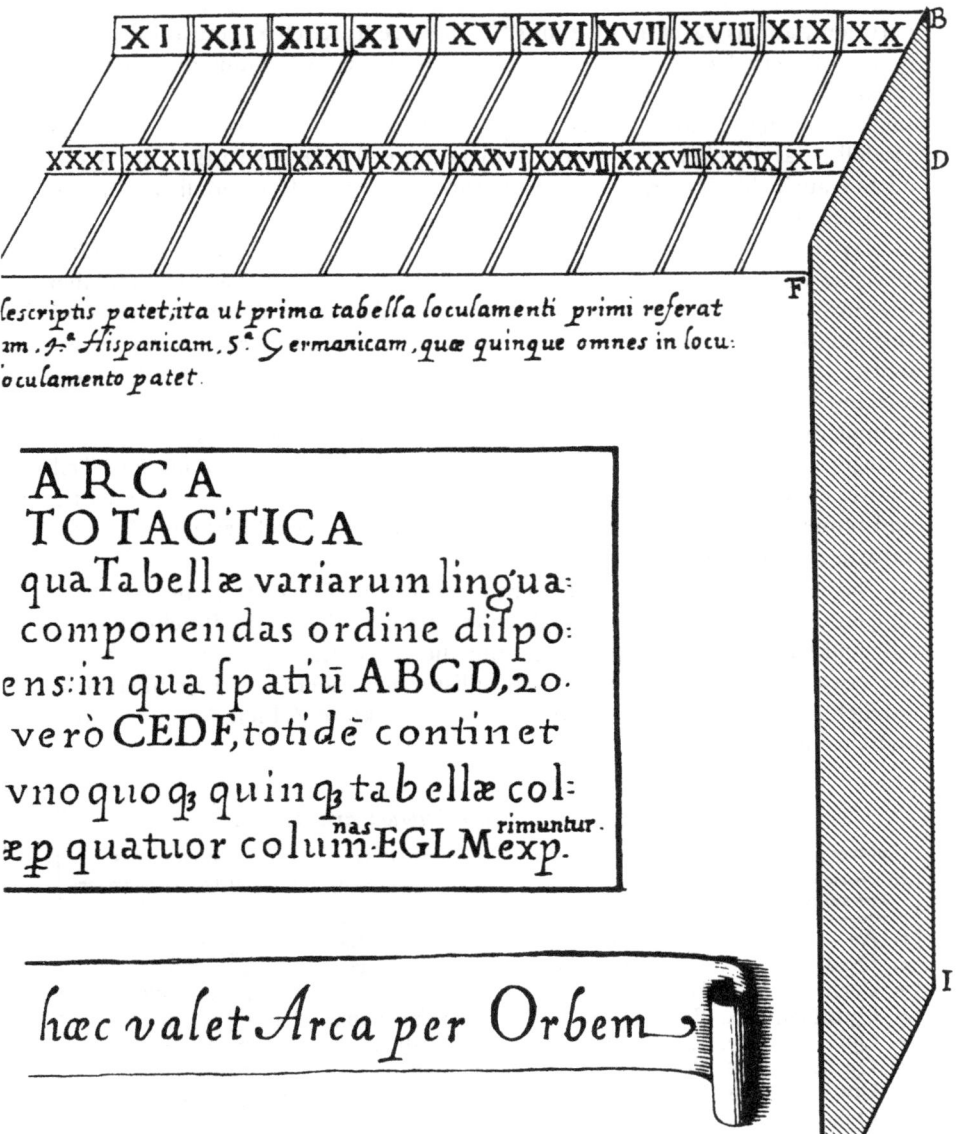

XI	XII	XIII	XIV	XV	XVI	XVII	XVIII	XIX	XX

XXXI	XXXII	XXXIII	XXXIV	XXXV	XXXVI	XXXVII	XXXVIII	XXXIX	XL

[escriptis patet,ita ut prima tabella loculamenti primi referat
am . 4.ᵃ Hispanicam, 5.ᵃ Germanicam, quæ quinque omnes in locu-
oculamento patet.

ARCA
TOTACTICA
qua Tabellæ variarum lingua-
componendas ordine dispo-
ens:in qua spatiū ABCD, 20.
verò CEDF, totidē continet
vnoquoq₃ quinq₃ tabellæ col-
æp quatuor colum EGLM exp. nas rimuntur.

hæc valet Arca per Orbem

foecundum mentium seminarium, totius humanae cognitionis clavem, qua ad rerum omnium, quae sub intellectus notitiam, cognitionemque, quovis modo pertinent, aditus patet amplissimus"[70]. Der Kredit Kirchers ging auf das lullistische Wissenschaftsmodell, auf das Modell, das vom Vorrang der „cognitio intellectualis" lebte, nicht vom Vorrang einer Naturerkenntnis. Die intellektuelle Vorrangstellung vor der Naturerkenntnis war die Voraussetzung des Modells, das Kircher als lullistisch anerkannte. Die Konstitution der Welt, mithin auch der Natur, mußte nach Intellektualbegriffen möglich sein, die der Lullismus in seinem Alphabet zur Verfügung stellte.

Das lullistische Alphabet hatte, wenn es als vollständige Kategorientafel gewertet wurde, den Anspruch, daß seine Begriffe irreduzibel seien und für den Inventionsprozeß sowie für die topische Lexikalik als Kombinations- und Ordnungskriterien dienen konnten. Für die kombinatorische Invention erschien es deshalb nicht sinnvoll, die Positionen des lullistischen Alphabets nur mit den Buchstaben B bis K summarisch zu bezeichnen[71], ohne die Gruppe der Begriffe mitzubezeichnen. Kircher vergab für jede der irreduziblen Kategorien des lullistischen Alphabets, das er um seinen moralischen Teil kürzte, ein eigenes Symbol, einmal, um alle auftauchenden Begriffe eindeutig und schneller zu ordnen und zum zweiten, um die Möglichkeit einer Kombinatorik exakter beschreiben zu können.

Das war auf den ersten Blick nicht mehr als eine Formalfrage der Bezeichnungen. Aber diese Bezeichnungskonkretisierung erhöhte die Beschreibungsmöglichkeiten der Kombinatorik, denn die eindeutige Symbolik ließ nicht, wie etwa in der dritten und vierten lullistischen Figur, vage Kombinationsmöglichkeiten erscheinen, sondern machte konkrete Zahlen, Möglichkeiten und Unsinnigkeiten sichtbar.

T A B U L A *Alphabetorum Artis noftræ.* [72]

Columna prima. *Alphabetum primum Erotematicum.*	Columna fecunda. *Alphabetum principiorum abfolutorum.*	Columna tertia. *Alphabetum principiorum refpeEtivorum.*	Columna quarta. *Alphabetum principiorum univerfalium.*
1. An.	1. B. Bonitas.	1. = Differentia.	1. △ Deus.
2. Quid.	2. M. Magnitudo.	2. ♡ Concordantia.	2. Angelus.
3. Cur.	3. D. Duratio.	3. ●o Contrarietas.	3. ◎ Cœlum.
4. Quantum.	4. P. Potentia.	4. α Principium.	4. Elementa.
5. Qul.	5. S. Sapientia.	5. ⊙ Medium.	5. Homo.
6. Quale.	6. Vo. Voluntas.	6. ω Finis.	6. Animalia.
7. Ubi.	7. Vi. Virtus.	7. M Majoritas.	7. Plantæ.
8. Quando.	8. Ve. Veritas.	8. Æ Æqualitas.	8. ⌂ Mineralia & omnia mixta.
9. Quibufcum.	9. G. Gloria.	9. Mi. Minoritas.	9. :::: Materialia; Inftrumentalia.

---

[70] Kircher, Ars Magna Sciendi, S. 1.
[71] Vgl. Klapptafel am Ende des Buchs.
[72] Kircher, Ars Magna Sciendi, S. 24.

Und darin lag eine weitere, entscheidend wichtige Leistung der Kircherschen Ars Magna Sciendi. Mit der eindeutigen Kennzeichnung aller Leitbegriffe
wurde es möglich, deren Kombinatorik zu berechnen, und Kircher gab selbst
für die vollständige Kombinatorik aller 36 Zeichen seines Alphabets eine
47-stellige Zahl an[73]. Damit war es möglich geworden, die „Ars Combinatoria"
als „Facultas Arithmologica"[74] zu fassen, die Kombinatorik nicht mehr nur
als im strengen Sinne uneingrenzbares Herumexperimentieren mit Kreisen zu
beschreiben, sondern arithmetisch festzusetzen.

Das hatte Konsequenzen, die nach zwei Richtungen deutbar waren. Die
ungeheure Größe der kombinatorischen Möglichkeiten sprach für die Richtigkeit des Konzepts. Denn wie aus einer bestimmten Anzahl von Elementen
durch „mira et incomprehensibili numerorum vi"[75], wie Kircher staunte,
unübersehbar viele Varianten entstanden, so war es denkbar, daß die unüber-
sehbare Vielfalt der Welt auf wenige Elemente reduzibel war. Auf der anderen
Seite machte die Vielfalt der Kombinationsmöglichkeiten die Arbeit mit
dieser Kircherschen Kunst außerordentlich schwierig. Deshalb mußte die
Frage beantwortet werden können: Wie ließen sich aus der Vielfalt der gewonnenen Elemente diejenigen herausfiltern, die für die Invention überflüssig
waren.

Die Schwierigkeiten mit den viel zu großen Zahlen und mit völlig unsach-
gemäßen Kombinationen waren schon bei Alsted aufgetreten. Der hatte versucht, mit seinem Fragekreis (Q) alle Kombinationen auf die Sachgemäßheit
zu prüfen. Aber mit der Erkenntnis, daß die Kombinationsmöglichkeiten
immens waren, verbot sich ein solcher Weg. Kircher konnte auch nur versuchen, die zu kombinierenden Elemente in Klassen einzuteilen, in denen entweder keine gleichen Elemente vorkamen, oder in denen sich die Anzahl der
Kombinationsmöglichkeiten mit der Anzahl gleicher Elemente verringerte.
Eine Formalisierung der Zuordnungsmöglichkeiten, die nur sinnvolle Zuordnungen zugelassen hätte, ist weder ihm noch später jemandem in einer Kunstsprache gelungen. So blieb das Hauptargument für die schöpfungstheologische
Konvenienz der Kombinatorik, daß nämlich die Vielfalt der Welt auf eine
relativ kleine Anzahl von Schöpfungs- und Erklärungselementen reduzibel
wäre, zugleich das Haupthindernis für deren synthetische Anwendung.

Kircher konnte das Begriffspaar analytisch und synthetisch bzw. Resolutio und Compositio auf seine Kunst übertragen. Freilich ging es ihm nicht,
wie Zabarella[76], um die Analyse finaler und die Synthese effizienter Kausalität, sondern es ging ihm um Konstitutionsprobleme. Ein Begriff des lullistischen Alphabets, der irreduzibel war, ließ sich mit Hilfe homogener Parallel-
begriffe in seinem Sinn logisch analysieren: „Ἀνάλυσις seu Resolutio.

---

[73] S. 157 Ebd. Nämlich:
12737268388154203998513430837670055152937494547954734080000000000000.
Die Richtigkeit dieser Rechnung habe ich nicht überprüft.
[74] Kircher, Ars Magna Sciendi, S. 155.
[75] Kircher, Ars Magna Sciendi, S. 153.
[76] Siehe o. S. 76f.

Si DEUS est, ergo ens est per se.

Si ens est per se, ergo substantia.

Si substantia, ergo operatur.

Si operatur, ergo essentia.

Si essentia, ergo bonum.

Si bonum, ergo verum.

Si verum, ergo unum.

Si unum, ergo ens."[77]

Dieselbe analytische Gewißheit ließ sich mit synthetischen Kombinationen nicht erreichen.

„Compositio.

Si ens est, ergo unum est.

Si unum est, ergo verum est.

Et verum est, quia bonum est.

Et bonum est, quia essentia est.

Et essentia est, quia operatur.

Et operatur, quia substantia est.

Et substantia est, quia ens est per se."[78]

Die synthetischen Urteile konnten die Sicherheit der analytischen nicht erreichen, denn ihre Einheit und Ganzheit ließ sich synthetisch nicht beschreiben. An synthetische Urteile a priori, die diesem Problem abgeholfen hätten, hat Kircher nicht gedacht. Aber mit synthetischen Urteilen, die aus dem Begriff des lullistischen Alphabets stammten, konnte man versuchen, sich gegenseitig stützende, kombinatorische Definitionen zu bekommen. Das waren keine Definitionen nach Genus proximum und Differentia specifica, sondern synthetisch-kombinatorische Definitionen nach Maßgabe des lullistischen Alphabets. Diese Definitionen, wären sie gelungen, hätten die Basis einer analytischen Wissenschaftsauffassung abgeben können.

Leibniz hat versucht, solche kombinatorischen, sozusagen freitragenden Definitionen zu Angelpunkten der Universalwissenschaft zu machen, wenn er Weisheit definierte als „die Wißenschafft der glückseligkeit, so uns nehmlich zur glückseligkeit zu gelangen lehret."[79] Von dieser Definition wollte Leibniz dann analytisch den Aufbau der Wissenschaften ableiten. Kircher bereitete das durch seine Auffassung von analytischen und synthetischen Urteilen zwar vor, ging aber nie so weit, daß er aus den Definitionen den Aufbau der Wissenschaften hätte analysieren wollen.

Bei der Analyse vorhandener Begriffe auf ihre *Charakteristica* wäre der Aufbau der Wissenschaften auch gar nicht sichtbar geworden. Es war nämlich nicht möglich, nur mit Hilfe der Kombinatorik den institutionellen Aufbau der Wissenschaften und ihre systematische Innenkonstitution zu beschreiben.

[77] Kircher, Ars Magna Sciendi, S. 216.
[78] Kircher, Ars Magna Sciendi, S. 216.
[79] Leibniz, Die Philosophischen Schriften, hrsg. von Carl Imannuel Gerhardt, Berlin 1875–80, ND Hildesheim 1960–61, Bd. VII, S. 86.

Der institutionelle Aufbau war nur historisch und praktisch erklärbar, und die innere Systematik einer Wissenschaft konnte auch zu Kirchers Zeiten nur mit ramistischen Kriterien gemessen werden, mit Vollständigkeit, Homogenität und Deduktion. Vollständigkeit beanspruchte das lullistische Alphabet zwar, es konnte auch auf Grund seiner göttlichen Idealität homogen genannt werden, aber es war wegen der argumentativen Gleichberechtigung irreduzibler Begriffe des lullistischen Alphabets nicht möglich, das Alphabet deduktiv zu ordnen.

Diese Inkompatibilität von institutioneller Gliederung der Wissenschaft, ihrem systematischen Anspruch und ihrer lullistischen Konstitution wurde bei Kircher sichtbar. Denn er führte in seiner Ars magna sciendi, nachdem er die kombinatorische Konstitutionsproblematik dargestellt hatte, zwar die Wissenschaften in einer konventionellen und inhaltsorientierten Art und Weise ein[80], konnte aber diese Gliederung nicht begründen, weil er nicht ramistisch-systematisch argumentierte.

In seiner Enzyklopädieskizze folgen der Theologie Metaphysik und Physik, in der die medizinischen Fächer und die Magie enthalten sind, danach kommt Mathematik, die die Technik umfaßt. Die Moralphilosophie umgreift Politik und Jurisprudenz, und die „Scientia sermonatrix" ist die Klammer für die Wortwissenschaften, die Historie und die divinatorischen Wissenschaften von der Astrologie bis zur Pyromantie. Das war eine Gliederung, die entweder mit historischen Gegebenheiten oder mit sachlichen Implikationen arbeiten konnte, nicht aber lullistisch zu begründen war.

Es konnte die Kombinatorik immer nur Invention sein, nie auch Judicium. Ohne eine Vorrangsbeschreibung des Judiciums, wie sie im Ramismus vorlag, war die Wissenschaftskonstitution nicht zu begründen. Deshalb war der Übergang von der kombinatorischen Invention zu einer Darstellung der Wissenschaften abrupt und unvermittelt, ein Bruch, der auch die Leistungsgrenzen des Lullismus indizierte. Und wenn Kircher im zweiten, paradigmatischen Teil seiner Ars Magna Sciendi[81] die wissenschaftlichen Leitbegriffe auf deren lullistische Konstituenten analysierte, dann konnte er damit die wissenschaftliche Dignität der Leitbegriffe auch nicht belegen. Er konnte die Analysemöglichkeiten aller möglichen Begriffe auf die lullistischen Konstituenten hin darstellen. Argumentations- oder Erkenntnisgewinn ergab sich dabei nicht, sondern immer nur Bestärkung desjenigen, von dem Kircher ausgegangen war, Bestärkung der Argumentation mit den Begriffen des lullistischen Alphabets.

Auch mit diesem Enzyklopädieentwurf erreichte Kircher die Grenzen des lullistischen Modells. Mit der Ars Magna Sciendi zeigte er einmal die Grenzen

---

[80] Kircher, Ars Magna Sciendi, bes. Buch V, S. 203–212.

[81] Kircher: Tomus II Artis Magnae seu Combinatoriae Sciendi, quo Omnia, quae in praecedenti Tomo per Regulas & Canones descripsimus, hîc ad praxin per exempla ad omnes Artes & Scientias applicata, reducuntur; Estque Practicus & Paradigmaticus omnium eorum, quae sub quaestionem cadere possunt.

der Leistungsfähigkeit der Ars Combinatoria, die nur für die Invention taugte und eine systematische oder historische Disposition der Enzyklopädie nicht leisten konnte. Die inneren Grenzen der Ars Combinatoria, die Kircher erreichte, lagen in der Unfähigkeit dieser Kunst, zu argumentieren und zu begründen. Die Ars Characteristica mag — so noch die Vorstellung Kirchers — mit wenigen Symbolen die Grundbestände der Welt und ihrer Wissenschaft treffen; solange sie mit der Kombinatorik nichts über den Sinn und den Zusammenhang der Ergebnisse der Invention aussagen konnte, blieb diese Kunst steril. Das war das Hauptergebnis von Kirchers Wissenschaft, und das war zugleich die Problematik, die Leibniz für seine Universalphilosophie hätte lösen müssen.

III. Leibniz: Ein offener Ausgang

1. Loci communes der Leibnizschen Scientia Generalis

Der lullistische Lösungsversuch einer universalwissenschaftlichen Grundlegung, den Kircher versucht hatte, hatte nichts lösen können. Er hatte nur die Problematik verschärft. Die Characteristica Universalis, die Kircher als dreidimensionales Lexikon geplant hatte, hatte unabhängig vom lullistischen Alphabet eine Topik zu finden versucht, die nur noch alphabetisch formal, unabhängig von Inhalten funktionieren sollte. Unklar blieb, wie das Verhältnis zum kategorialen lullistischen Alphabet geplant war oder ob überhaupt dies Alphabet für die Characteristica Universalis benutzt werden mußte oder konnte. Ohne das zu beabsichtigen, paralysierten sich die beiden Zugänge Kirchers zur Universalwissenschaft, der formal-alphabetisch-lexikalische und der lullistisch-kombinatorische gegenseitig. Und das hatte für die Geltung des lullistischen Alphabets die Konsequenz, daß es die Sicherheit, die es ursprünglich durch die Offenbarungslegitimation hatte, verlor. Das lullistische Alphabet wurde so kontingent.

Damit verlor die lullistische Wissenschaft zugleich ihren entscheidenden Rückhalt. Wenn das lullistische Alphabet kontingent wurde, dann war das Kategoriengerüst, auf das jedes Wissen reduzierbar war, nicht mehr ohne weiteres tragfähig. Es mußten neue Begriffe gesucht werden, die diese kategorialen Funktionen übernahmen. Die Begriffe mußten Kategorien sein und zugleich hinreichend formalisiert werden können, um für Kombinatorik zu taugen. Kirchers paradoxe Konsequenz war, die Characteristica Universalis und die Kombinatorik neu zum Problem gemacht zu haben.

So stellte sich die Problematik der Universalwissenschaft mit mindestens einem Hauptproblem mehr dar: Das *Alphabet* des Wissens war fraglich, man durfte nicht mehr von ihm ausgehen, sondern mußte es vorher beweisen. Es bestanden mithin drei Problembereiche, die, wollte man mit Anspruch auf Dignität kombinatorische Wissenschaft treiben, angepackt werden mußten:

1) Welchen Wert hatte das lullistische Alphabet? Es war nötig, die kategorialen Grundlagen des Wissens und ihre Vollständigkeit nachzuweisen.

2) Nur auf dieser Voraussetzung konnte ein im strengen Sinne enzyklopädisches Wissen aus diesen Sinneinheiten kombiniert werden; diese Kombination durfte nicht willkürlich vonstatten gehen, sondern mußte nach Regeln, algorithmisch, kontrolliert geschehen.

3) Nach diesem kombinatorischen Inventionsvorgang war es nötig, die Einteilung der Wissenschaft nach inhaltlichen Kriterien vorzunehmen.

Jede diese Aufgaben hatte ein spezifisches Problem: Für das Alphabet mußte Vollständigkeit nachgewiesen und eine Symbolik gefunden werden. Für die Kombinatorik war ein Algorithmus zu finden, um die Kunstsprache, die aus dem Alphabet entstehen sollte, kontrollierbar zu machen. In der Enzyklopädie waren die Inhalte des herkömmlichen Wissens mit den Ergebnissen der algorithmisch arbeitenden Kunstsprache zu ordnen.

In der genauen Analyse des Aufgabenbereichs wurden die beiden Probleme der Kombinatorik und der topischen Enzyklopädie gemeinsam deutlich. Bei Leibniz wurde wie bei Alsted das lullistische und ramistische Modell eines Universalwissens miteinander verbunden und bei Leibniz zeigten sich dann die zentralen Inkonsistenzen. Diese Inkonsistenzen führten dazu, daß Leibniz mit seinen Enzyklopädievorstellungen nicht ins Reine kam, daß er eine Unzahl von Entwürfen, Definitionen, Vorschlägen zur Characteristica Universalis, zum Algorithmus und zu Enzyklopädiegliederungen machte und alle nicht veröffentlichte. Das Problem der allgemeinen Wissenschaft, das ihn 40 Jahre, seit 1666, seit seiner Dissertatio De Arte Combinatoria bis etwa 1708, bis 8 Jahre vor seinem Tode umtrieb, hat auch Leibniz nicht lösen können[82].

Er war nach seiner Rückkehr von Paris 1676 mit großer Verve an die Entwicklung der Scientia Generalis gegangen, für die er sich durch seine Pariser mathematischen Kenntnisse zureichend vorbereitet glaubte. Aber er ist nicht zurande gekommen. Es kam nicht einmal ein Torso heraus, nur eine riesige Zettelsammlung[83]. Und diese Hinterlassenschaft bedingt die Crux der Inter-

---

[82] Vgl. dazu Leibniz: Philos. Schriften, ed. Gerhardt, VII, S. 32, und Leibniz, ed. Couturat, S. 536f. Gerhardt nennt 1708 als letztes Jahr mit Notizen zur Kombinatorik.

[83] Zu Leibniz: Ernst Cassirer: Leibniz' System in seinen wissenschaftlichen Grundlagen, Marburg 1902. -- Louis Couturat: La Logique de Leibniz, Paris 1901, Reprint Hildesheim 1961. – Railly Kauppi: Über die leibnizsche Logik, Helsinki 1960. – Wilhelm Risse: Logik der Neuzeit, Bd. 2, S. 169–252. – Eberhard Knobloch: Die mathematischen Studien von G.W. Leibniz zur Kombinatorik, Wiesbaden 1973. – Hans J. Zacher: Die Hauptschriften zur Dyadik von G.W. Leibniz, Frankfurt a.M. 1973. – Paolo Rossi: Clavis universalis, bes. Kap. VIII. – Ulrich Dierse: Enzyklopädie, Bonn 1977.
Ausgaben: Die Philosophischen Schriften von G.W. Leibniz, hrsg. von C.J. Gerhardt, Berlin 1875–1880, 7 Bde, Neudr. Hildesheim 1960/61. – Sämtliche Schriften und Briefe, hrsg. von der Deutschen Akademie der Wissenschaften. – Opuscules et Fragments inédits de Leibniz, hrsg. von Louis Couturat, Paris 1903, Neudr. Hildesheim 1961. – Leibniz, Textes inédits, hrsg. von Gaston Grua. 2 Bde. Paris 1948. – Otium Hannoveranum sive Miscellanea . . ., ed. Feller, Leipzig 1718. – Opera Omnia, Genf 1768. – Schöpferische

pretation: Es nötigt das Faktum, daß Leibniz an dieser Aufgabe gescheitert ist, zur Annahme, daß die Probleme der Scientia Universalis unlösbar waren. Auf der anderen Seite ist die Editionsgrundlage[84] und der Ausarbeitungsgrad der Leibnizschen Schriften zur Scientia Generalis allemal so, daß er nur, freilich belegbare, Konjekturen zuläßt. Diese Interpretationsgrundlage ist also just das Gegenteil eines Algorithmus: Für Leibniz sind nur Konjekturalschlüsse möglich.

Die Schwierigkeit dieser Schlüsse liegt vornehmlich darin, daß Leibnizens Schriften zur Scientia Generalis ein Feld von Begriffen anbieten, die die Argumentationszusammenhänge aller wissenschaftlichen Hauptrichtungen des Barock wiedergeben. So werden nicht nur die Schwierigkeiten der lullistischen Tradition, die sich mit Alphabet, Kombinatorik und Allgemeinsprachen beschäftigen, deutlich, sondern Leibniz bringt auch die aristotelische syllogistische Logik ein, arbeitet mit den topischen Operationsformen des Ramismus, mit Invention und Judicium; er benutzt auch die Unterscheidung synthetischer und analytischer Urteile, die Zabarella dargestellt und Kircher lullistisch umgedeutet hatte, schließlich und nicht zuletzt kalkulierte er mit mathematischen Begriffen. Wenn Characteristica Universalis, Kombinatorik und Enzyklopädie die Loci communes, die wissenschaftliche Leitbegriffe der Leibnizschen Scientia Generalis waren, dann mußten sie zunächst mit den anhängenden Begriffsfeldern, die aus verschiedenen wissenschaftlichen Modellen stammten, verbunden werden. Der Sinn einer begrifflichen Kombination mußte sich dann in der Leistungsfähigkeit und der Analyse der Zusammenstellung zeigen.

Die Characteristica Universalis war als Alphabet nach dem Muster Lulls geplant; aber das lullistische Alphabet selbst sollte und konnte aufgrund seiner Kontingenz und seiner mangelnden Formalisierung nicht übernommen werden. Nur eine Analyse vorhandener Begriffe konnte zu einem — dann mathematisch-symbolisch beschreibbaren — vollständigen Alphabet der Grundkenntnisse des Menschen führen, einem Alphabet, das die Voraussetzung der Invention war und das den Ansprüchen an eine Formalisierbarkeit für eine logische Universalsprache genügen konnte.

Dies Alphabet war die Grundlage allen logisch kontrollierten Wissens. Denn die Kombinatorik war synthetisch; aus der Zusammensetzung verschiedener Begriffe ergaben sich komplexe neue Begriffe: Dieser Vorgang war der zweite Teil der Invention von Begriffen; und es sollte das kombinatorische Verfahren der Invention logisch kontrolliert geschehen, so kontrolliert, daß

Vernunft. Schriften aus den Jahren 1668—1686, ed. Wolf von Engelhardt, Münster/Köln 1955.

[84] Zur Bibliographie: Emile Ravier: Bibliographie des Oeuvres de Leibniz, Paris 1937. — Laufende Bibliographie in den Studia Leibnitiana. — Kurt Müller: Leibniz-Bibliographie. Die Literatur über Leibniz, Frankfurt 1967.

Zu den Handschriften: Eduard Bodemann: Die Leibniz-Handschriften der königlichen öffentlichen Bibliothek zu Hannover, Hannover und Leipzig 1889.

Syllogistik und mathematischer Algorithmus in einer gemeinsamen logischen Prozedur geregelt wurden.

Es konnten die so gefundenen Begriffe und Sätze nun entweder auf ihre Konstituentien, auf die ersten Begriffe hin, aus denen die komplizierten Begriffe gebildet waren, analysiert werden und/oder es bestand die Möglichkeit einer systematischen Disposition einer Enzyklopädie. Diese systematische Disposition war der andere Teil des ramistischen Modells, der mitgeschleppt wurde, war die Aufgabe des Judiciums. Mit der Disposition mußte die Stellung der invenierten Begriffe, ihre Unterordnung unter Allgemeinbegriffe und die historische Position der Fächer beschrieben werden. Und dabei stellte sich das Problem, wie denn die Ordnung von Begriffen unter Oberbegriffe sich zu ihrer kombinatorischen Zusammensetzung aus ersten Begriffen verhielt.

Es waren die überkommenen Probleme der Scientia Generalis, Charakteristik, Kombinatorik und Enzyklopädie durch die Zuordnung zu Begriffen anderer Provenienz so ineinander verfilzt, daß stets alle Probleme zugleich auftauchten. Die Begriffe, die Leibniz zu verbinden versuchte, waren nicht homogen: Invention und Judicium deckten sich nicht vollständig mit den Urteilsformen analytisch und synthetisch, und Charakteristik, Kombinatorik und Enzyklopädie waren nur unter großen Problemen mit Algorithmus und Syllogistik zu vermitteln; untereinander standen die Begriffsgruppen erneut quer. Aber für die Konstitution der Scientia Generalis schälten sich trotz der beträchtlichen Schwierigkeiten durch die Begriffsverfilzung diese Loci communes heraus: *Charakteristik, Kombinatorik* und *Enzyklopädie.*

2. Charakteristik

Leibniz war von Lulls Lösungsversuchen der Problematik, die Lull selbst provoziert hatte, enttäuscht. Schon 20-jährig, in seiner „Dissertatio der Arte Combinatoria"[85] hatte er die mangelnde Begründung der Begriffe im Lullschen Alphabet und die unzureichende Beschreibung ihrer Kombinatorik beklagt: „Verum in terminis Lullianis multa desidero. Nam tota ejus methodus dirigitur ad artem potius ex tempore disserendi, quam plenam de re data scientiam consequendi, si non ex ipsius Lullii, certe Lullistarum intentione. Numerum Terminorum determinavit pro arbitrio, hinc in singulis classibus sunt novem."[86] Das waren die beiden Hauptvorwürfe: Extemporierte, nicht wissenschaftlich kontrollierte Kombinatorik und fehlender Vollständigkeitsbeweis des Alphabets.

Damit waren zwar die wesentlichen Schwachpunkte der Characteristica universalis aufgespürt, aber zugleich war die Struktur des Verfahrens, das

---

[85] Zur Mathematik der Dissertatio de Arte Combinatoria vgl. Knobloch, Couturat und Kauppi.
[86] Gerh. IV, 63.

lullistische Modell, im Grundsatz anerkannt. In seiner Dissertation zur Kombinatorik traute sich Leibniz dieses Alphabetum noch nicht zu; er führe nur an, schrieb er, was ihm in den Sinn komme, und was er zumindest durchschaue. Hingegen könnten andere Begriffe gefunden werden, „ita ut eos tantum ponat terminos, qui revera sunt simplices, id est quorum conceptus ex aliis homogeneis non componitur"[87]. Eine rechte Characteristica erhoffte Leibniz von Kircher[88], aber als die Ars Magna Sciendi des berühmten Jesuiten erschien, war Leibniz, trotz eines Lobesbriefs, den er 1670 an Kircher schrieb[89], bitter enttäuscht. Er habe gedacht, daß Kircher ein neues „Alphabetum cogitandi" hervorbringen werde, einen „catalogus summorum (vel pro summis assumtorum) generum, ut a, b, c, d, e, f, ex quorum combinatione fierent inferiores notiones."[90] Aber als Kirchers Werk erschienen sei, habe er gesehen, daß „Lulliana tantum aut his similia in ea renovari, Analysin autem humanarum cogitationum veram nec per somnium autori in mentem venisse, quemadmodum nec aliis qui tamen de restauranda philosophia cogitarunt."[91]

Da Kirchers Lösungsversuche ihn enttäuschten, mußte Leibniz an die Charakteristik selbst zwei Hauptanforderungen stellen, damit die Charakteristik für eine Scientia universalis taugen konnte: 1) Die Charakteristik mußte eine Einheitssprache sein, deren Lexikalik mit Symbolen funktionierte, Leibniz brauchte ein symbolisches Alphabet nach lullistischem Muster. 2) Diese Lexikalik mußte im strengen Sinne alle Elemente enthalten, aus denen das Wissen und die Welt zusammengesetzt war.

Die zweite Frage, die nach der Vollständigkeit des symbolischen Alphabets und nach den Möglichkeiten, diese Vollständigkeit zu beweisen, bildete wohl die Hauptschwierigkeit des Alphabets. Zwar hatte Leibniz den Schematismus des lullistischen Alphabets kritisiert, indem er über den Quasibeleg der Vollständigkeit, den Neunerschematismus des lullistischen Alphabets gespottet hatte[92], aber dieser Spott ersetzte nicht die nun fehlende Erklärungsleistung. Und nur diese Forderung konnte Leibniz beschreiben: „Itaque nunc nihil aliud opus est, ut Characteristica, quam melior, quantum ad Grammaticam linguae tam mirabilis dictionariumque plerisque frequentioribus suffecturum satis est, constituatur, vel quod idem est, ut Numeri idearum omnium

---

[87] Gerh. IV, 89f.

[88] Ebd. S. 64: „Atque hinc esse, judicio, quod immortalis Kircherus suam illam diu promissam artem magnam sciendi, seu novam portam scientiarum, qua de omnibus rebus infinitis rationibus rationari, cunctorumque summaria cognitio haberi possit (quo eodem fere modo suam Syntaxin artis mirabilis inscripsit Petr. Gregor. Tholosanus) Com2natoriae titulo ostentaverit." Vgl. Leibniz, hrsg. von Couturat, S. 536ff., wo er ein Wolfenbütteler Manuskript Kirchers exzerpiert. Signatur 4° 3.5.

[89] Paul Friedländer: Athanasius Kircher und Leibniz. Atti della Pontifica Academia Romana di archelogia, Sc. 3, 13, 1937, S. 229–247, mit Leibniz' und Kirchers Brief.

[90] Gerh. VII, 292: „De Synthesi et Analysi universali seu Arte inveniendi et judicandi."

[91] Ebd. 293

[92] Gerh. IV, 63: „Numerum Terminorum determinavit (Lullius) pro arbitrio." Vgl. o. Anm. 86.

characteristici habeantur."[93] Diese Schwierigkeit lag darin, daß die kategoriale
Vollständigkeit des symbolischen Alphabets nicht zu beweisen war. Denn um
die Vollständigkeit beweisen zu können, hätte man den Begriff Vollständigkeit, der wohl in irgendeiner Form in diesem Alphabet hätte vorhanden sein
müssen, zugleich zum Kriterium des Alphabets machen müssen. Es gab aber
keine Möglichkeit, hinter die Grundlagen des Alphabets zurückzugehen, weil
man die Kategorien des semantischen Alphabets nicht zugleich zu seinen
Kriterien machen konnte. Diese Möglichkeit scheiterte an der („Kreter"-)
Antinomie, daß Sprache und Metasprache nicht zugleich angewandt werden
konnten. Und so war der Beweis eines der Hauptansprüche des Lullismus,
Scientia de omni scibili zu sein, streng erst gar nicht zu führen.

Leibniz hat deshalb auch nicht auf dem Vollständigkeitsbeweis des Alphabets insistiert, zumal die Anwendung des Alphabets in der Kombinatorik
prinzipiell nicht von der Anzahl seiner Elemente abhing. Er konnte sich auf
die Charakterisierung und Spezifizierung seines Alphabets beschränken, das
er für menschenmöglich hielt und für dessen schemenhafte Vorkenntnis er
die mystische Tradition in Anspruch nahm: „Interea insita mansit hominibus
facilitas credendi mirifica inveniri posse numeris, characteribus et lingua quadam nova, quam aliqui Adamicam, Jacobus Bohemus die Natur-Sprache
vocat."[94]

Es war diese Sprache zugleich der Versuch, eine Einheitssprache nicht auf
Sprachbasis zu schaffen, sondern als Zeichen, in denen die Sache selbst aufgehoben war. Zwar war auch Leibniz klar: „Lingua Adamica vel certe vis ejus,
quam quidam se nosse et in nominibus ab Adamo impositis essentias rerum
intueri posse contendunt, nobis certe ignota est."[95] Aber diese Charakteristik
der ersten Namengebung blieb das Ideal Leibnizens. Denn wenn „dudum
manifeste apparuit, omnes humanas cogitationes in paucas admodum resolvi
tanquam primitivas"[96], dann war das zunächst der Versuch, eine Einheitssprache auf der Basis von semantischen Grundelementen zu entwickeln, und
gleichzeitig die Einheitssprache von der Grammatik zu emanzipieren. Wenn
man diese Charactere bezeichnete, konnte man sie als Elemente einer Kunstsprache betrachten, die nach lullistischen Mustern funktionierte.

Entscheidend für die Möglichkeit des lullistischen Modells, für seine Sachhaltigkeit und Vernunftmaßstäblichkeit war eine substantielle Identität von
Charakteristik und Sache. Aber Leibniz konnte keine volle Sachidentität zwischen Charakteristik und Realität annehmen. Denn der Begriff Zehn zum
Beispiel hatte evident nichts mit der Ziffer 10 zu tun. Leibnitz versuchte, dies
zentrale Folgeproblem des Nominalismus so anzugehen: „Est aliqua relatio
sive ordo in characteribus qui in rebus, inprimis si characteres sint bene in-
venti ... si characteres ad ratiocinandum adhiberi possint, in illis aliquem

---

93 Gerh. Phil. VII, 187. Vgl. Couturat, Logique, 431f.
94 Gerh. VII, 184.
95 Gerh. VII, 204f.
96 Ebd. 205.

esse situm complexum, ordinem, qui rebus convenit, si non in singulis vocibus (quanquam et hoc melius foret) saltem in earum conjunctione et flexu."[97]
Die Substanzidentität, die durch die göttliche Schöpfung und Offenbarung
der lullistischen — und mystischen — Wissenschaft zukam, wurde transfor-
miert, wurde im Verlaufe des Versuchs, eine algorithmisch kontrollierte Universalsprache zu schaffen, zur Funktions- und Strukturidentität. „Nam etsi
characteres sint arbitrarii, eorum tamen usus et connexio habet quiddam
quod non est arbitrarium, scilicet proportionem quandam inter characteres
et res, et diversorum characterum easdem res exprimentium relationes inter
se. Et haec proportio sive relatio est fundamentum veritatis."[98]
    Für die Characteristica universalis lag die Alternative vor, die Kircher dar-
gestellt hatte: Entweder versuchte man, die vorhandenen Sprachen auf eine
Sprache, etwa das Lateinische, zu reduzieren und dann diese Sprache zu
formalisieren — das hatte Kircher mit seiner Polygraphie versucht — oder
man ging, lullistischer, davon aus, die Sinneinheiten des kategorialen Alphabets als Wissensmöglichkeiten und -notwendigkeiten zu charakterisieren.
    Die Lingua universalis lag im lullistischen Modell und der Lullismus lag in
der Luft[98a]. 1648 war der erste Band des dreibändigen Digestum Sapientiae
erschienen, mit dem Yves de Paris, Verfasser grundlegender naturtheologi-
scher und -rechtlicher Werke, es unternahm, eine lullistische Enzyklopädie
zusammenzustellen. Der gelehrte Kapuziner nahm die beiden ersten Begriffsgruppen des lullistischen Alphabets, die absoluten und relativen ersten Ideen
und versuchte, aus deren Kombinationen ein Raster von insgesamt 303 „Loci
communes" zu schaffen, in das alles mögliche Wissen eingeordnet werden
konnte. Yves unterschied drei „operationes mentis": Apprehensio, die die
Begriffe selbst faßte, Combinatio, die die wunderbare Vielfalt der Verknüp-
fungsmöglichkeiten darstellte, und schließlich Collatio, die „diversa pulchrè
cogens ad unionem"[99] ordnete. Auch hier lag der Vorteil der lullistischen
Argumentation auf der Hand: Aus wenigen Begriffsgruppen konnte ein über-
sichtliches und in seiner Konzeption einsichtiges topisches Konzept entwikkelt werden, das eine Vielfalt von Erkenntnisperspektiven versprach; das
waren die „Scientiae universalis beneficia"[100].

---

[97] Gerh. VII, 192. August 1677. Das war die Zeit, in der sich Leibniz am intensivsten
mit der Frage der Scientia Generalis beschäftigte.
[98] Gerh. VII, 192. Vgl. Couturat, Logique, 103ff., Kauppi, S. 39ff.
[98a] Vgl. besonders Rossi, Clavis universalis, S. 200—236.
[99] Yves de Paris (1590—1678): Digestum Sapientiae in quo habetur Scientiarum omnium, Rerum Divinarum atque humanarum nexus, & ad Prima Principia reductio, Paris:
Dionysius Thierry, 1. Band 1648, 2. Aufl. 1659 (hier zitiert), 2. Band 1654, 3. Band 1661.
Ein vierter Band erschien in Leiden 1672. Die bibliographisch vollständigsten Angaben in
Georgis Bücherlexikon. Den Hinweis auf Yves de Paris verdanke ich Herrn Hübener. Zu
Yves de Paris: C. Chesneau = Eymard d'Angères: Le Père Yves de Paris et son Temps,
Paris 1947. Zitate: Digestum Sapientiae, Bd. 1, S. 28, „Loci communes" S. 25.
[100] Yves de Paris: Digestum Sapientiae, Bd. 1, S. 25. Vgl. o. S. 175, Anm. 62.

1661 hatte Johann Joachim Becher ein Buch mit dem Titel „Character, pro Notitia Linguarum universali"[100a] veröffentlicht, in dem er versuchte, eine Universalschrift auf der Basis des Lateinischen mit Ziffernkombinationen und grammatischen Symbolen zu beschreiben. In England stand das Problem der Charakteristik seit Francis Bacons Wissenschaftsprogramm auf der Tagesordnung. Bacon hatte 1623 beschrieben, „in China et provinciis ultimi Orientis in usu hodie sint characteres quidam reales, non nominales; qui scilicet nec literas nec verba, sed res et notiones exprimunt."[101] Diese Ansätze waren von George Dalgarno in seiner „Ars Signorum, vulgo character universalis et lingua Philosophica" 1661 aufgenommen worden. Dalgarno benutzte 17 Begriffsklassen und nahm als charakteristische Zeichen lateinische und griechische Buchstaben[102]. 1668, noch ein Jahr vor Kirchers Ars Magna Sciendi, erschien „An Essay towards a Real Character and a Philosophical Language" von einem der Gründer der Royal Society, von John Wilkins. Wilkins versuchte, mit einer Anzahl einfacher Symbole durch eine Kombination von lullistischen und grammatischen Elementen eine neue Kunstsprache zu schaffen[103].

Aber Leibniz vermißte an all diesen Versuchen die Möglichkeit, die für ihn die Hauptleistung seiner Charakteristik darstellen sollte, nämlich die Struktur des Wissens als Struktur der Welt darzustellen, die Möglichkeit, mit den Charakteristiken arbeiten zu können. „Die Worth", schrieb er, „sind wie rechenpfennige bey verstaendigen und wie geld bey unverstaendigen. Denn

---

[100a] Johann J. Becher: Character, Pro notitia Linguarum Universali. Inventum Steganographicum hactenus inauditum quo quilibet suam legendo vernaculam diversas imò omnes linguas, unius etiam diei informatione, explicare ac intelligere potest, Frankfurt: Ammonius und Serlinus 1661.

[101] Bacon, De Augmentis, ed. Spedding, Ellis and Heath, London 1858, Neudr. 1963, 651.

[102] Titel und These aus Gerh. Einleitung zu Bd. VII der Schriften Leibniz', S. 7. Georges Dalgarno (1626—1687).

[103] Wilkins, John (1614—1672): Essay towards a real Character and a philosophical language, London 1668, Neudr. Menston/Engl. 1968. Vgl. bes. S. 387:

bey verstaendigen dienen sie vor zeichen, bey unverstaendigen aber gelten sie als ursachen und vernunfftsgründe."[104] Wilkins' sowie Dalgarnos Zeichen waren für Leibniz Geld, erfüllten nicht seine Anforderungen an eine Symbolik, die durch ihre Anlage zugleich die Kombinationsmöglichkeiten darstellte. „Vera Characteristica Realis", schrieb er deshalb gegen Wilkins, „qualis a me concipitur, inter aptissima humanae Mentis instrumenta censeri deberet, invincibilem scilicet vim habitura et ad inveniendum et ad retinendum et ad dijudicandum. Illud enim efficit in omni materia, quod characteres Arithmetici et Algebraici in Mathematica: quorum quanta sit vis quamque admirabilis usus sciunt periti."[105]

Leibniz hat seine eigenen Ansprüche auch nicht erfüllen können, aber er hat versucht, sie mit Buchstabenkombinationen zu fassen, ohne dabei die unbewiesene, kategoriale Geschlossenheit des Lullismus wieder zu erreichen. Er hat sich wohl vorgestellt, man könne die Characteristica wie die Buchstaben des Alphabets benutzen, als „Alphabetum cogitandi, seu catalogus summorum (vel pro summis assumtorum) generum, ut a, b, c, d, e, f, ex quorum combinatione fierent inferiores notiones."[106] Daraus hätte sich dann eine Formelsprache für Definitionen entwickeln lassen, denn „Sciendum enim est genera sibi mutuo differentias praestare, omnemque differentiam posse concipi ut genus et omne genus ut differentiam, et tam recte dici animal rationale, quam si fingere licet, rational animale."[107] Diese Definitionenlehre hätte sich als Verbindung zweier Ideen, als Kom2nation mit zwei Buchstaben schreiben lassen, a b, und eine Kon3nation hätte drei Buchstaben gehabt; eine Obergrenze der Definitionsmerkmale war nicht festsetzbar. Hier, in der Lehre von der Definition, lag der Angelpunkt fürs formale Verständnis von Leibniz' Scientia universalis.

Mit dem Versuch einer einfachen formalen Charakteristik war über den Sinn des Alphabets nichts gesagt. Denn selbst wenn die Kombination der charakteristischen Zeichen über ihre innere Logik Aufschluß geben konnte, der Sinn des Alphabets lag im Sinn der ersten Einheiten, die irreduzibel waren, Einheiten, die zugleich die Elemente der Charakteristik waren. Wenn irgendwo das „Vinculum substantiale" der Logik verborgen lag, dann hier. Lulls Kategorien waren geoffenbart worden; nach deren Fall in die Kontingenz blieb für Leibniz nur die Möglichkeit, die ersten Begriffe, sein Alphabet, als Selbstoffenbarung der Ideen zu beschreiben. Es war das psychologische Kriterium der Ideen, unmittelbar, per se, einleuchtend zu sein. Diese Selbstevidenz war die Schwundstufe der Offenbarung, die Lull beschrieben hatte,

---

[104] Leibniz, ed. Couturat, S. 30.
[105] Gerh. VII, 7. Zur Frage der ersten Begriffe und ihrer Entwicklung bei Leibniz vgl. im einzelnen: H. Schepers: Leibniz' Arbeiten zur Reform der Kategorien. Zs. für philos. Forschung XX, 1966, S. 539–568. Zu Wilkins und Dalgarno im Bezug auf Leibniz ebd. 555f.
[106] Gerh. VII, 292.
[107] Ebd.

und zugleich der Restbestand kontemplativer Theorie, die der Lullismus schon hatte auffangen müssen, als er als enzyklopädisches Grundmodell bei Alsted eingeführt wurde.

Die „primae notiones" trugen nun die Last der Vermittlung von Theorie und Ars. „Primae notiones quarum combinatione fiunt caeterae aut sunt disctinctae aut confusae; distinctae quae per se intelliguntur, ut Ens; confusae (et tamen clarae) quae per se percipiuntur, ut coloratum, quod non possumus alteri explicare nisi monstrando"[108], beschrieb Leibniz diese Elemente seiner Charakteristik. Das waren natürlich auch die klaren und distinkten Ideen der cartesischen Erkenntnislehre, die Leibniz miteinschloß. Aber die Ideen bildeten vor allem das Alphabet menschlichen Wissens. „Alphabetum Cogitationum humanarum est catalogus eorum quae per se concipiuntur, et quorum combinatione caeterae ideae nostrae exurgunt"[109], hatte Leibniz über ein „Organon sive de Arte Magna cogitandi", auf Kircher anspielend, geschrieben.

Die Argumentation koinzidierte in der Auseinandersetzung mit Descartes in den „Meditationes de Cognitione, Veritate et Ideis"[110], wo den cartesischen Selbstgewißheitskriterien der Wahrheit die Kombinatorik erster Ideen entgegengesetzt wurde. Die Kenntnis einer Sache bestand eben nicht in einem klaren Bewußtsein von einer Sache, sondern in einer „Cognitio possibilitatis a priori"[111]. „An vero unquam ab hominibus perfecta institui possit analysis notionum, sive an ad prima possibilia ac notiones irresolubiles, sive (quod eodem reddit) ipsa absoluta Attributa DEI, nempe causas primas atque ultimam rerum rationem, cogitationes suas reducere possint, nunc quidem definire non ausim."[112]

Die Argumentation kam, wohl anders als geplant und mit anderen Thesen, wieder bei den ersten Prädikaten Gottes an, von denen der Lullismus ausgegangen war[113], beim christlichen Neuplatonismus. Leibniz' Prinzipien der Analyse, seine „Ideae innatae", die erkenntniskonstitutiv und weltbildend waren, sollten das Alphabet des menschlichen Verstandes bilden, das dann doch nicht zustande kam. Diese selbstoffenbaren Ideae innatae sollten in ihrer Kombination die Welt erklären und schaffen, sie hätten als Zeichen die Möglichkeit adäquater Erkenntnis und im Algorithmus zugleich die Garantie für die logischste aller Welten geboten, die dann auch die beste gewesen wäre.

108 Gerh. VII, 293.
109 Leibniz, ed. Couturat, 430.
110 Gerh. VII, 422ff. Zuerst erschienen in den Acta Eruditorum, November 1684.
111 Gerh. VII, S. 425.
112 Ebd.
113 Siehe o. S. 156, vgl. Frances A. Yates: Ramon Lull and John Scotus Erigena. Journal of the Warburg and Courtauld Institutes, Bd. 23, 1967, S. 1—45.

3. Kombinatorik

Noch immer ging es um die Fragen der Invention; das Alphabet war ein Inventionsproblem ebenso wie die Kombinatorik. Die Virulenz des semantischen Alphabets, das die eingeborenen Ideen charakterisierte, wäre erst in der Kombination dieser ersten cartesisch-lullistischen Ideen deutlich geworden. Dann wäre es möglich gewesen, a priori Wissen zu kombinieren, ja selbst synthetische Urteile a priori zu beschreiben.

Aber zuvor war das Instrumentarium zu klären. Denn weder war klar, wie die Verhältnisse der Ideenkombination untereinander lagen, noch wie die kombinatorischen Hauptverfahren mit — respektive gegeneinander funktionierten. Es blieb zu klären, wie das Verhältnis von Inventio und Judicium, von synthetischen und analytischen Urteilen im Rahmen der Kombinatorik sich verhielt. Das hat Leibniz in dem vermutlich wichtigsten Aufsatz zur allgemeinen Kombinatorik versucht, in „De Synthesi et Analysi universali seu Arte inveniendi et judicandi."[114]

Wenn irgend Kombinatorik einen Sinn haben sollte, dann mußte sie zur Konstitution zusammengesetzter Begriffe führen, und wenn sie eine Logik haben sollte, dann mußten die Konstituentien den zusammengesetzten Begriff nominal definieren. Daß das in der Kombinatorik, die nicht deduktiv vorging, nicht nach Genus proximum und Differentia specifica möglich war, lag in der Natur der Kombinatorik. Was für die Kombinatorik zuerst erreicht werden mußte, war eine Nominaldefinition von Begriffen. Und Leibniz bestimmte: „Nominalis definitio consistit in enumeratione notarum seu requisitorum ad rem ab aliis omnibus distinguendam sufficientium, ubi si requisita requisitorum semper quaerantur, veniendum erit tandem ad notiones primitivas quae requisitis vel absolute vel a nobis satis explicabilibus carent."[115]

Deutlich wird: In der Definition treffen sich die Verfahrensweisen der Charakteristik und Kombinatorik. Die Zusammensetzung von ersten Ideen führt zu einer zureichenden Definition, und eine Definition kann durch Analyse auf ihre Konstituentien hin überprüft werden. Definitionen sind also prinzipiell beweisbar, wenn sie nach synthetischen Regeln inveniert und nach denselben Regeln analytisch dijudiziert, beurteilt werden. Damit war das Verhältnis der Begriffe Invention und Judicium — vorläufig — geklärt. Im Gesamtprozeß der Kombination ging die Inventio nach synthetischen Urteilen vor sich, das Judicium funktionierte analytisch. Bloß: Für den Begriff des Judiciums bedeutete diese Bestimmung eine entscheidende Einschränkung des Kompetenzbereichs. Wenn das Judicium nur noch (re-)analysieren kann, was aus dem semantischen Alphabet zusammengesetzt ist, dann kann es nicht zugleich die topische Disposition der Argumente im enzyklopädischen Bereich

---

[114] Gerh. VII, S. 292—298. Vermutlich zwischen 1680 und 1684 entstanden. Vgl. Kurt Müller und Gisela Krönert: Leben und Werk von Gottfried Wilhelm Leibniz. Eine Chronik, Frankfurt a.M. 1969, S. 64.
[115] Gerh. VII, 93.

leisten. Diese Beschränkung des Judiciums auf die logische Analyse sollte Folgen für den enzyklopädischen Teil der Scientia universalis haben.

Die Zusammenbindung synthetischer und analytischer Urteile in Leibnizens Definitionsverfahren basierte auf der Characteristica universalis. Dabei mußte man, wollte man invenieren, synthetisch vorgehen; die Analyse war nur in der Lage, das synthetisch Vorgefundene zu beschreiben: „Synthesis est, cum a principiis inchoando et ordine veritates percurrendo progressiones quasdam deprehendimus et velut Tabulas vel etiam interdum formulas generales condimus, in quibus postea oblata inveniri possint. Analysis vero solius oblati problematis causa ad principia regreditur, perinde ac si nihil antea inventum jam a nobis vel aliis haberetur. Praestantius est synthesin condere.“[116]

Analyse war also, vom Inventionsstandpunkt her, deutlich abgewertet. Man kann analytisch nur beweisen, was man ohnehin weiß. Wenn aber Synthese das Hauptverfahren der Kombinatorik war, dann entstanden auch die Hauptprobleme der Kombinatorik neu: 1) Wie wird die Riesenzahl möglicher Kombinationen reduziert? 2) Wie kann die Konvenienz und Einheit von Kombinationen am Ende zu einem Ganzen gefaßt werden?

Seit der Dissertatio de Arte Combinatoria und durch zahlreiche Studien über mathematische Kombinatorik war sich Leibniz über die Unmöglichkeit klar, die Reduktion der Kombinationsmöglichkeiten in seiner Scientia universalis mathematisch zu lösen[117]. Es kam auf eine logische Beschreibung der synthetischen Definitionengewinnung an. „Porro omnes Notiones derivatae oriuntur ex combinatione primitivarum, et decompositae ex combinatione compositarum; verum cavendum est, ne combinationes fiant inutiles, conjungendo ea quae sunt incompatibilia inter se“[118], warnte Leibniz. Es kam mithin darauf an, logische Möglichkeiten einer überschaubaren Kombination zu beschreiben; und nur unter dieser Bedingung konnte eine Definition sinnvoll sein. Es waren also die Definitionen die besten, „ex quibus possibilitas rei immediate patet, ... hoc est cum res resolvitur in meras notiones primitivas per se intellectas, qualem cognitionem soleo appellare adaequatam seu intuitivam“[119].

Die Konvenienz der ersten Begriffe, die Leibniz gelegentlich als „Compossibilität“ faßte, implizierte, daß in einer Definition sich widersprechende Begriffe nicht vorkommen durften, daß die Nominaldefinition aber durch die

[116] Ebd. 296f.
[117] Vgl. Knobloch, Die mathematischen Studien Leibniz', Abhandlung S. 241, Risse II, 222f., und Leibniz, ed. Couturat, 572f.
[118] Gerh. VII, 293.
[119] Gerh. VII, 295: „Porro ex definitionibus realibus illae sunt perfectissimae, quae omnibus hypothesibus seu generandi modis communes sunt causamque proximam involvunt, denique ex quibus possibilitas rei immediate patet, nullo scilicet praesupposito experimento vel etiam nulla supposita demonstratione possibilitatis alterius rei, hoc est cum res resolvitur in meras notiones primitivas per se intellectas, qualem cognitionem soleo appellare adaequatam seu intuitivam; ita enim si qua esset repugnantia, statim appareret, quia nulla amplius locum habet resolutio.“

Beschreibung ihrer Möglichkeit in die Nähe der Realdefinition rückte. Wenn nun das Vinculum substantiale der Characteristica universalis funktioniert, dann wird durch die theologische Dignität der ersten Ideen, die Erkenntnis- und Schöpfungsideen in eins sind, aus der Nominaldefinition, die sozusagen äußerlich zusammengebracht wird, eine Realdefinition. Das ist dann die Kehr- seite des Satzes vom zureichenden Grunde: Wenn etwas auf Grund der Cha- rakteristica universalis und einer begründeten Kombinatorik widerspruchsfrei möglich ist, gibt es keinen Grund, weshalb es nicht sein sollte. Diesen Drang von der Möglichkeit zur Wirklichkeit hat Leibniz „existurire" genannt[119a].

Die Frage der Definitionen ging in ihrem kombinatorischen Ansatz von den Ideen des semantischen Alphabets aus. „Ex ideis porro istis sive defini- tionibus", schrieb Leibniz, „omnes veritates demonstrari possunt, exceptis propositionibus identicis, quas patet sua natura indemonstrabiles esse, et vere axiomata dici posse"[120]. Es sind also auch alle anderen Axione reduzibel, für Leibniz gibt es nur zwei Wahrheitskriterien: Den Satz der Identität und dessen Negation, den Satz des Widerspruchs. „Itaque cujuscunque veritatis reddi potest ratio, connexio enim praedicati cum subjecto aut per se patet, ut in identicis, aut explicanda est, quod fit resolutione terminorum. Atque hoc unicum summumque est veritatis criterium, in abstractis scilicet neque ab experimento pendentibus, ut sit vel identica vel ad identicas revocabilis."[121] Auch das Axiom der Identität wurde theologisch abgesichert: „Quo modo omnia intelliguntur a DEO a priori et per modum aeternae veritatis, quia ipsi experimento non indiget, et quidem ab illo omnia adaequate, a nobis vix ulla adaequate, pauca a priori, pleraque experimento cognoscuntur, in quibus postremis alia principia aliaque criteria sunt adhibenda."[122]

In der theologischen Absicherung dieses Axions lag genau auch die Schwierigkeit. Denn wie verhalten sich die vielen eingeborenen Ideen, die Ideen des semantischen Alphabets, das aus göttlichen Attributen besteht, zu diesem einzig zugelassenen Axiom, das ebenfalls göttlich legitimiert ist. Denn *Einheit* mußte als eingeborene Idee gelten und gehörte deshalb zu den irredu- ziblen Begriffen; und als Kombinationsform ließ sich Identität nicht beschrei- ben. War der Erkenntnisvorsprung des Göttlichen, die reine Erkenntnis a priori, so interpretierbar, daß die irreduziblen Ideen des semantischen Alpha- bets für eine höhere Instanz doch noch reduzibel waren? Aber worin läge dann überhaupt noch ihr kombinatorischer Nutzen?

Es zeigt sich wohl, daß an den Enden der Kombinatorik, an den Bedin- gungen der Wissenschaft alles Wißbaren, so etwas lag wie eine begriffliche Grauzone: Denn die Frage nach der Identität hatte Wirkungen auf die Defini- tionslehre. Die Identitätsforderung konnte für jede Definition logisch nur als

---

[119a] Leibniz, ed. Couturat, 534.
[120] Gerh. VII, 295.
[121] Gerh. VII, 295f.
[122] Gerh. VII, 296.

Konvenienz, als Kompossibilität[123] der verschiedenen Ideen untereinander definiert werden. Hier stellte sich nun erneut die Frage, wann dann die Nominaldefinition a priori für menschliches Erkennen zur Realdefinition werden konnte, wenn doch die substantiale Bindung der Characteristica universalis nur menschlich und nicht göttlich verbindlich beschrieben wurde und wohl auch nicht beschreibbar war. Lag in der Behauptung, die zureichende Nominaldefinition a priori sei die Realdefinition und damit die Identität einer Sache, nicht auch ein Rest der mystischen Vorstellung, man könne Schöpfung nachvollziehen, zumindest mit adamischer Namengebung? Und wies diese Identität göttlicher Schöpfung und menschlicher Erkenntnis nicht in dieselbe Utopie, die Comenius' Enzyklopädievorstellung trug?

Das Axiom der Identität und seine Umkehrung, der Satz vom Widerspruch — nichts kann zugleich sein und nicht sein —, argumentierten vom Ziel der Kombinatorik her, von der zureichenden Definition, die von der Nominaldefinition zur Realdefinition sich gesteigert hatte. Blieb die Frage offen, wie das Verfahren, dorthin zu kommen, geregelt werden konnte. Nur verhältnismäßig wenige Elemente konnten beschreibbar viele, aber großenteils unnütze Kombinationen ergeben, und dann lag es nahe, auf das Verfahren der Verbindung von Begriffen zurückzugreifen, das die strengste logische Dignität hatte, auf den Syllogismus. Wenn die Kombinatorik mit dem Ziel der Definition ein im strengen Sinn universales Verfahren sein wollte, dann mußte sie den Syllogismus umfassen.

Syllogismen bestanden aus untereinander verknüpften Urteilen. Die kategoriale Verknüpfung von Subjekt und Prädikat war universal bzw. partikular und affirmativ bzw. negierend. Es kam für die Frage der Definition zunächst darauf an, die logischen Urteilsformen so zu beschreiben, daß sie nach dem Prinzip der Identität gemessen wurden. Identität war als Prinzip umfassend geplant. Sie meinte auch Implikation, auch Teilidentität, auch Konvergenz. Und unter diesen Bedingungen ließen sich alle Urteile auf Identität, Teilidentität oder Nichtidentität zurückführen, wenn man davon ausging, daß im strengen Sinne das Verhältnis von Subjekt und Prädikat als Implikationsverhältnis beschrieben wurde: Ein universales affirmatives Urteil war eine Implikation, ein partikulares affirmatives Urteil konnte als Teilimplikation, ein universales negatives Urteil als Nicht-Implikation, ein partikular negatives Urteil als Teil-Implikation beschrieben werden[123a]. Die syllogistische Urteilstheorie wurde analytisch, mithin umfangslogisch gefaßt[124].

123 Vgl. Hans Poser: Zur Theorie der Modalbegriffe bei Leibniz, Wiesbaden 1969, S. 67—75.
    123a Leibniz, ed. Couturat, 292f. Graphisch zusammengestellt bei Risse II, S. 202: Siehe nächste Seite
    124 Vgl. Risse II, S. 199. Zum Problem der Intension und Extension in der Leibniz'-schen Logik grundlegend: Kauppi: Über die Leibnizsche Logik, Helsinki 1960, S. 243—267.

In einem Brief an Antoine Arnauld, den Mitverfasser der „Logique de
Port Royal", hat Leibniz 1686 das Fundament seiner Logik dargestellt: „Dans
toute proposition affirmative, veritable, necessaire ou contingente, universelle
ou singuliere, la notion du predicat est comprise en quelque façon dans celle
du sujet, praedicatum inest subiecto."[125] Zwar blieb die Frage, wie nun dieses
„inest" aufzufassen war, unklar, der Grad der Identität wurde mit dem Syllogismus nach „einer", „einige", „alle" qualifiziert, aber die Urteile des Syllogismus waren auf ein allgemeines Prinzip zurückgeführt.

Was prinzipiell für jedes Urteil galt, war für die Verbindung von Urteilen,
für den Schluß, billig. Denn wenn in einem Syllogismus aus zwei Urteilen
ein drittes gebildet werden sollte, dann mußte dies Urteil implizit in den
beiden vorherigen vorhanden sein, im Negationsfalle (es durfte nur eine Prämisse negativ sein, damit ein Schluß sinnvoll blieb) galt die Negation der
Implikation. Leibniz formulierte das Prinzip des Syllogismus deshalb mit
dem Satz vom eingeschlossenen beziehungsweise ausgeschlossenen Dritten:
„Fundamentum syllogisticum hoc est: Si totum aliquod C cadat intra aliquod D vel si totum C cadat extra aliquod D, tunc etiam id quod inest ipsi
C priore quidem casu cadet intra D, posteriore vero casu cadet extra D. Et
hoc est quod vulgo vocant dictum de omni et nullo."[126] Leibniz führte damit
den dreigliedrigen Syllogismus auf die Zweigliedrigkeit des Urteils zurück, die
mit dem Satz der Identität begründet werden konnte. Damit war er in Analyse
und Kombinatorik einen entscheidenden Schritt vorangekommen. Denn es
bestand jetzt aufgrund des Satzes der Identität eine gemeinsame logische
Grundlage von Syllogistik und Mathematik, die, konnte sie prozedural ausge-

zu 123a

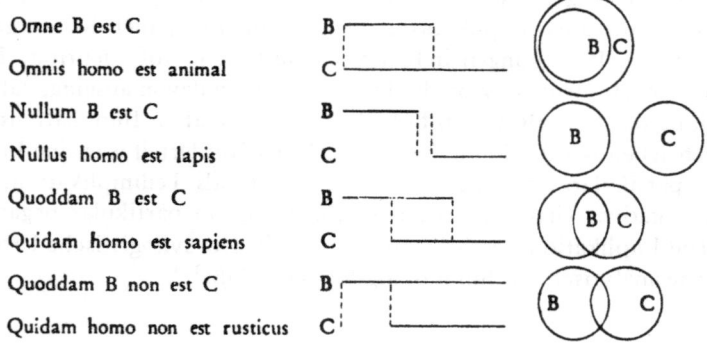

Omne B est C		B
Omnis homo est animal		C
Nullum B est C		B
Nullus homo est lapis		C
Quoddam B est C		B
Quidam homo est sapiens		C
Quoddam B non est C		B
Quidam homo non est rusticus		C

[125] Gerh. II, 56. Vgl. Risse II, 189.
[126] Leibniz, ed. Couturat, S. 410, Vgl. Risse II, S. 207. Zum Einschluß der Mathematik in diese Argumentation Cassirer, Leibniz, S. 133–135. Vgl. Leibniz, Nouveaux Essais
IV, II, §1, Gerh. VI. Damit beschreibt er zugleich die consequentiae, die er von Joachim
Jungius als nicht-syllogistische Figuren übernommen und gelobt hatte (Leibniz, ed. Couturat, S. 330): „Joach. Jungius Notionum species varias exquisitius consideravit, ostendit-
que non omnes consequentias revocari posse ad syllogismum."

baut werden, die Voraussetzungen für ein rationales Kalkül bot und einen Algorithmus ermöglichte[127].

Man mußte allemal von der Kombinatorik des semantischen Alphabets ausgehen. Wenn mit dem rationalen Kalkül ein überprüfbarer Weg der Kombination geschaffen werden sollte, wenn der Syllogismus wie das Urteil auf Kombinatorik beruhten und ihren Sinn in einer zureichenden Definition hatten, dann hing eine sinnvolle Argumentation an einer sinnvollen Definition. Eine rechte Symbolik hätte die Konstituentien der Definitionen darstellen müssen, sie hätte den Ariadnefaden[128] für die Analyse auf den ersten Blick abgegeben. Die Definition hätte alle nötigen Prädikate gezeigt und damit den Kompetenzbereich und die Implikationen jedes Begriffs, also seinen Inhalt, aufgedeckt. Und diese Implikationen hätten einen Beweis als analytische Folge von Definitionen, als eine Deduktion aus komplexen Gebilden in ihre Elemente ermöglicht. „Ex ideis porro istis sive definitionibus omnes veritates demonstrari possunt"[129], hatte Leibniz geschrieben.

Er versuchte auch, den begrifflichen Kompetenzbereich mit Definitionen- und Implikationenketten über den engeren Bereich logischer Beispiele hinaus an Beispielen anderer Begrifflichkeit zu beschreiben: „Justus est charitativus similis sapienti quatenus est charitativus. Charitativus est benevolus, similiter se habens erga quemlibet, quatenus est benevolus" und er hatte diese Definition zusammengefaßt zu: „Justus est charitativus sapientiformus". Und dazu hatte er die folgende Skizze[130] versucht.

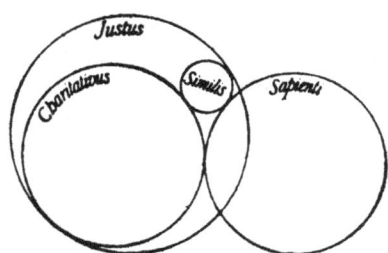

Das Ergebnis zeigte genau die Probleme der Übertragung von Logik auf Begriffe der natürlichen Sprache. Man mußte den Satz der Identität zugrundelegen, und dann wies die graphische Darstellung der Begriffsbereiche aus, daß zwar justus, sapiens und charitativus homogen waren, daß aber „similis" nicht nur nicht homogen mit den anderen Begriffen war, sondern auch kein definierbares Verhältnis zum Prinzip der Identität hatte. Es war mit dieser Logik nicht eindeutig beschreibbar, wie denn das Relationsverhältnis der Begriffe zueinander aussah. Denn es ließen sich die Begriffe „sapiens" und „justus"

127 Dazu Risse II und das Primzahlenkalkül von Leibniz, ed. Couturat, S. 70–82.
128 Gerh. VII, 22.
129 Gerh. VII, 295.
130 Leibniz, ed. Couturat, S. 331.

nicht weiter so analysieren, daß gemeinsame semantische Bereiche, die „similis" genannt werden konnten, wiederum mit Elementarbegriffen faßbar gewesen wären. Mit Implikationen allein kam man offensichtlich nicht weiter, und bei den Begriffen der natürlichen Sprache war keineswegs klar, wie allgemein oder konkret sie waren, wo also ihre Definitionsgrenzen lagen. Und hier wurde deutlich, daß eine längere Definitionenfolge nur die Konstituentien in einer vollständigen Implikation zu beschreiben imstande war, nur kategoriale und universal affirmative oder universal negierende Urteile und Schlüsse darstellen konnte. Wenn man zur Präzisierung weitere Begriffe hinzufügte, dann entstand die Schwierigkeit, daß das Implikationenverhältnis unklar wurde: Und so blieb auch die Kombinatorik in der Scientia generalis unklar.

4. Enzyklopädische Fundierungsprobleme: Weisheit und Historie

„Encyclopaedia ergo nostra ita scribenda est, ut enunciationes ac demonstrationes veritatum neque a schematismis, neque a calculo, sed definitionibus axiomatis ac propositionibus praemissis pendeant"[131], schrieb Leibniz, und er versuchte, von einem Definitionsbegriff auszugehen, der traditionell die Enzyklopädie bestimmt hatte, vom Begriff der „Weisheit". Dieser Begriff hatte seit Mylaeus[132] die Funktion, Wissenschaft zu vereinheitlichen und den profanen Bereich der Wissenschaft dem Bereich des Göttlichen anzunähern. Zabarella hatte diese Klammerfunktion der „Weisheit" dazu benutzt, die theoretischen, instrumentalen und praktischen Wissenschaften zusammenzuschließen. Sapientia war für ihn das „Haupt" und das Ziel aller Methoden[133].

Daran konnte Leibniz anschließen, als er den Begriff „Weisheit" als enzyklopädischen Zentralbegriff aufnahm. Freilich, während bei Zabarella Weisheit als psychologischer Finalbegriff der Wissenschaften und Künste gemeint war, geriet die „Weisheit" bei Leibniz in einen Kreis von Begriffen, aus denen alles Wissen deduziert werden sollte. Zwar blieb „Weisheit" der Zentralbegriff jeder Erkenntnis, aber Leibniz baute die Erkenntnis insgesamt in einen anthropologisch-psychologischen Zusammenhang ein, um die größtmögliche Allgemeinheit als Voraussetzung der Deduktion zu umgreifen. Seinen Universalrahmen bildete die „Glückseligkeit", die nicht als Zielbegriff praktischer Philosophie erschien, sondern als umfassender Begriff menschlicher Tätigkeit

---

[131] Leibniz, ed. Couturat, S. 34f. Über die Entwicklung der unterschiedlichen Systemansätze, auch deren Veränderung und Scheitern im Verhältnis von Dyadik, Alphabetum cogitationum und Metaphysik von Gott und Nichts vgl. Heinrich Schepers: Begriffsanalyse und Kategorialsynthese. In: Studia Leibnitiana Suppl. III, 1969, S. 34—49. Vgl. auch: Ders.: Leibniz' Arbeiten zu einer Reform der Kategorien. In: Zs. f. philos. Forschung XX, 1966, S. 539—567.

[132] Vgl. o. S. 27ff. Wolfgang Hübener hat mir mitgeteilt, daß er an einem Aufsatz über Leibniz und den Renaissancelullismus arbeite. Ich erhoffe mir davon eine ausführliche Quellendarstellung zu Leibnizens Enzyklopädie.

[133] Vgl. o. S. 75ff.

überhaupt, aus dem jede Handlung nach Sinn und Zweck analysiert werden konnte. Das bedeutete auch so etwas wie Psychologisierung der Wissenschaften, wie sie Alsted in seinem Begriff von Hexilogie gefaßt hatte[134], möglicherweise wies es sogar auf die Leitfunktion der Hexilogie bei Alsted zurück. Leibniz definierte und folgerte definitorisch:

„De Vita Beata. Von Glückseeligkeit.

Ein Glückseeliges Leben bestehet darinn daß man eines Vollkommen, Vergnügten und ruhigen gemüths genieße.

Solches zu erlangen ist nöthig, daß ein iedweder

1. sich bemühe sein ingenium auffs beste als ihm möglich zu gebrauchen, umb daßelbige was er in allen vorfällen seines Lebens thun oder laßen soll zu erkennen. Kürzlich daß er stets was der Verstand anweiset suche zu erkennen, dahero entspringet die Weisheit.

2. daß er allezeit in einem Vesten und beständigen Vorsaz verbleibe, alles daßjenige zu thun was ihm sein verstand anweiset, noch zulaße daß er durch seine Paßionen von selbigen abgezogen möge werden. Kürzlich daß er das erkandte, wie sehr es auch den passionen zuwieder, zu erlangen erachte, dahehr entspringet die Tugend.

3. daß er anbemercke, welcher gestalt so lange er durch verstand so viel müglich sich leiten laßen, alle güther deren er alsdann entblößet absolut außer seiner macht seyn, und dahero sich gewehne selbige nicht zu verlangen. Kürzlich daß er über nichts clage, sondern ruhig und vergnügt sey. Dahehr entspringet die (ruhig Vergnügende) Wollust."[135]

Mit dieser Definitionenfolge war festgelegt, wie die Wissenschaft im Leben zu stehen habe; zwischen Tugend und Affektbeherrschung lagen ihre Grenzen und psychologischen Möglichkeiten. Die „ruhig vergnügende Wollust", die als identisch galt mit der „Gemüthsruhe"[136] bildete die — von stoischen Elementen, möglicherweise auch von Spinoza[137] abgeleitete — Form, Wissenschaft und Affektbeherrschung zu habitualisieren[138]. Tugend galt als die Fähigkeit zu praktisch vernünftigem Handeln, als die Fähigkeit, den Willen in seiner Abhängigkeit von körperlichen Affekten zu betrachten und aufs Gute zu lenken, auf das Gute, sofern wir es erkennen können. Für die Folgen sind wir — unter dem Aspekt von Tugend — eben nicht verantwortlich. „Denn wir nicht am Ausgang, sondern nur an unserm eignen gedancken schuld haben, auch die besten ratschläge nicht allemahl die glücklichsten seyn, endtlichen des menschen natur so bewand, daß er nicht alles wißen kann."[139]

Weder der Vollzug der Gesinnungsethik noch die Habitualisierung von Wissenschaft und Affektbeherrschung fallen deshalb voll unter den Begriff

---

[134] Vgl. o., bes. S. 121ff.

[135] Gerh. VII, S. 90.

[136] Gerh. VII, S. 95: „Die Gemüths Ruhe ist eine belustigung des gemüths und innerliche vernügung verursachende in uns die höchste und beständigste wollust unsers lebens."

[137] Spinoza, Ethik, Von den Affekten.

[138] Für die Enzyklopädie ist die Beruhigung der Affekte sekundär.

[139] Gerh. VII, 92.

von Weisheit, sondern sie überschneiden sich nur mit ihnen, sind teilidentisch. Tugend und Affektbeherrschung sind anthropologisch-praktische Verhältnisnormen. Weisheit hingegen hält die Wissenschaft psychologisch zusammen, sie „ist eine vollkommene Wißenschafft aller derjenigen sachen, die das menschliche gemüth nur ergreiffen kan, welches ihm sey eine regel des Lebens die deßen gesundheit zu erhalten, und alle wißenschafften zu erfinden diene."[140] Tugend und Gemütsruhe koinzidierten dann mit der Weisheit, wenn sie wissenschaftlich behandelt wurden. Weisheit war Konstitution und Vollzug der Wissenschaft nach den Kriterien, die Ramus und Descartes gemeinsam waren, nach sicherer Erkenntnis und nach einem gesunden Judicium. Leibniz schlägt für die rechte Wissenschaft vor, „Auff daß wir nun erlernen den verstand wohl zu regieren, umb die erkendtnüß derselben wahrheiten so uns noch unbekand zu entdecken"[141]: Daß man 1) von klar erkannten Begriffen, ohne 2) Vorurteile zu hegen auszugehen habe, daß man 3) „die schwürigkeiten, so wir uns vorgenommen zu untersuchen, in so viel theile theilen als nöthig, umb selbe bequämer aufzulösen. 4) daß wir alle gedanken, welche wir die wahrheit zu erfinden anwenden, in rechter ordnung fortführen, anfangende von den einffältigsten sachen, und die zu wißen am leichtesten fallen, damit wir also mählig und gleichsam durch staffeln zu schwehrern und mehr zusammengesetzten wißenschafften auffsteigen. 5) daß wir auch durch den verstand suchen, diejenige dinge welche eine auff die andere ihre natur nach nicht folgen wollen, in eine gewisse ordnung zu bringen. 6) daß wir sowohl in nachsuchen der behörigen mittel, als in der durchlauffung der abgetheilten schwürigkeiten so vollkommen alle und iede erzehlen und auf alles herumbschauen, daß wir gewiß sehn, daß von Uns nichts außgelaßen worden."[142] Das ist nun nicht Leibnizens „Discours de la Methode", sondern der Begriff Weisheit faßt die psychologische und sachliche Basis für das enzyklopädische Verfahren in den Wissenschaften, für Inventio und Judicium, damit auch für die sachliche Einteilung, die das Judicium zu leisten hatte. Die Disposition des Wissens im Fortschritt vom Einfachen zum Komplizierten, auch die verstandesmäßige Ordnung der Dinge, die nicht ohne weiteres einzuordnen sind, gewiß der Anspruch auf Vollständigkeit entsprechen ramistischen Dispositionskriterien. Disposition war bei Ramus die Bestimmung von Judicium, die Bestimmung des Begriffs, den Leibniz als Analysebegriff komplexer Sachverhalte auf die Notiones primae der Sachen verkürzt hatte[143].

Es gab jetzt eine Doppeldeutigkeit des Begriffs Judicium[144]. Die enzyklopädische Disposition von Gedanken und die Analyse eines komplexen Sach-

[140] Gerh. VII, 90.
[141] Gerh. VII, 90.
[142] Gerh. VII, 91.
[143] Vgl. o. Anm. 90, S. 190.
[144] Vermutlich ist die Abhandlung „De Vita Beata" früher als der Aufsatz zur Analyse und Synthese. Aber die zeitliche Differenz belegt nur, daß der Kompetenzbereich von Judicium doppeldeutig ist, am Ende nicht identisch zu bekommen war.

verhaltes waren erkennbar verschiedene Verfahren; beide Verfahren fielen in den begrifflichen Kompetenzbereich von Judicium.

„Weisheit" hatte als vermögenspsychologischer Begriff den Vorteil, daß mit ihm zugleich das Verfahren und die Inhalte gefaßt werden konnten. Leibniz konnte deshalb bei der enzyklopädischen Interpretation dieses Begriffs vorschlagen, man solle, um die Kriterien der Wissenschaftlichkeit, die zur Weisheit führe, zu erlangen, zunächst Arithmetik treiben. Und „nachdem wir uns in auflösung solcher fragen einige richtigkeit zuwege gebracht, sollen wir uns mit ernst ... philosophi appliciren und dem studio der unwandelbaren Weisheit anhangen."[145]

Das war eine klassisch-ramistische, weil pädagogische Deutung eines Systems. Hier, in den methodisch-pädagogischen Interpretationsmustern lag der Einstieg für die habituale Wissenschaftsvermittlung im pädagogischen Zweig des ramistischen Methodenbegriffs. Und unter dieser methodisch-pädagogischen Klammer erschien denn auch erst die Sachordnung der „unwandelbaren Weisheit ... Diese philosophi", beschreibt Leibniz weiter, „nun ist nicht ungleich einem baum, deren Wurzeln die Metaphysica, der Stam die physica und die heraus entsprießende äste alle anderen Scienzen, welche zu diesen 3 vornehmsten, nehmlich Medicin, Mechanica und Ethica können gebracht werden."[146]

Derlei ist natürlich kein Deduktionsversuch der Wissenschaften aus dem Begriff „Weisheit". Aber die Wissenschaftsmetaphorik des Baums indiziert die Richtung der Argumentation: Die Richtung auf den Systembegriff. Die lateinische Fassung des Versuchs über die Weisheit knüpfte terminologisch konziser an die polyhistorisch-ramistische Terminologie an, indem die Grundsatzdefinitionen als „Praecognita" eines Systems von Gelehrsamkeit galten. Leibniz faßte diese Gedanken seinen Wissenschaftskriterien gemäß als Definitionenfolge: „Sapientia est scientia felicitatis", und es folgt zugleich: „Vera Eruditio est apparatus ad Sapientiam sive systema notitiarum quoad ejus fieri potest, conducens ad felicitatem."[147] Und im Anschluß an weitere Definitionen zur praktischen Valenz der Wissenschaft, des Glücks und der Freude als Ziel der Wissenschaften wird die Universalwissenschaft mit dem universalen Nutzen begründet[148], damit in den politischen Zusammenhang des Wissens eingebracht. Die Möglichkeit einer habituellen Vermittlung von Wissenschaft war in der lateinischen strengen Fassung nicht beschrieben. Und Wissenschaft war dann, wenn keine psychologisch motivierte Vermittlung von Sachbezug und Wissenschaftseinteilung da war, nur noch eine formale Frage von Logik und Psychologie, nur noch „Certa verarum propositionum cognitio". Die

---

[145] Gerh. VII, 91.
[146] Gerh. VII, 91.
[147] Gerh. VII, 43.
[148] Gerh. VII, 43: „Itaque convenit ut tum naturam nostram tum et aliarum rerum, quae maxime in nos agunt quaeque et juvare nos sive perficere, et impedire sive laedere possunt, summatim cognoscamus, et proinde Scientia quaedam Universalis Hominibus expetenda est."

Frage des Übergangs von der Kombinatorik zur Enzyklopädie blieb ohne die pädagogische Psychologie, ohne die Lehre vom Habitus unbeantwortet.

Wenn die psychologische Vermittlung, die in der Konvergenz von Sachangemessenheit und Lernangemessenheit des Wissens besteht, fehlte, dann wurde der Hiatus zwischen der logischen Verknüpfung von eingeborenen Ideen und der inhaltlichen Disposition des Wissens nur noch deutlicher.

Leibniz selbst hatte unterschieden: „Praecognita scientiae sunt rationis et facti, sive Dogmatica et Historica."[149] Historisches[150] Wissen war allgemein Wissen a posteriori, und zwischen Erfahrungen aus erster Hand und Erfahrungen aus Büchern unterschied Leibniz im Hinblick auf die Enzyklopädie nicht. Wörterbuchwissen und naturwissenschaftliches Experimentalwissen kam in der Historie zusammen: „Constituta jam et sensuum et aliorum testium autoritate condenda est Historia phaenomenorum, quibus si jungantur, veritates abstractae ab experimentis, hinc scientiae mixtae formantur."[151] Dieses Erfahrungswissen war an der Kreuzstelle von synthetischer, apriorischer Enzyklopädie und von Erfahrung nützlich. Die Wissenschaftlichkeit dieses Erfahrungswissens konnte nur in der zureichenden Definition der Wissensergebnisse bestehen, und das war nur durch die apriorische Kombination der Ideae primae möglich.

Die Einteilung der Universalwissenschaften, die Leibniz anbot, war zunächst nur historisch, eine Tatsachenwahrheit, über deren wissenschaftliche Dignität so lange noch keine Aussage gemacht werden konnte, als sie nicht definiert war. Wenn über „Historia litteraria" und „de statu praesenti eruditionis, seu Reipublicae litterariae" geredet wurde, über die Verbesserungsmöglichkeiten in Wissenschaft und Kunst, auch über die Ars inveniendi und über Synthese oder Kombinatorik als Teilabschnitte der Enzyklopädie[151a], dann hatte diese Wissenschaftlichkeit nur historischen Status, den Status von Kontingenz. Nun hatte Leibniz die Erkenntnis einzelner, kontingenter Wahrheiten als menschliche Ersatzerkenntnis beschrieben, in denen sich zwar erste Wahrheiten zeigen könnten, die vom göttlichen Verstand a priori erkannt, vom menschlichen Verstand aber nur a posteriori beschrieben werden konnten[152]. Und nur um solche Wahrheiten konnte es sich handeln, empirische, historische Erkenntnis war menschliche Ersatzerkenntnis. Und nur deshalb sollte die Leibnitzsche „Sozietät in Deutschland, um die Künste und Wissenschaften aufzunehmen" alles sammeln, was an Kenntnissen zu sammeln möglich war; „Verdienter Leute Lob und Lebensbeschreibungen, Merkbücher, Tagebücher, fliegende Gedanken, hinterlassene Papiere . . ., nützliche Gedanken, Erfindungen und Experimente, . . . Manuskripte, Berichte, Tagebücher, Reiseberichte, Papiere die sonst verderben würden, schließlich eine Biblio-

---

[149] Leibniz, ed. Couturat, 511.
[150] Vgl. Bodemann, S. 95, Phil., vol VII, Fasc. B.
[151] Gerh. VII, 296.
[151a] Gerh. VII, 49: Guilielmi Pacidii Plus Ultra.
[152] Vgl. o. S. 198, Anm. 121, 122.

thek, so nichts anderes als Kern und Realität sei."[153] Die kontingente Tat-
sachenerkenntnis sollte die Lücke zum göttlichen apriorischen Wissen kompensieren. Das war — schon wegen der unüberbrückbaren Differenz zum
Göttlichen, aber auch wegen praktischer Probleme — ein utopisches Programm,
das einer, auch einer wie Leibniz, natürlich nicht zu Ende bringen konnte.
Aber dies Programm tappte nicht in die empirische Beliebigkeit. Denn die
Versicherung, daß „In rebus ergo facti sive contingentibus quae non a ratione
sed observatione sive experimento pendent, primae veritates (quoad nos)
sunt"[154], diese Versicherung enthielt die Möglichkeit einer Realitätsanalyse
auf erste Ideen hin, die Möglichkeit, zu beschreiben, daß die Wirklichkeit aus
ersten begrifflichen Einheiten kombiniert sei. Darin lag auch der Sinn des
großen Wörterbuchs, das Leibniz vorschlug[155]. Es war sozusagen als die empirische Kehrseite der apriorischen Kombinatorik geplant. Und so behauptete
sich das lullistische Modell, das mit ersten Einheiten arbeitete, auch in der
Vorstellung, man könne die Historie mit solchen ersten Einheiten zureichend
beschreiben, das heißt definieren.

Begründungen waren nur definitorisch möglich. Es war deshalb sinnvoll,
die Ergebnisse der Historie der Wissenschaften als Definitionen zu fassen.
Definitionen boten allein die Möglichkeit zu Folgerungen und sie boten auch
Möglichkeiten zu Ketten von wissenschaftlichen Aussagen. Deshalb hat
Leibniz Definitionen in großer Folge exzerpiert und exzerpieren lassen[156].
In der Reduktion auf erste Begriffe mußte sich der Sinn der Kombinatorik in
den historischen Definitionen zeigen lassen. Diese Aufgabe hätte auch die
Historie, die Erfahrung als Kombinatorik beschreibbar gemacht, die Geschich-
te wäre faßlich geworden als eine geregelte Folge von sehr vielen Variationen
verhältnismäßig weniger Elemente. Der historische Unsicherheitsfaktor Zeit
und der Zufall wären dann berechenbar gewesen.

Der Versuch der Analyse historischer Definitionen hatte die Elimination
der Zeit zum Ziel. Schließlich war Philosophie das „Studium der unwandelbaren Weisheit". Weisheit und Historie konnten die Enzyklopädie nicht im
strengen Sinne begründen. Weisheit war nur im Mischbereich von Psychologie, Pädagogik und System, nicht aber im Bereich Logik von Bedeutung,
und das Material der Historie blieb, gerade wegen des Versuchs, Definitionen
auf erste Prinzipien hin zu analysieren, stumm. Denn hier blieb die unüber-
brückbare Differenz zwischen göttlichem apriorischen und menschlichem
Erfahrungswissen so lange deutlich, als nicht die ersten Begriffe, aus denen
alles besteht, faßlich wurden. Und ein semantisches Alphabet wurde nicht
gefunden.

[153] Grundriß eines Bedenkens von der Aufrichtung einer Societät in Deutschland,
um die Künste und Wissenschaften aufzunehmen (1669—1672). Leibniz, Schöpferische
Vernunft, ed. Engelhardt, S. 73ff.
[154] Gerh. VII, 296: De Synthesi et Analysi.
[155] Unvorgreifliche Gedanken von der Verbesserung der deutschen Sprache, § 41.
Leibniz, Deutsche Schriften, Bd. 1, Leipzig: Meiner 1916, S. 36ff.
[156] Leibniz, ed. Couturat, S. 437—450.

5. Ein Modellkonflikt: Disposition und Kombinatorik

Der Sinn der Analyse historisch gewonnener Definitionen lag in der Möglichkeit, sie als kombinatorische Definitionen zu benutzen. Es war die Analyse
der eine Teil des Begriffs Judicium, den Leibniz in der Abhandlung über
Synthese und Analyse beschrieben hatte. Nur: das historische Material, die
Unsummen von Definitionen, die sich ansammelten, konnte mit den angege-
benen Mitteln zwar auf ihre Konstituenten hin analysiert, nicht aber disponiert werden. Hier tauchte das Problem auf, daß der Begriff Judicium zugleich Analyse und Disposition beschrieb, und es rächte sich die Verkürzung
dieses Begriffs auf Analyse[157]. Die ramistische Leistung der Systementwick-
lung konnte nach dieser Begriffsverkürzung bei Leibniz nicht mehr konzis
mit dem Zentralbegriff des Judiciums gefaßt werden. Aber auf die Disposition des historischen Materials konnte Leibniz um so weniger verzichten, als
Erfahrung doch die Außenseite des kombinatorisch apriorischen Kerns war;
und auf die Ordnung der Kombinationen, auf die Ordnung der geschaffenen
Welt, die sich der menschlichen Ersatzerkenntnis (vorläufig) empirisch darstellte, blieb er angewiesen.

Deshalb kam dem fünften Punkt der Abhandlung von der „Weisheit",
„daß wir auch durch den verstand suchen, diejenigen dinge welche eine auff
die andere ihre natur nach nicht folgen wollen, in eine gewisse ordnung zu
bringen"[158], besondere Bedeutung zu. „Gewiß" hieß hier „sicher", aber
woher war die Sicherheit der Ordnung zu nehmen, wenn nicht aus den Kriterien, die mit der Lehre von der Disposition angeboten wurden? Nur, wenn
alle Wissenschaft kombinatorische Wissenschaft a priori war, wie sollte das
disponierende Judicium beschrieben werden?

Daß die Disposition seit Ramus einen logischen Status hatte, hatte Leibniz selbst in einer Notiz festgehalten. In einem „catalogus inventionum"
schrieb er zu den Inventionen „in logicis", Petrus Ramus „Leges universalita-
tis, necessitatis et perfectionis in propositionibus seu κατὰ πάντα, κατ᾽ αὐτο
et καθόλου πρῶτον ab Aristotele propositas ursit. Idem Dichotomias et in
universum Tabulas seu divisionum et subdivisionum catenas frequentari fecit,
quem secuti Zwingerus Freigius Keckermannus Alstedius, aliique solidi-
ores."[159]

Den Sinn systematischer Darstellung, die Vollständigkeit des Wissens,
hatte er selbst in seinem Versuch, die Weisheit zur psychologischen methodischen Zentralkategorie der Enzyklopädie zu machen, dargestellt, als er darauf
sah, „daß wir sowohl in nachsuchen der behörigen mittel, als in der durchlauffung der abgetheilten schwürigkeiten so vollkommen alle und iede erzehlen
und auf alles herumschauen, daß wir gewiß seyn, daß von Uns nichts auß-

---

[157] Vgl. o. S. 196f. und 204f.
[158] Gerh. VII, 91.
[159] Leibniz, ed. Couturat, S. 330.

gelaßen worden."[160] Die prinzipielle Gleichberechtigung aller Prädikationen
war ein Prinzip seiner Logik. Damit war neben Deduktion und Vollständigkeit
auch die Homogeneität der Argumente garantiert.

Leibniz war es schließlich auch, der seit 1679, seit der Zeit seiner Rückkehr nach Hannover, über ein mathematisches Instrumentarium zur Beschreibung des Prototyps aller Deduktion, zur Beschreibung der Dichotomie verfügte: Seit dieser Zeit kannte er die Dyadik[161], die Möglichkeit, jede gegebene
Zahl durch die Ziffer 1 und 0 auszudrücken. Damit konnte auch jede Stelle
in einem dichotomischen Baum auf Anhieb bestimmt werden, es ergab sich
die Möglichkeit, jede Systemstelle der Schöpfung mit mathematischer Topik
zu bestimmen.

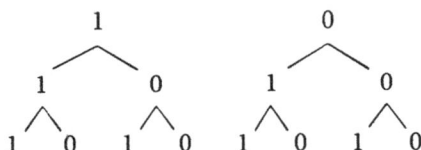

Und Leibniz selbst hatte auch sogleich die theologische Bedeutung seiner
Dyadik für die Wissenschaften erkannt: „Sed cum potissimus sit usus scientiarum humanarum, ut nos ad DEUM manu quasi ducant, admirandaque divini
autoris Vestigia in rebus ostendant; ausim dicere vix quicquam reperiri in
scientiis Mathematicis, quod animum melius ad DEUM attollat.

Cum enim inter potissima DEI admiranda sit mysterium creationis, Ethni-
cis (qui materiam DEO velut ad latus collocabant) incognitum; et essentiae
rerum sint ut numeri, quemadmodum sapienter a philosophis dictum est,
ideo hic ipsa nobis natura sub imagine mirifica in numeris ostendit, omnia
non ex DEO et materia, sed ex DEO et nihilo prodiisse."[162]

Diese Abhandlung „Summum calculi Analytici Fastigium" entstand im
Dezember 1679, etwa zur gleichen Zeit, als Leibniz sich Gedanken „De Syn-
thesi et Analysi universali seu Arte inveniendi et judicandi" machte. In dieser
Abhandlung hatte er auf die Distanz zwischen göttlichem und menschlichem
Wissen hingewiesen. War die Dyadik nun der Schlüssel, die Spuren Gottes in
den Dingen zu finden? Stimmte der Satz, daß alles aus Gott und Nichts
hervorgebracht war, dergestalt, daß Gott und Nichts die Grundelemente der
Kombinatorik waren?

Die Schwierigkeiten waren freilich beträchtlich, denn nach der Reziprozi-
tät von Umfang und Inhalt eines Begriffs waren dann Gott und Nichts ebenso

[160] Gerh. VII, 91. Von Weißheit. 5.
[161] Vgl. Hans J. Zacher: Die Hauptschriften zur Dyadik von G.W. Leibniz, Frankfurt
1973, S. 218–228. Summum calculi Analytici Fastigium. Vgl. Bacon, De augmentis scientiarum VI, 1.
[162] Ebd. S. 228. Leibniz kannte diese These schon früh, er übernahm sie aus dem
neuplatonischen Traktat des Eilhardus Lubinus: Phosphorus, seu de natura Mali, Rostock
1598. Vgl. W. Schmidt-Biggemann, Eilhard Lubins Begriff des Nihil. In: Archiv für Begriffsgeschichte, Bd. 17, 1973, S. 177–205.

allgemein wie inhaltsleer; und die Formulierung des Reziprozitätsgesetzes
„augendo conditiones minuitur numerus"[163] ließ sich auf den Begriff Gottes
zwar im Bezug auf den Numerus, nicht aber im Bezug auf die Konditionen
und damit überhaupt nicht anwenden. Die Notwendigkeit Seiner Einzigen
Existenz entzog sich diesem Gesetz.

Das machte die kombinatorische Anwendung der Dyadik schwierig; darüber hinaus war die Dyadik zwar in der Lage, arithmetisch — in der extrem-
sten Form der Umfangslogik — jede Zahl zu beschreiben, inhaltslogisch
konnte die Kombination zweier widersprüchlicher Begriffe „Notwendige
Existenz (Gott)" — „Nichts" jedoch nichts hergeben: Die Verbindung dieser
zwei Prädikate war nur als universale Negation möglich. Zu einer sinnvollen
Kombination fehlte die Kompossibilität. An diesem Punkt versagte wohl
auch die methodische Inversion[164]; hier konnten Synthese und Analyse,
Inventio und Judicium nicht mehr mit denselben Begriffen denselben Weg in
gegenläufiger Richtung gehen.

Hier war nur noch analytische Subsumption möglich, und die konnte aus
dem theologischen Vorbehalt, daß eine vollständige Kenntnis der ersten
Begriffe den Menschen entzogen war, nur mit mangelhaften und arbiträren
Unterteilungen geschehen. Auch das Judicium war im Bezug auf die Eindeutigkeit seiner Zuordnungen inkompetent[165]. In der Dyadik, just an dem Punkt,
der scheinbar am weitesten auf den gemeinsamen Weg von Kombinatorik
und Metaphysik, Mathematik und Deduktion führte, zeigte sich die unüber-
windliche Schwierigkeit. Die Begriffe Gott und Nichts hätten gewiß ins lullistische, semantische Alphabet der ersten Ideen gehört. Sie waren apriorisch,
waren Begriffe, die analytisch gewonnen waren und sie waren klare Ideen.
Aber sie konnten nicht zugleich die Begriffe sein, aus denen das lullistische
Alphabet deduzierbar war, sie konnten nicht zugleich Oberbegriffe sein, aus
denen mit ramistischen Kriterien die Teilbegriffe deduziert wurden. Kein
Begriff konnte im logisch strengen Sinne zugleich Oberbegriff und Teilbegriff,
zugleich ramistisch implizierender Deduktionsbegriff und lullistisch konstitu-
tives Kombinationselement sein. Dieser Sachverhalt erfüllte nicht das metaphysische Zentralkriterium Leibnizscher Logik, den Satz der Identität[166].

Es ließen sich die lullistischen und ramistischen Wissenschaftsmodelle
eben doch nicht vereinen. Alsted, den Leibniz zeitlebens hoch schätzte und

---

[163] Zitiert bei Schepers: Begriffsanalyse und Kategorialsynthese. Studia Leibnitiana
Suppl. III, 1969, S. 48, vgl. dazu auch seine Ausführungen, S. 46–49.

[164] Diese Methodenzugehörigkeit hat Railly Kauppi grundlegend im letzten Kapitel
ihres Buchs über Leibnizens Logik dargestellt. Hier, am Rande von Metaphysik und Theologie, gibt es keine Verschränkung von Umfangs- und Inhaltslogik mehr.

[165] Vgl. Schepers: Begriffsanalyse und Kategorialsynthese, S. 39–43.

[166] Leibniz hat die Scientia de aliquod et nihilo deshalb zur Beschreibung des Satzes
vom Grunde und seiner metaphysischen Zentralproblematik: Cur potius aliquid quam
nihilo verwendet.

den er nicht nur als den besten Enzyklopädisten lobte[167], hatte mit der Kombination des ramistischen und lullistischen Wissenschaftsmodells letztlich Inkompatibles zusammengezwungen. Leibniz' Scientia generalis scheiterte an einem Modellkonflikt. Hier rächte sich, daß ein ramistisches System und das lullistische Alphabet doch nicht dasselbe waren, daß verschiedene Argumentationsformen nicht identisch zu machen waren. Leibniz' Erkenntnis, daß logische Verhältnisse durch die Zusammengehörigkeit von Symbolen ihre Wahrheit in der strukturellen Konsistenz hatten, galt erst recht für wissenschaftliche Modelle und deren tragende Begriffe. Die ursprünglichen Beziehungen hingen den Begriffen offenbar bis zu ihrem Ende virulent an, und sie wurden bei extremer Beanspruchung immer wieder sichtbar. Es war die merkwürdig verborgene Präsenz der Begriffsgeschichte in der Wissenschaftsgeschichte wohl auch die konfliktträchtige Präsenz der Historie in der Theorie. Daß Leibniz diesen Konflikt zugespitzt hat, daß er ihn, weil er nicht zu lösen war, dennoch durch die Nicht-Veröffentlichung seiner Werke zur Scientia universalis ausgehalten hat, gehört zu seinen bemerkenswertesten Taten.

---

[167] Leibniz, Nova Methodus Discendae Docendaeque Jurisprudentiae. Sämtliche Schriften und Briefe, VI, 1, S. 289: „Sed maximè hîc laboravit Alstedius (anagr. Sedulitas) tum in Encyclopaedia, tum in variis scriptis separatis, qvae qvod miratus sum ipse non satis expressit in Encyclopaedia ut adeò adjungi mereantur." Vgl. Gerh. VII, 67.

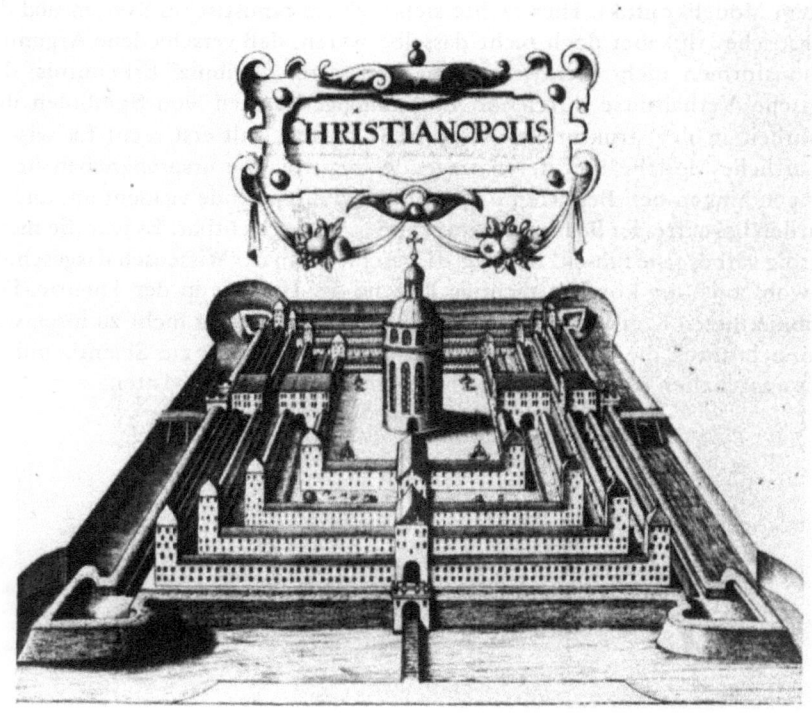

Universalwissenschaften haben eigentlich definitionsgemäß keine Grenzen. Wenn ihre Universalität eingegrenzt werden kann, dann nur durch Partikularität und durch Geschichte.

Partikularität kann einerseits die Bornierung der Fachwissenschaften bedeuten, aber sie kann auch in der geschichtlichen Umpolung der Wissenschaftsgrundlagen entstehen. Und hier wird dann die Geschichte als kritische Instanz wirksam. Die humanistischen und barocken Universalwissenschaften waren durch den Primat der Wortwissenschaften bestimmt, durch den Primat von Logik, Dialektik und Rhetorik; Wissenschaften, die als Topik zusammengehörten. Sobald in einer Wissenschaftskonzeption dieser im Kern artistische Vorrang entfiel, handelte es sich nicht mehr um Polyhistorie[1].

---

[1] Damit entfällt auch die Notwendigkeit, Wissenschaftsgeschichte als Geschichte der Naturwissenschaften fürs Barock als zentral zu behandeln. Es ist gerade die Eigentümlich-

Das war in dem Moment der Fall, als die *Natur* zur Grundlage jeder Wissenschaft wurde und damit die Wortwissenschaften in Abhängigkeit von der geschaffenen Natur gebracht wurden. Derlei geschah nicht, ohne daß Argumentationsmuster, die aus der polyhistorischen Universalwissenschaft stammten, benutzt wurden; aber es geschah in dem Moment, als die Natur Maßstab der Universalerkenntnis wurde. Francis Bacons „Neues Organon" machte die Natur zur Regel jeder Erkenntnis; und damit grenzte Bacon die Naturorientierung schon früh, schon 1620 von der wortorientierten Polyhistorie ab. Der alleinige Maßstab Natur war gegenüber der Historienvielfalt,

keit der barocken Wissenschaft, sich nicht um den spezifisch neuzeitlichen Naturbegriff kümmern zu müssen. Deshalb sind Kepler, auch Galilei keine Vertreter humanistischer oder barocker topischer Gelehrsamkeit, keine Polyhistoren, sondern Astronomen, und Descartes' Modernität besteht gerade in der Vernachlässigung der Wortwissenschaften. Vgl. dazu das Schlußkapitel.

Vorige Seite: Das Bild (und der Plan) von Johann Valentin Andreas „Christianopolis", Straßburg 1619 (stehen im Original nebeneinander): Ein gesellschaftliches Beglückungsinstitut, 300 Jahre vor Charles Fourier, und es sieht doch genauso aus. Der Plan:

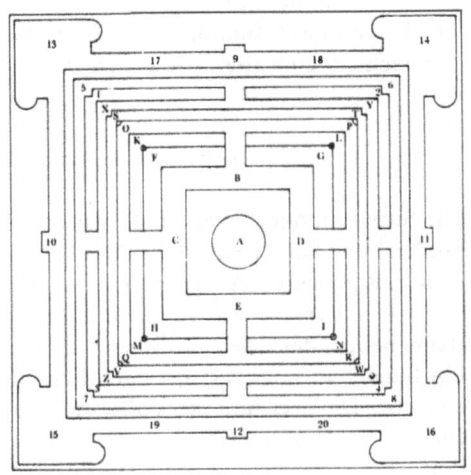

A	*Templum cum Prytaneo*
B C D E	*Collegium*
F G H I	*Hortus Physicus*
K L M N	*Hortuli Civium*
O P Q R	*Interior series aedium*
	civicarum
S T V W	*Publica platea*
X Y Z ◊	*Exterior series aedium*
1 2 3 4	*Hortuli*
5 6 7 8	*Officina et promtuaris*
9 10 11 12	*Quatuor porta*
13 14 15 16	*Quatuor propugnacula*
17 18 19 20	*Pomeria*
o o	*Loca fontium*

Auch Andreae wußte schon den Reim auf seine revolutionäre Christenstadt:

Ihr liebe Kind
Die jhr hie sind
Es ist vollendt
Was lengst erkennt
Was meiner Mutter grosse gnad
Ewren beyden hie erwiesen hat
Daß sollt jhr jhn nit thun mißgönnen
Ein frölich zeit die soll bald kommen.

Darin wirt einer dem andern gleich
Keiner wirt sein arm oder reich
Wem viel befohlen
Muß viel holen
Wem viel vertrawt
Dem gehts an d'haut
Darumb so last ewer grosse klag
Was ists vmb etlich wenig tag.

Aus: Andreae, Chymische Hochzeit: Christiani Rosencreutz Buch 1, in: Die Deutsche Literatur. Texte und Zeugnisse. Das Zeitalter des Barock, hrsg. von Albrecht Schöne, 2. Auflage München 1968. S. 290.

die logisch geordnet wurde, eine Bornierung. Naturphilosophie schränkte
deutlich den Kompetenzbereich der universalen Topik ein, indem sie die
Erfahrungsmöglichkeiten auf die Natur beschränkte. Das war zugleich, natürlich, auch die Konzentration aller Kräfte auf ein Gebiet und beugte der polyhistorischen Verzettelung, die in Leibniz' Zetteln greifbar wurde, vor.

Aber Beschränkung war auch anstrengend. Und Bacon konnte diese Konzentration auf ein Gebiet schon selbst nicht durchstehen. In seinem Enzyklopädieentwurf „De Augmentis Scientiarum" blieb er doch auf polyhistorische, topische Argumentationsmuster angewiesen.

Erst Campanellas vollkommene Umpolung aller Wissenschaften auf ein
Naturprinzip, auf das der Selbsterhaltung, konnte die Präponderanz der
Wortwissenschaften zugunsten eines Naturmaßstabs brechen. Campanella zog
die Grenzlinie deutlich, die Naturwissenschaft und topische Polyhistorie
trennte. Diese Grenzziehung geschah schon zu der Zeit, als Alsted seine
Enzyklopädien schrieb; und Leibnizens Konzept der Scientia universalis
replizierte in vielen Fällen bereits auf diese Abgrenzung. Bacons und Campanellas Philosophie ging noch von Voraussetzungen aus, wie sie an der Wende
zum 17. Jahrhundert bestanden. Aber die Präponderanz der Natur, mit der
sie die topische Polyhistorie begrenzten, blieb als Orientierungsmarke das
17. Jahrhundert hindurch erhalten, auch wenn die Naturphilosophien so
unterschiedlich waren, wie bei Descartes oder Locke.

I. Bacons doppeldeutige Wissenschaft

Die Situation der Wissenschaft war in England[2], in Frankreich, in den Nieder-
landen[3] und im Reich um die Wende zum 17. Jahrhundert deutlich bestimmt
durch Ramismus, Aristotelismus und Lullismus. Der Ramismus war vom
topischen Verfahren Inventio und Judicium ausgegangen, hatte zuerst gegen,
dann neben dem Aristotelismus das Konzept einer Methode entworfen, die
ein Bündel wissenschaftsgeschichtlicher Konsequenzen voraussetzte und nach
sich zog. Die drei Axiome Vollständigkeit, Homogeneität und Deduktion, die
für eine methodische Kollokation, für ein System gefordert wurden, verein-
heitlichten das Feld, das sie bearbeiteten. Der Ramismus bildete mit diesen
Axiomen ein logisches Modell, das von Sätzen ausging und sich über deren
Zustandekommen nur im Bereich topischer Invention klar wurde. Die Frage
nach dem „Subjekt" der Sätze — modern: nach der Objektbezogenheit der
Erkenntnis — stellte sich nicht, es ging nur um die „methodische", „systematische", im Prinzip topische Anordnung von Sätzen.

---

[2] Zu England: Wilbur Samuel Howell: Logic and Rhetoric in England 1500—1700,
Princeton, N.J. 1956. — Lisa Jardine: Francis Bacon. Discovery and the art of discourse,
Cambridge 1974.
[3] Paul Dibon: La Philosophie néerlandaise au siècle d'or. T. 1, Paris u.a. 1954.

Dieser methodische Vorteil der Homogeneität des Materials, der Historie auch, schränkte den Kompetenzbereich des Ramismus ein. Denn die kontemplativen Wissenschaften Physik und Metaphysik, damit der gesamte Bereich der „äußeren" Natur war aus dem Ramismus ausgeschlossen. Nur Künste und praktische Disziplinen waren ramistisch beschreibbar. An dieser Schwachstelle des ramistischen Topikmodells setzte Zabarella an und erweiterte den ramistischen Methodenbegriff um die kontemplative, aristotelisierende Scientia. Wortwissenschaften wurden zu instrumentalen Disziplinen, die einen anderen Status hatten als die praktischen und diese wieder einen anderen als die theoretischen Disziplinen. Die instrumentalen und die praktischen Disziplinen waren gleichgerichtet, weil bei beiden eine mentale Basis — für Worte wie für Handlungen — bestand. Dagegen mußten physische und metaphysische Erkenntnis von einem nicht mentalen Substanzen-Bereich vermittelst Kontemplation in den mentalen Wort-Bereich gelangen. Diese Erweiterung des Methodenbegriffs um die Kontemplation spaltete die ramistische Einheit der Wissenschaften. Das war das Ausgangsdilemma, das der junge Alsted mit einer Erweiterung der instrumentalen Wissenschaften zur kategorialen, Dinge und Erkenntnis gleichermaßen konstituierenden Ars universalis zu lösen versuchte, und in deren Folge später Comenius' mystische Lernutopie und Leibnizens unausführbare Gesamtwissenschaft entstanden.

1. Natur

Vor diesem Ausgangsdilemma stand auch Bacon, als er 1605 das „Advancement of Learning" schrieb, als er 1620 mit dem „Neuen Organon" und als abgehalfterter Politiker 1623 „De augmentis scientiarum", die erweiterte Wissenschafteneinteilung, eine Untergruppierung seines großen, auch utopischen Enzyklopädieentwurfs, veröffentlichte. Sein Dilemma bestand darin, daß er die Einheit der Wissenschaften und zugleich ihre Sachhaltigkeit verlangte. Sein Lösungsangebot sah auf den ersten Blick gar nicht so verschieden von dem Angebot Zabarellas aus. Bacon versuchte, die Schere von Erkenntnis und Ordnung mit der Einführung des Naturbegriffs zu schließen. Bloß: Im Naturbegriff lag die entscheidende Differenz zu Zabarella. Während Zabarella von einer Zuordnung von Kontemplation und Natur unter sprachlich-metaphysischen Prämissen ausging, von einer Konzeption, die synthetisch an der kontemplativen Erkenntnis von Wesenseinheiten aus allgemeinen Prädikaten interessiert war, ging Bacon — kaum weniger von der mittelalterlichen Philosophie beeinflußt als Zabarella — von einem Naturbegriff aus, der konzeptualistisch war und einen Kontemplationsbegriff so wenig zuließ wie Spekulation. Und hier lag die wesentliche Differenz zwischen topischer Polyhistorie und Naturphilosophie: Die Schlüsselstellung der Wortwissenschaften war bei Bacon an die Naturwissenschaften abgetreten.

Für Bacon offenbarte sich die Natur nicht im Wort, im Gegenteil. „Gloriam Dei" zitierte er salomonische Sprüche, „esse, celare rem, gloriam regis, investigare rem."[4] Freilich konnte er nicht so weit gehen, daß der Sinn von Natur prinzipiell unerkennbar blieb, denn dann hätte die Natur nicht das einheitsstiftende Konstituens von Wissenschaft sein können. „Subtilitas naturae subtilitatem sensus et intellectus multis partibus superat"[5] war die Voraussetzung, die Bacon für sein Modell einer Wissenschaftsreform hatte. Logik war als Kunst sinnlos[6]. So mußte die systematische Natur die Voraussetzung der Erkenntnis bieten. Nur, dies System Natur durfte nicht vollständig erkennbar sein. Denn die Natur mußte, damit naturfundierte Wissenschaft überhaupt möglich *blieb*, einen Vorrang vor der menschlichen Erkenntnis behalten. Die Natur bekam als alleinige Grundlage jedweder Wissenschaftlichkeit alle Prädikate der systematischen Enzyklopädie, ohne daß inneres Funktionieren, System oder Umfang der Natur hätten beschrieben werden können. Bei widersprüchlichen Ergebnissen einer Invention lag die Beweislast stets beim Beschreiber. Die Natur war allemal der Argumentation gegenüber im Vorteil, und Methode lieferte entweder nur eine inhaltlich irrelevante Folge von Sätzen oder sie vergewaltigte den vorgegebenen aber zugleich verborgenen Sinn der Natur. Natur wurde bei Bacon zum Material und zum Sinn; und immer hatte sie noch etwas in der Hinterhand. Diese Reserve machte zwar jede stringente Argumentation unmöglich, war aber zugleich Grundlage für den Fortschritt. Deshalb könne man hoffen, daß die Natur in ihrem Busen noch vieles Vortreffliche verborgen halte, schrieb Bacon, was mit dem bisher Erfundenen keine Verwandtschaft und Ähnlichkeit habe, sondern weitab von den Wegen der Einbildungskraft liege und noch nicht erfunden sei. Unzweifelhaft würde es im Fortgang und Verlauf der Jahrhunderte zum Vorschein kommen, wie es mit dem Früheren auch geschehen sei; „sed per viam quam nunc tractamus, propere et subito et simul repraesentari et anticipari possunt."[7]

Die Natur garantierte also zugleich die Einheit und den unbegrenzten Vorrat der Wissenschaften. Das Problem lag darin festzustellen, wie die Erforschung der „qualitates occultae" der Natur vonstatten gehen sollte. Daß das nicht mit logischen Mitteln möglich sei, war durch die konstitutive Rolle der Natur, um deren Erkenntnis es ja ging, deutlich. Die Ordnung von Sätzen sagte nichts über die — einzeln vorgestellten Qualitäten — die „*Formen*"[8] der Natur aus. Methode war deshalb auch in der Form, daß Einzelerkenntnisse an ihren rechten, logischen Ort gestellt wurden, nicht möglich. 1623, drei Jahre nach dem Novum organon, hat Bacon sich in De augmentis scientia-

---

[4] Sprüche XXV,2, Novum Organum I, § 129.
[5] Novum Organum I, § 10.
[6] Novum Organum I, § 11: „Sicut scientiae quae nunc habentur inutiles sunt ad inventionem operum; ita et logica quae nunc habetur inutilis est ad inventionem scientiarum."
[7] Novum Organum I, § 109.
[8] Novum Organum II, §§ 2–7.

rum über „Methode" geäußert. Er wolle von einer einzigen Methode, von den ewigen Dichotomien nichts sagen. „Fuit enim nubecula quaedam doctrinae, quae cito transiit; res certe simul et levis et scientiis damnosissima. Etenim hujusmodi homines, cum Methodi suae legibus res torqueant et quaecunque in dichotomias illas non apte cadunt aut omittant aut praeter naturam inflectant, hoc efficiunt ut quasi nuclei et grana scientiarum exiliant, ipsi aridas tantum et desertas siliquas stringant. Itaque inania compendia parit hoc genus Methodi, solida Scientiarum destruit."[9]

In der Tat: Methode wurde dann, wenn sie nicht als logische Folge von Sätzen, sondern als Sacherkenntnis erschien, projektiv, denn auf die Sachen war sie nicht ohne Vermittlung anwendbar. Eine Vermittlung von Sacherkenntnis und Methode wäre durch Schöpfungstheologie möglich gewesen: Der Lullismus hatte das gezeigt. Aber einen solchen Zugang teilhabender Erkenntnis am göttlichen Plan, wie ihn Bacons etwas jüngere Zeitgenossen Alsted und Comenius versuchten, hatte sich Bacon bewußt und geschickt verstellt. Die Wissenschaft als Spekulation war ihm nicht zugänglich, weil der Naturanspruch dadurch geschwächt worden wäre.

Für ihn war es der „Ruhm Gottes, die Dinge zu verhüllen"[10]. Darin beruhte denn auch die theologische Legitimation der unbegrenzten Vindikation von Sinn an die Natur. Nur: Die vorgängige Vermutung, daß die Natur immer einen Sinnvorsprung vor der Erkenntnis habe, bot gegenüber anderen, logischen und topischen Argumentationen keinerlei Fortschritt, sie war in keiner Weise weniger mystisch als die späteren Spekulationen von Comenius[11].

Die Behauptung von dem Vorsprung der Natur war freilich nicht spekulativ ausschöpfbar. Der Vorbehalt, daß die Formen der Natur verborgen seien, machte den menschlichen Intellekt als Spiegel blind. „Estque intellectus humanus", wehrte Bacon die Spekulation auch metaphorisch ab, „instar speculi inaequalis ad radios rerum, qui suam naturam naturae rerum immiscet, eamque distorquet et inficit."[12] Darin lag für ihn der Grund für die *Idola* der Menschen, für die falschen Bilder der Natur.

Eine Parallelität zwischen Vernunftstruktur und Welt war auf Grund der Vernunft nicht möglich, und wenn Offenbarung und Natur am Ende für koinzident erklärt wurden[13], so blieb das unbewiesen und auf Grund des Sinnvorsprungs der Natur vor der Erkenntnis auch unbeweisbar. Aber Bacon erreichte mit dieser unbeweisbaren Vindikation von Sinn an die Natur faktisch die Ausschaltung der Theologie aus dem Bereich der Wissenschaften. Der

---

[9] De Augmentis. Werke, Bd. 1, S. 663, Buch VI, Kap. II.

[10] Novum Organum I, § 129, Sprüche XXV,2.

[11] Es blieb deshalb, wenn überhaupt, nur die Möglichkeit, daß das Neue Organum politisch antiklerikal, weil antiaristotelisch, verstanden worden sei. Ob diese ideologiekritische Interpretation sinnvoll ist, steht dahin.

[12] Novum Organum I, § 41.

[13] Novum Organum I, § 89: „At vere rem reputandi Philosophia Naturalis, post verbum Dei, certissima superstitionis medicina est; eademque probatissimum fidei alimentum."

Preis war der Verlust jedweder immanenter Begründungsmöglichkeiten von Argumentation. „Natürlich" wurde zum einzigen Parameter; und Verbindungen von Einzelwahrheiten wurden auf Grund der verborgenen Naturzusammenhänge unbegründbar. Es blieb für Bacon lediglich übrig, die Induktion zu beschreiben, die — ebenfalls von verhaßter, deshalb verhohlener aristotelischer Provenienz[14] — ohne die ursprüngliche logische Zuordnung zur Syllogistik auskommen mußte. Denn Logik konnte Natur nicht erreichen, und Induktion gab sich der Vorstellung hin, der Natur natürlich zuleibe rücken zu können. „Inductio quae ad inventionem et demonstrationem scientiarum et artium erit utilis naturam separare debet, per rejectiones et exclusiones debitas; ac deinde, post negativas tot quot sufficiunt, super affirmativas concludere."[15] Die dialektische Begründung der Wissenschaften war so nicht möglich. Man konnte nur der Natur vertrauen und induzieren: Das bedeutete, daß man auf den Inventionsstand Agricolas zurückzugreifen hatte.

Die Operationsformen „inventio" und „demonstratio", mit denen die *Induktion* beschrieben wurde, gehörten bemerkenswert eng zum ramistischen, topischen Begriffsrepertoire. Korrespondenzbegriff der Invention war bei Bacon nicht Judicium oder Dispositio, sondern Demonstratio. Auf der Basis von Bacons Naturbegriff konnte eben nicht argumentiert werden, weil jede Logik nur als Projektion des defizitären Verstandes auf die unerschöpfliche Natur faßlich war. Es konnte nur noch inveniert werden und diese Invention konnte mit Experimenten demonstriert werden. Die ramistisch-topische Zuordnung von Inventio und Judicium wurde mangels Argumentationsmöglichkeiten zur Inventio und Demonstratio verschoben: Die okkulten Formen der Natur wurden durch Induktion inveniert und experimentell ad oculos demonstriert.

Für den Duktus der Argumentation Bacons hatte das die Folge, daß als Instrument naturwissenschaftlicher Inventionsmöglichkeiten ein unsystematischer Topoikanon auftauchte. Der entsprach in Funktion und Form exakt den relativ ungeordneten, weil unmethodischen Topoikatalogen, die im Anschluß an Agricolas Dialektische Inventionen und deren rhetorische Implikationen entstanden waren. Und wie Agricola kam es auch Bacon gar nicht auf die Ordnung der Topoi an, sondern nur darauf, daß man damit invenieren könne. Auch bei Bacon wurden, wie bei Agricola, alle Ähnlichkeiten, angefangen von zufälligen Äußerlichkeiten bis zu konstitutiven Kategorien von Gegenständen topisch ungestuft nebeneinander gefaßt. Die 27 Instantiae praerogativae von Bacons naturwissenschaftlicher Invention entsprachen genau Agricolas 23 Loci. Bacons Topoi beschrieben, wie „ex natura rerum quoque haec Scientia emanet: „Instantiae Solitariae: Instantiae Migrantes: Instantiae Ostensivae: Instantiae Clandestinae: Instantiae Constitutivae:

---

[14] Vgl. Aristoteles, zweite Analytik. Dazu J.M. Le Blond: Logique et Methode chez Aristote, Paris 1939, bes. S. 120—124. Wolfgang Wieland: Die aristotelische Physik, Göttingen 1962, bes. S. 98f.
[15] Novum Organum I, § 105.

Instantiae Conformes: Instantiae Monodicae: Instantiae Deviantes: Instantiae Limitaneae: Instantiae Potestatis: Instantiae Comitatus et Hostiles: Instantiae Subjunctivae: Instantiae Foederis: Instantiae Crucis: Instantiae Divortii: Instantiae Januae: Instantiae Citantes: Instantiae Viae: Instantiae Supplementi: Instantiae Persecantes: Instantiae Virgae: Instantiae Curriculi: Doses Naturae: Instantiae Luctae: Instantiae Innuentes: Instantiae Polychrestae: Instantiae Magicae."[16]

Die Naturinvention war der dialektischen Invention strikt analog, sie benutzte die Argumentationsformen der Wissenschaft, die sie bekämpfte. Sie konnte sich nur durch die Begrenzung des Inventionsbereichs auf die Natur von der dialektischen Invention abgrenzen.

2. Das psychologische Inventar und das wissenschaftliche Feld

Trotz der Minimalisierung der Vernunft gegenüber der Natur; auf eine zur Wissenschaft gehörige Psychologie konnte Bacon nicht verzichten. Denn selbst wenn die Ergebnisse der bisherigen Wissenschaft als unzutreffend beurteilt wurden, das Faktum, daß es Wissenschaft gäbe, ließ sich nicht leugnen, zumal Bacon diese Wissenschaften in ihrer Würde darstellen und in ihren sinnvollen Bereichen erweitern wollte. So nahm er 1623, drei Jahre nach der Veröffentlichung des Neuen Organon, den psychologischen Ansatz seines „Advancement of Learning" von 1610 wieder auf. Im „Advancement of Learning" war Bacon von „the three parts of Man's Understanding, which is the seat of learning" ausgegangen, und er hatte den jeweiligen Vermögen Wissenschaften zugeordnet: „History to his Memory, Poesy to his Imagination, and Philosophy to his Reason."[17]

Memoria, Imaginatio und Vernunft bildeten ein psychologisches Inventar, das auf den Leitbegriffen humanistischer Wissenschaft aufruhte. Damit übernahm Bacon für seine Enzyklopädie im „Advancement of Learning" und in „De augmentis scientiarum" doch wieder das psychologisch garantierte topische Bereichsdenken des Wissenschaftsmodells, mit dem Zabarella den ramistischen Methodenbegriff aufgefangen hatte.

Aber diese schwache psychologische Klammer reichte ihm für die Begründung der Wissenschaft aus. Denn nicht die Erkenntnisvermögen interessierten ihn, sondern seine Argumentation zielte streng nur auf die Gegenstände der Erkenntnis. Es wurde lediglich das psychologische Vermögen einer Kenntnis von Gegenständen festgestellt. Bacon wollte im Advancement of Learning ebenso wie in De augmentis scientiarum nur rudimentär das Verhältnis von Wissensmöglichkeiten zueinander bestimmen, um das wissenschaftliche Feld von „Historie", „Poesie" und „Philosophie" abstecken und aufteilen zu können.

---

[16] Novum Organum II, 52.
[17] Advancement of Learning II, 2, Werke III, S. 329.

In dieser Minimalisierung der Psychologie koinzidierte die Argumentation des Novum Organon mit den Enzyklopädieentwürfen Bacons im Advancement of Learning und in De augmentis scientiarum. Diesem Interesse entsprach auch die Betonung der Sachlichkeit und der Sachenabhängigkeit jeder Erkenntnis in allen Wissenschaftstypen. Dennoch blieb die Psychologie von Memoria, Imaginatio und Ratio für die Grade der Erkenntnis unerläßlich; denn sie lieferte die Einteilung der Wissenschaften, die der krude Stoff der Erkenntnis nicht bieten konnte. Und so entstanden die Zuordnungen von Wissenschaften, Objektgattungen und Vermögen: Die Historie umfaßte Einzelheiten, die von der Memoria behalten wurden; Poesie benutzte die Einzelheiten der Memoria, indem die Imagination sich nach ihnen richtete; Vernunft schließlich abstrahierte von den Einzelheiten und versuchte, sie nach Gesetzen zu bündeln[18].

Seelenvermögen blieben trotz des normativen Naturbegriffs konstitutiv für die Wissenschafteneinteilung. Ohne historische und Vernunfterkenntnis ließ sich keine Erkenntnis beschreiben; und woher sollte die Imagination ihre Muster nehmen, wenn nicht aus den Erkenntnissen von Historie und Vernunft. Aber Bacon begrenzte die Aufgabe der Philosophie. Sie lieferte nur abstrakte Abbilder vorhandener Ordnungen, eigene Ordnungskriterien besaß die Philosophie nicht. Sie hatte sich nach Naturgesetzen — wie auch immer die zu bekommen waren — zu richten und blieb in ihrem Kompetenzbereich auch auf Natur eingegrenzt. Sie war ganz unabhängig von Imagination, und unklar blieb, wie denn überhaupt der zentrale Erkenntnisbereich Bacons, Historie, mit Philosophie vermittelt werden sollte.

Deutlich wurde allein, daß Historie und Einzelheit die Grundlage allen Erkennens sein sollten. Und hier bestand eine bemerkenswerte Koinzidenz des Historienbegriffs bei Bacon mit dem Konzept von Methode bei Keckermann. Von der Historie aus gab es auch bei dem Danziger Systematiker keinen Weg zur wissenschaftlichen Erkenntnis, Historie war lediglich Cognitio singularis. Bei Keckermann war diese Bestimmung der Historie als Sachen-Wissen weit unterhalb des metaphysischen Rangs der philosophischen Erkenntnis

---

[18] De Augmentis, Werke I, S. 494: „Historia proprie individuorum est, quae circumscribuntur loco et tempore. Etsi enim Historia Naturalis circa species versari videatur, tamen hoc fit ob promiscuam rerum naturalium (in plurimis) sub una specie similitudinem; ut si unam noris omnes noris. Sicubi autem individua reperiantur, quae aut unica sunt in sua specie, veluti sol et luna; aut a specie insigniter deflectunt, ut monstra; non minus recte constituitur narratio de illis in Historia Naturali, quam de hominibus singularibus in Historia Civili. Haec autem ad Memoriam spectant.

Poësis, eo sensu quo dictum est, etiam individuorum est, confictorum ad similitudinem illorum quae in historia vera memorantur; ita tamen ut modum saepius excedat, et quae in rerum natura nunquam conventura aut eventura fuissent ad libitum componat et introducat; quemadmodum facit et Pictoria. Quod quidem Phantasiae opus est.

Philosophia individua dimittit, neque impressiones primas individuorum sed notiones ab illis abstractas complectitur; atque in iis componendis et dividendis ex lege naturae et rerum ipsarum evidentia versatur. Atque hoc prorsus officium est atque opificium Rationis."

taxiert worden[19]; diese Bewertung kehrte Bacon um. Für ihn rangierte Erfahrung vor der Vernunft. Das war die Konsequenz der Naturkonstituierung jeder Wissenschaftlichkeit vor der philosophischen Erkenntnis.

Diese Umtaxierung hatte eine gute, nominalistische Tradition. Schon bei Ockham fand sich — unter Betonung des Vorzuges jeder Einzelerkenntnis — im Physikkommentar der Hinweis, daß Aristoteles zufolge, „scientia non est de singularibus, sed est de universalibus supponentibus pro ipsis singularibus. Tamen, metaphorice et improprie loquendo, dicitur scientia naturalis esse de corruptibilibus et de mobilibus, quia est de illis terminis, qui pro talibus supponuntur."[20]

Eine solche uneigentliche Erkenntnis nannte Bacon Historia, und er verband dieses Konzept der Cognitio historica mit den Bestimmungen von Geschichte, die als Universalgeschichte bei Mylaeus und bei Bodin bestimmt wurden: „Historiae", hatte Bodin Mylaeus' Bestimmung aufgenommen, „. . . tria sunt genera: humanum, naturale, divinum"[21]. Bacon bestimmte schon 1605: „History is Natural, Civil, Ecclesiastical, and Literary"[22], übernahm damit Bodins Begriff der Historia. Aber er benutzte schon 1605 eine vierte Komponente der Historia, die Literärgeschichte, die bereits Mylaeus dargestellt hatte[23], die bei Bodin funktionslos gewesen und deshalb unterschlagen worden war. Bacon zielte nun, der veränderten Naturkonstituierung seiner Wissenschaft gemäß, nicht auf Zivilgeschichte wie Bodin, und nur mittelbar auf Literärgeschichte, sondern vor allem auf Naturgeschichte. Dadurch wurde aber der Zeitcharakter, den Historie bei Bodin und bei Mylaeus hatte, für die Naturgeschichte ganz zurückgenommen. Historia war für Bacons De augmentis scientiarum vornehmlich Erfahrung, auch in der Zivil- und Kirchengeschichte.

Trotz der Fundierung seines Wissenschaftsbegriffs auf Natur mußte Bacon im Entwurf seiner Wissenschaften über den Naturbezug hinausgehen. Die Konstitution eines einheitlichen Feldes von Wissenschaft, das Ergebnis des Ramismus, war eine — denn literärgeschichtliche — Erfahrung, die, wenn sie gleich nicht naturfundiert war, zur Kenntnis genommen werden mußte. Mit Induktionsvorstellungen war Bacons Naturbegriff gemäß die Einheit eines wissenschaftlichen Feldes nur in utopischer Ferne erreichbar. Für die Beschreibung dieses einheitlichen Feldes der Wissenschaft, bei dem sogar die nicht bearbeiteten Parzellen benannt werden sollten, blieb methodisch nichts als die „unreife" Anticipatio mentis, die Bacon als prinzipiell wissenschaftlich unzureichend beschrieben hatte. „Rationem humanam qua utimur ad natu-

[19] Vgl. o. S. 94ff.

[20] Wilhelm von Ockham: Prologus in Expositionem super VIII libros Physicorum. In: Ockham: Philosophical Writings, ed. Philotheus Boehner, London und Edinburgh 1967, S. 11.

[21] Vgl. o. S. 30. Bodin, Methodus ad facilem Historiarum Cognitionem, Amsterdam 1650, S. 8. Vgl. auch Seifert: Cognitio Historica.

[22] Advancement of Learning II, 2. Werke, Bd. 3, S. 329.

[23] Vgl. o. S. 28ff.

ram, Anticipationes Naturae (quia res temeraria est et praematura) . . . vocare consuevimus."[24] Diese „Anticipatio mentis" indizierte den Hauptvorwurf Bacons gegen den Ramismus, das voreilige Gliedern und Systematisieren[25]. Aber für die Einteilung der Wissenschaft war er just auf dies Verfahren angewiesen.

Und so wurde denn doch ein homogenes, wissenschaftlich begrenztes Kontinuum, das durch Historia, Poesia und Philosophia typisiert war, unterteilt. Wenn es auch nicht Dichotomien waren, nach denen Bacon vorging: Um eine Prozedur, die als mentale Antizipation des ganzen Wissens vorging und von daher mit Definition und Division — ramistisch — operieren mußte, kam er nicht herum. Und er indizierte die Antizipation, indem er Wissenschaften in vorhandene und solche einteilte, die nicht vorhanden, aber erwünscht waren.

Der Begriff Historie betraf die Grundlage jeder Erkenntnis und bildete so auch die Gliederungsvoraussetzung der Baconschen Wissenschaftslehre. Historia teilte sich zunächst in Historia naturalis und civilis. Die Naturgeschichte, in der „naturae res gestae et facinora memorantur"[26], erschien als „Historia generationum, Praeter-generationum, & Artium". Die Naturgeschichte der Künste behandelte die Mechanik und die Experimente, die Fesseln der Natur. Die Geschichte der freien Hervorbringungen der Natur und der irrtümlichen, falschen Hervorbringungen der Natur zeigten, daß es Bacon nicht auf die Gesetzmäßigkeit von Natur ankam, sondern nur auf das Ablauschen und Ablisten ihrer Geheimnisse, wie Comenius es später beschreiben sollte[27]. Die gemeinsame Basis aller Wissenschaften, die Natur, konnte bei Bacon jede Naturgeschichte, wenn sie induziert war, garantieren, und Bacon beschrieb hier denn auch die Induktionsvorgänge der Erkenntnis von der Astronomie bis zur Alchimie[28].

Aber schon mit der Bürgerlichen Historie war der gemeinsame Boden der einheitlichen Naturwissenschaften verlassen. Zunächst ging es auf der Basis der Historia nur um die Erkenntnis der Kirchen-, Literär- und Politikgeschichte. Dabei gehörte die Literärgeschichte zu den geforderten, nicht vorhandenen Fächern, ein Befund, der sehr nachhaltig auf die Entwicklung dieses Fachs wirkte. Die politische Geschichte im engeren Sinn galt als wichtigste Disziplin dieser Gruppe. Das lag schon in der Übernahme der Begrifflichkeit und des Inhalts von Bodin; und Bacon unterteilte die Historie weiter nach ver-

---

[24] Novum Organum I, § 26.
[25] De Augmentis, Werke, Bd. I, S. 460: „Alius error a reliquis diversus, est praematura atque proterva reductio doctrinarum in artes et methodos; quod cum fit, plerunque scientia aut parum aut nihil proficit. Nimirum ut ephebi, postquam membra et lineamenta corporis ipsorum perfecte efformata sunt, vix amplius crescunt; sic scientia, quamdiu in aphorismos et observationes spargitur, crescere potest et exurgere; sed methodis semel circumscripta et conclusa, expoliri forsan et illustrari aut ad usus humanos edolari potest, non autem porro mole augeri."
[26] Bacon, De Augmentis II, 2. Werke, Bd. 1, S. 497.
[27] Comenius, Praeludia, siehe o. Anm. 265, S. 144f. Bacon, De Augmentis II, 2.
[28] De Augmentis II, 3.

schiedenen literarischen und inhaltlichen Gattungen, nach Universal- und
Partikulargeschichte. Auch Kirchengeschichte entsprach generell diesen
Kriterien. Aber Bacon wandte den Begriff der Historie nicht nur auf die
Institutionengeschichte der Kirche, sondern auch auf die Offenbarung an, so
daß wieder eine spezielle institutionelle Kirchengeschichte, eine Historia
ad prophetias und eine Historia providentiae erschienen.

Die zweite Hauptverbindung von Vermögen und Vermögenskompetenz,
Phantasie und Poesie, war schon im Advancement of Learning kurz abgehandelt worden. Sie stand auch in De augmentis an der ungewöhnlichen Verbin-
dungsstelle von Historie und Philosophie. In dieser Verbindung war die Poesie
nur von der Vermögenspsychologie zu erklären: Phantasie verband Memoria
und Ratio. Es war dann auch konsequent, wenn Erzählstücke und Dramen --
Bacon war gewiß nicht Shakespeare -- kurz abgehandelt wurden, die Vermittlungsposition der Poesie dagegen in der Betonung der Parabeldichtung deutlich wurde. Denn die Parabel „bekleidete" die rationalen und die theologischen Ideen, sie requirierte diese Kleidung aus der Historie[29].

Der Rest von De Augmentis Scientiarum verblieb der Philosophie; Bacon
forderte zunächst eine „Philosophia prima", eine Art allgemeiner Axiomatik,
nicht Metaphysik. Er wollte die Philosophie damit innerlich einheitlich als
Typus von Wissenschaft konstituieren; denn obwohl Wissenschaft nicht die
Kenntnis aller Dinge bedeutete, so meinte sie in der engen Konzeption, in
der Bacon sie benutzte, doch die menschliche Begründung aller Dinge. Damit
verschob sich Bacons allgemeine Wissenschaftslehre vollends vom Neuen
Organon weg, denn das Objekt dieser Grundlehre Philosophie war „triplex,
Deus, Natura, Homo"[30].

Bacon benutzte für die Beschreibung dieses Sachverhalts die Lichtmeta-
pher, die schon im Neuen Organon zur Abwehr theologischer und mystischer
Spekulationen diente: „triplex itidem Radius rerum; Natura enim percutit
intellectum radio directo; Deus autem, propter medium inaequale (creaturas
scilicet), radio refracto; Homo vero, sibi ipsi monstratus et exhibitus, radio
reflexo."[31] Damit war klar: In De Augmentis arbeitete Bacon nicht mehr mit
demselben Wissenschaftsmodell wie im Neuen Organon, die Natur war nicht
mehr der alleinige Maßstab der Erkenntnis, sondern auch Bacon mußte mit
der Beschreibung von Philosophie, die nicht Naturphilosophie war, zur Vorstellung einer topischen Prinzipienlehre kommen, die als „Scientia Philosophiae Primae, sive etiam Sapientiae" die drei Positionen vom Göttlichen, von
der Natur und vom Menschen gemeinsam konstituierte. Ob Bacon, wenn er

[29] De Augmentis II, 13. Kuno Fischer hat in seinem berühmten Bacon-Buch geklagt:
„In seinen (Bacons) Augen kehrt sich die Poesie geradezu um. Wo sie aus ihrer natürlichen
Quelle schöpft, da erscheint sie ihm gar nicht; wo sie im Begriff ist, sich in Prosa zu ver-
wandeln, und nur ihre Hülle noch nicht ganz abgelegt hat, da erscheint sie ihm auf dem
Höhepunkt ihrer Würde und Kraft." Kuno Fischer: Franz Baco von Verulam, Leipzig
1856, S. 171.
[30] Bacon, De Augmentis III, 1. Werke, Bd. 1, S. 540.
[31] Ebd.

sie hätte kennen können, Alsteds oder gar Comenius' lullistische „Grundlehren" für seine Philosophia prima anerkannt hätte, bleibt unbestimmt und unwahrscheinlich. So war er halbherzig und doch zurecht gezwungen, seine eigene Fundamentalwissenschaft von der Wissenschaft zu fordern und zu den fehlenden Wissenschaften zu zählen.

In Bacons Enzyklopädieentwurf De augmentis scientiarum lagen die Innovationen, wie im Neuen Organon auch, in der konstitutiven Rolle der Naturphilosophie, die zugleich alle theologischen Argumentationen aus dem Wissenschaftskonzept ausschloß. Aber gerade wegen Bacons Forderung nach einer Einheitswissenschaft blieb der Wissenschaftsbegriff zwischen Novum organon und De augmentis scientiarum uneinheitlich. Das Novum organon blieb naturorientiert, und der Enzyklopädieansatz von De augmentis scientiarum ruhte auf einer imaginären Einheitswissenschaft, die nicht natürlich konstituierbar und legitimierbar war.

Wenn aber bei Bacon für die Erkenntnis allemal die Natur Conditio sine qua non war, dann konnte die Vernunft nur passiv sein. Eine methodische Einheitswissenschaft , wie sie die ramistische Methode zu sein beansprucht hatte, verlangte vom Dispositionsansatz her eine Aktivität des Verstandes. Die gemeinsame Forderung von Sacherkenntnis und Methode konnte nur theologisch gelöst werden; aber um sich vor theologisch-politischen Krächen und vor einem Abheben in die Mystik zu schützen, hatte Bacon die Verborgenheit göttlicher Pläne behauptet. Für die Naturerkenntnis hatte er nur zugelassen, daß ihr unerschöpflicher Wahrheitsvorrat an Einzelwahrheiten der Natur abgelistet und aphoristisch dargestellt wurde. Der unerschöpfliche Vorrat der Natur an Wahrheiten war zugleich die Garantie für dauernd wachsende wissenschaftliche Kenntnis. In diesem supponierten unerschöpflichen Vorrat lag der Sinn der noch nicht vorhandenen, geforderten Einzelhistorien. Aber damit wurde die Vermehrung der Wissenschaft — die auch deren Vervollkommnung sein sollte —, damit wurde das Programm von De augmentis scientiarum zu einem unerreichbaren, utopischen Massenproblem von Einzelinventionen.

An der „Erfindung" von Einzelerkenntnissen hat Bacon selbst gearbeitet, als er die Historien der Winde, des Lebens und Todes, des Dichten und Dünnen schrieb, als er zahllose Einzelbeobachtungen zu einem Wald von Wäldern „Sylva sylvarum" zusammentrug[32]. Denn es sollte nicht bei der Programmatik bleiben; Bacon schwebte vielmehr ein Gesamtprogramm vor, eine „Instauratio magna" der Wissenschaften. Dort hätte De augmentis scientiarum nur den ersten Teil, die Inhaltsangabe dieser Gesamtwissenschaft gebildet, das Novum organon hätte den zweiten, purgatorischen Teil ausgemacht. Erst dann sollte ein dritter Teil die „Phaenomena Universi; hoc est, omnigenam experientiam, atque historiam naturalem ejus generis quae possit esse ad condendam philosophiam fundamentalis"[33] enthalten. Zu dieser Historia, die nach den 27

---

[32] Vgl. den Bd. 2 der Werke.
[33] Novum Organum. Distributio Operis. Werke I, S. 140.

Topoi des Novum Organon geplant war, sollten Bacons nachgelassene Historien gehören. Die anderen Teile blieben Projekt: Der vierte, von der Leiter der Erkenntnis, „quae revera nil aliud est, quam secundae partis (des Neuen Organon) applicatio particularis et explicata"[34], der fünfte Teil „Prodromi, sive Anticipationes Philosophiae Secundae" wohl eine Art provisorische Universalwissenschaft und der sechste Teil „Philosophia Secunda, sive Scientia Activa"[34a]. Es ist nicht genau auszumachen, was Bacon sich unter der zweiten Philosophie vorgestellt hat, und er selbst hat sich die Ausführung auch nicht denken können. „Hanc vero postremam partem perficere et ad exitum perducere, res est et supra vires et ultra spes nostras collocata", orakelte er selbst. Ob darunter eine vollständige Kenntnis der inneren „Formen" der Natur verstanden werden mußte, die „natürlich" zugleich und Einheitswissenschaft theoretischer und praktischer Philosophie wäre, „humanae silicet Scientia et Potentia, (quae) vere in idem coincidunt"[34b] blieb unklar und war schon als Konzept so utopisch, daß nicht einmal Bacons Utopie „Nova Atlantis" zur näheren Bestimmung Anhaltspunkte bot.

Bacons Philosophie ist uneinheitlich. Die Induktionsphilosophie, wie sie Bacon im Neuen Organon beschrieben hatte, war naturorientiert. Dagegen ruhte der Enzyklopädieentwurf des Neuen Organon auf dem Wissenschaftsmodell der Universaltopik. Beide Modelle hatten unterschiedliche Konstituenten, die Induktion legte die Ordnung der Natur, ihres Gegenstandes, fürs Denken zugrunde, die Enzyklopädie die Ordnung des Denkens für die Ordnung ihres Gegenstandes. Beide Modelle waren untereinander inkompatibel. Und in dieser Tatsache lag wohl auch der Grund, weshalb die „Philosophia Secunda" Bacons unbeschreibbar war und weshalb Bacons Utopie schon bei der Beschreibung von Naturhistorie endete.

Zu einer Grenzbestimmung der Polyhistorie ist Bacons Philosophie deshalb nur zum Teil geeignet. Ihr enzyklopädischer Teil unterscheidet sich nicht wesentlich von den Leitbegriffen der humanistischen und frühbarocken Enzyklopädisten. Aber Bacons Philosophie trägt die Grenze von Naturwissenschaft und Polyhistorie als Widerspruch in sich selbst.

II. Modellwechsel: Selbsterhaltung, Campanellas Naturwissenschaft

Die Praeponderanz der Natur teilte Campanella mit Bacon. Für den Dominikanermönch, der 26 Jahre seines Lebens in Kerkern verbrachte, und für den englischen Lordkanzler war Natur gleichermaßen die Basis eines Entwurfs der gesamten Wissenschaften. Aber für Bacon blieb die Natur uneinlösbare Aufgabe der Forschung, die vorerst durch Antizipation ihre Wissenschafts-

---

[34] Novum Organum, Werke I, S. 143.
[34a] Novum Organum, Werke Bd. 1, S. 134.
[34b] Die beiden letzten Zitate Novum Organum, Werke Bd. 1, S. 144.

felder bestimmen mußte, für Campanella lag die Natur in ihren Grundprinzipien zutage.

Seit 1589, seit seiner Verteidigung der Naturphilosophie Telesios, hat Campanella sich mit der Grundlegung der Wissenschaften in der Natur befaßt[35]. An Telesio hatte sich Campanella seit seiner Jugend orientiert, und 1598, noch vor seiner Kerkerhaft, die von 1599 bis 1626 dauerte, hatte er in Neapel eine Physik und eine Ethik fertiggestellt[36]. Gedruckt wurden diese beiden Werke gemeinsam mit den anderen Werken Campanellas, die er in seiner Haft schrieb: Dem Sonnenstaat, den Aphorismen zur Politik, „quos deinde in capitula distinxi, & politicam scientiam condidi"[37] und der Ökonomie. Dieser „Realien"teil der Philosophie Campanellas erschien 1623 in Frankfurt[38] und wurde erst 1638, ein Jahr vor dem Tode Campanellas in Paris, durch den zugehörigen Part ergänzt, durch die Philosophia Rationalis, die in fünf Teilen Grammatik, Dialektik, Rhetorik, Politik und Historiographie behandelte. Aber auch deren Abfassung reichte nach Campanellas eigener Aussage in die Zeit vor der Kerkerhaft zurück[39] und so kam ein vollständiger wissenschaftlicher Kurs mit allen den wissenschaftlichen Fächern zusammen, die die Philosophie ausmachten.

1. Natürliche Selbsterhaltung

Aber Campanella hatte kein polyhistorisches Wissenschaftsmodell. Er brauchte im Gegensatz zu Bacon und allen polyhistorischen Vorgängern keine Feldvorstellung von Philosophie, wie sie im Anschluß an den Ramismus allgemein war. Er brauchte deshalb auch nicht von der einflußreichen aristotelischen Unterscheidung Zabarellas auszugehen, in der Scientia und Ars konfrontiert und den verschiedenen Disziplinen und Vermögen Kompetenzbereiche zugewiesen wurden. Campanellas Wissenschaft war sensualistisch fundiert, sein Werk ruhte völlig auf der Physik auf. Die Physik konstituierte für ihn die Einheit aller philosophischen Wissenschaften, der theoretischen, der praktischen und instrumentalen Disziplinen. Campanella ging zwar auch neuplatonisch

---

[35] Vgl. dazu das Nachwort von Klaus J. Heinisch zu: Der utopische Staat, Reinbek 1975, S. 224ff., und Johannes Kvacsala: Über die Genese der Schriften Campanellas, Jurjew 1911.

[36] Campanella: De libris propriis et recta ratione studendi Syntagma, Paris 1642, S. 14: „Anno denique MDXCVIII. Neapoli, Epilogum Physiologiae, atque Ethices perfeci."

[37] Ebd. S. 15.

[38] Campanella: Realis philosophiae epilogisticae partes quatuor. Hoc est de rerum natura, hominum moribus, politica, (cui civitas solis iuncta est) et oeconomia, Frankfurt: Tampach 1623.

[39] Campanella, De libris propriis, S. 24: „Praeterea scripsi Neapoli in castro Oui, Philosophiam rationalem in quatuor partes, & addidi quintam in Arce noua, videlicet Logicam, Rhetoricam, Poëticam, Historiographiam, & Grammaticam." Gedruckt: Philosophiae rationalis P. 1–3, Paris, Du Bray 1637–38.

von den Hauptprädikationen Gottes aus, von Sapientia, Potentia und Amor[40].
Aber er benutzte diese Prädikationen nicht lullistisch, sondern zur metaphy-
sisch-theologischen Konstitution seiner Physik. Campanella versuchte, Sapientia, Potentia und Amor in einem begrifflichen Palindrom zusammenzuzwingen
und damit zunächst die Physik schöpfungstheologisch zu fassen: „Qui nimirum scit, quia potest; vult autem, quia sapit, ac potest."[41] Diese Begriffs-
anstrengung war als eine Variante des ontologischen Gottesarguments etwas
Ähnliches wie das ontologische Schöpfungsargument, eine Begriffsverbindung,
die auch auf Emanationsvorstellungen beruhte und die Physik grundlegen
sollte. Wissen und Wollen fallen im Göttlichen ineins, und Wollen sei stets
objektabhängig, betonte Campanella später in der Ethik. Da Gott liebt und
zugleich will, aber nicht neidet, bekommt die Welt in der Schöpfung göttliche
Prädikate. Gott gibt aus sich, weil er aus Liebe schafft: „Namque sanè totus
Mundus, & quaelibet particula illius constituitur ex Sapientia, Potentia &
Amore, ac vna ex earum obiectis, quae sunt Veritas, Existentia & Bonitas."[42]
    Mit dieser vergleichsweise lapidaren theologischen Begründung konstitu-
ierte Campanella seine gesamte physikalische Philosophie. Er teilte die
Wissenschaften jetzt nicht mehr nach theoretischer, instrumentaler und praktischer Philosophie auf, sondern er schrieb die gesamte Prädikation von
Veritas, Existentia und Bonitas der Natur zu.
    Der Naturbegriff, den er so gewann, hatte gegenüber einer substantiell
unveränderlichen, unendlich ruhigen Natur, die ihre Geheimnisse abgelistet
haben wollte, einer Natur, wie sie Bacon voraussetzte, auch gegenüber einer
Natur, die ihr unveränderliches Wesen wie im Aristotelismus zeigte, entscheidende Differenzen. Im Raum schwebend und atomistisch gefaßt, wurde Natur
insgesamt als das Gleichgewicht zwischen „aktiven Prinzipien"[43] aufgefaßt
und damit ihrer substantiellen Eigenständigkeit beraubt, sie wurde funktio-
nalisiert und dynamisiert.
    Campanella übernahm die Dynamik zugleich mit der Naturphilosophie
Telesios, und er beschrieb die beiden Hauptantagonisten der Natur mit Kälte
und Wärme. Wärme war eine destruktive und lebensspendende Kraft, die die
Materie im Raum als Dampf auseinandertrieb, eine Virtus diffusiva[44], die
Erde dagegen zog durch Kälte zusammen. Nur durch diese beiden allgemein-
sten Kräfte konnte die atomare Materie sich im Raum stabilisieren. Unter
diesen Voraussetzungen konnte ein zwar geozentrisches, aber doch dynami-
sches Naturbild entstehen, das alle astronomischen Bewegungen als Bewegungen zwischen Wärme und Kälte, das alle (geo-)physikalischen Prozesse als
Gleichgewicht zwischen der Tendenz zum Verfliegen (Hitze) und Verdichten

---

[40] Die wurden später die Verfassungsträger seines Sonnenstaates.
[41] Philosophia realis, Physik 1623, S. 3.
[42] Ebd. S. 3f.
[43] „De Principiis Actiuis & Elementorum Origine." Ebd. S. 7.
[44] Ebd. S. 7: „Et ecce calor destruxit, id est. in fumum magnam materiae partem
conuertit; corripuitque per spacium suum distrahendo, totam sibi subiicere cupiens."

(Kälte) fassen konnte. Die konkurrierenden Prinzipien konnten auch für die Entstehung der Erde, für Wasser und Land, Ebbe und Flut, für Mineralien, Pflanzen und Tiere benutzt werden. Prinzipiell entscheidend war stets die Möglichkeit einer Stabilisierung der aus Atomen entstandenen Wesen zwischen Wärme und Kälte. Durch die Dynamik der Prinzipien war in die Natur eine zerstörerische Bewegung gekommen, die im Interesse der Naturstabilität im Zaume gehalten werden mußte. Die Dynamisierung der Welt nach zwei gegensätzlichen Prinzipien erforderte eine Stabilisierungshandlung, die das Verhältnis der antagonistischen Prinzipien zueinander steuerte. Diese Handlung beschrieb Campanella als Selbsterhaltung der Dinge: „Operatio est inditus rerum actus, quo ipsae in suo esse conseruantur; iccircò fit cum voluptate in ipso operante, nec finitur vnquam: nam deficiente operatione deficit & ipsum esse per illam actuatum, conseruatumque."[45] Diese Behauptung ist in ihrer Wirkung nicht leicht überschätzbar. Denn mit der Feststellung, daß die Erhaltung des Seins zwischen zerstörerischen Potenzen eine Handlung jedes Dinges für sich sei und daß diese Erhaltung mit Lust geschehe, mit der Feststellung einer universalen Selbsterhaltung also, war die gesamte Philosophie in der Naturphilosophie grundgelegt.

Die Beschreibung der Dinge mit dem Selbsterhaltungsprinzip implizierte, daß die gesamte Welt mit Handlungsprädikaten beschrieben werden konnte. Mit Dynamik und Stabilität bekam man eine Begrifflichkeit, die die bruchlose Kette der Schöpfung vom Stein bis zum Menschen fassen konnte. Die Naturphilosophie war die erste und nachhaltigste Anwendung des Selbsterhaltungsprinzips, von der alle anderen Leistungen abhingen.

Das Selbsterhaltungsprinzip ließ sich auf Steine und Menschen gleichermaßen anwenden und auf alles, was in der Kette der Natur dazwischen lag. Steine und Metalle waren für sich selbst stabil; der Wert der dynamischen Naturprinzipien Campanellas zeigte sich besonders bei den beseelten Lebewesen. Dabei ging es Campanella zunächst darum, die Lehre von der dreistufigen Seele — sensibilis, mobilis & spiritualis — wie sie seit Aristoteles' Buch von der Seele gelehrt wurde, aufzufangen. Er beschrieb deshalb schon die Zusammensetzung der Pflanzen unter dem einheitsstiftenden Prinzip der Selbsterhaltung und führte zusätzlich den empfindenden Geist (Spiritus) ein, dessen Aufgabe die aktuelle Sicherung der Einzelexistenz und die Zeugung von Nachkommen war[46]. Diesen Geist beschrieb er als Garanten der Selbst-

---

[45] Campanella, Philosophia Realis, Physik, S. 30. Vgl. dazu Hans Blumenberg: Selbsterhaltung und Beharrung. Zur Konstitution der neuzeitlichen Rationalität, Wiesbaden 1969, bes. S. 4. Nach dieser Fassung der Selbsterhaltung als naturphilosophischer Stabilisierung, die eine Handlung der Dinge ist, ist es nicht sicher, ob nicht doch ein „Weg der bloßen Entfaltung und Anreicherung" zu Spinoza führt, denn Campanellas Ethik ist physikabhängig, und nachdem die Schöpfung vollendet ist, funktioniert die Welt auch bei Campanella nur mit Raum, Masse, Kälte und Wärme.

[46] Campanella, Philosophia Realis, Physik, S. 85: „At plantae cum ex mollicie, duritie, ac spiritu componantur, qui perpetuò exhalat, ac propriam sentit desctructionem in planta, & consumptionem partium solidarum, quae illius sunt domus, instrumentum & corpus, nactae sunt potestatem, appetitum, sensumque producendi similes."

erhaltung, der bei Mensch und Tier die durch Wärme erzeugte Bewegung stabilisiere[47].

Der Mensch wurde also zunächst als vollkommenstes Tier dargestellt, auch körperlich die Krone der Schöpfung, ein „animal constitutum ex corpore maximè absoluto ac concinnato, & ex spiritu maximè perfecto ac praestanti super caetera animalia, organisque distinctum gracilioribus, artificioque praestantissimo conditis."[48]

Aber über diese rein biologische Anthropologie hinaus sprach Campanella dem Menschen „praeter spiritum communem", den alle anderen Lebewesen auch hatten, eine Seele zu, die unmittelbar durch göttliche Emanation und ohne Materie geschaffen sei. Diese „Mens" unterschied sich vom körpergebundenen Geist durch ihre Einfachheit und ihre Unsterblichkeit. Der „Geist" hatte dagegen am Leben teil und starb mit dem Lebewesen[49].

Campanella schaffte sich mit dieser neuplatonischen Trennung von Seele und Geist für seine anthropologische Physiologie zunächst den Spielraum, die ganze Anatomie als Problem der tierischen Biologie behandeln zu können. Die Fundierung des „Geistes" auf dem Prinzip der Selbsterhaltung bot zugleich die Möglichkeit des bruchlosen Übergangs von der Physiologie in eine Psychologie. Die Körperlichkeit wurde als Organ des sich selbst erhaltenden „Geistes" gefaßt. „Geist" umgriff zunächst die Kräfte einer bloßen körperlichen Selbsterhaltung, die von den Pflanzen an „aufwärts" galten, dann bei den „warmen" Tieren mit einer zusätzlichen Fähigkeit zur Bewegung versehen waren. Unter Selbsterhaltungsbedingungen wurde die Sinnlichkeit für die Bewegung unerläßlich: „necesse habet (animal) moueri, acquirendi gratia res quibus seruatur, ac fugiendi res quibus destruitur"[50].

In keiner zeitgenössischen Theorie gibt es eine Biologie, die so eng die Funktionstüchtigkeit der Organe beschreibt wie die Biologie Campanellas, und wenn irgendwo die Vorstellung einer „organischen" Natur in der Zuord-

---

[47] Campanella, Philosophia Realis, Physik, S. 94: „Calor perpetuò agitatus calefaciensque omnem cui insidet molem, vertit in tenuitatem, consumitque in ea exhalando. quocirca prouidus spiritus interponit alia corpora intra illud eaque ratione calefacit & immutat in illud ea qua propriam concinnauit molem: itaque ea illi similia reddit, aggeneratque: dehinc enim per meatus occultos in eas trafundit partes, ex quibus particulae attenuatae molis exhalabant, vt ibi illarum suppleant locum."

[48] Campanella, Philosophia Realis, Physik, S. 101.

[49] Campanella, Philosophia Realis, Physik, S. 102: „Adeoque huiuscemodi opificio delectatus est, vt praeter Spiritum communem huic caeterisque animantibus, voluerit immittere Animum à se immediatè creatum simplici emanatione absque Materia, ab eo dependentem, sicut & Angeli creati sunt, vt esset immortalis. Entia enim à calore ac Frigore mortalibus agentibus genita moriuntur omnia inter corpoream contrarietatem, ex qua diuinitus condita Mens eximitur: quia simplex, & quia à Deo, & quia non componitur, sed essentiatur ex potentia, sapientia & amore indissolubilibus propter realem identitatem contrarij expertem, & coexistentiam mutuam essentialem: vnde vita est, & non participatio vitae, sicut Spiritus corporeus has primalitates participans. Hoc Animal Homo vocatus, mox distinctus est in duplicem sexum à Deo, quatenus generare posset, veluti & alia animalia ob hoc ipsum distincta erant."

[50] Campanella, Philosophia Realis, Physik, S. 131.

nung von Lebenswelt und Lebensmöglichkeit vor Herder beschrieben wird, dann mit dieser Bildungsvorstellung vor dem Begriff. Auch die Sprache war nämlich in den physikalischen Zusammenhang der sinnlichen Zuordnung zum Hören mitintegriert[51], damit auch physikalisch fundiert in die Funktion der Selbsterhaltung hineingenommen.

Der Bereich der „Seele" (Mens) betraf nach Campanella nun nicht die gesamte Intellektualität; im Gegenteil: Mens war zwar das Vermögen der Ideen, aber der praktische Anwendungsbereich war gering. Die „Seele" konnte nur in wenigen Objekten das Siegel der Idee entdecken[52]. Für alle anderen Seelenfunktionen reichte der physiologische „Geist" aus. Campanella unterschied deshalb in seiner Paraphrase der Schöpfungsgeschichte streng zwischen körpergebundenem Spiritus (Geist) und Anima (Seele): „Efformato corpore opera Spiritus, distinctoque in suas partes & organa & vias sentiendi, aspicit Deus in huiusmodi formosum opificium, spirituum brutorum aedibus longè praestantius; itaque & ipso tanquam suo opere oblectatur, iccircò immittit in idem immortalem diuinamque Animam, quae perficiat totum aedificium, eiusdemque munia, & vsus operationesque." Campanella verläßt nun sofort wieder die theologische Argumentation und kehrt zur Physiologie zurück: „Cumque huiusmodi Anima propriam operationem non habeat, sicut nauta in naui, fit forma totius hominis, qui nimirum antequam accipit huiusmodi animam, compositus est ex spiritu, humido, & solido, riteque fabrefactus. Partes solidae sunt gratia continendi, humidae gratia nutriendi, & copulandi, spiritus verò gratia mouendi & sensificandi & cognoscendi."[53]

Es gehörte also die Erkenntnis in den Kompetenzbereich der Physiologie, die insgesamt unter Selbsterhaltungsprämissen stand. Auch Erkenntnis diente diesem Ziel. Daß Erkenntnis von der Sinnlichkeit ausging, die selbsterhaltend, nützlich und nach dem Lustprinzip arbeitete, lag in der Konsequenz der Physiologie, und in deren Nutzen lag — bereits in der tierischen Stufe wie in der Sinnlichkeit — auch noch die Memoria. Der Übergang von der Sinnlichkeit zur Erkenntnis funktionierte zunächst in der Beschreibung von Erkenntnissicherheit, die vom unsicheren Meinen über das Glauben, das der sinnlichen Wahrnehmung anderer entsprach, bis zum rationalen Urteilen reichte, „cui plures sensus ac rationes fauent."[54]

---

[51] Campanella, Philosophia Realis, Physik, S. 158: De Locutione & Sermone.

[52] Campanella, Philosophia Realis, Physik S. 188: „Intellectio igitur Ideae sicut sigilli propria est Menti: Ideae verò sicut sigillati est sensus interioris: ac languida cognitio videri debet, eò quod commune apprehendit retinetque, non autem particularitates tenere potest, quoniam illud in similibus multis, ergo & multoties mouet: hae verò in paucis, ergo & rarò mouent; iccirco & minus memoria retinentur." Das ist eine Figur, die die Sinnlichkeit mit der Idee kurzschließt und in dieser Beziehung funktioniert wie das Vermögen der Ästhetik seit Baumgarten.

[53] Campanella, Philosophia Realis, Physik, S. 161.

[54] Campanella, Philosophia Realis, Physik, S. 180.

Weit über Bacons uneinheitliches Wissenschaftsmodell aus instrumentaler Antizipation der Universalwissenschaft und naturaler Begründung von Induktion hinaus war Vernunft, rationales Urteilen, bei Campanella in der Natur, in Physiologie und Sensualismus begründet. Sie bestand im Diskurs des physiologischen Geistes, der induktiv Ähnlichkeiten wahrnehm. Die Liste möglicher Ähnlichkeiten entsprach den Induktionstopoi Bacons und den Inventionstopoi Agricolas: „Est similitudo Originis; & Temporis, & Loci, & materiae, & actionis, & passionis, & operationis, & dispositionis, & formae & accidentis, . . . & differentiae etiam"[55]. Noch die Intellektualität „quando spiritus sentit in se res communes absque ipsarum particularitatibus"[56], bleibt Funktion der Physiologie. Wenn die Aufgabe der am Göttlichen beteiligten Seele am Ende nur noch darin bestand, gelegentlich in einer Art transzendenter Ästhetik das Siegel der göttlichen Ideen im Einzelnen zu entdecken, dann war die Funktion der unsterblichen Seele im natürlichen Selbsterhaltungszusammenhang nicht mehr erkennbar.

2. Selbsterhaltung und Moral

Die Moral — der zweite Teil im philosophischen Konzept Campanellas — konnte in den Zusammenhang einer sich selbst erhaltenden Natur mitintegriert werden, denn das Handlungsprinzip der Selbsterhaltung war umfassend und ließ außer sich nichts zu. Um den Anspruch des Selbsterhaltungsprinzips für die Moral zu beschreiben, war zweierlei erforderlich: Einmal mußte die Abhängigkeit des Handelns von Objekten deutlich werden, es mußte deutlich werden, daß Handlungen kein Prinzip besaßen, das über den Naturzusammenhang hinauswies und das die ausschließliche Argumentation mit Selbsterhaltungsfunktionen in Frage stellte. Zweitens war es nötig, die „Seele", das Vermögen der Ideen und das einzige Prinzip, das nicht unter die Selbsterhaltung fiel, für die Moral als irrelevant darzustellen; den physiologischen Schöpfungszusammenhang der Welt mithin als moralisch ausreichend darzustellen. Waren diese beiden Bedingungen erfüllt, dann war nach Campanella die Moral natürlich fundiert und es entstand eine prinzipielle wissenschaftliche, weil funktionale Einheit von Natur und Moral.

Damit fehlte zugleich im Wissenschaftskonzept ein ganz wesentliches Kriterium, das die Polyhistorie seit Agricolas dialektischen Inventionen hatte und das mit der rhetorischen Herkunft der Enzyklopädie zusammenhing: Es gab *keinen* Zugriff eines psychischen Vermögens auf einen Kompetenzbereich, mithin kein wissenschaftliches Bereichsdenken mehr, sondern Campanella ließ nur noch Emanationen, Erscheinungsformen und Funktionen eines Prinzips zu, des Prinzips der Selbsterhaltung.

---

[55] Campanella, Philosophia Realis, Physik, S. 181.
[56] Campanella, Philosophia Realis, Physik, S. 184.

Für die Moral begann Campanella den Nachweis, daß der Selbsterhaltungs-
trieb auch Moral erzeuge, mit einer physiologischen Definition des Menschen
als geschaffenem Wesen. Gott habe den Menschen mit Seele, Geist und Körper
geschaffen. „Mentem non composuit, sed, ad sui similitudinem & imaginem,
ex potestate, sapientia & amore essentiauit, indissolubilibus, propter realem
identitatem earum & coinexistentiam, nullis internis aut externis contrariis
physicis obnoxiam, puramque ab omni corpulentia, sed finitam, ob partici-
pium nihilitatis: eamque infudit non confudit corpori." Damit war die Seele,
vorcartesianisch, aber eng am cartesianischen Gedanken, von jeder Einwirkung
auf den körperlichen Bereich ausgeschlossen, denn sie war zwar in den Körper
eingelassen, aber nicht mit dem Körper vermischt. Wenn Handlungen bei
Lebewesen nun objektorientiert waren, dann hatte die Seele mit der Konstitution von Handlungen nichts mehr zu tun. Handlungsmöglichkeiten gehörten
nur dem körpergebundenen „Geist" an. „Spiritum", fährt Campanella fort,
„verò ex eisdem primalitatibus, aut earum potius participio, & corpore tenuis-
simo, lucido mobilique composuit, ideoque dissolubilem. Corpus vero ex
visceribus & statua, & humoribus, & vasis composuit & compaginauit"[57]. Da
die Seele nun als ein Vermögen der Ideen galt, nur „ad intra" tendierte[58],
blieb für den Spiritus nur die Möglichkeit, sich nach außen zu wenden, eine
Möglichkeit, die als Fähigkeit und Macht beschrieben werden konnte. Fähigkeit war ein passives, Macht ein aktives Vermögen, das „operationes ad
extra"[59] ausführte.

Durch die funktionale Trennung von Mens (Seele) und Spiritus (Geist)
blieb für eine Moral, die handeln wollte, nur die Außenorientierung, und das
hieß, eine Wahl zu dem, was „für mich gut" war. Es galt nicht zuerst die Frage
nach der Erkenntnis des Guten, sondern zuerst galt die Frage, inwieweit
Handlungen, Affektionen und Macht beieinander sein konnten; das war die
Frage nach den Bedingungen des Handelns: „necesse est operationes prodire
ab amore & odio circa prenotum & possibile. Non enim amamus nisi quod
nouimus bonum. Nec nouimus, nisi quod nobis est possibile necesse."[60]

Damit waren zwei wesentliche Einbindungsmerkmale der Moral in die
Naturphilosophie angedeutet: 1) Moral ist operatio, 2) Moral beschäftigt sich
mit dem Guten, das nicht absolut, sondern von Affekten, Vermögen und
Wissen abhängig ist. Operatio, Handlung, war schon der Kernbegriff der
Physik, ein „inditus rerum actus, quo ipsae in suo esse conservantur"[61], das
Prinzip, mit dem die Physik dynamisiert worden war. Und wenn Campanella
diesen Handlungsbegriff in der Ethik so beschrieb, daß „Operationes verò

---

[57] Campanella, Philosophia Realis, Moral, S. 219f.
[58] Campanella, Philosophia Realis, Moral, S. 220: „Primalitates ad intra essentiant
mentem: ad extra verò consideratae respiciunt obiecta."
[59] Campanella, Philosophia Realis, Moral, S. 220.
[60] Campanella, Philosophia Realis, Moral, S. 221.
[61] Campanella, Philosophia Realis, Physik, S. 30. Vgl. dazu Günter Abel: Stoizismus
und frühe Neuzeit, Berlin 1977, S. 51ff. zu Telesio; Abel betont die stoizistischen Mo-
mente einer unbewußten Selbsterhaltung.

sunt, amare & odire in radice"[62], dann widersprach sich das keineswegs, denn
Haß und Liebe waren objektabhängig. Diese Objektabhängigkeit beschrieb
zugleich die Handlungsmotivationen, die in ihrer Affektzuordnung auf das
Glück des Einzelnen zielten, wie immer das Glück inhaltlich beschrieben sein
mochte. Und hier kam Campanella in der Moral zu dem Selbsterhaltungsaxiom
zurück, von dem er in der Physik ausgegangen war: „Entia cuncta propriam
beatitudinem appetunt. Eamque certum est esse cuius gratia omnes affectio-
nes & operationes fiunt. Fiunt autem propter sui ipsorum esse conseruatio-
nem."[63]

Mit dieser Beschreibung einer Handlungsmotivation lag auch das relativ
höchste Gut des Einzelnen fest, sein eigenes Dasein. Naturale Bedingung der
Möglichkeit jeglichen Handelns war die Bewahrung der Handlungsmöglichkeiten, war die Ablehnung der Selbstaufgabe. Für Campanella konnte eine
Handlung nur durch eine Erweiterung der Handlungsmöglichkeiten, mindestens aber durch die Erhaltung des Status quo motiviert werden: „Quapropter", fährt er fort, „proprium esse seu vita est vnicuique beatitas, quae est
summi possessio boni possibilis illis [i.e. entibus]"[64] Womöglich war das eine
sehr frühe Formulierung des Willens zur Macht; jedenfalls: Wie immer zusätzliche Handlungsmotivationen beschrieben wurden, die Moral blieb mit dem
Prinzip der Selbsterhaltung natural fundiert.

Die Primärabhängigkeit der Welt von der Schöpfung, ihre Abhängigkeit
im Dasein von einer göttlichen Instanz war unabhängig davon denkbar, daß
die Welt durch ihren immanenten Selbsterhaltungsdrang unabhängig von der
göttlichen Erhaltung war. Es hing von der Betonung des Schöpfungsvorganges
oder der Selbsterhaltung ab, ob die Welt durch die Selbsterhaltungsvorstel-
lung im Rahmen der sekundären Kausalität von Gott emanzipiert wurde oder
ob die Vorstellung des absoluten höchsten Guts, das zwar keine Handlungen
motivierte, aber als Idee die Seele affizieren konnte, für die Primärursache
auch des Handelns genommen wurde: Wenn das höchste Gut sei, dem nichts
Böses beigemischt sei, das in sich selbst perfekt sei, dann sei es auch reines
Ziel allen Wollens und alles würde in Analogie zu diesem Guten gut genannt,
weil es dessen Effekte und Zeichen, seine Gaben und Wege seien: Und daraus
folge, das höchste Gut sei Gott, spekulierte Campanella[65]. Dies Verhältnis
Gottes zu seiner Schöpfung hätte als Liebe beschrieben werden können.
Aber Campanella folgerte nun aus seiner Beschreibung des höchsten Guts
nicht den Gedanken einer reinen Liebe, die nur um des Geliebten willen da

[62] Campanella, Philosophia Realis, Moral, S. 223.
[63] Campanella, Philosophia Realis, Moral, S. 231.
[64] Campanella, Philosophia Realis, Moral, S. 231.
[65] Campanella, Philosophia Realis, Moral, S. 234: „Si ergo summum bonum est, cui
nihil admiscetur mali, estque in seipso perfectum, & nullius indignum, & finis omnium
affectionum & operationum, ita vt qui illud habent, nihil optent amplius, vt dicunt omnes
& omnia dicuntur bona per analogiam ad illud, quia sunt eius effectus aut signa aut prae-
parationes aut viae: consequens et ut Deus sit summum bonum & non proprium esse
nostrum indignum, et tot bonis & admistum tot malis, cuius possessio non beat, nisi bono
summo inhaereat, à quo fluit."

sei und sich selbst in der Liebe zum anderen verzehre, sondern er argumentierte zunächst mit einem Sympathie- und einem Identitätsmodell: „Sicut ignis ergo non se putat beatum, nisi ad solem, suam originem, redeat; sic neque homo, nisi ad Deum." Indem wieder das eigene Glück als Handlungsmotiv erschien, wurde erneut jede Handlungslegitimation von der Selbsterhaltung abhängig. Es schien geradezu das Verhängnis der Selbsterhaltung zu sein, daß man, hatte man sich erst einmal darauf eingelassen, außerhalb dieses Prinzips nicht mehr argumentieren konnte. Selbst wenn Campanella versuchte, theologisch zu argumentieren, schlug bei ihm die Selbsterhaltung durch. „Ergo nec Deum sui gratia, sed se gratia Dei amet, sicut pars totius gratia: Namque cum cupit esse semper & vbique & omnia, posse omnia scire, & omnibus frui, tunc cupit esse Deus: quod cum non possit per essentiam, participio & consortio Dei deificetur aequum est."[66] Und so koinzidierten schließlich Selbsterhaltung und kontingente Abhängigkeit vom höchsten Gut.

Eine Konfrontation der reinen Liebe des höchsten Guts mit dem Prinzip der Selbsterhaltung[67] hätte wohl die gesamte Ökonomie von Campanellas Naturfundierung aller Wissenschaften durcheinandergebracht. Und für den Fundierungszusammenhang der Wissenschaften war diese Frage auch eher gleichgültig. Campanella beschrieb die Einzelheiten seiner Moral, die politischen Maximen, den Sonnenstaat und die Ökonomie nach dem Selbsterhaltungsprinzip, unabhängig von göttlicher Einwirkung. So setzten sich in der Moral die stufenlosen Übergänge von der Physiologie zur Psychologie fort. Gesundheitsfürsorge und Tugenden waren für die Selbsterhaltung so wichtig, wie die despotisch gerechte Herrschaft für die Selbsterhaltung des Kollektivwesens Staat[68], indem jede Ordnung ihre Funktion hatte. Das Selbsterhaltungsprinzip in der Moral machte noch den Totalitarismus des Sonnenstaates aus.

3. Philosophia rationalis sive naturalis

Ein Übergang von der „göttlich eingehauchten Seele" in die Natur ließ sich mit Campanellas Philosophie nicht beschreiben. Aber das war auch in dieser Philosophie überflüssig. Alle Funktionen, die die Seele ausüben konnte, wurden zugleich vom körperlichen Geist ausgeführt, und der stand unentrinnbar

---

[66] Campanella, Philosophia Realis, Moral, S. 234.

[67] Zur Frage nach Kontingenz, Selbsterhaltung und Liebe vgl. Robert Spaemann: Reflexion und Spontaneität. Studien über Fénelon, Stuttgart 1963. – Hans Blumenberg: Selbsterhaltung und Beharrung, Wiesbaden 1970. – Hans-Jürgen Fuchs: Entfremdung und Narzißmus, Stuttgart 1977, S. 183ff. Vgl. auch Günter Abel: Stoizismus und frühe Neuzeit, Berlin 1977, S. 23ff. Wilhelm Schmidt-Biggemann: Spinoza – Spinozismus – Geschichtlichkeit. Ein Nach-Wort. In: Spinozas Ethik und ihre frühe Wirkung, hrsg. von K. Cramer, W.G. Jacobs und W. Schmidt-Biggemann, Wolfenbüttel 1981, S. 117–129.

[68] Campanella, Philosophia Realis, Politik, S. 368: „Quoniam insuper nemo sibi soli politice dominatur; vix autem vnus vni: ideo Dominium requirit multorum vnitatem simul; quae Communitas appellatur, & Politica, & Ciuitas."

unter dem Prinzip der Selbsterhaltung. Alles, was geistig in diesem Bezug war, war mithin Ausdruck dieses Prinzips.

Für die Wortwissenschaften bedeutete das, daß sie keine selbständigen Ordnungskräfte mehr waren, daß sie bei Campanella keinen Kompetenz-bereich mehr hatten, sondern abhängig wurden vom Selbsterhaltungsprinzip. Denn sie waren nicht instrumental in dem Sinn, daß sie ungeordnete Historie mit Urteil nach methodischen Kriterien ordneten, und daß sie Sätze überhaupt in einen Argumentationszusammenhang brächten. Die Sprache, von der Cam-panella ausging, war nur Funktion von Selbsterhaltung, und die sprachlichen Aussagen, die auf diesem Prinzip beruhten, bekamen ihren Sinn durch ihre physikalische Bedeutung. Sie brauchten keine fremde Methode. Deshalb beschrieb Sprache nur Natur, aber sie ordnete sie nicht.

Campanellas Definition von Ars instrumentalis, die er zu Beginn seiner Philosophia rationalis gab, trug diesem Verlust der Selbständigkeit, der die sprachlichen Wissenschaften insgesamt traf, voll Rechnung: „Dicitvr Ars instrumentalis ex suo genere, quo conuenit cum Logica, Poëtica & Rhetorica & Historiographia, quae omnes sunt artes non mechanicae, sed speculatiuae: at instrumentales, quoniam non per se, sed propter principales & propter aliud sunt."[69]

Diese grundsätzliche Definition schloß die Wortwissenschaften insgesamt eng an die Natur an. Wortwissenschaften konstituierten keine Gebilde, son-dern sie waren nur Funktionen der Physik. Die Grammatik war deshalb ein Instrumentum alles dessen, „quidquid animo concipimus"[70], sie war Aus-druck von Gedanken, die in der Natur vor der Sprache lagen[71].

Logik wurde zum Instrument der Metaphysik; Rhetorik und Poetik gehörten zur Politik, Historie war auch bei Campanella, wie bei Bacon[72], Erfahrungskunde und ergänzte die natürlichen und politischen Wissenschaf-ten „ad scientiarum bases fundandum"[73]. Historia als selbständige Natur- und Erfahrungskunde war bei Campanella funktionslos, ihre Rolle hatte bereits die Sinnlichkeit übernommen. Die Wortwissenschaften waren vollends naturabhängig.

Für die Logik bedeutete ihre Abhängigkeit von der Physik auch den Ver-lust ihrer inneren Konsistenz. Das geschah im gleichen Maße wie bei Bacon; aber während Bacon nur ein von der Natur uneingelöstes Induktionsschema anbieten konnte, hatte Campanella mit dem Konzept der Selbsterhaltung

---

[69] Campanella, Philosophia Rationalis, Grammatik, S. 1.
[70] Campanella, Philosophia Rationalis, Grammatik, S. 2.
[71] Campanella legt deshalb Wert auf eine philosophische, sachgerechte Grammatik und lehnt die „civile", philologisch antikisierende Grammatik als funktionslos ab.
[72] Campanella, Philosophia Rationalis, Rhetorik/Poetik/Historik, S. 250: „Triplex est historia, videlicet
Diuina, quae visitationes Dei, resque eius gestas inter homines, & mundi exordium, & mi-racula, narrat sanctorum eius: qualis Mosaïca.
Altera *naturalis*, qualis Pliniana de cunctis naturalibus, & Aristotelica de Animalibus.
Tertia *ciuilis*, quae res gestas inter homines narrat, qualis Liuiana, sabellicana, &c."
[73] Campanella, Philosophia Rationalis, Rhet./Poet./Hist., S. 243.

einen inneren Stabilisator der Natur, der auch die Logik bestimmen konnte. Die Frage nach der Sicherheit der Erkenntnis hatte er schon in der Physik behandelt, und Vermuten, Glauben und Wissen abgestuft. Die Sicherheit des Verstehens war damit begründet, daß „mehrere Sinneswahrnehmungen und Gründe eine Sache bestimmten."[74] An diese physiologische Bestimmung der Erkenntnis konnte Campanella mit seinem logischen Sensualismus anknüpfen: „Scientia omnis", setzte er fest, „quidem nobis in hac vita ortum naturalem habet à sensu." An diese Argumentation hängte er die Lehre von der sinnlichen Gewißheit, die allemal allen anderen Erkenntnissen voranging: „Quoniam ergo singularia sunt sensui notißima, omnes propositiones per singulares tanquam ad digitum exponuntur"[75].

Das Zeigen mit dem Finger war die sicherste aller Gewißheiten, und auf dieser Gewißheit baute Campanella seine Induktionslehre auf, indem er einen „Syllogismus sensatus" beschrieb: Der syllogistische Mittelbegriff sei ein Demonstrationspronomen, wie „ich", „du", „wir", „ihr", „hier", „dieser" und „jener". Und damit ließ sich das Tertium des Syllogismus in der Sinnlichkeit festmachen: „Petrus currit, dicam, hic est Petrus, & hic currit. Ergo Petrus currit."[76] Das war eine Indikation von einzelnen, nicht definierten Begriffen in der Sinnlichkeit[77]. Als Summe solcher Einzelurteile konnte einerseits Induktion praktisch gezeigt werden, stets als Funktion der Selbsterhaltung. Auf der anderen Seite garantierte die Tatsache, daß die sinnliche Gewißheit formal als Syllogismus faßbar war, auch die Anwendbarkeit des Syllogismus für induzierte Zusammenhänge, mithin die Sicherheit der gesamten Erkenntnis durch die Anbindung an die Sinnlichkeit. Eine andere Methode war in Campanellas Selbsterhaltungsmodell ohne Sinn.

In der funktionalen Argumentation, die in der Realphilosophie von der Selbsterhaltung ausging, konnte der Unterschied zwischen Metaphysik/Physik und Moral deutlich werden: Was in der Physik notwendig zum Leben war, konnte in der Moral nur postuliert werden. Diese Differenz zwischen physikalischer und moralischer Notwendigkeit machte Campanella zugleich als Differenz zwischen Logik und Rhetorik deutlich, als Differenz zwischen notwendigem Schluß und Überzeugung. „Differunt autem, primò", Logica, & Rhetorica respective Poetica, „quia Dialectica instrumentem est Metaphysici, quo ratiocinia in omni arte moderantur, siue mentalia, siue vocalia;

---

[74] Vgl. o. S. 230.

[75] Campanella, Philosophia Rationalis, Dialektik, S. 364f.

[76] Campanella, Philosophia Rationalis, Dialektik, S. 365: „MEdius terminus notus, quo probatur singularis & indefinita, & particularis minus notae, est pronomen demonstratiuum: vt, ego, tu, nos, vos, hic, ille, iste, nunc, & hic.

Et quoniam ista probatio est syllogismus sensatus: fit rectè ex duabus propositionibus in quarum altera praedicatur subiectum conclusionis, in altera verò praedicatum conclusionis, de pronomine demonstratiuo. Sic enim etiam Mathematici demonstrant ad sensum ex demonstratis quasi digito, vt si debeam probare singularem, Petrus currit, dicam, hic est Petrus, & hic currit. Ergo Petrus currit."

[77] Campanella, Dialektik, S. 366: „INductio est argumentatio à partibus sufficienter enumeratis ad suum totum uniuersale."

Rhetorica verò Legislatoris; quo persuasiones, & dissuasiones reguntur. Illa pro obiecto habet verum, & falsum: ista bonum, et malum."[78] Die Poetik war nur der Rat der Rhetorik und ihr Hilfsmittel, sie verstärkte die Überzeugungskraft im Bezug auf das relativ Gute und Böse. Campanella konstatierte „esse Poëticam Rhetoricam quandam figuratam, quasi magicam, quae exempla ministrat ad suadendum bonum & dissuadendum malum delectabiliter iis, qui simplici verum & bonum audire nolunt, aut non possunt, aut nesciunt."[79]

Mit der Darstellung dessen, was das Gute sei, das darzustellen ist, schloß sich die Argumentation; Moral und Rhetorik wurden ununterscheidbar. Das Ziel der Rhetorik wurde identisch mit dem Ziel der Moral, Rhetorik konnte in dieser Funktion nur die beschriebene Moral sein, und um eine Beschreibung der Moral handelte es sich sowohl im moralischen Teil der Realphilosophie als auch im rhetorischen Teil der Rationalphilosophie. So hätte der eine Teil für den anderen stehen können, denn beide, Moral und Rhetorik, beschrieben das Gute, und das war Selbsterhaltung. „Bonum autem simpliciter est esse. Ergo primum, à quo omnis Bonitas. Nobis autem summum Bonum inter intrinseca & naturalia est esse nostrum, sicuti cuilibet rei suum. Vnde nihil magis amamus naturaliter quam semper esse."[80]

Campanellas Philosophie drehte sich autark in sich selbst. Sie war konstituiert vom Selbsterhaltungsprinzip, das als Handlungsziel von der Natur ausgeht und sich in allen Wissenschaften fortsetzt. Es war ein wissenschaftliches Modell, das von einem Prinzip aus argumentierte. Dies Prinzip war so allgemein gefaßt, daß es das geheime, unerkannte Motiv jeglichen Handelns sein mußte, ein naturphilosophisches Triebmodell mit dem Ziel der Selbsterhaltung.

Dies Modell war inkompatibel mit dem Wissenschaftsmodell, das mit Agricola begann und das Ramus durchkonstruierte. Bei Ramus disponierten sprachliche und logische Prinzipien ein Sprachmaterial, im polyhistorischen, systematischen Modell definierte, gliederte, hierarchisierte ein Urteil das topisch invenierte „historische" Sprachmaterial und brachte jedes Argument an seine rechte Stelle.

Dies topische Modell galt bei Campanella nicht mehr. Bei ihm handelte die Natur aus einem Trieb, sie funktionierte, ehe sie erkannt wurde, und die Erkenntnis war nur Funktion des Selbsterhaltungsdrangs. Schon Bacons Philosophie war für den Bereich der Naturerkenntnis, für das neue Organon, von der Sonderstellung der sprachlichen Wissenschaften abgegangen, aber in De augmentis scientiarum war Bacon zu dem topischen Bereichsdenken der barocken Enzyklopädie zurückgekommen. Bei Campanella war die Sprache völlig als Funktion der Natur aufgefaßt worden. Eine topische Argumentation, die Konstitution von Wissenschaften aus dem Kompetenzbereich der

[78] Campanella, Philosophia Rationalis, Rhet./Poet./Hist., S. 3.
[79] Campanella, Philosophia Rationalis, Rhet./Poet./Hist., S. 90.
[80] Campanella, Philosophia Rationalis, Rhet./Poet./Hist., S. 29.

Sprache heraus war dann nicht mehr möglich. Campanellas natürliches Funktionsmodell war nicht mehr als Polyhistorie beschreibbar.

Wenn das Begriffssyndrom universaler Topik, Polyhistorie, Polymathie, Enzyklopädie im 16. und 17. Jahrhundert sinnvoll modelliert werden soll, dann ist das nur von der logisch-rhetorischen Grundlegung dieser Philosophie möglich. Die Allgegenwart der Natur war deshalb eine natürliche Grenze der Polyhistorie.

III. Utopia

Anscheinend neigen die Enzyklopädieprogramme, seien sie polyhistorisch wie bei Comenius und Leibniz oder naturorientiert wie bei Bacon und Campanella, anscheinend neigen gesamtwissenschaftliche Entwürfe dazu, in die Utopie abzuheben. Utopie ist dabei keineswegs eine festgesetzte Grenze nach oben, sondern sie ist eher ein Auffangraum für den Anfang und das Ende aller Wissenschaften. Denn sie begründet Wissenschaften von ganz verschiedenen Argumentationstypen und fängt sie am Ende in ihrem Scheitern dadurch auf, daß sie die wissenschaftlichen Idealbedingungen als unmöglich, konstitutiv und regulativ zugleich darstellt. Und deshalb endete — ante festum — schon bei Comenius' Lehrer Johann Valentin Andreae die mystisch allen Institutionen entrückte Pansophie des großen Pädagogen in Christianopolis, deshalb mußte Leibniz die Aufhebung des Modellkonflikts zwischen Lullismus und Ramismus der Societas theophilorum überlassen, deshalb beschrieb Bacon die inkonsistenten Anstrengungen seiner Wissenschaft, Natur und Grundprinzipien zugleich zu finden, in Nova Atlantis, und deshalb kam Campanellas Herrschaft der Natur in all ihrer Brutalität im Sonnenstaat ans Licht. Die Utopie war der gemeinsame Auffangbereich von Naturspekulation und Polyhistorie. War sie überhaupt nötig? Trugen sich die Wissenschaften nicht selbst?

Die Schwierigkeit einer topischen Universalwissenschaft, wie sie Leibniz und Comenius, vielleicht Bacon vorgeschwebt hatte, lag in der Ausgangsposition. Diese war einmal durch die Universaltopik, die der Ramismus entwickelt hatte, gekennzeichnet, zum zweiten behauptete die aristotelische Erkenntnislehre die mögliche Wesenserkenntnis durch Kontemplation. Beide sollten durch lullistische Kategorien vermittelt werden. Wenn man die Universaltopik als System von Begriffen mit umfangs- und inhaltslogischem sowie metaphysischem Vollständigkeitsanspruch auffaßte und die Leerstellen entdeckte, war die Füllung der Leerstellen ein Reformprogramm, gleichgültig ob es als wissenschaftliches Reformprogramm wie bei Bacon oder als theosophisch-didaktische Reform wie bei Comenius oder als universalkombinatorische Enzyklopädie wie bei Leibniz erschien.

Alsted hatte sich dagegen damit begnügt, *vorhandene* Wissenschaften zu ordnen, deshalb konnte seine Enzyklopädie fertig und angewandt werden. Supponierte man aber, wie das Comenius, Leibniz und Bacon versuchten, den systematisch gefundenen Leerstellen den wesentlichen Erkenntnisanspruch des Aristotelismus, dann ging man über die Leistungsfähigkeit der Systematik hinaus und vindizierte einer logischen Aussage einen metaphysischen Gehalt, behauptete, etwas zu besitzen und hatte doch nur die Stelle, wo es hingehörte. Und meinte man, wie Leibniz, von ersten Ideen ausgehen zu können und hatte sie nicht, glaubte man, diese spekulativen Ideen zu kombinieren und dadurch die Welt zu begründen und war doch nur in der Lage, Vorhandenes zu analysieren, dann verloren sich die Bedingungen strenger enzyklopädischer Wissenschaft im Wünschbaren.

Deshalb gehörte zu den Reformenzyklopädien allemal eine Utopie. Nach den Forderungen der Reformenzyklopädien mußten die Bedingungen von Wissenschaft verbessert werden, damit die Wissenschaften sich änderten; und dann und nur dann konnte die Politik verwissenschaftlicht, das bedeutete auch gerade für das Zeitalter der Glaubenskriege friedlich, prosperierend und erträglich gemacht werden. Utopische Wissenschaften und wissenschaftliche Utopien sollten also politische Bedingungen der Wissenschaften als wissenschaftliche Bedingungen der Politik beschreiben. Und das hatten die Barockutopien Andreaes, Bacons und Campanellas mit Leibniz' Societas theophilorum gemeinsam: Im geometrischen und sachlichen Mittelpunkt standen Wissenschaft und Politik ineins, und sie bestimmten das stets in praktischer Tätigkeit gesehene Glück derjenigen, die eben nicht Wissenschaft trieben.

Dies Ziel deutete sich freilich in Bacons unvollendeter Utopie „Nova Atlantis" nur an. Sein großangelegter, vernunftchristlicher Staat von geheimen Offenbarungsgnaden, der isoliert und doch durch unerkannte Boten in Kenntnis wichtiger Weltvorgänge lebte, hatte ein Zentralinstitut für Wissenschaften, das Haus Salomonis. Die Beschreibung dieses Instituts machte den Kernbereich von „Nova Atlantis" aus. Es hat den Eindruck, als sei in Bacons Neu-Atlantis der Staat vornehmlich für die Wissenschaften da. „Finis Fundationis nostrae", führt der Vater des Hauses Salomonis, ein wissenschaftlicher Oberpriester, aus, „est Cognitio Caussarum, & Motuum, ac Virtutum interiorum in Naturâ; Atque Terminorum Imperii Humani prolatio, ad omne possibile."[81]

Das „Haus Salomonis" in Bacons Neu-Atlantis war gewiß zunächst ein wissenschaftliches Institut. Der abgehalfterte Politiker Bacon beschrieb denn auch mit Behagen und Begeisterung nur eine Unzahl von Erfindungshilfen: Sechshundert Klafter tiefe Höhlen für Kälteversuche, Türme von einer halben Meile Höhe, Seen, Brunnen, Bäder, Baum- und Pflanzenschulen, zoologische Gärten für Kreuzungsversuche, Fischteiche, Anlagen zum Herumexperimentieren mit allerlei Lebensmitteln, Apotheken, Öfen für Schmelzversuche, optische, akustische, mechanische Werkstätten, Automaten, mathematische Instrumente. Das war Bacons Paradies für Naturhistoriker, ein Paradies, das als wissenschaftliches Kloster beschrieben wurde.

---

[81] Bacon, Opera Moralia & Civila, London 1638, S. 375.

Die Ämter des naturgeschichtlichen Ordens waren streng funktional aufgeteilt: Es gab Lichtbeauftragte (Mercatores lucis), Exzerptenspezialisten
(Depraedatores), Jäger, Beauftragte für Mineralien. Deren Funde wurden von
einem „Energetas", einem „Macher", auf Praxistauglichkeit geprüft; in Beratungen mit allen „Brüdern" begutachtet, um von den Fachleuten weitergetrieben zu werden. So sollte die Natur durchleuchtet werden. Die Ergebnisse der Einzelerkenntnisse wurden von drei „Ohren", „Interpretes naturae"
in „Observationes majores, axiomata, & aphorismos"[82] zusammengefaßt. Aber
alle Ergebnisse blieben geheim. Das war bis dahin nur die Beschreibung der
Historia Naturalis, die Bacon selbst geliefert hatte und die er für die Naturerforschung gefordert hatte. Der Schleier des Religiösen, der schon in der
mönchischen Struktur des Hauses Salomonis lag, war wohl der Ehrfurcht vor
der geheimnisvollen Unerschöpflichkeit der Natur zu verdanken. Er verstärkte
sich im letzten Bild noch, als die kultischen Gebräuche der Wissenschaftsmönche beschrieben wurden. Natürlich wurde Gott, der Schöpfer der Natur,
um seiner wunderbaren Werke willen gelobt. Aber da gab es auch eine Ahnengalerie der Erfinder, die man verehrte, eine „communitas sanctorum scientificorum", die Auguste Comte in seinem „Catechisme positiviste" 200 Jahre
später erneut anbieten sollte, begnadete Heilige, die die Natur an ihren Geheimnissen hatte teilhaben lassen.

Bacon wollte mit seiner Utopie gewiß ein Beispiel der parabolischen Dichtung bieten, die er zwischen Historie und Philosophie ansiedelte, aber er
wollte zugleich den Typus von Wissenschaft darstellen, der sein Idealtyp war:
Ein monastisches Inventorium der Naturgeschichte, um die Natur zu beherrschen.

Wenn irgendwo Wissenschaft Bedingung von Politik war, dann hier.
Bacons Dictum „Scientia et potentia humana in idem coincidunt", das dann
auf „Wissen ist Macht" verkürzt wurde, traf genau den Sinn von „Nova Atlantis". Daß „Natura non nisi parendo vincitur"[83], war die Voraussetzung der
Wissenschaften im Hause Salomonis. Aber der Sieg über die Natur war denn
doch der Schlüssel zur Macht. Just an der Stelle, wo die bisher so selbstgenügsam leerlaufende Forschung in den politischen Zusammenhang eingebaut
werden sollte, bricht das Stück ab. War das ein Indiz für eine Krise der Wissenschaften, noch ehe sie recht begonnen hatten?

Bacon hatte seine Utopie unvollendet hinterlassen[84], und Comenius hat
keine Utopie geschrieben. Comenius konnte sich aber vom Beginn seines
wissenschaftlichen Arbeitens an auf die christliche Utopie seines Lehrers und

---

[82] Bacon, Opera Moralia & Civilia, London 1638, S. 384.
[83] Bacon, Novum Organum I, § 3.
[84] Sie erschien posthum zuerst 1627 in „Sylva Sylvarum". Vgl. die Ausgabe von
Spedding, Ellis und Heath, Bd. 3, S. 121.

Freundes Johann Valentin Andreae[85] stützen, und er hat sich darauf gestützt. Wenn Bacons Utopie eine Wissenschaftsutopie war, die die Wissenschaftsbedingungen als Gottesdienst mit Hilfe der Politik in paradiesischer Ungestörtheit und monastischer Strenge parabolisch darstellte, damit im Ansatz die poetische Verwirklichung zumindest der Programmatik des Neuen Organons und von De augmentis scientiarum bildete, dann war Andreaes Christianopolis das vorweggenommene utopische Resultat der Universaldidaktik, die Comenius mit De rerum humanarum emendatione consultatio catholica anstrebte: Ein Idealstaat, der das Glück der Menschen durch eine umfassende Erziehung zur Theologie erreichte.

Der Vollkommenheitsanspruch von Johann Valentin Andreaes Utopie zeigte sich schon am Ansehen seiner Stadt: Ein regelmäßiges Viereck mit gleichmäßigen Straßenzügen, gebaut wie der Escorial in quadratischen Mauerkränzen, in der Mitte ein Platz, auf dem die Kirche steht, und wo die Religion, die Gerechtigkeit und die Erudition ihren Platz haben. Eine allegorische Regierung, die Comenius in seine Panergesia aufnahm, in der er Religion, Sittlichkeit und Wissenschaft als die Konstituenten des menschlichen Lebens darstellte[86]. Das war mehr als die Wissenschaftsutopie Bacons, hier wurde eine Gesellschaft beschrieben. Freilich ging es bei Andreae gar nicht darum, eine Staatsverfassung darzustellen, sondern er beschrieb eine merkwürdige Mischung von Allegorie und Topographie: Jeder Herrschaft war ein Raum zugeordnet. Die Herrschaft bestand in einem Triumvirat, das die Leitbegriffe der Stadt allegorisch repräsentiert: Die Religion wird durch einen Theologen vertreten, dessen Frau das Gewissen ist, der Richter verkörpert die Justiz und hat die Vernunft zur Frau, und der dritte Triumvir, der Gelehrte, ist mit der Wahrheit liiert. Nach dieser allegorischen Regierung beschreibt Andreae nur noch die Topographie seiner Christenstadt, die Bibliothek, das ungeliebte, weil kriegsverbundene Zeughaus, Archiv, Druckerei und die wissenschaftlichen Einrichtungen, wo die Auditorien Wissenschaften gliedern: Grammatik und Rhetorik gehören zusammen; Dialektik, Metaphysik und Theosophie bilden die zweite Gruppe. Im dritten Hörsaal werden Arithmetik, Geometrie und Zahlenmystik gelehrt, daran schließt im vierten Auditorium die Musik an, im fünften die Astronomie und die Astrologie. Hier wurde nun die christlich-mystische Atmosphäre dichter: Wenn im vierten Auditorium schon Zahlenmystik betrieben wurde, wenn Astrologie als sinnvolle Wissenschaft galt; im sechsten, physikalischen Hörsaal wurde neben der Physik auch die Historie und der christliche Himmel behandelt; Ethik und Politik wurden im siebenten Hörsaal zusammen mit christlicher Armut gelehrt, und die Krönung der

---

[85] Vgl. bes.: R. van Dülmen: Die Utopie einer christlichen Gesellschaft. Johann Valentin Andreae I. Stuttgart-Bad Cannstatt 1978, dort S. 148ff. und S. 163ff. Außerdem das Nachwort von Wolfgang Biesterfeld zur Reclam-Ausgabe der „Christianopolis" von Johann Valentin Andreae, Stuttgart 1975, S. 156. Vgl. Comenius, Praeludia, § 97. Vgl. zur Problematik Wolfgang van den Daele: Die soziale Konstruktion der Wissenschaft. In: Böhme, v. d. Daele, Krohn: Experimentelle Philosophie, Frankfurt 1977.

[86] Vgl. o. S. 146ff.

Wissenschaften bildete die Theologie. Denn Medizin war Hilfswissenschaft und Jurisprudenz nicht vonnöten in diesem guten allegorischen Staat, in dem die Kirche im geographischen Mittelpunkt auch die Zentralstellung von Theologie und Religion symbolisierte.

Wegen der Kombination von Topologie und Allegorie sinnvollen menschlichen Zusammenlebens, in der in mystischer Wahrheit mit dem Optimismus der Koinzidenz des göttlichen und menschlichen Interesses gerechnet wurde, wo dem Glauben die Kraft zugesprochen wurde, das Handeln jedes einzelnen zu bestimmen, wegen dieser gar nicht herrschafts-, sondern glücks- und friedensorientierten Utopie ist Andreaes Christianopolis die erträglichste der Barockutopien, und in der Ausrichtung der Wissenschaft auf das Glück aller im Staat ist sie der vorweggenommene Typ der comenianischen Universaldidaktik. Allegorische Herrschaft von Prinzipien schien erträglicher zu sein als die Macht durch Naturbeherrschung. Die Ausrichtung auf Theologie und Religion, die Ausrichtung darauf, daß die Abhängigkeit von einer höheren Instanz die Erhaltung der Macht nicht zum letzten Prinzip werden ließ, dürfte das utopische Ende der Universaldidaktik so human machen.

Sicher wäre Leibniz in seinen Vorstellungen gelehrter Gesellschaften nicht so weit gegangen, eine nachgerade mystische Abhängigkeit von einem höchsten Prinzip zur Grundlage von Wissenschaft und Gesellschaft zu machen. Und das Ende seiner Universalwissenschaft war auch ganz anders als das des Comenius. Denn Comenius hob mit Andreae ab in die Mystik, Leibniz' Universalwissenschaft endete als Modellkonflikt. Damit verschob sich der Problembereich, in dem die Utopie Wissenschaftsdefizite kompensieren mußte. Lag dieser Bereich bei Bacon in der Distanz zwischen Naturerkenntnis und politischer Ordnung, bei Comenius und Andreae zwischen pansophischen Spekulationen und Institutionen, die zur didaktischen Durchführung und realen Rechtfertigung des mystischen Wissens trotz unfriedlicher Zeiten in der Lage sein mußten, bei Leibniz mußten die Schwachstellen seiner Universalwissenschaft, die ersten Ideen, theologisch ausgefüllt und mit Wissenschaft und Politik kompensiert werden.

Die Notwendigkeit, erste Begriffe zu finden und sie als absolut beschreiben zu müssen, war der Grund dafür, daß Leibniz in seinen „Meditationes de cognitione, veritate et ideis" die ersten Ideen als „absoluta Atributa DEI" eingeführt hatte, „nempe causas primas atque ultimam rerum rationem"[87]. Dies theologische Argument deckte den Anfang der Wissenschaften, ohne daß diese dadurch erklärt oder gar begründet worden wären[88]. Und an dieser Stelle war auch die Verbindung von Theologie und Wissenschaftspolitik nötig,

---

[87] Leibniz, Philos. Schriften, ed. Gerhardt, IV, 425. Vgl. o. S. 195.

[88] An dieser Stelle lag auch das Problem der Theodizee, denn die ersten göttlichen Elemente mußten einmal die Welt um der Vollkommenheit Gottes willen unabhängig von Gott machen; damit die göttlichen Elemente von Gott emanzipierten und mithin die Welt um der Theologie willen unabhängig von der Theologie machen.

die für Leibniz' Akademieentwürfe wichtig wurde. Denn diese mußte auch
die Diskrepanz auffangen, die zwischen dem göttlichen synthetisch-kombina-
torischen Wissen a priori und einer begründeten Ordnung der Dinge entstand,
der Dinge, die durch Kombinationen konstituiert waren.

Hier übernahm die „Gesellschaft der Theophili" und die „Societät, die
Künste und Wissenschaften aufzufangen"[89] bei Leibniz die Funktion der
Utopie. Denn die Akademie, die von ihren Stiftern zu eigenem Ruhm und
Gottes Ehre geschaffen und getragen wurde, ruhte, wie die ersten Ideen der
Kombinatorik und des sicheren Wissens, auf den göttlichen Tugenden Glaube,
Hoffnung und Liebe. Durch sie wird, schrieb Leibniz, „die Erkenntnis und
die Gewißheit der Allmacht und Allwissenheit Gottes wunderbarlich befestigt.
Denn weil er die höchste Weisheit ist, so ist gewiß, daß er so gerecht und
gütig ist, und daß er uns, seine Geschöpfe, also bereits geliebt hat, daß er alles
getan, was an ihm ist (nämlich soviel die Universalharmonie der Dinge leide,
und soviel sich hat tun lassen, ohne unseren freien Willen tot zu tun), um zu
machen, daß auch wir ihn lieben, worauf der Glaube ruht."[90]

Der Vorgriff auf die Harmonie der Welt, Voraussetzung und Ziel aller
Wissenschaften, war auch bei Leibniz, wie bei Andreae, theologisch gefaßt.
Zu begründen war er nicht. Dieser Vorgriff sollte die Harmonie der Denk-
modelle legitimieren, eine Legitimation, die dann doch nicht zu erreichen
war. Aber der unbegründete und unbegründbare Vorgriff auf die Harmonie
war wissenschaftlich unentbehrlich als Konstitutions- und als Zielvorstellung.
Leibniz war konsequent genug, ihr Scheitern in der Universalwissenschaft mit-
anzusehen. Aber dabei war er gesichert durch die Hoffnung auf die Theologie,
deren bester Gott ihm das Argument zur besten aller möglichen Welten lieferte; und dieser theologische Optimismus fing den Antagonismus menschlich
beschränkter Denkmuster sanft in der göttlichen Weisheit auf. „Wenn wir
Vernunft besäßen", zitiert Leibniz Epiktet zu Beginn seines Entwurfs einer
„Gesellschaft der Theophili, die zur Verbreitung des Ruhmes Gottes gegen in
der Welt zunehmenden Atheismus zu errichten ist", „Wenn wir Vernunft
besäßen, was sollten wir öffentlich und für uns anderes tun, als die göttliche
Majestät zu feiern und zu loben und ihr Dank zu sagen?"[91] Was könnten wir
besseres tun?

Leibniz kannte Campanellas Sonnenstaat, Gebrauch für seine Akademie-
projekte hat er davon nicht gemacht. Das wäre nach den verschiedenen
Ansätzen ihrer beider Philosophien wohl auch kaum möglich gewesen. Denn
während bei Bacon, bei Comenius und bei Leibniz die Utopie die Funktion

---

[89] Leibniz: „Grundriß eines Bedenkens von der Aufrichtung einer Societät in Deutschland, um die Künste und Wissenschafte aufzunehmen." (1669—1672). In: Leibniz, Schöpferische Vernunft, ed. Engelhard, S. 71ff. Gesellschaft der Theophili (etwa 1678), ebd.
S. 97ff.
[90] Leibniz, Schöpferische Vernunft, S. 75f. Vgl. AA I, IV, S. 530.
[91] Leibniz, Schöpferische Vernunft, S. 96.

hatte, die wissenschaftlichen Ansätze und Ziele, die innerwissenschaftlich nicht zu füllen waren, utopisch zu kompensieren, gab es bei Campanella keine Lücken. Das lag formal an der funktionalen Dynamik seines Wissenschaftsmodells. Campanellas Naturwissenschaft kreiste autark in sich. Deshalb konnte der Sonnenstaat nur Folge der sicheren Wissenschaft sein. Campanellas Utopie — und das macht sie so schrecklich — zeigt das politische Ende einer selbstsicheren, gesetzesorientierten Naturspekulation, die die Sicherheit natürlicher Gesetze auf politische überträgt.

Es mag sein, daß Andreae Campanellas Sonnenstaat gekannt hat, es mag auch sein, daß er die geometrische Anordnung der Christenstadt nach dem Sonnenstaat eingerichtet hat, es ist auch möglich, daß die Dreiteilung der Gewalten nach Theologie, Richteramt und Gelehrsamkeit mit Campanellas, einem Metaphysicus untergeordneten allegorischen Triumvirat Macht–Weisheit–Liebe zusammenhängt[91a]. Die Unterschiede bleiben substantiell. Während Andreae einen christlichen Erziehungsstaat zu einer noch nicht erreichten allgemeinen Offenbarungsreligion mit dem Zweck des irdischen und himmlischen Glücks seiner Bürger darstellte, war Campanellas Sonnenstaat ein souveräner totalitärer, philosophischer Zwangsstaat, in dem die Triebkraft der Natur, philosophisch sicher ermittelt, zur Verwirklichung des naturphilosophisch erkannten Glücks seiner Bürger benutzt wurde. Der Staat bildete das Instrument dazu. Und indem er seine eigene Stabilität sicherte, wachte er auch über das Glück „seiner" Bürger.

Der Sonnenstaat ist eine pantheistische Theokratie. Er wird von einem Herrscher mit dem Namen Sol geleitet, der als Priester mehr ist als der platonische Philosophenkönig, auf den Bacon und Andreae (wohl auch im Anschluß an Thomas Morus) verzichtet hatten. Dieser philosophische Priesterkönig, den Campanella als „Metaphysicus"[92] beschreibt, herrschte über „Pon, Sin, & Mor, quod nostra lingua sonat, Potestas, Sapientia, & Amor."[93] Damit waren auch die Verfassungsteile des Sonnenstaats angezeigt: Campanella verzichtete nicht, wie Andreae, auf Krieg, sondern er betrachtete den Krieg auch in der Utopie als legitimes Mittel der staatserhaltenden Politik. Ziel der Politik war Selbsterhaltung des Staats, und dieses Prinzip schlug durch als totalitäre Funktionalisierung der Politik. Das reichte bis zur Uniformierung: Alle tragen ein Hemd, das beim Mann bis zum Knie reicht, bei den Frauen darüber, die Funktionalisierung durchdrang alle Lebensgewohnheiten. Der Sonnenstaat Campanellas ist ein überfunktionalisierter Kasernenstaat, gemeinsames Wohnen und Essen für alle. Wohnen und Kleidung gehören freilich nicht mehr in den Kompetenzbereich der Potestas, sondern sind der allgemeinen Verwaltung, dem Amor, unterstellt. Diese Verwaltung ist auch für die Zuchtwahl unter den Menschen zuständig, „vt ita copulentur masculi foemi-

---

[91a] Van Dülmen, Utopie einer christlichen Gesellschaft, 1978, betont Campanellas Einfluß auf Andreae.
[92] Civitas Solis. In: Campanella, Philosophia Realis, Frankfurt 1623, S. 420.
[93] Civitas Solis, S. 420.

nis, quod optimam edant prolem."[94] Vererbungskontrolle und Hygiene sind
der Hauptzuständigkeitsbereich der „Liebe", denn neben der Zeugungspla-
nung geht es darum, das geordnete Zusammenleben in Kasernen mit hygieni-
scher ärztlicher Versorgung, mit Bekleidung und mit Lebensmitteln zu sichern
und die Ordnung mit strafrechtlichen Maßnahmen aufrechtzuerhalten.
Gefängnisse gibt es nicht, nur öffentliche Leibesstrafen oder den Tod, der bei
Kapitalverbrechen allemal verhängt wird. Und dies Kapitalverbrechen besteht
in der Auflehnung gegen diese funktionale, natürliche politische Ordnung.
Ein Staat, der nur nach Selbsterhaltungsfunktionen und nach deren Stabilisierung strebt, ist ein totalitärer Staat. In dem zentralen Tempel der kreisrun-
den Stadt, die in vier Ringen ineinanderliegt, ist diese Ordnung, die religiöse,
natürliche, politische und Strafordnung zur Staatserhaltung ineins ist, kurz
und verständlich dargestellt. Hier kann, nein, muß man lernen, „quid videl.
est Deus, quid Angelus, quid Mundus, Stella, Homo, Fatum, Virtus, &c."[95]
Dies Bild machte nicht erst im 20. Jahrhundert erschrecken. Eine solch festgesetzte, naturgesetzlich sichere Ordnung war die Kehrseite der Utopie, und
in der Tat wäre Orwells 1984 auch in den Strukturen von Campanellas Sonnenstaat möglich, der 1612 entstand, als Campanella eingekerkert war[96].

   Derlei ist eine unhistorische Argumentation, „natürlich", und sie berück-
sichtigt nicht, daß in einer Zeit brutalen Strafrechts die erziehenden Prügel-
strafen, die Campanella anbietet, ein enormer Fortschritt sind, daß in einer
Zeit der machiavellistischen Staatsraison ein gewählter philosophischer
Priesterkönig und die garantiert tugendsamen Verwaltungsspitzen „Gewalt",
„Liebe" und „Weisheit" gegenüber Machiavellis „Principe" gewiß eine Verbesserung darstellten, auch wenn bei Campanella die Selbsterhaltung des
Staats höchstes Gebot war. Dennoch, auch mit historischen Maßstäben gemessen, ist Campanellas Sonnenstaat totalitärer als die Utopie von Thomas
Morus oder als Andreaes und Bacons fast gleichzeitige Entwürfe. Das liegt
wohl an der Rolle, die die Wissenschaft in ihrer institutionalisierten Form
im Sonnenstaat spielt, und in dieser Rolle wird zugleich das Ende der Wissenschaft im Staat klar. Wissenschaft ist zuständig für die Bildung und sie
tendiert nach ihren Inhalten am ehesten zum Metaphysicus, zum Sol im
Sonnenstaat. Hier gibt es die gravierendsten Unterschiede zu Andreae und
Bacon. Mit Bacon war Campanella durch seinen Naturbegriff verbunden, der
sensualistisch gefaßt wurde. Bacon hatte allerdings die Theologie ausgeschlossen, die in Campanellas Staat eine entscheidende Rolle spielte. Dagegen war
bei Andreae die christliche Theologie mit der fundamentalen Differenz vom
hiesigem und künftigem Leben maßgeblich für eine spiritualistische, nicht

---

[94] Campanella, Civitas Solis, S. 423. Vorbild ist die Pferdezucht.
[95] Campanella, Civitas Solis, S. 451.
[96] Vgl. Campanella, De Libris Propriis, S. 15: „Scripsi praeterea aphorismos politicos,
quos deinde in capitula distinxi, & politicam scientiam condidi; adidique oeconomicam
valde vtilem, & ethicam denuo instaurai, iuxta doctrinam Primalitatum, adiecique ideam
Reipublicae quàm voco Ciuitatem Solis, longe praestantiorem quàm sit Platonica."

naturkundliche Erziehung und garantierte durch ihre eingestandene Differenz zur göttlichen Erkenntnissicherheit politische Freiräume. Bei Campanella, der früher als die beiden anderen seine Utopie schrieb, waren diese beiden Möglichkeiten noch beieinander: Theologie und Naturerkenntnis waren nicht disparat. Die Erziehungsaufgabe in seiner Sonnenstadt ging von der Sicherheit einer sensualistisch erfaßten Natur aus, die — im Gegensatz zu Bacons konzeptualistischen Vorstellungen — keine Geheimnisse verbarg, sondern sie, weil sie Gott darstellte, auch offenbarte. Damit war auch die freiheitsstiftende Distanz zum Jenseits aufgehoben. Die pure Sacherziehung, die die „Weisheit" verantwortete, zerschlug alles Andersdenkende. Mit riesigen Schaubildern, die auf den Mauern der einzelnen Stadtringe von Campanellas Sonnenstaat aufgemalt waren, wurde indoktriniert. Es begann mit mathematischen Figuren, es folgte die Erdbeschreibung, Mineralien und Steine, Flüssigkeiten, Bäume, Fische, Kriechtiere, Landtiere, dann die mechanischen Künste und deren Erfinder. Eine Realienerziehung also, die Comenius auch von hierher übernehmen konnte. Bei Campanella endete hier freilich bereits die Wissenschaft und die Religion, denn sein Sensualismus mußte die Kenntnis der Dinge, die bei Comenius mit christlicher Theologie hypostasiert werden konnten, als vollständige Kenntnis voraussetzen.

Deshalb beteten die Sonnenstaatler einen naturalistischen Gott, die Sonne, als Vater und die Erde als Mutter an; sie hatten eine Naturreligion, die das Christentum zu implizieren glaubte und die Kälte und die Hitze als Prinzipien der Welt zu kultischen Symbolen hypostasierte. Eine eigenständige Theologie existierte so wenig, wie Wortwissenschaften: Alle Nicht-Naturwissenschaften gingen als Derivate im Naturganzen auf. Und das Naturganze war totalitäres Funktionsgefüge von Wissenschaft und Staat.

Das Ziel sicherer Wissenschaften lag bei Campanella in der Totalität der Natur und war so unvermeidlich wie das Selbsterhaltungsprinzip. Und das verband Campanella mit Bacon: Die Ausschaltung der Theologie steigerte bei Bacon die Bedeutung der Natur ins Absolute; ebenso wie die selbsterhaltende und selbstgewisse Natur gab es kein Prinzip oberhalb der Macht. Bacon tendierte zu dem Totalitarismus, den Campanella schon vor ihm formuliert hatte. Bei Leibniz und bei Comenius kompensierte dagegen die als Utopie eingesetzte Theologie die Lücken, die die Wissenschaft ließ.

Die vermeintliche Sicherheit der Naturwissenschaft provozierte gefährlich die Utopie, für die wortgebundene Polyhistorie wurde Utopie nötig, um die Logik des Wissens aufrecht zu erhalten. In beiden Fällen hatte die Utopie konstitutive Funktionen. Die Utopie versuchte zu stabilisieren, einen Status darzustellen, indem die Zeit aufgehoben werden sollte. Sie stellte dadurch Anfang und Ende einer Wissenschaft zugleich dar. Aber die Vorstellung, Zeit müsse aufgehoben werden, zeigte zugleich den sehr zentralen Sitz der Utopie im Leben des 17. Jahrhunderts. Utopie war ein typischer Fall in positiver und in negativer Hinsicht. Ihre Zeitaufhebung machte ihre konstitutive und zugleich regulative Rolle für die reale Wissenschaft unannehmbar, setzte den Grenzbereich, der Wissenschaft konstituierte und beendete, unter eine Spannung, die beflügelnd und lähmend zugleich sein mußte: Just dies war die Voraussetzung von Projektemacherei, die Voraussetzung dafür, alles zu wollen und nichts zu erreichen.

Möglicherweise konnte die Utopie dadurch vermieden werden, daß eine andere Geschichte erzählt wurde, die nicht davon ausging, wie Wissenschaft sein sollte, sondern davon, wie Wissenschaft zustande kam. In einer solchen Geschichte wären die technischen und institutionellen Bedingungen der Wissenschaft als historische und zugleich defizitäre Faktoren zumindest im Kalkül gewesen. Alsted hatte sich, und das machte den Rang seiner Enzyklopädie aus, nicht am wissenschaftlichen Soll übernommen, sondern war nur dadurch, daß er vom Vorhandenen ausgegangen war, zurande gekommen. Aber bei dieser Berücksichtigung von Geschichte ging dann der optimistische Schwung verloren, der auf die Wissenschaft und auf den die Wissenschaft fortschrittsorientiert setzen konnte. Swift hat für seine Akademie von Lagado diese Spannung satirisch ausgenutzt, als er die Geschichte und den Anspruch der Wissenschaften konfrontierte und den Kreditverlust der Universalwissenschaft erzählte: „Vor ungefähr 40 Jahren", berichtet Gulliver, „hätten sich gewisse Leute entweder in Geschäften oder zu ihrem Vergnügen nach Laputa hinaufbegeben, und nach einem Aufenthalt von fünf Monaten seien sie mit einigen sehr geringen, oberflächlichen Kenntnissen in der Mathematik, aber auch voller flatterhafter Geschäftigkeit zurückgekehrt, die sie in jener luftigen Region erworben hätten. Gleich nach ihrer Rückkehr hätten diese Leute begonnen, mit allem, was unten betrieben wurde, unzufrieden zu sein, und seien auf Pläne verfallen, alle Künste, Wissenschaften, Sprachen und die Technik auf eine neue Grundlage zu stellen. Zu diesem Zweck hätten sie sich ein königliches Patent für die Errichtung einer Akademie der Projektemacher in Lagado verschafft; und diese Neigung habe im Volk so stark überhandgenommen, daß es keine Stadt von einiger Bedeutung im Königreich mehr ohne eine solche Akademie gebe. In diesen Kollegien ersinnen die Professoren neue Regeln und Methoden für die Landwirtschaft und den Hausbau und neue Geräte und Werkzeuge für alle Handwerke und Manufakturen, mit denen, wie sie sich verbürgen, ein Mann die Arbeit von zehn werde verrichten können. Ein Palast könne in einer Woche und von so dauerhaftem Material erbaut werden, daß er ohne Instandsetzungsarbeiten auf ewig stehen werde. Alle Früchte der Erde sollen zu jeder Jahreszeit, die zu wählen wir für richtig halten, zur Reife kommen und einen hundertfach höheren Ertrag liefern, als sie gegenwärtig erbringen; nebst zahllosen anderen trefflichen Vorschlägen. Der einzige Nachteil ist der, daß noch keines dieser Projekte zur Vollendung gebracht worden ist, und unterdessen liegt das ganze Land bejammernswert wüst, die Häuser verfallen, und das Volk ist ohne Nahrung und Kleidung."[97]

---

[97] Swift, Gullivers Reisen. Ausgewählte Werke, Bd. 3, hrsg. von Anselm Schlosser, Frankfurt 1972, S. 257f.

Gullivers Reisen wurden 1727 veröffentlicht. Nicht nur 1727 lag hier die gemeinsame Grenze von Wissenschaft und Utopie.

1. Die Umdeutung des Judiciums

Die Angewiesenheit der Wissenschaften auf Utopie machte es leicht, die wissenschaftliche Topik zu diskreditieren. Aber die Wissenschaften blieben, wollten sie argumentativ vollständig sein und damit die ramistischen — noch immer die ramistischen — Kriterien der Wissenschaft erfüllen, auf Vollständigkeit angewiesen. Nur bei vollständigen Argumentationen war Deduktion möglich. Dieser Argumentation lag eine Feldvorstellung zugrunde. Wenn Methode im vorcartesianischen Verständnis Sinn haben sollte, dann war es nur mit Methode möglich, im Feld aller Wissenschaften die Lücken zu entdecken, die zur Wissensvervollständigung geschlossen zu werden hatten. Aber just diese Forderungen an die Wissenschaft führten in die Utopie. Denn es fehlte die kritische, die historische Distanz auch, die die Entwicklungsbedingungen von Wissenschaft hätte bestimmbar machen können. Damit wurde die Universalwissenschaft dem uneinlösbaren Anspruch der Utopie schutzlos ausgesetzt.

Die lähmende Spannung zwischen utopischen Ansprüchen der Wissenschaft und praktischen Mißerfolgen führte zwangsläufig zur Diskreditierung des gesamten topischen Wissenschaftsmodells. In der utopischen Zerreißprobe wurden die Schwächen der topischen Enzyklopädie deutlich: Der Anspruch *einer* sachlichen, wie immer genau darzustellenden Disposition, die verläßlich war, war nicht einzuhalten. Die Forderungen, die zwischen Bacon und Comenius, zwischen Zwinger, Alsted oder dann später Leibniz an die Enzyklopädie gestellt wurden, waren zu unterschiedlich, als daß nur *eine* Disposition möglich gewesen wäre. Aber *eine* Wahrheit hätte auch *eine* Disposition verlangt. Die Dispositionsunterschiede und die uneingelösten enzyklopädischen Versprechungen diskreditierten deshalb die Reformenzyklopädien insgesamt und damit auch die Vorstellungen, man könne die Welt insgesamt erkennen. Dies Argument schuf zugleich erneut Raum für die These, daß der menschliche Verstand prinzipiell unfähig sei, das System der Welt einzusehen, für die theologische Vorstellung der Erbsündenhaftung der menschlichen Vernunft, der Imbecillitas mentis. Die Vernunftskepsis galt den Reformenzyklopädien, die unüberschaubar vielfältiges, spekulatives Wissen postulierten und doch nur die Stelle in ihrer Universaltopik hatten, wo dieses Wissen hingehört hätte, vorausgesetzt, die Disposition stimmte, und es ließ sich ein „Objekt" für die betreffende Stelle finden. Aber weder war die Disposition sicher noch war immer ein Objekt vorhanden.

Dieser Befund implizierte zunächst, daß Inventio und Judicium, die topischen Hauptverfahren, zwar noch in Kraft waren, daß sich aber die Wertung zwischen den beiden Leitbegriffen verschoben hatte. Spätestens seit der Einführung der Psychologie in die Topik bei Alsted war deutlich geworden, daß das Judicium nicht mehr das invenierte Material ordnete, sondern daß die Voraussetzungen der Vermögenspsychologie die Dispositionen bestimmten, die Erfordernisse, die Möglichkeiten und die Grenzen der Inventio damit zugleich konstituierten: Die Reformenzyklopädien funktionierten deshalb schließlich so, daß die vermögenspsychologischen Bedingungen die Möglichkeiten der Wissenschaft bestimmten. Der Kern der Diskreditierung

---

Vorige Seite: Abraham a Santa Clara: Centifolium Stultorum oder Hundert Ausbündige Narren . . . o.O. 1709.
    Der Büchernarr
    Subscriptio (ungefähr):
Weil ich die Bücher so vermehre,
Daß ich nichts als den staub abkehre,
Bin ich aus dem gelehrten Orden
Jetzt ein Eclecticus geworden.
Und reget sich etwas so schieß ich
Ein Jäger des Wissens der schließlich
die Weisheit in Nutzen verklärt.

der Reformenzyklopädien lag darin, daß die Leitfunktion des disponierenden Judiciums nicht mehr anerkannt wurde. Eine teilhabende Erkenntnis an der Herrlichkeit Gottes schien durch den Druck der Utopie nicht mehr möglich. Das Judicium, das seit Ramus umfangs- und inhaltslogisch als subsumierende Begriffsdisposition gefaßt worden war, verlor unter diesen Bedingungen seine theologische Legitimation und damit auch einen wichtigen Teil seiner Kompetenz.

Die topische Wissenschaft steckte in einer Krise: Inventio und Judicium galten nicht mehr uneingeschränkt. Erkannte man diese Bedingungen an, dann entstand eine Alternative: Entweder man verzichtete ganz auf das Modell der Topik, die mit Inventio und Judicium arbeitete, und erklärte Topik — explizit oder implizit — prinzipiell für ungeeignet, Wissenschaft darzustellen. Das war in Beyerlincks Bearbeitung von Zwingers Theatrum Humanae Vitae geschehen[1] und das wiederholte sich später bei Johann Albert Fabricius' philologisch-enzyklopädischen Lexika, fand schließlich in Zedlers Universallexikon eine Kulmination. Unter diesen Bedingungen war Judicium als subsumierende Disposition völlig ausgeschaltet: Alphabetische Lexika waren nicht mehr topisch, sie hatten nur noch Inventionscharakter.

Die Alternative zum alphabetischen Wissensverzeichnis blieb topisch. Sie konnte sich mit einer Akzentverschiebung der beiden Verfahrensweisen von Inventio und Judicium begnügen und das Judicium umwerten. Wenn es zunächst auf die Invention ankam und die Disposition keinen prinzipiellen, sondern nur noch relativen Charakter hatte, dann war die Gefahr der Enzyklopädie, in uneinlösbare Ansprüche und damit zugleich in die Beliebigkeit abzuheben, gebannt.

Das invenierte Wissen war dann wieder die Voraussetzung des Judiciums, damit in der Historie festgelegt. Und der Begriff Historie war noch immer in der Breite präsent, die Mylaeus und Zwinger zuerst dargestellt hatten und die über Bodin und Bacon tradiert worden war. Historie war noch immer zugleich Geschichte und Erfahrung.

2. Die Neubestimmung von Judicium

Der Vorrang der Invention war nicht nur der Vorrang der Erfahrungswissenschaften. Er war es auch, aber da Erfahrung aus erster und zweiter Hand als topische Inventionen nicht unterscheidbar waren, wurden die wissenschaftlichen Erfahrungen als Literärgeschichte virulent. Mylaeus hatte als erster das Fach Literärgeschichte geschaffen; mit der restaurierten Leitposition der historischen Invention bekam die Literärgeschichte fast zwangsläufig eine Schlüsselposition im akademischen Betrieb. Der neue Vorrang der Invention bedingte die Umbewertung des Judiciums. Und hier mußte die Literär-

---

[1] Vgl. o. S. 65f.

geschichte ihre Bewährungsprobe bestehen. Wenn Literärgeschichte als Inventionskunst Sinn haben sollte, mußte sie auch hier, in der Frage der Neubewertung des Judiciums, ein Muster für die Beantwortung liefern.

Es rüttelte an der Vorstellung der *einen* Wahrheit, wenn es philosophische Lehren gab, die untereinander nicht vereinbar waren. Diese Unvereinbarkeit diskreditierte die Philosophie, und diese Diskreditierung hatte eine lange Tradition. Diogenes Laertius berichtete in seinen Philosophenmeinungen und -biographien: „Vor kurzem tat sich noch eine ekletische Sekte auf unter der Führung des Potamon von Alexandreia, der sich aus den Lehren aller Sekten auswählte, was ihm gefiel."[2] Das Judicium brauchte nur auf diese *Auswahlfunktion* zurückgenommen zu werden. Nicht Disposition war mehr die Aufgabe des Judiciums, sondern Selektion. Vollständigkeit der Argumente fiel aus diesem Kalkül und war nicht mehr gefragt. Es brauchte deshalb auch nicht mehr deduziert zu werden. Die Homogeneität der Argumente wurde, falls sie gefordert war, durch Selektion möglich. Mit dieser Umdeutung des Begriffs Judicium waren alle spekulativ-utopischen Gefahrenstellen ausgeschaltet; Leerstellen konnte es nicht geben, weil es keine Vorstellung eines kontinuierlichen wissenschaftlichen Feldes mehr gab. Damit war der Ramismus zu Ende. Die topische Ordnung war zunächst nur so eingerichtet gewesen, daß etwas zu finden war; sie blieb funktionslos, als Hülse übrig, denn man fand — invenierte — dort am ehesten etwas, wo man gewohnt war, es zu vermuten.

Um diese neue Rolle des Judiciums einschätzen zu können, wurde es nötig, Geschichte zu treiben. Denn mehr noch als die ramistische Topik setzte der Eklektizismus Historie voraus. Historie mußte freilich, anders als in der ramistischen und systematischen Philosophie, bereits strukturiert sein: Historie jeder Art enthielt ihren Sinn in sich, war ontologisch festgelegt. Wenn Eklektizismus sinnvoll sein sollte, mußte man daraus auswählen, indem man Historie beurteilte. Für die erzählende Geschichte hatte das der große Leidener Polyhistor Gerhard Johannes Vossius festgelegt, und er hatte sich dabei auf die ciceronianische rhetorische Tradition berufen: „Judicium appello, quo historicus post rem narratam adfert sententiam suam."[3] Dies Urteil war zunächst nur verständiger Kommentar zur Historie.

Historie durfte aber darüber hinaus nicht nur in sinnvollen Einzelerkenntnissen, Loci communes und Sentenzen geschehen, sondern sie mußte als gelehrte Historie auch die Zusammenfassungen der Loci, die unterschiedlichen Schulen und Systeme zur Erscheinung bringen. Dadurch mußte deutlich werden, daß die systematischen Philosophen sich in ihrem borniertem Wahrheitsanspruch gegenseitig paralysierten. Es mußte sich die Philosophiegeschichte als die Geschichte philosophischer Sekten gestalten.

---

[2] Diogenes Laertius. Leben und Meinungen berühmter Philosophen. Übers. O. Apelt, Hamburg 1967.
[3] G.J. Vossius: Ars historica, 2. Aufl, Leiden 1653, S. 90. Er bezieht sich auf Cicero, Orator II, „De consiliis significari, quid scriptor probet."

Gerhard Johannes Vossius nannte seine Geschichte der antiken Philosophie wohlüberlegt „De philosophorum Sectis"[4]. An deren Ende behandelte er exponiert und programmatisch den Eklektizismus. Dabei kamen, konfessorisch für Vossius' Wissenschaftsauffassung, alle wichtigen Konstituentien dieser nachsystematischen Resignationsphilosophie ans Licht:

— Der Versuch, sich aus dem Meinungsstreit (der Wahrheitsanspruch war auf einen Meinungsstreit reduziert) der Philosophie herauszuhalten: „Superest secta εκλεκτική, si nova est secta dicenda, quae non condit nova dogmata, sed ex aliis sua excerpit."[5]

— Diesen Verzicht des Eklektizismus auf *eigene* philosophische Lehren begründete Vossius nicht historisch, sondern theologisch: „Praestantia hujus sectae ex eo dilucet, quòd tanta sit imperfectio humani Intellectus, ut ex vetustis illis sapientibus, nemo potuerit omne verum perspicere."[6]

Unter diesen resignativen Bedingungen der beschränkten menschlichen Vernunft wurde die Philosophie auf ihre Historie, auf ihre klassischen, weil bewährten Autoritäten als Norm und Lehrmeister zurückgeworfen; für den Humanisten Vossius war die christlich interpretierte Antike der Maßstab seines Urteils[7]. Für die eklektische Methode waren seine Autoritäten Cicero, Plutarch, Plotin, Clemens von Alexandrien und Laktanz, deren philosophiehistorische Voraussetzungen und deren Verfahren waren auch die seinen. Und mit dem Appell zum Eklektizismus endete Vossius' Geschichte der philosophischen Sekten: „Flores enim ex omnibus sectis legemus, & inde corollam plectemus capiti nostro, quae quantò plus traxerit ex vero bonoque, tantò erit pulcrior atque odoratior, tantò etiam minùs marcescet."[8]

Vossius' Schlußwendung seiner Philosophiegeschichte war auf seine Gegenwart, auf die Zeit um 1650 gerichtet. In der Tat war auch die barocke Ausgangssituation mit der antiken Ausgangssituation des Eklektizismus gut vergleichbar. Seit Keckermann war es selbstverständlich, auf die Sekten der Aristoteliker, Ramisten und Lullisten zu verweisen. Entscheidend für die resignative Schwundstufe der Philosophie, für den Eklektizismus, wurde, daß Vossius mit philosophie- und literärgeschichtlichen Mitteln den Eklektizismus auf seine zeitgenössische Gegenwart anzuwenden empfahl. Das war ihrerseits eine eklektische Figur, nach Form und nach Inhalt.

Fast dreißig Jahre nach Vossius' Tod nahm der Altdorfer Mathematiker, Physiker und Philosoph Johann Christoph Sturm die Anregung des Leidener Polyhistoris auf, als er eine Abhandlung „De Philosophia sectaria & electiva" schrieb. Da hatten sich die philosophischen Sekten zwar schon wieder ver-

---

4 Zuerst Leiden 1657. Hier zitiert: Vossius, Tractatus philologici, Amsterdam 1697. De Artium et Scientiarum Natura, S. 315.

5 Vossius, De Artium et Scientiarum Natura, S. 312.

6 Vossius, De Artium et Scientiarum Natura, S. 313, § 3.

7 Dieser Maßstab war der Rhetorik des Barock allgemein, so allgemein wie die Betonung der silbernen Latinität.

8 Vossius, De Artium et Scientiarum Natura, S. 315.

ändert – die Cartesianer waren dazugekommen –, aber strukturell blieb die
Ausgangslage dieselbe wie vor 1650: „Post Lullistas decimo quarto seculo
Raymundo Lullio in Majorca altera Balearium nato auctore, & Ramistas
patrum nostrorum aevo, Petro Ramo parente & majoribus Laurentio Valla,
Ludovico Vive, Rudolpho Agricola oriundos, hac nostra aetate novam Anti-
peripateticorum Sectam Renato Cartesio nomen ac dogmata sua in acceptis
ferentem" charakterisierte Sturm die Situation. Und das nicht, um eine
andere Geschichte philosophischer Sekten zu schreiben, „sed merita & utilitatem justâ rationis lance trutinare."[9]

Merita, utilitas, justa ratio waren die Begriffe, die den geänderten Urteils-
begriff der eklektischen Philosophie charakterisierten, es deutete sich die
Praxisorientierung der Polyhistorie und die Wissenschaftspolitik bei Morhof
und Thomasius an.

Sturm lieferte die Definition des Eklektizismus, die noch in ihrer Länge
die irenische, die antisystematische Tendenz reflektierte, die aber zugleich
auch den psychologischen Kernbereich der Topik beibehielt, das Ingenium
als Vermögen, Inventio und Judicium als wissenschaftliche Verfahrensweisen:
„Eclecticorum Philosophorum nomine per totam hanc tractationem non
alios nos intelligere, quàm eos, qui non rejiciunt promiscuè quaecunque ab
aliis sectis earumque capitibus inventa sunt aut tradita, nec unius Ducis
authoritate ita commoventur, ut ejus effata & dicteria promiscuè probent &
propugnent omnia; sed humani ingenii imbecillitatem agnoscentes, quae ab
uno aut paucis quibusdam hominibus omnes Naturae & Rationis abyssos ex-
hauriri nunquam patiatur, ab aliis quoque verum ex parte pervideri posse,
junctisque viribus & communicato consilio scientias augendas & stabiliendas
esse, sibi persuadent". Und dies sei dadurch möglich, daß man unparteiisch,
„vocata ubique in consilium recta ratione, liberoque ac defaecato mentis
judicio"[10], das Rechte auswähle. So verschoben sich Inventio und Judicium
unter den Bedingungen der Imbecillitas mentis.

Der Eklektizismus hatte zwar einen Anspruch auf Sachkompetenz, aber
diese Sachkompetenz war, wie bei Bacon, auf einzelne Urteile gerichtet.
Sachzusammenhänge waren nur nach praktischem Nutzen zu beurteilen möglich. Und praktischer Nutzen hatte ein breites Unsicherheitsfeld in der Argumentation, denn der Nutzen unterlag eben keinen sicheren theoretischen
Kriterien. Eklektizismus hatte die argumentative Weichheit aller irenischen
Argumente. Immer war schon das Argument des Gegners vereinnahmt und
ins Repertoire aufgenommen, und alle neuen Argumente waren immer schon
da. So konnte es zum Eklektizismus keine rechte Gegenposition geben, es
konnte nur andere philosophische Auffassungen geben; aber das waren schon
die Sektierer, die zugleich die Überforderer der menschlichen Vernunft waren,
und denen gegenüber die Philosophie auf ihr rechtes Maß zu reduzieren die

---

[9] Johann Christoph Sturm: Philosophia Ecclectica, Bd. 1, Frankfurt und Leipzig
1698, S. 1–81. Zitat S. 5. Die Abhandlung war 1679 Grundlage einer Disputation.
[10] Sturm, Philosophia eclectica, S. 7f.

irenische Philosophia eclectica angetreten war. Regeln, Methode oder der
Satz vom Widerspruch als formale Wahrheitsgarantien waren ausgeschlossen.
Der Eklektizismus war die Philosophie repressiver Toleranz.

Daß es bei der gelinden Einführung des Eklektizismus durch Gerhard
Johannes Vossius keinen Streit gab, der den ramischen Krächen des 16. Jahrhunderts vergleichbar war, lag daran, daß der Eklektizismus zunächst eben
eine leise, unterwandernde Philosophie war. Der Maßstab der Praxis war
variabel, er konnte rigoros antitheoretisch sein, er konnte aber auch zulassen,
daß ganze Systemteile und Topikabteilungen übernommen wurden, es mußte
nur praktisch sein. Der Eklektizismus war nicht auf Systeme angewiesen,
aber er konnte sie benutzen, weil er sie irenisch aufgehoben zu haben glaubte.
Systeme waren als Ordnungsträger unter diesen Bedingungen funktionslos.
Aber es erschien zweckmäßig, für Bildungszwecke Systemteile zu adaptieren,
weil sie übersichtlich waren und den institutionellen Bedürfnissen des Unterrichts in der vierten Fakultät gerecht wurden. Die institutionelle Verankerung
der Systematik bewirkte ohnehin eine relative Nähe zwischen systematischen
Philosophieteilen und eklektischer Polyhistorie. Die Universitätsbindung der
Philosophie, die Keckermann als Konstituens der Philosophie überhaupt beschrieben hatte, bedingte denn auch, daß bis weit ins 18. Jahrhundert hinein
die sachliche, topische Disposition der Universalwissenschaften nicht verschwand[11]. Diese Disposition war aber dann nicht mehr logisch zu begründen,
sondern nur noch pädagogisch und sozusagen benutzungstechnisch.

I. Enzyklopädischer Eklektizismus: Gerhard Johannes Vossius

Gerhard Johannes Vossius[12] hat seine Universalwissenschaft deshalb auch als
Ausbildungskursus geschrieben. Die Ordnung des Stoffs brauchte nicht mehr
konstitutiv zu sein, sie mußte pädagogische Ordnungen schaffen, die im
Lehrinteresse einleuchteten. Das konnte nach dem überlieferten Muster der
sieben freien Künste geschehen, das konnte aristotelisch nach der Aufteilung
in theoretische, praktische und poetische Disziplinen geschehen, das war auch
nach dem stoischen Muster von Logik, Ethik und Physik möglich. Zwar: Der
Wissenschaftskanon war vor allem dann, wenn die technischen Künste dazu-
kamen, nicht mit nur einem dieser Modelle kongruent zu machen, aber dafür
bot sich dann eine Kombination von verschiedenen Systemversatzstücken an.
Und dann wurde bereits die Form der Enzyklopädie eklektisch.

Es mag sein, daß gerade die Universalwissenschaft im 17. Jahrhundert
eine Wissenschaft von Nachlässen gewesen ist. Denn auch Gerhard Johannes
Vossius ist mit seinen Enzyklopädieplänen nicht mehr ganz fertig geworden.

---

11 In den „systematischen" Bibliothekskatalogen wirken sie heute noch nach.
12 Zu Vossius: C.S.M. Rademaker: Gerardus Joannes Vossius (1577—1649), Zwolle
1967. Zu Vossius' Rhetorik: Wilfried Barner: Barockrhetorik, S. 265f.

Alle Teile dieses großen Konzepts wurden zunächst einzeln veröffentlicht[13] und erschienen erst gegen Ende des Jahrhunderts in einem Band der großen Gesamtausgabe zusammen[14]. 1649 war Vossius 72-jährig den vermutlich klassischen Tod eines Polyhistors gestorben — er war von den Büchern seiner eigenen Bibliothek erschlagen worden. Gewiß war die Konzeption einer eklektischen Enzyklopädie auch der Versuch, dem wissenschaftlichen Tod, nämlich von der Masse des Wissens erschlagen zu werden, zu entgehen. Und wenn die Geschichte den Historiker übermannte, wenn Geschichte quantitativ zu mächtig wurde, um geordnet zu werden, wenn die Argumente entgegengesetzter Schulen zwar noch registriert, aber nicht mehr auf ihre gemeinsame Konstitution hin geprüft werden konnten, dann war das praktische Ziel wissenschaftlicher Irenik zugleich die einzige Möglichkeit, verantwortlich Wissenschaft zu treiben, dann war die einzige Wissenschaftsmöglichkeit, mit der Historie fertig zu werden, der Eklektizismus.

Selbstverständlich ließ sich diese Argumentation als historische Argumentation umkehren. Man konnte dem Schatz und der Dignität der Historie erst durch Eklektizismus gerecht werden. Und so packte Vossius seine Historie an: Er begann allemal mit den historischen Möglichkeiten, die stillschweigend als Norm gewertet wurden. Und aus den klassischen Möglichkeiten erwuchs durch Selektion des *rechten* Arguments die richtige Wissenschaft, stets auch praktisch orientiert. Nur Historie konnte die Muster der Praxis liefern, und das machte den Sinn polyhistorischen Argumentierens aus. Historie hatte damit auch eine besondere Verantwortung, die sie von der praktischen Vernunft übernommen hatte, sie mußte die Realität mit Mustern versorgen. Das hatte Vossius im historisch sententiösen Urteil beschrieben[15], und das war auch der Sinn seiner Enzyklopädie.

Vossius begann seine Enzyklopädie „De Artium & Scientiarum Natura & Constitutione", die erst 1696 gesammelt erschien, vorher in Einzelschriften bekannt war, mit einer historisch legitimierten, aufs 17. Jahrhundert applikablen Erweiterung, die er historisch mit einer Notiz in der aristotelischen Politik begründete: Er erweiterte den Kreis des nur akademischen Wissens um den Bereich, der sich aufs Erlernen von Fertigkeiten richtete, den Bereich der Quatuor artes populares. Die praktische Begründung lag auf der Hand: Diese Künste „sunt illae, quae nullum, vel exiguum animi studium requirunt, ac

---

[13] Rademaker: Vossius, Bibliographie Nr. 38, De Philosophorum Sectis Liber. Den Haag: Adrian Vlacq 1657. Nr. 39, De Logices et Rhetoricae natura & constitutione Libri II. Den Haag: Adrian Vlacq 1658. Nr. 32, De quatuor Artibus popularibus, de philologia, et scientiis mathematicis, . . . chronologia mathematica. Amsterdam: Blaeu 1650.

[14] Gerhard Johannes Vossius: De Artium et Scientiarum Natura ac Constitutione Libri V. Antehac diversis Titulis editi. Amsterdam: Blaeu 1696. (= Bd. III der Gesamtausgabe. Enthält: De quatuor artibus popularibus, de philologia, de mathesi, de logica, de philosophia & de philosophorum sectis, außerdem die Abhandlungen zur Grammatik, Rhetorik und Poetik.) Vgl. Rademaker, Nr. 47 und 50.

[15] Siehe o. S. 252, Anm. 3.

solùm occupantur in quaestu faciento, & pecuniâ congerendâ: unde & merce-
nariae dicuntur, servis omnino digniores."[16]

Diese Beschreibung zielte auf zweierlei. Einmal setzte sie die Artes populares von den akademischen Wissenschaften ab, machte sie zu bürgerlichen
Kenntnissen, die sich von gelehrten unterschieden. Zum anderen wies sie auf
den praktischen Nutzen dieser Wissenschaften gerade dadurch hin, daß sie
die Einteilungen der aristotelischen Politik übernahm: Die Bestimmung der
banausischen unfreien Künste, die Aristoteles als staatserhaltende, deshalb
wichtige Künste beschrieben hatte: Grammatik, Gymnastik, Musik und Malerei[17]. Vossius nahm diese Künste in der Hochachtung, die sie in Hollands
goldener Zeit verdienten. Sie waren ihm die Fertigkeiten, „quibus exercentur
liberi honestiorum è populo: unde hujusmodi artes vocabamus populares."[18]

Die Aufnahme der banausischen Künste aus der aristotelischen Politik
war ein gelungener Zugriff eklektischer Kunst: Denn mit einem Mal wurden
der Wert der klassischen Historie, der praktisch-pädagogische Nutzen und die
Applikabilität der Antike auf Probleme des 17. Jahrhunderts demonstriert.
Es ließ sich daraus ein Ausbildungsprogramm für Nicht-Gelehrte machen, das
aber gleichwohl, wegen der antiken Norm, in die Kompetenz der Gelehrten
fiel. So bildeten die vier popularen Künste Grammatik, Gymnastik, Musik
und Malerei einen Bildungsplan für den Bürger und zugleich die Basis für die
akademische Gelehrsamkeit.

Der eklektische Ansatz seiner Enzyklopädie nötigte Vossius keineswegs,
die Einteilung in freie und unfreie Künste, von der er ausgegangen war, durch-
zuhalten. Vielmehr konnte er, da es ihm auf Konstitutionselemente in seiner
Wissenschaftendarstellung nicht ankam, die Angebote der Wissenschaftsgliederung, die ihm in der Historie vorlagen, prüfen und auswählen. Er konnte
die Wissenschaftseinteilungen in ἐπιστήμη, λόγος, παιδεία; in naturalia, moralia, mathematica, oratoria und rationalia; in Wort- und Sachwissenschaften
als Aufteilungsmöglichkeit darstellen und seine Entscheidung mit der pädagogischen Einsichtigkeit „begründen": „Omnium autem apertissimè divisu-
rus mihi videor in tria disciplinarum genera: primum earum, quae pertinent
ad πολυμάθειαν; quae viam parant ad Philosophiam. Alterum illarum, quae
puars sunt Philosophiae, studiorum reginae. Tertium est hujus Reginae comi-
tum, ac instrumentorum; cujusmodi utraque est Eloquentia."[19]

Vorhanden blieb die Institutionenbindung und die Zuordnung zur Philosophie, indem Vossius sein enzyklopädisches und pädagogisches Programm
als philosophische Propädeutik und Polymathie darstellte[20]. Das war als Hülse

---

[16] De quatuor artibus popularibus, 1697, S. 1 B.
[17] Aristoteles, Politik VIII,3, 1337b.
[18] De quatuor artibus popularibus, 1697, S. 2 B.
[19] De Philologia, 1697, S. 32bf.
[20] De Philologia, 1697, S. 33A, § 7: „Artes, quibus ad philosophiam praeparamur,
Graecis propterea προπαιδείας, vel προραιδευμάτον nomine, censentur. Et quia latè hae
artes patent, etiam πολγμαθείας vel πολυμαθησύνης, Latinis variae eruditionis, nomen
obtinent. Praeterea nuncupant ἐγκυκλοπαιδείαν, quam Latini disciplinarum orbem red-

ehemals systematischer Wissenschaft allemal ganz traditionell. Aber die Lockerheit der historischen Argumentation und die Freiheit von systematisch-begrifflichen Konstitutionszwängen machten eine Öffnung des Kanons für wissenschaftliche Erweiterungen erst möglich. Zunächst freilich konnten in der Polymathie die akademischen „Künste" behandelt werden. Und Vossius begriff Philologie, Mathesis und Logik als Teile der Propädeutik. Der erste Teil der Polymathie war philologisch. „PHILOLOGIAM occupari circa SERMO-NIS curam, & HISTORIAM: priorem dividi in GRAMMATICEN, RHETORICAM ARTEM, & METRICAM: Grammaticen in METHODICEN, & EXEGETICEN, quarum Methodice tradat artis praecepta."[21]

Diese Bestimmung der philologischen Kurse trennte die *Logik* aus den Wortwissenschaften heraus; die Logik bekam eine Sonderstellung, sie verband als letzter Kurs der propädeutischen Polymathie die Philosophie mit dem gelehrten Grundwissen. Zwar handelte Philologie „de sermonis cura", aber es brauchte die Philologie nicht in Logik überzugehen. Da es sich um Wissens-vermittlung in praktischer, eklektischer Hinsicht handelte, konnte sich der zweite Teil des propädeutischen Kursus auch nach einem anderen Kriterium richten, nach der Mathesis. Unter Mathesis verstand Vossius „disciplinae, quae quantitatem considerant."[22] Diese Definition (die jetzt nicht mehr aristotelisch, sondern platonisch war, Vossius zitierte den Menon) betraf ursprünglich nur die Mathematik. Hier, in der Neubestimmung der Mathesis, wurde die Variationsbreite des Eklektizismus deutlich, der alle mathematischen Künste zusammenfassen und damit auch eine Versammlung mathematisierbarer Gegenstände beschreiben konnte. In der reinen Mathematik konnte Vossius traditionell zwischen Arithmetik und Geometrie unterscheiden, aber für die angewandte Arithmetik, die „Logistik"[22a], konnte er pythagoreisch die „Musica contemplativa" mit all ihrer Historie behandeln. Optik und Geodäsie waren als angewandte Geometrie beschrieben, die Kosmographie, die angewandte Geometrie und Arithmetik war, enthielt Astronomie und Mechanik zugleich[23].

Damit eröffnete sich ein Kompetenzbereich der Mathesis, der in sich systematisch, nach einheitlichen Deduktionskriterien gestaltet war. Es war im Eklektizismus eben auch möglich, ganze Systemteile zu übernehmen, wenn es zweckmäßig erschien; und von der „multiplici utilitate Matheseos in omnibus penè artibus, ac scientiis, totaque vitâ humanâ"[24] war Vossius ja ausgegangen. Daß sich dabei unter der Hand so etwas wie ein Kompetenz-

---

diderunt. Artes ipsae similiter ἐγκύκλιοι dicuntur, vel τῶν ἐλευθέρων. Quomodo & Latini artes vocant liberales, tanquam libero homine dignas.

[21] De Philologia, 1697, S. 39B, Cap. IV.

[22] De Mathesi, 1697, S. 59A, § 2.

[22a] De Mathesi, Cap. XVIII, § 2, S. 85B: „Hîc verò intelligitur Logistice, sive supputatrix, applicans se ad variarum rerum, quas sensu percipimus, enumerationem. Eoque est Arithmetici practica."

[23] Vgl. dazu die Skizze S. 263.

[24] De Mathesi, 1697, S. 60B.

bereich mathematischer Methode entwickelte, der für die Wirkung der cartesianischen Methoden- und Mathematikansprüche wichtig werden konnte, war
zwar nicht beabsichtigt, aber ein willkommenes Nebenprodukt.

1. Logik und Rhetorik

Bei der ontologischen Vorstrukturierung des Wissens in der Geschichte konnte
in der Logik nicht die Methodenlehre der Wissenschaft insgesamt gesucht
werden. Vossius' Logik konnte nicht mehr, anders als im Ramismus, zugleich
Wissenschaftstheorie sein. Der Vorrang der Invention im Eklektizismus ließ
eine ramistische Dispositionslogik nicht mehr zu, und mit Syllogistik allein
war keine Methode zu machen. Die ramistische Doktrin des Judiciums war
suspendiert, und die Methodenlehre des Eklektizismus war bezeichnenderweise in einer Abhandlung zur Geschichte der antiken Philosophie zuerst dargestellt worden: Eklektische Methode war geschichtsabhängig.
So war die Position der Logik, die den dritten Teil der Polymathie von
Gerhard Johannes Vossius ausmachte, zwiespältig. Methodenlehre war sie
nicht, als Darstellung einer Sprachnorm war sie funktionslos, weil der Eklektizismus keine formale Argumentationslehre sinnvoll erscheinen ließ. Darüber
hinaus war sie wegen ihrer Sprachabhängigkeit der Rhetorik benachbart. Als
die Logik 1658 im Haag zuerst erschien, wurde sie gemeinsam mit dem Abriß
der Rhetorik veröffentlicht. Beide Werke hießen zusammen „De Logices &
Rhetoricae Natura & Constitutione Libri II". 1696, als Vossius' Enzyklopädieentwurf in einem Band vereint gedruckt wurde, fehlte dagegen „De Natura &
Constitutione Rhetoricae", dieses Buch war zusammen mit den großen
„Institutiones Oratoriae" in die rhetorische Abteilung der gesammelten
Schriften gerutscht[25].
Das Verhältnis von Logik und Rhetorik war bei Vossius in der Tat nicht
ganz klar. Die Ablehnung der gemeinsamen Basis von Logik und Rhetorik, die
Ablehnung der ramistischen Methode führte dazu, daß Rhetorik und Logik,
obwohl sie beide von der rechten Wortfolge handelten, auseinanderfielen.
Schon bei der Haupteinteilung der gesamten Wissenschaften war unklar
geblieben, wie denn eigentlich die Rhetorik im Verhältnis zur Philosophie
aussehe. Zwar gehörte sie zum Lehrstoff der vierten Fakultät, also in den
Bereich der Polymathie. Aber gleichzeitig hatte Vossius sie neben Polymathie
und Philosophie im dritten Bereich der Disciplinae situiert. Der dritte Bereich
der Disziplinen, hatte er alle Wissenschaften unterteilt, sei der Begleiter der
Philosophie und das Werkzeug der Philosophie, „cujusmodi utraque est Eloquentia"[26].

---

[25] Bibliographisch dazu: Gerhard Johannes Vossius: Commentariorum Rhetoricorum,
sive Oratoriarum Institutionum Libri VI. Amsterdam: Blaeu u.a. 1697, dort S. 325–352.
[26] Siehe o. S. 257, Anm. 19.

In diesen Argumentationsbereich gehörte selbstverständlich auch die große Rhetorik[27], aber auch die grundlegende Abhandlung zur Poetik, „De Artis Poeticae Natura & Constitutione"[28]. Nur, über das inhaltliche Verhältnis zur Philosophie, über die propädeutische enzyklopädische Bildung, die die Rhetorik doch voraussetzte und verlangte, konnte Vossius keine andere Aussage machen, als daß Rhetorik, Gesellschaft und Universität zusammenhingen. „Quem locum in rebus humanis obtinet regina Eloquentia, hunc in disciplinis ars illa possidet, quae ad Eloquentiam viam munit", begann er seinen Rhetorikabriß[29]. Die Begründung für die Rhetorik lag ähnlich wie beim Eklektizismus insgesamt: So normativ, wie er die historischen, antiken Sätze „in rebus humanis" bewertete, so hoch stand der geschichtsorientierte Eklektizismus im wissenschaftlichen Kurs: Das Argument war bewußt zirkulär gewählt, es war damit für Topik nicht geeignet, denn es trug sich nur selbst und hatte keinen deduzierbaren Kompetenzbereich.

Vossius' inventionsorientierter Eklektizismus brauchte, weil es ihm auf die Begründung der Wissenschaften und deren System nicht so sehr ankam wie auf die Norm historisch richtiger Argumente, die Logik nicht als Wissenschaftstheorie zu benutzen. Das hatte zwei Folgen: Einmal konnte Vossius die Einteilung der Logik in *Inventio* und *Judicium* ablehnen[30], eine Einteilung, die ihm die Möglichkeit geboten hätte, die Wissenschaft systematisch darzustellen. Aus dem Schatz der Historie, den er für die Logik in einem Abriß der Logikgeschichte darstellte[31], wählte er die streng aristotelische Logik[32].

Damit hatte er die Möglichkeit, Logik anhand des aristotelischen Organon zu interpretieren. Das war eine Auswahl, die wieder die Dignität antiker Historie mit der Form des einsichtigen Urteils verband. Und so konnte die Logik an den aristotelischen Kategorien, die die Begriffslehre boten, an der Urteilslehre und schließlich am Syllogismus, am logischen Schluß, und an der Wahrscheinlichkeitslehre abgehandelt werden[33]; stets waren Einzelargumente richtig begründbar. Vossius' aristotelische Logik war die Logik, die der Eklektizismus brauchen konnte, aber diese Logik begründete nicht den Eklektizismus.

---

[27] Dazu Barner, Barockrhetorik, S. 265ff.

[28] Ebenfalls im Band III der Gesamtausgabe, der Rhetorik, Poetik und Scientiae & Artes enthält. Amsterdam 1697.

[29] De Rhetoricae natura ac constitutione, 1697, S. 315A.

[30] De Logices Natura & Constitutione, ebd. Cap. IX, de Logices divisione.

[31] Cap. VIII: De Logices inventore, perque varios incremento.

[32] De Logices Natura, IX, 9, 1697, S. 219: „At Peripatetica magis distributio est eorum, qui, quod Logices sit dirigere mentis operationes, pro tribus mentis operationibus artem dispertiunt, in totidem partes singulis operationibus respondendes: ut primò quidem agatur de praedicamentis, praedicabilibus, definitione, ac divisione: hinc de enunciatione: postremò autem de syllogismo ratione tum formae communis, tum triplicis materiae. Quae distributio rationi est consentanea, & organo etiam Aristotelis possit accommodari."

[33] De Logices Natura, Cap. IX—XII, stellt einen kompendiösen Kommentar zum aristotelischen Organon dar.

Die Stellung der Logik im Eklektizismus war damit keineswegs klar. Nun versetzte der Eklektizismus Vossius auch in die argumentativ günstige Lage, die merkwürdige Zwitterstellung der Logik nicht erläutern zu müssen. Zwar hatte Vossius definiert, „Finis ejus est directio intellectus in cognitione rerum. Officium proinde fuerit docere modum efficiendi instrumenta, quibus intellectus in cognitione rerum dirigitur"[34], aber die Frage nach der Wissenschaftlichkeit der Logik war so nicht beantwortet. Freilich: Es lag die Frage seit Zabarella spätestens fest, wie es denn um das Verhältnis von Logik und Wissenschaft stünde. Wenn Logik überhaupt einen Sinn haben sollte, wenn es der Mühe wert war, sich damit zu beschäftigen, wenn das Urteil, mit dem Vossius die Logik im Wissenschaftenkanon belassen hatte, berechtigt war, dann mußte sie zu irgend etwas nützlich sein. Und hier zog sich Vossius in die Unbestimmtheit zurück, die das Imbecillitas-Argument ermöglichte. Er ließ nämlich Wissenschaften zu, in die Logik eingegangen war, ohne daß klar wurde, ob die Fächer ihre Wissenschaftlichkeit von sich aus oder durch die implizite Logik bekommen hatten: „Graecis accedimus, quibus placet, quatenus Logica non mera est, sed scientiis mixta, quasi naturam suam exuere, inque naturam scientiarum migrare, quibus aptatur; imò nomen etiam acquirere ejus scientiae, cui applicatur."[35]

Es war in der Topik, die in Wissenschaftsbereichen dachte, nicht möglich, anders als mit Implikationen zu argumentieren, deshalb war schon dort die Frage nach der Stellung der Logik schwierig, aber sie hatte als *„instrumentum"* einen Platz bekommen, der sie mit den Wortwissenschaften zusammenbrachte. Diese Stellung war für den Eklektizismus, der logikfrei nur praktisch auswählte, nicht zu halten. Die Stellung der Logik zwischen den Wissenschaften und Künsten blieb deshalb bei Vossius unklar, noch verschwommener als die Stellung der Rhetorik, deren Dominanz in Vossius' Wissenschaftsauffassung in die Augen sprang.

2. Philsophie, am Ende Kritik

Vossius hatte die freien Künste, die Polymathie, dem institutionellen Bereich der vierten Fakultät zugeordnet. Wenn die vierte Fakultät die Institution der Polymathie war, dann blieb für die Philosophie innerhalb der Inventionsmöglichkeiten des 17. Jahrhunderts nur noch die Verbindung mit dem Begriff der Weisheit. Dieser Begriff hatte seit Mylaeus die Funktion gehabt, zunächst die besondere Durchdringung allen Wissens, unklar genug, zu beschreiben[36]. Philosophie war dann kein Fach mehr, sondern eine Weltsicht, und dieser besonders weite Begriff koinzidierte bemerkenswert mit dem — fachlich

---

[34] De Logices Natura, 1697, II, 1, S. 208 B.
[35] De Logices Natura VI, § 10, S. 211.
[36] Vgl. o. S. 27 und 96 ff.

engen — Begriff der Philosophie als Metaphysik. Denn metaphysik-geeignet
war jedes Fach, aber zusätzlich war Metaphysik eine eigene Disziplin.

Vossius entschied sich denn auch für den Begriff *Weisheit* als Oberbegriff
für alle durchdringende Kenntnis und unterschied: „Sapientiae doctrina vel
est inventa, ut Philosophia, quae exercitio acquiritur: vel inspirata, ut Theologia Christiana, quae à Deo infunditur. Priùs de Philosophia dicam, quae vox
hic καταχρηστικως sumitur pro σοφια."[37] Damit wurde lediglich die Offenbarung aus der Philosophie ausgeschlossen; das war ein praktischer wissenschafts-
politischer Schritt, der die Philosophie gegen theologische Ansprüche immu-
nisierte. Der übermäßigen Belastung, die durch den immensen Kompetenzbereich auf die Philosophie zugekommen wäre, war durch die Voraussetzung
des Eklektizismus vorgebeugt, der menschliche Verstand sei sehr begrenzt.
So war die Definition wohlausgewogen, in der Vossius ciceronianisch schrieb,
die Philosophie „esse cognitionem omnium rerum per caussas, quatenus homo
eas naturae lumine consequi potest."[38] Vossius verstärkte das Argument der
Imbecillitas mentis noch durch den Hinweis auf die Entstehung der Philosophie aus der Bewunderung, und er beschrieb dieses religiös interpretierte
Staunen als „admiratio, animi in rem propositam intuitio, cum cupiditate
cognoscendi causam"[39].

Mit dieser wohlüberlegten, risikofreien Allgegenwärtigkeit der Philosophie
erreichte Vossius, daß von allen Gebieten Zugänge zur Philosophie offen-
blieben. Er konstituierte Philosophie als neue Ebene des Wissens; und auch
auf dieser Ebene konnte eklektisch philosophiert werden. Es waren deshalb
alle Wissenschaften und Künste im Bereich der Philosophie neu zu verhandeln,
aber ein genauer definierbarer Kompetenzbereich der Philosophie war nicht
beschrieben. Zugleich hatte Philosophie aber doch besondere Schwerpunkte.
Das war eine begriffliche Doppeldeutigkeit, die Vossius aus der Tradition dieses Begriffs übernommen hatte. Denn Physik und praktische Philosophie
waren *„historisch"* — und Historie war ein Argument — so eng mit der Philosophie verbunden, daß gerade die eklektische Philosophie darauf nicht verzichten wollte.

Physik umfaßte alle aristotelisch vertretenen Naturwissenschaften: Metaphysik, Physik, Landwirtschaft, Medizin und Chemie. Daß sogar noch Militär-
technik zur Naturphilosophie gehörte, war wohl dadurch möglich, daß sie
mit Mechanik und natürlicher Magie zusammenhängen mochte, ebenso waren
Malerei und Bildhauerei wohl im Grenzgebiet zwischen Physik und praktischer
Philosophie anzusiedeln. Und zwischen praktischer Philosophie, die Ethik
und Politik umfaßte, und der Divinatio, der übernatürlichen Weisheit, kamen
auch noch die rhetorische und poetische Eloquenz sowie die Kritik vor.

Der Begriff der Kritik war für die Philosophie von Gerhard Johannes
Vossius wichtig, hier konnte er nur als Übergang zwischen Divination und

---

[37] De Philosophia, in Werke III, 1697, II, 1, S. 229f.
[38] De Philosophia, in Werke III, 1697, II, 5, S. 230.
[39] De Philosophia, in Werke III, 1697, II, 7, S. 231A.

Vossius: Überblicksschema seiner Wissenschaftslehre

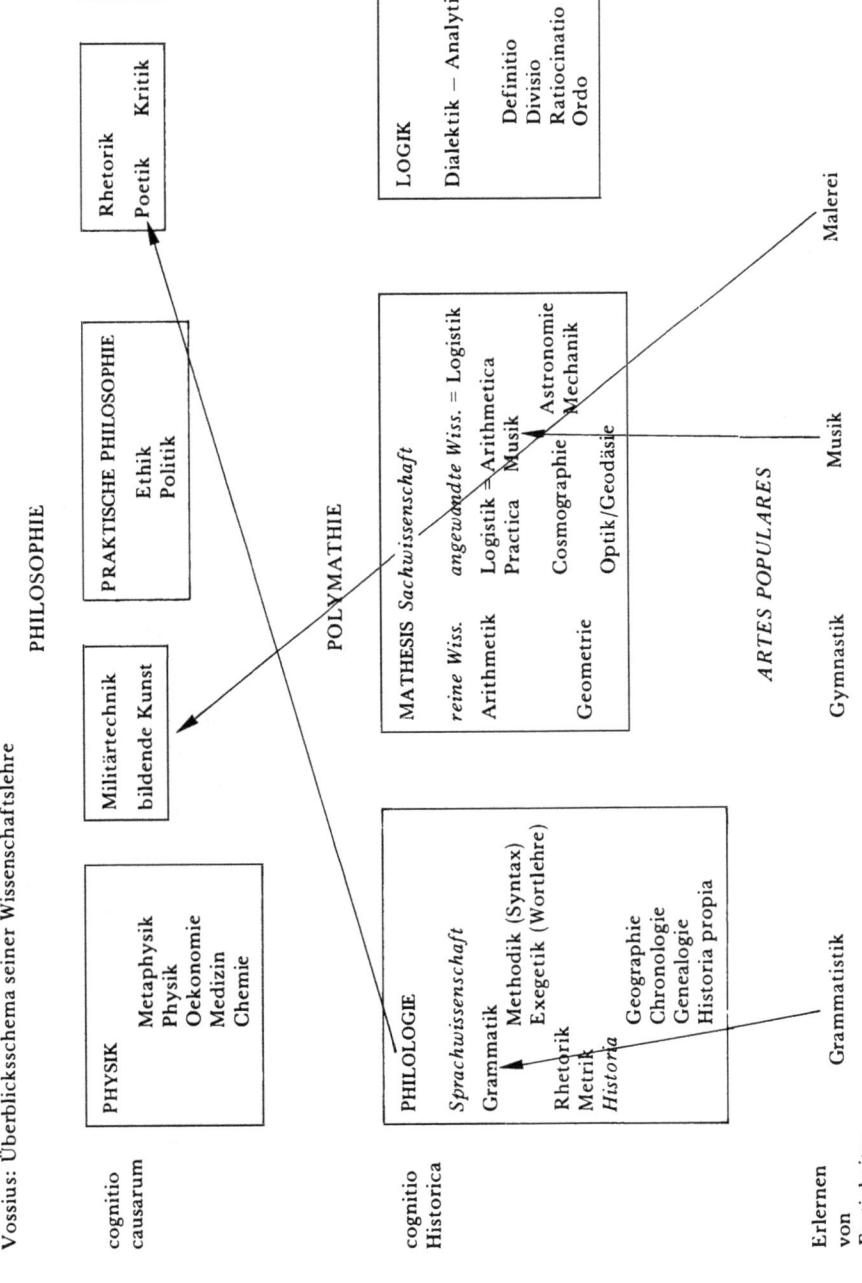

Politik gesehen werden, und da wirkte er systematisch deplaziert. Zwar, Systematik war nicht der Zweck des Eklektizismus, aber hier lag das topische Modell eines kontinuierlichen Feldes zugrunde, ohne daß klar geworden wäre, welche Ordnungskriterien gewählt wurden. (Schematische Darstellung S. 263).

Vossius übernahm eklektisch eben das, was ihm der Übernahme wert erschien, und er übernahm die unterschiedlichen Verknüpfungsmodi mit, ohne sie untereinander zu vermitteln. Das Ergebnis zeigte, auch wenn man versucht, es graphisch zu vereinfachen, fast das Gegenteil der eklektizistischen Vereinfachungsintention. Vieles erschien mehrfach, Fachgebiete und Erkenntnisstufen waren vermischt. Vossius' Enzyklopädie war nicht homogen, deshalb wenig einsichtig, selbst wenn sie didaktisch geplant war. Just diese Uneinsichtigkeit machte die Schwäche der Inventionsorientierung aus. Es wurde entscheidend, daß judicium keine verknüpfende Rolle bei den Inventionsergebnissen mehr hatte, sondern nur noch eine kritische.

Aber diese Argumentation war ambivalent. Der Mangel an Verknüpfung wurde für die Entwicklung des Kritikbegriffs konstitutiv. Die Kritik stand zwar im Zusammenhang der Philosophiebeschreibung bei Vossius merkwürdig vereinzelt da, aber sie war für die Funktionsbeschreibung seines Eklektizismus unerläßlich. Vossius hatte den Begriff des Urteils einerseits aus der Geschichtsschreibung gewonnen und dem Historiker das Recht auf die Kritik an historischen Handlungen zugesprochen[40]. Zum anderen „besaß" der Philologe Vossius die Vorstellung der Kritik aus der Philologie, und beide Vorstellungen schossen dem Philologen und Historiker zusammen zu einer Bestimmung des Judiciums als Kunst der Kritik am klassischen Maßstab[41]: „Etiam Critice partus est Philosophiae, sed non solius, verùm etiam Philologiae, atque adeò omnium disciplinarum. Nam judicio utimur, ubicunque à Poëtâ, aliove scriptore peccatur, sive in verba, sive historiam aut fabulam, sive rerum naturam, sive prudentiam vel artem spectet."[42] Mit diesem Begriff eines *kritischen* Urteils war die topische Rolle des Judiciums vorbei. Ein kritisches Urteil trennte, es stellte nicht zusammen. Mit Kritik ließ sich kein topisches Feld und keine ramistische Deduktion beschreiben. Aber just diese Umbestimmung von Judicium als Kritik war es, die im Anschluß an Vossius den Eklektizismus trug, einen Eklektizismus, der sich kritisch und unauffällig immer mehr von den nun nutzlosen Teilen der alten, nachramistischen Systeme trennte.

---

[40] Vossius, De Arte Historica, 1653, S. 90. Siehe o. S. 252, Anm. 3.

[41] De Philosophia, Cap. XXI, § 2, S. 276B: „Finis Critices est veram cognoscere veterum mentem. Quod non fit, si vel tituli falsum ementiantur auctorum, vel malâ manu quaedam fuerint inserta, vel immutata."

[42] De Philosophia, in Werke III, S. 276, Cap. XXI, § 1. Vgl. zur Rolle der Kritik oben Ringelberghs Schema, S. 38, und Anm. 131.

II. Loci communes als Polyhistorie: Daniel Georg Morhof

Als Daniel Georg Morhof 1681 den ersten Teil seines Polyhistor veröffentlichte — alle anderen Teile erschienen posthum —, hatte sich die Situation
gründlich verändert[43]. Die Zeit von 1650 bis 1680 brachte den Durchbruch
des Cartesianismus und damit den Anfang vom Ende einer verhältnismäßig
kontinuierlichen Metaphysik- und Logiktradition, sie brachte den Durchbruch der naturrechtlichen Staatsphilosophie und damit den Anfang vom
Ende einer alteuropäischen Politik und Ökonomie, sie brachte damit zugleich
auch eine Erschütterung der theologischen Grundpositionen und damit den
Anfang vom Ende der theologischen Orthodoxie. Unter diesen Bedingungen
hätte das Schreiben einer Polyhistorie schon fast apologetischen Charakter
bekommen können. Aber gegen Konfrontationen war der Eklektizismus ja
gesichert. So konnte auch Morhof in seinem Polyhistor den Verlust von
systematischen Ordnungen zwar voraussetzen, gleichwohl aber die Elemente
der alten Ordnung benutzen, auch deren Psychologie übernehmen.
    Das war allerdings nur unter bestimmten Prämissen möglich:
1) Die Ordnung des Wissens selbst durfte nur die Notordnung für Wissens-
   inventionen sein, keine sichere Sachordnung. Es mußte nur deshalb das,
   was sachlich zusammengehörte, auch zusammenstehen, damit es gefunden
   werden konnte. Alle Gegenstände waren gleichberechtigt, es gab keine
   Hierarchien und Arbores, sondern nur eine große, zweckmäßig und grob
   unterteilte Scheune von Wissen. Wissen war gleichberechtigt, gleichge-
   schaltet zur Disposition.
2) Erst auf dieser Grundlage konnte die — durchaus wieder traditionell —
   verwandte Vermögenspsychologie Morhofs greifen: Ingenium, Intellectus,
   Phantasia, Judicium und Memoria. Mit dieser in besonderem Maße rhetorisch und poetisch modellierten Psychologie war eklektische Polyhistorie
   die Kunst, sein disponiertes Material zweckmäßig einzusetzen. Das war
   wieder das Modell der Rhetorik, das, nachdem alle sachliche Dispositionsmöglichkeit fürs Wissen abhanden gekommen war, Verfügbarkeit des Wissens für Redezwecke verlangte.
    Bei Morhof wurde die variable Beherrschung des gelehrten Wissens zur
Voraussetzung für den Sinn von Polyhistorie. Er begann seinen Polyhistor
mit einem versteckten Quintilianzitat, das bei Quintilian die Wendigkeit des
Redners meinte, bei Morhof auf die Polyhistorie gewendet wurde. Dies Zitat
war signifikant für Morhofs fortgesetzte Rhetorisierung des Wissens durch
psychologische Argumente: „Neque enim ita in arctum compingendus est

---

[43] Die beste Biographie über Morhof ist noch immer die im zweiten Band des Poly-
histor. Einige weitere Einzelheiten bei: Marie Kern: Daniel Georg Morhof, Landau/Pfalz
1928. Diss. Phil. Freiburg 1928. Vgl. ferner: Arpad Steiner: A Mirror for Scolars of the
Baroque. In: Journal of the History of Ideas I, 1940, S. 321–334. — Conrad Wiedemann:
Polyhistors Glück und Ende. In: Festschrift Gottfried Weber, Bad Homburg v.d.H. 1967,
S. 215–235.

animus noster, ut intra unam aliquam artem subsistat. Qui enim illud faciunt, iniqui profecto judices, non perspiciunt, quantum natura humani ingenii valeat: quae ita agilis est & velox, ut ne possit quidem aliquid agere tantum unum"[44].

Das war ein Zugriff aufs Wissen, das noch die frühe Unbestimmtheit des Eklektizismus zwischen kritischem, trennendem Urteil und zielgerichtetem, zweckorientiertem Wissensverbund entsprach, eine Doppeldeutigkeit des Zugriffs, die für eine rhetorische Psychologie nötig war.

1. Eklektisch-rhetorische Psychologie

Ingenium war im polyhistorischen und gelehrten Gewebe seit Luis Vives ein Zentralbegriff. Aber schon die Anlehnung an die rhetorische Tradition ließ es nicht zu, diese Vermögenspsychologie in genaue Teilbereiche zu gliedern. So entstand ein Feld psychologischer Begriffe. Ingenium bildete nur den ungefähren Bereich eines Vermögens, das mit dem gelehrten Stoff umging. Nun war Ingenium in Anlehnung an die ciceronianische Topik häufig mit den Verfahrensweisen Inventio und Judicium verbunden worden, zugleich war Ingenium auch ein Leitbegriff der Poesie, stand damit in der Nähe zur Phantasie. Unklar war auch das Verhältnis von Ingenium und Intellectus. Das psychologische Begriffsfeld gab wegen dieser Unbestimmtheit alle Begriffe fast ad libitum frei.

Morhof nun beschrieb den Zugriff des *Ingeniums* auf das Material in bemerkenswerter Weise: Er teilte die alten Funktionen des Ingeniums neu. Die Invention wurde zur gelehrten Technik des Exzerpts, sie wurde zur Kunst, das wissenschaftliche Material disponibel zu halten. Invention wurde so entpsychologisiert. Dagegen war der Intellekt der psychologische Zentralbereich, der „praecipue rectitudine judicii & imaginationis aestimari solet."[45] Und innerhalb des Intellekts war die Ausgewogenheit von Judicium und Phantasie die Norm. Es fanden sich also in Morhofs undeutlicher Vorstellung des Intellekts zwei Funktionen: Morhofs „Judicium" war das eklektische Urteil, das noch nicht auf Kritik festgelegt war: „Illud actum mentis notat, quo illa inter res discernit, atque plures inter se ideas componit, vel affirmando & eligendo, vel negando & rejiciendo."[46]

---

[44] Morhof, Polyhistor, Lübeck 1747, Neudr. 1970, S. 2. Das Zitat findet sich bei Quintilian, Inst. Rhet. I, 12, 2: „sed non satis perspiciunt (quidam), quantum natura humani ingenii valeat, quae ita est agilis ac velox, sic in omnem partem, ut ita dixerim, spectat, ut ne possit quidem aliquid agere tantum unum, in plura vero non eodem die modo, sed eodem temporis momento vim suam intendat."

[45] Polyhistor, Bd. 1, S. 325. Die terminologische Unbestimmtheit ließ auch zu, daß „pro varia judicii, phantasiae, affectuum temperie, varias esse ingeniorum formas" (Bd. 1, S. 328). Ingenium kann fast permixtè mit Intellekt gebraucht werden.

[46] Morhof, Polyhistor I, S. 325.

Morhofs Imaginatio war dagegen rein kombinatorisch, die Fähigkeit zur Poesie, aber ohne die Kontrolle des Judiciums. Die Kombinatorik wurde poetisiert und verlor damit die rationale Komponente. Für beide Vermögen, für Judicium und Imaginatio galt: „Utriusque in singulis disciplinis habenda ratio est, sed ita, ut in quibusdam imaginatio primas, secundas judicium teneat; in quibusdam contrario se haec modo habeant."[47] Ein solches Gleichgewicht von Verfahren, eine Äquivalenz, die je nach Künsten und Wissenschaften variabel war, hatte im Zugriff auf ihre Gegenstände, auf den historischen Stoff, nicht primär die Erkenntnis der Historie zum Ziel, sondern die artistische, rezeptionsadäquate Konstruktion. Das Modell, in dem Judicium und Imaginatio sich gegenseitig unterstützend agierten, war artistisch: Ziel war allemal die kunstgerechte Rede, die als wissenschaftliche Prosa oder als Poesie angemessen sein mußte.

2. Historie, ein homogener Vorrat

Der Schatz der Historie war der Ort der Invention. Auch bei Morhof disponierte das Urteil nicht mehr systematisch. Der Umgang mit Wissen vollzog sich zunächst ganz formal im behutsamen artistischen Zugriff von Judicium und Phantasie. Aber auch dieser Vorgang hatte nicht vornehmlich das zwecklose Wissen zum Ziel, sondern das Ziel lag allemal in dem Gebilde, das durch Judicium und Phantasie zustande kam, in der Rede. Dies artistische Verfahren faßte Morhof als Modell: „Ut qui domum exstructurus est, lignis & lapidibus opus habet: ita qui egregium aliquid in quocunque doctrinae genere conatur, silvam prius congerere debet ad opus suum idoneam."[48]

Es gab also einen Wald von Wissen, ein Material, das kunstvoll verwendet werden mußte. Wissen war für sich kein Selbstzweck. Es gab deshalb auch keine Notwendigkeit einer sachlichen Ordnung, in der jedes Argument einen festen Platz hatte. Die Ordnungen waren variabel, abhängig von ihrem jeweiligen Zweck, und damit war auch der rhetorische Wert der Argumente nicht ein für allemal festzulegen. Historie war Scheune von Wissen: „Quorsum enim multa legere proderit, nisi cum fructu legantur, & in usus nostris, velut in horrea quaedam, seponantur?"[49] So blieb im Wissenschaftsmodell Morhofs nur die Methode, das Wissen gleichberechtigt nebeneinander zu bündeln. Das war das Verfahren der Loci communes, das Zentralbegriffe und Weisheiten sententiös zusammenstellte. Das hatte Vossius in seinem „historischen Urteil" vorgeschlagen[50], und dies Vorgehen kam sehr nahe an Melanchthons und vor allem an Eramus' Begriff der Loci communes heran[51]. Bei Erasmus und bei

---

47 Polyhistor I, S. 325.
48 Polyhistor I, S. 559.
49 Polyhistor I, S. 560.
50 Siehe o. S. 252, Anm. 3.
51 Siehe o. S. 15ff.

Melanchthon hatten die Loci communes Orientierungsfunktionen für die
Historie und fürs Verhalten gehabt, bei Morhof bekamen die Loci Homo-
geneisierungsfunktion zur artistischen Disponibilität von Historie.

Leitbegriffe, Sentenzen und Sprüche wurden deshalb zusammengestellt,
weil jeder für sich sinnvoll war. Aber untereinander waren sie zunächst bezie-
hungslos; sie waren so nur die Örter historischer Inventionen. Morhof beschrieb
dies Verfahren im dritten Buch seines Polyhistor, dem Liber παρασκευαστι-
κος, dem Buch übers wissenschaftliche Rüstzeug, und er praktizierte es in
seinem Polyhistor. Diese Inventionsbeschreibung war ganz technisch: Argumentative Zusammenhänge wurden in Sinneinheiten so nebeneinander gruppiert, daß diese Sinneinheiten als Material benutzbar wurden. Und dieser
reine Vorrats- und Inventionscharakter wurde dadurch verstärkt, daß alle
Argumente mit Namenslisten von Büchern versehen waren, die als Material
nebeneinander standen.

Das Material, als Loci communes und als Bücher- und Zettelkästen dargestellt, war damit zu Molekülen versammelt, ohne daß eine durchgehende
kritische Bewertung sichtbar wurde. Eine Kanonbildung kam durch die
Unverbundenheit und die Unverbindlichkeit der Loci communes untereinander nicht zustande. Morhofs Loci boten, anders als die Melanchthons,
keine Orientierungsmöglichkeiten.

Der Verlust des systematischen Judiciums förderte die Probleme, die auch
schon durch die Inventionsorientierung Agricolas entstanden waren, neu und
etwas verändert zutage. Auch dort waren Loci communes zwar vom topischen
Wissen entstanden, diese Örter standen so additiv nebeneinander wie die
Kapitel in Morhofs Polyhistor. Das artistische, rhetorisch-poetische Modell
der Wissenschaft setzte wohl prinzipiell ein gleichgeschaltetes Wissen voraus.

3. Stoffhäufung als pädagogischer Prozeß: Die Gliederung des Polyhistor

Auch Morhofs Polyhistor war kein System, aber die additive Reihung hatte
ein lockeres, pädagogisches Programm, das die Zweckmäßigkeit serwägungen
des Eklektizismus mit den Argumentationselementen der Loci communes
verband. Die Grobeinteilung in drei Teile: Polyhistor literarius, philosophicus
et practicus war gewiß nur übernommen worden und auf Grund ihrer Ancien-
nität gewohnt. Aber die Gliederung des Polyhistor literarius, der sieben
Bücher umfaßte, argumentierte eklektisch mit Loci communes, eine Argumentation, wie sie Morhof selbst fast melanchthonisch empfohlen hatte. Es
kreuzten sich pädagogische und sachliche Kriterien, ohne daß mehr als ein
lockerer Versuch einer Stoffbeschreibung nach pädagogischem Vorgehen entstand.

Das erste Buch hieß „Liber bibliothecarius". Dabei handelte es sich — für
solche Buchgelehrsamkeit natürlich — um eine Metonymie; denn dieser
Topos deckte den Versuch ab, die begrifflichen und organisatorischen Vor-

aussetzungen einer Gelehrsamkeitskonzeption zu beschreiben. Und dazu
gehörten die Bibliotheks- und Buchkunde, auch Bemerkungen über geheime
und gelehrte Gesellschaften (Cap. XIII, XIV), die Kenntnis gelehrter Konver-
sation (XV) und — Schatz der Historie — die wichtigsten Autoren der biblio-
thekarischen Literärgeschichte (XV—XX). Die Kenntnis der Organisation der
Bücherwissenschaft war überhaupt erst die Voraussetzung einer Gelehrsamkeit, die buchfixiert mit Loci communes arbeitete. „Inter praecipuos Historiae Bibliothecariae fructus est, quod jam supra diximus, ut habeamus quasi
universales quosdam Locos Communes: atque ita optimae & a praestantissi-
mis Autoribus congestae Bibliothecae instructae sunt, ut Locorum Communium quasi imaginem quandam exhibeant."[52]

Das zweite Buch, „Methodicus", schloß an das pädagogisch-artistische
Programm an: Es behandelte die psychologisch-pädagogischen Bedingungen
für das gelehrte Prozedieren: Ingenium und Intellekt, Inventio und Memoria.

Es scheint das Schicksal von Polyhistoren zu sein, ihre Bücher nicht zu
Ende zu bekommen. Auch Morhof hat nur die ersten beiden Bücher seines
Polyhistor, das bibliothekarische und das methodische Buch gedruckt ge-
sehen, als er 1691 52-jährig starb. „Totum Opus", hatte er im Vorwort dieser
ersten Auflage versprochen, „à me in tres Tomos tribuetur, quorum primus
Polyhistoris Literarii, secundus Philosophici, tertius Practici titulo appella-
bitur. Nunc prima pars tomi primi, atque adeo duo libri, Bibliothecarius &
Methodicus in lucem prodeunt, quos ceteri suo ordine & tempore sequentur;
& quidem in Polyhistore Literario liber Grammaticus, Criticus, Oratorius &
Poëticus, in ceteris tomis reliquae Philosophiae partes."[53] „Vale, benevole
Lector", hatte er geschlossen, „conatibus nostris fave, &, si deus vitam vale-
tudinemque largitur, ceteras etiam partes suo tempore exspecta."[54]

Aber das Erscheinen weiterer Teile verschob sich. Gleichwohl konnten
schon die ersten beiden Bände als Lehrbuch der vierten Fakultät gewertet werden. Der Polyhistor war aus Vorlesungen an der Kieler Universität entstanden
und hatte das Verfahren der vierten Fakultät paradigmatisch beschrieben.
Die folgenden Teile, aus dem Nachlaß ediert, behielten diesen Anspruch bei.
Denn als 1692[55] auch das Buch III, κατασκευαστικός, über das gelehrte Rüstzeug, erschien, betonte dieser Teil, noch von Morhof selbst in Druck gegeben,
nicht allein die schulische Exzerpiertechnik, sondern in dieser Technik die
Wertschätzung des sentenziösen Denkens in Loci communes.

Die Veröffentlichung des vollständigen Polyhistor im Jahre 1704 fiel dagegen schon in die Wirkungsgeschichte Morhofs hinein. Schon der erste
Teil hatte begeisterte Kritiken bekommen, und Christian Thomasius hatte
den von Morhof praktizierten Eklektizismus auch beim Namen genannt und
ihm damit ein frühaufklärerisches Etikett gegeben. Das Bekanntwerden des

---

52 Polyhistor I, S. 237.
53 Polyhistor I, S. VI.
54 Polyhistor I, S. VIII.
55 Prolegomena zu Bd. 2, S. 70f.

großen Buches IV des Polyhistor, das die barocke — vor allem natürlich klassische — Philologie darstellte, des Buches V, das den Stand philologischer Kritik und die Literärgeschichte der antiquarischen Gelehrsamkeit referierte, die verhältnismäßig kurzen Bücher über Geschichte und Konstitution der Oratorie und Kritik brachten methodisch wenig Neues, aber eine Zusammenfassung des jeweiligen — sententiös gewendeten — Fachwissens[56].

Nur der literarische erste Teil des Polyhistor blieb interessant. Denn der Polyhistor practicus, der neben der praktischen Philosophie auch die Theologie enthielt, war von Morhof nur noch knapp konzipiert und danach nur oberflächlich ergänzt worden, ehe er 1704 erschien. Der zweite, der philosophische Teil, war bei seiner Veröffentlichung in einer merkwürdigen Zwischensituation. Denn Morhof stellte zwar eine nahezu komplette Geschichte philosophischer Autoren und Sekten dar, behandelte aber einzig die Naturphilosophie.

Während der literarische Teil des Polyhistor in der Frühaufklärung aktuell blieb, geriet der zweite Teil, die (Natur-)Philosophie, als er 1704 veröffentlicht wurde, in ein wissenschaftsgeschichtliches Zwielicht. Die humanistische Vorherrschaft der Literarwissenschaften[57] war seit dem Sieg des Cartesianismus, der Metaphysik, Mathematik und Naturwissenschaft koppelte, endgültig zu Ende. Gleichwohl bot Morhof noch eine vorcartesische Naturwissenschaft an, die auf den gleichen Prinzipien beruhte, wie die Wortwissenschaften, auf den topischen Prinzipien der Loci communes.

Philosophie war für ihn, der Syllogistik und Metaphysik[58] minimalisierte, Logik nur als Inventio topica zuließ[59], nur noch Naturphilosophie. Seine Naturwissenschaft war topisch, sie berief sich noch 1680 auf Bacons Vorschlag der Loci inventionis am Ende des Neuen Organon. „Hos Baco Verulamius", schreibt Morhof, „modos proponit, quos si recte consideraverimus, omnes e generalibus illis locis Dialecticis petitos inveniemus. Ex loco causarum procedit variatio experimenti, ratione materiae & efficientis. Ex loco effectuum productio experimenti. Ex loco similium translatio experimenti. Ex loco contrariorum compulsio experimenti, ejusque inversio. Ex loco cognatorum est applicatio experimenti & copula. Ex his ille fontibus modos parti-

---

[56] Der Polyhistor wurde für jede neue Auflage auf den neuesten Stand gebracht. Schon 1704, bei der ersten vollständigen Edition, hatten Johannes Fricke und Johannes Moller die neueste gelehrte Literatur eingearbeitet, und alle folgenden Gelehrten behielten das bei: 1735 veröffentlichte der große Hamburger Polyhistor Johann Albert Fabricius eine dritte, auf den neuesten Stand gebrachte Auflage und der Gottsched-Schüler Johann Joachim Schwabe paßte Morhofs Enzyklopädie 1747 zum letzten Mal dem wissenschaftlichen und gelehrten Fortschritt an.

[57] Vgl. August Buck: Die humanistische Tradition in der Romania, Berlin und Zürich 1968, bes. S. 133—208.

[58] Er braucht von seinen insgesamt 1800 Seiten 1 1/2 Seiten für die Behandlung der Metaphysik. Polyhistor Bd. II, S. 479—480.

[59] Er beruft sich auf Bacon und schreibt, den englischen Lordkanzler zitierend, der Logik Inventionscharakter zu: „Inventiva, inquit (Verulamius), ars est, altera artium & scientiarum, altera argumentorum & sermonum." Polyhistor I, S. 345.

culares producit, qui generales tamen dicendi sunt, si respiciamus Topica ejus
particularia, quae nihil aliud sunt, quam loca quaedam inventionis & inquisi-
tionis particularibus subjectis appropriata, sive misturae quaedam e Logica &
materia ipsa."[60] Auch wenn Morhof Descartes kannte und Descartes' Physik
für die subtilste zeitgenössische Physik hielt[61], er richtete sich nach dem
wissenschaftlichen Modell, das er von den Wortwissenschaften übernahm und
schlug eine vorcartesianische physikalische Topik vor. Die literarischen Loci
galten auch bei Morhof, wie bei Bacon, für Kunst und Natur. So schrieb er
über die Prinzipien der natürlichen Körper, über äußere Gründe, über Örter
und Namen, über Temperaturen, okkulte Qualitäten, Magie, über die Welt,
über Licht, Luft, Meer, den Regenbogen, über Wassermeteore, Edelsteine,
Gemmen, Pflanzen, Agri- und Hortikultur, über Pflanzen und Menschen.
Loci communes, diesmal physikalisch. Aber Morhof, der Mitglied der Royal
Society war, präzisierte seinen Zugriff auf die Physik über die Benutzung von
Loci communes hinaus und empfahl auch in der Physik einen irenischen
Eklektizismus. Das war der Versuch, eine literärgeschichtliche Figur auf die
Natur zu projizieren: „Methodus Philosophandi Eclectica in Physicis com-
mendatur", suggerierte die Überschrift, und Morhof erläuterte: „Quod si jam
recta principiorum Physicorum ratio ineunda est, id primae hypotheseos loco
assumendum nobis est, in nullius sectae placita absolute jurandum esse, nec
illa omnia ejuranda: quandoquidem ita comparatae sunt res humanae, ut non
omnia omnes videant, ideo quasi succenturiandae sunt sententiis sententiae,
atque, ubi una deficit, reponendum ex altera."[62] Das war zwar nicht wörtlich
die Formel, die Vossius und Sturm zur Charakterisierung des Eklektizismus
gebraucht hatten, aber alle Kriterien tauchten auf: Sektiererische Meinungen,
die intellektuelle Bescheidenheitsformel, das rechte Auswählen aus einer
Menge von Ergebnissen.

Morhof kam es so wenig wie Vossius auf eine Gesamterkenntnis an.
Er wollte und konnte Einzelerkenntnisse sentenziös schwarz auf weiß fest-
halten, und dann zu rhetorischen Gebilden verbauen. Deshalb konnte er
kein Verständnis für eine Philosophie haben, die prätendierte, in der rechten
prozedierenden Methode liege die Wahrheit oder für eine, die feststellte, daß
nur das System den Sinn der Erkenntnis darstellen könne, nicht die Auswahl
von Einzelargumenten.

In der Physik, in den Realwissenschaften operierte Morhof nach derselben
topischen Methode wie in den Wortwissenschaften. Damit hielt er Mengen
barocken Wissens auch noch unter der Bedingung zusammen, daß eine hierarchische, ramistische Ordnung nicht mehr möglich war. Für Morhof reichte
aus, daß alle Gruppierungen gleichwertig, gleichgeordnet und gleichstruktu-

---

[60] Polyhistor Bd. II, S. 143f.
[61] Vgl. Polyhistor Bd. II, S. 111; vgl. bes. auch S. 259: „Atque haec de Philosophia
Cartesiana dixisse sufficiat, de qua, si meum qualecunque judicium esset interponendum,
ita quidem existimo, nullam unquam subtiliorem a quoquam esse Philosophiam traditam."
[62] Polyhistor II, S. 266.

riert waren, daß sie sententiös, auch als inventorische Loci communes ziel-
gerichtet benutzt werden konnten.

Der Eklektizismus kam, das zeigte das Beispiel Morhofs, auf die rhetorischen Verfahren von Loci communes und artistischer Poiesis zurück. Die
Loci communes, die Morhof aus der Fülle seiner Geschichte auswählte, hatten
aber, nachdem die systematische Philosophie die Bedingungen von Begriffsordnungen beschrieben hatte, keine Orientierungsfunktion mehr, wie bei
Melanchthon, sondern sie hatten Re-Homogeneisierungsfunktionen. Geschichte wurde bei Morhof durch Loci communes disponibel, während
Geschichte bei Melanchthon mit Loci communes schon disponiert war. Bei
Morhof orientierten Loci communes nicht wie bei Melanchthon, sondern sie
waren Material des Eklektizismus.

Solange aber Eklektizismus nicht allein kritisch auswählen konnte, sondern irenisch blieb, wurde das kritische Potential dieses Eklektizismus nicht
virulent. Dann blieb nur das artistische Wissenschaftsmodell, das Loci zweckmäßig zusammenbrachte. Und deshalb war Morhofs Wissenschaft so ver-
schwommen: Wenn man beides zugleich sein wollte, kritisch und verbindlich,
war man am Ende keines mehr.

III. Kritischer Eklektizismus: Christian Thomasius[63]

Als 1688 der erste Band des Polyhistor erschien, war das Echo fulminant und
die cartesianische Wissenschaft, die gut 30 Jahre später die Schulen erobert
hatte[64], noch nicht vollends inthronisiert. Im Gegenteil: Eklektische Philosophie bekam als wissenschaftliche Irenik mit gelinder aufklärerischer Tendenz gerade erst Konjunktur. Johann Franz Budde etwa, der Jenenser Philosoph und Theologe, später eher unfreiwillig Gegner Christian Wolffs, schrieb
„Institutiones Philosophiae eclecticae", die er wie Morhof in Gelehrsamkeits-
orientierung und irenischer Tendenz traditionell nach „Elementa philosophiae
instrumentalis, theoreticae & practicae" einteilte[65], und Christian Thomasius
feierte den „Polyhistor" gleich nach dem Erscheinen enthusiastisch in seinen

---

[63] Biographisch noch immer: H. Luden: Christian Thomasius, nach seinen Schicksalen
und Schriften dargestellt. Berlin 1805. — Weiter: Rolf Lieberwirth: Christian Thomasius.
Sein wissenschaftliches Lebenswerk. Eine Bibliographie. Weimar 1955. — Max Fleischmann (Hrsg.): Christian Thomasius. Leben und Lebenswerk. Halle 1931. — Zur praktischen
Philosophie: Werner Schneiders: Naturrecht und Liebesethik. Zur Geschichte der prakti-
schen Philosophie im Hinblick auf Christian Thomasius. Hildesheim 1971. — Ernst Bloch:
Naturrecht und menschliche Würde, Frankfurt 1961, bes. Anhang: Christian Thomasius,
ein deutscher Gelehrter ohne Misere. — W. Schmidt-Biggemann: Emanzipation durch
Unterwanderung, Institutionen und Personen der deutschen Frühaufklärung. In: Raabe/
Schmidt-Biggemann (Hrsg.): Aufklärung in Deutschland, Bonn 1979, S. 45—61.

[64] 1710 erschienen Christian Wolffs Elementa Matheseos Universalis.

[65] Johann Franz Budde: Elementa Philosophiae Instrumentalis seu Philosophiae
Ecclecticae, T. I, 2. Aufl., Halle 1702. Bd. 2: Elementa Philosophiae Theoreticae, 1. Aufl.,
Halle 1703. Bd. 3: Elementa Philosophiae Practicae, Halle 1703.

freimütigen, lustigen und ernsthaften, jedoch vernunftmäßigen Gedanken
oder Monatsgesprächen über allerhand, fürnehmlich aber neue Bücher: „Damit wir aber wieder auff unsern discours de historia literaria kommen / so
muß ich bekennen / daß mich des Herrn Morhoffs sein Polyhistor, der gleich-
fals diese Messe zu uns gekommen / unvergleichlich afficiret hat / daß ich
bey dessen Lesung öffters geseuffzet und beklaget habe / daß nicht iede von
unsern Teutschen Academien zum wenigsten einen Morhoff hat"[66]. Und
nach einem ausführlichen Referat des Polyhistor wünschte er — im übrigen
vergeblich, denn Morhof starb 52-jährig am 30. Juli 1691 —: "GOtt lasse nur
diesen gelehrten Mann so lange leben / biß er die höchstlöblich und nützliche
Arbeit vollendet hat. Vielleicht wird dadurch der Weg gebahnet / durch welchen die Pedanterey und Unwissenheit / die sich bißher unter der Larve
einer ansehnlichen und gravitaetischen Gelahrtheit in die Academien einge-
schlichen / und das directorium geführet / ihren Abzug hinwiederum zuneh-
men gezwungen wird."[67] Ob der zweite Wunsch ebensowenig in Erfüllung
gegangen ist wie der erste, ist ungewiß. Sicher aber ist, daß Thomasius sich
mit Vehemenz, Mut, auch Grobheit und Starrköpfigkeit mit dem Gelehrtentum seiner Zeit auseinandergesetzt hat. Die Art, wie er den nun tatsächlich
stupende gelehrten Morhof gegen seine und dessen gelehrte Kollegen aus-
spielte, beleuchtet sein Verhältnis zur Gelehrsamkeit insgesamt: Er konnte
diese Gelehrsamkeit *so* weder gebrauchen noch völlig auf sie verzichten.
Ohne Polyhistorie und ohne Polymathie kam auch Thomasius nicht aus, aber
mit dem zeitgenössischen Gelehrtentum mochte er zugleich nicht leben. Eine
Ambivalenz, die für ihn zeitlebens bezeichnend blieb.

Mit dem rhetorischen Verständnis von Polyhistorie, wie Morhof es darstellte, konnte sich Thomasius durchaus identifizieren, und er wendete Morhofs Quintilianzitat[68] als Bildungsanspruch gegen die Ausbildungsinstitutio-
nen. Thomasius teilte Morhofs Vorstellungen von der Polymathie und
schrieb, Morhof habe „überaus schöne Gedancken von derselbigen / daß
nehmlich der Mensch allerdings fähig sey viel zuwissen / und sich nicht die
Zeit seines Lebens mit einer einigen Wissenschafft oder disciplin herum-
schleppen solle / in Ansehen er doch nur ein Hümpler sonst bleiben würde /
weil alle disciplinen eine genaue Verwandschafft mit einander haben. Ich
wolte was drum geben / und man solte dem Hrn. Morhoff ein reichlich hono-
rarium deßwegen machen / daß er auff denen Teutschen Academien herum
zöge / und über dieses eintzige Capitel nicht denen Studiosis, sondern dem
Pöbel derer Doctorum und Professorum etwas genauer erklährete und ein-
schärffete."[69] Vermutlich hätte sich Morhof so nicht gern verstanden gesehen;
aber die Verschärfung der gelehrten Kritik an den Gelehrten konnte Thomasius nur unter zwei Bedingungen versuchen: Erstens durch den Aufweis der

66 Monatsgespräche, Bd. II, Juli—Dezember 1688, Neudr. Frankfurt a.M. 1972, S. 273f.
67 Monatsgespräche II, S. 287.
68 Vgl. oben Morhof, S. 266, Anm. 44.
69 Monatsgespräche II, 278f.

Unzulänglichkeit des alten akademischen Betriebes und zweitens durch den Versuch, eine kritische Erneuerung anzubieten. Damit geschah etwas sehr Nachhaltiges. Der kritisch gewendete Eklektizismus machte es möglich, den Begriff der Philosophie, der zugleich Institution und Bildung gewesen war, zu spalten. Wenn Eklektik als Auswahl gefaßt war, dann wurde die Institution Universität zur Institution der überflüssigen, pedantischen Invention, und die rechte, kritische Philosophie hatte das Recht, sich das ihre auszusuchen. Der Eklektizismus dissoziierte damit die barocke begriffliche Einheit der Philosophie in einen institutionell negativen, pedantischen und einen gebildeten politischen, das heißt kritischen Teil.

Deshalb konnte sich Thomasius zu keiner Fakultät zählen, und deshalb war er, wie er bekannte, auch kein Gelehrter. Die Begründung zeigte zugleich seine Universitätskritik. Man nenne ihn einen Gelehrten, sagt er, aber das sei er nicht. Er sei kein Theologe, denn er könne nicht predigen, noch mit den Ketzern disputieren; er sei kein Jurist, denn die Praxis habe ihm wenig eingebracht, er sei kein Mediziner, denn er liebe den Rheinwein mehr als die Perlessenz, kein Philosoph, denn er „halte dafür, daß die Logik, die man in Schulen und Akademieen lernte, zur Erforschung der Warheit so viel helfe, als wenn er mit einem Strohhalm ein Schiffpund aufheben wolle", und von der Metaphysik glaube er, „daß die darin enthaltenen Grillen fähig sind, einen gesunden Menschen dergestalt zu verderben, daß ihm Würmer im Gehirn wachsen und dadurch der meiste Zwiespalt in Religionssachen entstanden, auch noch erhalten werde"[70].

Daß solche antiakademischen Breitseiten zu Widerstand führten, war provoziert. Zum Schreibverbot, zur Relegation und Flucht aus Leipzig 1690 haben sie wohl nicht führen sollen. Unter die Bedingungen von Inventionswissenschaft ohne politische Praxis mochte sich Thomasius nicht fügen: Was blieb, war eine — seine — Art der Polyhistorie mit Praxisbezug und einem auf Selbstdenken kritisch zugespitzten Eklektizismus. Bei Thomasius wurde das kritische Potential des Eklektizismus als Bildungskritik virulent.

Den Versuch einer kritischen Erneuerung der Wissenschaft des Spätbarock hat Thomasius mehrfach und mit Vehemenz in Angriff genommen. Dabei leiteten ihn drei Kriterien: 1) Es ging allemal um Praxisbezug. 2) Dieser Praxisbezug beruhte auf einem Eklektizismus, der nicht mehr allein aus vorhandenen historischen Materialien auswählte, sondern Thomasius radikalisierte den Eklektizismus formal zum Selbstdenken. 3) Durch den Praxisbezug und durch den kritisch verschärften Eklektizismus wurde der letzte innere Zusammenhang einer alten, systematisch verbundenen Wissenschaftlichkeit aufgehoben. Die Darstellung enzyklopädischen Wissens geschah mehr und mehr unter fachdidaktischen Gesichtspunkten.

Diese kritische Auflösung der barocken Universaltopik hat Thomasius in mindestens drei Anläufen versucht, in drei Büchern, die zu seinen großen

---

[70] Zit. nach August Tholuck: Christian Thomasius. In: Realenzyklopädie für prot. Theol. u. Kirche, 2. Aufl., Leipzig 1877ff., Bd. 15, S. 616.

Erfolgen zählten. Das erste dieser Bücher erschien gleichzeitig mit der Morhof-Rezension 1688: „Introductio ad Philosophiam Aulicam, seu Lineae primae libri De prudentia cogitandi et ratiocinandi, ubi ostenditur media inter praejudicia Cartesianorum, & ineptias Peripateticorum, veritatem inveniendi via."[71] Diese Einführung in die Hofphilosophie hatte trotz ihres Titels wenig mit Guevaras berühmtem Werk zu tun, der Titel war eine Waffe im antiakademischen Arsenal des Thomasius, eine Waffe, die ihre gelehrte Herkunft auch nicht verleugnen konnte. Denn die Themenstellung entsprach — darauf hat Thomasius in der Vorrede zur Einleitung in die Vernunftlehre selbst hingewiesen[72] — exakt der Themenstellung Sturms in dessen Dissertatio de Philosophia ecclectica[73].

In den beiden Bänden der einflußreichen Logik, die 1691, nach der Flucht aus Leipzig, unter dem Titel „Einleitung in die Vernunftlehre" und „Ausübung der Vernunftlehre" veröffentlicht wurden, unternahm Thomasius einen neuen Anlauf zu seiner praktischen Wissenschaftsreform. Und die damals berühmten „Cautelae circa Praecognita Jurisprudentiae", die 1710, im Anschluß an Thomasius' „pietistische" Phase[74] erschienen, tendierten zur Literärgeschichte von Einzelfächern, die ein institutionelles Resultat des unerbittlichen Praxisbezugs bei Christian Thomasius wurden. Alle diese Schriften waren von großer Wirkung, sie wurden immer wieder neu aufgelegt und übersetzt[75].

1. Die Praxisorientierung der Wissenschaft

„Es ist nur eine Weißheit. Dieselbe bestehet in einer lebendigen Erkäntniß des wahrhafften Guten."[76] In dieser nur scheinbar platonisierenden und metaphysikträchtigen Zuspitzung gipfelt die Wissenschaftsbestimmung Christian Thomasius', aber sie referiert nur die Voraussetzungen des Eklektizismus: Eine Wahrheit und verschiedene Meinungen. Die Verklammerung von ontologischem „wahrhaften Guten" mit dem traditionellen philosophischen Leit-

---

[71] Introductio ad Philosophiam Aulicam, Leipzig 1688, 2. Aufl. Halle 1702, 3. Aufl. Halle 1706. Deutsche Übers. Frankfurt und Leipzig 1710, 2. Aufl. 1712.

[72] Einleitung z u der Vernunfft-Lehre . . . Halle 1691 (hier benutzt), Zitat S. 50. Weitere Auflagen: 1699, 1705, 1711, 1719. Lat. Übersetzung 1693/94. – Ausübung der Vernunfft-Lehre, Halle 1691 (hier benutzt). Weitere Auflagen: 1699, 1705, 1710, 1719. Lat. Übersetzung 1694.

[73] Siehe o. S. 254ff.

[74] Cautelae circa Praecognita Jurisprudentiae in Usum auditorii Thomasiani. Halle: Renger 1710. Deutsche Ausgaben 1713 und 1729 (hier benutzt). Als „pietistische Phase" gilt bei Thomasius die Zeit um die Jahrhundertwende, als er sich mit neuplatonischer Physik beschäftigte und seinen „Versuch vom Wesen des Geistes" (Halle 1699) gegen cartesianisch-mechanistische Vorstellungen schrieb.

[75] Thomasius hat von späteren auf frühere Schriften ohne Vorbehalte verwiesen und sich von seiner praxisorientierten Wissenschaftskonzeption nie getrennt. Man darf also die Texte miteinander, durcheinander und auseinander erklären, ohne entwicklungsgeschichtliche Sachverhalte zu vernachlässigen.

[76] Cautelae I, 1, S. 1. Vgl. Einleitung z. d. Vernunfft-Lehre (Vernunftlehre I), § 6, S. 77.

begriff „Weißheit" war das Hauptziel des eklektischen Wissenschaftsansatzes, den Thomasius für seine Neubestimmung der Wissenschaft brauchte. Die Wahrheiten allein waren Mitteldinge, „an sich selbst weder Gut noch Böse"[77] und waren deshalb benutzbar auf bestimmte Zwecke hin. Wissenschaft, auch theoretische Wissenschaft vom Guten, wurde also nie als Selbstzweck gesehen, sie richtete sich folglich auch nicht primär auf Erkenntnis, sondern sie wurde ins Kraftfeld der Praxis, zwischen Gut und Böse eingeordnet. „Denn es ist", schrieb Thomasius, „keine Wahrheit so nützlich, wenn du sie recht gebrauchest, daß nicht ein boßhaffter Mensch dieselbe andern zum Schaden mißbrauchen könte."[78] Die Einführung eines solchen Praxisbegriffs als des Ziels von Wissenschaft, als ein Ziel, das Wissenschaft in einer exogenen Zweckbestimmung mediatisiert, die Einführung eines solchen normativen Praxisbegriffs verlangte und bewirkte zweierlei: Zunächst mußte das Ziel der Wissenschaft so deutlich und unverrückbar feststehen, daß ein beliebiger Gebrauch oder Mißbrauch von Wissenschaft ausgeschlossen war. War dieses Ziel fest, dann verschob sich als Folge der exogenen Steuerung der Wissenschaften das vorhandene Feld von wissenschaftspsychologischen und wissenschaftswertenden Leitbegriffen.

Wenn das Gute als Zweck von Wissenschaft festgesetzt wurde[79], die wissenschaftliche Wahrheit selbst als „Mittelding" — also weder als gut noch als schlecht — charakterisiert war, dann ließ sich die Wissenschaft nur noch in einen politischen Rahmen einordnen. Denn mit der Festsetzung wissenschaftlicher Wahrheiten als „Mitteldingen" wurden die wissenschaftlichen Wahrheiten zugleich in die politische und moralische Alternative des Guten oder Schlechten gezwungen. Sie bekamen ihren Wert nur, wenn sie dem Guten zutendierten. Thomasius faßte das Gute selbst nicht — trotz der platonisierenden Terminologie — als absoluten Selbstwert, sondern relativierte ohne Hemmung: „Weil aber alles Gute allezeit einer andern Sachen gut ist; so müssen wir hiernechst erwegen, in Ansehung wessen die Wahrheit oder der Irrthum die Benennung des Guten oder des Bösen an sich nehmen."[80] Mit diesem Argument gewann Thomasius eine ganze Menge: Einmal konnte er die spekulative Theologie aus seinem Wissenschaftsbegriff ausschließen[81]. Denn Gott fiel aus den Relationsprädikationen gut — böse heraus. Die institutionelle Folge: Wissenschaft zielte nicht auf die Ehre Gottes, universitätspolitisch hatten also die Theologen kein Recht, in die anderen Fakultäten hereinzureden.

Mit der Beschreibung des Guten als relativem Prädikat gewann Thomasius zweitens, daß das vorher sehr abstrakte Gute konkretisiert werden konnte als

---

[77] Cautelae I, 6, S. 2.
[78] Cautelae I, 15, S. 4.
[79] Cautelae I, 1, S. 1.
[80] Cautelae I, 7, S. 5.
[81] Cautelae I, 21, S. 5f.: Man muß bemerken, „Daß die Ehre GOttes mehr durch die Erfüllung des göttlichen Willens, als durch speculativische Erkäntniß der Wahrheit befördert werde."

Nützliches. Es mußte folglich „bey der Erkäntniß der Wahrheit darauf gesehen werden, daß man den Nutzen derer Menschen befördere, und alles was schädlich ist, von dem menschlichen Geschlechte abwende."[82] Damit war die Zielbestimmung der Wissenschaft durch Deduktion aus der Praxis festgelegt, eine Festlegung, die nur noch durch die natürliche Theologie konkretisiert zu werden brauchte, da „GOtt alle Creaturen nicht zum Unglücke, und daß sie in beständiger Traurigkeit leben sollen, sondern zu einem glücklichen und freudigen Leben geschaffen habe."[82a] Der Praxisbezug aller Wissenschaft bestand mithin darin, daß man sie „zur Erlangung der wahren Glückseeligkeit und Abwendung der Unglückseeligkeit anderer Menschen gebrauchen könne."[83]

Die Vergleichgültigung von Wissenschaft, die sich in ihrer juristischen Einordnung in die „Mitteldinge" andeutete, wurde durch die Uminterpretation des Begriffs Weisheit noch verstärkt. Weisheit war lange der Zentralbegriff der kontemplativen Philosophie gewesen. Thomasius machte Weisheit zur Praxis, als er behauptete, daß die Weisheit „in einer lebendigen Erkäntniß bestünde", und „daß die Erkäntniß zwar ein nöthiger Theil der Weißheit und der wahren Gelehrsamkeit, aber nur einer der geringsten und von schlechter Wichtigkeit sey."[84] Damit war die Destruktion des Leitbegriffs einer kontemplativen Philosophie und der zugehörigen Wissenschaft perfekt. Es kam weder darauf an, die Dinge in ihrem Wesen zu erkennen, noch darauf, sie in Begriffsfolgen artistisch zu konstruieren, sondern nur noch, sie zum Glück der Menschen zu *nutzen*. Ein solches Nutzenprinzip veränderte als alleinige wissenschaftliche Leitvorstellung die Wertung von Begriffen: Die politische Einordnung der Wissenselemente nach ihrem guten oder bösen Gebrauch zwang alles in eine Dichotomie. Weisheit und Torheit[85] waren die Kanäle, in die das Wissen geleitet wurde, das am Kriterium allgemeinen Nutzens gemessen worden war. Zur Torheit gehörten dann die negativen Leitbegriffe der alten „autonomen" Gelehrsamkeit. Falsche Wissenschaft zeigte sich eben „nicht nur allein in einer groben Unwissenheit nützlicher und nothwendiger Dinge, sondern auch in einer todten, obschon sehr subtilen Erkäntniß des Guten."[86] Nur die *Praxis* behielt Wissenschaftswert, und die Unkenntnis dieses wissenschaftlichen Heteronomieprinzips war in Thomasius' Wissenschaftspsychologie bereits Kriterium von Torheit, weil sie sich selbst täuschte. Die Selbstbestimmung einer Wissenschaft, die sich als Kunst oder als Kontemplation verstanden hatte, hatte ihren Kredit verspielt. Nicht durch Erkenntnis der Schöpfung Gottes und nicht durch Ordnung menschlich möglichen Wissens

---

[82] Cautelae I, 24, S. 6, 7.
[82a] Cautelae I, 35, S. 9f.
[83] Cautelae I, 32, S. 9.
[84] Cautelae I, 39, S. 10.
[85] Vgl. Historie der Weisheit und Thorheit, zusammengetragen von Christian Thomasius, Halle: Saalfeld 1693.
[86] Cautelae I, 54, S. 13f.

erreichte man das Glück, sondern Schöpfung und Wissen wurden gezwungen, sich für die Praxis zur Verfügung zu halten, damit Glück eintrete.

Der wahren, praxisnahen Weisheit, die ohne Subtilitäten und überflüssige Kategorien auskam, wurde dagegen — nach Lage der irdischen Dinge — relative Befriedigung des Herzensverlangens vindiziert. Denn es „bestehet eine lebendig Erkäntniß des Guten darinnen, daß man von der wahren Glückseeligkeit eine würckliche Überzeugung habe, und im Hertzen ein Verlangen empfinde, die wahre Glückseeligkeit zu erlangen und so man einen Vorschmack oder Geschmack derselben im Hertzen mercket, bereit und willig sey, andern eben diesen Weg zur Glückseeligkeit zu zeigen, oder zum wenigsten die Mittel zu weisen, wodurch sie sich aus dem Verderben, welches die Thorheit würcket, heraus reissen können."[87]

Das waren — natürlich— Standardtopoi für immer strebend bemühte, praxisorientierte Wissenschaftler, die Gott im Zweifelsfalle in die linke Hand fallen würden, weil die Wahrheit für Ihn allein sei. Aber im gewitzten Kalkül des Thomasius, das Wissenschaft und Methode zu bagatellisieren hatte, hatte dies Imbecillitas-Argument seinen genauen Ort. Denn er konnte, ohne die Theologen und Dogmatiker zusätzlich bemühen zu müssen, die eklektische, erbsündenorientierte Anthropologie einbringen und damit neue Argumente gegen leere Theorien und für den unerläßlichen Praxisbezug liefern. Auch wenn diese Betonung der Konkupiszenz mit den pietistischen Erfahrungen von Thomasius zu tun haben sollte: In seinem wissenschaftstheoretischen Konzept wurde die Erbsünde zum anthropologischen Argument, daß die Vernunft dazu da sei, den Menschen, der, „wenn man ihn genau ansiehet, die elendeste Creatur von der Welt ist"[87a] in Ansehung seiner Lebenslänge, der Komplikation seiner Erziehung, im Bezug auf Krankheiten[88] und im Bezug auf seine Affekte, die seine Erkenntnisleistung blockierten[89], daß die Vernunft ein Hilfsmittel böte, das Elend zunächst zu erkennen und dann unter der rechten Leitung des guten Willens zu verbessern[90]. Diese Voraussetzungen, die Thomasius ein beträchtliches Stück vom erbsündenfreien Optimismus der späteren Aufklärung abrückten, konnten die Übereinstimmung von Bibel und Wissenschaft klären[91] und zugleich den Eigenwert der Wissenschaft bagatelli-

---

[87] Cautelae I, 56, S. 14.

[87a] Cautelae I, 59, S. 15. Vgl. dazu W. Schmidt-Biggemann: Mutmaßungen über d. Vorstellung vom Ende der Erbsünde. In: Studien zum 18. Jahrhundert, Bd. 2/3, Nendeln 1979. Dazu weiter der Band IX von „Poetik und Hermeneutik", der sich mit diesem Themenbereich beschäftigt.

[88] Cautelae I, 60—64, S. 15f.

[89] Cautelae I, 71, S. 18: „Es ist auch dieses zu bedauern, daß da der Mensch bey Dingen, welche ihn nicht angehen, und wobey er nicht interessirt ist, leichtlich und ohne grossen Fleiß und Gelehrsamkeit die Wahrheit erkennet, er dennoch, so bald als die Erkäntniß der Wahrheiten ihn selbst und seine eigne Glückseeligkeit betreffen, wegen der Vorurtheile der Affecten, absonderlich in der Lehre von dem Guten und Bösen, insgemein das Wahre vor falsch und das Falsche vor wahr hält."

[90] Cautelae I, 90ff., S. 23ff.

[91] Besonders Kap. II der Cautelen: „Cautelen bey der Lehre von denen Mitteln die Weißheit zu erlangen."

sieren. Denn die Konkupiszenz des Menschen verhinderte die Arroganz einer
rein theoretischen Wissenschaft. Sie verhinderte damit auch eine rein spekulative Theologie[92].

Unter diesen Bedingungen war das wissenschaftliche Grundvermögen
nicht die Erkenntnisfähigkeit, auch nicht die topischen Vermögen von Ingenium und Judicium; diese Betonung des Praktischen bedingte vielmehr, daß
der Wille zum entscheidenden wissenschaftlichen Vermögen wurde. Nur der
Wille konnte die vermögenspsychologische Voraussetzung des natürlichen
„Verlangens nach dem Guten", die „Voraussetzung einer lebendigen Erkenntniß ist", bilden, denn nur unter Leitung des Willens konnte das wertfreie und
damit wertlose Objekt Wissenschaft, das prinzipiell zum Guten oder Bösen
benutzbar war, eindeutig gut werden. „Und dannenhero, weil zwey einander
entgegen gesetzte Dinge auf gleiche Art beurtheilet werden müssen, so muß
man die Weißheit, oder die wahre Gelehrsamkeit und den Ursprung derselben
nicht im Verstande, sondern in dem Willen suchen, ob sie gleich in dem Verstande ihre Würckungen hat."[93]

Die Radikalität des Praxisbezuges, die Ausschließlichkeit der, wenn auch
juristisch garantierten, Außensteuerung der Wissenschaften war in den
„Cautelae circa praecognita jurisprudentiae" am schärfsten formuliert. Die
Schärfe kam nicht von ungefähr, sie kam einmal von der Gegenposition einer
nach wie vor logisch-metaphysisch argumentierenden orthodoxen Theologie[94],
sie wandte sich auch gegen einen orthodoxen Cartesianismus, wie er im späten
17. Jahrhundert in der Ausschließlichkeit der Philosophia sectaria gesehen
wurde, und sie wandte sich gegen universaltopische Spekulationen, wie sie bei
Comenius am nachhaltigsten zutage traten. Es bot sich die Position des Eklektizismus als Vermittlungsposition geradezu an. Unter diesem Titel und mit
den Kriterien des Eklektizismus war Thomasius 1688 angetreten, als er mit
der „Introductio in philosophiam aulicam" schon einen antiakademischen
Titel formulierte. Die Interessenlage war von den „Cautelae circa praecognita
jurisprudentiae", die 1710 erschienen, nicht sehr verschieden: Der Versuch,
den Kreis des Wissens auf seine Praxistauglichkeit zu überprüfen und kritisch
auszuwählen. Es sei, schreibt Thomasius, ziemlich unbestreitbar, daß die Universitäten an der weltfremden gelehrten Pedanterei nicht unschuldig seien,
„indem die meisten Sachen, welche daselbst der studirenden Jugend mit
grossem Vorrath pflegen eingetrichtert zu werden, von unsern Vorfahren
zwar biß auf uns gebracht sind, aber von andern, nach fleissiger Untersuchung,
schon vor längst als falsch und eitel verworffen worden, und solchem nach in
der Bürgerlichen Gesellschafft gar keinen Nutzen zu wege bringen"[95]. Die

---

[92] Cautelae I, 18, S. 15.

[93] Cautelae I, 52, S. 13.

[94] Dazu Walter Sparn: Die Wiederkehr der Metaphysik, Stuttgart 1976. — Hans Martin Barth: Atheismus und Orthodoxie, Göttingen 1971. — Max Wundt: Die deutsche
Schulmetaphysik des 17. Jahrhunderts, Tübingen 1939. — Emil Weber: Der Einfluß der
protestantischen Schulphilosophie auf die orthodox-lutherische Dogmatik, Leipzig 1908.

[95] Introductio in Philosophiam Aulicam, deutsch Halle 1712. Einleitung, unpag.) (3.

„Einleitung zur Hoff-Philosophie, Oder / Kurtzer Entwurff und die ersten
Linien Von Der Klugheit zu Bedencken und vernünfftig zu schliessen / Wor-
bey die Mittel-Strasse, wie man unter den Vorurtheilen der Cartesianer / und
ungereimten Grillen der Peripatetischen Männer / die Warheit erfinden soll /
gezeiget wird", war zwar zunächst nach dem Muster von Sturms Eklektizis-
mus-Abhandlung modelliert: „quae quemcunque Doctorum, cuicunque etiam
Sectae aliàs addictum, prae caeteris in hoc aut isto genere veriùs, aut vero
saltem similiùs statuisse, aut circumspectiùs observâsse, aut rectiùs arguisse
pervident, ea, seligunt & probant, rejectis aut neglectis modestè caeteris"[96].
Das Modell wurde zwar übernommen, aber gegenüber Sturm und besonders
auch gegenüber Vossius verschärft. Thomasius legte jedenfalls im Ton das
„modeste" ab, wenn er auch betonte, es gebe die Eclectische Philosophie
„nicht leichtlich Gelegenheit zu Unruhen an die Hand / weilen sie einem
jeden eine gleiche Freyheit überlässet seinen Meynungen nachzugehen / und
weder eine neue Secte in das gemeine Wesen einzuführen / noch mit ge-
schwindem Zuplatzen das Alte aus der Republick zu schaffen vornimmt."[97]
Er verschärfte aber den Eklektizismus gleich anfangs seiner philosophischen
Bemühungen. Während bei Sturm der irenische Aspekt und der Auswahl-
aspekt im Vordergrund stand, isolierte Thomasius die kritische Komponente.

Die Radikalisierung eklektischen Denkens bei Thomasius zielte auf
Emanzipation, auf die Betonung des Selbstdenkens. Ein Eklektiker war für
Thomasius der Philosoph, der „aus dem Munde und Schrifft allerley Lehrer /
alles und jedes was wahr und gut ist / in die Schatz-Kammer seines Verstandes
sammlen müsse / und nicht so wohl auf die Autorität des Lehrers Reflexion
mache / sondern ob dieser und jener Lehr-Punct wohl gegründet sey / selbst
untersuche / auch von dem Seinigen etwas hinzu thue / und also vielmehr
mit seinen eigenen Augen als mit andern sehe. Derowegen dann ein grosser
Unterscheid zwischen den Philosophis Eclecticis ist / und unter den Auto-
didacticis, Quodlibetisten und Zusammenschmierern."[98]

Die Einleitung in die Hofphilosophie war als eine Programmschrift geschrieben worden, und der Kern späterer Programme war bereits vorhanden:
Er habe, schreibt Thomasius, „dieses Büchlein deßwegen eine Einleitung
genennet / und nur für die ersten Linien außgegeben / weilen diese Blätter /
wie du siehest / nur die ersten Anfänge, und gleichsam Linien oder einen
Entwurff eines viel grössern Wercks / und bey nahe nur den Summarischen
Innhalt desselben vorstellen."[99] Dies wissenschaftliche Reformprogramm, das
die Leitbegriffe spätbarocker Wissenschaft neu organisierte, ohne neue einzuführen, das aber das wissenschaftliche Leitmodell durch diese Neuorganisation
unter dem Praxisdiktat beträchtlich verschob, dies wissenschaftliche Reformprogramm baute Thomasius mit der Vernunft- und Sittenlehre, die 1691 bis

---

[96] Johann Christoph Sturm: Philosophia Eclectica, S. 7f. Siehe o. S. 253ff.
[97] Introductio in Phil. Aulicam, deutsch, I, § 92, S. 51f.
[98] Introductio in Phil. Aulicam, deutsch, I, § 90, S. 50.
[99] Introductio in Phil. Aulicam, deutsch, Vorrede, unpaginiert.

1696 erschienen, aus. Dabei veränderte sich auch der Begriff seines Eklektizismus. Es ging schon kaum mehr um die Auswahl der rechten Lehre innerhalb verschiedener Vorlagen, sondern um den Abbau von *Vorurteilen* zur
Eruierung der wahren, praktischen Weisheit. Übrig geblieben vom gelehrten
Eklektizismus war fast ausschließlich das kritische Vermögen des Verstandes,
,,das Wahre vom Falschen zu unterscheiden", und dieses Vermögen mußte
mit Pädagogik gefestigt werden[100].

Denn schon die Grundbestimmung der Vernunftlehre, die in der ,,Gelahrt-
heit" besteht, (noch nicht in der ,,Weisheit", wie später in den ,,Cautelae")
geht auf ein praktisches Ziel aus. Das Ziel ist freilich noch nicht so konzis
deduziert wie später bei den ,,Cautelae": ,,Die Gelahrheit ist eine Erkäntnüß /
durch welche ein Mensch geschickt gemacht wird das wahre von dem falschen /
das gute von dem bösen wohl zu unterscheiden / und dessen gegründete
wahre / oder nach Gelegenheit wahrscheinliche Ursachen zu geben / umb
dadurch sein eigenes als auch anderer Menschen in gemeinen Leben und
Wandel zeitliche und ewige Wohlfarth zu befördern."[101] Das war allein noch
kein zureichendes Kriterium für Praxisorientiertheit, wohl aber ein zureichendes Kriterium für die Verschärfung vom Eklektizismus zur Kritik. Und die
Verschränkung von wahr/falsch und gut/böse war ein Indiz, das auf die Radikalität des Praxisbezugs und die daraus folgende Fremdbestimmung von Wissenschaft hinwies. Schon in der Einführung in die Hof-Philosophie war diese
Subordination theoretischer Philosophie ganz deutlich mitausgesprochen.
Es wurde da nämlich ,,verneinet / daß der letzte Endzweck der Theoretischen
Philosophie auf eine blosse Betrachtung abziehle; dann es muß dieselbe ebenfalls solchen Verrichtungen / die zur Ersprießlichkeit des menschlichen Geschlechts gereichen / subordiniret werden /"[102]. Mit diesem Ende des klassischen, kontemplativen Theoriebegriffs war die Rolle des Eklektizismus als
Kritik neu bestimmt. Der Eklektizismus funktionierte nur bei einem weisen
Gebrauch im Bezug auf die Praxis, nicht mehr als theoretische Irenik. Damit
war die rechte Auswahl aus historischen Kenntnissen zweitrangig geworden
gegenüber der kritischen Beseitigung praxisferner Vorurteile mit Hilfe der
,,gesunden" praktischen Vernunft. Ein ,,Eclecticus" ist für Thomasius -- und
das beschreibt das Geschäft von Kritik — derjenige, ,,welcher aus allen
Philosophischen Secten die Wahrheiten auslieset, ihre Fehler bemercket, und
alle Lehren an dem Probierstein der gesunden Vernunfft streicht."[103]

---

[100] Einleitung zu der Vernunfft-Lehre II, 4, S. 89f.: ,,Indem von Jugend auf denen
kleinen Kindern / deren Verstand noch nicht bekräfftiget ist / das Wahre von dem Falschen
zu entscheiden / viel falsche Einbildungen für warhafftige imprimiret werden / welche
falsche impressiones sich so lange mehren / biß bey heranwachsendem Alter der Mensch
geschickt wird / die begangenen Fehler zu erkennen / und wieder auszubessern."
[101] Einleitung zu der Vernunfft-Lehre I, 1, S. 75f.
[102] Introductio in Phil. aulicam, deutsch, S. 82, § 65.
[103] Cautelae VII, 95, S. 135. Vgl. Vossius' Definition der Kritik, oben S. 264.

2. Logik, empirisch und historisch

Die Depotenzierung der theoretischen Philosophie unter dem Praxisdiktat hatte ein doppeltes Ergebnis: Einmal konnte das theoretische Verfahren eines kritisch trennenden, vernünftigen Urteilens ohne den Druck der logischen Tradition stattfinden. Denn wenn diese Tradition nur unter dem Ziel der menschlichen Glückseligkeit gesehen zu werden brauchte, kam es lediglich auf die zweckmäßigste Logik an. Zum zweiten konnte der Kanon der akademischen Fächer nach wie vor so dargestellt werden, wie das schon bei Morhof der Fall war: Eine innere, eben theoretische Strukturierung und Hierarchisierung des wissenschaftlichen Kanons war überflüssig.

Für den Aufbau der Wissenschaften hatte das Praxisdiktat den Vorteil, daß der Systemzwang sinnlos war: Der Eklektizismus öffnete sich für alle Empirie[104]. Das hatte Konsequenzen für die Vernunftlehre. Die eklektische Philosophie war allemal auf Historie angewiesen und von ihr abhängig. Dadurch entstand für die Vernunftlehre eine Schwierigkeit. Wenn sie formal ein wissenschaftliches Verfahren beschreiben wollte, konnte sie nicht von heterogenen, unbestimmten Praxisinhalten abhängig sein. Diese Schwierigkeit mußte Thomasius umgehen, indem er einmal die Vernunftlehre zur pädagogischen Purgationslehre von Vorurteilen machte und indem er sein praktisch-philosophisches Verfahren nach dem Wahrheitsbegriff der Adäquanz von Gedanken und Sachen richtete. Zunächst mußte die Übereinstimmung des Wissens mit der Empirie festgestellt werden, und dann konnten im Bezug aufs Glück die Gedanken verknüpft werden, deren Verwirklichung die Praxis verbesserte. Das war ein Verfahren, das die Logik völlig aus der gelehrten Dialektik herausnahm und auf elementare Wahrnehmungs- und Verknüpfungslehre reduzierte. Es war eine Erkenntnistheorie in praktischer Absicht.

Thomasius erreichte diese beiden Funktionen des Verstandes, indem er die Vernunft in ein wahrnehmendes und ein verknüpfendes Vermögen teilte. „Denn die Sinnen sind die leidenden Gedancken / die ideae aber die thätigen Gedancken des Verstandes."[105] Nach dem Adäquanzprinzip seiner Wahrheitsvorstellung konnte Thomasius verlangen, daß diese Vermögen mit der Wirklichkeit und untereinander übereinstimmten. Damit erreichte er auch eine Annäherung an die Wahrheitsvorstellung der Konsistenz: „Was mit des Menschen Vernunfft übereinstimmet / das ist wahr / und was des Menschen Vernunfft zu wieder ist / das ist falsch."[106]

Es ging Thomasius nur um dies Kriterium von Wahrheit und Falschheit, die mit dem sensitiv-passiven und dem ideal-aktiven Vermögen in einer in sich übereinstimmenden Vernunft identisch waren. Und was in dies Schema nicht paßte, wurde kritisch ausgeschieden. Es ging nie um Verknüpfungsmodi: Stimmten Ideen und „Dinge" überein, dann handelte es sich entweder um

---

104 Darauf beruht die Übereinstimmung von Thomasius und Locke.
105 Einleitung zu der Vernunfft-Lehre VI, 23, S. 156.
106 Einleitung zu der Vernunfft-Lehre VI, 20, S. 155.

die klassische Definition eines Begriffs oder um sinnlich unmittelbare Gewißheit. Thomasius' Beweiskette hatte nur drei Glieder, ein Hauptglied, die
innervernünftige Übereinstimmung von Sinnlichkeit und Ideen in der Vernunft und zwei Nebenglieder, die Übereinstimmung von Idee oder Sinnlichkeit mit dem jeweiligen Objekt. „Was aber ferner vermittelst dieser beyden
Glieder dem Hauptglied angehangen wird / das heist eigentlich bewiesen."[107]
    Thomasius' Philosophie ging ganz von der Erfahrung aus, und Erfahrung
war sinnlich und historisch. Unter solchen Voraussetzungen konnte Erkenntnis empirisch und historisch kritisch urteilen, konnte Erkenntnis die Wahrheit
von Einzelheiten untersuchen. Kombinatorisch war sie nie; Kombination war
eine Angelegenheit ausführender Praxis. Thomasius' Vernunftlehre war auch
nicht analytisch. Was sie leistete, war eine rein praxisorientierte Form ange-
wandter Erkenntnislehre und Psychologie zu eklektischen Zwecken.
    „Die Historie und Philosophie", begann Thomasius sein Standardkapitel
über Philosophiehistorie, das in allen philosophischen Schriften einen Stamm-
platz hatte und in der Empfehlung der eklektischen Philosophie endete, „Die
Historie und Philosophie sind die zwey Augen der Weißheit. Wem eines von
beyden mangelt: der ist in Ansehung ihrer genauen Verbindung, nur ein-
äugig."[108] Daß Historie das Besondere und Einzelne, Philosophie das Allgemeine zu betrachten habe, war gewiß nicht mehr als eine Standardreminiszenz
alter Historikkonzepte[109]. Thomasius veränderte und verschärfte aber die
Frage nach dem Gewißheitsgrad der eigentlich geschichtlichen Erkenntnis,
indem er den Historienbegriff in Selbsterfahrung (= Empirie) und Fremderfahrung, geschichtliche Erfahrung dissoziierte. Geschichtliche Erfahrung wurde
für Thomasius Erfahrung aus zweiter Hand, die – den Kriterien der Logik
entsprechend – nicht gleichermaßen kritisch auf ihren Wahrheitsgehalt
geprüft werden konnte wie unmittelbare Anschauung. Aber geschichtliche
Erfahrung war „Offenbarung"[110], die man auf Treu und Glauben[111] übernahm, und mithin nicht sicher wissen konnte. „Der Glaube im engern Verstande ist eine Eigenschafft des menschlichen Verstandes, welche mit wahrscheinlichen Dingen ohne Gewißheit des Hertzens umgehet."[112] Nun „ . . .
sind aber fremde Empfindungen zur Lehre der Weißheit hauptsächlich nöthig;
teils, weil sie der Unvollkommenheit und Unzulänglichkeit der eignen zu
Hülffe kommen, theils, weil sie zu der Besserung sein selbst viel beytragen."[113]
    Auf den fremden, offenbarten Erfahrungsschatz war die kritische Logik
durch Überprüfung der Voraussetzungen anwendbar, und auf diesen Erfah-

[107] Einleitung zu der Vernunfft-Lehre VII, 21, S. 187.
[108] Cautelae V, 1, S. 82.
[109] Vgl. o. bes. Keckermann, S. 89f., und Arno Seifert: Cognitio Historica, Berlin 1976.
[110] Cautelae V, 11, S. 84.
[111] Cautelae V, 12, 13, S. 85.
[112] Cautelae V, 30, S. 88. Christian Wolff wird diese Definition, die Thomasius zur
Rettung der Historie durch die Hermeneutik benutzt, zu ihrer Disqualifizierung gebrauchen. Vgl. u. S. 297ff.
[113] Cautelae V, 10, S. 84.

rungsschatz war die Wissenschaft angewiesen. Denn Thomasius mußte als
Jurist davon ausgehen, daß nach Wahrscheinlichkeitsargumenten unterschieden werden mußte[114]. Das Gerichtsmodell lieferte Kriterien für den kritischen
Umgang mit Geschichte, nicht für den kombinatorischen. Es wurden die-
selben Vernunftkriterien aktiv auf das Material der Empirie und der Historie
angewandt. „Die Welt-Weißheit braucht die Vernunfft-Lehre als den Grund
ihrer gantzen Wissenschaft / und praesupponiret nur die aus der Offenbahrung
herrührende historischen Relationes als postulata und hypotheses, ihre Kunst
daran auszuüben / wannenhero auch dieselbe nicht hauptsächlich bekümmert
ist / ob die historie aus Göttlicher oder menschlicher Offenbahrung entstanden."[115]

Der kritische Eklektizismus war in der Lage, empirische und historische
Sachverhalte nach Maßgabe der menschlichen Schwachheit zu beschreiben,
dadurch Vorurteile zu vermeiden und so zur Erziehung vernünftig-kritischer
Menschen beizutragen. Das Diktat der Praxis nahm den theoretischen Erkenntnissen zwar ihren eigenständigen Wert, besiegelte auch das Ende des
alten Theoriebegriffs, aber es entlastete die theoretischen Wissenschaften
auch vom Zwang, ihre eigene Zusammenstellung aus sich selbst legitimieren
zu müssen. Kam es bei Morhof noch darauf an, vorhandene Topoi zu praktischen und politischen, auch naturkundlichen Zwecken rhetorisch zweckmäßig
zu verbinden, war Historie bei Thomasius Material eklektischer Kritik im
Bezug auf Praxis. Die poetischen Wissenschaften unterlagen derselben Hetero-
nomie wie die theoretischen. Rhetorik und Poetik wurden für sich selbst in
ähnlicher Weise funktionslos wie die theoretischen Wissenschaften. Da es in
seiner Philosophie keine synthetischen Urteile gab[116], gab es auch keinen
Sinn für eigenständige rhetorische Toposverbindungen, das war aber die
entscheidende Voraussetzung barocker topischer Poetik. Und so verfielen
die theoretischen und die poetischen Wissenschaften demselben Verdikt
durchs Praxisdiktat, sie wurden „Mitteldinge", jenseits von Gut und Böse,
aber auch deshalb von minderem Rang. Gleichwohl, sie blieben im Kanon
der so depotenzierten Wissenschaften vorhanden.

„Meine Meynung aber", schrieb Thomasius in der Einleitung in die Hof-
Philosophie, „wie man die Philosophie nach dem Geschmack des Hofes zu-
richten solle / ist hiervon folgende: Nemlich / ich halte davor / daß unter den

---

[114] Einleitung zu der Vernunfft-Lehre X, 39–51, S. 229–232. Die Argumentation
hängt von der Kenntnis der Zeugen, der Wahrscheinlichkeit der Zeugnisse und der Übereinstimmung der Zeugnisse ab. Aristoteles hatte diese Fragen in der Rhetorik behandelt.
Rhet. III, 16, und III, 17.

[115] Einleitung zu der Vernunfft-Lehre I, 27, S. 83.

[116] Einleitung zu der Vernunfft-Lehre XII, 31, S. 273: „Und was endlich die eitelen
Grillen de methodo syntheticâ und analyticâ, u.s.w. betrifft / so ist es eben damit bewand /
als wenn zwey Zäncker an einer Taffel sässen / und stritten mit einander / ob es besser
wäre / daß man den ersten Schnitt in den Flügel / oder in die Keule / von unten hinauff /
oder von oben herunter / auf der rechten oder lincken Seiten thäte / und die andern Gäste
versuchten alle diese Arten an denen auffgetragenen Hünern / und verzehreten sie / weil
diese sich drüber zanckten."

dreyerley Arten aus der Philosophie der Alten / nemlich der Logic, Physic und Morale, ein Hofmann nicht so sehr nöthig gebrauche die Physic durchzustudiren / außgenommen die Lehre von dem Menschen; aber die Logic hat er desto mehr nöthig zu verstehen / weilen dieselbe ihm die Gründe eines Vernunfft-Schlusses an die Hand geben / und seinen Verstand außrüsten soll. Hernacher muß er sich die Sitten-Lehre oder Ethic, und Staats-Kunst oder Politic wohl bekannt machen / weil dieselbe ihm die Richtschnur zeigen solle / nach welcher er sein Leben ehrbar / lustig / nützlich / mit einem Wort / glückselig einrichten könne."[117] Und es gehört gleichfalls zu den Studien des Hofmanns, Historie und Mathematik zu treiben[118]. Das war ein Rest der gewöhnlichen Wissenschaftseinteilung: Physik, Logik, Ethik. Wenn auch ohne innere Struktur, so blieb der Kanon eben doch vollständig erhalten; die Philosophie blieb trotz und wegen Thomasius' Institutionenkritik institutionell interpretiert. Und Thomasius konnte noch Zabarellas Einteilung in Instrumentalphilosophie und Realphilosophie übernehmen[119], nur die Rolle der Historie als begrenzter Erfahrungswissenschaft wurde zusätzlich in den Bereich der Instrumentalwissenschaft genommen. Das entsprach ihrer neuen logischen Rolle. So enthielt denn die Instrumentalphilosophie Grammatik, Poesie, Rhetorik, Logik und Historie. Die Principalphilosophie, die sich nach theoretischer und praktischer Philosophie teilte, umfaßte dann im theoretischen Teil ganz konventionell Metaphysik, Pneumatik (die der natürlichen Theologie entsprach), Physik nach quantitativer-mathematischer und qualitativer Auffassung, im praktischen Bereich finden sich Ethik, Politik und Ökonomie. Das war zunächst ein ganz konventioneller Wissenschaftenkanon, aber der Funktionszusammenhang hatte sich durch das Praxisdiktat verändert, und das hatte bei Thomasius Auswirkungen: Die Logik wurde zur Pädagogik und Hermeneutik.

3. Logik, pädagogisch — hermeneutisch

Auch Thomasius' Eklektizismus ging vom Imbecillitas-Argument aus. Die Vorstellung von der zunächst unzureichenden Leistungsfähigkeit der Vernunft war die Voraussetzung für die Erklärung der Sektenphilosophie gewesen, und der Eklektizismus war dann auch die Philosophie, die die Schwäche der menschlichen Vernunft[120] mit einkalkulierte. Dies Kalkül war die Voraus-

---

[117] Introductio in Phil. Aulicam, deutsch, unpag.):(4.

[118] Ebd.

[119] Introductio ad Phil. Aulicam, deutsch, II, 66, S. 82: „Solcher Gestalt theile ich die Philosophie ein / daß sie entweder instrumentalis, oder principalis sey / darunter jene den andern Theilen der Philosophie Vorschub thut; diese aber den übrigen Theilen nicht bedienet ist." Vgl. o. S. 72ff.

[120] Einleitung zu der Vernunfft-Lehre I, 4, S.76: „Aber nachdem durch den Sünden-Fall der Verstand gar sehr verfinstert worden / und man solcher Gestalt durch unterschiedene mühsame Mittel denselben zu erleuchten vonnöthen gehabt / ist der Unterscheid zwischen denen Gelehrten und Ungelehrten entstanden."

setzung für den praktischen Fortschritt. Und so brauchte man „die Vernunfft-
Lehre nur darzu / daß man seinen Verstand dadurch fein von allen praejudi-
ciis saubere / ihme die irrigen Vernunfft-Schlüsse und Folgerungen überhaupt
zu erkennen gebe / auch angewehnt / daß er sich für Sophistischen und cavil-
latorischen interpretationen hüte."[121] Thomasius' Logik mit ihren einfachen
Unterscheidungskriterien von Adäquatio von sinnlich-historisch-passiver und
idealer und aktiver Erkenntnis war zugleich ein pädagogisches Programm,
dessen Zweck zunächst in der Vermeidung von Vorurteilen bestand. Und in
der Destruktion von Vorurteilen lag auch die besondere Leistungsfähigkeit
der thomasianischen Logik. Da der rechte praktische Gebrauch vorurteils-
freier Wahrheiten durch das Nützlich-Gute vom Ziel her garantiert war, konnte
Thomasius davon ausgehen, daß sein Logikprogramm zur Ausmerzung von
Vorurteilen sinnvoll, weil zweckmäßig und nicht bloß theoretisch sei.

Unter diesen Prämissen war es konsequent, die Logik durch einen praktischen Teil zu erweitern, den Teil, den Thomasius „Ausübung der Vernunfft-
Lehre" nannte. Dort übernahm er auch Pädagogik und Hermeneutik in den
Kompetenzbereich der Logik. Daß das pädagogische Programm die Konsequenz einer Logik unter dem Praxisdiktat sein konnte, setzte voraus, daß
zumindest der kritische Selektionsprozeß beim Lehrer fortgeschritten war[122]
und dieser den Sinn seiner praktischen Logik den Schülern liebenswürdig und
unpedantisch beibringe, eine Forderung, die den lebensnahen Thomasius
pathetisch werden ließ: „Wenn du in deinen Kopff auffgeräumet hast / so
kanstu nicht allein / sondern du solt auch andern Leuten mit deiner Erkentniß
dienen / weil dich das Recht der gesunden Vernunfft verbindet / mit deinen
Diensten deines Nechsten Heil und Wolfahrt zu befördern. Was ist aber wohl
für ein edlerer Dienst / als wenn ich andern Menschen zeige / wie sie die
Finsterniß ihres Verstandes vertreiben / ja wie sie rechte Menschen zu seyn
anfangen sollen."[123] Das Erziehungsprogramm zur Beseitigung von Vorurteilen
verlangte die urteilende, kritische Logik, die Thomasius allein anerkannte,
eine Vernunftlehre, die einen aktiven Zugriff der Vernunft auf ihre Material
voraussetzte. Dieser Zugriff ging über die rhetorisch-poetische Verwertung
historischen Materials hinaus. Und Autoritätskritik, wie sie die „Einleitung in
die Vernunftlehre" forderte[124], konnte nur im Zugriff auch auf geschichtliche
Quellen erreicht werden.

Die Vorstellung nur einer Wahrheit, die empirisch-historisch gestützt war,
war ohnehin Voraussetzung des Eklektizismus. Die kritische Eindeutigkeit,
bei Thomasius an der juristischen Hermeneutik und an der dort notwendigen
Herstellung von Eindeutigkeit in Gerichtsurteilen modelliert, sollte mit Regeln
erreicht werden. Die fünf hermeneutischen Regeln betrafen die Glaubwürdig-

---

[121] Introductio in Phil. Aulicam I, 20, S. 84.
[122] Das beschreibt das erste Kapitel der Ausübung der Vernunfft-Lehre „Von der Ge-
schicklichkeit die Warheit durch eigenes Nachdencken zu erlangen."
[123] Ausübung der Vernunfft-Lehre II, 1, S. 74.
[124] Einleitung zu der Vernunfft-Lehre X, 30–50, S. 227–232.

keit der Person[125], die Intention des Autors[126], den Umkreis der Argumente des Autors[127], den Vorzug einer vernünftigen vor einer unvernünftigen Interpretation, sozusagen Lectio simplicior[128], und die Berücksichtigung der Ziele und Regeln eines Gesetzgebers[129]. Thomasius kannte die Gerichtstopik, die im Anschluß an die aristotelische Rhetorik[130] die Glaubwürdigkeit der Zeugen behandelte, aus der rhetorisch-topischen Juristen-Tradition. Wichtig wurde, daß er sie als Hermeneutik in die Logik einführte. Denn erst im Zusammenhang mit Hermeneutik wurde die Rede vom kritischen Eklektizismus sinnvoll und das Verhältnis vom Eklektizismus zur Historie durchschaubar. Und so war vermutlich die Erweiterung des Wissenschaftenkanons um Hermeneutik die folgenreichste Veränderung des Wissenschaftenkanons, die Thomasius vornahm.

Diese Hermeneutik, die Texte auf die Glaubwürdigkeit ihrer Argumente wie Zeugen befragte[131], war durch die Übereinstimmungslehre von Thomasius' Logik in einer glücklichen Lage: Sie konnte die historische Aussage auf deren

[125] Ausübung der Vernunfft-Lehre III, 65, S. 181: „Betrachte anfänglich die Person dessen / der etwas redet / das ist / seinen Stand oder seinen affect / und Zuneigung wohl / denn du wirst dadurch grossen Vortheil in Auslegung dunckeler Dinge erlangen. Denn was das Hertze voll ist / davon redet man gerne / und die Worte haben öffters unterschiedene Bedeutung nach dem Unterscheid der Stände der Menschen."

[126] Ausübung der Vernunfft-Lehre III, 67, S. 182/183: „Gib wohl achtung / von was ein Autor zu reden sich vorgenommen / oder auff was für eine Sache sich das / was er redet / schicke. Denn weil in allen Reden oder Propositionen eine Verknüpffung zwischen dem subjecto und praedicato / oder zwischen der Sache / von der man redet / und der / was von einer Sache geredet wird / seyn soll: so giebt auch die deutliche Erkenntniß des einen gar leichte die Auslegung des andern / das dunckel ist."

[127] Ausübung der Vernunfft-Lehre III, 70, S. 184/185: „Betrachte das vorhergehende und nachfolgende / oder was ein Autor anderswo geschrieben mit Fleiß / so wirstu seine Meinung desto besser verstehen. Denn man muthmasset nicht unbillig / daß ein Autor dasjenige / von dem er einmahl zu reden angefangen / allezeit in seinen folgenden Reden für Augen habe / und selbiges also stillschweigend auch in denen folgenden Reden darunter müsse begriffen werden. So muthmasset man auch nicht leichte / daß ein Autor seiner vorigen Meinung werde widersprechen und sich contradiciren."

[128] Ausübung der Vernunfft-Lehre III, 76, S. 188/189.: „Unter zweyen Verstanden und Auslegungen einer Schrifft ist allezeit diejenige der andern vorzuziehen / die mit der gesunden Vernunfft überein kömmt / und daraus in dem Menschlichen Thun und Lassen eine Würckung entstehet / wenn die andere unvernünfftig wäre / oder wenn dadurch das negotium, das gehandelt wird / seine Würckung erlangete. Denn alle Menschen sind vernünfftig und in ernsthafften Dingen schicket es sich nicht / posserey zu treiben / sondern sie sollen vielmehr darinnen auch vor vernünfftig angesehen seyn; Nun ist es aber eine grosse Unvernunfft / wenn man ein ernstlich Geschäffte vergebens und umbsonst treibet."

[129] Ausübung der Vernunfft-Lehre III, 81, S. 191: „Man muß derjenigen Auslegung folgen / die mit denen Grund-Regeln / die ein Autor in seinen Schrifften gegeben hat / oder mit der Ursache / warum er ein Gesetze gegeben oder mit andern einen contract geschlossen oder sonst etwas gethan hat / übereinkommt. Diese Regel hat mit der vorigen eine ziemliche Verwandnüß. Denn die gesunde Vernunfft erfordert / daß die conclusiones mit denen Grund-Regeln verknüpfft seyn / und wer in seinem Thun und Lassen die Mittel nicht erkieset / die sich zu seinen Vorhaben schicken / der wird nicht für klug gehalten."

[130] Aristoteles, Rhetorik III, 17ff.

[131] Nach einer solchen Hermeneutik hat sich H.S. Reimarus in seiner Religionskritik gerichtet.

Möglichkeit befragen, sie konnte auch Leitsätze für eine mögliche Orientierung für die Praxis aufstellen, die sie aus der historischen Erfahrung zog und
die Handlungsmaximen für künftiges politisches Verhalten und praktische
Wissenschaft sein konnten: Sentenzen und Loci communes, die am Ende des
kritisch-hermeneutischen Eklektizismus stehen. Diese Sentenzen, die Thomasius in seinem radikalsten eklektischen Werk, den Cautelae circa Praecognita
Juris anbot, waren kein Material für rhetorische oder logische Synthesen,
sondern sie waren die sententiöse Moral von der Geschicht, Quintessenzen
einer kritischen Beobachtung von historischen Materialien, die eben zum
Zwecke der Verbesserung des Menschen und der Wissenschaft schwarz auf
weiß ins Stammbuch geschrieben werden sollten. Das Modell des kritischen
Eklektizismus war bei Thomasius mit seinen emanzipatorischen Konsequenzen deutlich geworden; es zerstörte den Zusammenhang der Wissenschaften
zu unverbundenen Loci communes, zu wissenschaftlichen und praktischen
Merksätzen mit der Quintessenz: „Ließ, urtheile, versuche und verbessere"[132].

4. Absorptionen: Schwundstufen von Polyhistorie

Thomasius' Stellung zur Polyhistorie war ebenso zweideutig wie sein Verhältnis zur Gelehrsamkeit überhaupt: Mit ihr kam er nicht aus, ohne sie konnte
er nicht leben. Er strukturierte Polyhistorie deshalb in eine Geschichtsherme-
neutik unter praktischen Bedingungen, machte die Gelehrsamkeit zur Masse
von Historie, die ohne legitime eigene Ordnungskriterien nur Materialien bot
für einen kritischen Eklektizismus, der in Sentenzen endete. Das gelehrte
Wissen, das „pedantisch"[133] angehäuft und nun zwecklos (oder zweckfrei?)
war, begann nach der Erschütterung durch die Nützlichkeitsphilosophie
Christian Thomasius' zur Konkursmasse zu werden. Freilich: Die Demontage
vollzog sich langsam. Noch ein halbes Jahrhundert nach dem Tode von Thomasius (1726), wurden Geschichten der Gelehrsamkeit eklektisch geschrieben;
aber die legitime innere Ordnung war restlos verloren.
     Die Beliebigkeit der Disposition von Stoffmassen förderte umgekehrt
deren Unübersichtlichkeit. Die fortgesetzte Anhäufung antiquarischen Wissens
machte darüber hinaus auch sachlich den wissenschaftlich vertretbaren Überblick über mehrere Fächer unmöglich. Eine solche Kompetenz war Mitte des
17. Jahrhunderts noch erreichbar erschienen, wenn auch schon Skepsis sich
bemerkbar machte. Deshalb war es gewiß nötig, die unübersichtlich gewor-
dene Masse des Wissens neu zu ordnen und zu reduzieren. Dieser Forderung
hatten schon die eklektischen Ansprüche entsprochen, die seit Vossius an die
Universalwissenschaft gestellt worden waren.

---

[132] Cautelae, XVIII, S. 449, 16.
[133] Gegen die „Pedanten" kämpft Thomasius, solange er schreibt. Vgl. Introd. in
Phil. Aulicam, wo er Ulrich Hubers Rede über die Pedanterei mit abdruckt.

Freilich: Der Eklektizismus war im Prinzip von keinen anderen Prinzipien ausgegangen als die ramistischen universaltopischen Enzyklopädien: Von Invention und Judicium, denen Quantitätsansprüche und Ordnungsgebung entsprochen hatten. Allerdings war das Judicium umgedeutet und die wissenschaftliche Ordnung vom praktischen Nutzen abhängig geworden; die Invention war zwar unangetastet stehen geblieben, aber durch die Neubestimmung des Judiciums mitverändert worden. Invention war qualifizierter geworden, denn sie mußte die gesamte Geschichte erfassen und ordnen, weil das kritische Judicium nicht zugleich ein ordnendes Judicium sein konnte. Von den ramistischen, methodischen Kriterien des Judiciums, von Vollständigkeit, Homogeneität und Deduktion war nur die Deduktion umfunktioniert worden zum eklektischen Urteil, nur die pure Ordnungsfunktion war verändert worden. Es fielen dann die beiden anderen ramistischen Methodenkriterien auf die Invention zurück: Homogeneität der Historie war dadurch garantiert, daß Geschichte Vorratskammer war, aus der man eklektisch praxistauglich, damit homogen, Argumente wählte. Das Postulat der Vollständigkeit dagegen blieb unerfüllt.

Man konnte nun versuchen, die Frage nach der Vollständigkeit des Wissens als zweitrangig darzustellen und mit der Begrenztheit der menschlichen Vernunftkapazität zu bagatellisieren. Dann hatte man Invention und Judicium noch dergestalt miteinander verkoppelt, daß auch das historische Material unvollständig war, aus dem dann zu praktischen Zwecken eklektisch gewählt wurde: Das war Thomasius These gewesen.

In jedem Falle kam es auf eine Reduktion an. Denn der Vollständigkeitsanspruch war, das war die Grundlinie der Kritik des Eklektizismus, nicht gemeinsam mit dem disponierenden Judicium aufrecht zu erhalten. Es blieb nur übrig, Schwundstufen der Universaltopik zu konstatieren, die sich innerhalb von vier Leitbegriffen darstellten: Der Invention auf der Verfahrensseite entsprach das Quantitätsproblem auf der Objektseite, und dem Verfahren des Judiciums entsprach die Notwendigkeit einer sachlichen Ordnung.

Alle Kriterien zugleich waren seit der Kritik des Eklektizismus nicht mehr erreichbar, so ergaben sich nur noch Schwundstufen der Universaltopik und Polyhistorie, ohne daß der Eklektizismus prinzipiell neue Kriterien hätte an die Hand geben können. Neue Kriterien hatte er sich durch seine Geschichtsfixiertheit verbaut. Aber die Schwundstufen, die im Anschluß an den Eklektizismus entstanden, konnten in all ihrer Partikularität wuchern. Der Eklektizismus hatte dazu ja die – ungenauen – Kriterien von Historie und Praxisorientierung geboten.

Um die Variationsbreite der eklektischen Argumentationen, auch um ihre – historisch legitimierte – Assimilationsfähigkeit zu kennzeichnen, sollen einige dieser Schwundstufen angedeutet werden: Andeutungen genügen, denn es lassen sich die Möglichkeiten des universaltopischen Eklektizismus aus der Reduktion der Ansprüche von Invention und Quantität, Judicium und Ordnung nachgerade in ihrer Kombination deduzieren.

Mit dem Schrumpfungsprozeß wurde die Universaltopik von anderen Wissenschaftsgattungen aufgesogen. Es gab nur zwei Alternativen, die die Liquidationsmöglichkeiten der Universaltopik bestimmten. Entweder behielt man Invention und Judicium bei und beschränkte den Kompetenzbereich der Invention. Das war durch quantitative Beschränkung der Invention auf *Einzelfächer* möglich, oder durch die qualitative Reduktion auf *Bibliographie*. Oder man ließ nur noch die Invention zu und schrieb Universallexika oder, wegen der Fülle des Stoffs, Fachlexika.

a) *Facheinführungen.* Ging man vom topischen Wissenschaftsmodell aus, berücksichtigte man zugleich das Problem der unüberschaubaren Gesamtmenge des Wissens, dann erschien es sinnvoll, die Universaltopik auf eine Partikulartopik zu beschränken. Und dann ging die Enzyklopädie in eine Facheinführung über. Sie konnte sich da an Lehrbüchern orientieren und war die Last einer universalen Kompetenz los. Schon Morhof hatte den „Unterricht von der deutschen Sprache und Poesie"[134] aus dem „Polyhistor" herausgezogen, Jacob Reimann folgte ihm mit seiner umfangreichen deutschen Literärgeschichte[135]; Thomasius' „Cautelae circa Praecognita Jurisprudentiae"[136] waren im Übergang von der Universaltopik zur Facheinführung geschrieben worden. Thomasius' Schüler Gundling entwickelte diese Einführungen, die dann mit den Introductiones, Isagoges, Hodogetae[137] der Fachbücher zusammenflossen, zu einer breiig breiten literärgeschichtlichen Vorlesung[138]. Enzyklopädische Ordnungen wurden nicht mehr geboten, die Universaltopik wurde vom Fachlehrbuch aufgesogen.

b) *Bibliographien.* Die Aufrechterhaltung der Topik blieb dann möglich, wenn die Argumente innerhalb eines Systems nicht mehr qualifiziert wurden, wenn die Argumente auf bibliographische Angaben reduziert wurden. Auch für diesen Übergang gab es historische Muster, Gesners „Bibliotheca universalis"[139] und Lipenius' philosophische[140] und theologische Bibliothek[141]. Als

---

[134] Daniel Georg Morhof: Unterricht von der Teutschen Sprache und Poesie, Kiel: Reumann 1682.

[135] Jacob Friedrich Reimann: Versuch einer Einleitung in die Historiam Literariam insgemein und der Teutschen in Sonderheit. 7 Bde, Halle: Renger 1709–1713.

[136] Christian Thomasius: Cautelae circa Praecognita Jurisprudentiae, Halle: Renger 1710.

[137] Vgl. den Katalog der Gattungen der Herzog August Bibliothek, wissenschaftliche Schriften.

[138] Nicolaus Hieronymus Gundling: Vollständige Historie der Gelahrtheit, Frankfurt und Leipzig 1734–1736, 5 Bde, 4°. Vgl. dazu Notker Hammerstein: Jus und Historie, Göttingen 1972.

[139] Conrad Gesner: Bibliotheca Universalis, sive Catalogus omnium Scriptorum locupletissimus, in tribus linguis, Latina, Graeca, & Hebraica . . . Tiguri, Forschover 1545.

[140] Martin Lipen: Bibliotheca realis philosophica omnium materiarum, rerum, & titulorum, in univ. totius philosophiae ambitu occurrentium. Francofurti a.M.: Friderici 1682: Vogel.

[141] Martin Lipen: Bibliotheca realis thelogica omnium materiarum, rerum et titulorum, in universu sacrosanctae theologiae studio occurentium, . . . Francofurti ad Moenum: Friderici 1685.

bibliographisch verkürzte polyhistorische Schwundstufe erschienen Heumanns „Conspectus Reipublicae Literariae"[142] oder Struves „Introductio ad Historiam Literariam"[143], auch Johann Andreas Fabricius' „Abriß einer allgemeinen Historie der Gelehrsamkeit"[144]. Sie verkürzen allesamt einerseits Morhofs „Polyhistor", zum andern sind sie der „Historia omnium scripturarum, tum sacrarum tum profanarum", einem spätlullistischen Sammelwerk des Leipziger Polyhistors und Bibliothekars Jo. Gotofredus Sidelbastius verpflichtet[145]. Und in den Bibliotheken reichte dieser Polyhistorismus über die Einteilung der Bünauschen Bibliothek[145a], über den Göttinger Realkatalog, über den musterbildenden Realkatalog der Universitätsbibliothek Halle, den Otto Hartwig 1888 beschrieb[146], bis in die systematischen Katalogisierungen des 20. Jahrhunderts.

c) Konsequenter war der Ausweg zu *alphabetischen Lexika*. Denn dann ging man davon aus, daß das topische Judicium nicht mehr trage, daß die Kritik des Eklektizismus berechtigt sei. Es gab — vielleicht fast durch Zufall entstanden — die alphabetische Fassung von Zwingers Theatrum vitae Humanae, die Beyerlinck zuerst 1631 veranstaltet hatte[147]. Dort hatte allerdings die Disponibilität zu Dispositionszwecken eine Rolle gespielt. Es gab biographische Lexika, deren größte Moreri und Bayle geschrieben hatten; und so lag es nahe, Enzyklopädien alphabetisch anzulegen. Denn dann boten die Lexika das, was der Eklektizismus brauchte: Material für Praxis. Vermutlich war Ephraim Chambers Cyclopaedia[148] praxisgerechter; den Vollständigkeitsanspruch der barocken Systematik transformierte Zedlers vollständiges, wie es sich nannte, Universallexikon[149] gewiß eher ins Alphabet. Und so war der „Zedler" beides zugleich, Hauptbuch des barocken Bankrotts und Meilen-

---

[142] Christoph August Heumann: Conspectus Reipublicae Literariae, sive via ad historiam literariam juventuti studiosae aperta. Hanoverae: Förster 1718.
[143] Burghard Gotthelf Struvius. Introductio ad Notitiam rei Litterariae. 2. Aufl., Jena: Baillir 1706.
[144] Johann Andreas Fabricius: Abriß einer allgemeinen Historie der Gelehrsamkeit, Bd. 1–3, Leipzig: Weidmann 1752–54.
[145] Jo. Gotofredus Sidelbastius: Historia omnium scripturarum, tum sacrarum, tum profanarum in ordinem redacta et ad lucem veritatis protracta. Amsterdam und Leipzig 1697–1704. Vgl. auch oben „Rota philosophica", Amsterdam 1693, die sich an Kircher und möglicherweise an Kuhlmann orientieren. Dazu H.S. Reimarus/J.A. Hoffmann: Neue Erklärung des Buches Hiob, Hamburg 1734, Einleitung.
[145a] Heinrich von Bünau: Catalogus bibliothecae Bunavianae, T. 1–3, Lipsiae: Fritsch 1750–56.
[146] Otto Hartwig: Schema des Realkatalogs der königlichen Unviersitätsbibliothek zu Halle a.S., Leipzig: Harrassowitz 1888.
[147] Vgl. oben S. 65f.
[148] Ephraim Chambers (1680?–1740): Cyclopaedia; or, An universal dictionary of arts and sciences; containing the definitions of the terms, and accounts of the things signify'd thereby, in the several arts, both liberal and mechanical, and the several sciences, human and divine . . . London, J. and J. Knapton [et al.] 1728.
[149] Großes vollständiges Universal-Lexicon aller Wissenschaften und Künste, Halle und Leipzig: Zedler u.a. 1732–50.

stein in der Lexikographie, die im 18. Jahrhundert in der großen Encyklopédie gipfelte.

d) Die fortgeschrittenste Schwundstufe der Universaltopik bildeten die *Fachlexika*. Sie bestanden fast nur noch aus Negationen topischer Prädikate: Übriggeblieben war die Invention; aber die Invention war nicht mehr universal, sondern partikular, und ein Urteil fand nicht mehr statt. Auch hier gab es Vorgänger: Die philosophischen Lexika von Goclenius[150] und Micraelius[151], an die sich das philosophische Lexikon von Walch[152], das bekannteste philosophische Fachlexikon des frühen 18. Jahrhunderts, anlehnen konnte. Und auch die großen Lexika des Hamburger Polyhistors Johann Albert Fabricius, der eine Bibliotheca graeca, latina und eine mediae et infinae latinitatis[153] geschrieben hatte, und seines Schülers Johann Christoph Wolf, der eine Bibliotheca hebraea[154] schrieb, waren nur noch Inventionshilfen.

Das waren Lexika, in denen die Universaltopik ganz verschwunden war, die aber noch von ihr abhängig waren. Denn allein die alphabetischen Lexika nahmen den Zusammenbruch der barocken Dispositionsmöglichkeit des Wissens ernst. Nur noch alphabetisch, ganz äußerlich konnte der Inhalt des Wissens ordentlich, aber nicht systematisch hintereinanderfolgen, wenn man bereit war, die materialen Wissensgehalte vor der Methode einer Erkenntnis rangieren zu lassen.

---

[150] Rudolf Goclenius: Lexicon philosophicum, quo tanquam clave philosophiae fores aperiuntur. Francofurti: Musculus u. Pistorius 1613: Becker.

[151] Johann Micraelius: Lexicon philosophicum terminorum philosophis usitatorum ordine alphabetico sic digestorum, ut inde facile liceat cognosse . . . Jena u. Stettin: Mamphrasius 1653: Freyschmid.

[152] Johann Georg Walch: Philosophisches Lexikon, darin die in allen Theilen d. Philosophie vorkommenden Materien und Kunstwörter erklärt werden, Leipzig: Gleditsch 1726 u.ö.

[153] Johann Albert Fabricius: Bibliotheca Graeca; sive notitia Scriptorum veterum Graecorum quorumcunque monumenta integra, aut fragmenta edita extant: . . . Hamburg: Liebezeit 1704—1708 u.ö. — Ders.: Bibliotheca Latina, sive notitia autorum veterum Latinorum, quorumcunque scripta ad nos pervenerunt . . . Hamburgi 1677 u.ö. — Ders.: Bibliotheca Latina mediae et infimae aetatis . . . Hamburgi 1734—46 u.ö.

[154] Johann Christoph Wolf: Bibliotheca hebraea; sive, Notita tum auctorum hebr. cujuscunque aetatis, tum scriptorum . . . Hamburgi: Liebezeit 1715—33.

SCHLUSSKAPITEL
MODELLWECHSEL ZUR ERKENNTNIS
UND ÄSTHETISCHES ENDE

I. Die Umwandlung des Methodenbegriffs: René Descartes

Es wird nötig, zu rekapitulieren: Mit dem Eklektizismus, der lexikalisch endete, auch schon mit den barocken Systemen zwischen Keckermann und Comenius, auch mit der Wiedereinführung der Metaphysik als Sonderwissenschaft im Anschluß an Zabarella und Suarez, auch mit der Kombinatorik war die Stringenz des ramistischen Methodenbegriffs allmählich aufgeschwemmt und überlastet, erweitert und schließlich gesprengt worden. Die formale Strenge, die die „Axiome" Vollständigkeit, Homogeneität und Deduktion auszeichnete, das klar begrenzte Procedere von Definition zu Division war durch die vielen universalwissenschaftlichen Zusatzannahmen schon zu Ende des 16. und zu Beginn des 17. Jahrhunderts verändert worden. Durch die methodischen Erweiterungen, insbesondere durch die Sonderrolle der kontemplativen Wissenschaften, war mit der Einheit der Methode auch die Homogeneität des Gegenstandes verloren gegangen. Der materialordnende Zugriff, der mit Inventio und Judicium begonnen hatte, war mit der Entwicklung des ramistischen Methodenbegriffs, auch mit der Trennung von inhaltlichem System und formalem Methodus, die Zabarella vorgeschlagen hatte, allmählich mehr und mehr inhaltlich bestimmt worden und zur universaltopischen Dispositionsform einer großen Masse Stoffs vereinseitigt worden.

Das war um 1630 die Begriffslage von Methode und System, von der Descartes auszugehen hatte. Die Einseitigkeit, mit der der Methodenbegriff auf inhaltliche Systeme gedrängt worden war, hatte das Pendant übriggelassen. Es war ebensogut möglich, den Methodenbegriff als Modus procedendi *in* einem beliebigen Material, nicht als Disposition *von* einem beliebigen Material aufzufassen. Auch bei Descartes' notorischer Quellenverschwiegenheit konnte man gewiß davon ausgehen, daß er Ramus kannte[1], und ebenso gewiß konnte man sein, daß er das logische Standardwerk des frühen 17. Jahrhunderts, die ramistische Dialektik genauso kannte wie den Diskussionsstand um den Methodenbegriff, den Zabarella maßgeblich dargestellt hatte. Das entsprach dem normalen Universitäts- und Gymnasial-Kenntnisstand eines jeden zeitgenössischen Logikkursus. Und um 1630 entstand Descartes' Methodenbegriff, in einer Zeit, in der die Auseinandersetzung mit dem Ramismus und seinen Folgen noch virulent war[2]. Spätestens 1628[3] beschäftigte sich Descartes mit dem Problem des rechten Fortgangs des Ingenium, es ging also schon um „Methode", einen Begriff, der 1637 im epochalen „Discours de la Methode" neu gefaßt werden sollte. Descartes konnte an den Methodenbegriff des Ramismus anknüpfen. Es ergaben sich allerdings trotz vieler Konvenienzen in der Begriffsentwicklung beträchtliche, entscheidende Unterschiede. Denn Descartes modellierte seit den „Regulae ad directionem ingenii" seinen Methodenbegriff auch an der metaphysischen Erkenntnis. Das bedeutete formal zunächst eine Erweiterung der Funktionsmöglichkeiten seines Methodenbegriffs in Richtung auf eine beweglichere Methodenvorstellung.

Das hatte nun auch Zabarella schon zu erreichen gesucht, indem er den Methodenbegriff in eine Methode als Modus procedendi und in eine systematische Ordnung aufgeteilt hatte. Aber bei ihm war der Methodenbegriff zwieschlächtig geworden: Eine aktive, topisch ordnende Methode konnte nicht auch zugleich in der Metaphysik kontemplativ sein. Das hatte zur Spaltung der ramistischen wissenschaftlichen Einheit in Artes und Scientiae geführt, wie sie Zabarella vorgeschlagen hatte und wie sie Keckermann, auch Timpler,

---

[1] Er erwähnt ihn in Briefen: Descartes, Oeuvres, ed. Adam-Tannéry (AT) I, 288 und AT V, 257, 663.

[2] Es gab zahllose Ausgaben der Dialektik und Ong weist zurecht darauf hin, daß Ramus' Dialektik in der ersten Hälfte des 17. Jahrhunderts *das* Dialektik-Lehrbuch war. Vgl. o. S. 39—66.

[3] Zur Datierung AT X, 486—488. Zu Descartes vgl. insgesamt Wolfgang Hübener: Artikel „Descrates". In: Theologische Realenzyklopaedie VIII, 1981, S. 499—510.

Vorige Seite: Schlußvignette von Joseph Hall: Mundus alter et idem. Deutsch Leipzig: Henning Groß 1613.

Herkules
Der Weg zu Sternen scheinet fast /
Dem helden eine Grosse last.
Sein blik ist trawrich / ob der mǔhn /
die Herkules noch muß vollziehn.
Qvand Hercules, apres plusieurs conquestes,
cuydoit auoir repos de ses labeurs,
Hydra suruint auec ses sept testes:
Renouuelant ses trauuaulx et malheurs.
Henkel/Schöne: Emblemata. Stuttgart 1967. S. 1646.

in Descartes' Jugendzeit vertreten hatten[4]. Ein solch gespaltener Wissenschaftsbegriff konnte die Einheit und die Sicherheit einer methodischen Erkenntnis, auf die Descartes hinauswollte, nicht erreichen. Descartes' Ziel war zunächst sichere Erkenntnis; er definierte seine erste Regel: „Studiorum finis esse debet ingenii directio ad solida & vera, de iis omnibus quae occurrunt, proferenda judicia."[5] Hier deutete sich das an, was den ramistischen Methodenbegriff mit dem cartesischen verband. Es gab einen universalen Kompetenzbereich von Methode. Der Anspruch war, es gebe nichts, was der ramistischen oder cartesischen Methode nicht zustünde.

Die vier Regeln des „Discours de la Methode": Nichts anzunehmen, dessen man nicht sicher sei; Aufteilung komplexer Probleme in ihre Einzelprobleme; Beginn der Erkenntnis bei den einfachen und leicht erkennbaren Dingen, die dann in „natürlicher Ordnung" zu disponieren seien; und schließlich die Vollständigkeit der Argumentation[6], die noch dazu als „longues chaisnes de raisons, toutes simples & faciles"[7] auftaucht, mutet zurecht schon auf den ersten Blick ramistisch an. Descartes konnte, wie Ramus, auf einen homogenen Objektbereich zurückgreifen, die ramistische Methode ordnete Begriffe und Topoi, die cartesische verband Ideen. Denn Descartes kümmerte sich nicht um den begrifflichen Unterschied von Artes und Scientiae. Die Disziplinen, um deren methodische Verbindung und Reform es ihm eigentlich ging, Philosophie, Logik und Mathematik, faßte er in dem nur scheinbar als Plauderei geschriebenen Discours de la Methode mit beiläufigem Understatement als „trois ars ou sciences qui sembloient deuoir contribuër quelque chose a mon dessein."[8] Descartes brauchte sich auch um den Unterschied von Wissenschaft und Kunst nicht mehr zu kümmern.

Wissenschaft war in ihrer kontemplativen Fassung, so wie sie seit Zabarella wieder kanonisch geworden war, Ordnung und sichere Erkenntnis von Wahrnehmung, die bei substantiellen Objekten, bei der Sinnlichkeit begann und an sinnlichen Objekten die Substantialität, ihr Wesen, ihr Ens qua ens zu erfassen versuchte. Dieser Vorgang stützte sich auf zahlreiche Substanzen mit sinnlicher Valenz, die geometrisch, physikalisch, metaphysisch waren. Ars,

---

[4] Vgl. o. S. 67–100.

[5] AT X, 359.

[6] AT VI, 18f.: „Le premier estoit de ne receuoir iamais aucune chose pour vraye, que ie ne la connusse euidemment estre telle: c'est a dire, d'euiter soigneusement la Precipitation, & la Preuention; & de ne comprendre rien de plus en mes iugemens, que ce qui se presenteroit si clairement & si distinctement a mon esprit, que ie n'eusse aucune occasion de le mettre en doute. Le second, de diuiser chascune des difficultez que i'examinerois, en autant de parcelles qu'il se pourroit, & qu'il seroit requis pour les mieux resoudre. Le troisiesme, de conduire par ordre mes pensées, en commençant par les obiets les plus simples & les plus aysez a connoistre, pour monter peu a peu, comme par degrez, iusques a la connoissance des plus composez; et supposant mesme de l'ordre entre ceux qui ne se precedent point naturellement les vns les autres. Et le dernier, de faire partout des denombremens si entiers, & des reueuës si generales, que ie fusse assuré de ne rien omettre."

[7] AT VI, S. 19.

[8] AT VI, S. 17.

Kunst dagegen war die zielorientierte Handlung, die mit Mitteln zweckbe-
stimmt arbeitete; sie war im Ramismus auch der Ort von Methode.

Diese zentrale Differenz von Ars und Scientia, die seit Zabarella petrifiziert
worden war, konnte Descartes übergehen. Denn sein Geniestreich bestand
zunächst nicht darin, den Methodenbegriff zu verändern, sondern in der Veränderung des Substanzbegriffs in der Metaphysik. Er reduzierte die potentiell
unbegrenzte Anzahl der endlichen Substanzen, die erst die Kontemplation
nötig gemacht hatten, auf zwei, auf die Res cogitans und die Res extensa. Die
Brücke zwischen diesen beiden ganz getrennten endlichen Substanzen bildete
die unendliche Substanz, Gott. Damit war der Ternar der neuzeitlichen Metaphysik, Gott, Mensch und Welt festgelegt[9].

Diese Metaphysikreform stand in einem engen Begründungsverhältnis zur
Funktionsweise der cartesischen Methode: Die Zugehörigkeit der Vernunft
und ihres Procedere zur geistigen Welt, zur Res cogitans, war erst die metaphysische Grundlage für die Homogeneität des Anwendungsgebietes von
Methode. Die Methode war substantiell dasselbe wie ihr Material, nämlich Res
cogitans, sie verknüpfte sachgerecht und kompetent innerhalb der Res cogitans. Die Disposition von Historie als etwas von außen Erfahrenem fiel aus,
die Methode war der sichere Weg *in den* Ideen, nicht deren von außen heran-
getragene systematische Ordnung. So wenig wie Historie war Kontemplation
von etwas, was nicht Geist war, die Kontemplation der klassischen Metaphysik,
bei Descartes noch vorstellbar. Auch die geometrische Ordnung war kein
Kontemplationsobjekt mehr, sondern die Ordnung der Ideen, die die Methode
durchlief. Der methodische Geist kannte seine Ideen aus seiner Konsubstan-
tialität mit ihnen, er war Geist aus ihrem Geist. Alle Methode war deshalb
Analyse der Ideen, alle Analyse vollzog sich methodisch. Eine Synthese war
nicht mehr nötig, weil die unmittelbare Gewißheit der geistigen Analyse-
objekte durch geometrische Intuition bestand.

Ohne den göttlichen Eingriff war freilich eine Verbindung zur zweiten
Substanz, zur Res extensa unvorstellbar, nur die Annahme einer unendlichen,
göttlichen Substanz verband die Seele mit der Welt. Der metaphysische
Ternar Gott/Seele/Welt war damit auch Funktionsvoraussetzung der Erkenntnis von außen nach innen, war damit Voraussetzung für den Realitätsgehalt,
nicht für die Stimmigkeit der Analyse. Die Gewaltsamkeit, daß Gott jede
einzelne Erkenntnis der Körperwelt zu garantieren hatte[10], gehörte zu den
Folgelasten des cartesischen Geniestreichs, der die Erkenntnisordnung aus
der Metaphysik übernahm und sie mit dem artistischen Methodenideal koppelte, damit erstmals und nachhaltig die methodische Erkenntnis metaphysisch beschrieb und als wissenschaftliches Ideal postulierte.

---

[9] Das war das Thema im letzten Kapitel des Discours de la Méthode, das dann in den
Meditationes de Prima Philosophiae fortgesetzt wurde.

[10] Vgl. Rainer Specht: Commercium Mentis & Corporis, Stuttgart-Bad Cannstatt
1966. – Ders.: Innovation und Folgelast, Stuttgart-Bad Cannstatt 1974. – W. Schmidt-
Biggemann: Maschine und Teufel, Freiburg und München 1975.

Schon Descartes' „Regulae" hatten gefordert, „Circa illa tantùm objecta oportet versari, ad quorum certam & indubitatam cognitionem nostra ingenia videntur sufficere."[11] Diese Objekte waren die geometrischen Objekte, die die Möglichkeit boten, die mobile Methode und die ideale Anschauung ineins zu setzen. Sie boten das Muster einer Erkenntnissicherheit, das auch die Veränderung der Metaphysik bedingte. Und mit der Veränderung der Metaphysik, mit der Zentralstellung des Erkenntnisideals und mit seiner Verbindung zur Methode, die durch die Metaphysikveränderung möglich wurde, war das barocke Modell der topischen Universalwissenschaft unbeschreibbar und überflüssig geworden.

Mit der mathematisch-methodischen Modellierung der Erkenntnis in einem neuen metaphysischen Rahmen war der Methodenbegriff verändert. Die ramistische Methode, die mit Historie und topischem System arbeitete, wurde von einer inhaltsorientierten Implikationsökonomie, vom „System" zur methodischen Analyse verschoben und mit dem Signum metaphysischer Erkenntnissicherheit versehen. Und damit war zugleich das analytische Wahrheitskriterium alleinseligmachend.

II. Die Disqualifizierung der Historie: Christian Wolff

All dies stand 1637 fest, 7 Jahre nach Alsteds großer Enzyklopädie, lange vor Comenius und lange vor Leibniz' großartigen kombinatorischen Plänen, die Analyse als einen Teil der Kombinatorik zu integrieren versuchten. Aber es dauerte über 100 Jahre, bis das Ideal der analytischen Erkenntnis den Kern des polyhistorischen Modells erreichte, des Modells der Artistik, das aus historischem Material ein Kunstgebilde herstellte. Dies Modell war von Invention und Judicium, von Historie und auch Ordnung ausgegangen und hatte die Wortwissenschaften als Leitwissenschaften installiert. Das war durch die cartesianische Kombination von Geometrie, Metaphysik und Naturphilosophie verändert. Das neue, cartesische Modell war nicht verträglich mit dem Modell der polyhistorischen Universaltopik. Die Konsequenzen dieser Veränderung des Wissenschaftenmodells, das alle Wissenschaften nach Mathematik und logischer Analyse wie Naturwissenschaften durchfunktionalisierte, brauchten eine ganze Schule, um alle Wissenschaften zu erfassen. Christian Wolff und seine Schüler forsteten den vollständigen Kanon nach dem mathematisch-analytischen Modell durch.

Diese Neumodellierung veränderte den Kanon der Wissenschaften. Die topische Invention wurde gleichgültig, es ging um den sicheren Weg der Erkenntnis in einem beliebigen Stoff, nicht aber um die Bewältigung von Historie.

Unter der Prämisse, daß Natur der metaphysisch besonders qualifizierte Gegenstand der Analyse sei, Natur aber prinzipiell für Analyse und Experi-

---

[11] AT X, S. 362, Regula II.

ment gegenwärtig zu sein hatte, wurde Historie disqualifiziert. Von Geschichte, die nicht stets gegenwärtig sein konnte, war nicht dieselbe Gewißheit zu erwarten, wie von Natur; geschichtliche Erkenntnis wurde zum Glauben disqualifiziert[12]. Wenn geschichtliche Erkenntnis ihre Dignität verlor, dann konnte sie auch nicht mehr der Ort der Invention sein; und wenn Natur so eine andere Dignität bekam als Geschichte, wurde auch die topische Invention überflüssig, die von Geschichte abhängig war. Analytische Wissenschaft von Historie war nicht möglich, „da man die historische Wahrheit nicht wissen kan, sondern nur glauben muß"[13], wie Christian Wolff betonte. Daß man folglich zu wahrscheinlichen Ergebnissen kam, macht ihren wissenschaftlichen Minderwert gegenüber den Wissenschaften aus, die nach dem mathematisch-naturwissenschaftlichen Muster modelliert waren. Das waren für Wolff auch Logik, Metaphysik, Ethik und Politik, nicht dagegen, im Gegensatz zu Thomasius, Historie. Damit spaltete Wolff durch den Evidenzanspruch den Bereich der wissenschaftlichen Erkenntnis, der als Historie und Experienz *vor der Inthronisation der Evidenz*, vor der scharfen erkenntnistheoretischen Trennung von Gewußtem und Geglaubtem einheitlich strukturiert war[13a]. Historie war in der Topik zwar auch Fremderfahrung, sie hatte aber als dargestellte, politische, natürliche oder vergangene Wahrheit prinzipiell dieselbe Dignität gehabt wie eigene Erfahrung. Mit dem Modell Mathematik und Natur wurde die potentielle Gegenwärtigkeit, die mit Zeitlosigkeit gleichrangig war, zum entscheidenden Faktor einer gesicherten Erkenntnis. Die eigene Zeit, die Gegenwart bekam den exzeptionellen methodischen Rang der Zeitlosigkeit, wurde damit die alleinige Bedingung der Möglichkeit, eine gesicherte Erkenntnis zu erlangen.

Mit der Unterscheidung von Gegenwart auf der einen, Vergangenheit auf der anderen Seite — die Rolle des Futurs bleibt unbestimmt —, spaltete Wolff die Homogeneität des Zeitbegriffs. Zeit war jetzt nicht mehr ein ununterscheidbares Kontinuum, das eine prinzipielle Gleichrangigkeit historischer und

---

[12] Während der Jurist Thomasius Geschichte für seine Wissenschaften nach kritisch-hermeneutischer Prüfung prinzipiell gleichberechtigt mit der Gegenwart für seinen Eklektizismus installierte, hatte Historie bei Wolff die entgegengesetzte Funktion. Vgl. o. Anm. 112 im Kap. 5, S. 283.

[13] Christian Wolff: Vernünftige Gedanken von den Kräften des menschlichen Verstandes. Zuerst 1713. Krit. Ausg. von H.W. Arndt, Hildesheim, New York 1978. (= Gesammelte Werke, 1. Abt., Bd. 1, S. 219) Im „Discursus praeliminaris de philosophia in genere" der lateinischen Logik von 1730 ist die Erkenntnis der Vergangenheit schon gar nicht mehr mitbedacht; es gibt nur noch folgenden Unterschied zwischen historischer und philosophischer Erkenntnis:
§ 3 „*Cognitio* eorum, quae sunt atque fiunt, sive in mundo materiali, sive in substantiis immaterialibus accident, *historica* a nobis appellantur."
§ 6 „*Cognitio* rationis eorum, quae sunt, vel fiunt, *philosophica* dicitur."
Die Vergangenheit kommt nicht einmal mehr grammatisch vor.

[13a] Daß das bereits bei Descartes angelegt war, ist notorisch (AT X, Suppl. 2f: Historia contra scientia). Aber erst Wolff wendet das Evidenzkriterium auf den gesamten Wissenschaftsbereich an und verändert dadurch den Wissenschaftenkanon. Diese Schwierigkeiten hatte Thomasius mit Hermeneutik aufzufangen versucht.

gegenwärtiger Erfahrung allererst ermöglichte. Durch die Zuordnung der Evidenz zur Gegenwart oder zur Zeitlosigkeit und durch die Disqualifizierung „historischen" Wissens als Glaube, der das wissenschaftliche Ideal prinzipiell nicht mehr erreichen könne, wurde allen historischen Fängern der Rang von Wissenschaftlichkeit abgesprochen, wurde die geschehene Zeit wie die zukünftige zweitrangig. Zugleich mit der Spaltung der Zeit war das Kontinuum von Erfahrung als historische und gegenwärtige Erfahrung gespalten. Eine *Flächentopik* wurde unmöglich, denn Erfahrung wurde dishomogen. Die topische Einheit von Naturgeschichte und allen anderen Historien, die die Voraussetzung der gleichrangigen Auswahlmöglichkeiten aus Natur und Geschichte für sententiöse und systematische Kenntnis von Gelehrsamkeit und Praxis bot, diese Einheit zerbarst unter dem Druck der neuen mathematisch-analytischen Methode. Die Einheit der Erfahrung spaltete sich unversöhnlich in Wissen und Glauben.

III. Ästhetisches Ende: Alexander Gottlieb Baumgarten

Die Spaltung der Zeit, die Dishomogeneisierung durch die Disqualifikation der Historie zerstörte die Inventionsmöglichkeiten des topischen Modells. Topik war als gemeinsames Modell von Logik und Rhetorik entwickelt worden. Im artistischen Wissenschaftsmodell wurde inveniertes Material disponiert. Muster war die rhetorische Rede, die Argumente nach Regeln ordnete. Dieses Modell konnte nie Erkenntnis erklären, es taugte nicht zur Analyse von Objekten als Erkenntnisobjekten, denn eine regelrechte Anordnung von Argumenten sagte über die metaphysische Wahrheit der Gegenstände von Argumenten nichts aus. Eine *objektive* und methodische Erkenntnis war nicht das Ziel der Topik.

Vielmehr lag das Ziel der Topik in der Anordnung von inhaltlichen Argumenten in einem gemeinsamen logischen, rhetorischen und poetischen Zusammenhang. Diese Einheit bestand im gemeinsamen Verfahren, in Invention und Judicium. Das Ergebnis war allemal der gemeinsame Gebildecharakter einer logischen Folgerung, einer Rede, eines Gedichts. Wenn nicht mehr die Herstellung eines Gebildes entscheidend war, sondern die Erkenntnisform des Schönen, dann war das ein Indiz dafür, daß mit dem Ende der Poiesis auch das Ende des Judiciums, des Urteils darüber, wie etwas gemacht wird und wo es hingehörte, gekommen war. Das Ende der Topik, das Ende der Rhetorik und Poetik, war zugleich der Beginn der Ästhetik.

Die entscheidende Umstrukturierung von Rhetorik und Poetik als artistischer Fächer vollzog sich durch die Anerkennung des Primats der Erkenntnis. Dieser Primat ließ poetische und rhetorische Regeln nicht zu; er polte alle Regeln um. Aus der virtuosen Regelrechtheit von Poesie wurde die besondere Dignität eines Erkenntnisobjekts. Unter dem Primat der Erkenntnis bekam das Schöne eine Dignität, die an der Klarheit eines natürlichen Objekts gemessen werden mußte und zugleich die Sonderstellung der Erkenntnis des Schönen gegenüber der Erkenntnisklarheit natürlicher Objekte zu berücksichtigen hatte. Regeln zur Verfertigung artistischer Gebilde ließ dieser Erkenntnistheorie des Schönen nicht mehr zu, nur noch Analyse des Schönen, das sich im Kunstwerk manifestierte.

Diese Erkenntnistheorie des Schönen erforderte, wenn sie denn Erkenntnistheorie sein wollte, die Beschreibung des Verhältnisses zwischen Schönem und Erkennendem. Damit fiel die rhetorische Rede, weil sie nicht am Schönen orientiert war, aus dem Kalkül. Die rhetorische Rede war überhaupt nicht objektgebunden, hatte deshalb auch nicht die Objektorientierung aufs Schöne.

Alexander Gottlieb Baumgarten[14] hat die Notwendigkeit, die Poetik in Ästhetik nach analytischen Regeln umzuformen, zuerst gesehen. In seiner ganz und gar ungewöhnlichen ersten gedruckten Disputation vom 23. September 1735, den „Meditationes Philosophicae de Nonnullis ad Poema Pertinentibus" behandelte er ästhetische Probleme, ohne noch den Begriff Ästhetik zu benutzen. Sein genialer Wurf bestand darin, Kunst als Gegenstand im Bereich des Sinnlichen zu fassen und mit den Mitteln der analytischen Logik zu beschreiben. In diesem Kunstgriff verknüpfte er die Leibnizsche Individualvorstellung mit dem Ideal der klaren und zugleich sinnlichen Erkenntnis.

Die zentrale Definition: „Oratio sensitiua perfecta est POEMA"[15]. Das war die neue Definition der Rede über Kunst als einen besonderen Gegenstand. Denn „Poema" stand für Kunst schlechthin. Genau hier wandelte sich der Begriff Kunst vom technischen Verfahren zum ästhetischen Objekt. Baumgarten beschrieb die Erkenntnis dieses Objekts mit logisch analytischen Mitteln: Sinnliche Erkenntnis sei zwar dunkel, aber distinkt[16], der Gegenstand könne folglich nicht vollständig analysiert, aber doch von anderen unterschieden werden. Dabei arbeitete Baumgarten mit zwei Leibnizschen Kategorien, die Leibniz für seine Analyse der Characteristica universalis hatte verwenden wollen, mit der Repräsentationsfunktion der Sprache[17] und dem Begriff des Individuums. Das Individuum sei als vollkommen determiniertes Wesen sinnlich, weil es die meisten distinkten Prädikate habe; und es sei metaphysisch vollständig und vollkommen dargestellt und sinnlich zugleich, eben wegen der vollständigen Prädikation. Mit den Begriffen Sprache und Individuum

---

[14] Zu Baumgarten: Ursula Franke: Kunst als Erkenntnis. Die Rolle der Sinnlichkeit in der Ästhetik des Alexander Gottlieb Baumgarten, Wiesbaden 1972. – Hans Rudolf Schweizer: Ästhetik als Philosophie der sinnlichen Erkenntnis, Basel, Stuttgart 1973. – Mario Casula: La metafisica di A.G. Baumgarten, Mailand 1973. – Alfred Bäumler: Das Irrationalitätsproblem in der Ästhetik und Logik des 18. Jahrhunderts bis zur Kritik der Urteilskraft, (1923), Neudr. Darmstadt 1967.

[15] Alexander Gottlieb Baumgarten: Meditationes Philosophicae de nonnullis ad Poema pertinentibus. Diss. vom 23. Sept. 1735. Halle: Grunert.

[16] Die Unterscheidung stammt aus Leibnizens „Meditationes de Cognitione, Veritate et Ideis" von 1684 und wurde auch in Wolffs Logik übernommen, vgl. dort bes. Kap. 1 „Von den Begriffen der Dinge".

[17] Baumgarten, Meditatione, § II: „Ex oratione repraesentationes connexae cognoscendae sunt."

konnte Baumgarten beschreiben, daß der sinnliche Gegenstand eines Gedichts vollständig durch Sprache repräsentiert werde, daß das Gedicht mithin „Oratio sensitiva perfecta" sei[18].

Zum ästhetischen Kunstgegenstand wird damit die sinnlich, nicht rational erkennbare Individualität in metaphysisch ausgezeichneter Stellung. Denn Rationalität handelt vom Allgemeinen, nicht vom Individuum. Die Individualität ist nur analog zur Rationalität erkennbar[19], aber doch durch rationalen Kalkül als besonderer Gegenstand von besonderer Dignität beschreibbar. Die Repräsentationsfunktionen, die an die Sprache geknüpft sind, repräsentieren eben alle darstellbaren sinnlichen Beziehungen gleich, gleichgültig ob in realen oder in möglich vorgestellten Welten[20]. „Descriptiones idearum sensualium, phanasmatum, figmentorum verorum & heterocosmicorum confusae sunt admodum poeticae."[21] Es ging also um die möglichen Gegenstände der Dichtung und die spezielle Weise ihrer Erkennbarkeit, und nicht um Formanweisungen zur Verfertigung von Kunstwerken. An Kunst wurde nur der sprachlich begründete Anspruch eines „ordo repraesentationum" gestellt[22].

Daß diese Erkenntnis in dem analytischen Rahmen der wolffischen Logik verlief und deren strenge Kriterien übertrug, daß sie noch die Klassifikation von rhetorischen Figuren den Kriterien der wolffischen Logik zuzuordnen versuchte, machte die Dignität dieser Dissertation Baumgartens aus. Ihre Genialität lag in der Entdeckung eines neuen, des ästhetischen Gegenstandsbereichs. Das Wort „ästhetisch" hat erst später den Bereich des sinnlich Schönen konzis zusammengefaßt[23]. Baumgarten schrieb selbst, er stelle sich diese „Wißenschafft der Erkenntnis des Verstandes oder der deutlichen Einsicht vor und behält, die Gesetze der sinnlichen und lebhafften Erkenntnis, wenn sie auch nicht bis zur Deutlichkeit, in genauester Bedeutung, aufsteigen sollte, zu einer besondern Wißenschafft zurück. Diese letztere nennt er die Aesthetik"[24]. Er hat diese Erkenntnisse und ihre Termini in wiederholten Vorlesungen stets erweitert, in Vorlesungen, deren deutsche Bearbeitung von Georg Friedrich Meier schon 1748 bis 1750 als „Anfangsgründe aller schönen Wissenschaften" (eben nicht mehr „Wissenschaften und Künste") herausgegeben wurde[25]. Baumgartens eigenes Vorlesungshandbuch, die beiden Bände

---

[18] Baumgarten, Meditationes, § XIX: „Indiuidua sunt omnimode determinata, ergo repraesentationes singulares sunt admodum poeticae."

[19] Vgl. unten Anm. 27, S. 302.

[20] Baumgarten: Meditations, § III: „Repraesentationes per partem facultatis cognoscitiuae inferiorem comparatae sint sensitivae."

[21] Ebd., § LV.

[22] Baumgarten, Meditationes, § LXX: „Quum ordo in repraesentationum successione dicatur methodus, methodus est poetica eam vero Methodum, quae poetica, dicamus, cum poeta lucidum ordinem poetis tribuente, lucidam."

[23] Baumgarten, Aesthetica, Frankfurt a.O., Teil I 1750, Teil 2 1758. Zum gesamten Komplex der Baumgarten-Rezeption, zur Konstituierung der Ästhetik s. Anm. Nr. 14.

[24] Philosophische Briefe von Aletheophilus (Baumgarten), Frankfurt und Leipzig 1741, S. 7.

[25] Georg Friedrich Meier: Anfangsgründe aller schönen Wissenschaften, Halle 1748–1750, 3 Bde.

der „Ästhetica" erschienen 1750 und 1758, vier Jahre vor dem Tod ihres Verfassers[26].

Hier änderte Baumgarten seine Grundpositionen nicht mehr, aber er baute den Ansatz seiner Dissertation in funktionaler Systematik aus, indem er die logische Struktur der ästhetischen Erkenntnis schärfer faßte: „Aesthetica (theoria liberalium artium, gnoseologia inferior, ars pulcre cogitandi, ars analogi rationis,) est scientia cognitionis sensitiuae."[27] Ästhetische Erkenntnis verband die Gegenstände der Kunst mit ihrer adäquaten Darstellung in der vollkommenen sinnlichen Rede. Eine solche Adäquanz konnte nur über die metaphysische Verbindung von Vollkommenheit des sinnlichen Gegenstandes, des Individuums mit der Vollkommenheit der sinnlichen Erkenntnis möglich sein, eine Voraussetzung, die auch für die sachliche Entsprechung von Gegenständen und dem Sprechen über diese Gegenstände in der analytischen Wolffschen Logik galt. Nur aus dieser Dignität der Objekte leitete sich das Ziel ästhetischer Erkenntnis, die „Lux aesthetica" ab. Nur die Sache selbst konnte die Dignität der Sprache, und nur die metaphysische Verbindung von Sprache und Sache konnte die Wahrheit der Oratio sensitiva perfecta garantieren[28].

Sprache verlor damit den instrumentalen Charakter eines Kunstmittels, das zu rhetorischen oder poetischen Zwecken benutzt werden konnte. Sprache wurde reduziert auf die Ausdrucksfunktion des Objekts. Gegen Quintilian argumentierte Baumgarten deshalb mit der alleinigen Legitimität des sachlichen Arguments: „Aliud est argumentum veritatis aestheticae, aliud argumentum illustrans. Haec compone, et tunc demum habebis argumentum persuadens."[29] Darum betonte er auch gegenüber der „perspicuitas in verbis" bei Quintilian (VIII, 2) die „rerum perspicuitatem qua obiecta venustae meditationis sint dilucida et negligenter quoque audientibus attendentibus aperta."[30] Die metaphysische Dignität des Individuums veränderte die Sprache von einer Kunstform zum Ausdruck der Sache selbst in der Oratio sensitiva perfecta. Damit war der „artistische", finale Charakter einer Rhetorik als Zweckform ausgeschlossen. Der Wahrheitsanspruch von Rhetorik wurde allein auf die sprachlich ästhetische Ausdruckswahrheit reduziert, die Sprache durfte nur noch die metaphysisch garantierte Sachlichkeit ausdrücken: Rhetorik als Kunstform war funktionslos. Poetische Regeln für poetische oder rhetorische Sprache verloren ihren Anspruch, sie wurden nur noch zu deskriptiven Ausdrucksfunktionen. Zwischen den Mühlsteinen der analytischen

---

[26] Baumgarten, Aesthetica, Frankfurt a.O. 1750, 1758.

[27] Aesthetica, § 1 der Prolegomena.

[28] Aesthetica, § 427: „Si VERITATEM mentalem et subiectiuam, veritatem repraesentationum omnem, quae huc vsque logica tantum dicta est, dicamus AESTHETICOLOGICAM: non ea distinguentium est sententia, ac si 1) aesthetice vera quaedam, immo multa, non essent simul logice vera, quod lubenter concedimus."

[29] Aesthetica, § 541: „Iam obseruaui Quintilianum non distinguere probantia argumenta a persuadentibus." Zitat ebd.

[30] Aesthetica, § 614.

Logik und der Baumgartenschen Ästhetik wurde der poetisch regelhafte Kunstcharakter der Rhetorik zerrieben. Nach Baumgarten und Wolff ruhte die Anweisungspoetik und Anweisungsrhetorik keinem Modell artistischer Sprachbehandlung mehr auf.

Die Folgelasten, die Baumgarten mit der Umstrukturierung der artistisch-poetischen Wissenschaften zur erkenntnisorientierten Ästhetik produzierte, sind kaum überschätzbar. Die Rhetorik büßte ihren wissenschaftlichen Charakter völlig ein und verschwand einstweilen aus dem Disziplinenkanon, Reden und Schreiben war nur noch Ausdrucksfunktion der Sache, nur ästhetisch und analytisch legitim und faßbar. Mit dem Verlust des artistischen Wissenschaftsmodells verlor sich auch die Kenntnis und die Erkenntnis des sprachlichen Instrumentalcharakters. Das Ende der Kunstlehre einer Sprachfügung bedeutete, daß artistische Regeln aufgehoben waren. Mit Invention, mit Judicium, mit Topik, Rhetorik, auch mit Poetik war nicht mehr zu rechnen. An die Stelle des gelehrten Regelvirtuosen trat das empfindsame Genie. Die Konstitution der Ästhetik beseitigte die letzten Reste universaler Topik.

BIBLIOGRAPHIE*

Quellen

Abraham a Santa Clara: Centifolium Stultorum oder Hundert Ausbündige Narren . . . in einer neu aufgewärmten Alapatrit-Pasteten . . . — o.O. 1709

Acontius, Jacobus: De Methodo, Hoc est, de Recta Investigandarum, Tradendarumque artium, ac scientiarum ratione. Genf (1582) Neudr. mit e. Übersetzung von Alois von der Stein, hrsg. und eingel. von Lutz Geldsetzer. — Düsseldorf 1971.

Acta Synodi nationalis. In nomine domini nostri Iesu Christi. Authoritate illustr. et praepotentum D.D. Ordinum generalium foederati Belgii provinciarum, Dordrechti habitae anno 1618 et 1619. — Dordrecht 1620: Caninius.   23: Tq $2°$ 3

Agricola, Rudolph: De Inventione dialectica. Mit e. Vorw. von Wilhelm Risse. Nachdr. d. Ausg. Köln 1528. — Hildesheim 1976

Agrippa, Heinrich Kornelius: De occulta philosophia lib. 3. Item, Spurius Liber de Caeremoniis magicis, qui quartus Agrippae habetur. . . . — Lugduni: Beringo [nach 1560].   23: Na 146

Alsted, Johann Heinrich: Clavis artis Lullianae, et verae logices duos in libellos tributa. — Argentorati: Zetzner 1609.   23: 3.15.1 Log.

— : Compendium lexici philosophici. — Herborn 1626: Corvinius u. Muderspach.   35: P-A 25

— : Compendium philosophicum, exhibens methodum, definitiones, canones, distinctiones, et quaestiones, per universam philosophiam. — Herborn 1626: Corvinus u. Muderspach.   35: P-A 25

— : Cursus encyclopaediae libris XXVII complectens universae philosophiae methodum, serie praeceptorum, regularum & commentariorum perpetua. — Herborn 1620: Corvinus.   23: 6.1 Quod.

— : Diatribe de mille annis apocalypticis, non illis chiliastarum & phantastarum, sed B.B. Danielis & Johannis. — Frankfurt: Eifried 1627.   23: 1287.2 Theol.

— : Encyclopaedia septem tomis distincta. — Herborn: [Corvinus] 1630.   23: 39.1; 39.2 Quod.

— : Panacea philosophica; id est, facilis, nova, et accurata methodus docendi et discendi universam encyclopaediam, septem sectionibus distincta. — Herborn 1610.   23: 403.17 Quod. (3)

— : Philosophia digne restituta: libros quatuor praecognitorum philosophicorum complectens: quorum 1. Archelogia, . . . 2. Hexilogia, . . . 3. Technologia, . . . 4. Canonica, . . . — Herborn 1612.   7: $8°$ Did. 184/4

— : Systema mnemonicum duplex. 1. Minus, . . . 2. Maius, . . . — Francofurti: Palthenius 1610.   23: Q 98, $8°$ Helmst.

— : Trigae canonicae, quarum prima, est dilucida artis mnemonologicae, . . . secunda, est artis Lullianae, . . . tertia, est artis oratoriae . . . — Francofurti: Hummius 1612: Richter.   23: Q 99. $8°$ Helmst.

Andreae, Johann Valentin: Christenburg. Das ist ein schön geistlich Gedicht, darinn als in einem Spiegel klärlich vor Augen gestellet wird, die Ankunfft, Zunemen und Wolstand der Kirchen Gottes. . . . — Freyburgk: Krafftman 1626.   23: 1270.1 Theol. (3)

— : Christianopolis. Aus dem Lat. übers., komm. u. mit e. Nachw. hrsg. v. Wolfgang Biesterfeld. — Stuttgart (1975)

---

* Die Zahlen vor den Signaturangaben entsprechen den üblichen Bibliothekssiglen:
1a: Staatsbibliothek Berlin (West)
 7: Staats- und Universitätsbibliothek Göttingen
23: Herzog August Bibliothek Wolfenbüttel
35: Landesbibliothek Wiesbaden

— : Reipublicae Christianopolitanae descriptio. — Argentorati: Zetzner 1619.   23: P
    357.12° Helmst. (2)
— : Chymische Hochzeit: Christiani Rosencreutz. — In: Die Deutsche Literatur. Bd. 3 Ba-
    rock. Hrsg. von Albrecht Schöne. — München 1968
Aristoteles: Ars rhetorica. Recogn. . . . W.D. Ross. — Oxonii 1969.
— : Lehre vom Beweis oder Zweite Analytik (Organon IV). Übers. u. mit Anm. vers. von
    Eugen Rolfes. Mit neuer Einl. u. Bibliographie von Otfried Höffe. (Nachdr. d. Ausg.
    von 1922.) — Hamburg 1975.   (= Philosophische Bibliothek. 11)
— : Lehre vom Schluß oder erste Analytik (Organon III.). Übers. u. mit Anm. vers. von
    Eugen Rolfes. (Unveränd. Nachdr. d. Ausg. von 1921.) — Hamburg 1975.   (= Philo-
    sophische Bibliothek. 10)
— : Politik. Übers. u. mit erkl. Anm. u. Reg. vers. v. Eugen Rolfes. — Hamburg (1965).
    (= Philosophische Bibliothek. Bd. 7)
— : Drei Bücher der Redekunst. Übers. von Adolf Stahr. 2. Aufl. — Berlin o. J.
— : Topik (Organon V). Übers. . . . von Eugen Rolfes. Unveränd. Nachdr. d. 2. Aufl. von
    1922. — Hamburg (1968).   (= Philosophische Bibliothek. Bd. 12)
Bacon, Francis: Francisci Baconi, Baronis de Verulamio, Vice-Comitis Sancti Albani, Ope-
    rum moralium et civilium. Tomus qui continet Historiam Regni Henrici Septimi, Regis
    Angliae. Sermones fidei, sive interiora rerum. Tractatum de sapientia veterum. Dialo-
    gum de bello sacro. Et Novam Atlantidem. . . . In hoc volumine, iterum excusi, inclu-
    duntur Tractatus de augmentis scientiarum. Historia ventorum. Historia vitae et mor-
    tis. — Londini: Whitaker 1638: Griffin.   23: Ac 4° 1.2
— : The Works of Francis Bacon. Faks. — Neudr. d. Ausg. von Spedding, Ellis u. Heath,
    London 1857—1874. Bd. 1—14. — Stuttgart-Bad Cannstatt 1961—63
Baumgarten, Alexander Gottlieb: Aesthetica. — Traiecti cis Viadrum: Kleyb 1750.   23:
    Vb 38
    : Philosophische Brieffe von Aletheophilus. — Frankfurth u. Leipzig 1741.   23: Wa 4°
    328
— : Meditationes philosophicae de nonnullis ad poema pertinentibus. — Halae Magdebur-
    gicae (1735): Grunert.   23: Li 277
Becher, Johann J.: Character, pro notitia linguarum universali. Inventum steganographicum
    hactenus inauditum quo quilibet suam legendo vernaculam diversas imo omnes linguas,
    unius etiam diei informatione, explicare ac intelligere potest. — Francoforti: Ammo-
    nius & Serlinus 1661: Spörlin.   23: 371.4 Quod. (7)
Beyerlinck, Laurentius: Magnum Theatrum vitae humanae. Hoc est rerum divinarum
    humanarumque syntagma catholicum, philosophicum, historicum, dogmaticum: nunc
    primum ad normam polyantheae cuiusdam universalis, iuxta alphabeti seriem in tomos
    VII. per libros XX. dispositum. — Köln: Hierator 1631.   23: 1.6 Quod. 2°
— : Magnum Theatrum vitae humanae, hoc est rerum divinarum humanarumque catholi-
    cum, philosophicum, historicum, dogmaticum alphabeticae serie polyantheae univer-
    salis iuxta in tomos octo digestum. — Leiden: J.A. Huguetan u. M.A. Ravaud 1656—
    1665.   23: Ae 2° 16
Bisterfeld, Johann Heinrich: Elementorum logicorum libri tres: . . . Accedit, ejusdem
    authoris, Phosphorus catholicus, seu artis meditandi epitome. . . . Lugduni Batav.:
    Verbiest 1657.   7: 8° Philos. III, 619
— : Philosophiae primae seminarium . . . ed. ab Adriano Heereboord, qui dissertationem
    praemisit, De Philosophiae primae existentia et usu. — Lugduni Batav.: Gaasbeeck
    1657.   7: 8° Philos. III, 619
Bodin, Jean: Methodus ad facilem historiarum cognitionem. — Amsterdam: Ravestein
    1650.   23: Ga 36
Boetius, Manlius Severinus: Opera omnia. T.1.2. — Paris 1847.   (= Migne P.L. Series 1.
    T. 63.64.)
Bose, Johann Andreas: De Prudentia et eloquentia civili comparanda diatribae isagogicae
    quarum haec prodit auctior sub titulo De Ratione legendi tractandique historicos.
    Acc. notitia scriptorum historiae universalis. Primum edita cura Georgii Schubarti. —
    Jenae: Bielkius 1699. Nisianis.   23: Ga 49
Brucker, Jacob: Historia Critica Philosophiae. Bd. 1—4. — Leipzig: Breitkopf 1742—44

Bruno, Giordano: Artificium perorandi traditum a Jordano Bruno Nolano Italo communi-
catum a Johann Henrico Alstedio. — Frankfurt: Antonius Hummius 1612
— : De Specierum Scrutinio
— : De Lampade Combinatoria
— : De Progressu & Lampade Venatoria Logicorum. An: Lullus, Raimundus: Opera ... —
Argentiae: Zetzner 1598. 23: 45 Rhet.
Budde, Johann Franz: Elementa philosophiae instrumentalis seu institutionum philoso-
phiae eclecticae. T.1–3. — Halae Sax.: Orphanotropheum (3: Zeitler) 1703–06: T.1.
Ed. 2. 1706. — T.2 [u.d.T.]: Budde: Elementa philosophiae theoreticae. 1703. — T.3
[u.d.T.]: Budde: Elementa philosophiae practicae. 1703. 23: Li 1037
Bünau, Heinrich von: Catalogus bibliothecae Bunavianae. T.1–3. — Lipsiae: Fritsch 1750–
56. 23: Bc 260
Campanella, Thomas: Philosophia rationalis (P.2.3.: Rationalis philosophiae) P.1–3. —
Parisiis: Du Bray 1637–38: 1: Continens Grammaticalium libros tres. 1638. — 2: ...
Logicorum libri tres. 1637. — 3: ... Rhetoricum liber unus. 1638. 23: P 566a. 4°
Helmst.
— : Realis philosophiae epilogisticae partes quatuor. Hoc est de rerum natura, hominum
moribus, politica, (cui civitas solis iuncta est) et oeconomica. — Francofurti: Tampach
1623. 23: 104.19 Quod. (2)
— : De libris propriis et recta ratione studendi Syntagma. — Parisiis: Pele 1642. 23: 305.3
Quod.
Chambers, Ephraim: Cyclopaedia; or, An universal dictionary of arts and sciences; con-
taining the definitions of the terms, and accounts of the things signify'd thereby, in
the several arts, both liberal and mechanical, and the several sciences, human and
divine ... — London: Knapton 1728
ΧΕΙΡΑΓΩΓΙΑ [Cheiragogia], sive Cynosura iuris: quae est, farrago selectiss. libellorum
isagogicorum, de iuris arte, omniumque ratione docendae discendaeque iuris prudentiae, à summis & praestantiss. seculi nostri iureconsultis conscriptorum. Acc. Fr.
Hotomani & Io. T. Freigii item anonymi liber, De iurisconsulto perfecto, antehac
nunquam in lucem ed. Cum eiusdem generis quibusdam alijs commentariolis ... Item
Iulii Pacii Oratio de iuris civilis difficultate ac docendi methodo. In gratiam studiosorum iuris omnia uno ed. volumine. A Nicolao Reusnero. P. (1.) 2 [nebst] App. —
Spirae: Albinus 1588–89: (P.1:) 1588. — P.2 [u.d.T.]: Cynosurae iuris pars altera:
De iuris consulto perfecto, et de optimo genere iuris interpretandi. 1588. — App.
[u.d.T.]: App. Cynosurae iuris, continens miscellanea quaedam variorum auctorum
de perfecto iurisconsulto: itemque de claris iurisperitis Italiae, Galliae, Germaniae ...
Acc. Bernardi Copii Oratio de studio iuris. 1589. 23: Q 127.8° Helmst. (1–3)
Chytraeus, Nathan: De ratione dicendi et ordine studiorum. — Wittenberg 1564. 1 a: A
1616.
Cicero, Marcus Tullius: Rhetorica. Recogn. A.S. Wilkins. T.1.2. — Oxonii 1969–70:
1: Libros De Oratore tres. 1969. — 2: Brutus. Orator. De Optimo genere oratorum.
Partitiones oratoriae. Topica. 1970
— : Opera. Ed. Jo. Casp. v. Orelli. — Zürich 1826
Comenius, Johann Amos: De rerum humanarum emendatione consultatio catholica. Editio
princeps. T.1.2. [Hrsg.:] Academia Scientiarum Bohemoslovaca. — Pragae (1966)
— : Opera didactica omnia. — Amsterdam: de Geer 1657. 23: 28.1 Gram. 2°
— : Veškerých Spisù. Svazek 1.: Problemata miscellanea. — Sylloge quaestionum contro-
versarum. — Theatrum universitatis rerum. — Physicae synopsis. — Pansophiae pro-
dromus. — Conatuum pansophicorum dilucidatio. — Faber fortunae. — Brně 1914
— : Dva Spisy vševědné. Two pansophical works. I. Praecognita. II. Janua rerum (1643).
Ed. by G.H. Turnbull. — Praha 1951
— : Via lucis, Vestigata & vestiganda, h.e. Rationabilis disquisitio, quibus modis intellec-
tualis Animorum Lux, Sapientia, per omnes Omnium Hominum mentes, & gentes,
jam tandem sub Mundi vesperam feliciter spargi possit. — Amsterodami: Cunrad
1668.
— : Vorspiele. Prodromus pansophiae. Vorläufer der Pansophie. — Düsseldorf (1963)
Conring, Hermann: De Scriptoribus XVI. post Christum natum seculorum commentarius,

cum prolegomenis, antiquiorem eruditionis historiam sistentibus notis perpetuis et
additionibus, quibus scriptorum series usque ad finem seculi XVII. continuatur. –
Wratislaviae: Hubertus 1727.   23: Li 1535

Copius, Bernhard: Partitiones dialecticae ex Platone & Aristotele.   Lemgoviae: Schuchen
1560.   23: O 53 Helmst. 8°

Crell, Fortunatus: Isagoge logica in duas partes tributa communem et propriam. Cum notis
Henningi Arnisaei. – Francofurti: Thymius 1609: Eichorn.   23: 6.3 Log.

Cudworth, Ralph: The true Intellectual System of the universe. – London: Royston 1678.
Nachdr. Hildesheim 1977

Descartes, René: Oeuvres de Descartes. Publ. par Charles Adam et Paul Tannery. 1–11. –
2. Aufl. Paris 1971–75

Desiderius Erasmus: Opera omnia. T.1–10. – Leiden: Van der Aa 1703–06.
23: Li 2° 47

Fabricius, Georg Andreas: Thesaurus philosophicus sive Tabulae totius philosophiae systema. – Braunschweig: Duncker 1624.   23: 121 Quod. 2° (1)

Fabricius, Johann Albert: Bibliotheca Graeca; sive notitia Scriptorum veterum Graecorum
quorumcunque monumenta integra, aut fragmenta edita extant: . . . – Hamburgi:
Liebezeit 1704–1728

– : Bibliotheca Latina, sive notitia autorum veterum Latinorum, quorumcunque scripta
ad nos pervenerunt. – Hamburgi 1697

– : Bibliotheca Latina mediae et infimae aetatis. – Hamburgi 1734–46

Fabricius, Johann Andreas: Abriß einer allgemeinen Historie der Gelehrsamkeit. Bd. 1–3.
– Leipzig: Weidmann 1752–54.   23: Ea 212

Fiorantini, Leonardo: Dello speccio di scientia universale. 2. Aufl. – Venedig 1603.   1 a.
A 4709/3

Freigius, Johann Thomas: De Logica iureconsultorum, libri duo. Editio postrema. – Basel:
Henricpeter 1590.   23: 149.3 Jur.

– : Partitiones iuris utriusque, e Conradi Lagi Methodo expressae, et multis mendis pur-
gatae, ita ut novae quodammodo prodire videantur. His adiectae sunt Partitiones feu-
dales, ex clarissimorum I.C. Udalrici Zasii, et Francisci Hotomanni commentarijs
deductae. – Basel: Henricpeter 1581.
23: 35.21 Jur. 2° (1)

– : P. Rami, Professio regia. Hoc est, Septem artes liberales, in Regia cathedra, per ipsum
Paisijs apodictico docendi genere propositae, et per Ioan. Thomam Freigium. In tabulas perpetuas, ceu στρώματα quaedam, relatae: ac ad publicum omnium Rameae Philosophiae studiosorum usum editae. – Basel: Henricpeter 1576.   23: 125.1 Quod. 2° (1)

Gesner, Conrad: Bibliotheca universalis, sive Catalogus omnium Scriptorum locupletissimus, in tribus linguis, Latina, Graeca, et Hebraica. – Tiguri: Froschauer 1545.   23:
49.1 Quod. 2°

Goclenius, Rudolf: Lexicon philosophicum, quo tanquam clave philosophiae fores aperiuntur. – Francofurti: Musculus u. Pistorius 1613: Becker.   23: 7 Gram.

Grégoire, Pierre: Syntaxes artis mirabilis, in libros XL digestae. T 1, 2. Per quas de omni re
proposita, multis & prope infinitis rationibus disputari, aut tractari, omniumque summaria cognitio haberi potest. – Coloniae: Zetzner 1600.   23: O 161. 8° Helmst.

Grün, Johann; Liber de Anima Dn: Philippi Melanthonis. In diagrammata methodica digestus, . . . – Vitebergae 1580: Gronenberg.   23: 125.1 Quod. 2° (3)

Gundling, Nikolaus Hieronymus: Vollständige Historie der Gelahrtheit, oder ausführliche
Discourse, . . . T.1–5. – Franckfurt u. Leipzig: Spring 1734–36.   23: Ea 274

Hales, John: Historia Concilii Dordraceni. Io. Laur. Moshemius ex Anglico sermone Latine
vertit, variis observationibus et vita Halesii auxit. – Hamburgi: Felginer 1724.   23:
Tq 496

Herbert of Cherbury, Edward Lord: Hauptwerke. Hrsg. u. eingel. von Günter Gawlick.
Bd. 1–3. – Stuttgart-Bad Cannstatt 1967–71: 1. De veritate (Editio tertia). De causis
errorum. De religione laici. Parerga. (London 1645.) 1967. – 2. De religione gentilium
errorumque apud eos causis. (Amsterdam 1663.) 1967. – 3. A Dialogue between a
tutor and his pupil. (Amsterdam 1768.) 1971

Heumann, Christoph August: Conspectus Reipublicae Literariae, sive via ad historiam literariam juventuti studiosae aperta. – Hanoverae: Förster 1718

Horn, Georg: Historiae philosophicae libri 7. Quibus origine, successione, sectis et vita philosophorum ab orbe condita ad nostram aetatem agitur. – Lugduni Batav.: Elsevir 1655. 23: P 7 Helmst. 4°

Keckermann, Bartholomäus: Opera omnia. T.1.2. – Genf: Aubert 1614. 23: Li 2° 88

– : Systema systematum clarissimi viri Bartholomaei Keckermanni, omnia huius autoris scripta philosophica uno volumine comprehensa lectori exhibens, idque duobus tomis quorum prior disciplinas instrumentales . . . posterior ipsam Paedian philosophicam . . . [Hrsg.: Johann Heinrich Alsted.] T.1.2. – Hanau: Antonius Erben 1613. 23: 13–14 Quod.

Kircher, Athanasius: Ars magna sciendi. In XII libros dig., qua nova et univers. methodo per artific. combinatorum contextum de omni re propos. . . . prope infin. ration. disp., omniumque summaria quaed. cognitio compar. potest. – Amstelodami: Jansson 1669. 23: 6.3. Quod. 2°

– : Musurgia universalis sive ars magna consoni et dissoni in X libros digesta. T.1.2. – Romae 1650: Corbelletti Erben. 23: 1.2 Musica 2°

– : Polygraphia nova et universalis ex combinatoria arte detecta. Qua quiuis etiam linguarum quantumuis imperitus triplici methodo . . . In III. syntagmata distributa. – Rom 1663: Varesius. 23: 6.1 Gram. 2°

Kuhlmann, Quirinus: Epistola de Arte magna sciendi sive combinatoria, . . . cum responsoria viri . . . Athanasi Kircheri. – o.O. u.J. (1674)

– : Epistolae duae, Prior de arte magna sciendi sive combinatoria, Posterior de admirabilius quibusdam inventis; . . . cum responsoriis . . . Athanasi Kircheri. – Lugd. Batavorum 1675: de Haes. 1a: CS 15533

– : Prodromus quinquennii mirabilis è Lugduno-Batava Amstelodamum scriptus ann. MDCLXXIV. Ad virum Dei Iohannem III. – Lugd. Batav. 1674: de Haes

Lambecius, Petrus: Liber primus Prodromi historiae literariae. Nec non libri secundi capita quatuor priora, cum appendice, . . . – Hamburg 1659: Piper. 23: 139.12 Hist. 2°

Launois, Jean de: De varia Aristotelis in Academia Parisiensi Fortuna. – Paris: Martinus 1662. 23: Li 4788

Lauremberg, Peter: Cynosura bonae mentis sive compendiosa, facilis, et dilucida institutio, . . . Adjuncta est methodus, et artificium erudite ac convenienter disputandi. – Rostochi 1633: Pedanus. 35: P-A 920

– : Pansophia, sive Paedia philosophica: instructio generalis . . . ad cognoscendum ambitum omnium disciplinarum quas humanae mentis industria excogitavit . . . omnia ad methodum aristotelicam. – Rostochii: Hallervord 1638. 1a: A1788

Lavinheta, Bernhardus de: Opera omnia quibus tradidit artis Raymundi Lullii compendiosam explicationem. . . . Edente Johanne Henrico Alstedio. – Coloniae: Zetzner 1612. 23: 49 Rhet.

Leibniz, Gottfried Wilhelm: Unvorgreifliche Gedanken von der Verbesserung der deutschen Sprache. In: Leibniz, Gottfried Wilhelm. Deutsche Schriften. Hrsg. von Gottschalk Eduard Guhrauer. Berlin 1838. Nachdr. Hildesheim 1966

– : Sämtliche Schriften und Briefe. Hrsg. von der Preussischen (1950ff.: Deutschen) Akademie der Wissenschaften (1950ff.: zu Berlin. 1976: der DDR). R. 1–6; Darmstadt, Leipzig, Berlin 1923ff.

– : Opera omnia, nunc primum coll., in classes distributa, praef. & ind. exornata, studio Ludovici Dutens. T.1–6. – Genevae: de Tournes 1768. 23: Li 4860

– : Die philosophischen Schriften. Hrsg. von C.I. Gerhardt. Nachdr. d. Ausg. Berlin 1875–80. Bd. 1–7. – Hildesheim: Olms 1960–61. (= Olms Paperbacks. Bd. 11–17)

– : Opuscules et fragments inédits de Leibniz. Extraits de manuscrits de la Bibliothèque royale de Hanovre par Louis Couturat. (Unveränd. reprograf. Nachdr. d. Ausg. Paris 1903) – Hildesheim 1961

– : Otium Hanoveranum sive Miscellanea. . . . Quondam notata et descripta . . . Joachimus Fridericus Fellerus. – Lipsiae: Martinus 1718. 23: Li 4862

– : Schöpferische Vernunft. Schriften aus den Jahren 1668–1686. Zsgestellt, übers. u. erl. von Wolf von Engelhardt. 2., unveränd. Aufl. – Münster/Köln 1955

– : Textes inédits. Hrsg. von Gaston Grua. 2 Bde. Paris 1948

Lipen, Martin: Bibliotheca realis philosophica omnium materiarum, rerum, et titulorum, in univ. totius philosophiae ambitu occurrentiumm. — Francoforti a.M.: Friderici 1682: Vogel.   23: 24.1 Quod. 2°

— : Bibliotheca realis theologica omnium materiarum, rerum et titulorum, in universu sacrosanctae theologiae studio occurentium, . . . — Francofurti a.M.: Friderici 1685. 23: 129.6 Theol. 2°

Lubinus, Eilhard: Phosphorus, seu de natura mali. — Rostock 1598

Lullus, Raimundus: Arbor scientie . . . cuius farrago et fructus admirabilis a tergo huius indicabitur et in cuius commendationes est hoc extemporaneum Jodoci Badij Ascensij ad pium lectorem epigramma. — Lyon 1515.   16: M 292 4/1

— : Opera ea quae ad adinventam ab ipso artem universalem scientiarum artiumque omnium brevi compendio, . . . pertinent. — Argentinae: Zetzner 1598. 23: 45 Rhet.

Meier, Georg Friedrich: Anfangsgründe aller schönen Wissenschaften. T.1—3. — Halle: Hemmerde 1748—50.   23: O 16 e—g. 8° Helmst.

Melanchthon, Philipp: Elementa rhetorices libri duo. — In: Corpus Reformatorum. Ed. Carolus Gottlieb Bretschneider. Vol. XIII. — Halle: Schwetschke 1846

Methodus generalis et compendiosa ex Hyppocratis, Galeni ac Avicennae placitis deprompta, ac in ordinem redacta. — Venedig: A Valvassorius, cognomentus Guadago. 1556

Micraelius, Johann: Lexicon philosophicum terminorum philosophis usitatorum ordine alphabetico sic digestorum, ut inde facile liceat cognosci.   . . . — Jena u. Stettin: Mamphrasius 1652: Freyschmid.   23: O 7.4° Helmst.

Morestel, Pierre: Regina omnium scientiarum. Qua duce ad omnes scientias et artes qui literis delectantur facile conscendent. — Rothomagi: Beauvais 1632.   23: O 1.8° Helmst.

Morhof, Daniel Georg: Polyhistor literarius, philosophicus et practicus. Neudr. d. 4. Ausg. Lübeck 1747. T.1—3. — Aalen 1970

— : Unterricht von der Teutschen Sprache und Poesie, deren Uhrsprung, Fortgang und Lehrsätzen. — Kiel: Reumann 1682.   23: 138.1 Poet. (1)

Musig, Martin: Licht der Weisheit / in denen nöthigsten Stücken Der Wahren Gelehrsamkeit Zur Erkänntniß menschlicher und göttlicher Dinge / Nach Anleitung Der Philosophischen und Theologischen Grund-Sätze Herrn Johann Franc. Buddei, . . . Frankfurt und Leipzig 1709

Mylaeus, Christoph: De scribenda universitatis rerum Historia libri quinque. — Basel: Oporinus 1551.   23: 249.1 Hist. 2° (2)

Ockham, Wilhelm von: Philosophical Writings. A selection ed. and transl. by Philotheus Boehner. — (London u. Edinburgh 1967.)

Patrizzi, Francesco: Nova de universis philosophia. — Ferrara: Marmarellus 1591.   7: 4° Philos III 415

: De historia . . . In: Artis historicae penus. Ed. Johannes Wolf. — Basel: Petrus Perna 1579.   23: 471 Hist.

Petrus Hispanus: d.i. Johannes XXI. Papa: Summula logicae. Tractatus duodecim Petri Hyspani. — Argentine: Hüpffuff 1515.   23: 3.7 Log.

— : Tractatus called afterwards Summule logicales. First Critical Edition from the Manuscripts with an Introduction by L.M. de Rijk, Ph.P. Assen, van Gorcum, 1972

Poiret, Pierre: L'Oeconomie divine au Système universel et démontré des oeuvres et des desseins de Dieu envers les hommes. (T.1—7.) — Amsterdam: Wetstein 1687.   23: Lm 2870

Polanus von Polandsdorf, Amandus: Syntagma logicum Aristotelico-Ramaeum ad usum imprimis theologicum accomodatum. — Basel: Waldkirch 1605

— : Partitiones theologicae iuxta naturali methodi leges conformatae. 2. Aufl. — London: Edm. Bollifantus 1591

Quintilian, Marcus Fabius: Institutiones oratoriae libri XII. Ed. Ludovicus Radermacher. Bd. 1 u. 2. — Lipsiae: Teubner 1907—35

Raimundus Lullus s. Lullus

Ramus, Petrus: Arithmeticae libri duo: Geometriae septem et viginti. — Basel: Episcopus 1569.   23: N 29. 4° Helmst (1)

— : Dialecticae libri duo. — Lutetiae: Wechel 1572.   23: 3.15.3 Log.

— : Dialectica, Audomari Talaei praelectionibus illustrata. — Basel: Episcopus 1572.   23: O 87.8° Helmst.

— : Dialecticae lib. duo: ex variis ipsius disputationibus, et multis Audomari Talaei commentariis denuo breviter explicati, a Guilielmo Rodingo. Ed. 4. — Francofurti: Wechel 1586.   23: O 91a. 8° Helmst. (2)

— : Dialecticae Institutiones. Aristotelicae Animadversiones. Faksimile-Neudr. d. Ausg. Paris 1543 mit e. Einl. von Wilhelm Risse. — Stuttgart-Bad Cannstatt 1964

— : Institutionum dialecticarum libri tres. Ad Carolum Lotharingum Cardinalem, Audomari Talaei praelectionibus illustrati. — Basel: Episcopus 1554.   23: 3.15.4 Log.

— : Commentariorum de Religione Christiana, Libri quatuor, Eiusdem vita a Theophilo Banosio descripta. — Francofurti: Wechel 1577.   23: Li 7276

— : Scholae in liberales artes. — Basel: Episcopus 1578.   23: 29 Quod. 2°

— : Scholae in liberales artes. With an introd. by Walter J. Ong. Nachdr. d. Ausg. Basel 1569. — Hildesheim 1970

— : Scholarum mathematicarum Libri unus et triginta. — Basel: Episcopus 1569.   23: N 29.4° Helmst. (2)

Ramus, Petrus, und Talaeus, Audomarus: Collectaneae praefationes, Epistolae, orationes. With an Introduction by Walter J. Ong. Hildesheim 1969. Reprint der Ausg. Marburg: Egenolph 1699.

Ratio studiorum et institutiones scholasticae Societatis Jesu per Germaniam olim vigentes collectae, concinnatae, dilucidatae. Die drei ersten Bände bearbeitet von G.M. Pachtler, der vierte Bd. von B. Duhr.   (= Monumenta Germaniae Paedagogica II, 1887; V, 1887; IX, 1890; XIV, 1894)

Reimann, Jakob Friedrich: Versuch einer Einleitung in die historiam literariam insgemein und derer Teutschen insonderheit. T.1—6. — Halle i. Magdeb.: Renger 1709—13.   23: Ea 556

Reisch, Gregor: Margarita philosophica, Hoc est, Habituum seu disciplinarum omnium, quotquot philosophiae syncerioris ambitu continentur, perfectißima ΚΥΚΛΟΠΑΙΛΕΙΑ. — Basel: Henricpetri (1583).   23: O 6.4° Helmst.

Ringelberg, Joachim Fortius: Opera. Facsimile of the ed. Lyons 1531, Nieuwkoop 1967. (= Monumenta Humanistica Belgica. Vol. 3)

Rivius, Johannes: Locorum Communium philosophicorum, quibus veterum graecae latinae quae lingae ser., explicationis ratio & via: . . . T.1 — Glauca 1580: [Urban Graubisch]: 23: 125.1 Quod. 2° (2)

Sidelbastius, Joh. Godofredus: Historia omnium scripturarum, tum sacrarum, tum profanarum in ordinem redacta et ad lucem veritatis protracta. 4 Bde. — Leipzig und Amsterdam: Breitkopf und Wetstein 1697—1700.   23: QuV: 4711

Snell, Rudolf: Commentarius doctissimus in Dialecticam Petri Rami, forma dialogi conscriptus. — Herbornae 1587: Corvinus.   23: O 91a. 8° Helmst. (1)

Der utopische Staat. Morus: Utopia. Campanella: Sonnenstaat. Bacon: Neu-Atlantis. Übers. u. . . . hrsg. v. Klaus J. Heinisch. — (Reinbeck 1975).   (= Rowohlts Klassiker der Literatur und Wissenschaft. 68)

Struve, Burkhard Gotthelf: Introductio ad notitiam rei litterariae et usum bibliothecarum. Acc. dissertatio de doctis et impostoribus. Ed. 2. — Jenae: Bailliar 1706. 23: Ea 689

Sturm, Johann Christoph: Philosophia eclectica, h.e. Exercitationes academicae, quibus philosophandi methodus selectior . . . T.1. — Francofurti & Lipsiae: Kohlesius 1698. 23: Nc 338

Swift, Jonathan: Ausgewählte Werke. Satiren und Zeitkommentare. Politische Schriften. Gullivers Reisen. Mit e. Nachw. v. Martin Walser hrsg., eingel. u. komm. v. Anselm Schlösser. Bd. 1—3. — (Frankfurt a.M. 1972.)

Thomasius, Christian: Außübung der Vernunfft-Lehre. Oder: Kurtze, deutliche und wohlgegründete Handgriffe, wie man in seinen Kopfe aufräumen . . . solle. — Halle o.J.: Salfeld.   23: Vb 640

— : Cautelae circa praecognita jurisprudentiae in usum auditorii Thomasiani. — Halle: Renger 1710.   23: Li 8989

— : Höchstnöthige Cautelen welche ein Studiosus juris, der sich zu Erlernung der Rechts-

Gelahrheit auf eine kluge und geschickte Weise vorbereiten will, zu beobachten hat. Andere u. verb. Aufl. – Halle i. Magdeburg: Renger 1729.   23: Ra 182

– : Einleitung zur Hoff-Philosophie, oder, Kurtzer Entwurff und die ersten Linien von der Klugheit zu Bedencken und vernünfftig zu schliessen. – Berlin: Rüdiger; Leipzig: Gleditsch u. Weidmann 1712.   23: QuN 539

– : Einleitung zu der Vernunfft-Lehre. Worinnen durch eine leichte, und allen vernünfftigen Menschen, waserley Standes oder Geschlechts sie seyn, verständliche Manier der Weg gezeiget wird, ohne die Syllogistica das wahre, wahrscheinliche und falsche von einander zu entscheiden, und neue Warheiten zu erfinden. – Halle 1691: Salfeld. 23: Vb 641

– : Freimütige, lustige und ernsthafte, jedoch vernunftmässige Gedanken oder Monatsgespräche über allerhand, fürnehmlich aber neue Bücher. (Faks. d. Ausg. Halle 1688– 1690.) Bd. 1–3. – Frankfurt a.M. 1972

– : Historie der Weisheit und Thorheit. – Halle 1693: Salfeld.   23: Ac 376

– : Introductio ad philosophiam aulicam, sive lineae primae libri de prudentia cogitandi et ratiocinandi. – Lipsiae 1688.   23: Vb 643

  : Versuch von Wesen des Geistes oder Grundlehren, so wohl zur natürlichen Wissenschafft als der Sitten-Lehre. – Halle: Salfeld 1699.   23: Vb 649

– : Von der Kunst vernünfftig und tugendhafft zu lieben. Als dem eintzigen Mittel zu einen glückseligen, galanten und vergnügten Leben zu gelangen, oder Einleitung zur SittenLehre. – Halle: Salfeld (1692).   23: O 180a. 8° Helmst. (2)

Timpler, Clemens: Metaphysicae systema methodicum, libris quinque per theoremata et problemata selecta concinnatum. . . . In principio acceßit eiusdem technologia, hoc est, tractatus generalis & utilissimus de natura et differentiis artium liberalium. – Francoforti: Nebenius 1607: Richter.   23: 85 Phys.

– : Philosophiae practicae systema methodicum; in tres partes digestum. – Hanoviae: Antonius Erben 1612.   23: 353.1 Quod.

– : Physicae seu philosophiae naturalis systema methodicum, in tres partes digestum. – Hanoviae: Antonius 1605.   23: Nc 344

Großes vollständiges Universal Lexikon aller Wissenschaften und Künste. Bd. 1–64. – Halle u. Leipzig: Zedler 1732–50.   23: H 2° 2

Vincentius Bellovacensis: Speculum Quadruplex sive speculum maius naturale, doctrinale, morale, historiale. Bd. 1–4. Nachdr. d. Ausg. Douai 1624. – Graz 1964

Vives, Juan Luis: De disciplinis libri XX in tres tomos distincti. – Köln: Gymnicus 1531. 23: Q 139. 8° Helmst.

Vossius, Gerhard Johannes: Universalis philosophiae 'ΑΚΡΩΤΗΡΙΑΣΜΟΣ Dispute soutenue à l'université de Leyde le 23 février 1598. Thèses et défense. Éd. et introd. de Modestus van Straaten. – Leiden 1955

– : Ars historica. Sive, De historiae, et historices naturà, historiaéque scribendae praeceptis, commentatio. 2. Aufl. – Lugduni Batav.: Maire 1653.   23: Ga 344

– : De quatuor Artibus popularibus, de philologia, et scientiis mathematicis, cui operi subjunctur chronologia mathematicorum, libri tres. – Amstelaedami 1650: Blaeu. 23: Ga 345

– : De Logices et Rhetoricae natura & constitutione libri duo. – Hagae Comitis: Vlacq 1658.   23: Li 9384

– : De Philosophorum sectis liber. – Hagae-Comitis 1657: Vlacq.   23: O 258.4° Helmst. (1)

– : Tractatus philologici de rhetorica, de poetica, de artium et scientiarum natura ac constitutione. – Amstelodami: Janssonius-Waesbergius [usw.] 1697: Blaeu: [Sondert. 1:] Commentariorum rhetoricum, sive oratoriarum institutionum libri 6. – [Sondert. 2:] De artis poeticae natura, ac constitutione liber. 1696. – [Sondert. 3:] De artium et scientiarum natura ac constitutione libri 5. 1696.   23: P 663. 2° Helmst.

Walch, Johann Georg: Philosophisches Lexikon, darin die in allen Theilen d. Philosophie vorkommenden Materien und Kunstwörter erklärt werden. – Leipzig: Gleditsch 1726

Wilkins, John: Essay towards a real character and a philosophical language. Nachdr. d. Ausg. London 1668. – Menston/England 1968

Wolf, Johann Christoph: Bibliotheca hebraea; sive, Notitia tum auctorum hebr. cujuscunque aetatis, tum scriptorum, ... – Hamburgi: Liebezeit 1715–33.   23: Le 57
Wolff, Christian: Gesammelte Werke. Hrsg. u. bearb. von Jean École u. H.W. Arndt. Abt.
1.1. Vernünftige Gedanken von den Kräften des menschlichen Verstandes und ihrem
richtigen Gebrauche in Erkenntnis der Wahrheit. 2. Nachdr. Aufl. Hildesheim 1978
– : Philosophia Rationalis sive Logica Methodo Scientifica pertracta, et ad usum Scien-
tiarum atque Virae aptata. Praemittuntur Discursus praeliminaris de Philosophia in
Genere. 3. Aufl. – Verona: Dionysius Ramanzini 1735
Wower, Johannes: De Polymathia tractatio. – [Basel]: Froben 1603.   23: Ae 97
Yves de Paris: Digestum Sapientiae in quo habetur Scientiarum omnium, Rerum Divina-
rum atque humanarum nexus, & ad Prima Principia reductio. – Paris: Dionysius
Thierry. 1. Band 2. Aufl. 1659, 2. Band 1654, 3. Band 1661.   23: 16. 8 Quodl. (Bd.
1 und 2, Bd. 3 fehlt)
Zabarella, Jacobus: Opera logica: Quorum argumentum, seriem et utilitatem ostendet tum
versa pagina, tum affixa praefatio Joannis Ludovici Hawenreuteri. – Francofurti:
Zetzner 1608.   23: Li 4° 520
Zopf, Johann Heinrich: Exercitatio historico-philosophica De Origine philosophiae eclec-
ticae quam ..., ... in Academia Ienensi publico eruditorum examini submittebat
Praeses M. Ioan. Henricus Zopffius Gera-Var. Respondente Io. Godofredo Bonde
Rudelstadio-Schwarzburgico ad diem XVIII Maii A. 1715. – Jenae 1715: Fickelscherr.
23: Li 1010
Zwinger, Theodor: Theatrum vitae humanae. – Basel: Oporinus u. Froben 1565.   23:
4.1 Quod. 2°
– : Theatrum humanae vitae. – Basel: Episcopus 1586–87.   23: 11–14 Quod. 2°

Forschungsliteratur

Abel, Günter: Stoizismus und frühe Neuzeit. – Berlin u.a. 1978
Allen, P.S.: Agricola. – In: English historical Review. April 1906
Bäumler, Alfred: Das Irrationalitätsproblem in der Ästhetik und Logik des 18. Jahrhun-
derts bis zur Kritik der Urteilskraft. (Neudr. d. Aufl. 1923.) – Darmstadt 1967
Barner, Wilfried: Barockrhetorik. – Tübingen 1970
– (Hrsg.): Der literarische Barockbegriff. Darmstadt 1875   (= Wege der Forschung.
CCCLVIII)
Barth, Hans Martin: Atheismus und Orthodoxie. Analysen und Modelle christl. Apologetik
im 17. Jh. – Göttingen 1971.   (= Forschungen zur systematischen und ökumenischen
Theologie. Bd. 26.) (= Zugl. Erlangen-Nürnberg, Univ., Theol. Fak., Habil.-Schr.
1970 u.d.T.: Barth, Atheismus als apologetisches Problem des 17. Jh.)
Baeumker, Clemens: Witelo, ein Philosoph und Naturforscher des XIII. Jahrhunderts.
Münster 1908. (= Beiträge zur Geschichte der Philosophie des Mittelalters III)
von Bezold, Fr.: Rudolf Agricola. Akad. Festrede. München 1884
Blekastad, Milada: Comenius. Versuch eines Umrisses von Leben, Werk und Schicksal des
Jan Amos Komensky. – Oslo und Prag 1969
Bloch, Ernst: Naturrecht und menschliche Würde. Frankfurt 1961
Blumenberg, Hans: Contemplator caeli. In: Orbis Scriptus. Festschrift P. Tschizewskij. –
München 1966. S. 113–124
– : Die Genesis der Kopernikanischen Welt. – Frankfurt/M. 1975
– : Die Legitimität der Neuzeit. – Frankfurt: Suhrkamp 1966
– : Paradigmen zu einer Metaphorologie. – In: Archiv für Begriffsgeschichte. Bd. 6, 1960.
S. 7–142
– : Schiffbruch mit Zuschauer. Paradigma einer Daseinsmetapher. – Frankfurt 1979
– : Selbsterhaltung und Beharrung. Zur Konstitution der neuzeitlichen Rationalität. –
Wiesbaden 1969
Bochenski, Innocent Marie: Formale Logik. – Freiburg/München 1956
Bock, Gisela: Thomas Campanella. Politisches Interesse und philosophische Spekulation.
Tübingen 1974.   (= Bibliothek des Deutschen Historischen Instituts in Rom XLVI)

Bodemann, Eduard: Die Leibniz-Handschriften der Königl. öffentl. Bibliothek zu Hannover. — Hannover 1889

Bohatec, Josef: Die cartesianische Scholastik in der Philosophie und reformierten Dogmatik des 17. Jahrhunderts. 1: Entstehung, Eigenart, Geschichte und philosophische Ausprägung der cartesianischen Scholastik. (Reprograf. Nachdr. d. Ausg. Leipzig 1912.) — Hildesheim 1966

Bonfatti, Emilio: La civil conversazione in Germania. — Udine: Del Bianco 1979

Bornscheuer, Lothar: Topik. — Frankfurt 1976

Braun, Lucien: Histoire de l'Histoire de la Philosophie. — Paris 1973

Breuer, Dieter und Schanze, Helmut (Hrsg.): Topik. — München 1981

Brincken, Anna Dorothee von den: Geschichtsbetrachtung bei Vincenz von Beauvais. — In: Deutsches Archiv für die Erforschung des Mittelalters 34, 1978. S. 410—499

Brummer, Rudolf: Bibliotheca Lulliana. Ramon-Lull-Schrifttum. — Hildesheim 1976

Buck, August: Die humanistische Tradition in der Romania. — Bad Homburg v.d.H. (1968)

Carreras y Artau, Tomas u. Joaquin: Historia de la filosofia española. Filosofia cristiana de los siglos XIII al XV. T.1.2. — Madrid 1939—43

Cassirer, Ernst: Das Erkenntnisproblem in der Philosophie und Wissenschaft der neueren Zeit. 2., durchges. Aufl. Bd. 1—4. — Berlin 1911—1932

— : Individuum und Kosmos in der Philosophie der Renaissance. — Leipzig 1927. (= Studien der Bibliothek Warburg. 10)

— : Leibniz' System in seinen wissenschaftlichen Grundlagen. — Marburg 1902

— : Substanzbegriff und Funktionsbegriff. 3. Aufl. — Darmstadt 1969

Casula, Mario: La metafisica di A.G. Baumgarten. — Mailand 1973

Chesneau, C.: Le Père Yves de Paris et son temps. 1590—1678. — Paris 1947

Ciceros literarische Leistung. Hrsg. von Bernhard Kytzler. — Darmstadt 1973. (= Wege der Forschung. CCXL)

Couturat, Louis: La Logique de Leibniz. D'après des documents inédits. (Unveränd. reprograf. Nachdr. d. Ausg. Paris 1901.) — Hildesheim 1961

Curtius, Ernst Robert: Europäische Literatur und lateinisches Mittelalter. 7. Aufl. — Bern 1969

Dahlmann, Helfrich: M. Terentius Varro. — In: Paully-Wissowa. Suppl. VI. 1935. Sp. 1172—1277

Dibon, Paul: L'Influence du Ramisme aux universités néerlandaises au 17e siècle. — In: Actes du XIe congrès international de philosophie 1953. Vol. XIV.

— : La Philosophie néerlandaise au siècle d'or. T.1: L'Enseignement philosophique dans les universités a l'époque précartésienne (1575—1650). — Paris u.a. 1954. (= Publications de l'Institut français d'Amsterdam Maison Descartes. 2)

Dierse, Ulrich: Enzyklopädie. Zur Geschichte eines philosophischen und wissenschaftstheoretischen Begriffs. — Bonn 1977. (= Archiv für Begriffsgeschichte. Suppl. H. 2.)

Dietze, Walter; Quirinus Kuhlmann. Ketzer und Poet. — Berlin 1963. (= Neue Beiträge zur Literaturwissenschaft. Bd. 17)

Diogenes Laertius: Leben und Meinungen berühmter Philosophen. Buch 1—10. (2. Aufl.) — Hamburg (1967). (= Philosophische Bibliothek. Bd. 53/54)

Dyck, Joachim: Ticht-Kunst. Deutsche Barockpoetik und rhetorische Tradition. — Bad Homburg 1966

Ehmer, Wilhelm: Beiträge zur Geschichte der Entwicklung der Persönlichkeit unter dem Einfluß des Humanismus in Deutschland. T.1: Rudolf Agricola und Konrad Mutian [Maschinenschriftl.] — München, Phil. Diss. v. 6. März 1925 [1926]

Erziehung und Bildung in der heidnischen und christlichen Antike. Hrsg. von Horst-Theodor Johann. — Darmstadt 1976 (= Wege der Forschung. Bd 377)

Eulenburg, Franz: Die Frequenz der deutschen Universitäten von ihrer Gründung bis zur Gegenwart. — Leipzig 1904 (= Abhandlungen der kgl. sächs. Ges. der Wiss. Phil.-Hist. Kl. XXIV,2)

Faust, August: Die Dialektik Rudolph Agricolas. Ein Beitrag zur Charakteristik des deutschen Humanismus. (= Archiv f. Gesch. d. Philos. 34, 1922. S. 119—135)

Fischer, Kuno: Franz Bacon von Verulam. — Leipzig 1856

Forcellini, Aegidius: Totius latinitatis Lexicon. T.1–4. – Schneebergae: Schumann 1831–35

Franke, Ursula: Kunst als Erkenntnis. Die Rolle der Sinnlichkeit in der Ästhetik des Alexander Gottlieb Baumgarten. – Wiesbaden 1972. Gedr. als Phil. Diss. Münster 1971. (= Studia Leibnitiana. Suppl. Bd. 9)

Friedländer, Paul: Athanasius Kircher und Leibniz. – In: Atti della Pontifica Accademia Romana di archeologia, Sc. 3, 13, 1937. S. 229–247

Fuchs, Hans-Jürgen: Entfremdung und Narzißmus. Semantische Untersuchungen zur Geschichte der »Selbstbezogenheit« als Vorgeschichte von französisch »amour-propre«. – Stuttgart (1977). (= Studien zur allgemeinen und vergleichenden Literaturwissenschaft. Bd. 9)

Gerl, Hanna Barbara: Rhetorik als Philosophie. Lorenzo Valla. – München 1974. (= Humanistische Bibliothek, Reihe I: Abhandlungen Bd. 13)

Gilbert, Neal W.: Renaissance Concepts of Method. – New York 1960

Gredt, Joseph O.S.B.: Elementa Philosophiae Aristotelico-Thomisticae. 7. Aufl. – Freiburg 1937

Hammerstein, Notker: Jus und Historie. Ein Beitrag zur Geschichte des histor. Denkens an dt. Universitäten im späten 17. u. im 18. Jh. – Göttingen 1972. (= Zugl.: Frankfurt/Main, Univ., Philos. Fak. Habil.-Schr. 1968.)

Hartfelder, Karl: Der Kartäuserprior Gregor Reisch, Verfasser der Margarita philosophica. – In: Zs f.d. Gesch. des Oberrheins. Bd. 44 (N.F. Bd. 4) 1890

Hartwig, Otto: Schema des Realkatalogs der königlichen Universitätsbibliothek zu Halle a.S. – Leipzig 1888

Hasselbach, Helga: Die Kritik der französischen Aufklärung am cartesianischen Systembegriff in der 1. Hälfte des 18. Jahrhunderts. Berlin, Akademie der Wissenschaften der DDR, Diss. 1973. (Masch.)

Haydn, Hiram: The Counter-Renaissance. – New York: Charles Scribner's Sons 1950

Heidegger, Martin: Schellings Abhandlung über das Wesen der menschlichen Freiheit (1809), ed. Hildegard Flick. – Tübingen 1971

Henkel, Arthur und Schöne, Albrecht: Emblemata. Handbuch zur Sinnbildkunst des 16. und 17. Jahrhunderts. – Stuttgart 1967.

Henningsen, Jürgen: Enzyklopädie. Zur Sprach- und Deutungsgeschichte eines pädagogischen Begriffs. – In: Archiv für Begriffsgeschichte 10, 1966. S. 271–357

Hillgarth, Jocelyn Nigel: Ramon Lull and Lullism in fourteenth-century France. – Oxford 1971

Hooykaas, R.: Humanisme, science et réforme. Pierre de La Ramée (1515–1572). – Leyden: Brill 1958.

Howell, Wilbur Samuel: Logic and Rhetoric in England, 1500–1700. – Princeton, N.J. 1956

Hübener. Wolfgang: Descartes. – In: Theologische Realenzyklopädie. Bd. VIII. S. 499–510

Ijsseling, Samuel: Rhetoric and Philosophy in Conflict. – Den Haag 1976

Jansen, Bernhard S.J.: Die Geschichte der Metaphysik in der neueren Philosophie bis Kant. Ungedr. Manuskr. 1942

Jardine, Lisa: Francis Bacon. Discovery and the art of discourse. – Cambridge 1974

Joachimsen, Paul: Loci communes. Eine Untersuchung zur Geistesgeschichte des Humanismus und der Reformation. – Luther-Jb. 1926. S. 27–97

Kaajan, H.: De groote Synode van Dordrecht 1618–1619. – Amsterdam 1918

Kauppi, Railly: Über die Leibnizsche Logik mit besonderer Berücksichtigung des Problems der Intension und der Extension. – Helsinki 1960. (= Acta Philosophica Fennica Fasz. XII. 1960)

– : Mathesis universalis. – In: Historisches Wörterbuch der Philosophie. V Sp. 937f.

Kelly, Donald R.: The Development and Context of Bodin's Method. In: Jean Bodin. Verhandlungen der internationalen Bodin-Tagung in München. Hrsg. von Horst Denzer. – München 1973. S. 123–150

Kern, Marie: Daniel Georg Morhof. – Landau/Pfalz 1928. Diss. Phil. Freiburg 1928

Klempt, Adalbert: Die Säkularisierung der universalhistorischen Auffassung. – Göttingen 1960

Knobloch, Eberhard: Die mathematischen Studien von G.W. Leibniz zur Kombinatorik. — Wiesbaden 1976. (= Studia Leibnitiana. Suppl. Vol. 16)

Koselleck, Reinhart und Günther, Horst: Geschichte. — In: Historische Grundbegriffe. Hrsg. von Brunner, Koselleck, Conze. Bd. 2. Stuttgart 1975. S. 593—717

— : Vergangene Zukunft. — Frankfurt 1980

Kristeller, Paul Oskar: Medieval Aspects of Renaissance Learning. Three Essays. Ed. and trans. by Edward P. Mahoney. — Durham, N.C. (1975). (= Duke Monographs in medieval and Renaissance studies. Nr. 1)

— : Humanismus und Renaissance. Bd. 1.2. Hrsg. von Eckhard Keßler. — München 1976. (= Humanistische Bibliothek. Reihe 1, Bd. 21, 22)

— : Giovanni Pico della Mirandola and his Sources. (Mirandola 15—18. September 1963.) — o.O. 1963

— : Die Philosophie des Marsilio Ficino. — Frankfurt a.M. 1972

Kvacsala, Johann: Johann Amos Comenius. Sein Leben und seine Schriften. — Berlin, Leipzig, Wien 1892

— : Über die Genese der Schriften Campanellas. — Jurjew 1911

— : Campanella. Ein Reformer der ausgehenden Renaissance. — Berlin 1909

Le Blond, J.M.: Logique et Methode chez Aristote. — Paris 1939

Lewalter, Ernst: Spanisch-jesuitische und deutsch-lutherische Metaphysik des 17. Jahrhunderts. Neudr. d. Ausg. Hamburg 1935. Darmstadt 1967

Lieberwirth, Rolf: Christian Thomasius. Sein wissenschaftliches Lebenswerk. Eine Bibliographie. — Weimar 1955

Lippert, Max: Johann Heinrich Alsteds pädagogisch-didaktische Reform-Bestrebungen und ihr Einfluß auf Johann Amos Comenius. — Meißen o.J.: Klinkicht. Leipzig, Phil. Diss. (1898/99)

Lobstein, Paul: Petrus Ramus als Theologe. Ein Beitrag zur Geschichte der protestantischen Theologie. — Straßburg 1878

Luden, H.: Christian Thomasius, nach seinen Schicksalen und Schriften dargestellt. — Berlin 1805

McCracken, G.E.: Athanasius Kircher's universal polygraphy. — In: Isis 39. 1948. S. 215—229

McKeon, Richard: Renaissance and Method in Philosophy. In: Studies in the History of Ideas III, 1935. S. 37—114

Die Matrikel der Universität Heidelberg von 1386—1662. Bearb. und hrsg. von Gustav Toepke. T.2: 1554—1662. — Heidelberg: Selbstverlag 1886

Mazzacane, Aldo: Scienza logica e ideologica nelle giurisprudenza Tedesca del sec. XVI. — Varese 1971. (= Ius nostrum vol. XVI)

Mencke-Glückert, E.: Die Geschichtsschreibung der Reformation und der Gegenreformation. — Osterwieck 1912

Menze, C.: Humanismus/Humanität I. — In: Hist. WB. der Philosophie Bd. 3. Basel 1974

Mestwerdt, Paul: Die Anfänge des Erasmus. — Leipzig 1917

Michel, Walter: Der Herborner Philosoph Johann Heinrich Alsted und die Tradition. Diss. — Frankfurt 1969

Moltmann, Jürgen: Zur Bedeutung des Petrus Ramus für Philosophie und Theologie des Calvinismus. Zs für Kirchengeschichte 4. Folge LXVIII. Bd. 1957. S. 295—318

Mönch, Walter: Die italienische Platorenaissance und ihre Bedeutung für Frankreichs Literatur- und Geistesgeschichte (1450—1550). — Berlin 1936. (= Romanische Studien. H. 40)

Müller, Kurt: Leben und Werk von Gottfried Wilhelm Leibniz. Eine Chronik. Bearb. von Kurt Müller und Gisela Krönert. — Frankfurt a.M. (1969). (= Veröffentlichungen des Leibniz-Archivs. 2)

— : Leibniz-Bibliographie. Die Literatur über Leibniz. Frankfurt 1967

Neubauer, John: Symbolismus und symbolische Logik. Die Idee der ars combinatoria in der Entwicklung der modernen Dichtung. — München 1978

Noack, Ludwig: Philosophiegeschichtliches Lexikon. — Leipzig 1879. Nachdr. d. Ausg. Leipzig 1879. — Stuttgart-Bad Cannstatt 1968

Oeing-Hanhoff, Ludger: Descartes und der Fortschritt der Metaphysik. Habil.-Schr. Masch.
— Münster 1961

— : Intellectus. — In: Hist. WB. der Philos. Bd. 4, Sp. 432ff.

Ong, Walter J.: Ramus and Talon Inventory. — Folcroft, PA (1969)

— : Ramus. Method and the Decay of Dialogue. Repr. d. Aufl. Cambridge, Mass. 1958. —
New York 1974

Paulsen, Friedrich: Geschichte des gelehrten Unterrichts. T.1. — Leipzig 1885

Petermichl, Jan: Katalog der Werke Jan Amos Komenskys in tschechischen Bibliotheken.
— Prag 1959.

Petersen, Peter: Geschichte der aristotelischen Philosophie im protestantischen Deutschland. Habil.-Schr. zur Erlangung der Lehrberechtigung bei der philos. Fak. der Ham-
burgischen Univ. — Leipzig 1921

Philipp, Wolfgang: Das Werden der Aufklärung in theologiegeschichtlicher Sicht. — Göttingen 1957

Platon et Aristote à la Renaissance. — Paris 1976

Platzeck, Erhard Wolfram: Raimund Lull. Sein Leben — seine Werke. Die Grundlagen
seines Denkens. (Prinzipienlehre). Bd. 1 u. 2. — Düsseldorf 1962—64.   (= Bibliotheca
Franciscana. 5 u. 6)

Poser, Hans: Zur Theorie der Modalbegriffe bei G. W. Leibniz. — Wiesbaden 1969.   (= Studia Leibnitiana Suppl. VI)

Prantl, Karl: Geschichte der Logik im Abendlande. (2. Aufl.) Bd. 1—4. — Leipzig 1927

Rademaker, Cornelis Simon Maria: Gerardus Joannes Vossius (1577—1649). Proefschrift.
— Zwolle (1967)

Ravier, Émile: Bibliographie des oeuvres de Leibniz. Nachdr. d. Ausg. Paris 1937. — Hildesheim 1966

Reicke, Emil: Der Gelehrte in der deutschen Vergangenheit. — Leipzig 1900

Reilly, Conor S.J.: Athanasius Kircher. Master of a Hundred Arts. — Wiesbaden, Rom
1974

Renaudet, A.: Préréforme et Humanisme à Paris. 2. Aufl. — Paris 1953

Riposati, Benedetto: Studi sui "topica" di Cicerone. — Milano 1947.   (= Edizioni dell'
Università cattolica del S. Cuore. Ser. Pubblicazioni. Vol. 22)

Risse, Wilhelm: Bibliographia logica. Bd. 1. — Hildesheim 1965ff.

— : Die Logik der Neuzeit. Bd. 1.2. — Stuttgart-Bad Cannstatt 1964—70

— : Einleitung zu: Agricola, Rudolph: Inventiones Dialecticae. Nachdr. d. Ausg. Köln
1528. — Hildesheim 1976

Ritschl, Otto: System und systematische Methode in der Geschichte des wissenschaftlichen Sprachgebrauchs und der philosophischen Methodologie. Programm. — Bonn
(1906)

Rolfes, Eugen: Einleitung in die „Kategorie" des Aristoteles. — In: Aristoteles: Kategorien. Lehre vom Satz. — Hamburg 1962. S. 37.   (= Philos. Bibliothek. 8/9)

Rossi, Paolo: Clavis universalis. Arti mnemoniche e logica combinatoria da Lullo a Leibniz. — Milano, Napoli 1960

Schaller, Klaus: Die Pädagogik des Johann Amos Comenius und die Anfänge des pädagogischen Realismus im 17. Jahrhundert. — Heidelberg 1962.   (= Pädagogische Forschungen. 21)

— : Untersuchungen zur Comenius-Terminologie. — s'Gravenhage 1958.   (= Musagetes V)

Schepers, Heinrich: Andreas Rüdigers Methodologie und ihre Voraussetzungen. Kant-
studien Erg. Hefte 18, Köln 1959

— : Begriffsanalyse und Kategorialsynthese. Zur Verflechtung von Logik und Metaphysik
bei Leibniz. — In: Studia Leibnitiana Suppl. III. — Wiesbaden 1969. S. 34—49

— : Leibniz' Arbeiten zu einer Reform der Kategorien. Zs für philos. Forschung XX,
1966. S. 539—567

Scherer, Emil Klemens: Geschichte und Kirchengeschichte an den deutschen Universitäten. — Freiburg 1927

Schmidt-Biggemann, Wilhelm: Emanzipation durch Unterwanderung. Institutionen und
Personen der deutschen Frühaufklärung. — In: Paul Raabe/Wilhelm Schmidt-Biggemann (Hrsg.) Aufklärung in Deutschland. Bonn 1979. S. 45—61

noch Schmidt-Biggemann
— : Eilhard Lubins Begriff des Nihil. — In: Archiv für Begriffsgeschichte. Bd. 17. 1973. S.
   177—205
— : Maschine und Teufel. Jean Pauls Jugendsatiren nach ihrer Modellgeschichte. — Frei-
   burg/München: Alber 1975
— : Mutmaßungen über die Vorstellung vom Ende der Erbsünde. — In: Studien zum
   18. Jahrhundert. Bd. 2/3. — Nendeln/Liechtenstein 1979
Schneider, Heinrich: Joachim Morsius und sein Kreis. — Lübeck 1929
Schneiders, Werner: Naturrecht und Liebesethik. Zur Geschichte der praktischen Philosophie im Hinblick auf Christian Thomasius. Hildesheim 1971.   (= Studien und Mate-
   rialien zur Geschichte der Philosophie. 3)
Scholz, Gunter: Geschichte. — In: Historisches Wörterbuch der Philosophie. Hrsg. von
   Ritter und Gründer. Bd. 3. Basel 1974. Sp. 345—398
Schüling, Hermann: Die Geschichte der axiomatischen Methode im 16. und beginnenden
   17. Jahrhundert. (Wandlung der Wissenschaftsauffassung) — Hildesheim 1969.   (= Stu-
   dien und Materialien zur Geschichte der Philosophie. Bd. 13)
Schweizer, Hans Rudolf: Ästhetik als Philosophie der sinnlichen Erkenntnis. Eine Inter-
   pretation der «Aesthetica» A.G. Baumgartens mit teilw. Wiedergabe des lat. Textes
   und dt. Übers. — Basel, Stuttgart (1973)
Seifert, Arno: Cognitio Historica. Die Geschichte als Namengeberin der frühneuzeitlichen
   Empirie. — Berlin 1976.   (= Historische Forschungen. Bd. 11)
Serrai, Alfredo: Le classificazioni. Idee et materiali per una teoria e per una storia. — Flo-
   renz 1977
Soupis del J.A. Komenského v. Ceskolosvenských knihovnách archivech a museích. [Kata-
   log der Werke Jan Amos Komenský's in tschech. Bibliotheken, Archiven und Museen.]
   — Praze 1959
Sparn, Walter: Wiederkehr der Metaphysik. — Stuttgart 1976.   (= Calwer theologische
   Monographien. Bd. 4)
Spaemann, Robert: Reflexion und Spontaneität. Studien über Fénelon. — Stuttgart 1970
Specht, Rainer: Commercium mentis et corporis. Über Kausalvorstellungen im Cartesia-
   nismus. — Stuttgart 1966.
   : Innovation und Folgelast. Beispiele aus der neueren Philosophie- und Wissenschafts-
   geschichte. (Stuttgart 1972.)   (= problemata. 12)
Steiner, Arpad: A Mirror for Scholars of the Baroque. — In: Journal of the History of
   Ideas. I, 1940, S. 321—334
Stintzing, R.: Geschichte der deutschen Rechtswissenschaft. Bd. 1. Abt. 1 — München u.
   Leipzig 1880
System und Klassifikation in Wissenschaft und Dokumentation. Vorträge und Diskussio-
   nen im April 1967 in Düsseldorf. Hrsg. v. A. Diemer. — Meisenheim a. Glan: Hain
   1968. (= Studien zur Wissenschaftstheorie. Bd. 2)
Tholuck, August: Christian Thomasius. — In: Real-Encyklopädie für protestantische Theo-
   logie und Kirche. Bd. 15. Leipzig 1885. S. 613—623
Christian Thomasius. Leben und Lebenswerk. Hrsg. von Max Fleischmann. — Halle (Saale)
   1931.   (= Beiträge zur Geschichte der Universität Halle-Wittenberg. Veröffentlichungen des Ausschusses zur Pflege der Universitätsgeschichte in Halle (Saale). Bd. 2)
Trevor-Roper, Hugh-Redward: Religion, Reformation und sozialer Umbruch. — Berlin
   1970
Trunz, Erich: Der deutsche Späthumanismus um 1600 als Standeskultur. — In: Deutsche
   Barockforschung. Hrsg. von Richard Alewyn. Köln, Berlin 1966.   (= Neue wissenschaftliche Bibliothek. 7)
Tschižewskij, Dmitrij: Die Handschrift der „Pampaedia" und ihr Schicksal. — Anhang zu:
   Comenius, Johann Amos: Pampaedia. Lat. Text u. dt. Übers. Hrsg. von Tschižewskij
   in Gemeinschaft mit Heinrich Geissler und Klaus Schaller. Heidelberg (1960)
Turnbull, G.H.: Hartlib, Dury and Comenius. — London 1947
Ueding, Gerd (Hrsg.): Einführung in die Rhetorik. — Stuttgart 1976
van den Daele, Wolfgang: Die soziale Konstruktion der Wissenschaft. — In: Böhme, G.,
   van den Daele, W. u. Krohn, W.: Experimentelle Philosophie. Frankfurt 1977

Van Dülmen, Richard: Die Utopie einer christlichen Gesellschaft. Johann Valentin Andreae (1586–1654). – Stuttgart-Bad Cannstatt 1978

Velden, J.E.M. van der: Rudolphus Agricola (Roelof Huusman). – Leiden 1911

Verdonk, J.J.: Petrus Ramus en de Wiskunde. – Assen 1966. (= Van Gorcum's historische Bibliotheek. Nr. 81)

Viehweg, Theodor: Topik und Jurisprudenz. Ein Beitrag zur rechtswissenschaftlichen Grundlagenforschung. 5., durchges. u. erw. Aufl. – München (1974)

Waddington, Charles: Ramus (Pierre de La Ramée). Sa vie, ses écrits et ses opinions. Réimpr. de l'éd. de Paris 1855. – Genève 1969

Weber, Emil: Der Einfluß der protestantischen Schulphilosophie auf die orthodox-lutherische Dogmatik. – Leipzig 1908

– : Die philosophische Scholastik des deutschen Protestantismus im Zeitalter der Orthodoxie. – Leipzig 1907

Wells, James M.: The Circle of Knowledge. Enzyclopaedias past and present. An Exhibition to Commemorate the 200th Anniversary of the Encyclopaedia Britannica on View at the Newberry Library April 9–May 31, 1968. – Chicago 1968

Wiedemann, Conrad: Polyhistors Glück und Ende. – In: Festschrift Gottfried Weber. Bad Homburg v.d.H. 1967. S. 215–235

Wieland, Wolfgang: Die aristotelische Physik. – Göttingen 1962

Wieser, Max: Peter Poiret. Der Vater der romanischen Mystik in Deutschland. – München 1932

Wundt, Max: Die deutsche Schulmetaphysik des 17. Jahrhunderts. Tübingen 1939. (= Heidelberger Abhandlungen zur Philosophie und ihrer Geschichte. 29)

– : Die deutsche Schulphilosophie im Zeitalter der Aufklärung. (Reprogr. Nachdr. d. Ausg. Tübingen 1945.) – Hildesheim 1964. (= Heidelberger Abhandlungen zur Philosophie und ihrer Geschichte. 32)

Yates, Frances Amelia: The Art of Memory. – London (1966)

– : Ramon Lull and John Scotus Erigena. – In: Journal of the Warburg and Courtauld Institutes. Vol. 23. Repr. 1967

Zacher, Hans J.: Die Hauptschriften zur Dyadik von G.W. Leibniz. Ein Beitrag zur Geschichte des binären Zahlensystems. – Frankfurt a.M. (1973). (= Veröffentlichungen des Leibniz-Archivs. 5)

Zuylen, W.H. van: Bartholomäus Keckermann, sein Leben und Werk. Diss. – Tübingen 1934

PERSONENREGISTER

Abel, Günter 57A., 323A., 234A.
Agricola, Rudolph 3–22, 24f., 29, 31, 35, 37–41, 75, 96, 105, 160, 163, 218, 221, 231, 237, 254, 268
Agrippa von Nettesheim, Heinrich Cornelius 102A., 111A., 159, 167f., 172–174, 179
Albertus Magnus 32A.
Alewyn, Richard 100A.
Allen, P.S. 3A.
Alsted, Johann Heinrich 52, 68A., 71, 89A., 100–105, 107f., 110–122, 123A., 124–144, 147A., 148–150, 154, 156A., 159A., 162, 166–168, 170, 174–176, 179, 183, 187, 195, 203, 208, 210, 211A., 214f., 217, 224, 238, 247, 250, 297
Ambrosius 2A.
Andreae, Johann Valentin 213A., 238f., 241–245
Angères, Eymard de 192A.
Apelt, Otto 252A.
Aristoteles 2A., 5f., 7A.f., 11, 13, 16–18, 41A.f., 50A., 58f., 62, 70A., 72, 75f., 78, 84, 90–92, 208, 218, 228, 257, 284A., 287A.
Arnauld, Antoine 200
Arnim, Hans von 42A.
Aubert 89A.
August, Herzog von Braunschweig 178
Augustin 2A.

Bacon, Francis 14, 25–27, 39, 105, 139, 143, 145, 193, 209A., 213–227, 231, 235, 237–246, 250f., 254, 270f.
Bäumler, Alfred 300A.
Baeumker, Clemens 144A.
Banosius, Theophil 51A.
Barner, Wilfried 10A., 255A., 260A.
Barth, Hans Martin 279A.
Baumgarten, Alexander Gottlieb 230A., 299–303
Bayle, Pierre 291
Becher, Johann Joachim 193
Beurhaus, Friedrich 55A.
Beyerlinck, Laurentius 65, 251, 291
Bezold, Friedrich von 3A.

Biesterfeld, Johann 103A.
Biesterfeld, Johann Heinrich 141A.
Biesterfeld, Wolfgang 241A.
Blekastad, Milada 140A.f., 147A.
Bloch, Ernst 272A.
Blond, J.M. le 6A., 218A.
Blumenberg, Hans XIXA., 2A., 68A., 228A., 234A.
Bochenski, Innocent Marie 5A.
Bodemann, Eduard 104A., 188A., 206A.
Bodin, Jean 23A., 30, 92, 94f., 99A., 221f., 251
Böhme, Gernot 241A.
Böhme, Jacob 32, 140, 156, 160, 191
Boetius, Manlius Severinus 5, 16, 18A.
Bornscheuer, Lothar 6A.
Bouelles, Charles 159
Braun, Lucien 28A.
Bretschneider, Carl Gottlieb 20A.
Brincken, Anna Dorothee von 31A.
Bruno, Giordano 101A.f., 140, 159
Brunner, Otto 21A.
Buck, August 270A.
Budde, Johann Franz 272
Bünau, Heinrich von 291

Cäsar 54
Campanella, Thomaso 139f., 214, 225–239, 243–246
Carreras y Artau, Tomas u. Joaquin 32A., 108A., 159A.f., 165A.f.
Cassirer, Ernst XVA., 42A., 72A., 187A., 200A.
Casula, Mario 300A.
Chambers, Ephraim 291
Christmann, Jacob 89A.
Christus 29, 51
Chytraeus, Nathan 38A.
Cicero, Marcus Tullius 4–8, 10, 16, 18A., 50A., 54f., 121, 133, 252f.
Clemens von Alexandrien 253
Comenius, Johann Amos 71, 105, 122, 134, 138–154, 160, 179, 199, 215, 217, 222, 224, 238, 240–243, 246, 250, 279, 293, 297
Comte, Auguste 240
Copius, Bernhard 99A.

BEGRIFFSREGISTER

Lullustische Darstellungen, zu den Textseiten:

162/163		167	168
164	164	169	
167	167	171	172

Zu den im rechten Klapptafelstreifen untereinanderstehenden drei lullistischen Kreisen:

Schneidet man die drei Scheiben aus, legt sie aufeinander und dreht sie um ihre gemeinsame Achse, so ist jede Möglichkeit einer universalen Kombinatorik von drei Elementen sofort ersichtlich; damit ist auch die Wissenschaft allen dreigliedrigen Wissens sofort erschlossen. Fiat Lux!

TABVLA AD ARTIS BREVIS,
Cabale tractatus, & artis Magnæ primum caput pertinens.

A. (1. Essentia. 2. Vnitas. 3. Perfectio.)		B.	C.	D.	E.	F.	G.	H.	I.	K.
Prædicata	Absoluta.	Bonitas.	Magnitudo.	Aeternitas seu Duratio	Potestas.	Sapientia.	Voluntas.	Virtus.	Veritas.	Gloria.
	T.Relata seu respectus.	Differentia.	Concordantia.	Contrarietas.	Principium.	Medium.	Finis.	Maioritas.	Aequalitas.	Minoritas.
ALPHABETVM seu principia huius artis sunt aut	Q. Quæstiones.	Vtrum.	Quid?	De quo?	Quare.	Quantum?	Quale?	Quando?	Vbi.	Quomodo? Cum quo?
	S. Subiecta.	Deus.	Angelus.	Coelum.	Homo.	Imaginatio.	Sensitiua.	Vegetatiua.	Elementatiua.	Instrumentatiua.
	V. Virtutes.	Iusticia.	Prudentia.	Fortitudo.	Temperantia.	Fides.	Spes.	Charitas.	Patientia.	Pietas.
	V. Vitia.	Auaritia.	Gula.	Luxuria.	Superbia.	Acidia.	Inuidia.	Ira.	Mendacium.	Incostantia.

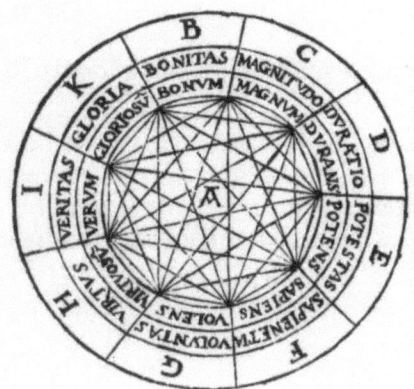

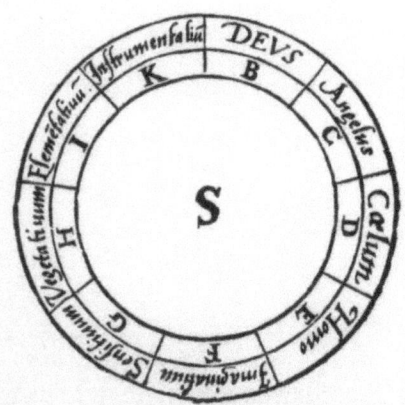

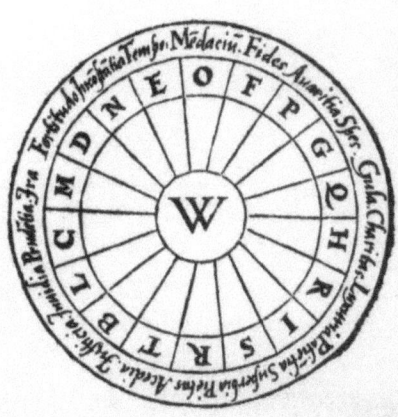

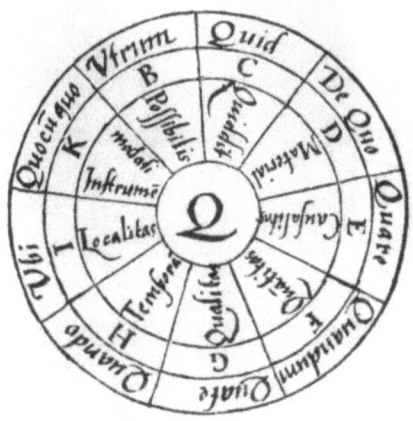

1. *Tabula generalis adumbrans Alphabetum artis,*
& singulos circulos.

			1.	2.	3.	4.	5.	6.	7.	8.	9.
			B	C	D	E	F	G	H	I	K
Subiectorum	1. S. Subſtantiarum.		DEVS.	Angelus.	Caelum.	Homo.	Imaginatio.	Senſitiua.	Vegetatiua.	Elementatiua.	Inſtrumétatiua.
	2. 1. Accidentium Naturalium.		Quantitas.	Qualitas.	Relatio.	Actio.	Paſsio.	Habitus.	Situs.	Tempus.	Locus.
	3. VV. Accidentium moralium.	Virtutũ.	Iuſtitia.	Prudentia.	Fortitudo.	Temperantia.	Fides.	Spes.	Caritas.	Patientia.	Pietas.
		Vitiorũ.	Avaritia.	Gula.	Luxuria.	Superbia.	Acedia.	Inuidia.	Ira.	Mendacium.	Inconſtãtia.
	4. Praedicatorum	Abſolutorum. A.	Bonitas.	Magnitudo.	Aeternitas, Duratio	Poteſtas.	Sapientia.	Voluntas.	Virtus.	Veritas.	Gloria.
		Reſpectiſcorũ. T.	Differétia.	Concordãtia.	Contrarietas.	Principium.	Medium.	Finis.	Maioritas.	Aequalitas.	Minoritas.
	5. Quaſtionum, ſeu regularum. Q.		Vtrum.	Quid.	De quo.	Quare.	Quantum.	Quale.	Quando.	Vbi.	Quomodocunque.

TERTIA FIGVRA

BC	CD	DE	EF	FG	GH	HI	IK
BD	CE	DF	EG	FH	GI	HK	
BE	CF	DG	EH	FI	GK		
BF	CG	DH	EI	FK			
BG	CH	DI	EK				
BH	CI	DK					
BI	CK						
BK							

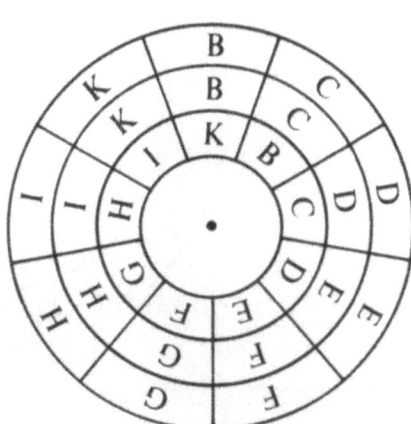

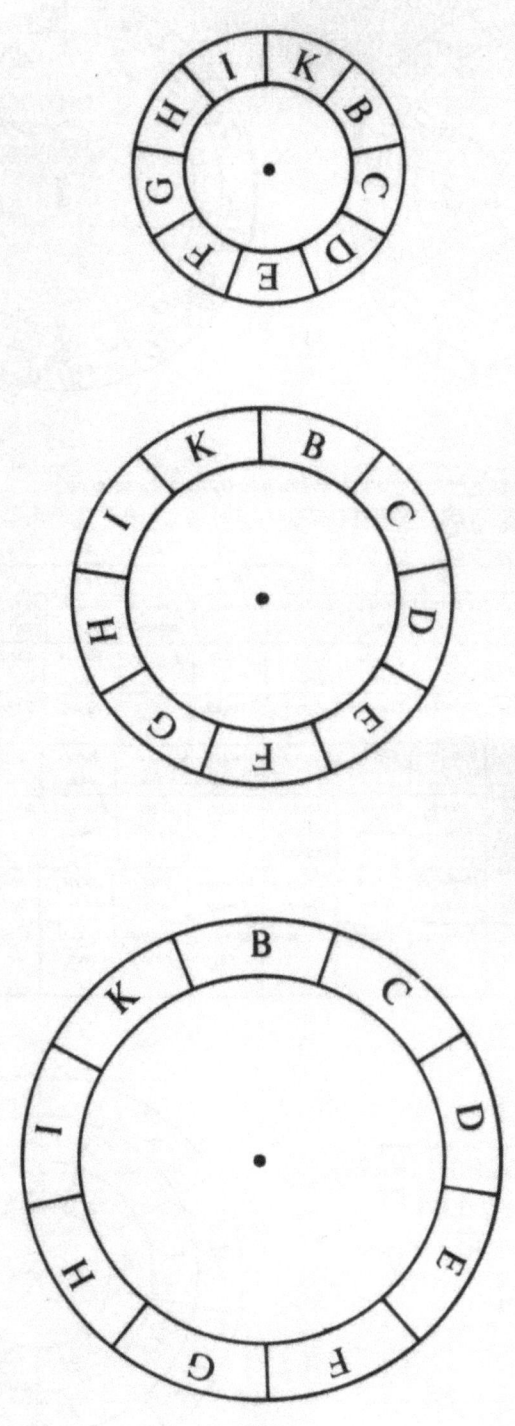